国家出版基金项目
NATIONAL PUBLICATION FOUNDATION

“十三五”国家重点图书出版规划项目

智能制造
系|列|丛|书

U0236454

优化驱动的设计方法

高亮　邱浩波　肖蜜　李好　著

OPTIMIZATION DRIVEN
DESIGN METHODOLOGY

清华大学出版社
北京

图书在版编目(CIP)数据

优化驱动的设计方法/高亮等著. —北京：清华大学出版社，2020.8(2024.4重印)
(智能制造系列丛书)
ISBN 978-7-302-54815-7

Ⅰ. ①优… Ⅱ. ①高… Ⅲ. ①软件设计方法学—研究 Ⅳ. ①TP311.1

中国版本图书馆CIP数据核字(2020)第005634号

责任编辑：袁 琦
封面设计：李召霞
责任校对：赵丽敏
责任印制：丛怀宇

出版发行：清华大学出版社
网 址：https://www.tup.com.cn，https://www.wqxuetang.com
地 址：北京清华大学学研大厦A座 邮 编：100084
社 总 机：010-83470000 邮 购：010-62786544
投稿与读者服务：010-62776969，c-service@tup.tsinghua.edu.cn
质量反馈：010-62772015，zhiliang@tup.tsinghua.edu.cn
印 装 者：涿州市般润文化传播有限公司
经 销：全国新华书店
开 本：170mm×240mm 印 张：24.75 字 数：498千字
版 次：2020年9月第1版 印 次：2024年4月第2次印刷
定 价：128.00元

产品编号：078291-01

智能制造系列丛书编委会名单

主　任：

周　济

副主任：

谭建荣　李培根

委　员（按姓氏笔画排序）：

王　雪	王飞跃	王立平	王建民
尤　政	尹周平	田　锋	史玉升
冯毅雄	朱海平	庄红权	刘　宏
刘志峰	刘洪伟	齐二石	江平宇
江志斌	李　晖	李伯虎	李德群
宋天虎	张　洁	张代理	张秋玲
张彦敏	陆大明	陈立平	陈吉红
陈超志	邵新宇	周华民	周彦东
郑　力	宗俊峰	赵　波	赵　罡
钟诗胜	袁　勇	高　亮	郭　楠
陶　飞	霍艳芳	戴　红	

丛书编委会办公室

主　任：

陈超志　张秋玲

成　员：

郭英玲	冯　昕	罗丹青	赵范心
权淑静	袁　琦	许　龙	钟永刚
刘　杨			

Foreword | 丛书序 1

制造业是国民经济的主体，是立国之本、兴国之器、强国之基。习近平总书记在党的十九大报告中号召：“加快建设制造强国，加快发展先进制造业。”他指出：“要以智能制造为主攻方向，推动产业技术变革和优化升级，推动制造业产业模式和企业形态根本性转变，以‘鼎新’带动‘革故’，以增量带动存量，促进我国产业迈向全球价值链中高端。”

智能制造——制造业数字化、网络化、智能化，是我国制造业创新发展的主要抓手，是我国制造业转型升级的主要路径，是加快建设制造强国的主攻方向。

当前，新一轮工业革命方兴未艾，其根本动力在于新一轮科技革命。21 世纪以来，互联网、云计算、大数据等新一代信息技术飞速发展。这些历史性的技术进步，集中汇聚在新一代人工智能技术的战略性突破，新一代人工智能已经成为新一轮科技革命的核心技术。

新一代人工智能技术与先进制造技术的深度融合，形成了新一代智能制造技术，成为新一轮工业革命的核心驱动力。新一代智能制造的突破和广泛应用将重塑制造业的技术体系、生产模式、产业形态，实现第四次工业革命。

新一轮科技革命和产业变革与我国加快转变经济发展方式形成历史性交汇，智能制造是一个关键的交汇点。中国制造业要抓住这个历史机遇，创新引领高质量发展，实现向世界产业链中高端的跨越发展。

智能制造是一个“大系统”，贯穿于产品、制造、服务全生命周期的各个环节，由智能产品、智能生产及智能服务三大功能系统以及工业智联网和智能制造云两大支撑系统集合而成。其中，智能产品是主体，智能生产是主线，以智能服务为中心的产业模式变革是主题，工业智联网和智能制造云是支撑，系统集成将智能制造各功能系统和支撑系统集成为新一代智能制造系统。

智能制造是一个“大概念”，是信息技术与制造技术的深度融合。从 20 世纪中叶到 90 年代中期，以计算、感知、通信和控制为主要特征的信息化催生了数字化制造；从 90 年代中期开始，以互联网为主要特征的信息化催生了“互联网＋制造”；当前，以新一代人工智能为主要特征的信息化开创了新一代智能制造的新阶段。

这就形成了智能制造的三种基本范式，即：数字化制造(digital manufacturing)——第一代智能制造；数字化网络化制造(smart manufacturing)——“互联网+制造”或第二代智能制造，本质上是“互联网+数字化制造”；数字化网络化智能化制造(intelligent manufacturing)——新一代智能制造，本质上是“智能+互联网+数字化制造”。这三个基本范式次第展开又相互交织，体现了智能制造的“大概念”特征。

对中国而言，不必走西方发达国家顺序发展的老路，应发挥后发优势，采取三个基本范式“并行推进、融合发展”的技术路线。一方面，我们必须实事求是，因企制宜、循序渐进地推进企业的技术改造、智能升级，我国制造企业特别是广大中小企业还远远没有实现“数字化制造”，必须扎扎实实完成数字化“补课”，打好数字化基础；另一方面，我们必须坚持“创新引领”，可直接利用互联网、大数据、人工智能等先进技术，“以高打低”，走出一条并行推进智能制造的新路。企业是推进智能制造的主体，每个企业要根据自身实际，总体规划、分步实施、重点突破、全面推进，产学研协调创新，实现企业的技术改造、智能升级。

未来20年，我国智能制造的发展总体将分成两个阶段。第一阶段：到2025年，“互联网+制造”——数字化网络化制造在全国得到大规模推广应用；同时，新一代智能制造试点示范取得显著成果。第二阶段：到2035年，新一代智能制造在全国制造业实现大规模推广应用，实现中国制造业的智能升级。

推进智能制造，最根本的要靠“人”，动员千军万马、组织精兵强将，必须以人为本。智能制造技术的教育和培训，已经成为推进智能制造的当务之急，也是实现智能制造的最重要的保证。

为推动我国智能制造人才培养，中国机械工程学会和清华大学出版社组织国内知名专家，经过三年的扎实工作，编著了“智能制造系列丛书”。这套丛书是编著者多年研究成果与工作经验的总结，具有很高的学术前瞻性与工程实践性。丛书主要面向从事智能制造的工程技术人员，亦可作为研究生或本科生的教材。

在智能制造急需人才的关键时刻，及时出版这样一套丛书具有重要意义，为推动我国智能制造发展作出了突出贡献。我们衷心感谢各位作者付出的心血和劳动，感谢编委会全体同志的不懈努力，感谢中国机械工程学会与清华大学出版社的精心策划和鼎力投入。

衷心希望这套丛书在工程实践中不断进步、更精更好，衷心希望广大读者喜欢这套丛书、支持这套丛书。

让我们大家共同努力，为实现建设制造强国的中国梦而奋斗。

周济

2019年3月

Foreword | 丛书序 2

技术进展之快，市场竞争之烈，大国较劲之剧，在今天这个时代体现得淋漓尽致。

世界各国都在积极采取行动，美国的“先进制造伙伴计划”、德国的“工业 4.0 战略计划”、英国的“工业 2050 战略”、法国的“新工业法国计划”、日本的“超智能社会 5.0 战略”、韩国的“制造业创新 3.0 计划”，都将发展智能制造作为本国构建制造业竞争优势的关键举措。

中国自然不能成为这个时代的旁观者，我们无意较劲，只想通过合作竞争实现国家崛起。大国崛起离不开制造业的强大，所以中国希望建成制造强国、以制造而强国，实乃情理之中。制造强国战略之主攻方向和关键举措是智能制造，这一点已经成为中国政府、工业界和学术界的共识。

制造企业普遍面临着提高质量、增加效率、降低成本和敏捷适应广大用户不断增长的个性化消费需求，同时还需要应对进一步加大的资源、能源和环境等约束之挑战。然而，现有制造体系和制造水平已经难以满足高端化、个性化、智能化产品与服务的需求，制造业进一步发展所面临的瓶颈和困难迫切需要制造业的技术创新和智能升级。

作为先进信息技术与先进制造技术的深度融合，智能制造的理念和技术贯穿于产品设计、制造、服务等全生命周期的各个环节及相应系统，旨在不断提升企业的产品质量、效益、服务水平，减少资源消耗，推动制造业创新、绿色、协调、开放、共享发展。总之，面临新一轮工业革命，中国要以信息技术与制造业深度融合为主线，以智能制造为主攻方向，推进制造业的高质量发展。

尽管智能制造的大潮在中国滚滚而来，尽管政府、工业界和学术界都认识到智能制造的重要性，但是不得不承认，关注智能制造的大多数人（本人自然也在其中）对智能制造的认识还是片面的、肤浅的。政府勾画的蓝图虽气势磅礴、宏伟壮观，但仍有很多实施者感到无从下手；学者们高谈阔论的宏观理念或基本概念虽至关重要，但如何见诸实践，许多人依然不得要领；企业的实践者们侃侃而谈的多是当年制造业信息化时代的陈年酒酿，尽管依旧散发清香，却还是少了一点智能制造的气息。有些人看到"百万工业企业上云,实施百万工业APP培育工程"时劲头十足,可真准备大干一场的时候,又仿佛云里雾里。常常听学者们言,CPS(cyber-physical systems,信息-物理系统)是工业4.0和智能制造的核心要素,CPS万不能离开数字孪生体(digital twin)。可数字孪生体到底如何构建?学者也好,工程师也好,少有人能够清晰道来。又如,大数据之重要性日渐为人们所知,可有了数据后,又如何分析?如何从中提炼知识?企业人士鲜有知其个中究竟的。至于关键词"智能",什么样的制造真正是"智能"制造?未来制造将"智能"到何种程度?解读纷纷,莫衷一是。我的一位老师,也是真正的智者,他说:"智能制造有几分能说清楚?还有几分是糊里又糊涂。"

所以,今天中国散见的学者高论和专家见解还远不能满足智能制造相关的研究者和实践者们之所需。人们既需要微观的深刻认识,也需要宏观的系统把握;既需要实实在在的智能传感器、控制器,也需要看起来虚无缥缈的"云";既需要对理念和本质的体悟,也需要对可操作性的明晰;既需要互联的快捷,也需要互联的标准;既需要数据的通达,也需要数据的安全;既需要对未来的前瞻和追求,也需要对当下的实事求是……如此等等。满足多方位的需求,从多视角看智能制造,正是这套丛书的初衷。

为助力中国制造业高质量发展,推动我国走向新一代智能制造,中国机械工程学会和清华大学出版社组织国内知名的院士和专家编写了"智能制造系列丛书"。本丛书以智能制造为主线,考虑智能制造"新四基"[即"一硬"(自动控制和感知硬件)、"一软"(工业核心软件)、"一网"(工业互联网)、"一台"(工业云和智能服务平台)]的要求,由30个分册组成。除《智能制造:技术前沿与探索应用》《智能制造标准化》《智能制造实践》3个分册外,其余包含了以下五大板块:智能制造模式、智能设计、智能传感与装备、智能制造使能技术以及智能制造管理技术。

本丛书编写者包括高校、工业界拔尖的带头人和奋战在一线的科研人员,有着丰富的智能制造相关技术的科研和实践经验。虽然每一位作者未必对智能制造有全面认识,但这个作者群体的知识对于试图全面认识智能制造或深刻理解某方面技术的人而言,无疑能有莫大的帮助。丛书面向从事智能制造工作的工程师、科研人员、教师和研究生,兼顾学术前瞻性和对企业的指导意义,既有对理论和方法的描述,也有实际应用案例。编写者经过反复研讨、修订和论证,终于完成了本丛书的编写工作。必须指出,这套丛书肯定不是完美的,或许完美本身就不存在,更何况智能制造大潮中学界和业界的急迫需求也不能等待对完美的寻求。当然,这也不能成为掩盖丛书存在缺陷的理由。我们深知,疏漏和错误在所难免,在这里也希望同行专家和读者对本丛书批评指正,不吝赐教。

在"智能制造系列丛书"编写的基础上,我们还开发了智能制造资源库及知识服务平台,该平台以用户需求为中心,以专业知识内容和互联网信息搜索查询为基础,为用户提供有用的信息和知识,打造智能制造领域"共创、共享、共赢"的学术生态圈和教育教学系统。

我非常荣幸为本丛书写序，更乐意向全国广大读者推荐这套丛书。相信这套丛书的出版能够促进中国制造业高质量发展，对中国的制造强国战略能有特别的意义。丛书编写过程中，我有幸认识了很多朋友，向他们学到很多东西，在此向他们表示衷心感谢。

需要特别指出，智能制造技术是不断发展的。因此，“智能制造系列丛书”今后还需要不断更新。衷心希望，此丛书的作者们及其他的智能制造研究者和实践者们贡献他们的才智，不断丰富这套丛书的内容，使其始终贴近智能制造实践的需求，始终跟随智能制造的发展趋势。

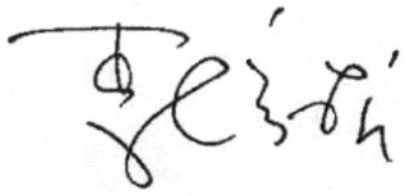

2019年3月

Preface | 前言

针对我国航空航天、船舶、兵器、电子等领域装备的高性能、轻量化、低故障研制需求，开展先进设计理论与方法研究，对提高装备设计水平，推动我国高端装备设计向国际引领创新水平发展，将具有重要意义。装备产品设计一般包括概念设计、基本设计和详细设计3个阶段，其中概念设计直接影响着后续设计工作，对装备各方面性能影响起到了非常关键的作用。在装备产品的概念设计阶段，采用先进设计手段和方法，以提高装备性能、满足装备研制需求，是国内外的研究热点。目前，各种优化方法层出不穷，如拓扑优化、多学科设计优化和可靠性设计优化等，在概念设计阶段结合优化手段开展装备产品设计，是装备产品设计领域一种高效可靠的途径。针对装备的轻量化、高性能设计需求，本书详细介绍了拓扑优化设计方法；针对装备设计涉及多个学科，且学科间相互耦合的特点，为获取装备整体性能最佳的设计方案，本书详细介绍了多学科设计优化方法；针对装备在设计、制造、运营及维护各个阶段存在各种不确定性，产品发生故障的概率急剧增大，产品的可靠性亟待提高，本书详细介绍了可靠性设计优化。本书通过对上述3类优化驱动的设计方法进行介绍，并结合应用案例对方法的实施流程和步骤进行讲解，希望对拓展装备设计人员的设计能力、提升我国装备设计水平，起到一定的推动作用。

作者长期从事优化驱动的设计方法及其工程应用研究。2006年，依托国家重点基础研究发展计划（“973计划”）课题，围绕拓扑优化设计、多学科设计优化和可靠性设计优化开展了系统的理论研究工作。上述方向后续得到了多项国家自然科学基金项目（51675196、51825502、51675198和51705166）、国防基础科研计划项目（JCKY2016110C012）、装备发展部预先研究项目和外协课题的资助，形成的方法与成果在航空航天、船舶、兵器、汽车等重点行业的骨干企业获得成功应用，并在国内外期刊和会议上发表相关论文100余篇，在优化驱动的设计方法研究方向产生了一定影响。本书是在总结作者有关优化驱动的设计方法相关研究成果的基础上撰写而成的，如对读者在科研或工作中有所帮助，将是作者最大的欣慰。

全书共10章：第1章为绪论，介绍了拓扑优化设计、多学科设计优化和可靠性设计优化的研究背景与现状。第2～5章介绍了拓扑优化设计方法，阐述了基于参数化水平集的拓扑优化设计，并按照应用对象的构型尺度，分别介绍了结构拓扑优化设计、材料拓扑优化设计，以及结构与材料一体化的多尺度拓扑优化设计。第6章和第7章介绍了多学科设计优化方法，重点讨论了几种典型的近似模型构建方法和多学科求解策略。第8章和第9章介绍了可靠性设计优化方法，详细讲解了基于概率解析和基于近似模型的可靠性设计优化方法。第10章介绍了上述3类优化驱动的设计方法的应用案例，包括卫星推进舱主承力结构、支撑结构、悬臂梁结构等的拓扑优化设计，小水线面双体船和散货船船型参数多学科设计优化，以及蜂窝状结构、箱型梁结构、弯曲梁结构的可靠性设计优化。

本书撰写过程中，得到了众多学者的帮助与指导，特别感谢李培根院士和谭建荣院士对本书提出的许多宝贵意见。感谢课题组许多在读和已毕业的研究生，他们为本书的撰写提供了很大的帮助。感谢中国机械工程学会和清华大学出版社给予的大力支持和帮助。

本书可供从事产品设计的研究人员和工程师参考，也可供高等院校航空航天、力学、机械、土木等专业从事优化设计方向的研究生使用。希望本书的出版对推动优化驱动的设计方法的研究与应用能起到良好的作用。

鉴于作者水平有限，书中难免有不妥之处，敬请广大读者批评指正。

作　者

2019年8月

Contents | 目录

第 8 章 基于概率解析的可靠性设计优化方法 247

第 9 章 基于近似模型的可靠性设计优化方法 287

第1章

绪论

优化驱动的设计是指在工程产品概念设计阶段，结合各种优化手段开展产品设计，如拓扑优化设计、多学科设计优化和可靠性设计优化等，是工程产品设计领域行之有效的途径。本书重点围绕拓扑优化设计、多学科设计优化和可靠性设计优化等 3 类优化驱动的设计方法及其应用开展介绍。

1.1 优化驱动的设计方法概述

传统的计算机辅助设计一定程度上减少了工程产品结构设计师的工作量，但仅仅是方便了机械制图，无法扩展设计思路。也就是说，结构设计师仍需沿用经验式设计方式，即根据现有产品、自身经验和设计知识设计新结构，然后进行仿真和实验校核，再不断重复上述两个过程，直到获得满足设计要求的方案。该设计方式难以实现安全、合理的材料布局，通常会导致结构功能冗余、超重严重，且设计周期过长。结构优化能够在一定的设计约束条件下，寻求到结构某项或多项性能所对应的目标函数最优的设计方案，为克服传统设计方法的经验性和盲目性提供了重要解决途径。结构优化按研究对象可以分为离散体结构优化和连续体结构优化，前者主要是指桁架、钢架以及加强筋板之类的骨架结构的优化，后者主要是针对二维板壳和三维实体等工程中普遍存在的连续体结构进行优化。连续体结构优化大体上包含拓扑优化(topology optimization)、形状优化(shape optimization)和尺寸优化(size optimization)3 个重要分支，它们分别对应结构的概念设计阶段、基本设计阶段和详细设计阶段[1]。拓扑优化以设计域内的孔洞有无、数量和位置等拓扑信息为研究对象，在产品概念设计阶段利用有限元技术、数值计算和优化方法，于给定的设计空间内，寻求满足各种约束条件下(如应力、位移、频率和重量等)，使目标函数(如刚度、重量等)达到最优的孔洞连通性或材料布局，即最优拓扑。与传统的经验式结构设计方式相比，拓扑优化可以利用科学合理的手段，以最低的成本、最少的材耗和最短的周期实现最佳结构性能。相比于尺寸优化和形状优化，结构拓扑优化能够通过科学计算，在概念设计阶段确定材料在结构域内的最优拓扑分布形式，对后续的尺寸优化和形状优化具有重要的指导意义[1]。

近年来，工程产品的功能日趋复杂，设计优化过程中涉及的学科越来越多。传

多学科设计优化研究框架图

统的工程产品设计优化方法往往对各个学科单独进行设计优化，各个学科彼此之间相互独立，学科之间的耦合作用没有考虑到，因此设计出来的产品通常只是局部性能达到最优，无法满足产品整体性能达到最佳的设计目标。为克服传统工程产品设计优化方法的缺陷，多学科设计优化（multidisciplinary design optimization，MDO）方法应运而生[2]。该方法是一种系统综合设计优化的方法论，其通过充分探索和利用各学科间相互耦合所产生的协同效应，来获取工程产品整体性能最优的设计方案。MDO 的主要思想是将复杂系统按照学科或部件分解为几个简单的学科或子系统，对各个学科或子系统分别进行设计与优化，同时充分考虑各个学科之间的耦合作用，利用有效的设计优化求解策略和分布式并行计算机网络系统来组织和管理整个复杂系统的设计过程，通过充分利用各学科相互耦合所产生的协同效应，获得系统的整体最优解。与传统工程产品设计优化方法相比，MDO 具有以下特点[3]：①通过充分利用不同学科间的耦合机制，对整个系统或工程产品进行设计优化，获得工程产品整体性能最优的设计方案，提高工程产品的综合性能；②通过系统分解技术，将工程产品设计分解为不同学科或子系统的设计，通过计算机网络将分散在不同地区和设计部门中的计算模块和设计人员组织起来，实现并行设计，缩短工程产品的研制周期；③通过近似模型的应用，降低计算复杂性，减少系统分析次数，从而提高设计优化求解效率；④通过高效的求解策略，协调学科间的不一致性，有效组织不同地区、不同设计部门中计算模块以及工程产品设计人员之间数据和信息的交流与传递，降低组织复杂性。

在实际工程中，不确定性广泛存在于产品的设计、制造、运营及维护等各个阶段。随着科学理念的进步和工业技术的发展，产品的性能指标日益提高、结构日趋复杂、工作环境日益极端，这使得产品发生故障的概率急剧增大，产品的可靠性亟待提高。因此在产品设计阶段即考虑参数不确定性的影响，更能使产品适应日益增长的实际需求，确保其既足够安全可靠又相对经济节能，从而创造更为可观的经济效益和社会效益。由于不确定性的存在，传统的确定性设计优化方法难以保证产品的实际使用要求。而在基于安全系数的方法中，安全系数的选取往往取决于企业或者行业的生产制造能力及质量控制手段，具有很大的随意性。此外，随着新工艺、新方法和新的生产条件的出现，安全系数难以确定，同样使得安全系数法难以应对产品设计、分析、制造、使用过程中的复杂环境。不确定性设计优化是确定性设计优化的一个自然延伸，通过分析影响输出响应（应力、应变以及振动等）的各种因素，并在设计阶段考虑这些因素的随机分布，从而很好地适应实际工程中所面临的复杂环境，进而得出满足要求的最优设计方案。不确定性对工程产品设计质量的影响主要体现在两个方面：稳健性和可靠性。根据上述两方面影响，不确定性设计优化主要分为稳健性设计优化（robust design optimization，RDO）[4]和可靠性设计优化（reliability-based design optimization，RBDO）[5-7]。RBDO 的主要思想是在设计阶段考虑不确定性对优化结果的影响,将原来的确定性约束替换为概率约束,并相应地在优化过程中对概率约束进行可靠性分析。根据不确定性的分类,RBDO 可分为基于概率模型的 RBDO 和非概率 RBDO[8,9],本书主要介绍基于概率模型的 RBDO 相关基本理论。

1.2 优化驱动的设计方法研究现状

本节将围绕拓扑优化设计、多学科设计优化和可靠性设计优化 3 类优化驱动的设计方法进行国内外研究现状综述。

1.2.1 拓扑优化设计研究现状

拓扑优化主要运用于产品的概念设计阶段,它完全不依赖于初始参考构型和工程经验,能够根据不同的设计需求(目标函数),在规定的设计区域内创新性地构造出结构的最佳构型。早期的拓扑优化设计主要运用于以桁架为代表的离散体结构[10-13]。连续体结构拓扑优化思想则是由 Bendsøe 和 Kikuchi[14] 在 1988 年的研究论文中首次提出,经过三十多年的发展,学者们提出了多种行之有效的拓扑优化设计方法,包括:均匀化方法[14]、带惩罚函数的固体各向同性微结构(solid isotropic microstructures with penalization,SIMP)方法[15-18]、水平集方法(level set method)[19-22]、进化结构优化(evolutionary structural optimization,ESO)方法[23]、可移动变形组件(moving morphable components,MMC)方法[24,25]以及独立-连续-映射(independent continuous mapping,ICM)方法[26,27]等。虽历经几十年的发展,学者们提出了各具特色的拓扑优化设计方法,但由于描述模型的不足、算法和问题的复杂性导致拓扑优化在解决工程设计问题时尚存在缺陷。在各类拓扑优化设计技术中,学者们通常采用基于有限元的方法对结构应变场进行分析,这将导致结构边界形状依赖于有限元网格,即产生模糊或锯齿状的结构边界。因此,一些基于单元密度的拓扑优化方法无法获得完整的结构边界几何信息,导致其优化结果无法直接导入 CAE/CAD 软件进行分析和再设计。基于水平集的拓扑优化设计方法能够获得清晰、光滑的结构边界。其基本原理是将结构的动态边界隐式地嵌入到高一维的水平集函数中,通过选择合适的速度场以驱动结构边界逐步优化。该几何描述方式确保了最优拓扑的清晰结构边界和完整几何信息,能够直接与 CAE/CAD 软件集成。由于基于水平集的拓扑优化设计方法集成了形状导数的概念,故其能够同时开展结构的形状和拓扑优化。然而,传统的水平集方法在解决拓扑优化设计问题中还存在许多不足,如:数值计算复杂,迭代步数多;优化结果依赖于初始孔洞的数量和位置;基于梯度的高效优化算法(如优化准则法、移动渐近线法)无法直接应用;缺乏针对动力学、微尺度、多尺度等优化问题的应用研究等。上述问题还有待进一步探讨和研究。因此,本节接下来将重点对水平集方法进行综述。

1. 水平集方法研究现状

与基于单元密度的拓扑优化方法不同，水平集方法是一类基于边界描述的方法。水平集方法能够通过直接驱动结构边界来达到优化结构拓扑和形状的目的，因此可以保证所获得优化结构具有清晰、光滑的边界。最经典的水平集方法并不是一开始就应用于结构拓扑优化设计研究，其最早是应用于追踪曲面/曲线的演化过程[19]。该方法的主要思想是将低一维的运动边界作为零水平面，并将该零等值面嵌入到高一维的水平集函数中，通过设置合适的边界速度场，即可驱动水平集函数运动，从而间接地带动零水平面(运动界面)演化。该方法在图形图像处理、火焰燃烧、晶体生长、多相流、计算机视觉等运动界面追踪领域得到了广泛的应用[28]。利用水平集方法描述运动边界具有诸多优点，如：方便灵活地反映曲线/曲面的形状和拓扑特征；容易获得运动边界的几何特征(如法矢和曲率等)；能够在离散的网格上利用有限差分法对水平集方程进行数值求解，并利用空间导数计算水平集函数 Φ 的梯度；Hamilton-Jacobi 偏微分方程的黏性解理论保证其能够找到 Lipschitz 连续的唯一解[29]。

考虑到水平集方法在处理运动边界方面的独特优势，Sethian 和 Wiegmann[20] 在 2000 年首次将该方法引入结构拓扑优化设计领域，实现了结构形状和拓扑优化联合优化，实现了典型结构件的满应力设计。在该研究中，结构的边界被隐式地嵌入到高一维的水平集函数中，基于形状灵敏度分析建立了结构边界演化的速度场，最终构建了 Hamilton-Jacobi 偏微分方程，通过对偏微分方程进行迭代求解，实现了结构的优化设计。随后，Osher 和 Santosa[30] 在水平集方法框架中引入了目标泛函的形状梯度，从而建立了形状梯度与速度场间的联系。这一工作被 Allaire 等[22] 和 Wang 等[21] 进一步拓展和改进，从而形成了水平集与形状导数相结合的新框架，至今仍然是最流行的方法之一。基于以上工作，学者们对基于水平集方法的拓扑优化设计开展了深入而广泛的研究。庄春刚等[31] 为解决标准水平集方法无法生成新孔洞的缺陷，利用 von Mises 应力准则来构造新孔。Xia 等[32] 提出了一种半拉格朗日策略来求解 Hamilton-Jacobi 偏微分方程，增加了迭代步长，减少了优化所需的迭代步数。荣见华[33] 对水平集方法进行改进，解决了传统水平集方法导致结构边界进化停滞的问题。Luo 等[29] 提出了一种新的半隐式格式水平集方法，利用半隐式加性分裂算子求解 Hamilton-Jacobi 偏微分方程。

尽管水平集方法在处理运动边界时具有天然优势，然而利用传统水平集方法解决结构拓扑优化问题时尚存在以下缺陷：①高一维的水平集函数在优化过程中可能会变得过于平坦或过于陡峭。这是由于零水平面所对应的水平集函数不唯一所造成的。过平或过陡的水平集面会导致数值计算的稳定性问题，因此在应用传统水平集方法时需要不断将水平集函数重新初始化为一种符号距离函数。而该重新初始化操作通常独立于优化过程之外，额外地增加了优化成本。②为满足稳定性和收敛性要求，在求解 Hamilton-Jacobi 偏微分方程时需要满足 Courant-

Friedrichs-Lewy(CFL)条件,即时间步长需要小于单个水平集网格的间隔长度。换句话讲,水平集网格尺度需要足够小,才能满足计算精度要求,这也将导致优化迭代时间的显著增加。③为了驱动水平集函数的演化,需要将边界上的速度场扩展到整个结构设计域或边界上的窄带区域。然而通过形状导数得到的速度场主要定义在结构边界上,因此需要求解一套额外的 Hamilton-Jacobi 偏微分方程才能实现速度场的扩展。以上问题一定程度上限制了传统水平集方法的应用。

2. 参数化水平集方法研究现状

为了克服传统水平集方法的缺陷,学者们开展了对水平集方法的改进研究。Yamada 等[34]在水平集方法中嵌入了一种虚拟界面能量形式,解决了连续体刚度拓扑优化设计和柔性机构拓扑优化设计问题。van Dijk 等[35]提出了一种显式的水平集拓扑优化设计方法。Dunning 和 Kim[36]运用序列线性规划方法求解基于水平集的拓扑优化设计模型,提升了方法的求解效率。Guo 等[37]利用水平集方法实现了结构拓扑优化设计中的显式特征控制。

除上述方法之外,参数化水平集方法被认为是水平集方法中最有效的改进形式之一[38]。2006 年 Wang 和 Wang[39]采用一种全局支撑的径向基函数(globally supported radial basis function,GSRBF)对离散点上的水平集函数进行插值,从而通过改变径向基函数(radial basis function,RBF)插值的扩展系数来实现水平集函数及结构边界的更新,最终实现了结构刚度最大化的拓扑优化设计。在该方法中,扩展系数的迭代更新采用了最速下降法,该算法的效率和通用性尚有待进一步的改进。为了降低由于 GSRBF 稠密插值矩阵所导致的高昂计算成本,Ho 等[40]利用动态径向基函数插值节点和单位分解法,提出了改进的参数化水平集方法。此外,Luo 等[41]引入紧支撑径向基函数(compactly supported radial basis function,CSRBF)插值技术,提出了基于 CSRBF 的参数化水平集方法,并将其运用于结构刚度优化[42]、柔性机构优化[43]、材料微结构优化[44,45]等不同应用场景。

对于基于 RBF 插值的参数化水平集方法而言,插值精度和效率对方法的性能有重要影响。基于 CSRBF 的插值机制在参数化水平集中应用十分广泛[41-45],其主要原因在于 CSRBF 的插值矩阵较为稀疏,能够很大程度上降低水平集函数插值的计算成本。理论上,CSRBF 的支撑仅定义在当前样本点附近的有限区域内,对该样本点的水平集函数进行插值时并没有考虑设计域内所有插值节点的影响,因此 CSRBF 的插值效率高,而精度较低[46]。对于材料使用量较多或对结构边界敏感度较低的结构拓扑优化设计问题,采用 CSRBF 插值具有不错的效果。相较于 CSRBF,GSRBF 有较高的插值精度[46],通常可以找到更优的结构设计方案,但其插值和优化的效率十分低下,导致对于大规模拓扑优化问题应用困难。由此可见,对于参数化水平集方法而言,在平衡其优化效率和优化效果方面具有较大的改进空间。

自拓扑优化研究兴起以来,各类优化方法不断涌现,较为经典的方法有均匀化方法、变密度法、进化结构优化法、水平集法、移动可变形组件法和独立-连续-映射法等。从拓扑优化方法的发展来看，各类方法均具有独特的优势，同时又存在一定的应用缺陷。通常而言，可从建模特点、求解效率和操作难易程度来不断改进和完善拓扑优化方法。在拓扑优化的应用方面，随着增材制造技术的推广和成熟，复杂的结构形式能够被该类制造工艺加工成型，使得拓扑优化受到工程界的广泛重视，并成为产品设计中不可或缺的设计工具。拓扑优化设计技术是基于“优化”的思想，通过科学的手段，智能地获得创新性结构设计方案，且该方案往往是无法通过经验设计得到的轻量化结构。目前，拓扑优化已运用于航空航天、汽车工业、船舶设计、材料工程等应用领域。如空客 A380 机翼翼肋、福特汽车底盘结构、舰艇舷侧防撞结构、卫星点阵夹层结构和智能材料等均采用了拓扑优化设计技术。持续增加的应用范围驱动商用软件巨头们开发拓扑优化软件或相关功能模块，如 Hyperworks、COMSOL、ANSYS、TOSCA 等。根据拓扑优化方法及应用的研究现状和工程需求，其未来发展趋势在于如下方面：①方法的优化效率，即应用新理论、新技术降低优化方法的计算成本，提升方法的优化效果；②方法的稳定性，即减少优化迭代时的参数设置和约束选择等人工干扰因素对优化结果的影响；③结构的可制造性，考虑增材制造工艺的现状，使优化后的结构更加便于制造；④应用对象的扩展，即针对不同的优化问题如动力学、多物理场、材料设计、多尺度设计等。

1.2.2 多学科设计优化研究现状

受各学科仿真需要花费庞大计算量、学科间信息交互耦合等因素的影响，计算复杂性和组织复杂性成为了 MDO 的两大主要难点。在 MDO 领域众多的研究方法中，近似模型和求解策略对有效降低 MDO 中计算复杂性和组织复杂性起到了非常重要的作用，这两方面研究内容已经成为国内外学术界和工业界的研究热点[3]。本节将对 MDO 中近似模型与求解策略的国内外研究现状进行系统的综述和讨论。

1. 近似模型研究现状

20 世纪 80 年代，Kleijnen[47]最早提出了近似模型的概念，他将近似模型称为元模型(metamodel)，即“a model of the model”，用于替代工程产品设计优化中昂贵耗时的计算机仿真程序，以降低计算量，减少计算时间和计算成本。20 世纪 90 年代末期，Sobieszczanski-Sobieski 和 Haftka[48]总结了近似模型在 MDO 中的应用概况。2002 年 9 月，在第 9 届 AIAA/USAF/NASA/ISSMO 多学科分析与优化国际会议上，来自工业界和政府部门的研究学者重点讨论了近似模型的研究与应用现状，并指出了其未来的研究方向[49]。

目前，常用的近似模型主要包含以下几种：响应面(response surface methodology,

RSM)模型[50]、Kriging 模型[51]、径向基函数(radial basis functions,RBF)模型[52],这 3 种模型在 MDO 中得到了广泛应用。

1）响应面模型

RSM 模型采用多项式回归技术,利用最小二乘法对试验数据进行拟合,得到输出响应与输入变量之间的近似函数关系,在工程产品多学科设计优化中应用广泛。RSM 模型具有构造简单、易于操作的特点,能清楚地反映输出响应与输入变量之间的函数关系,深受广大工程设计人员的喜爱。RSM 模型比较适合于线性问题的近似,对于非线性问题,RSM 模型往往表现出较低的近似精度[53]。

2）Kriging 模型

Kriging 模型起源于 20 世纪 60 年代,最初由南非采矿工程师 Krige 将其应用于地质统计学中进行空间估计。随后,Matheron 进一步发展了 Kriging 估计技术的数学意义[54]。20 世纪 80 年代末期,Sacks 等[51]将 Kriging 模型引入到工程领域,用于构建确定性计算机仿真中输入与输出数据之间的近似函数关系。从插值角度来讲,Kriging 是一种对空间分布的数据进行最优线性无偏估计的插值方法[51,55]。Kriging 模型适用范围广,对于线性和非线性问题都具有较高的近似精度,在工程产品多学科设计优化中得到了广泛的应用。但是 Kriging 模型的构建过程复杂,需要利用极大似然估计方法求解一个无约束的优化问题,而且 Kriging 模型无法直观给出输出响应与输入变量之间的灵敏度信息[53]。

3）径向基函数模型

RBF 模型是一种多变量插值模型,是众多神经网络模型中的一种,它利用径向基函数构造神经网络的传递函数,不仅具有任意精度的泛函逼近能力,而且具有较快的收敛速度[52,56]。与 Kriging 近似模型相同,RBF 模型也具有较广的适用范围,对于线性和非线性问题,RBF 模型同样也表现出了较好的近似精度,但是 RBF 模型也无法直观反映输入变量变化对输出响应的影响程度[53]。

除了上述 3 种常用的近似模型外,还有其他一些近似模型也被应用到 MDO 中,如多元自适应回归样条(multivariate adaptive regression splines,MARS)模型[57]、人工神经网络(artificial neural network,ANN)模型[58]、支持向量回归(support vector regression,SVR)模型[59]和遗传编程(genetic programming,GP)模型[60,61]等。每种近似模型都有其自身的优点和缺点,为总结各种近似模型的特点和适用范围,国内外研究学者纷纷开始通过算例对它们的近似性能进行测试与比较。

国外关于近似模型比较的研究主要有：Giunta 等[62]在超音速运输机多学科设计优化的工程实例中,将 RSM 模型和 Kriging 模型进行对比分析,总结了它们各自的优缺点,并指出对于存在多个局部极值的响应数据,RSM 模型的近似精度比较差,而 Kriging 模型则具有较高的近似精度。但是与 RSM 模型相比,Kriging 模型的构建过程需要花费更多的计算量。Simpson 等[63,64]将 RSM 模型和 Kriging

模型应用到飞行器塞式喷嘴设计中，对二者进行对比，得出Kriging模型近似精度较高的结论。Meckesheime等[65]通过对含有离散和连续变量的函数例子进行测试，对比了RSM模型、Kriging模型和RBF模型的近似精度，得出RBF模型的近似精度较好。Hussain等[66]利用全因子和拉丁超立方两种试验设计方法进行采样，通过7个函数例子进行测试，比较得出RBF模型比RSM模型近似精度高。除此之外，国外还有一些关于近似模型比较的研究，具体可以参考文献[67-69]。国内对近似模型比较的研究较少，主要以西北工业大学的张健和李为吉[70]为代表，他们将RSM模型、RBF模型、Kriging模型和增强的RBF模型进行对比分析，总结了4种近似模型的特点和适用范围。

除了上述初步的比较研究外，国外少数研究学者对各种近似模型的性能进行了全面、系统的比较。Jin等[53]最早开展了此项研究工作，他们在考虑大、小和稀少3种样本规模的基础上，对非线性程度较高和较低的样本数据、平滑与含数值噪声的样本数据进行近似预测，依据预测精度、鲁棒性、计算效率、透明度和概念简单性五种评价指标对RSM、Kriging、RBF和MARS 4种近似模型进行了全面而系统的比较，总结了4种近似模型各自的优缺点和适用范围。Clarke等[59]将SVR模型引入到近似模型领域中，从预测精度、鲁棒性、计算效率和透明度4种评价指标出发，将SVR模型与MDO中常用的4种近似模型(即RSM、Kriging、RBF、MARS模型)进行对比，证明SVR模型具有潜在的广阔应用前景。

目前，近似模型已经在工程产品设计优化中得到了广泛应用，但是为了实现高精度近似，在构建近似模型前通常需要进行大规模的采样。RSM模型具有透明度高、构建简单的特点，比较适合于线性问题近似。Kriging和RBF模型能提供较高的近似精度，但是它们的透明度较差。在工程产品设计优化中，设计人员可以根据各个近似模型的特点和适用范围，选择合适的近似模型进行应用。

2. 求解策略研究现状

1) 单级求解策略的研究现状

在MDO发展初期，求解策略呈现单级形式，主要有多学科可行(multidisciplinary feasible，MDF，也称为all-in-one，AIO)方法[71]、同时分析和设计(simultaneous analysis and design，SAND，也称为all-at-once，AAO)方法[72]、单学科可行(individual discipline feasible，IDF)方法[73]。这些方法为求解早期简单的MDO问题提供了有效的思路。

MDF方法通过系统分析模块将各学科分析集中起来，在此基础上利用优化算法对整个系统进行设计优化。该方法通过多学科系统分析来确保各学科间设计变量的一致性，整个系统只有一个优化器，是最早期的单级求解策略。AAO方法通过引入辅助设计变量来代替各学科分析状态变量，从而避免了各个学科之间直接的耦合关系，使得各个学科能够独立并行地进行分析。辅助设计变量和各学科分析状态变量之间的差异通过一致性约束来协调，最后执行系统优化，获得MDO问题最优解。与 AAO 方法相同，IDF 方法同样也通过引入辅助设计变量的方式来实现各个学科的并行分析，但是 AAO 方法对所有学科分析的状态变量都利用辅助设计变量来替代，IDF 方法只是对各个学科之间的耦合状态变量进行替代。与 AAO 方法相比，IDF 方法能减少设计变量的数目，从而降低系统优化所需要的计算量。

上述 3 种单级求解策略通过学科分析与系统优化的集成，实现 MDO 问题的求解，求解系统中只存在一个优化器，整个优化过程需要进行大量的学科分析和系统分析，对于涉及学科较少、设计变量不多、计算量不大的工程产品 MDO 问题，往往能够有效地获得产品整体性能最优的设计方案。

2）多级求解策略的研究现状

随着结构、流体和控制等学科理论的不断发展和完善，工程产品多学科设计优化中考虑到的学科因素越来越多，学科之间的耦合作用也越来越强。与此同时，计算机技术的飞速发展使得计算性能得到极大提高，有限元分析、计算流体动力学等仿真手段在工程产品设计中开始得到广泛应用，设计人员从传统的依靠经验公式进行分析的方式中脱离出来，通过建立高精度仿真模型来进行学科分析。上述各种因素使得工程产品 MDO 需要进行更多昂贵耗时的学科分析和系统分析，单级求解策略已经不再适用。因此，各种多级求解策略开始纷纷涌现，主要包括：

（1）并行子空间优化（concurrent subspace optimization，CSSO）方法：该方法最早由 Sobieszczanski-Sobieski[74] 于 1988 年提出，是一种基于全局灵敏度方程（global sensitivity equation，GSE）近似的两级求解策略。该方法根据各个学科分析与优化时所需变量的不同，将设计变量对应分配给各个学科或子空间，每个子空间独立优化一组互不相交的设计变量。在各个子空间的优化过程中，对于该子空间的状态变量，采用该子空间所属学科的分析方法进行计算，对于其他子空间的状态变量，则采用基于 GSE 的近似方法进行计算。各个子空间的优化结果构成一组设计方案，该方案作为 CSSO 方法下一次迭代的初始值。CSSO 方法不仅降低了系统分析的次数，而且每个子空间可以独立并行地进行设计优化，提高了优化效率。

（2）协同优化（collaborative optimization，CO）方法：Kroo 等[75] 于 1994 年在一致性约束优化方法的基础上提出了 CO 方法，该方法将 MDO 问题分解为一个系统级和多个子系统级（或学科级）的设计优化问题，各个子系统在不考虑其他子系统设计约束的基础上单独进行设计优化，优化的目标是使子系统设计方案与系统级目标设计方案之间的差异最小。各个子系统优化结果的不一致性由系统级一致性约束进行协调，最后通过系统级优化与子系统级优化之间的多次循环迭代，得到一致性设计方案。

（3）两级集成系统综合（bi-level integrated system synthesis，BLISS）方法：该方法最早由 Sobieszczanski-Sobieski 等[76] 于 1998 年提出，是一种基于 GSE 的两级求解策略。该方法将设计变量划分为系统级和学科级两类，进而将原始的 MDO 问题分成系统级和多个子系统级优化问题。系统级优化与各个子系统级优化通过最优灵敏度导数信息相联系，系统级和子系统级优化交替运行，从而获得 MDO 问题整体最优解。BLISS 方法的有效性取决于求解问题的非线性程度，对于非线性程度较低的问题，该方法可以有效地收敛到最优解，对于非线性程度很高或者非凸问题，该方法会随着初始点选取的不同而得到不同的优化结果。

（4）分级目标传递（analytical target cascading，ATC）方法：ATC 方法是 Michelena 等[77]于 1999 年提出的一种基于模型和层次优化的多级求解策略。它以工程产品的各个部件为标准将设计问题逐层分解为树型结构，通过最小化树型结构中层与层之间目标传递的偏差来获得工程产品整体最优解。树型结构中的节点称为元素，元素由设计模型和分析模型组成，其中，设计模型通过调用分析模型来计算元素的响应。

3）多目标求解策略的研究现状

工程产品多学科设计优化问题往往会涉及多个相互冲突的优化目标，目前对于求解多目标 MDO 问题的研究文献不多，其思路主要体现在将传统的多目标优化方法与现有的单目标 MDO 求解策略进行集成。Tappeta 和 Renaud[78]提出了多目标协同优化方法，该方法将多个目标进行线性加权转换成单目标问题，然后利用 CO 方法来求解。Tappeta[79]在其博士学位论文中，对该方法进行了详细的阐述与应用验证。Huang[80]提出了多目标 Pareto 的并行子空间方法，其本质也是将多目标问题转换成单目标问题，然后利用 CSSO 方法进行求解。McAllister 等[81]将线性物理规划与 CO 方法进行集成，用于多目标 MDO 问题的求解。陈刚等[82]提出了一种基于 NSGA-Ⅱ算法的多目标协作优化方法。李连升等[83]将物理规划与基于遗传算法改进的 CO 方法进行集成，用于飞机起落架缓冲器的多目标多学科设计优化。

除了上述集成的方法外，基于博弈论（game theory）的研究方法也被广泛应用于多目标 MDO 问题的求解中。Rao[84]将合作博弈方法成功应用于结构多目标优化中。随后，Rao 等[85]利用合作博弈方法进行了结构与控制的一体化设计。Lewis 和 Mistree[86]总结了合作、非合作和领导/随从 3 种博弈方式，用于描述工程产品多学科设计优化中 3 种不同的设计场景。Xiao 等[87]利用博弈理论建立了学科设计小组之间的协同决策模型。张宏波等[88]将非合作博弈方法应用于汽车耐撞性多目标设计优化中，取得了比传统的线性加权法更好的优化结果。赵健冬等[89]将非合作博弈方法应用于挖掘机工作装置的多目标多学科设计优化中，证明了该方法的有效性。随着工程产品复杂程度的提高，产品设计中考虑到的目标也会逐渐增多，如何快速准确地求解多目标 MDO 问题是研究的趋势。

1.2.3 可靠性设计优化研究现状

在开展可靠性设计优化时，根据结构的功能要求和相应的极限状态标志，可建立结构的功能函数（performance function），也称极限状态函数（limit state function)[90]：

$$Z=g(\boldsymbol{X})=g(X_1,X_2,\cdots,X_n) \tag{1-1}$$

其中，$\boldsymbol{X}=(X_1,X_2,\cdots,X_n)^{\mathrm{T}}$ 表示不确定性随机变量。通常定义 $Z>0$ 表示结构可靠，$Z<0$ 表示结构失效，$Z=0$ 表示结构处于安全状态，显然 $Z=0$ 表示的极限状态边界将整个空间分为可靠域 $\Omega_{\mathrm{r}}=\{\boldsymbol{X}\mid g(\boldsymbol{X})>0\}$ 和失效域 $\Omega_{\mathrm{f}}=\{\boldsymbol{X}\mid g(\boldsymbol{X})\leqslant 0\}$。可靠性分析是对当前设计点处的可靠度水平进行评估，根据当前设计点及其概率分布可以得到功能函数输出响应不满足设计要求的概率，即失效概率。考虑到设计点为连续的随机变量，假设其联合概率密度函数为 $f_{\mathrm{X}}(\boldsymbol{X})$，结构的失效概率可以表示为

$$P_{\mathrm{f}}(g(\boldsymbol{X})\leqslant 0)=\int_{\Omega_{\mathrm{f}}} f_{\mathrm{X}}(\boldsymbol{X})\mathrm{d}\boldsymbol{X} \tag{1-2}$$

基于概率的可靠性设计优化模型如式(1-3)所示[91,92]：

$$\begin{aligned}&\text{求 } \boldsymbol{d},\ \boldsymbol{\mu}_X\\&\begin{cases}\text{Min: } f(\boldsymbol{d},\boldsymbol{\mu}_X,\boldsymbol{\mu}_P)\\ \text{s.t.: Prob}(g_i(\boldsymbol{d},\boldsymbol{X},\boldsymbol{P})\leqslant 0)\leqslant P_{\mathrm{f},i}^{\mathrm{t}}, \quad i=1,2,\cdots,m\\ \qquad \boldsymbol{d}^{\mathrm{L}}\leqslant \boldsymbol{d}\leqslant \boldsymbol{d}^{\mathrm{U}}, \quad \boldsymbol{\mu}_X^{\mathrm{L}}\leqslant \boldsymbol{\mu}_X\leqslant \boldsymbol{\mu}_X^{\mathrm{U}}\end{cases}\end{aligned} \tag{1-3}$$

其中，$\boldsymbol{d}$ 是确定性设计变量；$\boldsymbol{X}$ 是随机设计变量；$\boldsymbol{P}$ 是随机参数；$\boldsymbol{\mu}_X$ 和 $\boldsymbol{\mu}_P$ 分别是 $\boldsymbol{X}$ 和 $\boldsymbol{P}$ 的均值。$\boldsymbol{d}^{\mathrm{L}}$ 和 $\boldsymbol{d}^{\mathrm{U}}$ 分别是变量 $\boldsymbol{d}$ 的上下界，$\boldsymbol{\mu}_X^{\mathrm{L}}$ 和 $\boldsymbol{\mu}_X^{\mathrm{U}}$ 分别是均值 $\boldsymbol{\mu}_X$ 的上下界。$f(\boldsymbol{d},\boldsymbol{\mu}_X,\boldsymbol{\mu}_P)$ 表示目标函数，$\text{Prob}(g_i(\boldsymbol{d},\boldsymbol{X},\boldsymbol{P})\leqslant 0)\leqslant P_{\mathrm{f},i}^{\mathrm{t}}$ 表示概率约束，i 是概率约束的个数，概率约束表示为失效事件发生的概率应小于或等于许用失效概率 $P_{\mathrm{f},i}^{\mathrm{t}}$（即最大失效概率）。

值得注意的是，式(1-3)的功能函数和式(1-2)的功能函数中的参数含义不同。在可靠性分析中，通常只有确定性变量和随机变量，因为确定性变量不影响结构功能，所以式(1-2)中省略了确定性变量，只存在随机变量。而在可靠性设计优化中，一般有设计对象——确定性变量 $\boldsymbol{d}$ 和随机变量 $\boldsymbol{X}$（随机分布的均值 $\boldsymbol{\mu}_X$ 随着设计进行不断迭代更新），此外还存在随机参数 $\boldsymbol{P}$（即随机分布参数不变，相当于可靠性分析中定义的随机变量）。从式(1-3)可以看出，可靠性设计优化分为两个阶段，分别是确定性优化阶段和可靠性分析阶段。当优化阶段结束之后，输出一个新的均值 $\boldsymbol{\mu}_X$ 给随机变量 $\boldsymbol{X}$。然后，随机变量 $\boldsymbol{X}$ 携带新的分布参数和随机参数 $\boldsymbol{P}$ 一起进行可靠性分析。因此式(1-3)中的可靠性分析和式(1-2)在原理上是一致的，只是为了和优化保持一致，才有了式(1-3)中的表达形式。本节将从可靠性分析与可靠性优化两方面对 RBDO 的国内外研究现状进行综述。

1. 可靠性分析研究现状

可靠性分析即对式(1-3)中不等式概率约束的左半部分进行求解，该求解过程是一个不规则空间上的多维积分，如式(1-4)所示：

$$\mathrm{Prob}(g_i(\boldsymbol{d},\boldsymbol{X},\boldsymbol{P}) \leqslant 0)=\int_{\Omega_\mathrm{f}} f(\boldsymbol{X},\boldsymbol{P})\mathrm{d}\boldsymbol{X}\mathrm{d}\boldsymbol{P} \tag{1-4}$$

由于积分空间和积分表达式的复杂性，使得它的计算成本非常昂贵，有时甚至无法求解。并且，实际工程中功能函数的具体响应值需要借助有限元、计算流体动力学等计算成本昂贵的商用软件才能得到。因此，在保证失效概率求解精度的前提下最大限度地减少功能函数响应的计算次数是可靠性分析领域的重要问题。目前已有的可靠性分析方法可以大致分为 3 类：①近似解析法；②仿真模拟法；③代理模型法。

1）近似解析法

近似解析法最早起源于 1947 年 Freudenthal[93] 提出的结构安全度概念，随后，Cornell[94] 于 1969 年提出了可靠性指标的概念，将结构响应的一阶矩和二阶矩与可靠度指标和失效概率进行对应。但当时的一次二阶矩法（first-order second moment，FOSM）计算结果不具有唯一性，求解具有相同物理模型、不同形式的功能函数可能会得到不同的可靠度指标。直到 1974 年，Hasofer 和 Lind[95] 给出了一个新的可靠度指标和相应的最大可能失效点（most probable point，MPP）概念：可靠度表示在独立标准正态分布空间中坐标原点到极限状态曲面的最小距离，而最小距离对应的点称为 MPP 点。为了解决 Hasofer-Lind 方法仅能处理系统变量为正态分布的问题，Rackwitz 和 Flessler[96] 于 1978 年提出了一种近似变换方法，建立了著名的 HL-RF 迭代方法，该方法成为国际结构安全联合委员会推崇的标准算法。在 HL-RF 迭代方法的基础上，相关学者又提出了一系列的改进方法。

经过近几十年的发展，目前常用的方法主要有一次可靠性方法（first-order reliability method，FORM）和二次可靠性方法（second-order reliability method，SORM）。二者区别在于将功能函数在 MPP 点处进行一次或者二次 Taylor 展开，SORM 由于能够利用极限状态函数在 MPP 点附近的曲率信息，从而比 FORM 更加精确。但 SORM 需要计算结构的 Hessian 矩阵，计算效率相对较低。此外，FORM 和 SORM 只能处理独立分布的随机变量。因此，有关学者提出了许多变换方法，如 Rosenblatt 变换法[97]、正交变换法[98]、Nataf 变换法[99]等。另一方面，FORM 和 SORM 需要把非正态随机变量转换为正态分布随机变量，这种转换将增加功能函数的非线性，造成结果精度可能偏低。为了避免这种转换，相关学者也提出了一系列的方法，此处不再赘述。

2）仿真模拟法

仿真模拟法的基本思想是根据随机变量的统计分布规律按照一定策略随机抽取样本，进行大量的重复性试验以获得样本点的响应，然后依据大数定律估计相应的失效概率[100]。其中，蒙特卡罗模拟法（Monte Carlo simulation，MCS）是可靠性分析中应用最广的方法之一。理论上，MCS 方法可以处理任何可靠性问题而不受变量维度和问题复杂度的影响，具有简单精确、稳健性强的优点。但是 MCS 计算效率过低，尤其是对于单次计算成本较高问题和小失效概率问题，大量样本点所花费的计算时间是难以接受的。由于 MCS 方法所求得结果非常精确,一般将其作为参考结果验证其他方法的有效性。为了提高仿真模拟法的效率,有关学者提出了一些改进的仿真方法,如重要抽样法(importance sampling,IS)、自适应重要抽样法(adaptive importance sampling,AIS)、子集模拟法(subset simulation,SS)、线抽样法(line sampling,LS)、方向抽样法等。

重要抽样法是一种最常见的改进仿真模拟法,具有抽样效率高、计算方差小的优点。重要抽样法把抽样中心从随机变量的均值点处移动到极限状态函数上的验算点,增加样本点落入失效域的概率,从而提高抽样效率和收敛速度。验算点的获取一般需要求解一个约束优化问题,有时多个验算点不易求解,常规重要抽样不太实用。于是有关学者还提出了一些自适应重要采样法,如:基于核密度估计的自适应重要抽样方法、基于模拟退火的自适应重要抽样方法等。但是,重要抽样法在处理高维问题和小失效概率问题时仍然面临很大挑战。有关学者提出了子集模拟法,它通过构造中间失效事件,将较小的失效概率转化成一系列较大的条件失效概率的乘积。同时,使用马尔科夫链 MCS 高效模拟条件样本点来估计中间事件的失效概率,相对于 MCS 大大提升效率。线抽样法是另一种处理高维小失效概率问题的有效方法,它在标准正态空间将一个高维抽样问题转化为多个一维的条件概率问题,从而实现了高效计算的目的。

3) 代理模型法

对于复杂工程问题,功能函数通常表现为强非线性,甚至没有显示形式。因此利用有限的样本信息建立结构输入输出的映射关系,并建立代理模型来代替计算昂贵的原始功能函数去预测未知样本点的响应值。构建代理模型所需样本点的数目直接关系到计算方法的效率,当代理模型构建完毕之后,即可使用仿真模拟法调用代理模型求得失效概率。

2. 可靠性设计优化研究现状

在可靠性设计优化中,当内部循环完成可靠性分析之后,外层循环接收可靠性分析结果,并进行新的外层确定性优化迭代。RBDO 由于具有双层结构,在求解过程中往往需要大量的迭代信息,这导致 RBDO 在实际运用中需要大量的计算成本。为提升 RBDO 效率,学者们提出了一系列新的求解思路。当前,可靠性设计优化方法主要分为两类:①基于概率解析的 RBDO 方法;②基于近似模型的 RBDO 方法。

可靠性设计优化示意图

1) 基于概率解析的 RBDO 方法

基于概率解析的 RBDO 方法主要包括两类策略,一类是以序列优化和可靠度评估法[101](sequential optimization and reliability assessment, SORA)为代表的解耦策略,当然还有安全系数法[102](safety factor approach,SFA)、序列线性规划法[103](sequential approximate programming, SAP)、直接解耦法[104](direct decoupling approach)、罚函数法[105](penalty-based approach)等。

以上解耦方法中,SORA 因其操作简单、求解稳定而被广泛使用。在每个优化迭代步,SORA 根据最可能失效点构建偏移向量,进而将确定性约束往概率约束处偏移,但 SORA 并不能保证该偏移向量完全精确,尤其是在优化初始阶段。于是,笔者提出了最优偏移向量[106](optimal shifting vector,OSV)来提升 SORA 的解耦精度和效率。类似地,湖南大学姜潮等提出了增量偏移向量[107](incremental shifting vector,ISV)。此外,还有一些学者在 SORA 的基础上发展了凸线性法[108](convex linearization,CL-SORA)、鞍点近似法[109](saddlepoint approximization)等。

另一类则是以单循环法[110](single loop approach, SLA)为代表的将内环可靠性分析转接到外环概率约束当中的策略。单循环法结构简单,具有很好的求解效率,但是单循环法只能处理线性或者轻度非线性问题。为了拓宽单循环法的应用,学者们做了一系列的尝试。例如,Mansour 等提出了响应面单循环法[111](response surface single loop, RSSL),该方法在确定性设计解附近构建确定性约束的二次响应面。Jeong 等在单循环单向量法[112](single loop single vector approach, SLSV)的基础上引入了最可能失效点处的共轭梯度信息,进而处理单循环法迭代过程易陷入振荡的缺点。类似地,合肥工业大学孟增等提出了混沌单循环法[113](chaotic single loop, CSL)来进一步提升单循环法的计算稳定性。此外,单循环法由于依赖不完全精确的近似最可能失效点(most probable point, MPP)来消除内环可靠性分析,而导致其求解过程出现不规律振荡现象。笔者针对这个问题,提出基于 KKT 条件的判断准则,在优化迭代中自适应混合精确 MPP 和近似 MPP[114](adaptive hybrid single loop method, AH-SLM)。除了单循环法之外,具有单层优化结构的方法还包括可靠设计空间法[115](reliable design space, RDS)、迭代可靠设计空间法[116](iterative reliable design space,IRDS)等。

2) 基于近似模型的 RBDO 方法

如前所述,近似模型技术在工程设计领域具有坚实的应用基础和广阔的应用前景。不同于解析方法主要致力于减少优化循环中可靠性分析的次数或者单次可靠性分析的迭代步数,基于近似模型的 RBDO 方法致力于用尽可能少的训练点构建足够精确的近似模型来代替原始功能函数。此类方法一般选择仿真模拟法进行可靠性分析,选择梯度优化方法或者元启发式算法进行优化。

基于近似模型的 RBDO 方法有两类建模策略:①设计域全局建模(global surrogate modeling)策略;②设计驱动的局部建模(design-drived local surrogate modeling)策略。设计域全局建模策略即在最优解可能出现的区域建立精度达标的近似模型,通常有一次采样和序列采样两种方式。当近似模型达到预定精度之后,再基于该模型进行全局优化。而设计驱动的局部建模策略则在每一迭代步的当前优化解附近采样,采样建模和优化序列进行,直至找到最优解。

尽管以上提到的近似模型都可以运用于 RBDO 中,但支持向量回归模型和

Kriging 模型的应用相对更加广泛。其中,支持向量回归模型具有天然的分类能力,而 Kriging 模型能够提供预测局域的不确定性。在支持向量回归模型方面,Hurtado[117]将统计学习理论引入可靠性领域,建立极限状态函数的近似模型,对预测响应进行分类。Missoum 等[118-121]则在 2007 年至 2015 年间,用支持向量机模型拟合可靠性分析的决策边界,提出一系列函数识别、自适应采样和支持向量机参数选择的策略来处理非连续响应和多失效域问题。此外,Choi 等[122]还提出了用于 RBDO 的虚拟支持向量机。在 Kriging 模型方面,Choi 等[123,124]提出动态 Kriging 模型进行概率分析,同时还提出了变量筛选方法和模型不确定性量化策略[125],进一步增强了近似模型在可靠性设计优化中的可行性。本书作者充分融合 Kriging 模型和 RBDO 的特点,提出了基于目标函数特性、当前最可能失效点的局部自适应更新方法[126,127],此外,本书作者还提出了变可信度建模框架来适应工程需求[128]。

1.3 本书的篇章结构

本书重点介绍了拓扑优化设计、多学科设计优化和可靠性设计优化 3 类优化驱动的设计方法。第 1 章绪论,介绍了 3 类方法的研究背景与研究现状,后续各章分别围绕 3 类方法的理论与应用开展叙述。

拓扑优化在结构几何和拓扑信息完全未知的情况下,发掘理想的概念设计方案,加上结构边界描述及优化算法的复杂性,导致拓扑优化成为结构优化领域内最行之有效,且最具挑战性的研究方向。拓扑优化的相关研究主要可从优化方法和应用对象两个方面展开,按照应用对象的构型尺度,拓扑优化设计可大体分为 3 类,即结构拓扑优化设计、材料拓扑优化设计,以及结构与材料一体化的多尺度拓扑优化设计。第 2 章将重点介绍一种高效的基于参数化水平集的拓扑优化方法。第 3～5 章,将分别介绍结构拓扑优化设计、材料拓扑优化设计,以及结构与材料一体化的多尺度拓扑优化设计。

计算复杂性和组织复杂性是工程产品 MDO 中两大主要难点,针对这两方面困难,近似模型和求解策略提供了很好的解决思路。近似模型通过替代高精度仿真模型,用于优化迭代过程中,可以极大地降低工程产品 MDO 中庞大的计算量;求解策略通过合理地组织、协调工程产品各个学科间相互耦合的机制,可以有效地降低工程产品 MDO 中组织的复杂性。近似模型和求解策略两方面研究内容已经成为多学科设计优化领域的两大研究热点和重点,得到了越来越多的关注。第 6 章将重点介绍 MDO 中各种近似模型构建方法,第 7 章将重点介绍 MDO 求解策略。

RBDO 从产品性能失效的可能性角度出发,重点关注产品性能函数分布中末端事件的分布情况,其目的是保证产品的高性能或低失效率。RBDO 的相关研究主要围绕可靠性分析和优化展开,第 8 章将介绍基于概率解析的 RBDO 方法,第 9 章将介绍基于近似模型的 RBDO 方法。

参考文献

[1] 钱令希. 工程结构优化设计[M]. 北京：水利电力出版社，1983.

[2] SOBIESZCZANSKI-SOBIESKI J. Multidisciplinary design optimization: an emerging new engineering discipline. Advances in Structural Optimization[J]. Herskovits J. (Ed.), Kluwer Academic Publishers, 1995: 483-496.

[3] 肖蜜. 多学科设计优化中近似模型与求解策略研究[D]. 武汉：华中科技大学，2012.

[4] GU X G, SUN G Y, LI G Y, et al. A comparative study on multiobjective reliable and robust optimization for crashworthiness design of vehicle structure[J]. Structural and Multidisciplinary Optimization, 2013, 48(3): 669-684.

[5] LI L S, LIU J H, LIU S H. An efficient strategy for multidisciplinary reliability design and optimization based on CSSO and PMA in SORA framework[J]. Structural and Multidisciplinary Optimization, 2014, 49(2): 239-252.

[6] LI G, MENG Z, HU H. An adaptive hybrid approach for reliability-based design optimization[J]. Structural and Multidisciplinary Optimization, 2015, 51(5): 1051-1065.

[7] LI G, MENG Z, HU H. An adaptive hybrid approach for reliability-based design optimization[J]. Structural and Multidisciplinary Optimization, 2015, 51(5): 1051-1065.

[8] 张义民. 机械可靠性设计的内涵与递进[J]. 机械工程学报，2010，46(14)：167-188.

[9] 郭书祥，吕震宙. 基于非概率模型的结构可靠性优化设计[J]. 计算力学学报，2002，19(2)：198-201.

[10] MICHELL A G M. The limit of economy of material in frame structures[J]. Philos Mag, 1904, 8(6): 589-597.

[11] ROZVANY G I N. Structural design via optimality criteria[M]. Dordrecht, The Netherlands: Kluwer academic publishers. 1989.

[12] CHENG G D, GUO X. E-relaxed approach in structural topology optimization[J]. Struct Optimization, 1997, 13(4): 258-266.

[13] 程耿东. 关于桁架结构拓扑优化设计中的奇异最优解[J]. 大连理工大学学报，2000，40(2)：379-383.

[14] BENDSØE M P, KIKUCHI N. Generating optimal topologies in structural design using a homogenization method[J]. Comput Method Appl M, 1988, 71: 197-224.

[15] ZHOU M, ROZVANY G I N. The COC algorithm, part Ⅱ: Topological, geometry and generalizedshape optimization[J]. Comput Method Appl M, 1991, 89(1-3): 309-336.

[16] ROZVANY G I N, KIRSCH U, BENDSØE M P. Layout optimization of structures[J]. Appl Mech Rev, 1995, 48(2): 41-119.

[17] BENDSØE M P, SIGMUND O. Material interpolation schemes in topology optimization [J]. Arch Appl Mech, 1999, 69(9-10): 635-654.

[18] SIGMUND O. A 99 line topology optimization code written in Matlab[J]. Struct Multidiscip O, 2001, 21(2): 120-127

[19] OSHER S, SETHIAN J A. Fronts propagating with curvature-dependent speed-algorithms based on Hamilton-Jacobi formulations[J]. J Comput Phys, 1988, 79(1):

12-49.

[20] SETHIAN J A, WIEGMANN A. Structural boundary design via level set and immersed interface methods[J]. J Comput Phys,2000, 163(2): 489-528.

[21] WANG M Y, WANG X M, GUO D M. A level set method for structural topology optimization[J]. Comput Method Appl M,2003, 192: 227-246.

[22] ALLAIRE G, JOUVE F, TOADER A M. Structural optimization using sensitivity analysis and a level-set method[J]. J Comput Phys,2004, 194(1): 363-393.

[23] XIE Y M, STEVEN G P. A simple evolutionary procedure for structural optimization [J]. Comput Struct,1993, 49(5): 885-896.

[24] GUO X, ZHANG W S, ZHONG W L. Doing topology optimization explicitly and geometrically: a new moving morphable components based framework[J]. J Appl Mech-T ASME,2014, 81: 081009-081012.

[25] ZHANG W S, YUAN J, ZHANG J, et al. A new topology optimization approach based on Moving Morphable Components (MMC) and the ersatz material model[J]. Struct. Multidiscip. Optim,2016, 53: 1243-1260.

[26] 隋允康，杨德庆，王备. 多工况应力和位移约束下连续体结构拓扑优化[J]. 力学学报，2000, 32(3): 171-179.

[27] 隋允康，杨德庆，孙焕纯. 统一骨架与连续体的结构拓扑优化的ICM理论与方法[J]. 计算力学学报,2000, 17(1): 28-33.

[28] 罗俊召. 基于水平集方法的结构拓扑与形状优化技术及应用研究[D]. 武汉：华中科技大学，2008.

[29] LUO J Z, LUO Z, TONG L Y, et al. A semi-implicit level set method for structural shape and topology optimization[J]. J Comput Phys,2008, 227(11): 5561-5581.

[30] OSHER S, SANTOSA F. Level set methods for optimization problems involving geometry and constraints I. Frequencies of a two-density inhomogeneous drum[J]. J Comput Phys,2001, 171(1): 272-288.

[31] 庄春刚，熊振华，丁汉. 基于水平集方法和von Mises应力的结构拓扑优化[J]. 中国机械工程,2006, 15: 1589-1594.

[32] XIA Q, WANG M Y, WANG S Y, et al. Semi-Lagrange method for level-set-based structural topology and shape optimization[J]. Struct Multidiscip O, 2006, 31(6): 419-429.

[33] 荣见华. 一种改进的结构拓扑优化水平集方法[J]. 力学学报,2007, 39(2): 253-259.

[34] YAMADA T, IZUI K, NISHIWAKI S, et al. A topology optimization method based on the level set method incorporating a fictitious interface energy[J]. Comput Method Appl M,2010, 199(45-48): 2876-2891.

[35] VAN DIJK N P, LANGELAAR M, VAN KEULEN F. Explicit level-set-based topology optimization using an exact Heaviside function and consistent sensitivity analysis[J]. Int J Numer Meth Eng,2012, 91(1): 67-97.

[36] DUNNING P D, KIM H A. Introducing the sequential linear programming level-set method for topology optimization[J]. Struct Multidiscip O,2015, 51: 631-643.

[37] GUO X, ZHANG W, ZHONG W. Explicit feature control in structural topology optimization via level set method[J]. Comput Method Appl M,2014, 272: 354-378.

[38] VAN DIJK N P, MAUTE K, LANGELAAR M, et al. Level-set methods for structural topology optimization: a review[J]. Struct Multidiscip O,2013, 48(3): 437-472.

[39] WANG S Y, WANG M Y. Radial basis functions and level set method for structural topology optimization[J]. Int J Numer Meth Eng,2006, 65(12): 2060-2090.

[40] HO H S, WANG M Y, ZHOU M D. Parametric structural optimization with dynamic knot RBFs and partition of unity method[J]. Struct Multidiscip O, 2012, 47(3): 353-365.

[41] LUO Z, WANG M Y, WANG S Y, et al. A level set-based parameterization method for structural shape and topology optimization[J]. Int J Numer Meth Eng,2008, 76(1): 1-26.

[42] LUO Z, TONG L Y, KANG Z. A level set method for structural shape and topology optimization using radial basis functions[J]. Comput Struct,2009, 87(7-8): 425-434.

[43] LUO Z, TONG L Y, WANG M Y, et al. Shape and topology optimization of compliant mechanisms using a parameterization level set method[J]. J Comput Phys,2007, 227(1): 680-705.

[44] WANG Y Q, LUO Z, ZHANG N, et al. Topological shape optimization of microstructural metamaterials using a level set method[J]. Comp Mater Sci,2014, 87: 178-186.

[45] WU J L, LUO Z, LI H, et al. Level-set topology optimization for mechanical metamaterials under hybrid uncertainties[J]. Comput Method Appl M, 2017, 319: 414-441.

[46] BUHMANN M D. Radial Basis Functions: Theory and Implementations, Cambridge Monographs on Applied and Computational Mathematics[M]. New York: Cambridge University Press, 2004.

[47] KLEIJNEN J P C. Statistical tools for simulation practitioners[M]. New York: Marcel Dekker,1987.

[48] SOBIESZCZANSKI-SOBIESKI J, HAFTKA R T. Multidisciplinary aerospace design optimization: survey of recent developments[J]. Structural and Multidisciplinary Optimization, 1997, 14(1): 1-23.

[49] SIMPSON T W, Booker A J, Ghosh D, et al. Approximation methods in multidisciplinary analysis and optimization: a panel discussion[J]. Structural and Multidisciplinary Optimization, 2004, 27(5): 302-313.

[50] MYERS R H, MONTGOMERY D C. Response surface methodology: process and product optimization using designed experiments[M]. New York: Wiley,1995.

[51] SACKS J, WELCH W J, MITCHELL T J, et al. Design and analysis of computer experiments[J]. Statistical Science, 1989, 4(4): 409-423.

[52] HARDY R L. Multiquadratic equations of topography and other irregular surfaces[J]. Journal of Geophysics Research, 1971, 76(8): 1905-1915.

[53] JIN R, CHEN W, SIMPSON T W. Comparative studies of metamodelling techniques under multiple modelling criteria[J]. Structural and Multidisciplinary Optimization, 2001, 23(1): 1-13.

[54] MATHERON G. Principles of geostatistics[J]. Economic Geology, 1963, 58(8):

1246-1266.

[55] XIAO M, GAO L, SHAO X Y, et al. A generalized collaborative optimization method and its combination with kriging metamodels for engineering design[J]. Journal of Engineering Design, 2012, 23(5): 379-399.

[56] GAO L, XIAO M, SHAO X Y, et al. Analysis of gene expression programming for approximation in engineering design[J]. Structural and Multidisciplinary Optimization, 2012, 46(3): 399-413.

[57] FRIEDMAN J H. Multivariate adaptive regression splines[J]. Ann Stat, 1991, 19(1): 1-67.

[58] HAJELA P, BERKE L. Neural networks in structural analysis and design: an overview [J]. Computing Systems in Engineering, 1992, 3(1-4): 525-538.

[59] CLARKE S M, GRIEBSCH J H, SIMPSON T W. Analysis of support vector regression for approximation of complex engineering analyses[J]. Journal of Mechanical Design, 2005, 127(6): 1077-1087.

[60] TOROPOV V V. ALVAREZ L F. Approximation model building for design optimization using genetic programming methodology[C]. In: Proceedings of the 7th AIAA/USAF/NASA/ISSMO Symposium on Multidisciplinary Analysis and Optimization, St. Louis, MO, Sept. 2-4, 1998, AIAA-1998-4769.

[61] ASHOUR A F, ALVAREZ L F, TOROPOV V V. Empirical modeling of shear strength of RC deep beams by genetic programming[J]. Computers and Structures, 2003, 81(5): 331-338.

[62] GIUNTA A A, WATSON L T. A comparison of approximation modeling techniques: polynomial versus interpolating models[C]. In: Proceedings of the 7th AIAA/USAF/NASA/ISSMO Symposium on Multidisciplinary Analysis and Optimization, St. Louis, MO, Sept. 2-4, 1998, AIAA-1998-4758.

[63] SIMPSON T W, MAUERY T M, KORTE J J, et al. Comparison of response surface and kriging models for multidisciplinary design optimization[C]. In: Proceedings of the 7th AIAA/USAF/NASA/ISSMO Symposium on Multidisciplinary Analysis and Optimization, St. Louis, MO, Sept. 2-4, 1998, AIAA-1998-4755.

[64] SIMPSON T W, MAUERY T M, KORTE J J, et al. Kriging models for global approximation in simulation-based multidisciplinary design optimization [J]. AIAA Journal, 2001, 39(12): 2233-2241.

[65] MECKESHEIME R M, BARTON R R, SIMPSON T W, et al. Metamodeling of combined discrete/continuous responses[J]. AIAA Journal, 2001, 39(10): 1950-1959.

[66] HUSSAIN M F, BARTON R R, JOSHI S B. Metamodeling: radial basis functions, versus polynomials [J]. European Journal of Operational Research, 2002, 138 (1): 142-154.

[67] KRISHNAMURTHY T. Comparison of response surface construction methods for derivative estimation using moving least squares, kriging and radial basis functions[C]. In: Proceedings of the 46th AIAA/ASME/ASCE/AHS/ASC Structures, Structural Dynamics and MaterialsConference, Austin, Texas, Apr. 18-21, 2005, AIAA-2005-1821.

[68] KIM B S, LEE Y B, CHOI D H. Comparison study on the accuracy of metamodeling

technique for non-convex functions[J]. Journal of Mechanical Science and Technology, 2009, 23(4): 1175-1181.
[69] ZHAO D, XUE D Y. A comparative study of metamodeling methods considering sample quality merits[J]. Structural and Multidisciplinary Optimization, 2010, 42(6): 923-938.
[70] 张健. 飞机多学科设计优化中的近似方法研究[D]. 西安：西北工业大学，2006.
[71] GROSSMAN B, GURDAL Z, STRAUCH G J, et al. Integrated aerodynamic/structure design of a sailplane wing[J]. Journal of Aircraft, 1988, 25(9): 855-860.
[72] HAFTKA R T. Simultaneous analysis and design[J]. AIAA Journal, 1985, 23(7): 1099-1103.
[73] HAFTKA R T, SOBIESZCZANSKI-SOBIESKI J, PADULA S L. On options for interdisciplinary analysis and design optimization[J]. Structural and Multidisciplinary Optimization, 1992, 4(2): 65-74.
[74] SOBIESZCZANSKI-SOBIESKI J. Optimization by decomposition: a step from hierarchic to non-hierarchic systems[C]. In: Proceedings of the 2nd NASA/Air Force Symposium on Recent Advances in Multidisciplinary Analysis and Optimization, Hampton, Virginia, NASA CP-3013, 1988, 51-78.
[75] KROO I M, ALTUS S, BRAUN R, et al. Multidisciplinary optimization methods for aircraft preliminary design[C]. In: Proceedings of 5th AIAA/USAF/NASA/ISSMO symposium on Multidisciplinary Analysis and Optimization, Panama City Beach, FL, Sept. 7-9, 1994, AIAA-1994-4325.
[76] SOBIESZCZANSKI-SOBIESKI J, AGTE J S, SANDUSKY R R. Bi-level integrated system synthesis [C]. In: Proceedings of the 7th AIAA/USAF/NASA/ISSMO Symposium on Multidisciplinary Analysis and Optimization, St. Louis, MO, Sept. 2-4, 1998, AIAA-1998-4916.
[77] MICHELENA N, KIM H M, PAPALAMBROS P Y. A system partitioning and optimization approach to target cascading [C]. In: Proceedings of the International Conference on Engineering Design, edited by Lindemann U., Birkhofer H., Meerkamm H. and Vajna S., Technical Univ. of Munich, Garching-Munich, 1999, 2: 1109-1112.
[78] TAPPETA R V, RENAUD J E. Multi-objective collaborative optimization[J]. Journal of Mechanical Design, 1997, 119(3): 403-411.
[79] TAPPETA R V. Interactive multi-objective optimization of engineering systems [D]. Dissertation, Department of Mechanical Engineering, University of Notre Dame, 1999.
[80] HUANG C H. Development of multi-objective concurrent subspace optimization and visualization method for multidisciplinary design[D]. New York: State University of New York at Buffalo, 2003.
[81] MCALLISTER C D, SIMPSON T W, HACKER K, et al. Integrating linear physical programming within collaborative optimization for multiobjective multidisciplinary design optimization[J]. Structural and Multidisciplinary Optimization, 2005, 29(3): 178-189.
[82] 陈刚，徐敏，万自明，等. 基于多目标多学科设计优化方法的再入弹道设计研究[J]. 宇航学报，2008，29(4)：1210-1215.
[83] 李连升，刘继红，谢琦，等. 基于物理规划的多学科多目标设计优化[J]. 计算机集成制造系统，2010，16(11)：2392-2398.

[84] RAO S S. Game theory approach for multiobjective structural optimization [J]. Computers and Structures, 1987, 25(1): 119-127.

[85] RAO S S, VENKAYYA V B, KHOT N S. Game theory approach for the integrated design of structures and controls[J]. AIAA Journal, 1988, 26(4): 463-469.

[86] LEWIS K, MISTREE F. Modeling interactions in multidisciplinary design: a game theoretic approach[J]. AIAA Journal, 1997, 35(8): 1387-1392.

[87] XIAO A, ZENG S, ALLEN J K, et al. Collaborative multidisciplinary decision making using game theory and design capability indices[J]. Research in Engineering Design, 2005, 16(1-2): 57-72.

[88] 张宏波，顾镭，徐有忠. 基于博弈论的汽车耐撞性多目标优化设计[J]. 汽车工程,2008, 30(7): 553-556.

[89] 赵健冬，邱清盈，冯培恩. 基于 Nash 均衡的多学科设计优化求解方法[J]. 农业机械学报，2008，39(1)：126-129.

[90] 张明. 结构可靠度分析——方法与程序[M]. 北京：科学出版社，2009.

[91] AOUES Y, CHATEAUNEUF A. Benchmark study of numerical methods for reliability-based design optimization[J]. Structure and Multidisciplinary Optimization, 2010, 41(2): 277-294.

[92] VALDEBENITO M A, SCHUËLLER G I. A survey on approaches for reliability-based optimization[J]. Structure and Multidisciplinary Optimization, 2010, 42(5): 645-663.

[93] FREUDENTHAL A M. The safety of structure[J]. Transactions of the American Society of Civil Engineers, 1947, 112(1): 125-159.

[94] CORNELL C A. A probability-based structural code[J]. Journal of American Concrete Institute, 1969, 66(12): 974-985.

[95] HASOFER A M, LIND N C. Exact and invariant second moment code format[J]. Journal of the Engineering Mecanics Division-ASCE, 1974, 100(1): 111-121.

[96] RACKWITZ R, FLESSLER B. Structural reliability under combined random load sequences[J]. Computers & Structures, 1978, 9(5): 489-494.

[97] ROSENBLATT M. Remarks on a multivariate transformation[J]. The Annals of Mathematical Statistics, 1952, 23 (3): 470-472.

[98] SHINOZUKA M. Basic analysis of structural safety [J]. Journal of Structural Engineering, 1983, 109 (3): 721-740.

[99] LIU P L, DER KIUREGHIAN A. Multivariate distribution models with prescribed marginals and covariances [J]. Probabilistic Engineering Mechanics, 1986, 1 (2): 105-112.

[100] 吕震宙,宋述芳,李洪双,等. 结构机构可靠性分析及可靠性灵敏度分析[M]. 北京：科学出版社，2009.

[101] DU X, CHEN W. Sequential optimization and reliability assessment method for efficient probabilistic design[J]. Journal of mechanical design, 2004, 126(2): 225-233.

[102] WU Y T, SHIN Y, SUES R, et al. Safety-factor based approach for probability-based design optimization[C]. In 19th AIAA applied aerodynamics conference, 2001.

[103] CHENG G, XU L, JIANG L. A sequential approximate programming strategy for reliability-based structural optimization[J]. Computers & structures, 2006, 84(21):

1353-1367.
[104] ZOU T, MAHADEVAN S. A direct decoupling approach for efficient reliability-based design optimization[J]. Structural and Multidisciplinary Optimization, 2006, 31(3): 190-200.
[105] LI F, WU T, HU M, et al. An accurate penalty-based approach for reliability-based design optimization[J]. Research in Engineering Design, 2010. 21(2): 87-98.
[106] CHEN Z, QIU H, GAO L, et al. An optimal shifting vector approach for efficient probabilistic design[J]. Structural and Multidisciplinary Optimization, 2013, 47(6): 905-920.
[107] HUANG Z L, JIANG C, ZHOU Y S, et al. An incremental shifting vector approach for reliability-based design optimization [J]. Structural and Multidisciplinary Optimization, 2016, 53(3): 523-543.
[108] CHO T M, LEE B C. Reliability-based design optimization using convex linearization and sequential optimization and reliability assessment method[J]. Structural Safety, 2011, 33(1): 42-50.
[109] DU X. Saddlepoint approximation for sequential optimization and reliability analysis[J]. Journal of Mechanical Design,2008, 130(1): 1011-1022.
[110] LIANG J, MOURELATOS Z P, TU J. A singleloop method for reliability-based design optimization[C]. ASME 2004 international design engineering technical conferences and computers and information in engineering conference. American Society of Mechanical Engineers, 2004: 419-430.
[111] MANSOUR R, OLSSON M. Response surface single loop reliability-based design optimization with higher-order reliability assessment[J]. Structural and Multidisciplinary Optimization, 2016, 54(1): 63-79.
[112] JEONG S B, PARK G J. Single loop single vector approach using the conjugate gradient in reliability based design optimization [J]. Structural and Multidisciplinary Optimization, 2017, 55(4): 1329-1344.
[113] MENG Z, YANG D, ZHOU H, et al. Convergence control of single loop approach for reliability-based design optimization[J]. Structural and Multidisciplinary Optimization, 2018, 57(3): 1079-1091.
[114] JIANG C, QIU H, GAO L, et al. An adaptive hybrid singleloop method for reliability-based design optimization using iterative control strategy [J]. Structural and Multidisciplinary Optimization, 2017, 56(6): 1271-1286.
[115] SHAN S, WANG G G. Reliable design space and complete singleloop reliability-based design optimization [J]. Reliability Engineering & System Safety, 2008, 93(8): 1218-1230.
[116] JIANG C, QIU H, LI X, et al. Iterative reliable design space approach for efficient reliability-based design optimization[J]. Engineering with Computers, 2019: 1-19.
[117] HURTADO J E. An examination of methods for approximating implicit limit state functions from the viewpoint of statistical learning theory[J]. Structural Safety, 2004, 26(3): 271-293.
[118] BASUDHAR A, MISSOUM S, SANCHEZ A H. Limit state function identification

using support vector machines for discontinuous responses and disjoint failure domains [J]. Probabilistic Engineering Mechanics, 2008, 23(1): 1-11.

[119] BASUDHAR A, MISSOUM S. Adaptive explicit decision functions for probabilistic design and optimizationusing support vector machines[J]. Computers & Structures, 2008, 86(19-20): 1904-1917.

[120] BASUDHAR A, MISSOUM S. An improved adaptive sampling scheme for the construction of explicit boundaries[J]. Structural and Multidisciplinary Optimization, 2010, 42(4): 517-529.

[121] JIANG P, MISSOUM S, CHEN Z. Optimal SVM parameter selection for non-separable and unbalanced datasets[J]. Structural and Multidisciplinary Optimization, 2014, 50(4): 523-535.

[122] SONG H, CHOI K K, LEE I, et al. Adaptive virtual support vector machine for reliability analysis of high-dimensional problems[J]. Structural and Multidisciplinary Optimization, 2013, 47(4): 479-491.

[123] ZHAO L, CHOI K K, LEE I. Metamodeling method using dynamic kriging for design optimization[J]. AIAA journal, 2011, 49(9): 2034-2046.

[124] LEE I, CHOI K K, ZHAO L. Sampling-based RBDO using the stochastic sensitivity analysis and Dynamic Kriging method[J]. Structural and Multidisciplinary Optimization, 2011, 44(3): 299-317.

[125] CHO H, BAE S, CHOI K K, et al. An efficient variable screening method for effective surrogate models for reliability-based design optimization [J]. Structural and Multidisciplinary Optimization, 2014, 50(5): 717-738.

[126] CHEN Z, QIU H, GAO L, et al. A local adaptive sampling method for reliability-based design optimization using Kriging model [J]. Structural and Multidisciplinary Optimization, 2014, 49(3): 401-416.

[127] LI X, QIU H, CHEN Z, et al. A local Kriging approximation method using MPP for reliability-based design optimization[J]. Computers & Structures, 2016, 162: 102-115.

[128] LI X, QIU H, JIANG Z, et al. A VF-SLP framework using least squares hybrid scaling for RBDO[J]. Structural and Multidisciplinary Optimization, 2017, 55(5): 1629-1640.

基于参数化水平集的拓扑优化设计

参数化水平集方法是针对传统水平集方法的一种有效改进形式，它通过径向基函数插值的方式将水平集函数的时间变量和空间变量解耦，从而使复杂的Hamilton-Jacobi偏微分方程转变为更易求解的常微分方程。这意味着参数化水平集方法在保留传统水平集方法优点的基础上，显著提升了优化的效率。理论上，参数化水平集方法所使用的插值机制将对优化方法效率和效果产生重要影响。在各类径向基函数中，紧支撑径向基函数（compactly supported radial basis function，CSRBF）因其插值矩阵的稀疏性被广泛应用于结构拓扑优化设计中，增强了方法的求解效率[1-4]。然而，在现有的基于CSRBF的插值机制下，若参数化水平集方法随设计变量数量增加，插值系统规模仍然会迅速扩大，影响优化效率。可见，在构建水平集的参数化机制过程中，高效率的插值机制至关重要。

2.1　参数化水平集方法

2.1.1　基于水平集的结构边界隐式表达

水平集函数及其对应的结构边界

基于水平集的结构边界隐式表达的思想是将结构边界隐式地嵌入到高一维的水平集函数中，并将结构边界视为水平集函数的零等值面，如图2-1所示。值得注意的是，这里的水平集函数应具有Lipschitz连续性[5,6]。假定有一个固定的欧拉空间作为参考设计域D，该设计域中包含了实体、边界和孔洞，设计域D中的各个部分可按照如下方式进行数学表达：

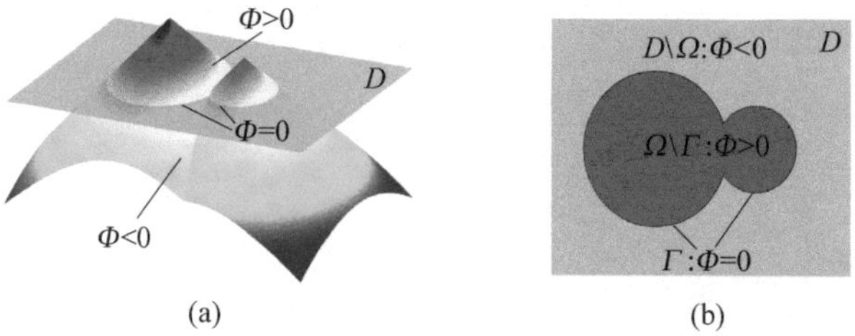

图2-1　结构边界及其对应的水平集函数

$$\begin{cases}\Phi(\boldsymbol{x},t)>0, & \forall\boldsymbol{x}\in\Omega\backslash\Gamma \quad (\text{固体区域})\\ \Phi(\boldsymbol{x},t)=0, & \forall\boldsymbol{x}\in\Gamma \quad (\text{边界})\\ \Phi(\boldsymbol{x},t)<0, & \forall\boldsymbol{x}\in D\backslash\Omega \quad (\text{液体区域})\end{cases} \tag{2-1}$$

其中，$\boldsymbol{x}$ 代表设计域 D 中的空间变量，即水平集网格的坐标；t 为一种虚拟的时间变量；Ω 表示设计域中结构的所有可能形状；Γ 代表结构边界。需要注意的是 Γ 包含了 Dirichlet 边界 Γ_{D}、Neumann 边界 Γ_{N} 和无牵引力边界 Γ_{F}：

$$\Gamma=\Gamma_{\mathrm{D}}\cup\Gamma_{\mathrm{N}}\cup\Gamma_{\mathrm{F}} \tag{2-2}$$

除了将结构边界表述为零水平集外，基于水平集的结构边界隐式描述的另外一个重要问题是将结构边界几何信息映射到力学模型中。一般地，结构边界的数学表达式(2-1)可重新表达为一种包含 Heaviside 函数 $H(\Phi)$ 的格式。例如，可利用 $H(\Phi)$ 在结构设计域内构建泛函 J 的积分形式：

$$\int_{\Omega}J\,\mathrm{d}V=\int_{D}J\cdot H(\Phi)\,\mathrm{d}V \tag{2-3}$$

其中

$$H(\Phi)=\begin{cases}1, & \Phi\geqslant 0\\ 0, & \Phi<0\end{cases} \tag{2-4}$$

式(2-3)中，$\mathrm{d}V$ 代表体积积分。

在进行结构拓扑优化设计时，式(2-3)可以通过有限元方法在固定网格上进行近似计算。然而在水平集方法中，若不重新划分网格，标准的有限元方法很难准确地计算一些结构边界上的单元应变，特别是当固定的有限单元被动态的水平集边界所分割时，固定有限元网格所带来的计算误差会更大[7,8]。学者们通常会采用一种所谓的人工材料模型[8,9]来应对上述问题。该模型假设有限单元的应变或刚度等指标与该单元的材料百分比(即虚拟单元密度)成正比，且孔洞单元由一种密度极低的弱材料填充以避免刚度矩阵奇异。在该假设的基础上，泛函 J 的体积积分可由有限元法近似计算得到：

$$\begin{aligned}\int_{D}J\cdot H(\Phi)\,\mathrm{d}V&\approx\int_{D}J\cdot\widetilde{H}(\Phi)\,\mathrm{d}V\\ &\approx\sum_{h=1}^{\mathrm{NE}}\chi_{h}(\Phi)\int_{D_h}J\,\mathrm{d}V,\quad h=1,2,\cdots,\mathrm{NE}\end{aligned} \tag{2-5}$$

其中，h 表示设计域 D 中的任一单元；D_h 表示该单元的设计空间；NE 代表有限单元的数量。由于精确的 Heaviside 函数式(2-4)不可微，在拓扑优化设计过程中需要引入一种近似的 Heaviside 函数(光滑且可微)[9]来替代精确的 Heaviside 函数：

$$\widetilde{H}(\Phi)=\frac{1}{2}\left(1+\frac{2}{\pi}\arctan\left(\frac{\Phi}{\gamma}\right)\right) \tag{2-6}$$

近似 Heaviside 函数的偏导数，即 Dirac delta 函数可定义为

$$\widetilde{\delta}(\Phi)=\frac{\partial\widetilde{H}(\Phi)}{\partial\Phi}=\frac{1}{\pi}\cdot\frac{\gamma}{\Phi^{2}+\gamma^{2}} \tag{2-7}$$

在式(2-6)和式(2-7)中,γ 是一个足够小的正数,其大小通常等于 2Δ,Δ 代表固定水平集网格的边长。于是,前面提到的虚拟单元密度可被定义为

$$\chi_h(\Phi)=\tau+(1-\tau)\frac{\int_{D_h}\widetilde{H}(\Phi)\mathrm{d}V}{\int_{D_h}\mathrm{d}V} \tag{2-8}$$

其中,$\tau=0.001$ 被用于避免计算奇异问题。式(2-8)中,位于空间 D_h 上的体积积分可通过高斯积分法进行计算。值得注意的是,对于结构边界上的单元,需要布置大量的高斯积分点来保证计算精度[9]。类似地,下面的体积积分亦可由有限元方法近似计算得到:

$$\begin{aligned}\int_D J\cdot\widetilde{\delta}(\Phi)\mathrm{d}V &\approx \sum_{h=1}^{\mathrm{NE}}\frac{\partial\chi_h(\Phi)}{\partial\Phi}\cdot\int_{D_h}J\,\mathrm{d}V\\ &=\sum_{h=1}^{\mathrm{NE}}(1-\tau)\frac{\int_{D_h}\widetilde{\delta}(\Phi)\mathrm{d}V}{\int_{D_h}\mathrm{d}V}\cdot\int_{D_h}J\,\mathrm{d}V,\quad h=1,2,\cdots,\mathrm{NE}\end{aligned} \tag{2-9}$$

通过引入时间变量 t,水平集函数随时间沿特定方向动态变化从而实现结构的拓扑优化。利用链式求导法则对水平集函数 $\Phi(\boldsymbol{x},t)=0$ 求其关于时间变量 t 的偏导[10],可得 Hamilton-Jacobi 偏微分方程,如下所示:

$$\frac{\partial\Phi(\boldsymbol{x},t)}{\partial t}-\boldsymbol{v}\cdot\nabla\Phi(\boldsymbol{x},t)=0 \tag{2-10}$$

其中,$\boldsymbol{v}=\mathrm{d}\boldsymbol{x}/\mathrm{d}t$ 为结构边界上的速度场。$\boldsymbol{v}$ 由法向速度场和切向速度场构成,由于仅法向速度对结构边界的形状演化起作用[11,12],故式(2-10)可改写为

$$\frac{\partial\Phi(\boldsymbol{x},t)}{\partial t}-V_{\mathrm{n}}\cdot|\nabla\Phi(\boldsymbol{x},t)|=0,\quad \Phi(\boldsymbol{x},0)=\Phi_0(\boldsymbol{x}) \tag{2-11}$$

其中法向速度为

$$V_n=\boldsymbol{v}\cdot\boldsymbol{n}=\boldsymbol{v}\cdot\left(\frac{\nabla\Phi}{|\nabla\Phi|}\right)=\frac{\mathrm{d}\boldsymbol{x}}{\mathrm{d}t}\left(\frac{\nabla\Phi}{|\nabla\Phi|}\right) \tag{2-12}$$

在水平集方法的框架下,水平集函数并没有一种显式的解析形式,因此水平集在优化过程中的运动必须通过求解 Hamilton-Jacobi 偏微分方程来实现。结构边界的优化过程可等价于在速度场驱动下的水平集面的演化过程,而该速度场由给定的目标函数和约束条件所决定。通过 Hamilton-Jacobi 偏微分方程求解合适的速度场十分困难,通常需用规则的网格将水平集函数离散化,并采用差分方法求解,例如基于 Eulerian 方法的显式有限差分[11,13]。运用有限差分方法时需谨慎处理其数值计算问题,例如速度场的扩展(velocity extension)、重新初始化(re-initialization)以及 CFL 条件(CFL condition)等[14]。这些复杂的数值计算过程导致水平集方法的效率和稳定性下降,阻碍其在结构优化领域的发展和应用。为克服上述数值计算困难,并提高求解效率,下文将在传统水平集方法的基础上,

讨论一种基于 CSRBF 和离散小波变换(discrete wavelet transform,DWT)的参数化水平集方法。

2.1.2 基于径向基函数插值的水平集函数参数化

径向基函数(radial basis function,RBF)的特点是能够利用一元函数来描述多元函数,其最为常见的应用场景是用于近似或者拟合大规模散乱数据的几何形状。径向基函数运算简单、存储方便及计算效率高,在学术界和工程界得到了非常广泛的关注和应用。理论上,当非线性等式在插值节点处构成的插值矩阵可逆时,RBF 可确保近似曲面或超曲面的光滑性。因此与水平集方法结合,RBF 能够快捷地逼近任何可能的形状与拓扑,同时保留水平集方法隐式边界描述的优点[13,15]。RBF 方法的一些独特优点,例如插值系统解的唯一性、插值计算的效率、RBF 的光滑性和收敛性等,使该方法在拓扑优化领域的应用很有吸引力[16]。

利用具有 N 个插值点的一组 RBF,任意函数 $f(\boldsymbol{x})$: $\boldsymbol{R}^d \to \boldsymbol{R}(d \geqslant 1)$ 的近似形式可定义为

$$\tilde{f}(\boldsymbol{x}) = \sum_{i=1}^{N} \alpha(\boldsymbol{x}_i)\varphi(\|\boldsymbol{x} - \boldsymbol{x}_i\|) \tag{2-13}$$

其中,$\boldsymbol{x}_i$ 为第 i 个插值控制点的位置坐标;α 为插值扩展系数;φ 为径向基函数;$\|\cdot\|$ 代表 d 维空间上的欧氏距离。

RBF 插值的精度与效率很大程度上由所选取的插值核函数决定,按照插值过程中形成矩阵的稀疏性来区分,可将 RBF 分为全局支撑的径向基函数(GSRBF)和紧支撑径向基函数(CSRBF)两类[17]。GSRBF 具有精度高、光滑性好的特点,但其在近似水平集面的过程中会产生元素全部非零的插值矩阵,导致计算复杂度达到 $O(N^2)$ 甚至 $O(N^3)$[18],难以适应大规模结构优化问题。此外,GSRBF 插值精度很大程度上取决于所谓的自由形状参数(free shape parameter),目前并没有可靠的方法来确定不同拓扑优化问题中自由形状参数的取值。相比之下,CSRBF 具有严格正定、插值系数矩阵稀疏、参数对全局计算精度影响小,以及插值操作能够继承 CSRBF 的连续性等优点,使其更加适合结构拓扑优化问题。虽然 CSRBF 插值精度稍低于 GSRBF,但针对常见的拓扑优化设计问题,两类基函数均能够满足水平集方法的精度要求。

本书将采用 CSRBF 对水平集函数进行插值,以此将水平集方法转化为一种广义的参数化形式。Wendland[19] 所提出的系列 CSRBF 可表示为

$$\varphi(r) = \max\{0,(1-r)\}^4(4r+1), \quad \text{(Wendland C2)} \tag{2-14}$$

$$\varphi(r) = \max\{0,(1-r)\}^6(35r^2+18r+3), \quad \text{(Wendland C4)} \tag{2-15}$$

$$\varphi(r) = \max\{0,(1-r)\}^8(32r^3+25r^2+8r+1), \quad \text{(Wendland C6)} \tag{2-16}$$

对于二维问题,r 为定义在欧式空间内的支撑半径(radius of support):

$$r = \frac{d_{\mathrm{I}}}{d_{\mathrm{mI}}} = \frac{\sqrt{(x - x_i)^2 + (y - y_i)^2}}{d_{\mathrm{mI}}} \tag{2-17}$$

其中，d_{I} 表示在 CSRBF 的支撑半径范围内，当前样本点(x, y)到插值控制节点(x_i, y_i)间的距离。d_{mI} 反映 CSRBF 在节点(x_i, y_i)处的影响范围大小。要保证插值的稳定性和效率，需要选择大小合适的支撑半径，过小的支撑半径会导致插值奇异，过大的支撑半径显著增加计算成本。在本书中采用文献[20,21]给出的支撑半径：令参数 $d_{\mathrm{mI}} = d_{\max} \times C_{\mathrm{I}}$，其中尺度因子 $d_{\max}$ 取值为 2.0～4.0，C_{I} 决定当前插值控制点的邻域范围，以保证在邻域内搜索到足够多的控制点。

图 2-2 对比了具有 C2 阶、C4 阶和 C6 阶连续性 CSRBF 的形状。可见，不同阶的 CSRBF 均具有良好的光滑性，表明若空间内插值点布置合理，3 种 CSRBF 都能够很好地对水平集函数进行逼近，并保证插值所得函数的光滑性和完备性。

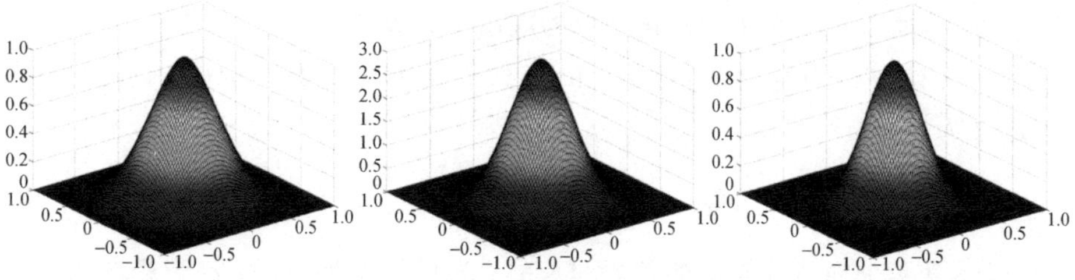

图 2-2　不同连续性 CSRBF 的形状对比

利用 CSRBF 插值，水平集函数可被近似表达为一组 CSRBF 与其扩展系数的乘积形式：

$$\Phi(\boldsymbol{x}, t) = \boldsymbol{\varphi}(\boldsymbol{x})\boldsymbol{\alpha}(t) = \sum_{i=1}^{N} \varphi_i(\boldsymbol{x}) \cdot \alpha_i(t) \tag{2-18}$$

其中，$\boldsymbol{\alpha}(t) = [\alpha_1(t), \alpha_2(t), \cdots, \alpha_N(t)]^{\mathrm{T}}$ 为 CSRBF 插值的扩展系数，$\boldsymbol{\varphi}(\boldsymbol{x}) = [\varphi_1(\boldsymbol{x}), \varphi_2(\boldsymbol{x}), \cdots, \varphi_N(\boldsymbol{x})]$包含了全部的 CSRBF。可见，CSRBF 仅与空间变量相关，扩展系数仅与时间变量相关，水平集函数则实现了时空变量解耦。Gaussian RBF 通过考虑设计域内的全部插值点信息来获取当前样本点的水平集函数值，因此具有极高的插值精度，但这也势必将带来高昂的计算成本。为方便论述，现将式(2-18)改写为如下矩阵运算形式：

$$\boldsymbol{\Phi} = \boldsymbol{A}\boldsymbol{\alpha}, \quad 其中\boldsymbol{\Phi} = [\Phi(\boldsymbol{x}_1, t), \Phi(\boldsymbol{x}_2, t), \cdots, \Phi(\boldsymbol{x}_N, t)]^{\mathrm{T}} \tag{2-19}$$

$$\boldsymbol{A} = \begin{bmatrix} \boldsymbol{\varphi}(\boldsymbol{x}_1) \\ \boldsymbol{\varphi}(\boldsymbol{x}_2) \\ \vdots \\ \boldsymbol{\varphi}(\boldsymbol{x}_N) \end{bmatrix} = \begin{bmatrix} \varphi_1(\boldsymbol{x}_1) & \varphi_2(\boldsymbol{x}_1) & \cdots & \varphi_N(\boldsymbol{x}_1) \\ \varphi_1(\boldsymbol{x}_2) & \varphi_2(\boldsymbol{x}_2) & \cdots & \varphi_N(\boldsymbol{x}_2) \\ \vdots & \vdots & & \vdots \\ \varphi_1(\boldsymbol{x}_N) & \varphi_2(\boldsymbol{x}_N) & \cdots & \varphi_N(\boldsymbol{x}_N) \end{bmatrix} \tag{2-20}$$

其中，$\boldsymbol{A}$ 为可逆矩阵。不难发现，$\boldsymbol{A}$ 的稀疏性对插值效率有重要影响。

将式(2-18)代入到经典的 Hamilton-Jacobi 偏微分方程中[7]，可将该偏微分方程转化为一系列易解的常微分方程：

$$\boldsymbol{\varphi}(\boldsymbol{x})\frac{\partial \boldsymbol{\alpha}(t)}{\partial t}-V_{\mathrm{n}}\mid \nabla(\boldsymbol{\varphi}(\boldsymbol{x})\boldsymbol{\alpha}(t))\mid=0,\quad \boldsymbol{\alpha}(t=0)=\boldsymbol{\alpha}_0 \tag{2-21}$$

其中，$\boldsymbol{\alpha}_0$ 代表在时间 $t=0$ 时的扩展系数向量，可以在初始迭代阶段通过求解式(2-19)计算获得。于是，水平集的速度场 V_{n} 可进一步表示为

$$V_{\mathrm{n}}=\frac{\boldsymbol{\varphi}(\boldsymbol{x})\boldsymbol{\alpha}'(t)}{\mid \nabla(\boldsymbol{\varphi}(\boldsymbol{x})\boldsymbol{\alpha}(t))\mid},\quad 其中\quad \boldsymbol{\alpha}'(t)=\frac{\partial \boldsymbol{\alpha}(t)}{\partial t} \tag{2-22}$$

至此，标准的水平集方法被转化为一种参数化形式，能够在保持传统水平集方法有点的基础上，克服其应用缺陷。通过式(2-22)可知，速度场 V_{n} 在设计域内的全部节点上进行计算，说明水平集的速度场被自然地扩展到了整个设计域上，从而无需额外引入所谓的速度扩展策略[22]。由于 Hamilton-Jacobi 偏微分方程被转化为常微分方程，水平集函数的更新也不再受限于 CFL 条件[23]，优化效率将被显著提升。此外，此时的设计变量不再是水平集函数，而是 CSRBF 插值的扩展系数，表明结构拓扑优化设计问题被简化为一种广义的"尺寸"优化问题，而该问题能够被高效的梯度型算法[24,25]求解，这将进一步提升水平集方法的适用性。

2.1.3　基于离散小波分解的插值矩阵压缩技术

面对复杂的大规模优化问题，基于 CSRBF 的参数化水平集法的计算效率虽然由于插值矩阵 $\mathbf{A}$ 的稀疏性得到了一定提高，但其具备进一步提升的空间[16]。本章引入离散小波变换(discrete wavelet transform，DWT)技术对由 CSRBF 构建的插值矩阵 $\mathbf{A}$ 进行再压缩，从而获得一种极其稀疏的插值系统，减少优化过程的处理时间及其所需的计算机存储空间。

DWT 是一种输入信号或信息的多分辨率分解技术，近几十年来被广泛用于信号处理(signal processing)、图像压缩(image gompression)、去噪(denoising)等方面[26]。因其具备利用极少元素捕获大规模信息集合中关键信息的能力，使 DWT 的应用范围得以扩展到大规模线性系统或方程组中矩阵和向量的压缩[27,28]。若将式(2-19)给出的水平集函数插值操作视为规模与插值控制节点数量相关的线性系统，那么基于 DWT 的矩阵压缩技术则可作为一种"黑箱"操作嵌入到参数化水平集模型中，这意味着能在不改变参数化水平集模型的前提下，通过增加几次代价较小的小波变换，即可起到减少插值计算成本的效果。简言之，DWT 能够在几乎不损失计算精度的前提下将稠密插值矩阵压缩为一种极其稀疏的矩阵。

针对式(2-19)中的水平集函数插值矩阵 $\mathbf{A}$，DWT 首先将其转化为相同规模的小波基矩阵 $\bar{\mathbf{A}}$。依据该小波基矩阵 $\bar{\mathbf{A}}$ 的数据分布，能够分辨出其中的关键元素和噪声元素。因此，接下来可以通过阈值过滤技术，清除掉 $\bar{\mathbf{A}}$ 中相当部分的无用元素，从而构建一个极其稀疏的新矩阵 $\widetilde{\mathbf{A}}_{\mathrm{s}}$。最终，水平集函数能够通过该稀疏矩阵 $\widetilde{\mathbf{A}}_{\mathrm{s}}$ 计算得到。

其中,$\boldsymbol{\alpha}^{(0)}$表示原始向量$\boldsymbol{\alpha}$ 中的任一元素。$\alpha_k^{(1)}$ 和 $d_k^{(1)}$ 均为小波变换后的新向量 $\bar{\boldsymbol{\alpha}}=[\alpha_1^{(1)},\alpha_2^{(1)},\cdots,\alpha_{N/2}^{(1)},d_1^{(1)},d_2^{(1)},\cdots,d_{N/2}^{(1)}]^{\mathrm{T}}$ 中的元素,其中 $k=1,2,\cdots,N/2$。需要注意的是,为保证一级小波变换具备完整的小波阶,通常需要向量的长度 N 为偶数。若 N 为奇数,可采用一种简易的处理方式,即在小波变化过程中在原始向量$\boldsymbol{\alpha}$ 中额外增加一项"0"元素,在重构原始向量$\boldsymbol{\alpha}$ 时再去除掉额外增加的一项"0"元素。$[h_1,h_2]=[\sqrt{2}/2,\sqrt{2}/2]$为高通滤波器,$[g_1,g_2]=[-\sqrt{2}/2,\sqrt{2}/2]$为低通滤波器[29]。二维插值矩阵 $\boldsymbol{A}$ 的分解过程本质上为多次一维 DWT 过程的叠加。典型的二维分解过程如图 2-3 所示[26-30]。为方便论述,引入 $N\times N$ 卷积矩阵 $\boldsymbol{W}$[31] 描述该塔式算法:

$$\boldsymbol{W}=\begin{bmatrix} h_1 & h_2 & 0 & 0 & 0 & 0 & \cdots & 0 & 0 & 0 & 0 \\ 0 & 0 & h_1 & h_2 & 0 & 0 & \cdots & 0 & 0 & 0 & 0 \\ & \vdots & & \vdots & & & & & \vdots & & \\ 0 & 0 & 0 & 0 & 0 & 0 & \cdots & h_1 & h_2 & 0 & 0 \\ 0 & 0 & 0 & 0 & 0 & 0 & \cdots & 0 & 0 & h_1 & h_2 \\ g_1 & g_2 & 0 & 0 & 0 & 0 & \cdots & 0 & 0 & 0 & 0 \\ 0 & 0 & g_1 & g_2 & 0 & 0 & \cdots & 0 & 0 & 0 & 0 \\ & \vdots & & \vdots & & & & & \vdots & & \\ 0 & 0 & 0 & 0 & 0 & 0 & \cdots & g_1 & g_2 & 0 & 0 \\ 0 & 0 & 0 & 0 & 0 & 0 & \cdots & 0 & 0 & g_1 & g_2 \end{bmatrix}_{N\times N} \tag{2-23}$$

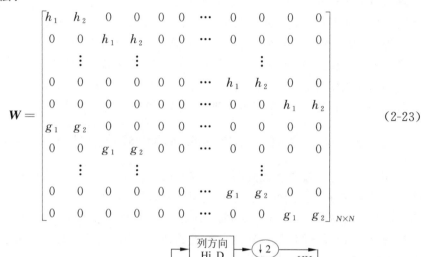

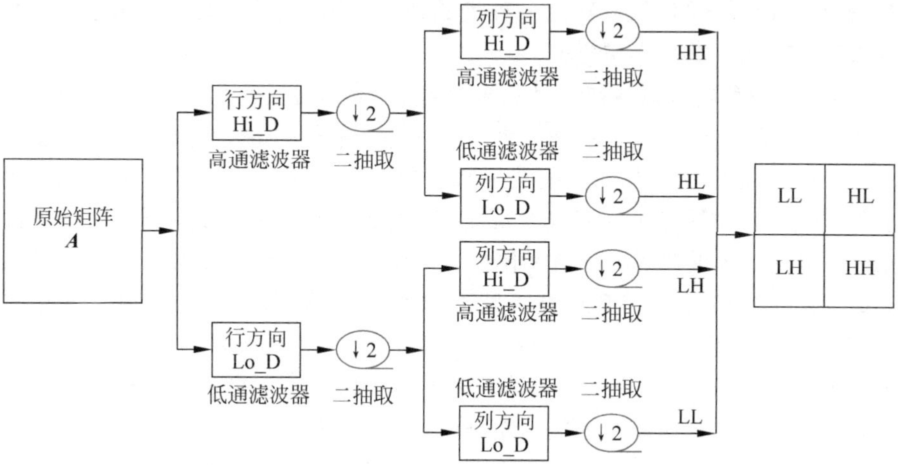

图 2-3 采用一级分解的二维离散小波变换过程

由式(2-23)可以看出,$\boldsymbol{W}$ 为正交矩阵。利用该 $\boldsymbol{W}$ 矩阵,经小波变换后的水平集函数$\bar{\boldsymbol{\Phi}}$、扩展系数向量$\bar{\boldsymbol{\alpha}}$ 和插值矩阵$\bar{\boldsymbol{A}}$ 可分别表达为

$$\bar{\boldsymbol{\Phi}}=\boldsymbol{W\Phi},\quad \bar{\boldsymbol{\alpha}}=\boldsymbol{W\alpha} \tag{2-24}$$

$$\bar{\boldsymbol{A}} = \boldsymbol{W}\boldsymbol{A}\boldsymbol{W}^{\mathrm{T}} \tag{2-25}$$

在式(2-19)两端分别左乘 $\boldsymbol{W}$ 可得

$$\boldsymbol{W}\boldsymbol{\Phi} = \boldsymbol{W}\boldsymbol{A}(\boldsymbol{W}^{\mathrm{T}}\boldsymbol{W})\boldsymbol{\alpha} \tag{2-26}$$

其中,$\boldsymbol{W}^{\mathrm{T}}$ 与 $\boldsymbol{W}$ 为单位矩阵。

通过比较式(2-24)～式(2-26)可以得到新的插值系统：

$$\bar{\boldsymbol{\Phi}} = \bar{\boldsymbol{A}}\bar{\boldsymbol{\alpha}} \tag{2-27}$$

接下来,利用下述阈值过滤算法来去除小波基矩阵 $\bar{\boldsymbol{A}}$ 中的无用元素,从而构建极其稀疏的插值矩阵 $\widetilde{\boldsymbol{A}}_{\mathrm{s}}$：

$$\text{threshold}(q) = \begin{cases} q, & |q| \geqslant \kappa\bar{q}; \\ 0, & \text{其他} \end{cases} \tag{2-28}$$

其中,q 为矩阵 $\bar{\boldsymbol{A}}$ 中的任意元素；$\bar{q}$ 为矩阵 $\bar{\boldsymbol{A}}$ 中全部元素的平均绝对值；κ 为阈值调整参数。经过阈值过滤后,可以将式(2-27)的插值过程重建为一种极其稀疏的插值系统：

$$\bar{\boldsymbol{\Phi}} \approx \widetilde{\boldsymbol{A}}_{\mathrm{s}}\bar{\boldsymbol{\alpha}} \tag{2-29}$$

下面简述引入 DWT 后的优化过程。特别地,在第一次迭代中,将 $t=0$ 时的水平集函数记为$\boldsymbol{\Phi}_0$,其小波变换后的形式记为$\bar{\boldsymbol{\Phi}}_0$,式(2-21)中定义的初始扩展系数向量$\boldsymbol{\alpha}_0$ 可由逆过程$\boldsymbol{\alpha}_0 = \boldsymbol{W}^{-1}\bar{\boldsymbol{\alpha}}_0$ 计算得出。而$\boldsymbol{\alpha}_0$ 的小波变换形式$\bar{\boldsymbol{\alpha}}_0$ 则可由$\bar{\boldsymbol{\alpha}}_0 \approx \widetilde{\boldsymbol{A}}_{\mathrm{s}}^{-1}\bar{\boldsymbol{\Phi}}_0$ 计算得到。在后续迭代中,首先可利用基于梯度的优化算法更新设计变量$\boldsymbol{\alpha}$ 。接着可通过式(2-24)计算获得$\bar{\boldsymbol{\alpha}}$,并通过式(2-29)更新水平集函数的小波基形式$\bar{\boldsymbol{\Phi}}$。最后,通过重构过程$\boldsymbol{\Phi} = \boldsymbol{W}^{-1}\bar{\boldsymbol{\Phi}}$ 得到水平集函数的原始基形式。

如上所述,本章将 DWT 与 CSRBF 结合起来构建了一种新的参数化水平集方法以提高求解大规模优化问题时的计算效率。与基于 CSRBF 的参数化水平集方法相比,上述方法在插值矩阵中含有更多零元素,求解更快速。值得指出的是,在上述方法中稀疏的插值矩阵 $\widetilde{\boldsymbol{A}}_{\mathrm{s}}$ 仅需在整个优化过程中计算一次。可见,上述参数化水平集方法仅仅是在插值过程中增加了一次小波变换操作$\bar{\boldsymbol{\alpha}} = \boldsymbol{W}\boldsymbol{\alpha}$ 和一次重构操作$\boldsymbol{\Phi} = \boldsymbol{W}^{-1}\bar{\boldsymbol{\Phi}}$,而这两个操作均利用极其稀疏的矩阵 $\boldsymbol{W}$,因此该过程所带来的额外计算成本可以忽略不计。

2.2　基于参数化水平集的拓扑优化模型

在结构拓扑优化设计的研究领域,最为常见的优化问题为结构刚度最大化拓扑优化设计问题。在工程上,刚度和柔度是用来衡量结构静态性能的一对含义完全相反的量,在优化建模中,通常需要使目标函数最小化,因此通常可将结构刚度最大化问题等价为结构柔度最小化问题进行处理。以材料的体积分数为设计约束，基于参数化水平集的结构柔度最小化问题的优化模型可以构建为

$$
\text{求 } \boldsymbol{\alpha}=[\alpha_1,\alpha_2,\cdots,\alpha_N]^{\mathrm{T}}
$$

$$
\begin{cases}
\underset{(u,\Phi)}{\mathrm{Min}}: J(\boldsymbol{u},\Phi)=\int_D f(\boldsymbol{u},\boldsymbol{u})H(\Phi)\mathrm{d}\Omega \\
\mathrm{s.t.}: G(\Phi)=\int_D H(\Phi)\mathrm{d}\Omega \leqslant V_{\max} \\
a(\boldsymbol{u},\boldsymbol{v},\Phi)=l(\boldsymbol{u},\boldsymbol{v}),\boldsymbol{u}\mid_{\Gamma}=\boldsymbol{u}_0, \quad \forall \boldsymbol{v}\in U \\
\alpha_{\min}\leqslant \alpha_i \leqslant \alpha_{\max}
\end{cases}
\tag{2-30}
$$

上述模型中，$\alpha_i(i=1,2,\cdots,N)$为径向基函数插值的扩展系数，在参数化水平集方法中为优化设计变量。N 代表水平集网格中节点的数量，亦即径向基函数插值点的数量。$\alpha_{\max}$ 和 $\alpha_{\min}$ 分别为设计变量的上下限，主要用于增加优化迭代的稳定性。G 为优化模型的体积约束，$V_{\max}$ 是允许使用的最高材料用量。$\boldsymbol{u}$ 和 $\boldsymbol{v}$ 分别表示实位移场和运动学允许的位移空间 U 内的虚位移场。$\boldsymbol{u}_0$ 为 Dirichlet 边界 Γ_{D} 上的位移。$H(\Phi)$为 Heaviside 函数，$\delta(\Phi)$为 Dirac 函数[11]，用于计算 Heaviside 函数的偏导数。在优化模型式(2-30)中，优化目标为结构的应变能，可表达为如下形式：

$$
f(\boldsymbol{u},\boldsymbol{u})=\frac{1}{2}D_{pqrs}\varepsilon_{pq}(\boldsymbol{u})\varepsilon_{rs}(\boldsymbol{u})
\tag{2-31}
$$

上述公式中 D_{pqrs} 代表材料的弹性张量。弹性平衡条件的弱形式为 $a(\boldsymbol{u},\boldsymbol{v},\Phi)=l(\boldsymbol{v},\Phi)$，能量双线性形式 $a(\boldsymbol{u},\boldsymbol{v},\Phi)$和载荷线性形式 $l(\boldsymbol{v},\Phi)$可分别表示为

$$
a(\boldsymbol{u},\boldsymbol{v},\Phi)=\int_{\Omega} D_{pqrs}\varepsilon_{pq}(\boldsymbol{u})\varepsilon_{rs}(\boldsymbol{v})\mathrm{d}\Omega
\tag{2-32}
$$

$$
l(\boldsymbol{v},\Phi)=\int_{\Omega}\boldsymbol{p}\,\boldsymbol{v}\mathrm{d}\Omega+\int_{\Gamma_{\mathrm{N}}}\boldsymbol{\tau}\boldsymbol{v}\mathrm{d}\Gamma
\tag{2-33}
$$

其中，ε 代表应变场；$\boldsymbol{p}$ 为结构体积力；$\boldsymbol{\tau}$ 为 Neumann 边界 Γ_{N} 上的牵引力；u_0 为 Dirichlet 边界 Γ_{D} 上的位移。

2.3 形状导数与灵敏度分析

2.3.1 形状导数

在拓扑优化设计过程中，灵敏度分析(sensitivity analysis)为推导目标函数和约束条件变分的重要概念，该灵敏度信息主要用于确定水平集即结构边界的演化方向。在基于水平集方法的优化框架下，优化模型的灵敏度分析通常建立在形状导数(shape derivative)的基础上[16]。形状导数主要研究材料域的形状变化与目标函数变化间的联系。在特定的物理和几何约束下，结构拓扑优化的边界表示为材

料域几何形状的隐函数，此时的设计变量亦认为是设计区域的几何形状 Ω。如图 2-4 所示，几何形状 Ω 在微小扰动 τ 下的演化可视为从 x 到 $x(\tau)$ 的映射 T[13,32]：

$$x_\tau = T(x,\tau),\quad \Omega_\tau = T(\Omega,\tau) \tag{2-34}$$

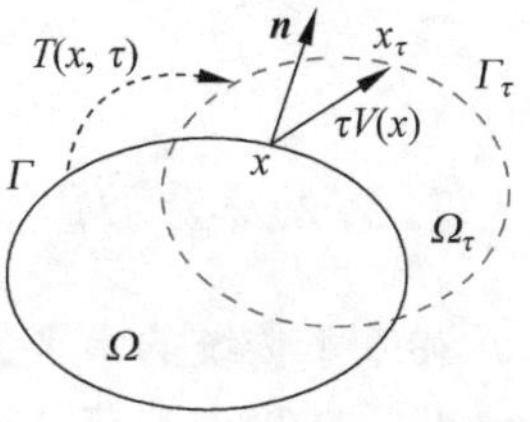

图 2-4　几何域的形状映射及其速度场

几何边界扰动的速度场定义为

$$V(x_\tau,\tau) = \frac{\mathrm{d}x_\tau}{\mathrm{d}\tau} \tag{2-35}$$

若 T^{-1} 存在，则速度场将改写为

$$V(x_\tau,\tau) = \frac{\partial T}{\partial \tau}\cdot T^{-1}(x_\tau,\tau) \tag{2-36}$$

几何形状 Ω 的变化可定义为如下初值问题：

$$\frac{\mathrm{d}x_\tau}{\mathrm{d}\tau} = V(x_\tau,\tau),\quad x = x_0 \tag{2-37}$$

由于水平集方程通常采用 Eulerian 方法驱动结构边界的演化，边界的几何形状变化又可利用下述等式计算：

$$x_\tau = T(x,\tau) = x + \tau V(x),\quad V(x) = V(x,0) \tag{2-38}$$

由式(2-30)给出的优化模型可知，优化目标 $J(\boldsymbol{u},\Phi)$ 为位移场 $\boldsymbol{u}$ 和水平集函数 Φ 的泛函，可采用物质导数(material derivative)[33] 推导优化目标的形状导数。关于物质导数和形状导数，可以给出如下定义和引理：

定义　若 $J(x)$ 为在变形域 Ω_τ 内的任意光滑函数，则 $J(x)$ 的物质导数为

$$\begin{aligned}\dot{J}(x) &= \lim_{\tau\to 0}\left[\frac{J_\tau(x+\tau V(x)) - J(x)}{\tau}\right]\\ &= \lim_{\tau\to 0}\left[\frac{J_\tau(x) - J(x)}{\tau}\right] + \lim_{\tau\to 0}\left[\frac{J_\tau(x+\tau V(x)) - J_\tau(x)}{\tau}\right]\\ &= J'(x) + \nabla J(x)\cdot \boldsymbol{v}(x)\end{aligned} \tag{2-39}$$

若目标泛函在设计域 Ω 和边界 Γ 上可积，则可以定义如下两则引理[1]：

引理 1　若 $J(x,\tau) = \int_{\Omega_\tau} f(x,\tau)\mathrm{d}\Gamma_\tau$，则其物质导数为

$$\dot{J}(x,\tau) = \int_\Omega f'(x)\mathrm{d}\Omega + \int_\Gamma f(x)[\boldsymbol{v}(x)\cdot\boldsymbol{n}]\mathrm{d}\Gamma \tag{2-40}$$

其形状导数为

$$J'(x,\tau) = \int_\Gamma f(x)[\boldsymbol{v}(x)\cdot\boldsymbol{n}]\mathrm{d}\Gamma \tag{2-41}$$

引理 2　若 $J(x,\tau) = \int_{\Gamma_\tau} f(x,\tau)\mathrm{d}\Gamma_\tau$，则其物质导数为

$$\dot{J}(x,\tau) = \int_\Gamma f'(x)\mathrm{d}\Gamma + \int_\Gamma[\nabla f(x)\cdot\boldsymbol{n} + \kappa f(x)]\cdot[\boldsymbol{v}(x)\cdot\boldsymbol{n}]\mathrm{d}\Gamma \tag{2-42}$$

其形状导数为

$$J'(x,\tau)=\int_{\Gamma}[\nabla f(x)\cdot \boldsymbol{n}+\kappa f(x)]\cdot[\boldsymbol{v}(x)\cdot \boldsymbol{n}]\mathrm{d}\Gamma \tag{2-43}$$

2.3.2 灵敏度分析

在基于传统的水平集的结构拓扑优化中，Wang 等[11]和 Allaire 等[12]采用经典的形状导数理论来获取结构边界运动的速度场，从而使得目标函数下降。本章同样采用形状导数来推导目标函数和约束条件关于设计变量(扩展系数)的灵敏度。

根据形状导数的概念可以推导目标函数、能量双线性形式和载荷线性形式关于时间变量 t 的微分分别为

$$\frac{\partial J(\boldsymbol{u},\Phi)}{\partial t}=\int_{\Omega}D_{\mathrm{pqrs}}\varepsilon_{\mathrm{pq}}(\dot{\boldsymbol{u}})\varepsilon_{\mathrm{rs}}(\boldsymbol{u})\mathrm{d}\Omega+\frac{1}{2}\int_{\Gamma}D_{\mathrm{pqrs}}\varepsilon_{\mathrm{pq}}(\boldsymbol{u})\varepsilon_{\mathrm{rs}}(\boldsymbol{u})V_{\mathrm{n}}\mathrm{d}\Gamma \tag{2-44}$$

$$\begin{aligned}\frac{\partial a(\boldsymbol{u},\boldsymbol{v},\Phi)}{\partial t}=&\int_{\Omega}D_{\mathrm{pqrs}}\varepsilon_{\mathrm{pq}}(\dot{\boldsymbol{u}})\varepsilon_{\mathrm{rs}}(\boldsymbol{v})\mathrm{d}\Omega+\int_{\Omega}D_{\mathrm{pqrs}}\varepsilon_{\mathrm{pq}}(\boldsymbol{u})\varepsilon_{\mathrm{rs}}(\dot{\boldsymbol{v}})\mathrm{d}\Omega+\\&\int_{\Gamma}D_{\mathrm{pqrs}}\varepsilon_{\mathrm{pq}}(\boldsymbol{u})\varepsilon_{\mathrm{rs}}(\boldsymbol{v})V_{\mathrm{n}}\mathrm{d}\Gamma\end{aligned} \tag{2-45}$$

$$\frac{\partial l(\boldsymbol{v},\Phi)}{\partial t}=\int_{\Omega}\boldsymbol{p}\,\dot{\boldsymbol{v}}\mathrm{d}\Omega+\int_{\Gamma}\boldsymbol{p}\,\boldsymbol{v}V_{\mathrm{n}}\mathrm{d}\Gamma+\int_{\Gamma_{\mathrm{N}}}\boldsymbol{\tau}\,\dot{\boldsymbol{v}}\mathrm{d}\Gamma+\int_{\Gamma_{\mathrm{N}}}(\nabla(\boldsymbol{\tau}\boldsymbol{v})\cdot\boldsymbol{n}+\kappa\boldsymbol{\tau}\boldsymbol{v})V_{\mathrm{n}}\mathrm{d}\Gamma \tag{2-46}$$

由于 $\dot{\boldsymbol{v}}\in U$，可得到共轭方程：

$$\int_{\Omega}D_{\mathrm{pqrs}}\varepsilon_{\mathrm{pq}}(\boldsymbol{u})\varepsilon_{\mathrm{rs}}(\dot{\boldsymbol{v}})\mathrm{d}\Omega=\int_{\Omega}\boldsymbol{p}\,\dot{\boldsymbol{v}}\mathrm{d}\Omega+\int_{\Gamma_{\mathrm{N}}}\boldsymbol{\tau}\,\dot{\boldsymbol{v}}\mathrm{d}\Gamma \tag{2-47}$$

弹性平衡条件 $a(\boldsymbol{u},\boldsymbol{v},\Phi)=l(\boldsymbol{v},\Phi)$ 对 t 求偏导：

$$\frac{\partial a(\boldsymbol{u},\boldsymbol{v},\Phi)}{\partial t}=\frac{\partial l(\boldsymbol{v},\Phi)}{\partial t} \tag{2-48}$$

将式(2-45)～式(2-47)代入式(2-48)可得

$$\begin{aligned}&\int_{\Omega}D_{\mathrm{pqrs}}\varepsilon_{\mathrm{pq}}(\dot{\boldsymbol{u}})\varepsilon_{\mathrm{rs}}(\boldsymbol{v})\mathrm{d}\Omega\\=&\int_{\Gamma}\boldsymbol{p}\,\boldsymbol{v}V_{\mathrm{n}}\mathrm{d}\Gamma+\int_{\Gamma_{\mathrm{N}}}(\nabla(\boldsymbol{\tau}\boldsymbol{v})\cdot\boldsymbol{n}+\kappa\boldsymbol{\tau}\boldsymbol{v})V_{\mathrm{n}}\mathrm{d}\Gamma-\int_{\Gamma}D_{\mathrm{pqrs}}\varepsilon_{\mathrm{pq}}(\boldsymbol{u})\varepsilon_{\mathrm{rs}}(\boldsymbol{v})V_{\mathrm{n}}\mathrm{d}\Gamma\end{aligned} \tag{2-49}$$

考虑到结构柔度最小化问题为自伴随问题[11]，因此，

$$\begin{aligned}&\int_{\Omega}D_{\mathrm{pqrs}}\varepsilon_{\mathrm{pq}}(\dot{\boldsymbol{u}})\varepsilon_{\mathrm{rs}}(\boldsymbol{u})\mathrm{d}\Omega\\=&\int_{\Gamma}\boldsymbol{p}\boldsymbol{u}V_{\mathrm{n}}\mathrm{d}\Gamma+\int_{\Gamma_{\mathrm{N}}}(\nabla(\boldsymbol{\tau}\boldsymbol{u})\cdot\boldsymbol{n}+\kappa\boldsymbol{\tau}\boldsymbol{u})V_{\mathrm{n}}\mathrm{d}\Gamma-\int_{\Gamma}D_{\mathrm{pqrs}}\varepsilon_{\mathrm{pq}}(\boldsymbol{u})\varepsilon_{\mathrm{rs}}(\boldsymbol{u})V_{\mathrm{n}}\mathrm{d}\Gamma\end{aligned} \tag{2-50}$$

由于假设 Dirichlet 边界 Γ_{D} 在法向上不可移动，即 V_{n} 在边界 Γ_{D} 上为零。将式(2-50)代入式(2-44)可得到目标函数的形状导数为

$$\frac{\partial J(\boldsymbol{u},\Phi)}{\partial t}=\int_{\Gamma_{\mathrm{N}}\cup\Gamma_{\mathrm{f}}}\left(\boldsymbol{p}\boldsymbol{u}-\frac{1}{2}D_{\mathrm{pqrs}}\varepsilon_{\mathrm{pq}}(\boldsymbol{u})\varepsilon_{\mathrm{rs}}(\boldsymbol{u})\right)V_{\mathrm{n}}\mathrm{d}\Gamma+\int_{\Gamma_{\mathrm{N}}}(\nabla(\boldsymbol{\tau}\boldsymbol{u})\cdot\boldsymbol{n}+\kappa\boldsymbol{\tau}\boldsymbol{u})V_{\mathrm{n}}\mathrm{d}\Gamma \tag{2-51}$$

其中,$\boldsymbol{n}$ 为法矢；Γ_{f} 为无牵引力边界,且有

$$\partial\Omega=\Gamma_{\mathrm{D}}\cup\Gamma_{\mathrm{N}}\cup\Gamma_{\mathrm{f}} \tag{2-52}$$

由于不考虑牵引力,在边界 Γ_{N} 上的积分消失。将速度场式(2-22)代入式(2-51),则目标函数的形状导数可改写为

$$\frac{\mathrm{d}J(\boldsymbol{u},\Phi)}{\mathrm{d}t}=\sum_{i=1}^{N}\int_{\Gamma_{\mathrm{f}}}\gamma(\boldsymbol{u},\Phi)\frac{\varphi_i(\boldsymbol{x})}{|\nabla\boldsymbol{\varphi}(\boldsymbol{x})\boldsymbol{\alpha}(t)|}\frac{\mathrm{d}\alpha_i(t)}{\mathrm{d}t}\mathrm{d}\Gamma \tag{2-53}$$

其中 γ 函数记为

$$\gamma(\boldsymbol{u},\Phi)=\boldsymbol{p}\boldsymbol{u}-\frac{1}{2}D_{\mathrm{pqrs}}\varepsilon_{\mathrm{pq}}(\boldsymbol{u})\varepsilon_{\mathrm{rs}}(\boldsymbol{u}) \tag{2-54}$$

通过链式法则对目标函数 $J(\boldsymbol{u},\Phi)$ 直接求其关于时间变量 t 的偏导数可以得到：

$$\frac{\mathrm{d}J(\boldsymbol{u},\Phi)}{\mathrm{d}t}=\sum_{i=1}^{N}\frac{\partial J(\boldsymbol{u},\Phi)}{\partial\alpha_i(t)}\cdot\frac{\mathrm{d}\alpha_i(t)}{\mathrm{d}t} \tag{2-55}$$

对比式(2-53)和式(2-55),不难发现目标函数关于设计变量的敏度为

$$\frac{\partial J(\boldsymbol{u},\Phi)}{\partial\alpha_i(t)}=\int_{\Gamma_{\mathrm{f}}}\gamma(\boldsymbol{u},\Phi)\frac{\varphi_i(\boldsymbol{x})}{|\nabla\boldsymbol{\varphi}(\boldsymbol{x})\boldsymbol{\alpha}(t)|}\mathrm{d}\Gamma \tag{2-56}$$

类似地,可以得到约束条件关于设计变量的敏度为

$$\frac{\partial G(\Phi)}{\partial\alpha_i(t)}=\int_{\Gamma_{\mathrm{f}}}\frac{\varphi_i(\boldsymbol{x})}{|\nabla\boldsymbol{\varphi}(\boldsymbol{x})\boldsymbol{\alpha}(t)|}\mathrm{d}\Gamma \tag{2-57}$$

可以看到,式(2-56)和式(2-57)在计算敏度时采用边界积分(boundary integration),在边界积分项中,$|\nabla\boldsymbol{\varphi}(\boldsymbol{x})\boldsymbol{\alpha}(t)|$的计算成本高。此外,如果水平集面较为平坦,$|\nabla\boldsymbol{\varphi}(\boldsymbol{x})\boldsymbol{\alpha}(t)|$的值相应较小,此时的计算误差将被进一步放大。更为重要的是,边界积分策略是导致基于水平集的拓扑优化方法在结构域内无法自由形成新孔洞的重要原因之一。基于以上分析,本章采用更为高效的体积积分(volume integration)策略来计算优化模型的敏度。与边界积分策略相比,体积积分无需在边界上计算$|\nabla\boldsymbol{\varphi}(\boldsymbol{x})\boldsymbol{\alpha}(t)|$,因此不仅不会阻碍结构设计域内的孔洞自由形成,而且会显著降低计算积分项时的成本[11-20]。通过引入映射关系 $\mathrm{d}\Gamma=\delta(\Phi)|\nabla\Phi|\mathrm{d}\Omega$,敏度表达式(2-56)和式(2-57)可进一步表示为

$$\frac{\partial J(\boldsymbol{u},\Phi)}{\partial\alpha_i(t)}=\int_{D}\gamma(\boldsymbol{u},\Phi)\varphi_i(\boldsymbol{x})\delta(\Phi)\mathrm{d}\Omega \tag{2-58}$$

$$\frac{\partial G(\Phi)}{\partial\alpha_i(t)}=\int_{D}\varphi_i(\boldsymbol{x})\delta(\Phi)\mathrm{d}\Omega \tag{2-59}$$

2.4　数值实现

2.4.1　人工材料插值模型

在本书所涉及的研究中,均假设水平集网格规模与结构域的有限元网格规模

相当。当水平集函数所包含的光滑边界在规则 Eularian 网格上运动时，必然会出现网格被结构边界切割的情形，从而导致光滑边界的不连续问题(boundary discontinuity)。通常，需要在迭代过程中不对结构域进行网格重划分，以准确描述水平集的零水平面所形成的边界[16]。本书采用人工材料(ersatz material)[20]模型来解决边界不连续问题，从而避免耗时的有限元网格重划分过程。在计算应变场时，人工材料模型假设被结构边界切割的单元等效为具有中间密度的单元，初切割单元实体部分所占的面积代表该单元的人工材料密度值，单元的刚度矩阵则与该人工材料密度值正相关。

2.4.2 过滤技术

在参数化水平集中，可采用过滤技术对单元伪密度 χ_h 进行过滤。一方面，无论是采用光滑的 Heaviside 函数[7]还是人工材料模型[8]都无法完全精准地表达结构边界和设计敏度[34]，因此过滤技术能够增加设计敏度的光滑性。另一方面，合适的过滤技术还能通过增加伪密度场的连续性来缓解拓扑优化设计中的网格依赖性问题[35,36]。

本书所采用的伪密度过滤技术为

$$\bar{\chi}_h = \sum_{h=1}^{\mathrm{NE}} \left(\sum_{f=1}^{\mathrm{NH}} \theta_{h,f} \chi_f \middle/ \sum_{f=1}^{\mathrm{NH}} \theta_{h,f} \right) \tag{2-60}$$

其中，$\theta_{h,f} = \bar{\theta}_{h,f} \Big/ \sum\limits_{f=1}^{\mathrm{NH}} \bar{\theta}_{h,f}$。

$$\bar{\theta}_{h,f} = \sum_{h=1}^{\mathrm{NE}} \left(\sum_{f=1}^{\mathrm{NH}} \frac{3}{\pi r_{\min}^2} \max\left(0, \frac{r_{\min} - \mathrm{dist}(h, f)}{r_{\min}}\right)\right) \tag{2-61}$$

其中，$\bar{\chi}_h$ 为过滤后的单元伪密度；$\theta_{h,f}$ 为 hat 函数 $\bar{\theta}_{h,f}$ 所定义的卷积；NH 是在单元 h 附近指定过滤半径范围内的单元数量；$r_{\min}$ 为过滤半径，通常取值为 1.5～2.0 倍的网格尺寸；dist(h, f)用于计算单元 h 到单元 f 间的距离。

2.5 优化算法

拓扑优化是一类具有大规模设计变量的非线性规划问题，优化模型的高维度导致其求解困难。根据拓扑优化模型的不同特点，所采用的优化算法也不尽相同。在各类优化算法中，基于梯度的优化算法具有独特的优势[37]。在拓扑优化领域，发展较为成熟的梯度优化算法主要包括优化准则法(optimality criteria, OC)[24]和移动渐近线法(method of moving asymptotes, MMA)[25]。MMA 是数学规划法(mathematical programming, MP)中的一种常用方法，具有严谨的理论基础和数学推导过程，适用于具有复杂目标函数和多约束的结构拓扑优化问题。OC 法简单直接、迭代收敛快，对于约束条件较少的大规模结构优化设计问题尤为高效。

本章将主要采用OC法作为优化算法。

在参数化水平集方法中，设计变量 α_i 是径向基函数插值的扩展系数，因此在迭代过程中无法直接指定其固定的上下界限 $\alpha_{\max}$ 和 $\alpha_{\min}$。然而，在实际数值操作中可以给出规范化设计变量 $\tilde{\alpha}_i$ 的上下限 $\tilde{\alpha}_{\min} \leqslant \tilde{\alpha}_i \leqslant \tilde{\alpha}_{\max}$，并以此作为OC法的边值约束来稳定迭代过程。针对所讨论的优化问题，可构建如下OC迭代算法：

步骤1　计算规范化的设计变量：

$$\tilde{\alpha}_i^{(\xi)} = \frac{\alpha_i^{(\xi)} - \alpha_{\min}^{(\xi)}}{\alpha_{\max}^{(\xi)} - \alpha_{\min}^{(\xi)}}, \quad \begin{cases} \alpha_{\max}^{(\xi)} = 2 \times \max(\alpha_i^{(\xi)}) \\ \alpha_{\min}^{(\xi)} = 2 \times \min(\alpha_i^{(\xi)}) \end{cases} \tag{2-62}$$

其中，ξ 代表当前的迭代步。

步骤2　基于Kuhn-Tucker条件[36,37]，构造如下启发式迭代格式更新规范化设计变量 $\tilde{\alpha}_i$：

$$\tilde{\alpha}_i^{(\xi+1)} = \begin{cases} \min[(\tilde{\alpha}_i^{(\xi)} + \sigma), \tilde{\alpha}_{\max}], & \min[(\tilde{\alpha}_i^{(\xi)} + \sigma), \tilde{\alpha}_{\max}] \leqslant (B_i^{(\xi)})^l \tilde{\alpha}_i^{(\xi)} \\ (B_i^{(\xi)})^l \tilde{\alpha}_i^{(\xi)}, & \begin{cases} \max[(\tilde{\alpha}_i^{(\xi)} - \sigma), \tilde{\alpha}_{\min}] < (B_i^{(\xi)})^l \tilde{\alpha}_i^{(\xi)} \\ (B_i^{(\xi)})^l \tilde{\alpha}_i^{(\xi)} < \min[(\tilde{\alpha}_i^{(\xi)} + \sigma), \tilde{\alpha}_{\max}] \end{cases} \\ \max[(\tilde{\alpha}_i^{(\xi)} - \sigma), \tilde{\alpha}_{\min}], & (B_i^{(\xi)})^l \tilde{\alpha}_i^{(\xi)} \leqslant \max[(\tilde{\alpha}_i^{(\xi)} - \sigma), \tilde{\alpha}_{\min}] \end{cases} \tag{2-63}$$

式(2-63)中，引入移动极限 σ 和阻尼算子 l 以稳定优化迭代过程，且有 $0<\sigma<1$ 和 $0<l<1$。此外，规范化的设计变量上下限分别指定为 $\tilde{\alpha}_{\max}=1$ 和 $\tilde{\alpha}_{\min}=0.001$。$B_i^{(\xi)}$ 可由下述公式计算得到：

$$B_i^{(\xi)} = -\frac{\partial J}{\partial \alpha_i^{(\xi)}} \bigg/ \max\left(\mu, \Lambda^{(\xi)} \frac{\partial G}{\partial \alpha_i^{(\xi)}}\right) \tag{2-64}$$

其中，常量 $\mu=1\mathrm{E}-10$ 用于避免分母中出现为“0”的项。在每次迭代中，拉格朗日算子由二分法[37]确定。

步骤3　更新设计变量：

$$\alpha_i^{(\xi+1)} = \tilde{\alpha}_i^{(\xi+1)} \times (\alpha_{\max}^{(\xi)} - \alpha_{\min}^{(\xi)}) + \alpha_{\min}^{(\xi)} \tag{2-65}$$

步骤4　重复步骤1到步骤3直到算法收敛。将第 ξ 次迭代与第 $\xi-1$ 次迭代的目标函数之差的绝对值记为 $\gamma^{(\xi)}$，算法的收敛条件为 $\gamma^{(\xi-2)}$、$\gamma^{(\xi-1)}$ 和 $\gamma^{(\xi)}$ 同时小于0.0001。

2.6　数值算例

本部分将通过二维和三维结构设计实例来说明所提出方法的特点。如前述假设，CSRBF的节点与有限元网格节点坐标一致，尺度因子 $d_{\max}$ 取值为4。人工材料模型中的实体部分弹性模量为180GPa，孔洞部分弹性模量为0.18GPa，泊松比为0.3。

优化问题的算法终止条件为相邻两次迭代目标函数的相对容差小于 1E−4。所有实例均采用 MATLAB 编程，且在 CPU 主频 2.6GHz、内存 8GB 的计算机上运行。

2.6.1 二维悬臂梁结构刚度拓扑优化设计

图 2-5 给出了某二维悬臂结构的设计空间，结构设计域的长宽比为 2∶1。结构左端约束其全部自由度，右端的中点处施加大小为 10kN 的向下集中载荷。这里的优化目标设置为结构柔度最小化，设计约束为材料的体积分数不超过 50%。

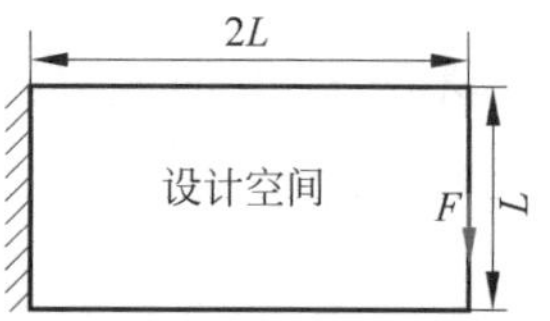

图 2-5 二维悬臂梁结构的设计空间

首先将二维悬臂梁的设计域离散为 80×40 个四节点有限单元，于是 CSRBF 插值矩阵中将含有 $(81\times41)^2=$ 11 029 041 个元素。利用 DWT 技术对 CSRBF 插值矩阵进行压缩的关键是选定合适的阈值调整参数 κ，见式(2-28)。首先令 $\kappa=20$，以观测参数化水平集方法优化效果。

阈值调整参数 $\kappa=20$ 时的结构优化过程如图 2-6 所示，所对应的高一维水平集函数变化如图 2-7 所示。观察优化过程可以发现，参数化水平集方法很好地保留了传统水平集方法在精确捕捉结构拓扑和边界形状方面的优势。此外，最优结构拓扑也表现出了光滑的结构边界和清晰的材料界面。目标函数和体积约束的收敛曲线如图 2-8 所示，算法在第 259 次迭代时收敛，最优拓扑所对应的结构柔度值为 86.2716。值得注意的是，在前几步迭代中，目标函数值并没有下降。这是因为本例给出的初始设计违反了体积约束，在优化迭代的初始阶段，算法要迅速删除材料以满足设定的体积约束。在约 20 次迭代后，结构的最优拓扑已经形成，随后的迭代主要是对结构边界的形状进行优化，从而使结构的柔度达到最小。从整个收敛曲线图来看，目标函数值稳定降低，结构体积约束得到满足，说明了方法的有效性[16]。

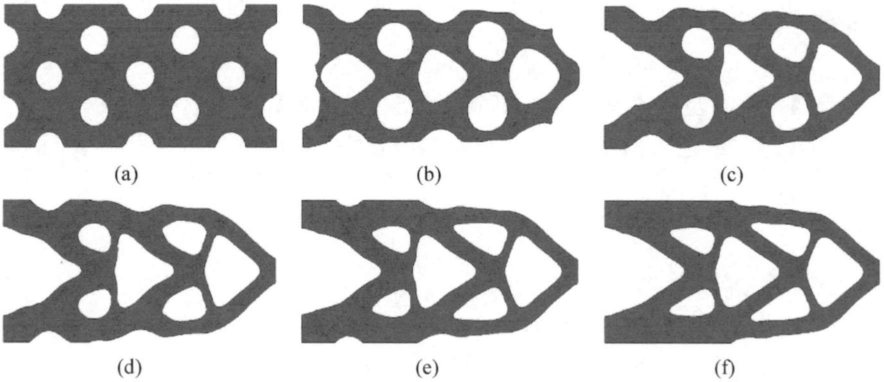

图 2-6 二维悬臂梁结构的优化过程

(a) 初始设计；(b) 第 10 次迭代；(c) 第 20 次迭代；(d) 第 40 次迭代；(e) 第 100 次迭代；(f) 最终设计

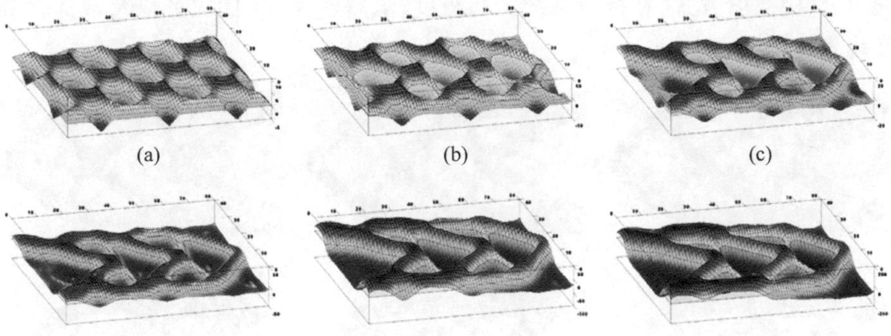

图 2-7　二维悬臂梁结构对应的水平集面演化过程

(a) 初始设计；(b) 第 10 次迭代；(c) 第 20 次迭代；(d) 第 40 次迭代；(e) 第 100 次迭代；(f) 最终设计

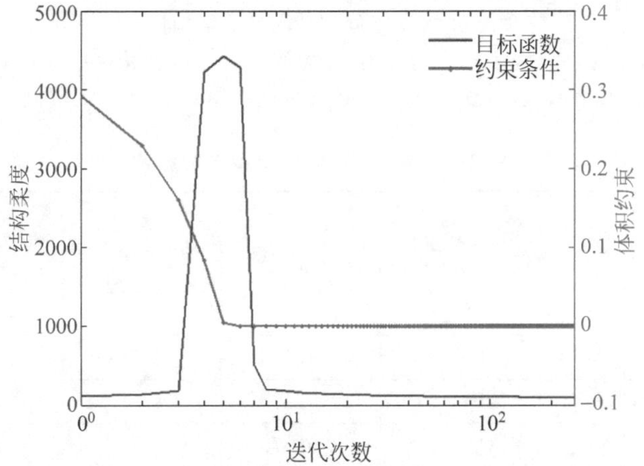

图 2-8　目标函数与约束条件的迭代收敛曲线

1）阈值参数的影响

在所叙述的参数化水平集方法中，阈值参数 κ 有重要影响，将决定方法的精度和效率。本部分采用 6 个例子进行对比分析：前 2 个例子分别采用 GSRBF 和 CSRBF 插值方法，后 4 个例子采用 CSRBF 和 DWT 相结合的插值方法，并设置不同的阈值参数值。所有例子均采用相同的初始设计，设计域均离散为 80×40 个有限单元。

图 2-9 和表 2-1 给出了 6 组不同例子的优化结果。通过优化结果不难发现，利用 CSRBF 和 DWT 相结合的插值方式，阈值参数越大，插值系统稀疏度越高，计算效率越高，但过大的阈值参数可能会导致插值精度显著下降，表现为结构边界不光滑和迭代次数增加。反之，较小的阈值参数(如 $\kappa=1,10$)计算效率较低，但插值精度更高。通过设置合适的阈值参数(例如 $\kappa=20$)，所提出方法的插值矩阵中零元素达到 99%以上，相较于 GSRBF 直接插值的方式能够显著提升优化效率；相较于

CSRBF 直接插值方式，在插值系统的稀疏度、求解时间、迭代次数以及最优目标值方面均较优[16]。

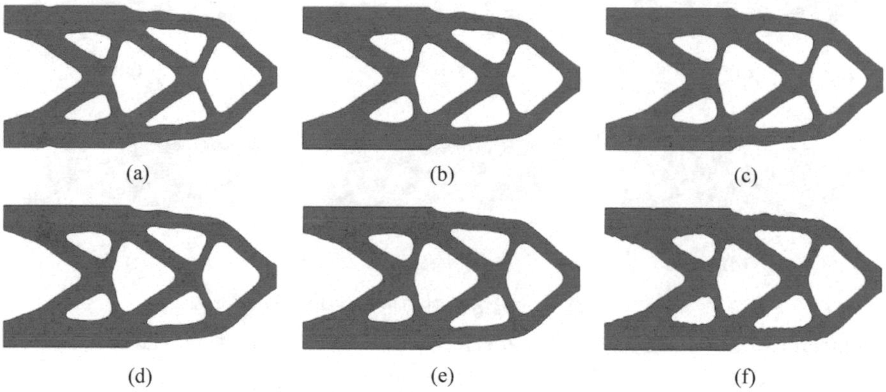

图 2-9　6 组不同例子的最优结构拓扑

(a) GSRBF；(b) CSRBF；(c) CSRBF+DWT，$\kappa=1$；(d) CSRBF+DWT，$\kappa=10$；(e) CSRBF+DWT，$\kappa=20$；(f) CSRBF+DWT，$\kappa=60$

表 2-1　插值方法和阈值参数的影响

插值方法	κ	矩阵 **A** 规模	零元素百分比/%	单次迭代时间/s	迭代次数	柔度
GSRBF	空白	$(81\times41)^2$	0	1.63	544	86.35
CSRBF	空白	$(81\times41)^2$	97.33	1.16	396	86.91
CSRBF+DWT	1	$(81\times41)^2$	97.88	1.17	367	86.88
CSRBF+DWT	10	$(81\times41)^2$	98.73	1.16	287	86.17
CSRBF+DWT	20	$(81\times41)^2$	99.09	1.15	259	86.27
CSRBF+DWT	60	$(81\times41)^2$	99.50	1.15	406	87.41

2) 有限元网格规模的影响

本部分对图 2-5 所示的设计空间分别采用 80×40、120×60 和 160×80 3 种规模的有限元网格进行离散，从而来讨论有限元网格对优化效果的影响。所有例子中，阈值参数均设置为 $\kappa=20$，结构的初始设计如图 2-6(a)所示。

不同网格规模对应的优化设计结果如图 2-10 和表 2-2 所示。随着有限元单元数量的增加，优化计算的成本也迅速增加。然而采用本章所论述的参数化水平集方法总能获得极其稀疏的插值矩阵，意味着更新水平集函数所需的时间及计算机内存将极大减少。3 个例子的最优结构拓扑展现出清晰、光滑的边界，说明尽管该方法仅利用较少的非零元素进行插值，但其精度完全能够满足工程需求。不同网格规模下的最优结构拓扑及其对应的柔度值相差无几，说明本章所论述的参数化水平集方法可以有效避免网格依赖性。其原因在于 CSRBF 插值中紧支域半径是一个重要参数，它决定了最优结构拓扑的复杂程度，若在优化时采用相同的紧支域半径，不同粒度的有限元网格下的优化设计便能收敛到相似的拓扑形式[16]。

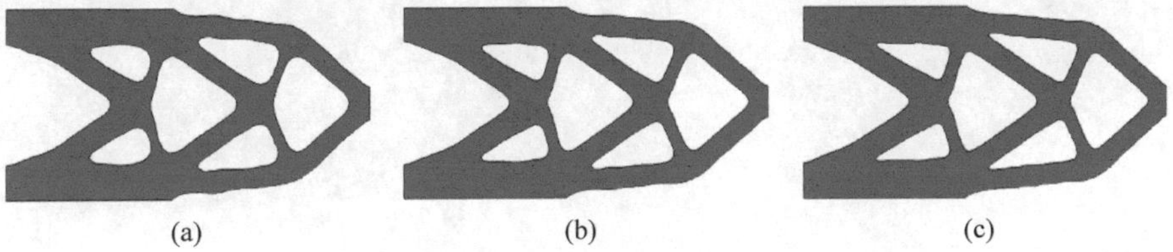

图 2-10　采用不同有限元网格规模时的最优结构拓扑

(a) 网格规模 80×40；(b) 网格规模 120×60；(c) 网格规模 160×80

表 2-2　不同有限元网格的影响

网格规模	κ	矩阵 **A** 规模	零元素百分比/%	单次迭代时间/s	迭代次数	柔度
80×40	20	$(81\times41)^2$	99.09	1.15	259	86.27
120×60	20	$(121\times61)^2$	99.32	5.47	298	86.31
160×80	20	$(161\times81)^2$	99.58	17.15	420	86.23

2.6.2　三维悬臂结构刚度拓扑优化设计案例

三维悬臂结构的设计空间如图 2-11 所示，结构的左端约束全部自由度，右端作用 300kN 向下的集中载荷。本例的设计域采用 20×8×40 个八节点有限单元进行离散，由于结构设计域及其边界条件关于 y 轴对称，因此有限元模型可以简化为 20×4×40 个。本例的优化目标为结构柔度最小化，设计约束为结构体积分数不超过 50%。

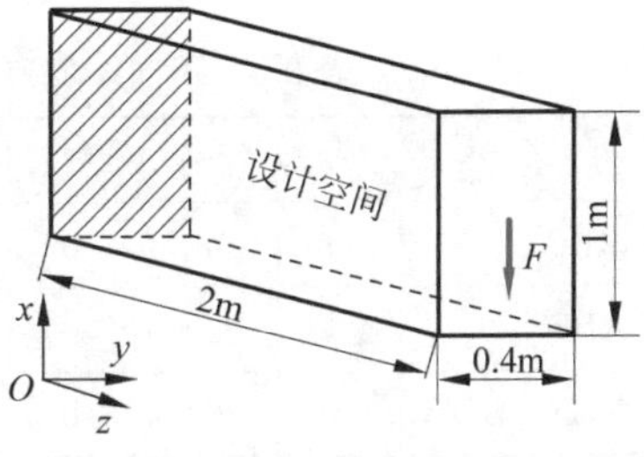

图 2-11　三维悬臂结构的设计空间

分别采用 3 种方法对本例所涉及的优化问题进行求解，即①CSRBF＋DWT 且阀值参数 $\kappa=20$；②CSRBF 直接插值法；③GSRBF 直接插值法。采用插值方法①时的三维悬臂结构的初始设计和最优设计如图 2-12 所示。算法经过 195 次迭代达到收敛，结构柔度从最大时的 385.45 下降至 176.82，结构体积分数为 50%，完全满足约束条件，最优设计亦显示出光滑、清晰的结构边界。分别由 3 种插值方式构建的参数化水平集拓扑优化方法所对应的优化结果如表 2-3 所示。可以明显看出，针对规模更大且更加复杂的三维结构拓扑优化问题，在保证计算精度的前提下，CSRBF＋DWT 方法优化效率远高于 GSRBF 和 CSRBF 方法，验证了本方法的优越性。

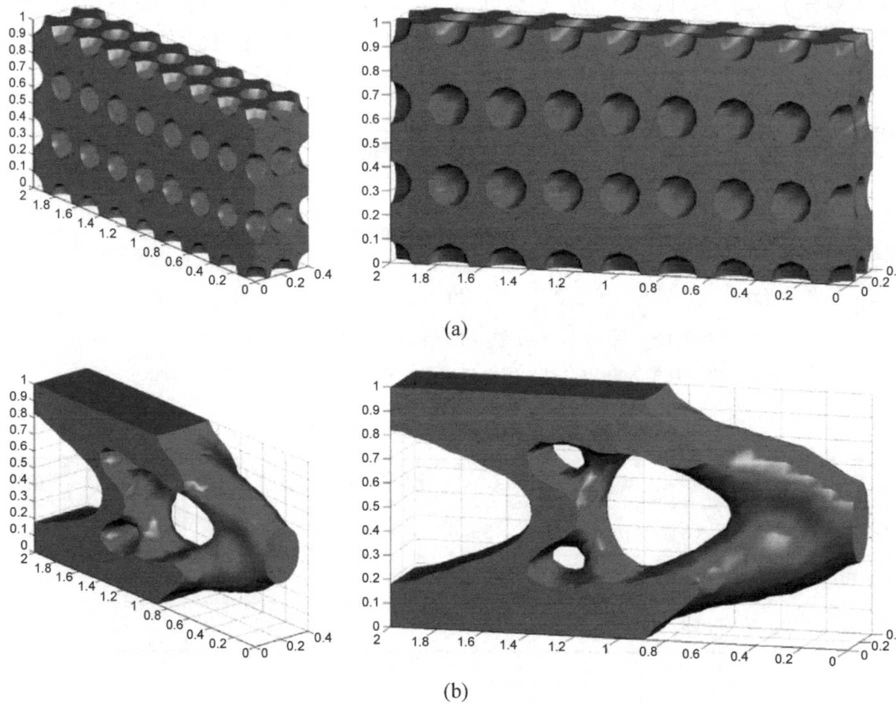

图 2-12　三维悬臂结构的初始设计与最优设计

(a) 初始设计；(b) 最优设计

表 2-3　不同插值方式在三维结构拓扑优化问题中的对比

方　法	κ	矩阵 **A** 规模	零元素百分比/%	单次迭代时间/s	迭代次数	柔度
GSRBF	空白	$(20\times4\times40)^2$	0	91.63	356	177.35
CSRBF	空白	$(20\times4\times40)^2$	90.19	64.45	223	178.77
CSRBF+DWT	20	$(20\times4\times40)^2$	98.76	32.66	195	176.82

2.7　小结

本章分析了传统水平集方法在解决结构拓扑优化问题时的优缺点，针对其优化过程中出现的数值计算困难，提出了一种改进的参数化水平集方法。首先，介绍了基于水平集的结构边界隐式描述方式，在此基础上，构建了基于 CSRBF 的水平集函数插值方法，避免了直接求解复杂的 H-J PDE，引入了 DWT 技术对 CSRBF 插值系统进行压缩，提高了计算效率；其次，构建了基于参数化水平集的拓扑优化设计模型；再次，根据形状导数的概念开展了优化问题的敏度分析，并详细叙述了优化求解过程中的数值实现技巧；最后，设计了基于 OC 的优化算法对优化模型进行求解。通过二维和三维结构刚度拓扑优化设计实例，说明了所提出方法的特点。所提出的参数化水平集方法能保留标准水平集方法的优点，并克服其数值计算困难，更进一步提升了水平集方法的计算效率。该方法具有很强的实用性，在后继章节将分别采用此方法针对不同应用领域的拓扑优化问题展开研究。

参考文献

[1] LUO Z, TONG L Y, KANG Z. A level set method for structural shape and topology optimization using radial basis functions[J]. Comput Struct, 2009, 87(7-8): 425-434.

[2] LUO Z, TONG L Y, WANG M Y, et al. Shape and topology optimization of compliant mechanisms using a parameterization level set method[J]. J Comput Phys, 2007, 227(1): 680-705.

[3] WANG Y Q, LUO Z, ZHANG N, et al. Topological shape optimization of microstructural metamaterials using a level set method[J]. Comp Mater Sci, 2014, 87: 178-186.

[4] WU J L, LUO Z, LI H, et al. Level-set topology optimization for mechanical metamaterials under hybrid uncertainties [J]. Comput Method Appl M, 2017, 319: 414-441.

[5] SETHIAN J A, WIEGMANN A. Structural boundary design via level set and immersed interface methods[J]. Journal of Computational Physics, 2000, 163(2): 489-528.

[6] OSHER S, FEDKIW R. Level set methods and dynamic implicit surfaces[M]. New York: Springer, 2003.

[7] WANG M Y, WANG X M, GUO D M. A level set method for structural topology optimization[J]. Comput Method Appl M, 2003, 192: 227-246.

[8] ALLAIRE G, JOUVE F, TOADER A M. Structural optimization using sensitivity analysis and a level-set method[J]. J Comput Phys, 2004, 194(1): 363-393.

[9] VAN DIJK N P, MAUTE K, LANGELAAR M, et al. Level-set methods for structural topology optimization: a review[J]. Struct Multidiscip O, 2013, 48(3): 437-472.

[10] ANDREW A M. Level set methods and fast marching methods: evolving interfaces in computational geometry, fluid mechanics, computer vision, and materials science (2nd edition)[J]. Kybernetes, 2000, 29(2): 239-248.

[11] WANG M Y, WANG X M, GUO D M. A level set method for structural topology optimization[J]. Comput Method Appl M, 2003, 192: 227-246.

[12] ALLAIRE G, JOUVE F, TOADER A M. Structural optimization using sensitivity analysis and a level-set method[J]. Journal of Computational Physics, 2004, 194(1): 363-393.

[13] 罗俊召. 基于水平集方法的结构拓扑与形状优化技术及应用研究[D]. 武汉：华中科技大学，2008.

[14] LUO Z, WANG M Y, WANG S, et al. A level set-based parameterization method for

structural shape and topology optimization[J]. International Journal for Numerical Methods in Engineering,2008, 76(1): 1-26.

[15] WANG S, WANG M Y. Radial basis functions and level set method for structural topology optimization[J]. International Journal for Numerical Methods in Engineering, 2006, 65(12): 2060-2090.

[16] 李好. 改进的参数化水平集拓扑优化方法与应用研究[D]. 武汉: 华中科技大学, 2016.

[17] BUHMANN M D. Radial Basis Functions: Theory and Implementations, Cambridge Monographs on Applied and Computational Mathematics, vol. 12[M]. New York: Cambridge University Press. 2004.

[18] TORRES C E, BARBA L A. Fast radial basis function interpolation with Gaussians by localization and iteration[J]. Journal of Computational Physics, 2009, 228(14): 4976-4999.

[19] WENDLAND H. Computational Aspects of Radial Basis Function Approximation[J]. Studies in Computational Mathematics,2005, 12(12): 231-256.

[20] LUO Z, TONG L, KANG Z. A level set method for structural shape and topology optimization using radial basis functions[J]. Computers & Structures,2009, 87(7-8): 425-434.

[21] WENDLAND H. Piecewise polynomial, positive definite and compactly supported radial functions of minimal degree[J]. Advances in Computational Mathematics,1995, 4(1): 389-396.

[22] SETHIAN J A, WIEGMANN A. Structural boundary design via level set and immersed interface methods[J]. J Comput Phys,2000, 163(2): 489-528.

[23] OSHER S, FEDKIW R P. Level set methods and dynamic implicit surface[M]. New York: Springer,2002.

[24] ZHOU M, ROZVANY G I N. The COC algorithm, part Ⅱ: Topological, geometry and generalized shape optimization[J]. Comput Method Appl M,1991, 89(1-3): 309-336.

[25] SVANBERG K. The method of moving asymptotes: a new method for structural optimization[J]. Int J Numer Meth Eng,1987, 24(2): 359-373.

[26] HSIA C H, GUO J M, CHIANG J S. A fast Discrete Wavelet Transform algorithm for visual processing applications[J]. Signal Processing,2012, 92(1): 89-106.

[27] CHEN, K. Discrete wavelet transforms accelerated sparse preconditioners for dense boundary element systems[J]. Electronic Transactions on Numerical Analysis Etna, 1999, 8(539): 138-153.

[28] FORD J M, TYRTYSHNIKOV E E. Combining Kronecker product approximation with discrete wavelet transforms to solve dense, function-related linear systems[J]. Siam Journal on Scientific Computing,2003, 25(3): 961-981.

[29] BEYLKIN G, COIFMAN R, ROKHLIN V. Fast wavelet transforms and numerical algorithms[J]. Commun Pur Appl Math,1991, 44(2): 141-183.

[30] 刘昌进,郭立,朱俊株, 等. 基于去降 Mallat 离散小波变换的彩色图像分割[J]. 计算机工程与应用,2003, 39(11): 93-95.

[31] CHEN K. Discrete wavelet transforms accelerated sparse preconditioners for dense boundary element systems[J]. Electron T Numer Ana,1999, 8: 138-153.

[32] WANG M Y, WANG X. PDE-driven level sets, shape sensitivity and curvature flow for structural topology optimization[J]. Computer Modeling in Engineering & Sciences, 2004, 6(4): 1-9.

[33] CHOI K K, KIM N H. Structural sensitivity analysis and optimization I-linear systems [M]. New York: Springer-Verlag, 2004.

[34] LUO Z, WANG M Y, WANG S Y, et al. A level set-based parameterization method for structural shape and topology optimization[J]. Int J Numer Meth Eng, 2008, 76(1): 1-26.

[35] BOURDIN B. Filters in topology optimization[J]. Int J Numer Meth Eng, 2001, 50: 2143-2158.

[36] SIGMUND O. A 99 line topology optimization code written in Matlab[J]. Struct Multidiscip O, 2001, 21(2): 120-127.

[37] BENDSØE M P, SIGMUND O. Topology optimization: theory, methods, and applications[M]. Berlin: Springer, 2003.

第3章 结构拓扑优化设计

结构拓扑优化设计是结构优化领域中的一项关键性技术，能够在概念设计阶段对结构性能实现重要改善，其基本思想是基于结构设计理论、结构分析技术、计算机技术和数学优化算法，于指定的设计区域内寻求满足各种约束条件(如应力、位移、材料用量等)，使目标函数(刚度、强度、特征频率等)达到最优的材料分布形式，即最佳结构拓扑。结构拓扑优化可在结构几何和拓扑信息完全未知的情况下，发掘理想的概念设计方案，加之其边界描述及优化算法的复杂性，导致拓扑优化成为结构优化领域内最行之有效，且最具挑战性的研究课题。值得注意的是，在本书中，结构拓扑优化设计的研究对象泛指宏观尺度的结构。

虽然国际上对结构拓扑优化技术的研究已有超过30年的历史，但结构拓扑优化设计因其描述及算法的复杂性，一些关键性的技术，如优化模型到优化算法都还处于探索和发展阶段，所以结构拓扑优化一直是国际结构优化领域的热点研究问题。同时，在结构拓扑优化设计的各类应用问题上，如多工况问题、结构频率响应问题、基频最大化问题、应力约束问题以及多相材料结构设计问题等也一直是理论界和工程界关注的重点和热点。

3.1 多工况结构拓扑优化设计

3.1.1 多工况结构拓扑优化设计的扩展最优性

目前在拓扑优化领域，多数的设计对象都是围绕单工况结构展开的，也就是在结构设计域中只考虑一种载荷工况。然而在实际工程结构的设计过程中，外部工作环境条件往往比较复杂，因此需要考虑适应多种变化的工况作用，应针对不同的工况载荷目标设计不同的支撑方式以满足多种功能需求。因此，对多工况下的结构拓扑优化问题进行研究更具有工程意义和实用价值。针对多工况下结构拓扑优化问题，需要权衡多条刚度分布路径，亦可称为多刚度拓扑优化问题。需要特别注意的是，多工况拓扑优化问题与多载荷拓扑优化问题是两个不同的问题，两者最大的区别在于不同载荷的施加是否一致：多工况拓扑优化问题中各类载荷不是同时加载，而多载荷拓扑优化问题中的所有载荷则是同时施加。这便意味着多工况拓扑优化问题的本质为一种多目标优化问题。

在经典的结构拓扑优化问题中，将结构在外载荷作用下刚度最大化作为优化目标函数是比较常见的算例。除此之外，通常还会根据设计者的经验对结构减重百分比（即体积比分数）进行预估，并将其作为优化模型中的约束条件（或者以最小体积作为优化目标，将预估的结构刚度值作为约束条件），见式（3-1）和式（3-2）。也就是说，传统拓扑优化方法的设计结果实际上有部分程度还需依赖于设计者的先验知识。由此可见，其与创新设计的自动化与智能化的理念存在矛盾。

问题 1 以结构刚度最大化（通常以柔度 C 最小化表示）为优化目标，结构体积 V 不超过预估体积 V_0 为约束条件：

$$\begin{cases} \text{Min: } C \\ \text{s.t.: } V \leqslant V_0 \end{cases} \tag{3-1}$$

问题 2 以结构体积 V 最小化为优化目标，结构柔度 C 不超过预估值 C_0 为约束条件：

$$\begin{cases} \text{Min: } V \\ \text{s.t.: } C \leqslant C_0 \end{cases} \tag{3-2}$$

目前已经有众多学者针对单目标优化问题进行了相关研究，所采用的方法为：对结构的刚度和体积同时优化，并将该类优化问题命名为拓扑优化中的“扩展最优性（extended optimality）”。2002 年，扩展最优性的概念由 Rozvany 等[1]首次提出，该工作主要针对的是二维结构和单工况结构。该方法的基本思想是通过优化不同结构性能指标的乘积，来实现各指标的联合优化，如式（3-3）。随后，Rozvany[2]对比了传统拓扑优化设计与具有扩展最优性拓扑优化设计结果，指出引入扩展最优性能够得到重量较轻的设计方案。相较于乘积形式的目标函数 $f=CV$，Strömberg[3]提出了一种更加通用的目标函数 $f=CV^{\eta}$，在该目标函数中，可以通过改变参数 η 的值，来获取更多不同的可选优化设计结果。上述研究均采用了基于 SIMP 材料插值模型的拓扑优化设计方法。实际上这种优化概念同样可以应用到其他类型的拓扑优化方法，如 ESO 方法等：Tanskanen[4]从理论角度对拓扑优化设计中的扩展最优性展开了深入的讨论，Edwards 等[5]则对比了 ESO 方法和 SIMP 方法在解决考虑扩展最优性的结构拓扑优化设计问题上的优缺点。值得注意的是，以上全部研究主要是采用了乘积形式的目标函数，且主要是用于解决单工况结构拓扑优化设计问题。

问题 3 以结构柔度 C 与结构体积 V 的乘积为目标函数，同时对两项结构指标进行优化，即所谓的“扩展最优性”：

$$\text{Min: } f = CV \tag{3-3}$$

通过上述论述可以看出，扩展最优性的提出主要是为了更好地应对工程结构轻量化设计需求，这种设计概念不需要设计者在优化开始时就根据经验给出结构刚度或体积分数的预估值，而是通过求解优化问题来自动得到更加丰富且更加轻质的设计方案。可见，考虑扩展最优性的多工况结构拓扑优化问题建模与求解方法的建立就具有十分重要的理论意义和工程价值。接下来，本节将对上述问题进行重点论述。

3.1.2 多目标拓扑优化模型

对于多工况结构拓扑优化问题来说，至关重要的一点就是通过构建合适的多目标优化模型，使其能够搜寻整个 Pareto 最优前端。理论上，Pareto 最优的充分/必要条件是判断能否通过某种特定的多目标模型求解出整个 Pareto 最优解集的关键[6]。一方面，当多目标优化模型满足 Pareto 最优的必要条件时，通过该模型能够解出全部的 Pareto 最优解，但其中部分解可能不是 Pareto 最优解；另一方面，当多目标优化模型满足 Pareto 最优解的充分条件时，通过该模型解出的全部解均为 Pareto 最优解，但其无法求出整个 Pareto 解集。也就是说，当选择一种合适的多目标优化模型，使其满足 Pareto 最优解的充要条件，通过该模型就一定能求解出整个 Pareto 最优前端上的解。在多工况拓扑优化设计领域，因为优化模型的设计变量多，学者们通常采用直接加权法来处理多个载荷工况下的子目标函数，但无论如何选择子目标权重，都无法在优化问题 Pareto 前端非凸的情况下找到其全部 Pareto 最优解集[7]。这也就意味着，针对某些多工况拓扑优化问题，如果设计者改变子目标重要程度偏好，就可能会导致无法获得相应的 Pareto 最优解的问题。

指数加权准则(exponential weighting criterion，EWC)是一种在理论上被证明的、能够满足 Pareto 最优充要条件的多目标模型。[6,8,9]通过该模型，无论多目标问题的 Pareto 最优前端是否非凸，都可凭借连续地改变子目标权重来获取全部的 Pareto 最优解集。基于 EWC 的多目标优化模型可以表述为

$$F(x)=\sum_{k=1}^{m}(\exp(qw_k)-1)\exp(qf_k(x)) \tag{3-4}$$

其中，w_k 为权重系数；m 代表子目标的个数；子目标 $f_k(x)$ 通过指数加权的方式转化为统一的单目标 $F(x)$；指数常数 q 为实数，在这里取 $q=2$，以保证模型能够找到多工况拓扑优化问题的整个 Pareto 最优前端。

需要注意的是，在采用模型(3-4)中所定义的目标函数时，q 和 $f_k(x)$ 通常作为指数，如果取值较大，极易造成计算数值过大甚至数值溢出(numerical overflow)。此外，当各子目标的数量级显著不同时，最优设计一定会更容易受到量级较大的目标影响，从而出现“载荷病态”的情况发生。因此，需要对基于 EWC 的多目标优化设计模型进行进一步的改进。本书提出一种基于归一化指数加权准则(normalized exponential weighting criterion，NEWC)的多目标拓扑优化设计模型。利用基于水平集的结构边界隐式描述方式，引入径向基函数插值中的扩展系数 α 作为设计变量，可以得到基于参数化水平集的优化模型：

$$
\text{求}\ \boldsymbol{\alpha}=[\alpha_1,\alpha_2,\cdots,\alpha_N]^{\mathrm{T}}
$$

$$
\begin{cases}
\underset{(u,\Phi)}{\mathrm{Min}}:\ F(\boldsymbol{u},\Phi)=\sum\limits_{k=1}^{m}(\exp(qw_k)-1)\exp\left(q\left(\dfrac{C_k(\boldsymbol{u},\Phi)-C_k^{\min}}{C_k^{\max}-C_k^{\min}}\right)\right)\\
\text{s. t.}:\ V(\Phi)=\int_D H(\Phi)\mathrm{d}\Omega\leqslant V_{\max}\\
\quad a_k(\boldsymbol{u},\boldsymbol{v},\Phi)=l_k(\boldsymbol{u},\boldsymbol{v}),\quad \boldsymbol{u}\mid_\Gamma=\boldsymbol{u}_0,\quad \forall\,\boldsymbol{v}\in U\\
\quad \alpha_{\min}\leqslant\alpha_i\leqslant\alpha_{\max}
\end{cases}
\tag{3-5}
$$

其中，$C_k(\boldsymbol{u},\Phi)$为子工况 k 作用下的结构应变能：

$$
C_k(\boldsymbol{u},\Phi)=\frac{1}{2}\int_D D_{\mathrm{pqrs}}\varepsilon_{\mathrm{pq}}(\boldsymbol{u}_k)\varepsilon_{\mathrm{rs}}(\boldsymbol{u}_k)H(\Phi)\mathrm{d}\Omega \tag{3-6}
$$

$a_k(\boldsymbol{u},\boldsymbol{v},\Phi)$为子工况 k 的能量双线性形式：

$$
a_k(\boldsymbol{u},\boldsymbol{v},\Phi)=\int_D D_{\mathrm{pqrs}}\varepsilon_{\mathrm{pq}}(\boldsymbol{u}_k)\varepsilon_{\mathrm{rs}}(\boldsymbol{v}_k)H(\Phi)\mathrm{d}\Omega \tag{3-7}
$$

$l_k(\boldsymbol{v},\Phi)$为子工况 k 的载荷线性形式：

$$
l_k(\boldsymbol{v},\Phi)=\int_D \boldsymbol{p}_k\boldsymbol{v}_k H(\Phi)\mathrm{d}\Omega+\int_D \boldsymbol{\tau}_k\boldsymbol{v}_k\delta(\Phi)\mid\nabla\Phi\mid\mathrm{d}\Omega \tag{3-8}
$$

其中，D_{pqrs} 为材料的弹性张量；m 为所考虑的工况数量；N 为有限元单元数量；$V_{\max}$ 为体积约束值；$\boldsymbol{u}_0$ 为 Dirichlet 边界上的位移；$H(\Phi)$为 Heaviside 函数；$\delta(\Phi)$为 Heaviside 函数的偏导数，即 Dirac 函数。$\alpha_{\max}$ 和 $\alpha_{\min}$ 分别为设计变量的上下限，主要用于增加优化迭代的稳定性。对于任意子工况 k，$\boldsymbol{u}_k$ 和 $\boldsymbol{v}_k$ 分别表示实位移场和运动学允许的位移空间 U 内的虚位移场，ε 为应变场，$\boldsymbol{p}_k$ 为结构体积力，$\boldsymbol{\tau}_k$ 为结构边界上的牵引力，$C_k^{\min}$ 和 $C_k^{\max}$ 分别代表单工况 k 作用下的目标函数最小值与最大值，其值可通过分别求解单工况作用下的拓扑优化设计问题来预估得到。与目标函数式(3-4)相比，多目标拓扑优化设计模型式(3-5)将各个子目标值进行了归一化处理，以便有效消除由于各子工况载荷作用下的结构应变能数量级差距过大而引起的载荷病态情况。此外，归一化处理后的目标函数值被限定在一个较小的区间内，能够有效克服优化计算时的数值溢出问题。

在结构拓扑优化设计中考虑扩展最优性，其最直接的目的是充分发掘结构材料的承载潜力，以获得材料用量更少、更加轻质的结构构型。如上文所述，目前的所有研究中，学者们主要采用 $f=CV$ 或 $f=CV^{\eta}$ 这一类乘积形式的单目标函数，而该目标函数产生可行解的多样性有限，并没能足够有效地扩大解空间。根据工程经验可知，结构的柔度和体积是一对相矛盾的指标，即提升其中一个的数值，必将会导致另外一个的数值降低。故考虑扩展最优性的拓扑优化问题本质应为一个多目标优化问题，不同柔度和体积的组合代表了解空间内所对应的 Pareto 最优解[10]。这里是将扩展最优性引入多工况结构拓扑优化设计问题中，并构建一种更具普遍性的多目标优化模型：

$$
\text{求}\ \boldsymbol{\alpha}=[\alpha_1,\alpha_2,\cdots,\alpha_N]^{\mathrm{T}}
$$

$$
\begin{cases}
\underset{(\boldsymbol{u},\Phi)}{\text{Min}}: F(\boldsymbol{u},\Phi)=\sum_{k=1}^{m}(\exp(qw_k^C)-1)\exp\left(q\left(\dfrac{C_k(\boldsymbol{u},\Phi)-C_k^{\min}}{C_k^{\max}-C_k^{\min}}\right)\right)+ \\
\qquad\qquad (\exp(qw^V)-1)\exp\left(q\left(\dfrac{V(\Phi)-V^{\min}}{V^{\max}-V^{\min}}\right)\right) \\
\text{s.t.}: a_k(\boldsymbol{u},\boldsymbol{v},\Phi)=l_k(\boldsymbol{u},\boldsymbol{v}),\quad \boldsymbol{u}|_{\Gamma}=\boldsymbol{u}_0,\quad \forall \boldsymbol{v}\in U \\
\alpha_{\min}\leqslant \alpha_i\leqslant \alpha_{\max}
\end{cases}
\tag{3-9}
$$

其中,$V^{\min}$ 和 $V^{\max}$ 分别代表体积分数约束的最小值与最大值,在本书中设置为 $V^{\min}=0.05$ 和 $V^{\max}=1$。需要指出的是,由于 $V^{\min}$ 取值为 0 代表结构域内没有任何材料,没有任何实际工程意义,故 $V^{\min}$ 通常取值为趋近于 0 的一个较小值。权重向量 $\boldsymbol{w}=[w_1^C,w_2^C,\cdots,w_k^C,w^V]$代表各子工况作用下的结构应变能及结构整体体积分数的权重,根据多目标优化模型的要求,所有权重系数之和设置为 1。

如上所述,构建了一套考虑扩展最优性的多工况拓扑优化模型。在该多目标拓扑优化设计模型中,所有不同类型的子目标函数均实施了无量纲化操作,通过 NEWC 方法转化为单一优化目标,有利于多设计变量、大规模的工程优化设计问题求解。通过连续地改变权重参数,可以得到多套不同的轻量化设计方案,甚至多目标拓扑优化问题的整个 Pareto 前端[6]。

3.1.3 目标函数权重决策方法

在本节中,将介绍基于模糊多属性群决策(fuzzy multi-attribute group descision making,FMAGDM)的决策方法计算多目标拓扑优化模型式(3-9)的权重系数。为了得到更可靠的方案,减少错误决策的风险,人们在进行决策活动时通常会兼顾和集中多个专家的意见,这就是所谓的群决策。由于客观事物的不确定性、不完全性以及人类思维的模糊性,导致大多数多属性群决策(multi-attribute group decisionmaking, MAGDM)问题具有不确定性和随意性,故而形成了 FMAGDM 理论。随着 Bellman 和 Zadeh[11] 在 1970 年首次利用模糊数学知识给出模糊决策的基本模型,处理具有不确定性的参数、概念和事件,基于模糊集理论(fuzzy set theory)的 FMAGDM 获得了国内外学者的广泛关注[12]。在 FMAGDM 理论框架中,专家采用语言术语(linguistic terms)来描述待决策对象的属性,然后将语言术语翻译成相应的模糊数并进行特定的模糊数计算、集结等操作,最终获得专家的一致性评价意见。对多目标拓扑优化问题而言,由于人的偏好以及设计方案与权重系数间的关系均具有模糊性,设计人员在确定子目标权重系数时,很难直接给出具体的数值。所以要求设计人员对各子工况下的结构柔度和结构体积指标给出诸如“比较重要”“不重要”等之类的评价语言,是一种相对切合实际的做法。FMAGDM 恰好符合这种评价方式,也就是通过模糊的语言术语来描述对各个子目标重要程度的偏好。在对优化模型式(3-9)的子目标权重系数进行评估的过程中，子目标被视为待决策的“属性”，设计人员被视为“决策者”，并根据以往积累的工程实践先验知识对子目标给出语义形式的偏好。

采用图 3-1 所示的梯形模糊数(trapezoidal fuzzy number)[13,14]来处理权重系数计算过程中的模糊信息。假设有 n 个设计者 $\boldsymbol{D}=(D_1,D_2,\cdots,D_n)$对 m 个优化子目标 $\boldsymbol{O}=(O_1,O_2,\cdots,O_m)$进行评估。其中偏好矩阵 $\boldsymbol{E}$ 包含 $m\times n$ 个梯形模糊数 $\tilde{e}_{ij}=\{e_{ij1},e_{ij2},e_{ij3},e_{ij4}\}$，且 $\tilde{e}_{ij}$ 代表设计者 D_j 对子目标 O_i 的偏好。特别地，多数 FMAGDM 方法并未考虑到决策者自身的知识水平对决策结果的影响，在所提出的方法中将另外采用语言术语描述决策者的等级。反映设计者重要程度及能力水平的等级矩阵记为$\boldsymbol{\omega}=\{\omega_1,\omega_2,\cdots,\omega_m\}$，其中设计者 D_j 的等级可解释为梯形模糊数$\omega_1=(\omega_{j1},\omega_{j2},\omega_{j3},\omega_{j4})$。这样能保证较重要的设计者偏好对最终决策结果起较大作用，反之亦然。

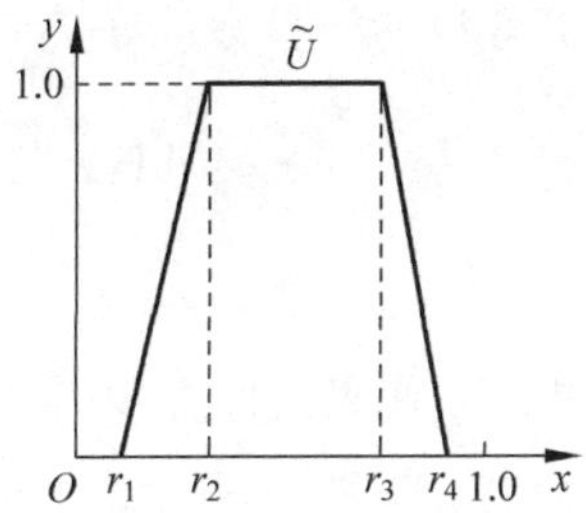

图 3-1　典型的梯形模糊数

尽管 FMAGDM 理论的方法对处理含有模糊信息的语言术语有效，但这种基于专家知识的决策方法仍然带有一定的主观随意性。为了使多目标权重系数能够更加准确地反映实际工程需求，将根据客观历史数据或实验结果对子目标的取值加以限定，从而构建一种自适应权重调整机制，以确保避免因主观偏好的误差导致优化的结果不准确。综上，所提出的基于 FMAGDM 理论的权重计算方法基本步骤如下：

步骤 1　设计人员对子目标采用语言术语进行评价，并将给出的评价矩阵 $\boldsymbol{E}$ 和专家等级矩阵$\boldsymbol{\omega}$ 译为对应的梯形模糊数。从表述最低等级的语言术语“AP”或“AL”到描述最高等级的语言术语“AG”或“AH”，每一项语言形式的偏好都有与其唯一对应的梯形模糊数[15]，如表 3-1 所示。

表 3-1　语言术语及其对应的梯形模糊数

语言术语（优化目标的偏好）	语言术语（设计者的重要程度）	梯形模糊数
absolutely-poor(AP)	absolutely-low(AL)	[0.00,0.00,0.00,0.00]
very-poor(VP)	very-low(VL)	[0.00,0.00,0.02,0.07]
poor(P)	low(L)	[0.04,0.10,0.18,0.23]
medium-poor(MP)	medium-low(ML)	[0.17,0.22,0.36,0.42]
medium(M)	medium(M)	[0.32,0.41,0.58,0.65]
medium-good(MG)	medium-high(MH)	[0.58,0.63,0.80,0.86]
good(G)	high(H)	[0.72,0.78,0.92,0.97]
very-good(VG)	very-high(VH)	[0.93,0.98,1.00,1.00]
absolutely-good(AG)	absolutely-high(AH)	[1.00,1.00,1.00,1.00]

步骤 2　采用梯形模糊数混合集结算子（trapezoidal fuzzy number hybrid aggregation operator，THA）评估偏好 $\tilde{e}_{ij}$，从而得到综合考虑了每位设计人员意见及其等级的子目标偏好 $\tilde{e}_i$：

$$\tilde{e}_i = \mathrm{THA}_{w,\tilde{\omega}}(\tilde{e}_{i1}, \tilde{e}_{i2}, \cdots, \tilde{e}_{in}) = \sum_{j=1}^{n} (\tilde{\omega}_j \tilde{t}_{i\rho_j}) \tag{3-10}$$

$$\tilde{t}_{ij} = \tilde{\omega}_j \tilde{e}_{ij} = ((\omega_{j1} e_{ij1}), (\omega_{j2} e_{ij2}), (\omega_{j3} e_{ij3}), (\omega_{j4} e_{ij4})) \tag{3-11}$$

其中，$\tilde{t}_{ij}$ 代表设计者 D_j 对子目标 O_i 的加权偏好意见；$\tilde{t}_{i\rho_j}$ 为 $\tilde{t}_{ij}$ 从大到小排序后的第 j 个模糊数；式(3-10)中的权重系数 $\tilde{\omega}_j$ 由下述公式计算[16]：

$$\tilde{\omega}_j = Q\left(\frac{j}{n}\right) - Q\left(\frac{j-1}{n}\right), \quad j = 1, 2, \cdots, n \tag{3-12}$$

其中，定量模糊语义算子 Q 由一种分段函数形式给出：

$$Q(x) = \begin{cases} 0, & x < a \\ \dfrac{x-a}{b-a}, & a \leqslant x \leqslant b \\ 1, & x > b \end{cases} \tag{3-13}$$

式中的参数 a 和 b 由表 3-2 中列出的模糊语言定量法则确定。

表 3-2　模糊语言定量法则

模 糊 语 言	(a,b)的取值
most	(0.3,0.8)
at least half	(0.5,0.5)
as much as possible	(0.5,1.0)

步骤 3　计算各子目标综合偏好 $\tilde{e}_i$ 的大小。将 $\tilde{e}_i$ 所包含的梯形模糊数转化为参数化形式 $\hat{U}=(\sigma, x_0, y_0, \beta)$，其大小可依据式(3-14)计算：

$$\mathrm{Mag}(\hat{U}) = \frac{1}{2}\left[\int_0^1 (\underline{u}(x) + \bar{u}(x) + x_0 + y_0) g(x) \mathrm{d}x\right] \tag{3-14}$$

为方便计算，式(3-14)中加权函数取为 $g(x)=x$。$\hat{U}$ 的大小反映了其隶属度的高低。

步骤 4　计算所有子目标的权重系数：

$$w_i = \frac{\mathrm{Mag}(\tilde{e}_i)}{\sum_{k=1}^{m} \mathrm{Mag}(\tilde{e}_k)} \tag{3-15}$$

步骤 5　利用式(3-16)给出的自适应权重调整机制修正权重系数：

$$
\begin{cases}
\begin{cases}
\bar{w}_1 = w_1(1+\eta(\mathrm{OV}_1-\mathrm{UB}_1)), & \mathrm{OV}_1 > \mathrm{UB}_1 \\
\bar{w}_1 = w_1(1-\eta(\mathrm{LB}_1-\mathrm{OV}_1)), & \mathrm{OV}_1 < \mathrm{LB}_1 \\
\bar{w}_r = \mathrm{Mag}(\tilde{e}_r)/\sum\limits_{r=2}^{m}\mathrm{Mag}(\tilde{e}_r)(1-\bar{w}_1), & r=2,\cdots,m
\end{cases} \\
\begin{cases}
\bar{w}_2 = w_2(1+\eta(\mathrm{OV}_2-\mathrm{UB}_2)), & \mathrm{OV}_2 > \mathrm{UB}_2 \\
\bar{w}_2 = w_2(1-\eta(\mathrm{LB}_2-\mathrm{OV}_2)), & \mathrm{OV}_2 < \mathrm{LB}_2 \\
\bar{w}_s = \mathrm{Mag}(\tilde{e}_s)/\sum\limits_{s=3}^{m}\mathrm{Mag}(\tilde{e}_s)(1-\bar{w}_2), & s=3,\cdots,m
\end{cases} \\
\vdots \\
\begin{cases}
\bar{w}_l = w_l(1+\eta(\mathrm{OV}_l-\mathrm{UB}_l)), & \mathrm{OV}_l > \mathrm{UB}_l \\
\bar{w}_l = w_l(1-\eta(\mathrm{LB}_l-\mathrm{OV}_l)), & \mathrm{OV}_l < \mathrm{LB}_l \\
\bar{w}_t = \mathrm{Mag}(\tilde{e}_t)/\sum\limits_{t=l+1}^{m}\mathrm{Mag}(\tilde{e}_t)(1-\bar{w}_l), & t=l+1,\cdots,m
\end{cases}
\end{cases}
\tag{3-16}
$$

其中，OV 代表子目标函数值；UB 和 LB 分别为子目标取值的上限和下限；l 代表需要修正权重系数的子目标数量。较大的修正因子 η 会出现迭代不稳定的问题，较小的 η 则会延长迭代收敛的时间，故在本章中取 $\eta=2$。

所提出的权重计算方法具有非常鲜明的特点：①采用语言术语描述是一种更加合理的方式，基于模糊集理论对语言术语进行处理提高了所提出方法的实用性；②基于群决策的方式有效降低了权重计算错误的风险，特殊的集结算子能够过滤掉设计人员的极端偏好；③对于采用先决策后优化方式的多目标模型在应用中更加便捷、简单，且使用范围广。

3.1.4　灵敏度分析与优化算法

与传统拓扑优化模型对比可以发现，多目标拓扑优化设计模型式(3-9)中没有任何结构响应约束，这表明无需在优化求解过程中更新拉格朗日乘子。根据形状导数概念分别对目标函数中的结构应变能子目标 F_C 和体积子目标 F_V 进行灵敏度分析，最后采用本书第 2 章所介绍的 OC 法对优化模型进行求解。

直接目标函数 F_C 对时间变量 t 的偏导可得

$$
\begin{aligned}
\frac{\partial F_C}{\partial t} &= \sum_{k=1}^{m}(\exp(q w_k^C)-1)\exp\left(q\,\frac{C_k-C_k^{\min}}{C_k^{\max}-C_k^{\min}}\right)\left(q\,\frac{1}{C_k^{\max}-C_k^{\min}}\cdot\frac{\partial C_k}{\partial t}\right) \\
&= \sum_{k=1}^{m} W_k \cdot \frac{\partial C_k}{\partial t}
\end{aligned}
\tag{3-17}
$$

其中，偏导数 $\partial C_k/\partial t$ 前的系数简记为 W_k。

结构应变能的形状导数可推导为

$$\frac{\partial C_k(\boldsymbol{u},\Phi)}{\partial t}=\int_D \gamma_k(\boldsymbol{u},\Phi)\delta(\Phi)\,|\nabla\Phi|\,V_{\mathrm{n}}\mathrm{d}\Omega \tag{3-18}$$

其中：

$$\begin{aligned}\gamma_k(\boldsymbol{u},\Phi)=&\,\boldsymbol{p}_k\boldsymbol{u}_k-\frac{1}{2}D_{\mathrm{pqrs}}\varepsilon_{\mathrm{pq}}(\boldsymbol{u}_k)\varepsilon_{\mathrm{rs}}(\boldsymbol{u}_k)+\\&\left(\nabla(\boldsymbol{\tau}_k\boldsymbol{u}_k)\cdot\frac{\nabla\Phi}{|\nabla\Phi|}+\left(\nabla\cdot\frac{\nabla\Phi}{|\nabla\Phi|}\right)\boldsymbol{\tau}_k\boldsymbol{u}_k\right)\end{aligned} \tag{3-19}$$

将式(2-22)定义的参数化水平集速度场代入式(3-18)：

$$\frac{\partial C_k(\boldsymbol{u},\Phi)}{\partial t}=\sum_{i=1}^{N}\left(\int_D \gamma_k(\boldsymbol{u},\Phi)\varphi_i(\boldsymbol{x})\delta(\Phi)\mathrm{d}\Omega\right)\dot{\alpha}(t) \tag{3-20}$$

一方面，将式(3-20)代入式(3-17)可改写目标函数的形状导数：

$$\frac{\partial F_C}{\partial t}=\sum_{i=1}^{N}\sum_{k=1}^{m}W_k\cdot\left(\int_D \gamma_k(\boldsymbol{u},\Phi)\varphi_i(\boldsymbol{x})\delta(\Phi)\mathrm{d}\Omega\right)\cdot\dot{\alpha}(t) \tag{3-21}$$

另一方面，采用链式求导法则推导目标函数 F_C 关于时间变量 t 的偏导：

$$\frac{\partial F_C}{\partial t}=\sum_{i=1}^{N}\frac{\partial F_C}{\partial\alpha_i(t)}\dot{\alpha}(t) \tag{3-22}$$

对比式(3-21)和式(3-22)，易知子目标 F_C 关于设计变量 α 的敏度为

$$\frac{\partial F_C}{\partial\alpha_i(t)}=\sum_{k=1}^{m}W_k\cdot\left(\int_D \gamma_k(\boldsymbol{u},\Phi)\varphi_i(\boldsymbol{x})\delta(\Phi)\mathrm{d}\Omega\right) \tag{3-23}$$

类似地，可推导体积子目标 F_V 关于设计变量 α 的敏度：

$$\frac{\partial F_V}{\partial\alpha_i(t)}=\sum_{k=1}^{m}(\exp(qw^V)-1)\exp\left(q\,\frac{V-V^{\min}}{V^{\max}-V^{\min}}\right)\left(q\,\frac{1}{V^{\max}-V^{\min}}\cdot\int_D\varphi_i(\boldsymbol{x})\delta(\Phi)\mathrm{d}\Omega\right) \tag{3-24}$$

3.1.5 数值实例

1. 二维悬臂结构

平面悬臂梁的设计空间如图 3-2 所示，长宽比为 2∶1，左端固支，结构域受 2 个载荷的作用，即 $F_1=F_2=500\mathrm{kN}$。材料的弹性模量为 201GPa，泊松比为 0.3。有限元单元与水平集网格离散均为 120×60 个。该优化问题的目标为同时优化各子工况下的结构柔度及体积分数。

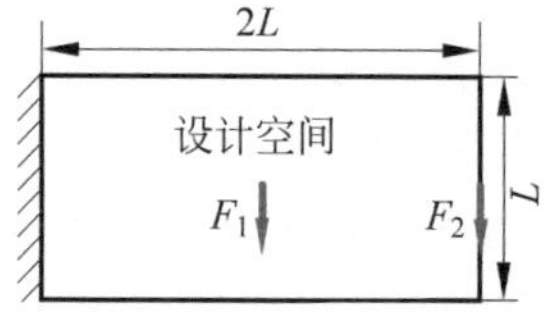

图 3-2 悬臂梁结构的设计空间

如前文所述，在加权多目标优化问题中，子目标权重系数的大小对优化设计结果有重要影响。为揭示权重系数大小与设计结果的内在联系，本例对不同权重系数下的多目标拓扑优化问题进行了求解和对比分析。首先进行 11 组试验（试验一），将结构体积目标的权重和各子工况下的柔度目标权重和作为试验对象，采用试验设计（design of experiments，DOE）中的均分法，以 0.1 为试验间隔求解不同

权重系数下的多目标优化问题。为方便讨论，本例假设每个柔度子目标的权重系数相等。理论上，体积目标的权重与柔度目标权重和的取值范围为[0,1]。然而当体积目标的权重等于 0 时，结构会删除所有材料导致柔度无限大；当柔度目标权重和等于 0 时，结构不会删除任何材料导致优化的结果为实体。这两种情况在优化中均无实际应用价值，故将权重的变化范围限定为[0.01,0.99]。

测试结果表明，当体积目标的权重系数大于一定值时，例如 $w^V>0.3$ 时，优化迭代过程会随着材料的急剧减少而不断振荡，从而直接导致优化难以收敛(>400 步迭代)，优化结果中某些结构刚度路径甚至会因为优化迭代过程振荡发生断裂。因此仅给出如表 3-3 和图 3-3 所示的 6 组测试结果。为方便讨论，在此定义一种材料性能指标来反映最优结构拓扑中每一单位数量的材料减少所导致的结构刚度丧失，即刚度降低率(decreasing ratio，DR)：

$$\mathrm{DR}^{(T)}=\frac{\Delta C^{(T)}}{\Delta \mathrm{VF}^{(T)}}=\frac{C^{(T)}-C^{(T-1)}}{\mathrm{VF}^{(T-1)}-\mathrm{VF}^{(T)}}$$

其中，ΔC 和 $\Delta\mathrm{VF}$ 分别代表相邻两次测试中结构柔度的差值和体积分数的差值；T 代表不同试验的编号。DR 的理论意义与经济学中的“边际效益”类似，在此可称之为“边际刚度”(marginal stiffness)：较大的 DR 意味着每减小一单位的结构体积会导致结构刚度的剧烈下降，此时以牺牲结构刚度为代价来降低结构重量是“不经济”的，反之亦然。

表 3-3　试验一的数值结果比较

T	w^V	w^C	迭代步数	目标值	加权柔度	体积分数	ΔC	$\Delta\mathrm{VF}$	DR
1	0.01	0.99	186	3.5011	30.5419	0.8830	空白	空白	空白
2	0.1	0.9	185	3.4908	50.3971	0.4628	19.8552	0.4202	**47.2518**
3	0.2	0.8	299	3.3915	68.6500	0.3141	18.2529	0.1487	**122.7498**
4	0.3	0.7	>400	3.3535	84.7902	0.2356	16.1402	0.0785	**205.6076**
5	0.4	0.6	>400	3.4048	104.3433	0.1821	19.5531	0.0535	**365.4785**
6	0.5	0.5	>400	3.5775	130.4734	0.1459	26.1301	0.0362	**721.8260**

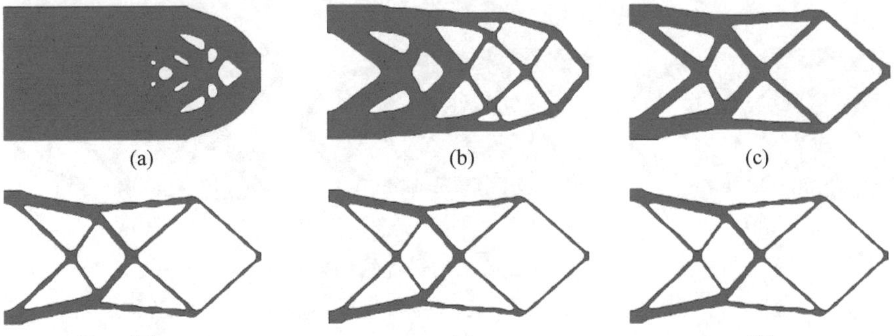

(a)　(b)　(c)　(d)　(e)　(f)

图 3-3　试验一的最优结构拓扑

(a) $w^V=0.01, w^C=0.99$；(b) $w^V=0.1, w^C=0.9$；(c) $w^V=0.2, w^C=0.8$；(d) $w^V=0.3, w^C=0.7$；(e) $w^V=0.4, w^C=0.6$；(f) $w^V=0.5, w^C=0.5$

从表 3-3 可以看到，当结构的最优体积分数在 0.2 以下时，DR 值急剧增加，表明结构的最优刚度会随着体积分数的减小而剧烈下降。因此在二维情况下，推荐将考虑扩展最优性的多工况拓扑优化问题的体积分数下限设为 0.2，以保证优化结果材料使用的“经济性”。需要特别提出的是，三维空间的结构拓扑优化问题不同于二维问题。测试结果表明，由于三维结构具有更强的承载能力，体积分数下限可设置为 0.1。从图 3-3 可以看出，不同权重系数的组合会得到不同拓扑形式的优化结果，但本方法始终能保证结构边界的清晰和光滑。

此外，数值算例表明当体积目标的权重系数在[0.01，0.99]间取值时，最优设计的拓扑构型对权重系数十分敏感。表 3-4 和图 3-4 分别给出了试验二的数值结果和结构拓扑形式。优化结果显示，体积目标的权重系数的微小改变就会导致优化设计的体积分数发生较大差异，尤其是当权重系数 $w^V<0.05$ 时最优设计的体积分数变化更加明显。通过控制体积分数上限可一定程度避免权重系数的微小改变带来体积分数的剧烈波动。而且为实现结构的轻量化设计，工程上通常将优化设计方案的体积分数设置在 0.5 附近。在本实例中体积分数 0.5 将被设置为体积目标值的上限，以保证优化结果的减重效果。

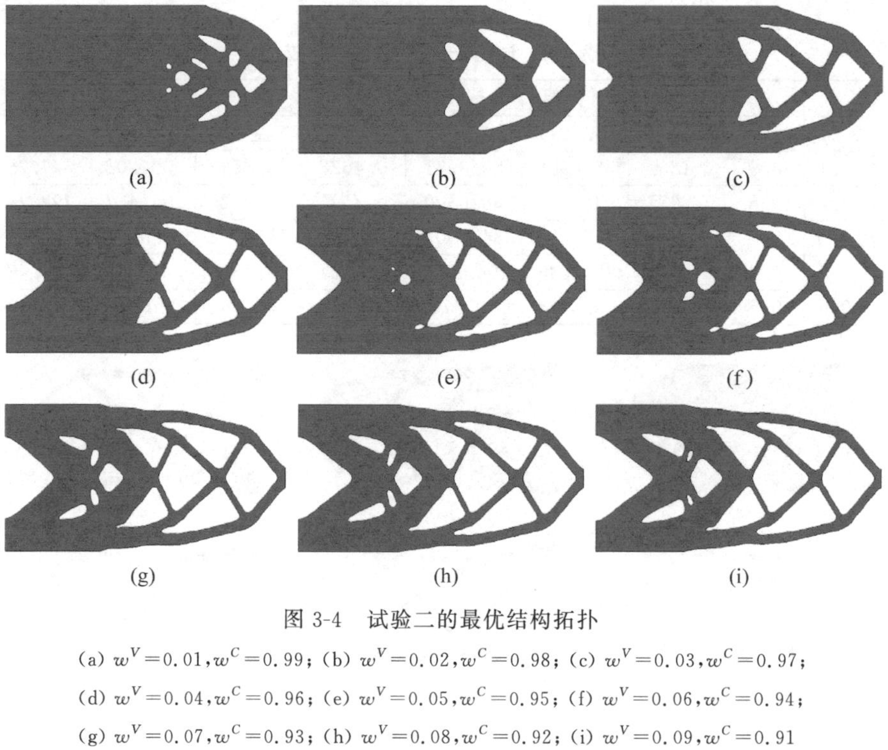

图 3-4　试验二的最优结构拓扑

(a) $w^V=0.01, w^C=0.99$；(b) $w^V=0.02, w^C=0.98$；(c) $w^V=0.03, w^C=0.97$；(d) $w^V=0.04, w^C=0.96$；(e) $w^V=0.05, w^C=0.95$；(f) $w^V=0.06, w^C=0.94$；(g) $w^V=0.07, w^C=0.93$；(h) $w^V=0.08, w^C=0.92$；(i) $w^V=0.09, w^C=0.91$

表 3-4　试验二的数值结果比较

T	w^V	w^C	迭代步数	目标值	加权柔度	体积分数	ΔC	ΔVF	DR
1	0.01	0.99	186	3.5011	30.5419	0.8830	空白	空白	空白
2	0.02	0.98	193	3.5262	32.4380	0.7863	1.8961	0.0967	**19.6081**
3	0.03	0.97	223	3.5400	34.1130	0.7248	1.6750	0.0615	**27.2358**
4	0.04	0.96	143	3.5405	36.0935	0.6656	1.9805	0.0592	**33.4544**
5	0.05	0.95	191	3.5367	38.1676	0.6181	2.0741	0.0475	**43.6653**
6	0.06	0.94	224	3.5332	40.1531	0.5829	1.9855	0.0352	**56.4062**
7	0.07	0.93	102	3.5215	42.9922	0.5432	2.8391	0.0397	**71.5139**
8	0.08	0.92	164	3.5107	44.9392	0.5126	1.9470	0.0306	**63.6275**
9	0.09	0.91	161	3.4998	47.2308	0.4858	2.2916	0.0268	**85.5075**

将各工况下结构柔度的加权和作为一种特殊的结构柔度目标，结构的体积分数作为体积目标，可将考虑扩展最优性的拓扑优化问题简化视为一种两目标优化问题。经简化后的优化问题的部分 Pareto 最优前端如图 3-5 所示。

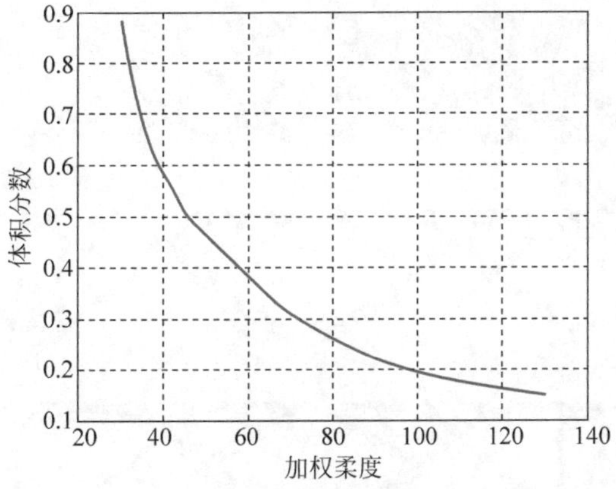

图 3-5　简化为两目标优化问题时的部分 Pareto 最优前端

2. 二维桥梁结构

桥梁的拓扑优化属于大型连续稀疏结构的设计问题，在实际工程中该问题会涉及十分复杂的工况载荷。桥梁结构的设计空间如图 3-6 所示，桥面以下左右端固支，桥面上综合作用 5 种载荷工况，且 $F_1=F_2=F_3=F_4=F_5=50\text{kN}$。材料的弹性模量为 180GPa，泊松比为 0.3。整个结构设计域采用 240×60 个四边形单元进行离散，其中桥面（受载区域）为非设计区域，由 240×2 个被动单元（passive element）构成，与被动单元关联的 CSRBF 扩展系数不参与优化迭代。该优化问题的目标为同时最小化各子工况下的结构柔度及体积分数。利用结构对称性，仅 7200 个单元参与计算。

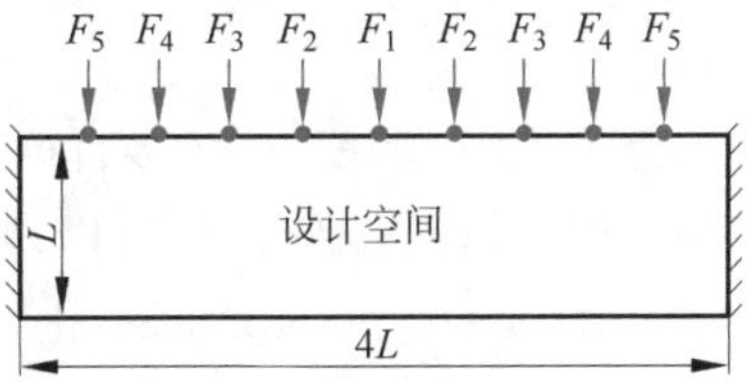

图 3-6　桥梁结构的设计空间

首先采用基于 FMAGDM 的权重计算方法确定多目标拓扑优化问题的权重。5 个设计者对 6 个目标的评价,以及 5 位设计者的水平及经验的综合等级如表 3-5 所示。为说明方法的稳定性,特别令设计者 1 给出与其他设计者完全相反的极端评价意见。通过计算,可以快速得到规范化的子目标权重系数 $\boldsymbol{w}=[0.2356, 0.1514, 0.0982, 0.0952, 0.0911, 0.3285]$。计算结果表明,个别极端的评价意见对最终的权重系数确定没有明显影响。

表 3-5　5 位设计者的第一种偏好

	工况一	工况二	工况三	工况四	工况五	体积分数	设计者等级
设计者 1	AL	AL	AH	AH	AH	AL	VP
设计者 2	VH	M	ML	M	M	AH	AG
设计者 3	H	MH	M	M	M	VH	F
设计者 4	MH	M	M	ML	ML	AH	AG
设计者 5	H	MH	MH	M	L	VH	P

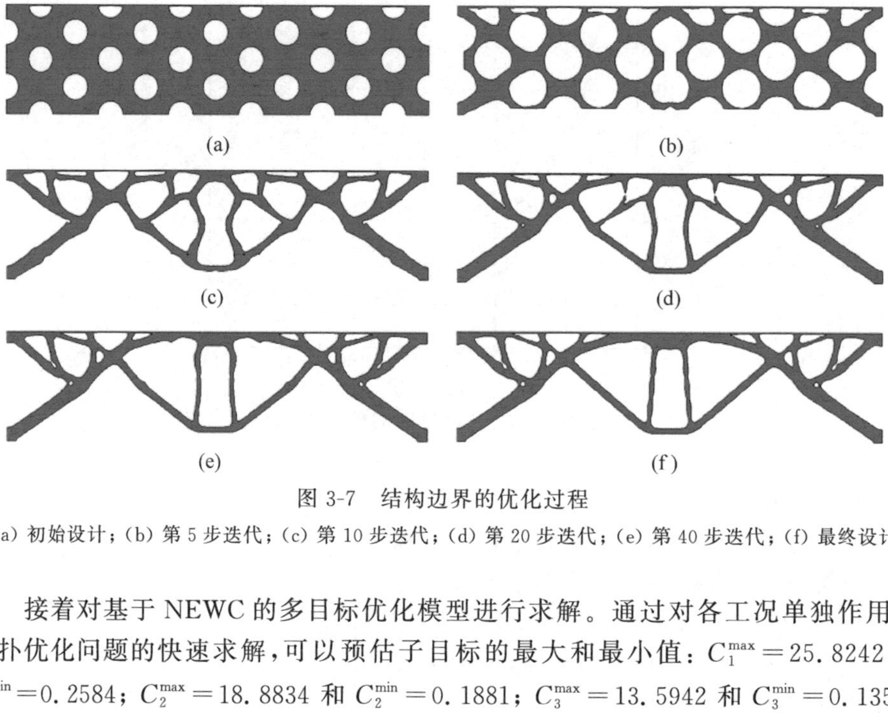

图 3-7　结构边界的优化过程

(a) 初始设计;(b) 第 5 步迭代;(c) 第 10 步迭代;(d) 第 20 步迭代;(e) 第 40 步迭代;(f) 最终设计

接着对基于 NEWC 的多目标优化模型进行求解。通过对各工况单独作用时拓扑优化问题的快速求解,可以预估子目标的最大和最小值:$C_1^{\max}=25.8242$ 和 $C_1^{\min}=0.2584$;$C_2^{\max}=18.8834$ 和 $C_2^{\min}=0.1881$;$C_3^{\max}=13.5942$ 和 $C_3^{\min}=0.1356$;$C_4^{\max}=8.7989$ 和 $C_4^{\min}=0.0879$;$C_5^{\max}=5.4642$ 和 $C_5^{\min}=0.0549$。经过优化迭代,本问题的最优目标函数值为 3.1235,其对应的各子工况下的最优结构柔度值为 $\boldsymbol{C}=[1.3292, 0.9653, 0.5900, 0.3686, 0.3038]$,结构体积分数为 0.2479,迭代步数为 151,对应的结构最优拓扑形式如图 3-7(f)。结构拓扑、水平集函数及 CSRBF 扩展系数分布的演化过程分别如图 3-7、图 3-8 和图 3-9 所示。可以看到结构边界在优化初期经历剧烈的拓扑和形状变化,最终收敛到光滑的最优拓扑形状,说明该方法很好地保留了水平集方法的优点。扩展系数作为设计变量在优化过程中动态地调整，优化后的扩展系数沿结构边界均匀化分布，表明优化过程已趋于稳定，此时的结构边界 Γ_d 应为最优边界 Γ_d^*。从优化后的结构拓扑来看，任一工况载荷作用处均有相应的刚度传递路径延伸出来，并最终与主传递路径交汇，保证了刚度的有效传递，说明本节所涉及的方法可以有效地克服多工况拓扑优化问题中载荷病态的缺陷。

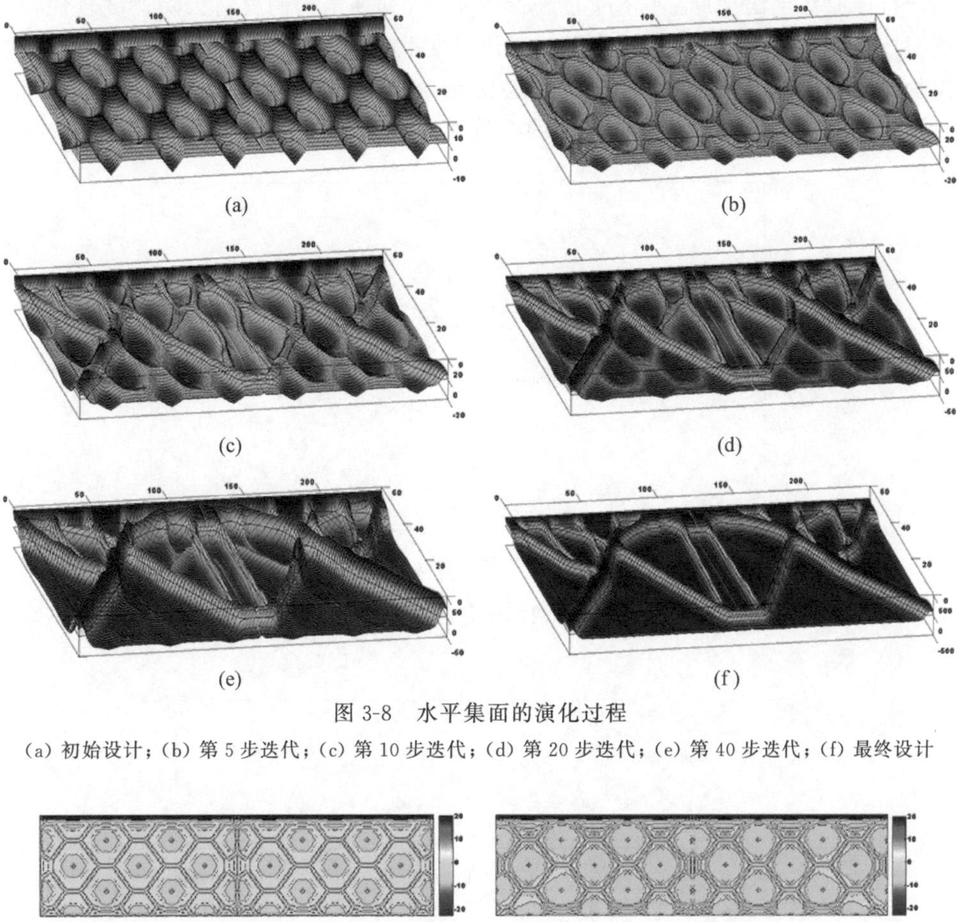

图 3-8　水平集面的演化过程

(a) 初始设计；(b) 第 5 步迭代；(c) 第 10 步迭代；(d) 第 20 步迭代；(e) 第 40 步迭代；(f) 最终设计

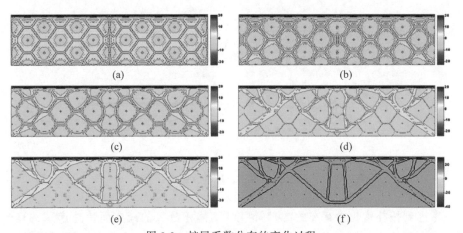

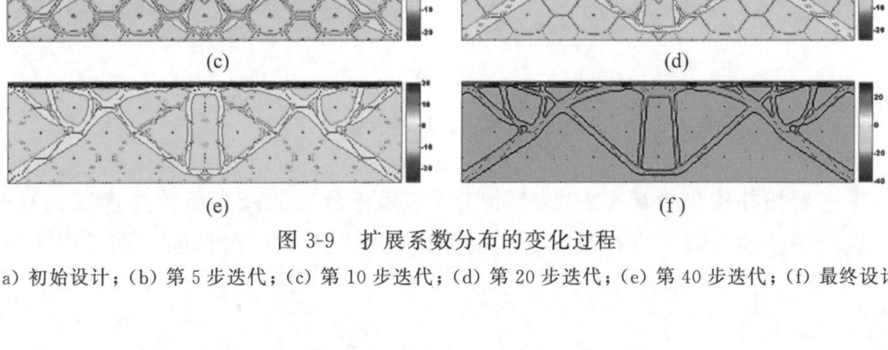

图 3-9　扩展系数分布的变化过程

(a) 初始设计；(b) 第 5 步迭代；(c) 第 10 步迭代；(d) 第 20 步迭代；(e) 第 40 步迭代；(f) 最终设计

优化问题的迭代收敛曲线如图 3-10 所示。各子目标的收敛曲线如图 3-11 所示。从图 3-10 中看到，整个优化迭代过程高效且稳定，目标函数值在第 20 步迭代时已逼近最优值，此时结构的拓扑基本形成，体积约束已接近设定的体积分数，后续 131 步迭代过程主要是针对结构局部拓扑的微调以及进行结构形状优化。从图 3-11 可以看到，在初始的 20 步迭代内，各子目标值均发生了一定程度的变化，部分目标值甚至出现局部振荡，主要是因为迭代初期结构的材料去除速度较快，导致拓扑变化较大，各子目标通过不断变化以便获得较为稳定的折中值。在这一迭代阶段完成后，各子目标值均开始稳定收敛，最终得到相应的 Pareto 最优解。说明该方法对二维拓扑优化设计问题的有效性。

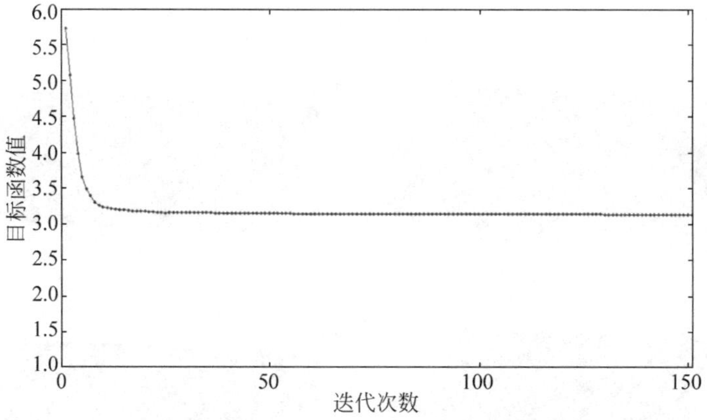

图 3-10　多目标优化问题的收敛曲线

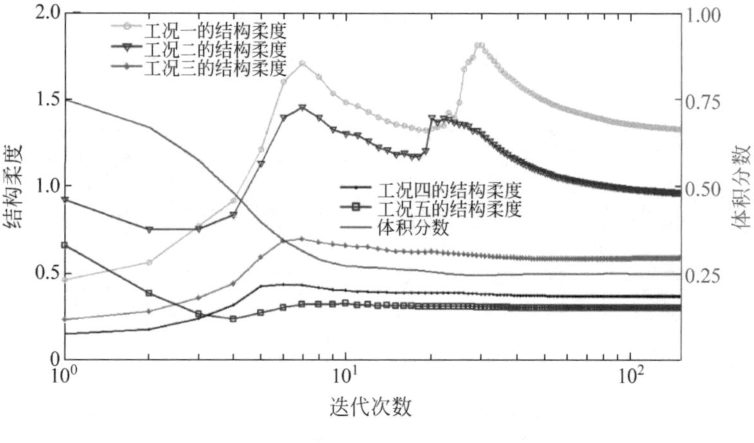

图 3-11　各子目标的收敛曲线

考虑到拓扑优化中存在的“边际刚度”随体积分数的减少而快速递减的现象，最优设计的体积分数会直接影响材料的使用效率以及结构的性能。在考虑扩展最优性的拓扑优化问题中，结构的体积分数在优化前是未知的，当设计者对体积目标给出较为过大或过小的权重系数时，结构的体积分数也会相应地达到某种过高或过低的水平。因此引入自适应权重调整机制将二维拓扑优化问题的最优体积分数维持在区间[0.2,0.5]内，以保证材料使用的经济性。根据式(3-16)可得到关于体积目标权重系数的自适应调整算子，用于进行体积目标和柔度目标权重系数的修正。

为说明自适应权重调整机制的作用，本例给出另外 5 位设计者对 6 个子目标的偏好矩阵，其中所有设计者均对体积目标较为偏重，见表 3-6。通过计算可获得规范化的权重系数 $\boldsymbol{w}=[0.1503,0.1036,0.0819,0.0702,0.0819,0.5121]$。

表 3-6　5 位设计者的第二种偏好

	工况一	工况二	工况三	工况四	工况五	体积分数	设计者等级
设计者 1	M	L	L	VL	L	H	VP
设计者 2	ML	ML	L	L	ML	AH	AG
设计者 3	ML	L	ML	ML	ML	H	F
设计者 4	M	ML	ML	L	L	H	AG
设计者 5	M	L	VL	VL	VL	VH	P

设计者第二种偏好下的桥梁结构最优拓扑形式如图 3-12 所示。结构的体积分数和体积目标权重的收敛曲线如图 3-13 所示。从图中可知，前 15 次迭代中结构的体积分数总是高于所设定的下限值(图中红色虚线)，此时的结构体积分数稳定下降，体积目标权重值保持不变，材料使用的“经济性”良好。从第 16 次迭代开始，体积分数开始低于下限值 0.2，材料的使用变为“不经济”的状态，自适应权重调整机制开始起作用，体积目标权重开始逐渐下降，直到第 54 次迭代结构的体积分数被拉升到下限值以上，此时体积目标权重维持不变。各子工况下的最优柔度值为 2.0338、1.4036、0.6774、0.5646 和 0.4039，体积分数为 0.2006，迭代步数为 232。特别指出，虽然结构初始化的体积分数可能高于上限值 0.5，但随着 OC 算法的迭代，体积分数值会迅速下降至上限值以下，故可以假设在这一阶段上限值是不起作用的。本实例说明所论述的优化方法能通过调整权重值来保证材料的使用效率。

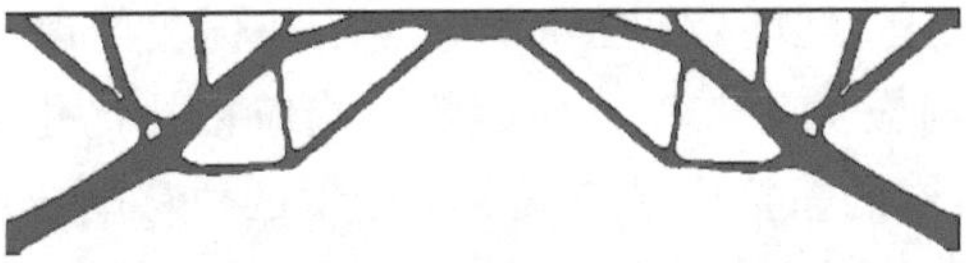

图 3-12　设计者第二种偏好下的最优结构拓扑

桥梁结构优化过程

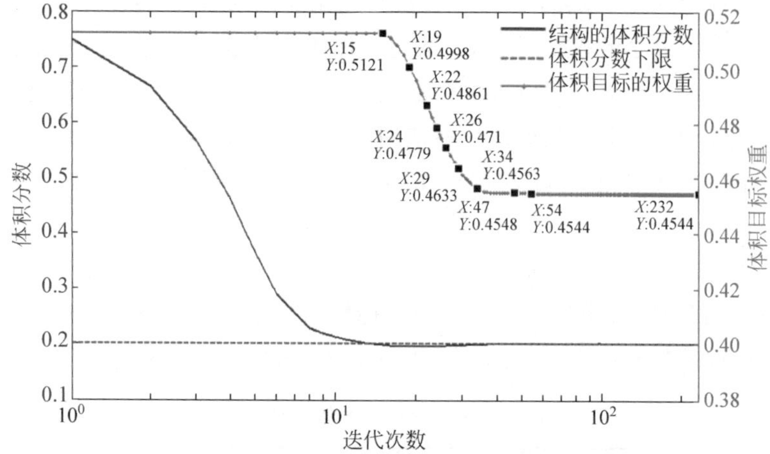

图 3-13　体积子目标的收敛曲线

3.2　结构频率响应拓扑优化设计

3.2.1　结构频率响应拓扑优化设计问题

结构频率响应拓扑优化设计是结构动力优化设计的重要方面，在实际工程中需求十分广泛，如火箭、导弹的雷达、跟踪仪等伺服系统，航空航天的精密设备，汽车减振降噪等。然而，结构频率响应拓扑优化设计存在诸多难点，导致其发展较为缓慢。例如，工程结构通常会受到一定带宽范围内的频带激励，这类结构频率响应优化问题进一步增加了求解难度：一方面结构优化设计需要避开一个频带范围以避免共振，在优化过程中结构固有频率落入目标频带范围时可能产生多个响应峰值，影响迭代的稳定性；另一方面，频带激励下结构响应拓扑优化的目标函数为积分形式，在采取高斯积分等方法进行数值处理时，必须多次求解复杂的动态方程，极大地增加了计算成本。此外，现有的研究主要采用基于单元密度的拓扑优化方法，导致优化设计难以获得完整的边界几何信息，通常需要额外的后处理操作才能获得可用的设计方案，而后处理操作不仅会增加优化成本，还会显著改变结构的动态性能。

根据响应范围的不同，理论上可以将结构频率响应拓扑优化问题分为两类：局部频率响应优化和全局频率响应优化[17-19]。局部频率响应拓扑优化以点、线或面作为响应输出端，通过改变结构的拓扑形式来减少输出端的位移响应值，通常用于提高结构的不同组件间连接处的动态性能。全局频率响应拓扑优化则与结构刚度拓扑优化类似，通过构造一种全局性的性能指标来评价结构的振动特性，并以此作为目标函数来进行结构优化，最终提升结构整体的动态性能。对于全局频率响应拓扑优化这种具有时变载荷和位移的动态结构设计问题，通常采用结构动态柔度(dynamic compliance)[20-23]对其整体响应进行计算。

这里所研究的结构频率响应拓扑优化问题是以材料使用量为约束条件，考虑简谐激励作用下结构局部或整体的位移响应最小化的优化设计。在机械产品或设备的实际工作环境中，如航天航空方面等设备都会受到多种周期性振动源的作用，这种振动通常可通过傅里叶级数展开为多个简谐激励的组合叠加[17]，故研究简谐激励作用下的结构频率响应优化具有更广泛且更重要的工程应用价值。

3.2.2 结构频率响应拓扑优化模型

假设结构在激励频率 ω 下受到简谐载荷作用，则其外部动态载荷和复位移可分别表示为 $\boldsymbol{p}=\boldsymbol{p}_{\mathrm{mag}}\mathrm{e}^{\mathrm{j}\omega T_{\mathrm{H}}}$ 和 $\boldsymbol{u}=\boldsymbol{u}_{\mathrm{mag}}\mathrm{e}^{\mathrm{j}\omega T_{\mathrm{H}}}$。其中，$\boldsymbol{p}_{\mathrm{mag}}$ 和 $\boldsymbol{u}_{\mathrm{mag}}$ 分别为载荷和位移的大小，j 为虚数单位，T_{H} 是与谐函数相关的时间。基于所提出的参数化水平集方法，考虑材料体积分数约束下的结构局部频率响应拓扑优化设计模型可定义为

$$\begin{cases}\underset{\alpha_i(i=1,2,\cdots,N)}{\mathrm{Min}}: J_1(\boldsymbol{u}(\boldsymbol{x},\boldsymbol{\alpha}))=\displaystyle\int_{\omega_s}^{\omega_e}|\boldsymbol{u}_r^{\mathrm{T}}\boldsymbol{u}_r|\mathrm{d}\omega \\ \text{s.t.}: k(\boldsymbol{u},\boldsymbol{v})+\mathrm{j}\omega c(\boldsymbol{u},\boldsymbol{v})-\omega^2 m(\boldsymbol{u},\boldsymbol{v})=l(\boldsymbol{v}),\quad \forall\,\boldsymbol{v}\in U \\ U=\{\boldsymbol{u}:u_i\in H^1(\Omega),\text{在 }\Gamma_D\text{ 上 }\boldsymbol{u}=0\} \\ G(\boldsymbol{x},\boldsymbol{\alpha})=\displaystyle\int_{\Omega}\mathrm{d}V-V_{\max}\leqslant 0 \\ \alpha_{\min}\leqslant\alpha_i\leqslant\alpha_{\max}\end{cases} \tag{3-25}$$

该模型中，$\alpha_i(i=1,2,\cdots,N)$为 CSRBF 插值扩展系数，即设计变量。$\alpha_{\max}$ 和 $\alpha_{\min}$ 分别为设计变量的上下限，主要用于增加优化迭代的稳定性。J_1 代表结构的局部频率响应，$|\cdot|$用于计算复函数的模。假设优化所考虑的结构局部区域为 r，则该局部区域上的位移场记为 $\boldsymbol{u}_r$。$[\omega_s,\omega_e]$为外部激励载荷的频带范围。G 为优化模型的体积约束，$V_{\max}$ 是允许使用的最高材料用量。U 表示运动学上可允许的全部位移集合。为了数值实施方便，假定水平集网格与有限元网格完全一致。因此，u_i 代表设计域 D 中有限元或水平集节点 i 的位移。$H^1(\Omega)$是第一 Sobolev 函数空间。

在结构动力有限元平衡条件中，$\boldsymbol{v}$ 是虚位移场的复共轭[24]。$k(\boldsymbol{u},\boldsymbol{v})$为应变能半双线性形式，$m(\boldsymbol{u},\boldsymbol{v})$为质量半双线性形式，$l(\boldsymbol{v})$为载荷半线性形式。在数学上，半双线性形式的实位移场为线性，而其虚位移场为共轭线性。此外，半线性形式的虚位移场亦为共轭线性[25]。因此，可以定义如下弱形式：

$$k(\boldsymbol{u},\boldsymbol{v})=\int_{\Omega}D_{\mathrm{pqrs}}\varepsilon_{\mathrm{pq}}(\boldsymbol{u})\varepsilon_{\mathrm{rs}}(\boldsymbol{v})\mathrm{d}V \tag{3-26}$$

$$m(\boldsymbol{u},\boldsymbol{v})=\int_{\Omega}\rho\boldsymbol{u}\,\boldsymbol{v}\mathrm{d}V \tag{3-27}$$

$$l(\boldsymbol{v})=\int_{\Gamma_N}\boldsymbol{p}\,\boldsymbol{v}\mathrm{d}S \tag{3-28}$$

其中，D_{pqrs} 为材料的弹性张量；ε 是结构应变；ρ 代表材料密度；$\boldsymbol{p}$ 是结构的边界牵引力；$\mathrm{d}S$ 代表边界积分。在本章算例中，结构不考虑体积力作用。依据 Rayleigh 阻尼假设，式(3-25)中的阻尼泛函可以通过应变能半双线性形式和质量半双线性形式的线性组合构建：

$$c(\boldsymbol{u},\boldsymbol{v})=\beta_1 k(\boldsymbol{u},\boldsymbol{v})+\beta_2 m(\boldsymbol{u},\boldsymbol{v}) \tag{3-29}$$

其中，β_1 和 β_2 均为常数。

由于本章所考虑的结构受到宽频带下的激励载荷，因此目标函数 J_1 构建为一种积分形式。可采用等距积分[26]的策略对该积分项进行计算。将频带内特定频率下的结构局部频率响应记为

$$J_1^{\omega_z}(\boldsymbol{u}),\quad 其中,\omega_z=\omega_s+z\cdot(\omega_e-\omega_s)/\mathrm{NF} \tag{3-30}$$

$$\mathrm{NF}=(\omega_e-\omega_s)/\Delta\omega \tag{3-31}$$

上述公式中，$\Delta\omega$ 是频率间隔；NF 代表在频带内所考虑的积分点总数。下标 $z=1,2,\cdots,\mathrm{NF}$ 用于表示当前积分点。于是，目标函数 J_1 可被近似计算为

$$J_1(\boldsymbol{u})\approx\frac{\Delta\omega}{2}\cdot J_1^{\omega_1}(\boldsymbol{u})+\sum_{z=2}^{\mathrm{NF}-1}\Delta\omega\cdot J_1^{\omega_z}(\boldsymbol{u})+\frac{\Delta\omega}{2}\cdot J_1^{\omega_{\mathrm{NF}}}(\boldsymbol{u}) \tag{3-32}$$

类似地，结构全局频率响应拓扑优化设计模型可构建为

$$\begin{cases}\underset{\alpha_i(i=1,2,\cdots,N)}{\mathrm{Min}}:J_{\mathrm{g}}(\boldsymbol{u}(\boldsymbol{x},\boldsymbol{\alpha}))=\displaystyle\int_{\omega_{\mathrm{s}}}^{\omega_{\mathrm{e}}}\left|\int_{\Omega}\boldsymbol{p}\boldsymbol{u}\,\mathrm{d}V\right|\mathrm{d}\omega\\ \mathrm{s.t.}:k(\boldsymbol{u},\boldsymbol{v})+\mathrm{j}\omega c(\boldsymbol{u},\boldsymbol{v})-\omega^2 m(\boldsymbol{u},\boldsymbol{v})=l(\boldsymbol{v}),\quad\forall\,\boldsymbol{v}\in U\\ \qquad U=\{\boldsymbol{u}:u_i\in H^1(\Omega),在\,\Gamma_D\,上\,\boldsymbol{u}=0\}\\ \qquad G(\boldsymbol{x},\boldsymbol{\alpha})=\displaystyle\int_{\Omega}\mathrm{d}V-V_{\max}\leqslant 0\\ \qquad \alpha_{\min}\leqslant\alpha_i\leqslant\alpha_{\max}\end{cases} \tag{3-33}$$

在本模型中，目标函数 J_{g} 构造为结构动柔度[26,27]，其主要优化目的是增强结构整体的振动性能。目标函数 J_{g} 的外层积分同样可以采用等距积分策略进行近似计算。

3.2.3 有限元模型降阶策略

在结构动力学拓扑优化设计领域，为减少结构动力有限元分析时间，学者们对动力有限元模型降阶策略开展了研究。模型降阶策略的主要工作原理是将原始坐标系下的正交基通过特定方式转化为数量相对较少的模态基，进而将原始的结构响应 $\boldsymbol{U}$ 转变为近似的结构响应 $\widetilde{\boldsymbol{U}}$，最终将大规模的系统等式简化表示数量较少的等式进行求解。下面对标准的模型降阶过程进行介绍。

任意一个自由度为 n 的有限元模型，可通过坐标变换近似表示结构响应 $\widetilde{\boldsymbol{U}}$：

$$\boldsymbol{U} \cong \widetilde{\boldsymbol{U}} = \boldsymbol{\Psi Q}, \quad \boldsymbol{\Psi} = [\boldsymbol{\psi}_1, \boldsymbol{\psi}_2, \cdots, \boldsymbol{\psi}_{n_r}], \quad n_r \leqslant n \tag{3-34}$$

其中，$\boldsymbol{\Psi}$ 为一系列标准正交基构成的矩阵，其规模大小决定了结构响应的近似程度；$\boldsymbol{Q}$ 为与频率相关的 n_r 阶向量。为论述方便，将式(3-25)中的结构动力平衡方程进一步表示为矩阵形式：

$$(\boldsymbol{K} + \mathrm{j}\omega\boldsymbol{C} - \omega^2\boldsymbol{M})\boldsymbol{U} = \boldsymbol{P} \tag{3-35}$$

其中，$\boldsymbol{K}$、$\boldsymbol{C}$ 和 $\boldsymbol{M}$ 分别为结构刚度矩阵、阻尼矩阵和质量矩阵，$\boldsymbol{P}$ 为载荷向量。

将式(3-34)代入式(3-35)，并在其两端分别左乘$\boldsymbol{\Psi}^{\mathrm{T}}$，可得 n_r 阶近似系统[26-28]：

$$\underbrace{[\boldsymbol{\Psi}^{\mathrm{T}}(\boldsymbol{K} + \mathrm{j}\omega\boldsymbol{C} - \omega^2\boldsymbol{M})\boldsymbol{\Psi}]}_{n_r \times n_r} \underbrace{\boldsymbol{Q}}_{n_r \times 1} = \underbrace{\boldsymbol{\Psi}^{\mathrm{T}}\boldsymbol{P}}_{n_r \times 1} \tag{3-36}$$

通过求解 n_r 阶系统等式可得到向量 $\boldsymbol{Q}$，将 $\boldsymbol{Q}$ 代入式(3-34)即可计算出近似的结构响应 $\widetilde{\boldsymbol{U}}$。降阶策略的计算效率、求解精度、动态刚度矩阵的稀疏性等很大程度上取决于降阶基向量所构成的矩阵$\boldsymbol{\Psi}$，本书将采用多频拟静力 Ritz 基向量(multifrequency quasi-static Ritz vector，MQSRV)构建矩阵$\boldsymbol{\Psi}$。下面讨论 MQSRV 方法的特点及矩阵$\boldsymbol{\Psi}$ 的构建流程。

基于 Ritz 基向量构建矩阵$\boldsymbol{\Psi}$ 的一类降阶方法主要包括 Ritz 基向量(Ritz vector，RV)、拟静力 Ritz 基向量(quasi-static Ritz vector，QSRV)以及 MQSRV 法等[26]。在 RV 方法中，降阶基向量需同时考虑结构的动态质量矩阵 $\boldsymbol{M}$、刚度矩阵 $\boldsymbol{K}$ 以及载荷向量 $\boldsymbol{F}$。QSRV 方法是 RV 方法的一种扩展形式。由于 Ritz 基具有拟静力完备性，故该方法采用一种拟静力递归过程来产生降阶基向量，并能够保证在中心频率附近对结构的动态性能进行更精确的近似[28]。MQSRV 法则集合了 RV 法和 QSRV 法的特点，并额外引入多个中心频率构建降阶基向量，以提高在频带内的结构响应分析精度。显然，MQSRV 法非常适合于频带宽或频率分散的问题。此外，利用多个中心频率构建降阶基，需要多个相互独立的递归计算过程，一定程度上降低了基向量正交性丢失的可能性，提高了方法的鲁棒性和适用性[29]。因此，根据本章所研究的问题特点，采用基于 MQSRV 的模型降阶策略。

由于 MQSRV 方法中存在多个中心频率，模型式(3-25)及式(3-33)中的激励频带$[\omega_s, \omega_e]$可以等距地划分为 m 个子频带，即$[\omega_{s1}, \omega_{e1}]$，$[\omega_{s2}, \omega_{e2}]$，…，$[\omega_{sm}, \omega_{em}]$。MQSRV 法中第 k 段频带内的第 1 个基向量可通过求解拟静力平衡方程得到：

$$\boldsymbol{\psi}_{k,1}^{*} = (\boldsymbol{K} - \omega_{ck}^2\boldsymbol{M})^{-1}\boldsymbol{F} \tag{3-37}$$

式中，ω_{ck} 取值为频带$[\omega_{sk}, \omega_{ek}]$的中点所对应的频率。

将所得的第 1 个基向量规范化处理：

$$\boldsymbol{\psi}_{k,1} = \frac{\boldsymbol{\psi}_{k,1}^{*}}{\boldsymbol{\psi}_{k,1}^{*\mathrm{T}}\boldsymbol{M}\boldsymbol{\psi}_{k,1}^{*}} \tag{3-38}$$

如上文所述，MQSRV 的构建实质是一种拟静力递归过程，故第 l 个基向量的

计算依赖于第 $l-1$ 个基向量：

$$\boldsymbol{\psi}_{k,l}^{*}=(\boldsymbol{K}-\omega_{ck}^{2}\boldsymbol{M})^{-1}(\boldsymbol{M}\boldsymbol{\psi}_{k,l-1}) \tag{3-39}$$

由于 Krylov 子空间中的基往往与该空间中的其他基线性相关，故在计算过程中需要进行正交化操作：

$$\boldsymbol{\psi}_{k,l}^{**}=\boldsymbol{\psi}_{k,l}^{*}-\sum_{i=1}^{l-1}(\boldsymbol{\psi}_{k,i}^{*\mathrm{T}}\boldsymbol{M}\boldsymbol{\psi}_{k,i}^{*})\,\boldsymbol{\psi}_{k,i} \tag{3-40}$$

将所得的第 l 个基向量规范化处理：

$$\boldsymbol{\psi}_{k,l}=\frac{\boldsymbol{\psi}_{k,l}^{**}}{\boldsymbol{\psi}_{k,l}^{**\mathrm{T}}\boldsymbol{M}\,\boldsymbol{\psi}_{k,l}^{**}} \tag{3-41}$$

上述递归过程不断重复，直到构建完所有的基向量。模型降阶过程中的矩阵 $\boldsymbol{\Psi}$ 由全部基向量组合构成。

从所蕴含的物理意义来看，MQSRV 中第 k 段频带的第 1 个基向量代表在振动频率为 ω_{c1} 的激励载荷 $\boldsymbol{F}$ 作用下，结构在有阻尼系统中的频率响应变形模式。一般情况下，ω_{c1} 假设为频带$[\omega_{s1},\omega_{e1}]$中的主要频率，故基向量$\boldsymbol{\psi}_{k,1}$ 可被视为动态响应分析中结构在相应频带下最有可能的变形模式[30]。类似地，基向量$\boldsymbol{\psi}_{k,j}$ 代表在振动频率为 ω_{ck} 的惯性力 $\boldsymbol{M}\boldsymbol{\psi}_{k,j-1}$ 作用下，结构的频率响应变形模式。值得注意的是，通过调整中心频率 ω_{ck} 能够赋予 MQSRV 方法更好的灵活性和通用性：当 k 取值为 0 时，MQSRV 法转化为 QSRV 法；当 k 和 ω_{ck} 同时取值为 0 时，MQSRV 法转化为 RV 法。

3.2.4 灵敏度分析与优化算法

在参数化水平集方法中，优化问题的设计变量为径向基函数插值的扩展系数，为了能够应用基于梯度的优化算法对优化模型进行求解，有必要推导目标函数及约束条件关于设计变量的偏导数，即进行敏度分析。本节将主要基于形状导数[13,14]的概念，推导参数化水平集方法的设计敏度。结构局部频率响应拓扑优化设计问题考虑的是结构域内的输出端(包括点、线和面)的振动性能，通常为非自伴随(non-self adjoint)问题。结构全局频率响应拓扑优化设计问题的研究对象是结构整体的振动性能，并采用动态柔度来进行度量，是一个典型的自伴随(self adjoint)问题。两类问题的敏度分析方式不同，现分别对优化模型式(3-25)和式(3-33)中定义的优化问题进行敏度分析。

1. 结构局部频率响应拓扑优化的灵敏度

根据式(3-32)所给出的等距积分策略不难发现，结构局部频率响应的目标函数 J_1 是由不同积分点处的频率响应 $J_1^{\omega_z}$ 计算得出的，因此推导 J_1 关于设计变量敏度的关键是得到 $J_1^{\omega_z}$ 关于设计变量的敏度。在本章中，$J_1^{\omega_z}$ 定义为

$$J_1^{\omega_z}=|\boldsymbol{u}_r^{\mathrm{T}}\boldsymbol{u}_r|=|J_u|=\sqrt{(\mathrm{real}(J_u))^2+(\mathrm{imag}(J_u))^2} \tag{3-42}$$

其中，将 $\boldsymbol{u}_r^{\mathrm{T}}\boldsymbol{u}_r$ 简记为 J_u，real(·)和 imag(·)分别用于获取泛函的实部和虚部。于是，$J_1^{\omega_z}$ 的设计敏度可推导为

$$\frac{\partial J_l^{\omega_z}}{\partial \alpha_i}=\frac{\left(\operatorname{real}(J_u)\cdot\operatorname{real}\left(\frac{\partial J_u}{\partial \alpha_i}\right)+\operatorname{imag}(J_u)\cdot\operatorname{imag}\left(\frac{\partial J_u}{\partial \alpha_i}\right)\right)}{\sqrt{(\operatorname{real}(J_u))^2+(\operatorname{imag}(J_u))^2}} \tag{3-43}$$

在式(3-43)中，J_u 可由有限元法计算得到，因此当前的主要任务在于计算 $\partial J_u/\partial\alpha_i$。首先推导 J_u 关于时间变量 t 的偏导数：

$$\frac{\partial J_u}{\partial t}=\sum_{i=1}^{N}\frac{\partial J_u}{\partial \alpha_i(t)}\alpha_i'(t)=2\boldsymbol{u}_r^{\mathrm{T}}\boldsymbol{u}_r' \tag{3-44}$$

其中，$\boldsymbol{u}_r'$ 代表 $\boldsymbol{u}_r$ 关于时间 t 的偏导数。

接着，模型式(3-25)中动力平衡方程的形状导数可推导为[25]

$$\begin{aligned}&(1+\mathrm{j}\omega\beta_1)\left[k(\boldsymbol{u}',\boldsymbol{v})+k(\boldsymbol{u},\boldsymbol{v}')+\int_{\Gamma}D_{\mathrm{pqrs}}\varepsilon_{\mathrm{pq}}(\boldsymbol{u})\varepsilon_{\mathrm{rs}}(\boldsymbol{v})V_{\mathrm{n}}\mathrm{d}S\right]+\\&(\mathrm{j}\omega\beta_2-\omega^2)\left[m(\boldsymbol{u}',\boldsymbol{v})+m(\boldsymbol{u},\boldsymbol{v}')+\int_{\Gamma}\rho\boldsymbol{u}\,\boldsymbol{v}V_{\mathrm{n}}\mathrm{d}S\right]\\=&\int_{\Gamma_N}\boldsymbol{p}\,\boldsymbol{v}'\mathrm{d}S+\int_{\Gamma_N}(\nabla(\boldsymbol{p}\,\boldsymbol{v})\cdot\boldsymbol{n}+(\nabla\cdot\boldsymbol{n})\cdot(\boldsymbol{p}\,\boldsymbol{v}))V_{\mathrm{n}}\mathrm{d}S\end{aligned} \tag{3-45}$$

其中，$\boldsymbol{u}'$和$\boldsymbol{v}'$分别代表$\boldsymbol{u}$ 和$\boldsymbol{v}$ 关于时间变量 t 的偏导数；$\boldsymbol{n}$ 为沿着结构边界的外向法向量[31]。

考虑到$\boldsymbol{v}'\in U$，可以得到如下振动状态方程：

$$(1+\mathrm{j}\omega\beta_1)k(\boldsymbol{u},\boldsymbol{v}')+(\mathrm{j}\omega\beta_2-\omega^2)m(\boldsymbol{u},\boldsymbol{v}')=\int_{\Gamma_N}\boldsymbol{p}\,\boldsymbol{v}'\mathrm{d}S \tag{3-46}$$

将式(3-46)代入式(3-45)可得

$$\begin{aligned}&(1+\mathrm{j}\omega\beta_1)k(\boldsymbol{u}',\boldsymbol{v})+(\mathrm{j}\omega\beta_2-\omega^2)m(\boldsymbol{u}',\boldsymbol{v})\\=&\int_{\Gamma_N}(\nabla(\boldsymbol{p}\,\boldsymbol{v})\cdot\boldsymbol{n}+(\nabla\cdot\boldsymbol{n})\cdot(\boldsymbol{p}\,\boldsymbol{v}))V_{\mathrm{n}}\mathrm{d}S-\\&\int_{\Gamma}((1+\mathrm{j}\omega\beta_1)D_{\mathrm{pqrs}}\varepsilon_{\mathrm{pq}}(\boldsymbol{u})\varepsilon_{\mathrm{rs}}(\boldsymbol{v})+(\mathrm{j}\omega\beta_2-\omega^2)\rho\boldsymbol{u}\,\boldsymbol{v})V_{\mathrm{n}}\mathrm{d}S\end{aligned} \tag{3-47}$$

结构局部频率响应拓扑优化设计问题为典型的非自伴随问题，因此常采用伴随变量法以避免直接计算 $\boldsymbol{u}'$。根据式(3-44)和式(3-47)可构造如下等式关系：

$$\begin{aligned}2\boldsymbol{u}_{\mathrm{r}}^{\mathrm{T}}\boldsymbol{u}_{\mathrm{r}}'=&\int_{\Gamma_N}(\nabla(\boldsymbol{p}\boldsymbol{w})\cdot\boldsymbol{n}+(\nabla\cdot\boldsymbol{n})\cdot(\boldsymbol{p}\boldsymbol{w}))V_{\mathrm{n}}\mathrm{d}S-\\&\int_{\Gamma}((1+\mathrm{j}\omega\beta_1)D_{\mathrm{pqrs}}\varepsilon_{\mathrm{pq}}(\boldsymbol{u})\varepsilon_{\mathrm{rs}}(\boldsymbol{w})+(\mathrm{j}\omega\beta_2-\omega^2)\rho\boldsymbol{u}\boldsymbol{w})V_{\mathrm{n}}\mathrm{d}S\end{aligned} \tag{3-48}$$

其中，$\boldsymbol{w}$ 为伴随变量，其值等于变量 $\boldsymbol{w}^*$ 的复共轭[25]。$\boldsymbol{w}^*$ 可通过求解下述伴随方程获得：

$$k(\bar{\boldsymbol{w}},\boldsymbol{w}^*)+\mathrm{j}\omega c(\bar{\boldsymbol{w}},\boldsymbol{w}^*)-\omega^2m(\bar{\boldsymbol{w}},\boldsymbol{w}^*)=l_{\mathrm{a}}(\bar{\boldsymbol{w}}),\quad\forall\,\bar{\boldsymbol{w}}\in U \tag{3-49}$$

其中，$\bar{\boldsymbol{w}}$ 为虚伴随变量；$l_{\mathrm{a}}(\bar{\boldsymbol{w}})=2\boldsymbol{u}_{\mathrm{r}}^{\mathrm{T}}$ 视为一种伴随载荷项[24]。

对比式(3-44)和式(3-48)可得到 J_u 的形状导数：

$$\frac{\partial J_u}{\partial t}=-\int_{\Gamma}((1+\mathrm{j}\omega\beta_1)D_{\mathrm{pqrs}}\varepsilon_{\mathrm{pq}}(\boldsymbol{u})\varepsilon_{\mathrm{rs}}(\boldsymbol{w})+(\mathrm{j}\omega\beta_2-\omega^2)\rho\boldsymbol{u}\boldsymbol{w})V_{\mathrm{n}}\mathrm{d}S \tag{3-50}$$

需要特别指出的是，由于在计算形状导数$\partial J_u/\partial t$ 时边界 Γ_N 是保持不变的，因此边界 Γ_N 的积分项可被忽略。将式(2-22)中定义的速度场代入式(3-50)可以得到：

$$\frac{\partial J_u}{\partial t}=-\int_{\Gamma}((1+\mathrm{j}\omega\beta_1)D_{\mathrm{pqrs}}\varepsilon_{\mathrm{pq}}(\boldsymbol{u})\varepsilon_{\mathrm{rs}}(\boldsymbol{w})+$$
$$(\mathrm{j}\omega\beta_2-\omega^2)\rho\boldsymbol{u}\boldsymbol{w})\frac{\boldsymbol{\varphi}(\boldsymbol{x})\boldsymbol{\alpha}'(t)}{|\nabla(\boldsymbol{\varphi}(\boldsymbol{x})\boldsymbol{\alpha}(t))|}\mathrm{d}S \tag{3-51}$$

引入第 2 章所定义的 Dirac delta 函数，可以构造如下映射关系：

$$\int_{\Gamma}\mathrm{d}S=\int_{D}\tilde{\delta}(\Phi)\mid\nabla\Phi\mid\mathrm{d}V \tag{3-52}$$

根据该映射关系，可将式(3-51)构造为体积积分形式：

$$\frac{\partial J_u}{\partial t}=-\int_{D}((1+\mathrm{j}\omega\beta_1)D_{\mathrm{pqrs}}\varepsilon_{\mathrm{pq}}(\boldsymbol{u})\varepsilon_{\mathrm{rs}}(\boldsymbol{w})+(\mathrm{j}\omega\beta_2-\omega^2)\rho\boldsymbol{u}\boldsymbol{w})\tilde{\delta}(\Phi)\boldsymbol{\varphi}(\boldsymbol{x})\boldsymbol{\alpha}'(t)\mathrm{d}V$$
$$=-\sum_{i=1}^{N}\int_{D}((1+\mathrm{j}\omega\beta_1)D_{\mathrm{pqrs}}\varepsilon_{\mathrm{pq}}(\boldsymbol{u})\varepsilon_{\mathrm{rs}}(\boldsymbol{w})+$$
$$(\mathrm{j}\omega\beta_2-\omega^2)\rho\boldsymbol{u}\boldsymbol{w})\tilde{\delta}(\Phi)\varphi_i(\boldsymbol{x})\boldsymbol{\alpha}_i'(t)\mathrm{d}V \tag{3-53}$$

对比式(3-53)和式(3-44)，并消除 $\alpha_i'(t)$，可以得到：

$$\frac{\partial J_u}{\partial \alpha_i}=-\int_{D}((1+\mathrm{j}\omega\beta_1)D_{\mathrm{pqrs}}\varepsilon_{\mathrm{pq}}(\boldsymbol{u})\varepsilon_{\mathrm{rs}}(\boldsymbol{w})+$$
$$(\mathrm{j}\omega\beta_2-\omega^2)\rho\boldsymbol{u}\boldsymbol{w})\tilde{\delta}(\Phi)\varphi_i(\boldsymbol{x})\mathrm{d}V \tag{3-54}$$

首先，将$\partial J_u/\partial\alpha_i$ 代入式(3-43)可计算得到$\partial J_l^{\omega_z}/\partial\alpha_i$。接下来，将各个积分点处的$\partial J_l^{\omega_z}/\partial\alpha_i$ 按照式(3-32)进行等距积分操作，即可得到目标函数的灵敏度$\partial J_l/\partial\alpha_i$。

类似地，我们可以推导优化问题体积约束的灵敏度：

$$\frac{\partial G}{\partial \alpha_i}=\int_{D}\tilde{\delta}(\Phi)\varphi_i(\boldsymbol{x})\mathrm{d}V \tag{3-55}$$

2. 结构全局频率响应拓扑优化的灵敏度

将结构在频率 $\omega_z\in[\omega_s,\omega_e]$下的动柔度记为 $J_g^{\omega_z}$，于是结构全局频率响应拓扑优化的目标函数 J_g 亦可按照式(3-32)定义的等距积分策略进行计算。与上节类似，首先对 $J_g^{\omega_z}$ 进行灵敏度分析：

$$J_g^{\omega_z}=\left|\int_{\Omega}\boldsymbol{p}\boldsymbol{u}\mathrm{d}V\right|=|J_{\mathrm{d}}|=\sqrt{(\mathrm{real}(J_{\mathrm{d}}))^2+(\mathrm{imag}(J_{\mathrm{d}}))^2} \tag{3-56}$$

其中，以 J_{d} 来代表积分项$\int_{\Omega}\boldsymbol{p}\boldsymbol{u}\mathrm{d}V$。于是，$J_g^{\omega_z}$ 的灵敏度可推导为

$$\frac{\partial J_{\mathrm{g}}^{\omega_z}}{\partial \alpha_i}=\frac{\left(\mathrm{real}(J_{\mathrm{d}})\cdot \mathrm{real}\left(\frac{\partial J_{\mathrm{d}}}{\partial \alpha_i}\right)+\mathrm{imag}(J_{\mathrm{d}})\cdot \mathrm{imag}\left(\frac{\partial J_{\mathrm{d}}}{\partial \alpha_i}\right)\right)}{\sqrt{(\mathrm{real}(J_{\mathrm{d}})^2+\mathrm{imag}(J_{\mathrm{d}}))^2}} \tag{3-57}$$

式(3-57)中，J_{d} 可由有限元分析得出，因此现在将主要对$\partial J_{\mathrm{d}}/\partial \alpha_i$ 进行推导。为方便论述，将 J_{d} 改写为

$$J_{\mathrm{d}}=(1+\mathrm{j}\omega\beta_1)k(\boldsymbol{u},\boldsymbol{u})+(\mathrm{j}\omega\beta_2-\omega^2)m(\boldsymbol{u},\boldsymbol{u}) \tag{3-58}$$

于是，J_{d} 的形状导数可推导为

$$\begin{aligned}\frac{\partial J_{\mathrm{d}}}{\partial t}=&2(1+\mathrm{j}\omega\beta_1)k(\boldsymbol{u}',\boldsymbol{u})+2(\mathrm{j}\omega\beta_2-\omega^2)m(\boldsymbol{u}',\boldsymbol{u})+\\&\int_{\Gamma}((1+\mathrm{j}\omega\beta_1)D_{\mathrm{pqrs}}\varepsilon_{\mathrm{pq}}(\boldsymbol{u})\varepsilon_{\mathrm{rs}}(\boldsymbol{u})+(\mathrm{j}\omega\beta_2-\omega^2)\rho\boldsymbol{u}\boldsymbol{u})V_{\mathrm{n}}\mathrm{d}S\end{aligned} \tag{3-59}$$

显然，式(3-47)对本问题同样适用。考虑到结构动柔度最小化问题为自伴随问题，这里可将式(3-47)改写为

$$\begin{aligned}&(1+\mathrm{j}\omega\beta_1)k(\boldsymbol{u}',\boldsymbol{u})+(\mathrm{j}\omega\beta_2-\omega^2)m(\boldsymbol{u}',\boldsymbol{u})\\&=\int_{\Gamma_N}(\nabla(\boldsymbol{p}\boldsymbol{u})\cdot\boldsymbol{n}+(\nabla\cdot\boldsymbol{n})\cdot(\boldsymbol{p}\boldsymbol{u}))V_{\mathrm{n}}\mathrm{d}S-\\&\quad\int_{\Gamma}((1+\mathrm{j}\omega\beta_1)D_{\mathrm{pqrs}}\varepsilon_{\mathrm{pq}}(\boldsymbol{u})\varepsilon_{\mathrm{rs}}(\boldsymbol{u})+(\mathrm{j}\omega\beta_2-\omega^2)\rho\boldsymbol{u}\boldsymbol{u})V_{\mathrm{n}}\mathrm{d}S\end{aligned} \tag{3-60}$$

其中，边界 Γ_N 上的积分亦可被忽略。

与式(3-51)～式(3-53)所述过程相似，可将$\partial J_{\mathrm{d}}/\partial t$ 改写为

$$\begin{aligned}\frac{\partial J_{\mathrm{d}}}{\partial t}=&-\sum_{i=1}^{N}\int_{D}((1+\mathrm{j}\omega\beta_1)D_{\mathrm{pqrs}}\varepsilon_{\mathrm{pq}}(\boldsymbol{u})\varepsilon_{\mathrm{rs}}(\boldsymbol{u})+\\&(\mathrm{j}\omega\beta_2-\omega^2)\rho\boldsymbol{u}\boldsymbol{u})\tilde{\delta}(\Phi)\varphi_i(\boldsymbol{x})\alpha_i'(t)\mathrm{d}V\end{aligned} \tag{3-61}$$

另一方面，$\partial J_{\mathrm{d}}/\partial t$ 可由链式求导法则推得

$$\frac{\partial J_{\mathrm{d}}}{\partial t}=\sum_{i=1}^{N}\frac{\partial J_{\mathrm{d}}}{\partial \alpha_i(t)}\alpha_i'(t) \tag{3-62}$$

通过对比式(3-61)和式(3-62)可得

$$\frac{\partial J_{\mathrm{d}}}{\partial \alpha_i}=-\int_{D}((1+\mathrm{j}\omega\beta_1)D_{\mathrm{pqrs}}\varepsilon_{\mathrm{pq}}(\boldsymbol{u})\varepsilon_{\mathrm{rs}}(\boldsymbol{u})+(\mathrm{j}\omega\beta_2-\omega^2)\rho\boldsymbol{u}\boldsymbol{u})\tilde{\delta}(\Phi)\varphi_i(\boldsymbol{x})\mathrm{d}V \tag{3-63}$$

首先，将$\partial J_{\mathrm{d}}/\partial \alpha_i$ 代入式(3-57)可计算得到$\partial J_{\mathrm{g}}^{\omega_z}/\partial \alpha_i$。接下来，将各个积分点处的$\partial J_{\mathrm{g}}^{\omega_z}/\partial \alpha_i$ 按照式(3-32)进行等距积分操作，即可得到目标函数的灵敏度$\partial J_{\mathrm{g}}/\partial \alpha_i$。在本优化问题中，体积约束的灵敏度与式(3-55)一致。

在获得结构局部和全局频率响应拓扑优化设计模型的灵敏度信息后，可通过基于 OC 的优化算法对两类优化模型进行求解，以实现结构频率响应拓扑优化设计。

3.2.5 数值实例

在所有案例中[1]，采用人工材料模型定义材料属性，即实体材料的弹性模量为201GPa，孔洞部分弱材料的弹性模量为0.201GPa，泊松比为0.3。结构阻尼参数分别为$A=0.05$，$B=0.002$。对于二维实例，材料的密度为$\rho=1000\text{kg/m}^3$；对于三维实例，材料的密度为$\rho=7800\text{kg/m}^3$。

1. 二维结构激励点频率响应优化设计案例

结构在激励点处的响应是结构振动的主要来源之一，故在本节优先考虑优化激励点处的频率响应。如图3-14所示的二维梁结构，其尺寸为长×宽×厚度＝1.4m×0.2m×0.001m，梁结构的左右两端被完全固支。采用210×30个双线性四边形网格对结构域进行离散。结构域的中心P点受到简谐振动的激励载荷$F_t=200\,000e^{i\omega t}$。优化目标为在所考虑的激励频带$\Omega_{\text{freq}}=[0\text{Hz},200\text{Hz}]$内激励点$P$处的频率响应最小，约束条件为材料的最大用量为50%。

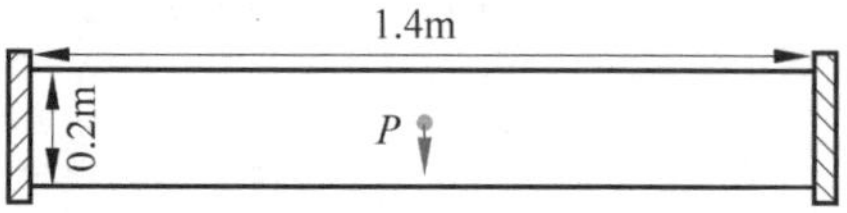

图3-14　实例一的设计空间

1）直接法

本部分首先采用直接法对该设计问题进行优化，即不采用3.3.3节所介绍的有限元模型降阶策略。图3-15所示为采用直接法优化时的结构拓扑形状变化过程，图3-16则是结构拓扑所对应的水平集函数图像，其中图3-15(a)和图3-16(a)分别为任意选择的一种初始设计方案及其水平集函数图像。初始设计方案的体积分数约为65%，基频为181Hz。从图3-15及图3-16所反映的优化过程可以看出，对于结构局部频率响应优化问题，该参数化水平集方法能够通过结构域内一系列孔洞的融合和新孔洞的生成达到结构拓扑形状的演化，在基于梯度的优化算法指导下，能较快地收敛到一个工程上可行的最优结构。在优化过程中，结构的边界能够始终保持清晰、光滑。

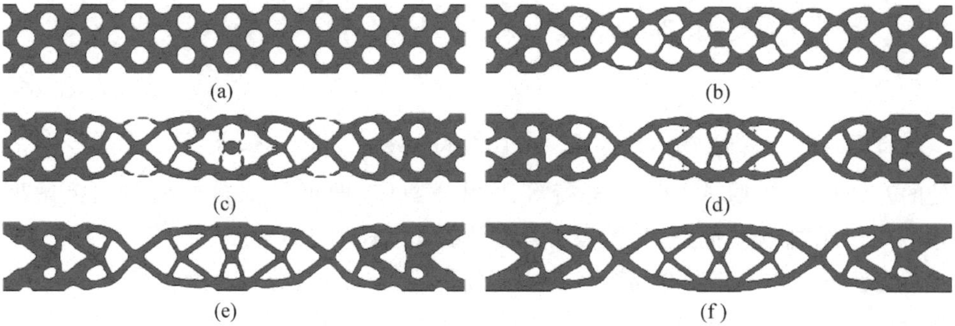

图3-15　实例一的优化设计过程

(a) 初始设计；(b) 第10步迭代；(c) 第15步迭代；(d) 第25步迭代；(e) 第40步迭代；(f) 最终设计

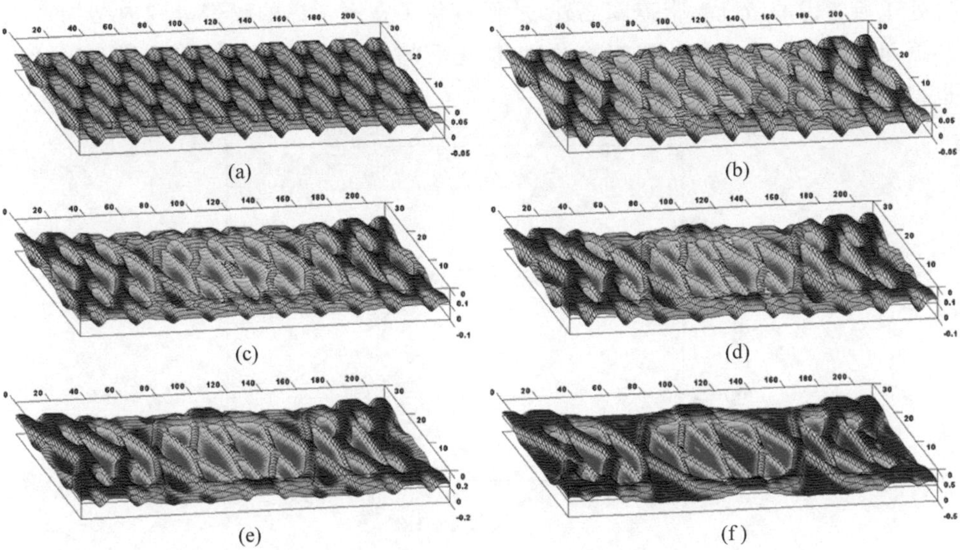

图 3-16　实例一的水平集表面变化过程

(a) 初始设计；(b) 第 10 步迭代；(c) 第 15 步迭代；(d) 第 25 步迭代；(e) 第 40 步迭代；(f) 最终设计

如图 3-17 所示是目标函数和约束条件的迭代收敛情况，在约束条件得到满足的前提下，目标函数从 1.4663E－5 降低至 5.8258E－7，结构在激励点处的频率响应改进率约为 96%。在迭代初始阶段，目标函数值逐步增加，这主要是由于此时体积约束未满足，当体积约束得到满足后，目标函数值开始稳定地减少，说明本书所述的参数化水平集方法在二维情况下能够有效地降低结构在激励点处的频率响应。

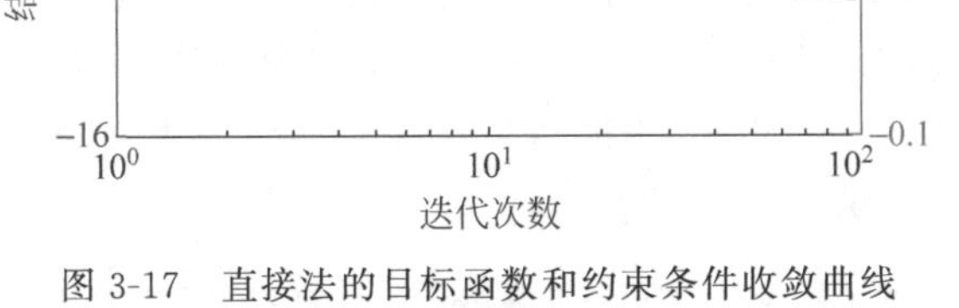

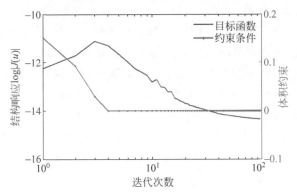

图 3-17　直接法的目标函数和约束条件收敛曲线

图 3-18 描述了采用直接法优化前后的结构在激励点处的频率响应函数(frequency response function，FRF)[2] 曲线图。在所考虑的[0Hz，200Hz]频带范围内，优化后的设计较之初始设计，在激励点处的频率响应有显著的降低，说明优化后的设计能够起到显著的减振效果。此外，优化后的设计具有更高的结构基频，

且处于所考虑的激励频带范围之外，从而避免了在所考虑的频带范围内结构产生共振而导致结构失稳。相比初始设计，优化后的设计在激励点处的频率响应峰值也得到显著降低。

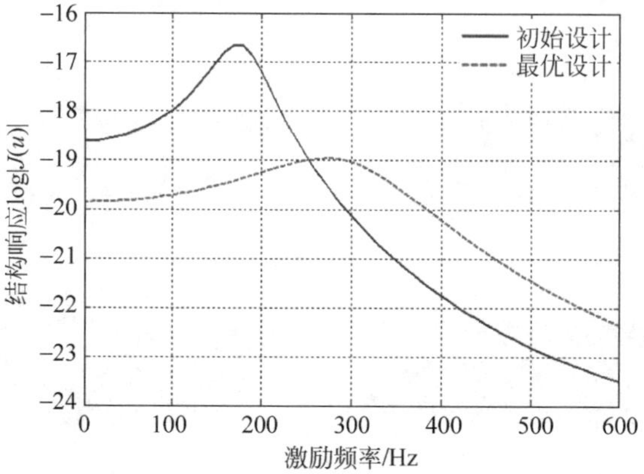

图 3-18　采用直接法优化前后响应点的 FRF

2）MQSRV 法

为减少优化过程中有限元分析次数，降低计算成本，本部分讨论 3.3.3 节所介绍的有限元模型降阶策略在所研究的频率响应优化问题中的应用。由于降阶基的数量在很大程度上决定了 MQSRV 方法的精度和效率，本部分采用几个案例来讨论其对最终优化结果的影响。不失一般性，采用 3 个中心频率的 MQSRV 方法，因此降阶基向量的个数 n_r 应为 3 的倍数，本部分分别取 $n_r=3$、$n_r=30$、$n_r=60$ 和 $n_r=180$ 来进行对比分析。

首先比较 n_r 的不同取值对 FRF 计算精度的影响。针对图 3-15(f)给出的结构拓扑形状，在给定的频率范围内分别采用直接法计算其精确的 FRF 以及 MQSRV 法计算其近似的 FRF，最终对比近似解与精确解的相对误差。表 3-7 给出了采用 4 种不同 n_r 取值时的 FRF 相对误差中的最大值与平均值。理论上来讲，n_r 取值越大（即降阶基数量越多），近似解与精确解越接近。从所测试的 4 组试验来看，随着降阶基数量的增加（$n_r=180$），FRF 最大相对误差和平均相对误差均有降低，且近似解越来越接近精确解。此外，测试结果也表明即使采用 $n_r=3$，MQSRV 方法的精度仍然可以较好地满足工程要求。

表 3-7　不同降阶基向量数量产生的 FRF 误差对比

方　法	FRF 频率范围/Hz	FRF 最大相对误差	FRF 平均相对误差
MQSRV　$n_r=3$	0～600	6.1071E−7	3.9472E−7
MQSRV　$n_r=30$	0～600	1.8146E−10	9.3467E−12
MQSRV　$n_r=60$	0～600	4.4533E−10	1.0961E−11
MQSRV　$n_r=180$	0～600	7.5422E−11	7.2905E−12

接着比较 n_r 的不同取值对拓扑优化结果的影响。所有测试案例均采用图 3-14 所示的优化问题，除有限元分析中所选取的 n_r 不同外，所有优化参数配置和初始设计方案均相同。对于给定的激励频带 $\Omega_{freq}=[0\text{Hz},200\text{Hz}]$，3 个中心频率分别取为 33Hz、100Hz 和 167Hz。表 3-8 对比了不同 n_r 取值对优化时间和目标函数值的影响。表 3-9 比较了不同 n_r 取值下的最优结构拓扑。从优化结果来看，采用 MQSRV 方法优化得到的最优结构拓扑与直接法的结果是完全等效的，局部形状或尺寸上的微小差异导致结构在激励点处的频率响应值有细微的差别。从优化效率上看，当采用较少数量的降阶基时(如 $n_r=3$、$n_r=30$ 和 $n_r=60$)，有限元计算成本较之直接法有明显降低，优化迭代时间也有了显著减少。当降阶基向量数量增加时(如 $n_r=180$)，优化迭代时间也明显增加，这主要是由于构建和处理大量的降阶基向量增加了一定的计算成本。图 3-19 给出了不同 n_r 取值时目标函数收敛曲线的对比，发现几组试验的收敛曲线几乎完全重合，这说明 MQSRV 方法所带来的误差对本例的迭代收敛过程影响较小。为提高优化效率，本节后面的实例如无特殊说明，均采用 MQSRV 法，且取 $n_r=30$。

表 3-8　不同降阶基向量数量对应的数值结果对比

方　　法	单次迭代时间/s	迭代次数	总迭代时间/s	真实频率响应
直接法	119.5	97	11 592.4	5.8258E−7
MQSRV　$n_r=3$	33.9	88	2990.6	5.8681E−7
MQSRV　$n_r=30$	42.3	100	4230.1	5.8305E−7
MQSRV　$n_r=60$	51.9	88	4566.2	5.8641E−7
MQSRV　$n_r=180$	105.5	100	10 549.9	5.8288E−7

表 3-9　不同降阶基向量数量对应的优化设计拓扑形状

优 化 结 果	水平集函数图像
 MQSRV　$n_r=3$	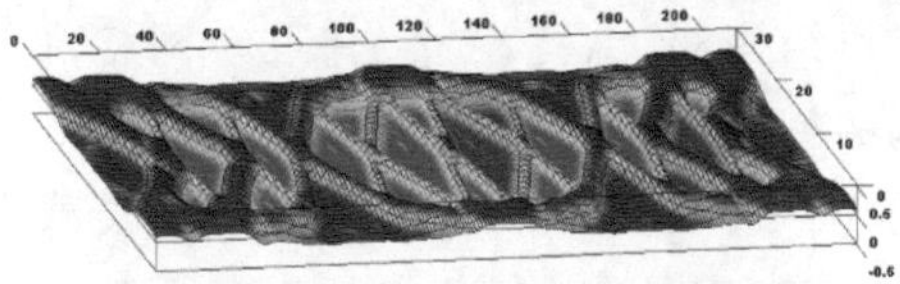
 MQSRV　$n_r=30$	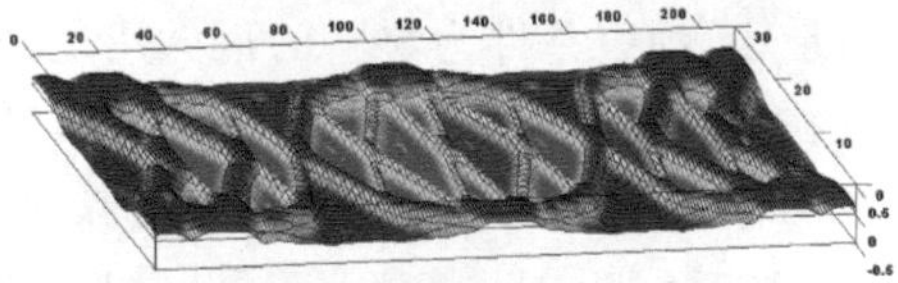
 MQSRV　$n_r=60$	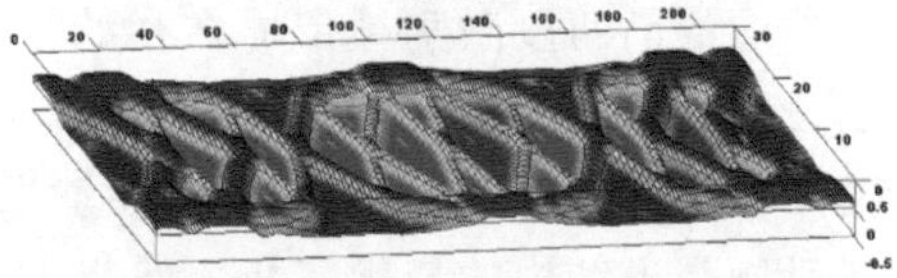

续表

优化结果	水平集函数图像
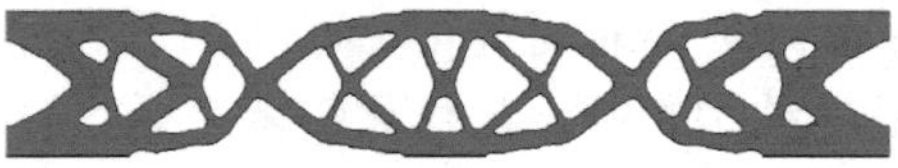 MQSRV $n_r=180$	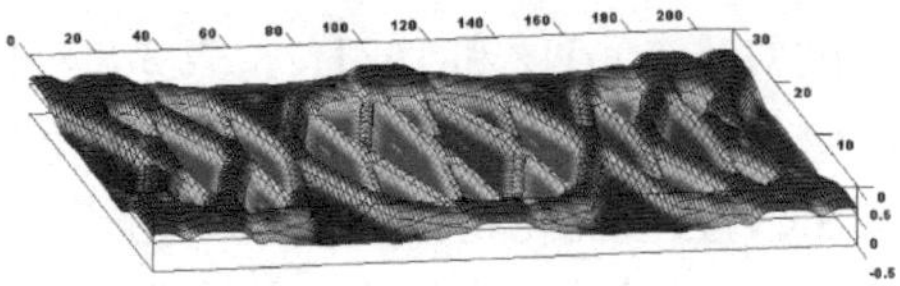

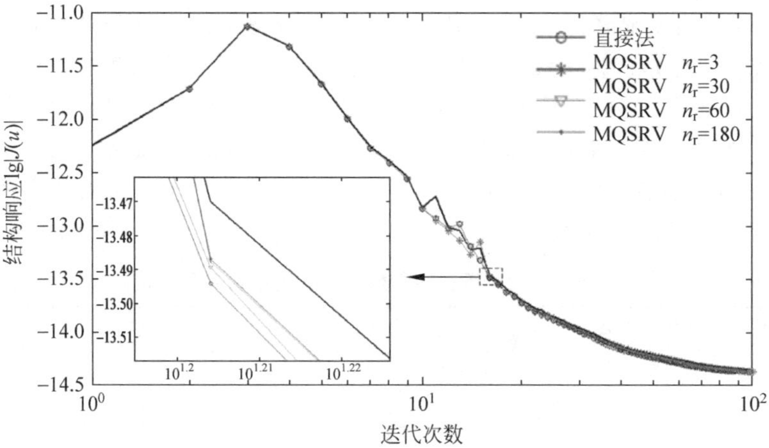

图 3-19　目标函数收敛曲线对比图

2. 二维结构激励点及非激励点频率响应拓扑优化设计案例

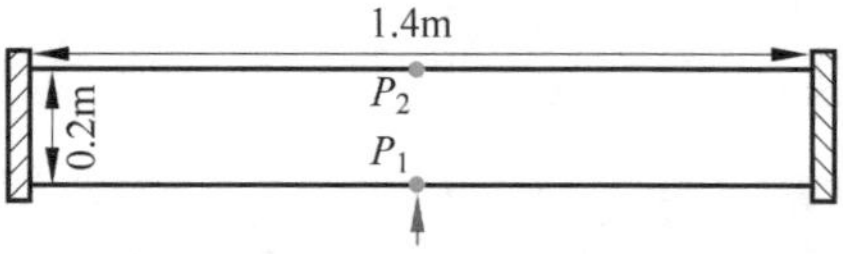

图 3-20　实例二的设计空间

本例将考虑同时优化激励点及非激励点处的频率响应。如图 3-20 所示的二维梁结构，其结构尺寸、有限元网格和结构的初始设计方案均与实例一相同。结构 P_1 点处受到简谐振动的激振载荷 $F_t=200\ 000e^{i\omega t}$。优化目标为在所考虑的频带范围内在 P_1 和 P_2 点处的频率响应同时最小，约束条件为材料的最大用量为 50%。

在结构频率响应拓扑优化问题中，激励频率对最终优化结果有着显著的影响。故本例将在给定的四种不同激励频带下进行优化设计，分别为[0Hz,50Hz]、[0Hz,100Hz]、[0Hz,200Hz]和[0Hz,300Hz]。初始设计仍然如图 3-15(a)所示，则所选取的前两段激励频带均在初始设计的基频之外，后两段激励频带则覆盖了初始设计的基频。从表 3-10 可以发现，所得的最优设计结果均显现出了光滑、清晰的结构边界。此外，可以看到即使输入的激振载荷的大小和方向保持不变，在不同激励频带下结构的最优拓扑依然产生了较大的差异。各组试验优化前后的结构在响应点处的 FRF 对比情况如图 3-21 所示，由图中的曲线可知，相较于初始设计，优化后的结构响应在各组激励频带范围内均有了显著的降低，且 FRF 的峰值也得到显著降低。也就是说，基于参数化水平集的频率响应拓扑优化设计方法能够有效地降低指定点处的结构振动，从内在优化机理上来讲，4 组优化实例均是通过提升结构的基频，使之远离激励频带，从而避免结构发生共振。

表 3-10　不同频带范围的优化结果比较

优 化 结 果	水平集函数图像
 $\Omega_{\text{freq}}=[0\text{Hz},50\text{Hz}]$，$J(\boldsymbol{u},\Phi)=1.7328\text{E}-7$	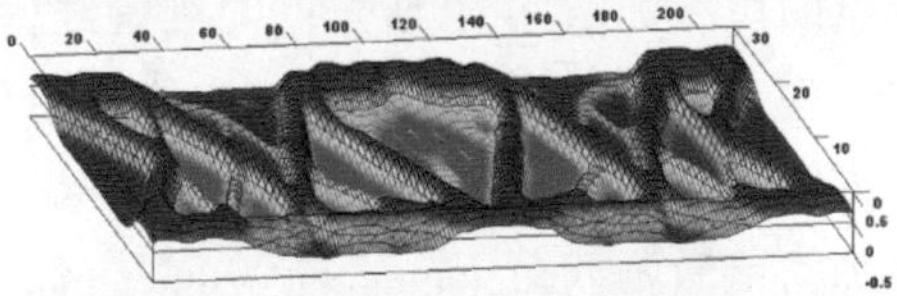
 $\Omega_{\text{freq}}=[0\text{Hz},100\text{Hz}]$，$J(\boldsymbol{u},\Phi)=3.7865\text{E}-7$	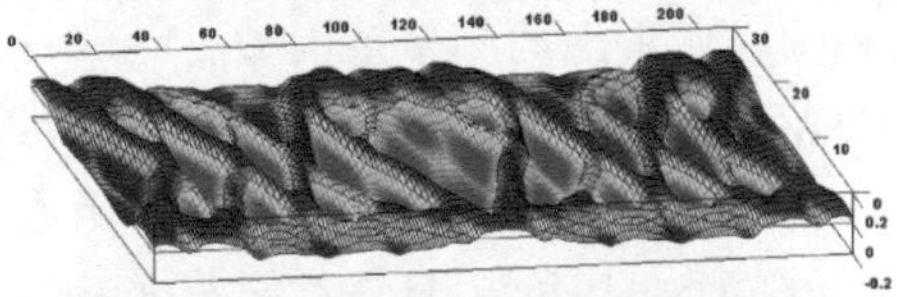
 $\Omega_{\text{freq}}=[0\text{Hz},200\text{Hz}]$，$J(\boldsymbol{u},\Phi)=8.6593\text{E}-7$	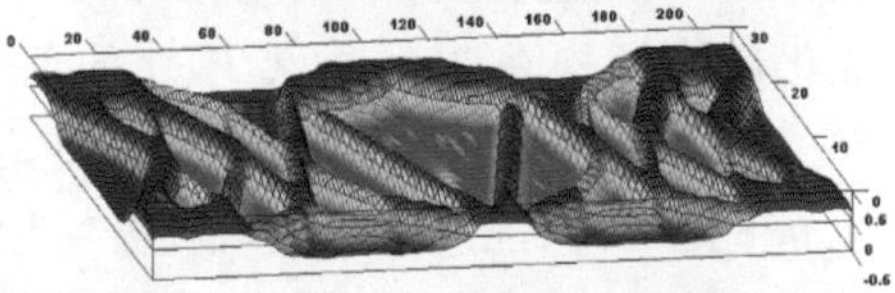
 $\Omega_{\text{freq}}=[0\text{Hz},300\text{Hz}]$，$J(\boldsymbol{u},\Phi)=1.7699\text{E}-6$	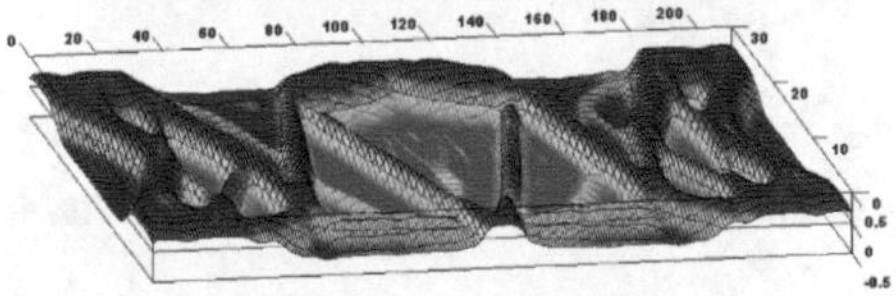

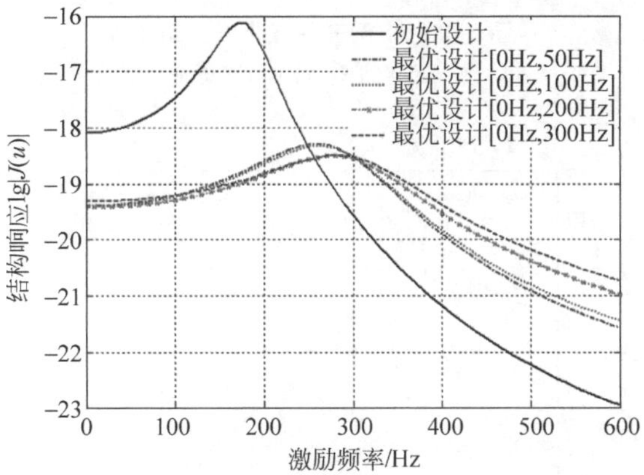

图 3-21　优化前后响应点的 FRF

以上结果表明，激励频带对最终的优化结果有重要影响，在不同的频带范围内可能会获得不同最优拓扑。

特别指出：不同优化设计结果仅能保证在所考虑频带范围内的最优振动性能，在该频带范围之外的振动性能可能会降低。此外，由于宽频带范围下的频率响应优化问题有较多局部最优解，因此目前大多数研究所给出的拓扑优化结果并不能完全保证是全局最优解，而可能是结构性能明显提升的局部最优解。

3. 二维结构非激励点频率响应拓扑优化设计案例

本例将考虑优化非激励点处的结构频率响应。如图3-22所示的二维梁结构，其结构尺寸、有限元网格和结构的初始设计方案均与实例一相同。在结构 P_1 点处施加简谐激励载荷 $F_t=200\ 000e^{i\omega t}$。优化目标为在所考虑的频带范围 $\Omega_{freq}=[0Hz,200Hz]$ 内使非激励点 P 处的频率响应最小，约束条件为材料的最大用量为50%。

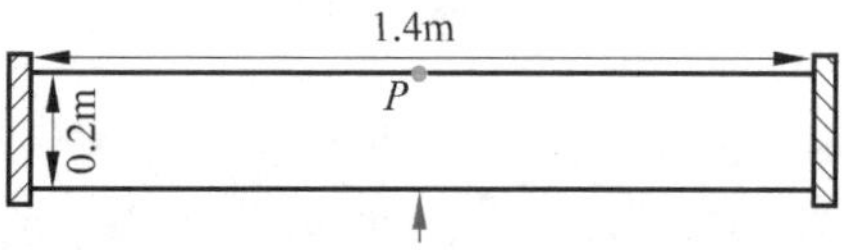

图3-22　实例三的设计空间

优化结果及其所对应的水平集函数图像如图3-23所示，优化后的结果具有光滑、清晰的结构边界，且该结果与文献[3]所给出的优化结果相似。如图3-24所示是优化后的结构在非激励点 P 处的FRF曲线图。在所考虑的频带范围 $\Omega_{freq}=[0Hz,200Hz]$ 内，P 点的结构频率响应有大幅降低（目标函数由1.3824E−6降低至1.0360E−7），证明本方法对提升结构在非激励点处的结构振动性能同样有效。

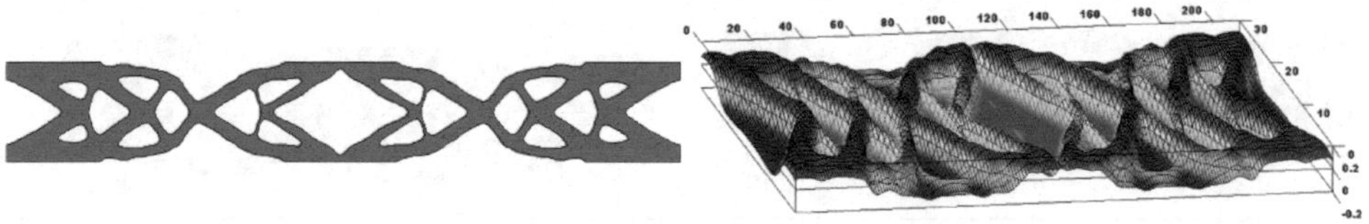

(a)　　　　(b)

图3-23　实例三的优化设计结果

(a) 最优结构；(b) 水平集面

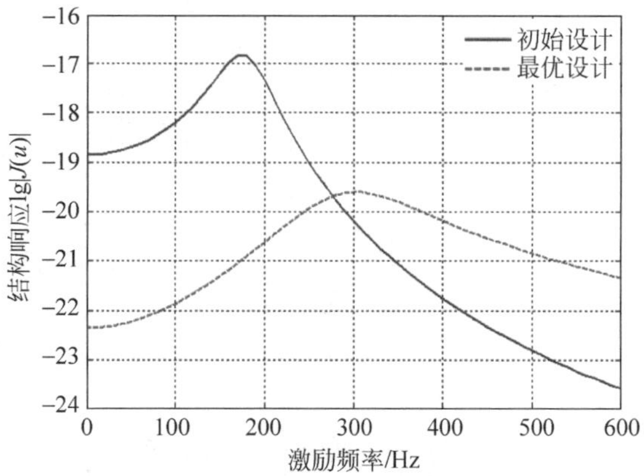

图3-24　优化前后响应点的FRF

4. 二维结构全局频率响应拓扑优化设计案例

以上所讨论的案例均为结构局部频率响应优化，在实际工程应用中结构全局频率响应优化同样具有重要意义。本部分将针对实例一所给出的二维梁结构进行全局频率响应拓扑优化设计，其结构尺寸、有限元网格和结构的初始设计方案均与实例一相同。与实例一不同的是，结构域的中心 P 点施加简谐激励载荷 $F_t=10\,000e^{i\omega t}$，优化目标为在所考虑的激励频带 $\Omega_{\text{freq}}=[0\text{Hz},200\text{Hz}]$ 内降低结构整体的频率响应，约束条件为材料的最大用量为 50%。

如图 3-25 所示为优化过程的目标函数与约束条件的收敛曲线图。在优化迭代过程中，结构的全局频率响应在迭代初始阶段逐步增加，在满足体积比约束后开始逐步减小，在优化迭代了 81 步后目标函数收敛。在约束条件得到满足的前提下，结构的动态柔度由 22.4449 降低为 5.1261，结构的全局频率响应改进率约为 77%，说明基于参数化水平集的结构频率响应拓扑优化设计方法在二维情况下能够有效地降低结构全局频率响应。图 3-26 所示是优化前后结构的 FRF 曲线图。从 FRF 图可以看出，优化后的设计较之初始设计，在所考虑的[0Hz，200Hz]频带范围内结构的全局频率响应有显著的降低，也就意味着优化后的设计能够起到有效的减振效果。与结构局部频率响应优化结果类似，结构全局频率响应优化也是通过提升结构基频，并使之远离所考虑的激励频带范围，从而避免结构在频带范围内产生共振。

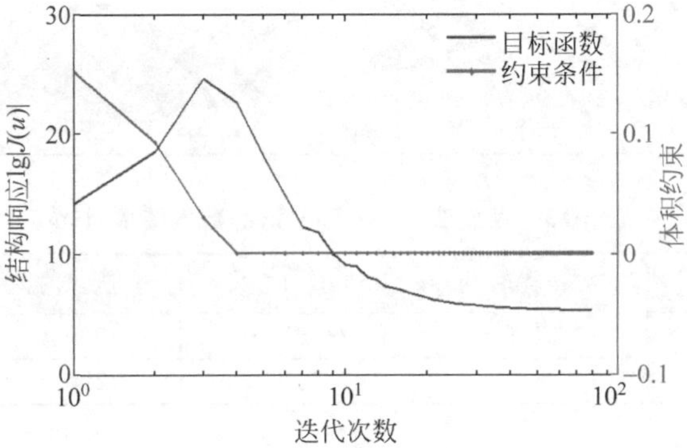

图 3-25　MQSRV 法目标函数收敛曲线图

为了显示 MQSRV 法对于全局频率响应优化设计同样有效，本例同时也给出了分别采用直接法和 MQSRV 法的全局响应拓扑优化设计结果，如表 3-11 和表 3-12 所示。从表 3-11 中显示的结果可知，直接法与 MQSRV 法的优化结果高度相近，但 MQSRV 法的优化效率明显高于直接法。以上结果表明，基于参数化水平集的结构频率响应拓扑优化设计方法能够高效地解决二维结构全局频率响应拓扑优化问题。

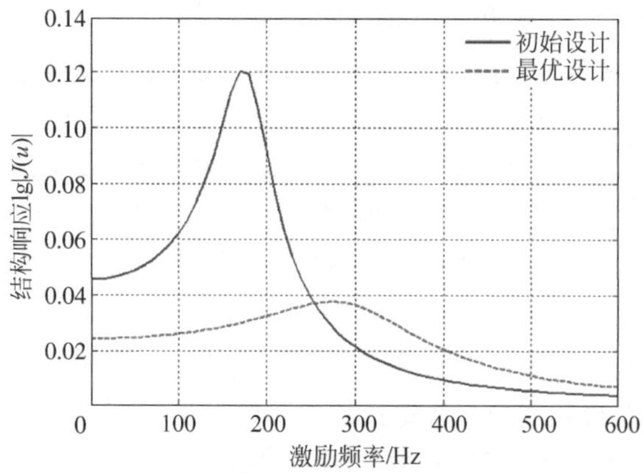

图 3-26　MQSRV 法优化前后的 FRF

表 3-11　直接法与 MQSRV 法的优化结果比较

优 化 结 果	水平集函数图像
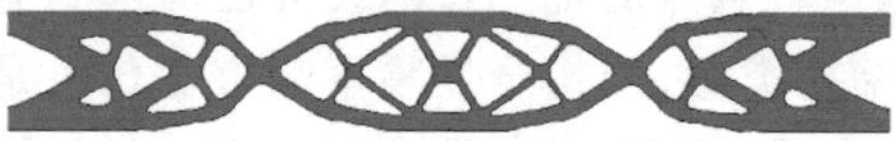 直接法	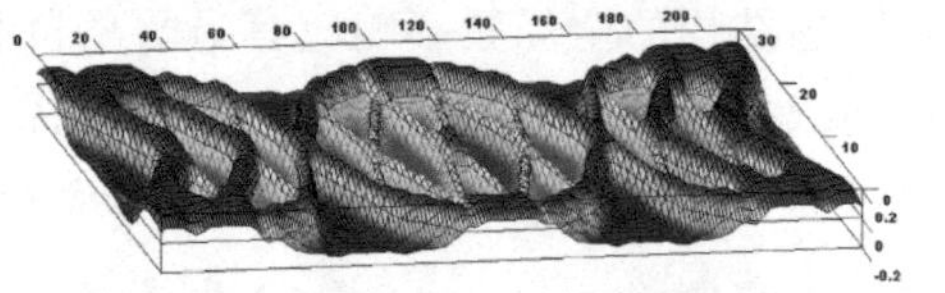
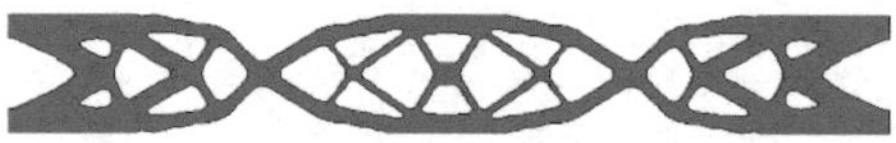 MQSRV　$n_r=30$	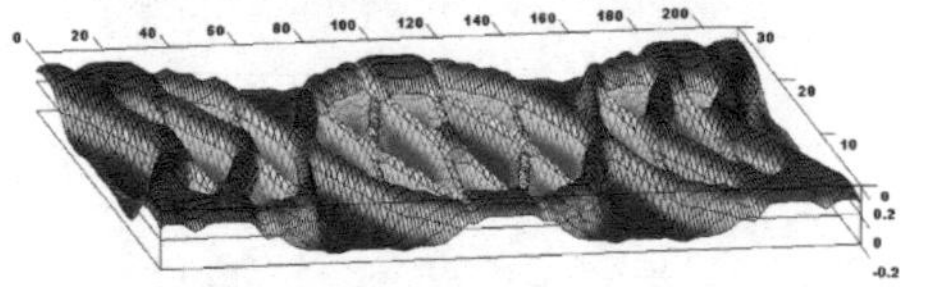

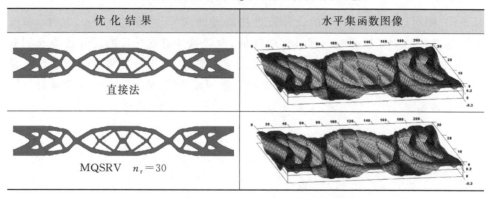

表 3-12　直接法与 MQSRV 法的数值结果对比

方　　法	单次迭代时间/s	迭 代 次 数	总迭代时间/s	真实频率响应
直接法	61.6	81	4989.5	5.1382
MQSRV　$n_r=30$	28.3	81	2290.8	5.1261

3.3　结构特征值拓扑优化设计

3.3.1　结构特征值拓扑优化设计问题

结构特征频率拓扑优化设计问题是连续体结构动力学优化设计的一个重要组成部分，也是结构拓扑优化设计领域长久以来的热点研究方向之一。实际工程中，许多的工程结构在工作期间不可避免地要受到来自外界环境的冲击和干扰，动力损伤与破坏将是其主要的失效形式。例如，对于火箭、导弹等飞行器和雷达、跟踪仪等伺服机械系统，往往要求结构或系统的固有频率远离发动机的工作频率或伺服系统频率带宽，以避免共振现象的发生[32]。在实际工作环境中，结构的动响应通常取决于结构的基频或前几阶固有频率，因为当外界的激励频率与结构的某阶固有频率接近时，会导致结构的剧烈振动。与 3.2 节所介绍的结构频率响应拓扑优化设计不同，结构特征频率拓扑优化设计是一种被动式的优化技术，目的是通过改变结构的构型来使其第一阶或前几阶固有频率最大化，从而远离结构运行环境下的工作频率或频带范围，即通过不断提升结构固有频率的方式来避免共振产生的结构失稳。

截至目前，已经有很多学者研究了结构动力学中的特征频率拓扑优化问题。Diaz 和 Kikuchi[33]利用基于均匀化方法的结构拓扑优化技术，探索了单一特征频率最大化的动力学拓扑优化设计问题。Seyranian 等[34,35]针对结构特征频率拓扑优化设计中广泛存在的多重特征值问题开展了深入研究，提出了一套面向重复特征值的灵敏度分析方法。Xie 和 Steven[36]以特定的结构特征频率作为约束条件，使用 ESO 方法进行了结构动力学拓扑优化设计。Tenek 和 Hagiwara[37]提出了一种改进的动力学拓扑优化模型，以 Mindelin 板为研究对象，开展了连续体结构动力学优化设计研究。Neves[38]和 Pedersen 等[39]研究了结构特征值优化设计中低密度单元处经常发生的局部模态现象，指出该现象会导致动力学拓扑优化设计的不稳定。Kim 等[40]研究了结构特征频率的并行拓扑优化设计的关键技术。Allaire 等[41]在传统的水平集方法框架下，实现了结构基频最大化的设计。Du 和 Olhoff[42]系统性地研究了结构特征值最大化的拓扑优化设计问题，采用 SIMP 材料插值模型实现了结构基频、高阶频率以及频率间隔的优化设计。Li 等[43]提出了一种模态识别技术，克服了优化迭代过程中逐步出现的局部模态问题。由于结构特征频率拓扑优化设计问题本身的复杂性，导致其尚存在许多问题需要解决，目前的研究也还有待完善，如特征频率拓扑优化问题中目标函数的振荡问题、多模态特征频率问题、非结构质量问题等。

3.3.2　结构特征值拓扑优化模型

在一个线弹性连续的空间内，结构第 k 阶谐振的弱形式可以定义为

$$a(\boldsymbol{u}^{(k)},\boldsymbol{v})=\lambda_k b(\boldsymbol{u}^{(k)},\boldsymbol{v}),\quad \forall\, \boldsymbol{v}\in U \tag{3-64}$$

其中，λ_k 表示第 k 阶特征值；$\boldsymbol{u}^{(k)}$ 为第 k 阶特征向量；$\boldsymbol{v}$ 代表一种虚拟特征向量，且应服从运动学边界条件。双线性形式 $a(\boldsymbol{u}^{(k)},\boldsymbol{v})$ 和 $b(\boldsymbol{u}(k),\boldsymbol{v})$ 在允许的位移空间 U 内分别定义如下：

$$a(\boldsymbol{u}^{(k)},\boldsymbol{v})=\int_D D_{\mathrm{pqrs}}\varepsilon_{\mathrm{pq}}(\boldsymbol{u}^{(k)})\varepsilon_{\mathrm{rs}}(\boldsymbol{v})H(\Phi)\mathrm{d}\Omega \tag{3-65}$$

$$b(\boldsymbol{u}^{(k)},\boldsymbol{v})=\int_D \rho\boldsymbol{u}^{(k)}\boldsymbol{v}H(\Phi)\mathrm{d}\Omega \tag{3-66}$$

其中，D_{pqrs} 和 ρ 分别代表材料的弹性模量和密度；$\varepsilon_{pq}(\boldsymbol{u}^{(k)})$ 表示相应的第 k 阶特征向量 $\boldsymbol{u}^{(k)}$ 的应变张量；$H(\Phi)$ 是 Heaviside 函数。

第 k 阶特征频率可以通过最小化 Rayleigh 商得到，即可表示为

$$\lambda_k = \omega_k^2 = \min_{\boldsymbol{v}\in U} R(\boldsymbol{v}) = \min_{\boldsymbol{v}\in U} \frac{\int_D D_{pqrs}\varepsilon_{pq}(\boldsymbol{u}^{(k)})\varepsilon_{rs}(\boldsymbol{v})H(\Phi)\mathrm{d}\Omega}{\int_D \rho \boldsymbol{u}^{(k)}\boldsymbol{v}H(\Phi)\mathrm{d}\Omega} \tag{3-67}$$

以材料的使用量为约束条件，可构建基于参数化水平集方法的结构特征频率最大化拓扑优化设计模型：

$$\begin{cases} \underset{\boldsymbol{\alpha}=(\alpha_1,\alpha_2,\cdots,\alpha_N)^{\mathrm{T}}}{\text{Min}:} \quad J(\boldsymbol{u}^{(k)},\Phi) = \lambda_k \\ \text{s.t.}: a(\boldsymbol{u}^{(k)},\boldsymbol{v}) - \lambda_k b(\boldsymbol{u}^{(k)},\boldsymbol{v}) = 0, \quad \forall \boldsymbol{v} \in U \\ \qquad G(\Phi) = \int_D H(\Phi)\mathrm{d}\Omega \leqslant V_{\max} \\ \qquad \alpha_{\min} \leqslant \alpha_i \leqslant \alpha_{\max} \end{cases} \tag{3-68}$$

其中，ω_k 为目标函数。不等式约束条件定义了设计域内的材料用量上限 $V_{\max}$。

3.3.3 灵敏度分析与优化算法

引入拉格朗日乘子$\boldsymbol{\omega}$，将原始优化问题转化为无约束优化问题。第 k 阶特征频率最大化优化问题的拉格朗日函数为

$$L = J(\boldsymbol{u}^{(k)},\Phi) + a(\boldsymbol{u}^{(k)},\boldsymbol{v}) - \lambda_k b(\boldsymbol{u}^{(k)},\boldsymbol{v}) + \Lambda\left(\int_D H(\Phi)\mathrm{d}\Omega - V_{\max}\right) \tag{3-69}$$

拉格朗日函数关于时间 t 的形状导数可以表示为

$$\frac{\mathrm{d}L}{\mathrm{d}t} = \frac{\mathrm{d}J(\boldsymbol{u}^{(k)},\Phi)}{\mathrm{d}t} + a'(\boldsymbol{u}^{(k)},\boldsymbol{v}) - \lambda_k b'(\boldsymbol{u}^{(k)},\boldsymbol{v}) - \lambda_k' b(\boldsymbol{u}^{(k)},\boldsymbol{v}) + \Lambda G'(\Phi) \tag{3-70}$$

优化模型(3-68)中状态方程的物质导数分别为

$$a'(\boldsymbol{u}^{(k)},\boldsymbol{v}) = \int_D D_{pqrs}\varepsilon_{pq}(\boldsymbol{u}^{(k)'})\varepsilon_{rs}(\boldsymbol{v})H(\Phi)\mathrm{d}\Omega + \int_D D_{pqrs}\varepsilon_{pq}(\boldsymbol{u}^{(k)})\varepsilon_{rs}(\boldsymbol{v}')H(\Phi)\mathrm{d}\Omega + \int_\Gamma D_{pqrs}\varepsilon_{pq}(\boldsymbol{u}^{(k)})\varepsilon_{rs}(\boldsymbol{v})V_{\mathrm{n}}\mathrm{d}\Gamma \tag{3-71}$$

$$b'(\boldsymbol{u}^{(k)},\boldsymbol{v}) = \int_\Omega \rho\boldsymbol{u}^{(k)'}\boldsymbol{v}H(\Phi)\mathrm{d}\Omega + \int_\Omega \rho\boldsymbol{u}^{(k)}\boldsymbol{v}'H(\Phi)\mathrm{d}\Omega + \int_\Gamma \rho\boldsymbol{u}^{(k)}\boldsymbol{v}H(\Phi)V_{\mathrm{n}}\mathrm{d}\Gamma \tag{3-72}$$

由拉格朗日函数 L 的稳态条件可得该优化问题的库克-塔恩条件为

$$a(\boldsymbol{u}^{(k)'},\boldsymbol{v}) - \lambda_k b(\boldsymbol{u}^{(k)'},\boldsymbol{v}) = 0 \tag{3-73}$$

$$a(\boldsymbol{u}^{(k)},\boldsymbol{v}') - \lambda_k b(\boldsymbol{u}^{(k)},\boldsymbol{v}') = 0 \tag{3-74}$$

$$b(\boldsymbol{u}^{(k)},\boldsymbol{v}) = 1 \tag{3-75}$$

通过将式(3-71)～式(3-75)代入式(3-70)可以得到：

$$\frac{\mathrm{d}L}{\mathrm{d}t}=\int_D (D_{pqrs}\varepsilon_{pq}(\boldsymbol{u}^{(k)})\varepsilon_{rs}(\boldsymbol{v})-\rho\boldsymbol{u}^{(k)}\boldsymbol{v}+\Lambda)\delta(\Phi)\left|\nabla\Phi\right|V_{\mathrm{n}}\mathrm{d}\Omega \tag{3-76}$$

通过将 CSRBF 插值得到的速度场公式(2-22)代入式(3-84)，则式(3-76)可进一步表示为

$$\frac{\mathrm{d}L}{\mathrm{d}t}=\sum_{i=1}^{N}\int_D (D_{pqrs}\varepsilon_{pq}(\boldsymbol{u}^{(k)})\varepsilon_{rs}(\boldsymbol{v})-\rho\boldsymbol{u}^{(k)}\boldsymbol{v}+\Lambda)\varphi_i(\boldsymbol{x})\delta(\Phi)\frac{\mathrm{d}\alpha_i(t)}{\mathrm{d}t}\mathrm{d}\Omega \tag{3-77}$$

另一方面，通过链式法则可推导目标函数和体积约束对时间 t 的导数为

$$\frac{\mathrm{d}J(\boldsymbol{u}^{(k)},\Phi)}{\mathrm{d}t}=\sum_{i=1}^{N}\frac{\mathrm{d}J(\boldsymbol{u}^{(k)},\Phi)}{\mathrm{d}\alpha_i(t)}\frac{\mathrm{d}\alpha_i(t)}{\mathrm{d}t} \tag{3-78}$$

$$\frac{\mathrm{d}G(\Phi)}{\mathrm{d}t}=\sum_{i=1}^{N}\frac{\mathrm{d}G(\Phi)}{\mathrm{d}\alpha_i(t)}\frac{\mathrm{d}\alpha_i(t)}{\mathrm{d}t} \tag{3-79}$$

对比式(3-78)、式(3-79)和式(3-77)，可以得到目标函数和体积约束关于设计变量的敏度为

$$\frac{\mathrm{d}J(\boldsymbol{u}^{(k)},\Phi)}{\mathrm{d}\alpha_i(t)}=\int_D (D_{pqrs}\varepsilon_{pq}(\boldsymbol{u}^{(k)})\varepsilon_{rs}(\boldsymbol{v})-\rho\boldsymbol{u}^{(k)}\boldsymbol{v})\varphi_i(\boldsymbol{x})\delta(\Phi)\mathrm{d}\Omega \tag{3-80}$$

$$\frac{\mathrm{d}G(\Phi)}{\mathrm{d}\alpha_i(t)}=\int_D \varphi_i(\boldsymbol{x})\delta(\Phi)\mathrm{d}\Omega \tag{3-81}$$

得到上述敏度信息后，仍然可通过第 2 章所述的 OC 算法求解第 k 阶特征频率最大化拓扑优化设计问题。

3.3.4 数值实例

如图 3-27 所示的二维两端约束梁，其设计域为 1.4m×0.2m 的一个矩形区域，厚度为 0.01m，两端固定，中心处有一集中质量点 $M=0.78\mathrm{kg}$。优化体积比约束为 50%，整个设计域采用 140×20 个四节点有限元网格离散，其初始设计如图 3-28 所示。在本例中，实体材料弹性模量 $E=201\mathrm{GPa}$，弱材料弹性模量 $E=0.201\mathrm{GPa}$，所有材料的泊松比 $\nu=0.3$，密度 $\rho=7800\mathrm{kg/m^3}$。

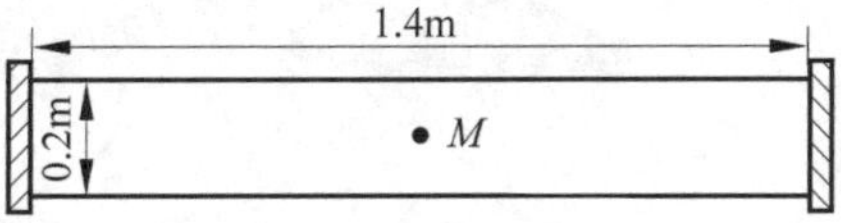

图 3-27　二维两端约束梁模型

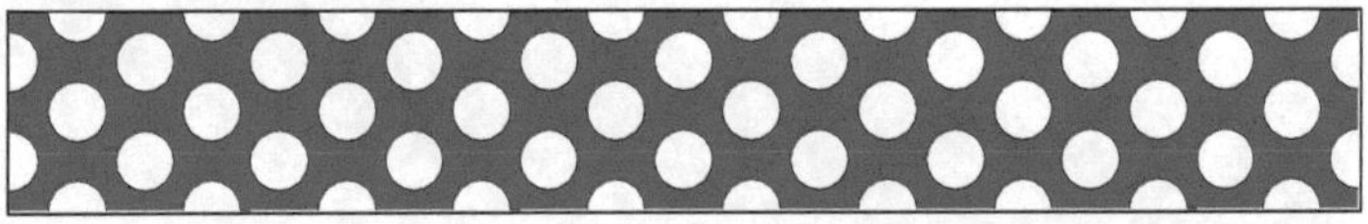

图 3-28　二维两端约束梁初始设计

图 3-29 为梁结构的拓扑形状优化过程，图 3-29(e)为最终优化结果。从图 3-29 可以看到，水平集方法结构优化可以通过边界合并和断开同时描述拓扑和形状变

化，并且保持边界光滑。图 3-30 为优化设计结果所对应的水平集函数图像。图 3-31 为优化过程中目标函数和体积收敛过程。从图 3-31 中可以看到，优化过程中目标函数从初始设计的 101.01Hz 增加到 148.89Hz。体积约束最终也得到满足。说明基于参数化水平集的结构特征频率优化方法在二维情况下能够有效提高结构的一阶特征频率。

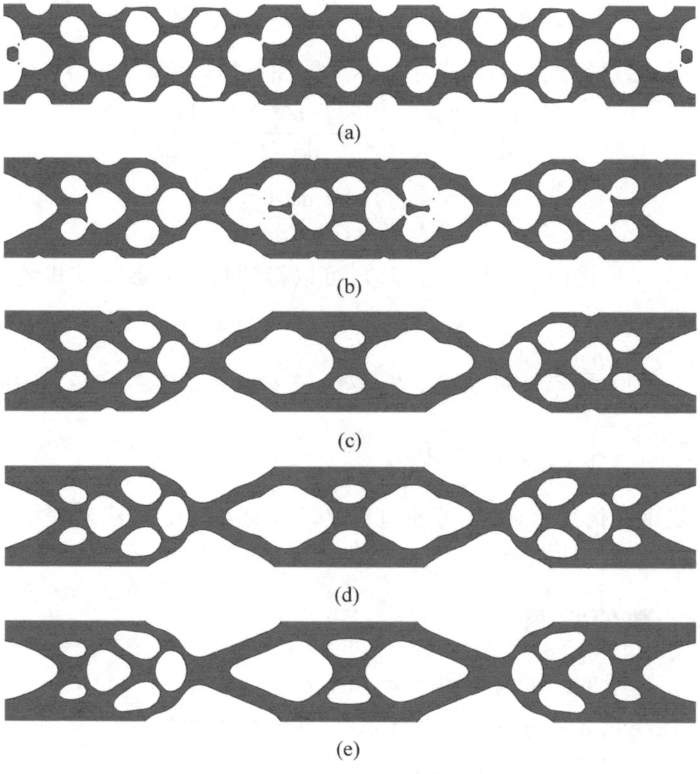

图 3-29　二维梁拓扑形状优化过程

(a) 第 5 步迭代；(b) 第 15 步迭代；(c) 第 25 步迭代；(d) 第 35 步迭代；(e) 最终优化结果

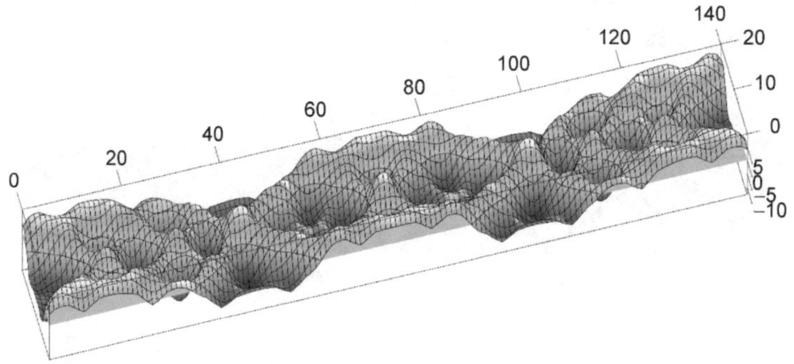

图 3-30　二维梁优化设计结果的水平集面

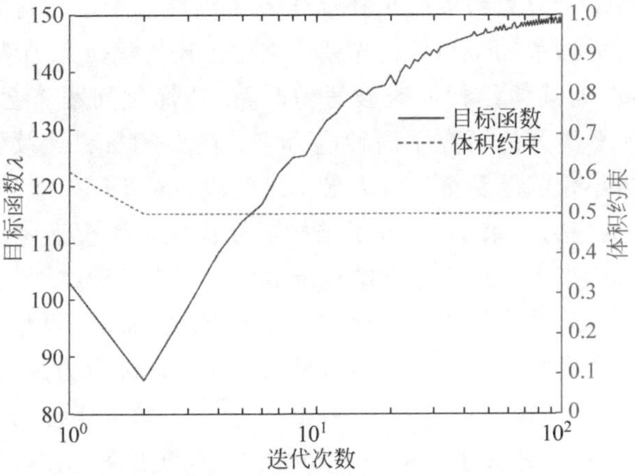

图 3-31　二维两端约束梁目标函数和体积收敛过程

3.4　多相材料结构拓扑优化设计

3.4.1　多相材料结构拓扑优化设计问题

目前，多相材料连续体结构的设计受到了广泛的关注。许多多相材料连续体结构拓扑优化方法已被提出。Bendsøe 和 Sigmund[44]基于 SIMP 方法和材料分布情况提出了一种多相材料模型的混合规则，用于描述多相材料连续体结构。Zhu 等[45]提出了一种基于多个移动组件的多相材料拓扑优化方法，其中每一个移动组件都代表多相材料连续体结构中的一种材料。Wang 和 Wang[46]提出了彩色水平集方法，其中 M 个水平集方程可以被用来表示 2^M 种材料，极大地减小了计算成本。但是，当结构中材料种类数目不是 2^M 的时候，该方法会造成多余的材料相。Luo[47]和 Wang[48]等将分段常数水平集方法用于处理多相材料连续体结构拓扑优化问题，在该方法中仅需要一个指示函数就能表示结构中所有的材料界面。最近，Wang 等[49]提出了一种多相材料水平集(multi-material level set，MM-LS)描述模型，其中参数化水平集思想被用来构造模型，并且 N 种材料和一个空集可由 N 个水平集函数表示。该方法的优点是结构设计域内每点上仅包含一种结构相，不会出现两种结构相之间的重叠和多余部分。Kang 等[50]提出了一种基于多相嵌入式组件和最小距离约束的拓扑优化模型，用于设计多相材料连续体结构，其中采用了水平集方法来构建优化模型。Wang 等[51]提出了一种双层级拓扑优化方法来处理多相材料柔性机构的设计，该方法通过分解策略可以将一个复杂的多相材料优化问题转换为一系列低阶的单相材料优化问题。

本节主要解决基于应力约束的多相材料连续体结构拓扑优化设计问题[52, 53]。

截至目前，大多数基于应力约束的拓扑优化方法仍局限于单相材料连续体结构的设计[54-57]，基于应力约束的多相材料连续体结构拓扑优化研究仍然很少，因为当应力约束和多相材料连续体结构同时被考虑时，拓扑优化问题将会变得十分复杂。Guo 等[58]基于水平集方法研究了两种应力相关的多相材料连续体结构拓扑优化问题，包括柔度最小化问题和全局应力最小化问题。对于第一个问题，在结构体积约束和改进的全局应力约束下，实现了结构柔度优化。该模型考虑了应力梯度信息，因此全局应力约束也可用来控制结构局部应力。对于第二个问题，全局应力最小化被作为优化目标，结构体积则被视作设计约束。然而，该模型中并没有设置应力约束，这导致了在优化过程中结构不同材料对应的局部应力没有被有效控制，各点应力值不一定小于结构许用应力。Jeong 等[59]为求解基于应力约束的多相材料连续体结构拓扑优化问题提出了一种可分离应力插值方案。在一系列对应不同材料的全局应力约束下，结构体积最小化被作为优化目标。在该工作中，SIMP 方法被用于构造优化模型，p-范数方法被用于衡量全局应力。值得注意的是，局部应力方法基本不适用于求解基于应力约束的多相材料连续体结构拓扑优化问题。这是因为当结构设计域被划分为 N_e 个有限单元，且结构中包含 N 种材料时，优化模型中的局部应力约束数目会高达 $N_e \times N$ 个，这将带来极大的计算成本。除此之外，基于应力约束的多相材料连续体结构拓扑优化已经被用于一些实际工程应用中，例如，钢索悬吊膜结构的设计[60]、钢筋混凝土结构的设计[61]和钢-混凝土组合结构的设计[62]。

3.4.2 多相材料参数化水平集方法

为描述一个由 N 种材料构建的结构，这里介绍一种 MM-LS 描述模型。在该模型中，N 个水平集方程被用来描述 $N+1$ 个不同相，其包含 N 种材料和 1 个孔洞相。每一种材料由一系列不同的水平集方程共同描述，即第 i 种材料可以通过由一系列不同的水平集方程构成的特征函数 $\rho_i(\Phi)$ 所描述。特征函数 $\rho_i(\Phi)$ 可表示如下：

$$
\begin{aligned}
&1\text{ 种材料：}\rho_1(\Phi)=H_1\\
&2\text{ 种材料：}\rho_1(\Phi)=H_1(1-H_2),\quad \rho_2(\Phi)=H_1H_2\\
&3\text{ 种材料：}\rho_1(\Phi)=H_1(1-H_2),\quad \rho_2(\Phi)=H_1H_2(1-H_3),\rho_3(\Phi)=H_1H_2H_3\\
&\vdots\\
&N\text{ 种材料：}\rho_i(\Phi)=\begin{cases}\left(\prod\limits_{k=1}^{i}H_k\right)(1-H_{i+1}), & i=1,2,\cdots,N-1\\ \prod\limits_{k=1}^{i}H_k, & i=N\end{cases},\quad N\geqslant 2
\end{aligned}
\tag{3-82}
$$

其中，$H_k=H(\Phi^k)$。$H(\Phi^k)$是第 k 个水平集方程 Φ^k 的 Heaviside 函数。图 3-32 显示了用于描述两种材料和一个孔洞相的 MM-LS 描述模型。

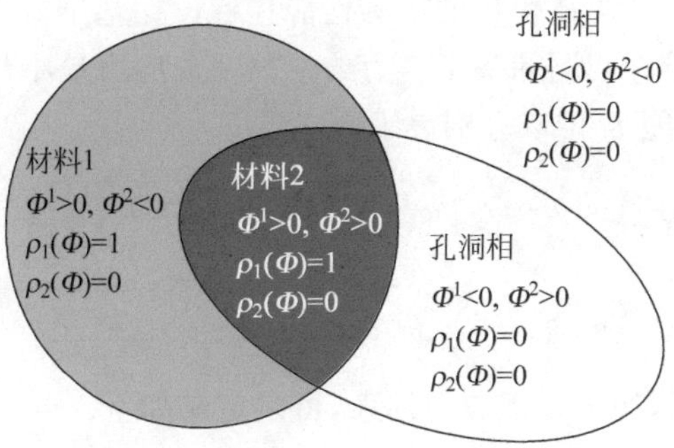

图 3-32　用于描述两种材料和一个孔洞相的 MM-LS 描述模型

基于这个模型,下列刚度插值策略被用来计算点 x 上的弹性刚度 $\boldsymbol{D}$:

$$\boldsymbol{D}_x(\Phi)=\sum_{i=1}^{N}\rho_{i,x}(\Phi)\boldsymbol{D}_i \tag{3-83}$$

其中,$\boldsymbol{D}_i$ 是第 i 种材料的弹性刚度。

除此之外,基于 MM-LS 描述模型和单元应力评价,可采用下列应力插值策略来计算单元 e 中心点处的冯米斯应力 σ。

$$\begin{cases}\boldsymbol{\sigma}_{i,e}(\boldsymbol{u},\Phi)=\rho_i(\Phi)\boldsymbol{C}_i^{\text{nominal}}\boldsymbol{\varepsilon}_e(\boldsymbol{u})=\{\sigma_{xx},\sigma_{yy},\tau_{xy}\}\\ \sigma_{i,e}(\boldsymbol{u},\Phi)=(\sigma_{xx}^2-\sigma_{xx}\sigma_{yy}+\sigma_{yy}^2+3\tau_{xy}^2)^{1/2}\end{cases},\quad i=1,2,\cdots,N \tag{3-84}$$

其中,$\boldsymbol{C}_i^{\text{nominal}}$ 是本构矩阵;$\boldsymbol{\varepsilon}$ 是应变场;$\sigma_{i,e}$ 是对应第 i 种材料的单元 e 中心点处的冯米斯应力。

3.4.3　多相材料结构拓扑优化模型

为解决以优化结构性能为优化目标,结构应力和体积为约束条件的拓扑优化问题,通过参数化水平集方法构建了基于应力惩罚的优化模型:

$$\text{求 }\beta_j^k$$

$$\begin{cases}\text{Min: } J^P(\boldsymbol{u},\Phi)=\int_D F(\boldsymbol{u},\Phi)(1+\lambda)\mathrm{d}\Omega\\ \text{s. t.: } a(\boldsymbol{u},\boldsymbol{v},\Phi)=l(\boldsymbol{v},\Phi),\boldsymbol{u}\big|_{\partial\Omega}=\boldsymbol{u}_0,\quad \forall\boldsymbol{v}\in\boldsymbol{U}\\ \qquad G_k(\Phi^k)=\int_D H(\Phi^k)\mathrm{d}\Omega-\bar{\boldsymbol{V}}_{\Phi^k}\leqslant 0\\ \qquad \beta_{\min}^k\leqslant\beta_j^k\leqslant\beta_{\max}^k\\ \qquad k=1,2,\cdots,N;j=1,2,\cdots,M\end{cases} \tag{3-85}$$

这里考虑由 N 种材料构建的结构,基于 MM-LS 描述模型,可采用 N 个水平集方程来描述该结构。设计变量 β_j^k 是对应第 k 个水平集函数的第 j 个节点上的扩展系数。$\beta_{\min}^k$ 和 $\beta_{\max}^k$ 分别代表第 k 个水平集函数的设计变量下界和上界。M 是设计域上每个水平集函数所包含的节点总数。J^P 是目标函数,由两部分组成:结构性能项和应力惩罚项。F 为待优化的结构性能指标。在基于应力约束的柔度最小化多相材料结构优化设计问题和基于应力约束的全局应力最小化多相材料结构优化设计问题中，结构性能 F 可以分别表示为

$$F_{\mathrm{c}}(\boldsymbol{u},\Phi)=\frac{1}{2}\boldsymbol{\varepsilon}^{\mathrm{T}}(\boldsymbol{u})\left(\sum_{i=1}^{N}\rho_i(\Phi)D_i\right)\boldsymbol{\varepsilon}(\boldsymbol{u}) \tag{3-86}$$

$$F_{\mathrm{s}}(\boldsymbol{u},\Phi)=\sum_{i=1}^{N}\sigma_i^{p}(\boldsymbol{u},\Phi) \tag{3-87}$$

λ 代表应力惩罚，用来处理应力约束，可以定义如下：

$$\lambda=\begin{cases}0, & \sigma_1\leqslant\bar{\sigma}_1,\quad \sigma_2\leqslant\bar{\sigma}_2,\quad \cdots,\quad \sigma_N\leqslant\bar{\sigma}_N\\ \alpha, & \text{其他}\end{cases} \tag{3-88}$$

其中，α 是应力惩罚因子。在该模型中，应力约束被当作了目标函数中的一项。λ 的值由局部应力约束是否都被满足来决定。当应力约束不满足时，其对应的材料视作被损坏了[63]，然后其对应的局部结构性能将会被惩罚。惩罚因子 α 被用来控制应力惩罚的权重，它对优化结果有较大影响，因此需要设计自适应应力惩罚因子调整策略，以在优化过程中自适应地调整应力惩罚因子。该自适应策略定义为

$$\alpha=\alpha+1,\quad \left(\frac{\sigma_{v,\max}^{k}-\sigma_{v,\max}^{k-1}}{\sigma_{v,\max}^{k-1}}\right)\leqslant\xi\quad \left(\frac{\sigma_{v,\max}^{k}-\sigma_{v,\max}^{k-2}}{\sigma_{v,\max}^{k-2}}\right)\leqslant\xi,\quad \sigma_{v,\max}^{k}>\bar{\sigma} \tag{3-89}$$

为使目标函数及约束条件可微且连续，需要使用光滑的 Heaviside 函数及其导数 Dirac 函数。Heaviside 函数及其导数 Dirac 函数的平滑近似形式可以定义如下：

$$H_{\mathrm{obj}}(x)=\begin{cases}0, & x<-\Delta_{\mathrm{obj}}\\ \dfrac{3}{4}\left(\dfrac{x}{\Delta_{\mathrm{obj}}}-\dfrac{x^3}{3\Delta_{\mathrm{obj}}^3}\right)+\dfrac{1}{2}, & -\Delta_{\mathrm{obj}}\leqslant x<\Delta_{\mathrm{obj}}\\ 1, & x\geqslant\Delta_{\mathrm{obj}}\end{cases} \tag{3-90}$$

$$\delta_{\mathrm{obj}}(x)=\begin{cases}\dfrac{3}{4\Delta_{\mathrm{obj}}}\left(1-\dfrac{x^2}{\Delta_{\mathrm{obj}}^2}\right), & |x|\leqslant\Delta_{\mathrm{obj}}\\ 0, & |x|>\Delta_{\mathrm{obj}}\end{cases} \tag{3-91}$$

其中，Δ_{obj} 是区间差值，用于描述数值近似的区域的宽度。

于是，应力惩罚 λ 可以被近似为

$$\lambda=\left(\sum_{i=1}^{N}\rho_i(\Phi)H_{\mathrm{obj}}(\sigma_i-\bar{\sigma}_i)\right)\alpha \tag{3-92}$$

可以看出，由于光滑 Heaviside 函数的引入，仅当 $\sigma_i>\bar{\sigma}_i-\Delta_{\mathrm{obj}}$ 时，应力惩罚才会生效。因此，对于基于应力约束的柔度最小化多相材料结构优化设计问题和基于应力约束的全局应力最小化多相材料结构优化设计问题，模型式(3-85)中的目标函数可以分别表示为

$$J_{c}^{P}(\boldsymbol{u},\Phi)=\int_{D}\left(\frac{1}{2}\boldsymbol{\varepsilon}^{\mathrm{T}}(\boldsymbol{u})\left(\sum_{i=1}^{N}\rho_{i}(\Phi)\boldsymbol{D}_{i}\right)\boldsymbol{\varepsilon}(\boldsymbol{u})\right)\cdot$$

$$\left(1+\alpha\left(\sum_{i=1}^{N}\rho_{i}(\Phi)H_{\mathrm{obj}}(\sigma_{i}-\bar{\sigma}_{i})\right)\right)\mathrm{d}\Omega \tag{3-93}$$

$$J_{s}^{P}(\boldsymbol{u},\Phi)=\int_{D}\left(\sum_{i=1}^{N}\sigma_{i}^{p}(\boldsymbol{u},\Phi)\right)\left(1+\alpha\left(\sum_{i=1}^{N}\rho_{i}(\Phi)H_{\mathrm{obj}}(\sigma_{i}-\bar{\sigma}_{i})\right)\right)\mathrm{d}\Omega \tag{3-94}$$

在线弹性连续体结构的弹性平衡条件 $a(\boldsymbol{u},\boldsymbol{v},\Phi)=l(\boldsymbol{v},\Phi)$ 中，能量双线性形式 $a(\boldsymbol{u},\boldsymbol{v},\Phi)$ 和载荷线性形式 $l(\boldsymbol{v},\Phi)$ 可分别表示为

$$a(\boldsymbol{u},\boldsymbol{v},\Phi)=\int_{D}\boldsymbol{\varepsilon}^{\mathrm{T}}(\boldsymbol{u})\boldsymbol{D}(\Phi)\boldsymbol{\varepsilon}(\boldsymbol{v})\mathrm{d}\Omega \tag{3-95}$$

$$l(\boldsymbol{v},\Phi)=\int_{\Gamma_{t}}\boldsymbol{t}\boldsymbol{v}\mathrm{d}\Gamma \tag{3-96}$$

在应力相关拓扑优化问题中，材料的体积约束并不总是起作用，且在某些特殊时刻，过多的材料用量可能会引起更严重的应力集中问题[58]。由于在实际工程中很难为每一种材料设置合适的体积约束值，因此我们将每一相材料的体积约束纳入优化模型中。$G_{k}(\Phi^{k})$ 和 $\bar{V}_{\Phi^{k}}$ 分别是对应于第 k 个水平集函数的体积约束和体积上限。在 MM-LS 模型中，Heaviside 函数 $H(x)$ 和其导数 Dirac 函数 $\delta(x)$ 的平滑近似形式定义如下：

$$H(x)=\begin{cases}\mu, & x<-\Delta\\ \dfrac{3(1-\mu)}{4}\left(\dfrac{x}{\Delta}-\dfrac{x^{3}}{3\Delta^{3}}\right)+\dfrac{1+\mu}{2}, & -\Delta\leqslant x<\Delta\\ 1, & x\geqslant\Delta\end{cases} \tag{3-97}$$

$$\delta(x)=\begin{cases}\dfrac{3(1-\mu)}{4\Delta}\left(1-\dfrac{x^{2}}{\Delta^{2}}\right), & |x|\leqslant\Delta\\ \gamma, & |x|>\Delta\end{cases} \tag{3-98}$$

其中，μ 和 γ 均是极小的正数，用于避免数值计算的奇异性。同大多数水平集方法[64]相同，Δ 是区间差值，用于描述数值近似的区域的宽度。

值得说明的是，本章用来控制局部应力约束的方法仍属于局部约束方式，但其避免了大量的单元应力约束。具体来说，在式(3-85)描述的优化模型中，应力约束 $\sigma_{\max,i}\leqslant\bar{\sigma}_{i}$ 被应力惩罚所代替，且 $\sigma_{\max,i}\leqslant\bar{\sigma}_{i}$ 作为优化终止条件的一部分。

3.4.4 灵敏度分析与优化算法

在本章中，基于梯度的优化算法被用来求解基于应力约束的柔度最小化多相材料连续体结构拓扑优化问题和基于应力约束的全局应力最小化多相材料连续体结构拓扑优化问题。为此，需进行基于形状导数的敏度分析，并设计基于 OC 的优化算法。

1. 灵敏度分析

为方便描述，第 i 种材料的单元刚度和应力矩阵分别记为 $\boldsymbol{k}_{ei}=\boldsymbol{B}^{\mathrm{T}}\boldsymbol{D}_i\boldsymbol{B}$ 和 $\boldsymbol{C}_{ei}=\boldsymbol{B}^{\mathrm{T}}\boldsymbol{D}_i^{\mathrm{T}}\boldsymbol{V}\boldsymbol{D}_i\boldsymbol{B}$。其中，$\boldsymbol{B}$ 是应变-位移矩阵。$\boldsymbol{V}$ 是一个辅助矩阵，用于求解冯米斯应力和评估平面应力，该矩阵可以表示为

$$\boldsymbol{V}=\begin{bmatrix} 1 & -\dfrac{1}{2} & 0 \\ -\dfrac{1}{2} & 1 & 0 \\ 0 & 0 & 3 \end{bmatrix} \tag{3-99}$$

由于大多数 $H(\Phi^k)$ 等于 0 或 1，$H^2(\Phi^k)\approx H(\Phi^k)$ 并且 $\rho_i(\Phi)\rho_j(\Phi)\approx 0\ (i\neq j)$。通过使用基于应力的松弛方法，且考虑到 $\boldsymbol{\varepsilon}(\boldsymbol{u})=\boldsymbol{B}\boldsymbol{u}$，式(3-100)中的拓扑优化目标函数可以近似为

$$J^P(\boldsymbol{u},\Phi)=\sum_{i=1}^{N}\int_{\Omega}F_i(\boldsymbol{u})(1+\alpha H_{\mathrm{obj}}((\boldsymbol{u}^{\mathrm{T}}\boldsymbol{C}_{ei}\boldsymbol{u})^{1/2}-\bar{\sigma}_i))\rho_i(\Phi)\mathrm{d}\Omega \tag{3-100}$$

其中，在基于应力约束的柔度最小化多相材料问题中，$F_i(\boldsymbol{u})=\boldsymbol{u}^{\mathrm{T}}\boldsymbol{k}_{ei}\boldsymbol{u}/2$；在基于应力约束的全局应力最小化多相材料问题中，$F_i(\boldsymbol{u})=(\boldsymbol{u}^{\mathrm{T}}\boldsymbol{C}_{ei}\boldsymbol{u})^{p/2}$。

对于模型式(3-85)所定义的拓扑优化设计问题，拉格朗日函数为

$$\Psi=J^P(\boldsymbol{u},\Phi)+a(\boldsymbol{u},\boldsymbol{v},\Phi)-l(\boldsymbol{v},\Phi)+\sum_{k=1}^{N}\lambda_k G_k(\Phi^k) \tag{3-101}$$

其中，λ_k 是体积约束对应的拉格朗日乘子。

对于第 m 个水平集函数，拉格朗日函数相对于时间变量的形状导数可以表示为

$$\left.\frac{\partial\Psi}{\partial t}\right|_{\Phi^m}=\left.\frac{\partial J^P(\boldsymbol{u},\Phi)}{\partial t}\right|_{\Phi^m}+\left.\frac{\partial a(\boldsymbol{u},\boldsymbol{v},\Phi)}{\partial t}\right|_{\Phi^m}-\left.\frac{\partial l(\boldsymbol{v},\Phi)}{\partial t}\right|_{\Phi^m}+\sum_{k=1}^{N}\lambda_k\left.\frac{\partial G_k(\Phi^k)}{\partial t}\right|_{\Phi^m} \tag{3-102}$$

式(3-102)中相关导数可以分别表示为

$$\begin{aligned}\left.\frac{\partial J^P(\boldsymbol{u},\Phi)}{\partial t}\right|_{\Phi^m}=&\sum_{i=1}^{N}\int_D\boldsymbol{u}'^{\mathrm{T}}\frac{\partial F_i(\boldsymbol{u})}{\partial\boldsymbol{u}}(1+\alpha H_{\mathrm{obj}}((\boldsymbol{u}^{\mathrm{T}}\boldsymbol{C}_{ei}\boldsymbol{u})^{1/2}-\bar{\sigma}_i))\rho_i(\Phi)\mathrm{d}\Omega+\\&\sum_{i=1}^{N}\int_D F_i(\boldsymbol{u})\alpha\delta_{\mathrm{obj}}((\boldsymbol{u}^{\mathrm{T}}\boldsymbol{C}_{ei}\boldsymbol{u})^{1/2}-\bar{\sigma}_i)(\boldsymbol{u}^{\mathrm{T}}\boldsymbol{C}_{ei}\boldsymbol{u})^{-1/2}\boldsymbol{u}'^{\mathrm{T}}\boldsymbol{C}_{ei}\boldsymbol{u}\rho_i(\Phi)\mathrm{d}\Omega+\\&\sum_{i=1}^{N}\int_D F_i(\boldsymbol{u})(1+\alpha H_{\mathrm{obj}}((\boldsymbol{u}^{\mathrm{T}}\boldsymbol{C}_{ei}\boldsymbol{u})^{1/2}-\bar{\sigma}_i))\frac{\partial\rho_i(\Phi)}{\partial\Phi^m}\frac{\partial\Phi^m}{\partial t}\mathrm{d}\Omega\end{aligned} \tag{3-103}$$

$$\begin{aligned}\left.\frac{\partial a(\boldsymbol{u},\boldsymbol{v},\Phi)}{\partial t}\right|_{\Phi^m}=&\sum_{i=1}^{N}\int_D\boldsymbol{u}'^{\mathrm{T}}\boldsymbol{k}_{ei}\boldsymbol{v}\rho_i(\Phi)\mathrm{d}\Omega+\sum_{i=1}^{N}\int_D\boldsymbol{u}^{\mathrm{T}}\boldsymbol{k}_{ei}\boldsymbol{v}'\rho_i(\Phi)\mathrm{d}\Omega+\\&\sum_{i=1}^{N}\int_D\boldsymbol{u}^{\mathrm{T}}\boldsymbol{k}_{ei}\boldsymbol{v}\frac{\partial\rho_i(\Phi)}{\partial\Phi^m}\frac{\partial\Phi^m}{\partial t}\mathrm{d}\Omega\end{aligned} \tag{3-104}$$

$$\left.\frac{\partial l(\boldsymbol{v},\Phi)}{\partial t}\right|_{\Phi^m}=\int_{\Gamma_t}\boldsymbol{t}\,\boldsymbol{v}'\mathrm{d}\Gamma \tag{3-105}$$

$$\left.\frac{\partial G_k(\Phi^k)}{\partial t}\right|_{\Phi^m}=\begin{cases}\int_D\delta(\Phi^m)\dfrac{\partial\Phi^m}{\partial t}\mathrm{d}\Omega, & m=k\\ 0, & m\neq k\end{cases} \tag{3-106}$$

在基于应力约束的柔度最小化多相材料结构拓扑优化问题中，$\partial F_i(\boldsymbol{u})/\partial\boldsymbol{u}=\boldsymbol{k}_{ei}\boldsymbol{u}$；在基于应力约束的全局应力最小化多相材料结构拓扑优化问题中，$\partial F_i(\boldsymbol{u})/\partial u=p(\boldsymbol{u}^{\mathrm{T}}\boldsymbol{C}_{ei}\boldsymbol{u})^{p/2-1}\boldsymbol{C}_{ei}\boldsymbol{u}$。$\partial\rho_i(\Phi)/\partial\Phi^m$ 是第 i 种材料对应的特征函数相对于第 m 个水平集函数的导数。以两种材料构成的结构为例，$\partial\rho_1(\Phi)/\partial\Phi^1=\delta_1(1-H_2)$、$\partial\rho_2(\Phi)/\partial\Phi^1=\delta_1H_2$、$\partial\rho_1(\Phi)/\partial\Phi^2=-H_1\delta_2$ 和 $\partial\rho_2(\Phi)/\partial\Phi^2=H_1\delta_2$，其中 $H_m=H(\Phi^m)$，$\delta_m=\delta(\Phi^m)$。

通过收集式(3-104)和式(3-105)右边含有 $\boldsymbol{v}'$ 的所有项，可以得到：

$$\sum_i^N\int_D\boldsymbol{u}^{\mathrm{T}}\boldsymbol{k}_{ei}\,\boldsymbol{v}'\rho_i(\Phi)\mathrm{d}\Omega=\int_{\Gamma_t}\boldsymbol{t}\,\boldsymbol{v}'\mathrm{d}\Gamma \tag{3-107}$$

伴随方程可以通过收集式(3-103)右边含有 $\boldsymbol{u}'$ 的所有项，并使它们的和等于 0 而获得，以求解虚位移场 $\boldsymbol{v}$。该伴随方程可以表示为

$$\begin{aligned}&\sum_{i=1}^N\int_D\boldsymbol{u}'^{\mathrm{T}}\frac{\partial F_i(\boldsymbol{u})}{\partial\boldsymbol{u}}(1+\alpha H_{\mathrm{obj}}((\boldsymbol{u}^{\mathrm{T}}\boldsymbol{C}_{ei}\boldsymbol{u})^{1/2}-\bar{\sigma}_i))\rho_i(\Phi)\mathrm{d}\Omega+\\&\sum_{i=1}^N\int_D F_i(\boldsymbol{u})\alpha\delta_{\mathrm{obj}}((\boldsymbol{u}^{\mathrm{T}}\boldsymbol{C}_{ei}\boldsymbol{u})^{1/2}-\bar{\sigma}_i)(\boldsymbol{u}^{\mathrm{T}}\boldsymbol{C}_{ei}\boldsymbol{u})^{-1/2}\boldsymbol{u}'^{\mathrm{T}}\boldsymbol{C}_{ei}\boldsymbol{u}\rho_i(\Phi)\mathrm{d}\Omega+\\&\sum_{i=1}^N\int_D\boldsymbol{u}'^{\mathrm{T}}\boldsymbol{k}_{ei}\,\boldsymbol{v}\rho_i(\Phi)\mathrm{d}\Omega=0\\\Rightarrow&\sum_{i=1}^N\int_D A\boldsymbol{u}\mathrm{d}\Omega+\sum_{i=1}^N\int_D B\boldsymbol{u}\mathrm{d}\Omega+\sum_{i=1}^N\int_D C\,\boldsymbol{v}\mathrm{d}\Omega=0\end{aligned} \tag{3-108}$$

其中，在基于应力约束的柔度最小化多相材料结构拓扑优化设计问题中，可以推导得到 $A=(1+\alpha H_{\mathrm{obj}}((\boldsymbol{u}^{\mathrm{T}}\boldsymbol{C}_{ei}\boldsymbol{u})^{1/2}-\bar{\sigma}_i))\rho_i(\Phi)\boldsymbol{k}_{ei}$；在基于应力约束的全局应力最小化多相材料结构拓扑优化设计问题中，可以推导得到 $A=p(\boldsymbol{u}^{\mathrm{T}}\boldsymbol{C}_{ei}\boldsymbol{u})^{p/2-1}(1+\alpha H_{\mathrm{obj}}((\boldsymbol{u}^{\mathrm{T}}\boldsymbol{C}_{ei}\boldsymbol{u})^{1/2}-\bar{\sigma}_i))\rho_i(\Phi)\boldsymbol{C}_{ei}$。除此之外，$B=F_i(\boldsymbol{u})\alpha\delta_{\mathrm{obj}}((\boldsymbol{u}^{\mathrm{T}}\boldsymbol{C}_{ei}\boldsymbol{u})^{1/2}-\bar{\sigma}_i)\cdot(\boldsymbol{u}^{\mathrm{T}}\boldsymbol{C}_{ei}\boldsymbol{u})^{-1/2}\rho_i(\Phi)\boldsymbol{C}_{ei}$，$C=\rho_i(\Phi)\boldsymbol{k}_{ei}$。式(3-108)描述的伴随方程可以被进一步写成矩阵的形式 $\boldsymbol{Au}+\boldsymbol{Bu}+\boldsymbol{C}\,\boldsymbol{v}=\boldsymbol{0}$。通过求解该矩阵方程，可求得虚位移场 $\boldsymbol{v}$。

通过将式(3-107)和式(3-108)代入式(3-103)，可得拉格朗日函数的形状导数：

$$\begin{aligned}\left.\frac{\partial\Psi}{\partial t}\right|_{\Phi^m}=&\sum_{i=1}^N\int_D F_i(\boldsymbol{u})(1+\alpha H_{\mathrm{obj}}((\boldsymbol{u}^{\mathrm{T}}\boldsymbol{C}_{ei}\boldsymbol{u})^{1/2}-\bar{\sigma}_i))\frac{\partial\rho_i(\Phi)}{\partial\Phi^m}\frac{\partial\Phi^m}{\partial t}\mathrm{d}\Omega+\\&\sum_{i=1}^N\int_D\boldsymbol{u}^{\mathrm{T}}\boldsymbol{k}_{ei}\,\boldsymbol{v}\frac{\partial\rho_i(\Phi)}{\partial\Phi^m}\frac{\partial\Phi^m}{\partial t}\mathrm{d}\Omega+\\&\lambda_m\int_D\delta(\Phi^m)\frac{\partial\Phi^m}{\partial t}\mathrm{d}\Omega\end{aligned} \tag{3-109}$$

基于 CSRBF 插值 $\Phi(x,t)=\boldsymbol{\varphi}(x)\boldsymbol{\beta}(t)$，式(3-109)可以改写为

$$\left.\frac{\partial \Psi}{\partial t}\right|_{\Phi^m}=\sum_{j=1}^{M}\sum_{i=1}^{N}\int_D F_i(\boldsymbol{u})(1+\alpha H_{\text{obj}}((\boldsymbol{u}^{\mathrm{T}}\boldsymbol{C}_{ei}\boldsymbol{u})^{1/2}-\bar{\sigma}_i))\frac{\partial \rho_i(\Phi)}{\partial \Phi^m}\varphi_j^m\frac{\mathrm{d}\beta_j^m(t)}{\mathrm{d}t}\mathrm{d}\Omega+$$
$$\sum_{j=1}^{M}\sum_{i=1}^{N}\int_D \boldsymbol{u}^{\mathrm{T}}\boldsymbol{k}_{ei}\boldsymbol{v}\frac{\partial \rho_i(\Phi)}{\partial \Phi^m}\varphi_j^m\frac{\mathrm{d}\beta_j^m(t)}{\mathrm{d}t}\mathrm{d}\Omega+$$
$$\lambda_m\sum_{j=1}^{M}\int_D \delta(\Phi^m)\varphi_j^m\frac{\mathrm{d}\beta_j^m(t)}{\mathrm{d}t}\mathrm{d}\Omega \tag{3-110}$$

其中，φ_j^m 是对应第 m 个水平集方程的 CSRBF。

另一方面，通过链式法则可以得到拉格朗日函数关于时间变量的导数：

$$\left.\frac{\partial \Psi}{\partial t}\right|_{\Phi^m}=\left(\sum_{j=1}^{M}\frac{\partial J^P(\boldsymbol{u},\Phi)}{\partial \beta_j^m(t)}+\lambda_m\sum_{j=1}^{M}\frac{\partial G(\Phi)}{\partial \beta_j^m(t)}\right)\frac{\mathrm{d}\beta_j^m(t)}{\mathrm{d}t} \tag{3-111}$$

通过对比式(3-110)和式(3-111)中的对应项，可以分别得到目标函数和体积约束相对于扩展系数的敏度：

$$\frac{\partial J^P(\boldsymbol{u},\Phi)}{\partial \beta_j^m(t)}=\sum_{i=1}^{N}\int_D F_i(\boldsymbol{u})(1+\alpha H_{\text{obj}}((\boldsymbol{u}^{\mathrm{T}}\boldsymbol{C}_{ei}\boldsymbol{u})^{1/2}-\bar{\sigma}_i))\varphi_j^m\frac{\partial \rho_i(\Phi)}{\partial \Phi^m}\mathrm{d}\Omega+$$
$$\sum_{i=1}^{N}\int_D \boldsymbol{u}^{\mathrm{T}}\boldsymbol{k}_{ei}\boldsymbol{v}\varphi_j^m\frac{\partial \rho_i(\Phi)}{\partial \Phi^m}\mathrm{d}\Omega \tag{3-112}$$

$$\frac{\partial G(\Phi)}{\partial \beta_j^m(t)}=\int_D \varphi_j^m\delta(\Phi^m)\mathrm{d}\Omega \tag{3-113}$$

利用基于 OC 的算法可以求解式(3-85)所描述的拓扑优化问题。基于应力约束的多相材料问题的迭代终止条件可以表示为

$$\left|\frac{J^{P,x}-J^{P,x-1}}{J^{P,x-1}}\right|\leqslant \zeta\sigma_{\max,i}\leqslant\bar{\sigma}_i,\quad i=1,2,\cdots,N \tag{3-114}$$

其中，$J^{P,x}$ 表示第 x 次迭代时的目标函数值，ζ 是一个极小的正数。

2. 优化算法

在式(3-85)描述的拓扑优化模型中，因为每一个体积约束仅被用来控制一个相对应的水平集方程，并且当 $m\neq k$ 时 $\partial G_k(\Phi^k)/\partial t\,|_{\Phi^m}=0$，故设计变量 β_j^m 的更新过程可以被视作求解仅含一个体积约束 $G_m(\Phi^m)$ 的拓扑优化问题的过程。因此，基于 OC 设计变量更新策略可以表示为

$$\beta_{\text{reg},j}^{m,(x+1)}=\begin{cases}\max\{(1-\eta)\beta_{\text{reg},j}^{m,x},\beta_{\text{reg},\min}^{m}\}, & (D_j^{m,x})^{\zeta}\beta_{\text{reg},j}^{m,x}\leqslant\max\{(1-\eta)\beta_{\text{reg},j}^{m,x},\beta_{\text{reg},\min}^{m}\}\\ (D_j^{m,x})^{\zeta}\beta_{\text{reg},j}^{m,x}, & \max\{(1-\eta)\beta_{\text{reg},j}^{m,x},\beta_{\text{reg},\min}^{m}\}<(D_j^{m,x})^{\zeta}\beta_{\text{reg},j}^{m,x}\\ & <\min\{(1+\eta)\beta_{\text{reg},j}^{m,x},\beta_{\text{reg},\max}^{m}\}\\ \min\{(1+\eta)\beta_{\text{reg},j}^{m,x},\beta_{\text{reg},\max}^{m}\}, & \min\{(1+\eta)\beta_{\text{reg},j}^{m,x},\beta_{\text{reg},\max}^{m}\}\leqslant(D_j^{m,x})^{\zeta}\beta_{\text{reg},j}^{m,x}\end{cases} \tag{3-115}$$

其中，η 为移动极限；ζ 为阻尼因子，可设定为 0.3；$\beta_{\text{reg},j}^{m,x}$ 为在第 x 次迭代时，对应

于第 m 个水平集方程归一化后的设计变量，其值在 0～1 之间变化：

$$\beta_{\mathrm{reg},j}^{m,x}=\frac{\beta_{\mathrm{reg},j}^{m,x}-2\times\min(\beta_{\mathrm{reg},1}^{m,x},\beta_{\mathrm{reg},2}^{m,x},\cdots,\beta_{\mathrm{reg},M}^{m,x})}{2\times\max(\beta_{\mathrm{reg},1}^{m,x},\beta_{\mathrm{reg},2}^{m,x},\cdots,\beta_{\mathrm{reg},M}^{m,x})-2\times\min(\beta_{\mathrm{reg},1}^{m,x},\beta_{\mathrm{reg},2}^{m,x},\cdots,\beta_{\mathrm{reg},M}^{m,x})} \tag{3-116}$$

其中，$\beta_{\mathrm{reg,min}}^{m}$ 和 $\beta_{\mathrm{reg,max}}^{m}$ 分别为归一化后设计变量的上下限，其值在 0～1 之间变化。$D_j^{m,x}$ 为

$$D_j^{m,x}=\frac{\partial J(\boldsymbol{u},\Phi)}{\partial\beta_{\mathrm{reg},j}^{m,x}(t)}\Bigg/\max\left(\mu,\lambda_m\frac{\partial G(\Phi)}{\partial\beta_{\mathrm{reg},j}^{m,x}(t)}\right) \tag{3-117}$$

其中，μ 是一个极小正常数，用于消除等于 0 的项，以避免奇异性。通过二分法[65]，可在迭代过程中更新 λ_m。更新后的扩展系数及第 m 个水平集方程可以表示为

$$\begin{aligned}\beta_j^{m,(x+1)}=\beta_{\mathrm{reg},j}^{m,(x+1)}\times(2\times\max(\beta_{\mathrm{reg},1}^{m,x},\beta_{\mathrm{reg},2}^{m,x},\cdots,\beta_{\mathrm{reg},M}^{m,x})-\\ 2\times\min(\beta_{\mathrm{reg},1}^{m,x},\beta_{\mathrm{reg},2}^{m,x},\cdots,\beta_{\mathrm{reg},M}^{m,x}))+2\times\min(\beta_{\mathrm{reg},1}^{m,x},\beta_{\mathrm{reg},2}^{m,x},\cdots,\beta_{\mathrm{reg},M}^{m,x})\end{aligned} \tag{3-118}$$

$$\Phi^{m,(x+1)}=\boldsymbol{\varphi}^{\mathrm{T}}\boldsymbol{\beta}^{m,(x+1)} \tag{3-119}$$

需要注意的是，本节定义的自适应应力惩罚因子调整策略能够在优化过程中自动地调整应力惩罚因子。在多相材料拓扑优化中，其被扩展为以下形式：

$$\begin{aligned}&\text{若}\left|\frac{\sigma_{\max,i}^{x}-\sigma_{\max,i}^{x-1}}{\sigma_{\max,i}^{x-1}}\right|\leqslant\xi,\quad\left|\frac{\sigma_{\max,i}^{x}-\sigma_{\max,i}^{x-2}}{\sigma_{\max,i}^{x-2}}\right|\leqslant\xi,\quad\sigma_{\max,i}^{x}>\bar{\sigma}_i\\&\text{则}\ \alpha=\alpha+1\end{aligned} \tag{3-120}$$

其中，$\sigma_{\max,i}^{x}$ 为第 x 次迭代时，对应第 i 种材料的结构最大应力。ξ 为一个极小的正数。

3.4.5　数值实例

由多相材料构成的 L 型梁如图 3-33 所示。结构的初始构型及其应力分布如图 3-34 所示。结构的顶部被固定，一个集中力 $F=260\mathrm{kN}$ 施加于结构右部的顶端。体积分数约束设置为两种，分别为

$$G_1(\Phi^1)=\int_\Omega H(\Phi^1)\mathrm{d}\Omega-0.5\sum_{e=1}^{N_e}A_e\leqslant 0 \tag{3-121}$$

$$G_2(\Phi^2)=\int_\Omega H(\Phi^2)\mathrm{d}\Omega-0.2\sum_{e=1}^{N_e}A_e\leqslant 0 \tag{3-122}$$

其中，$\sum_{e=1}^{N_e}A_e$ 代表设计域的面积。该 L 型梁的设计域被划分为 100×100 个四节点有限元网格。使用 3.5 节中介绍的应力惩罚因子自适应调整策略，其中初始应力惩罚因子 $\alpha_0=5$，区间差值 $\Delta_{\mathrm{obj}}=5$。本节探讨两种 L 型梁拓扑优化设计问题，即基于应力约束的柔度最小化多相材料 L 型梁结构拓扑优化问题和基于应力约束的全局应力最小化多相材料 L 型梁结构拓扑优化问题。在该多相材料结构

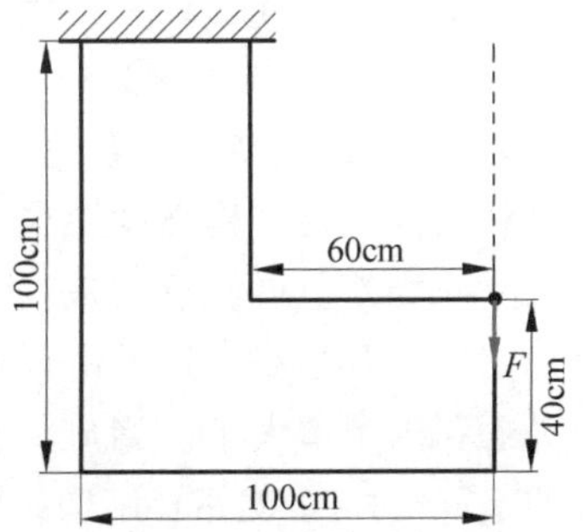

图 3-33　L 型梁设计域

拓扑优化设计案例中,考虑两种材料:第一种材料为铝;第二种材料为钢。铝和钢的杨氏模量分别为 $E_1=70$ 和 $E_2=200$,许用应力分别为 $\bar{\sigma}_1=100$ 和 $\bar{\sigma}_2=150$。两种材料具有相同的泊松比,即 0.3。在优化过程中不考虑结构中集中力施加位置附近的应力。在设计实例的所有图表中,绿色代表第一种材料(铝),红色代表第二种材料(钢)。除此之外,蓝色曲线代表第一个水平集函数的零水平集面和图像边框,而黑色曲线代表第二个水平集函数的零水平集面。在优化过程中,水平集网格的尺寸和有限元网格的尺寸相同。优化设计案例中,对于基于应力约束的全局应力最小化多相材料结构拓扑优化问题,使用全局应力评价函数 $\int_{\Omega}\sum_{i=1}^{p}\sigma_i^p\,\mathrm{d}\Omega$。

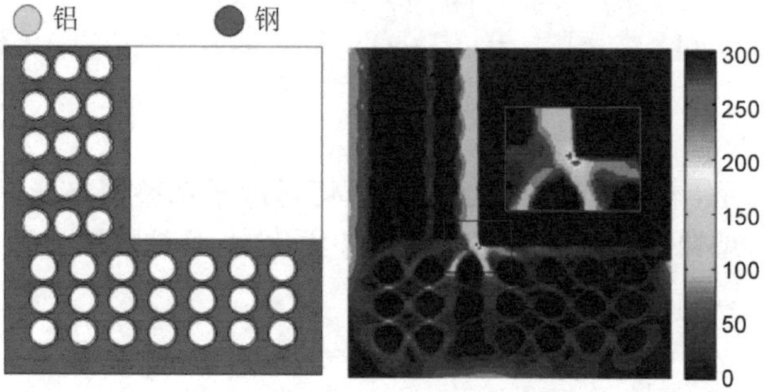

图 3-34　L 型梁初始构型的材料分布和应力分布

1. 基于应力约束的柔度最小化多相材料结构拓扑优化设计

首先讨论基于应力约束的柔度最小化多相材料结构拓扑优化设计。图 3-35 显示了 L 型梁的中间设计过程和最优拓扑优化设计,以及与它们对应的应力分布情况。优化目标、柔度、全局应力、体积约束和最大应力的收敛曲线如图 3-36 所示。从图 3-35 可以看出,经过 294 次迭代,优化收敛到了具有清晰光滑边界的最优结构。与此同时,从图 3-36 可以看出,在优化初始阶段,优化目标、结构柔度和最大应力的迭代曲线快速升高,这是因为实体材料需要被逐步移除以使体积约束得到满足,该过程使得上述迭代曲线不降反升。随着多相材料体积约束的满足,这些曲线快速地下降。最终的优化目标值、柔度和第一、第二种材料对应的最大应力分别为 59 631、42 485、86.32 和 145.30。可以发现,结构的应力约束得到满足。优化结果表明,通过基于参数化水平集的多相材料结构拓扑优化方法,不仅能使得多相材料结构满足结构强度要求,还能显著提升其刚度性能。

除此之外值得注意的是,从图 3-36(a)可以看出,在某些迭代步后,目标函数值有一定的上升趋势。这是由于此时自适应应力惩罚因子调整策略开始起作用,使应力惩罚因子增大了。当应力惩罚因子设定为 5,并且不使用自适应应力惩罚因子调整策略时,最优拓扑结构如图 3-37 所示。其第一、第二种材料对应的最大应力分别为 74.6908 和 201.7381。由于应力惩罚因子不够大,应力惩罚效力不足够,导致

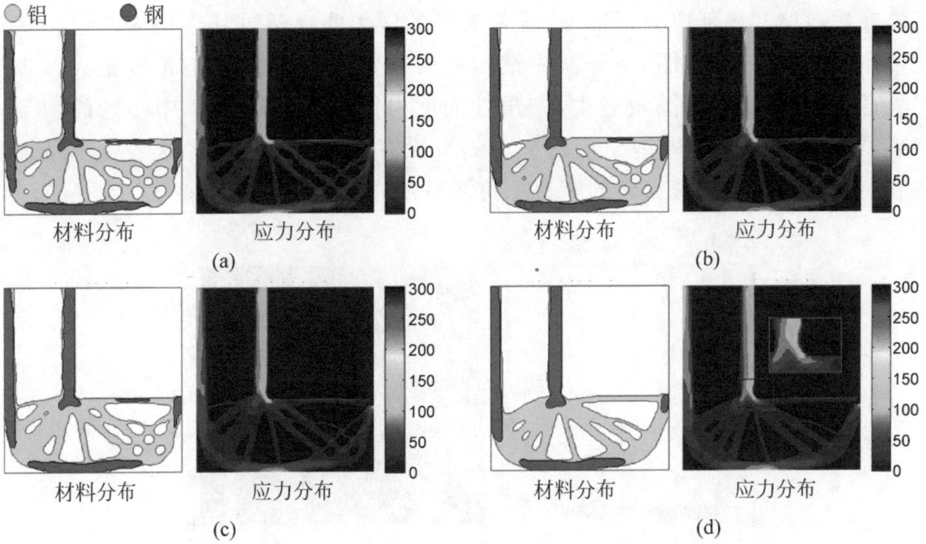

图 3-35　基于应力约束的柔度最小化多相材料 L 型梁结构拓扑优化设计在优化过程中的材料和应力分布

(a) 第 20 次迭代；(b) 第 40 次迭代；(c) 第 60 次迭代；(d) 第 294 次迭代(最优设计)

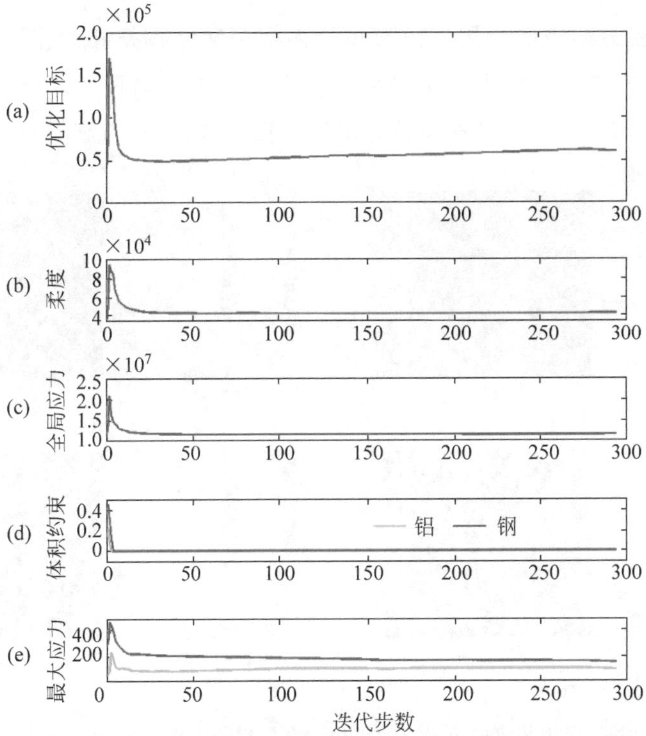

图 3-36　基于应力约束的柔度最小化多相材料 L 型梁结构拓扑优化设计的收敛曲线

(a) 优化目标；(b) 柔度；(c) 全局应力($p=2$)；(d) 体积约束；(e) 最大应力

不能有效地控制局部应力，第二种材料对应的应力明显超过其许用应力值。从最优拓扑构型可以看出，图 3-35(d)中结构的内圆角比图 3-37 中的角度更大。根据工程直观可以判断，内圆角越大，内角处的应力值越小。图 3-37 中结构的内圆角较小，导致了其第二种材料对应的应力约束没有得到有效控制。这表明了基于自适应应力惩罚因子调整策略的应力惩罚能有效地控制结构局部应力。

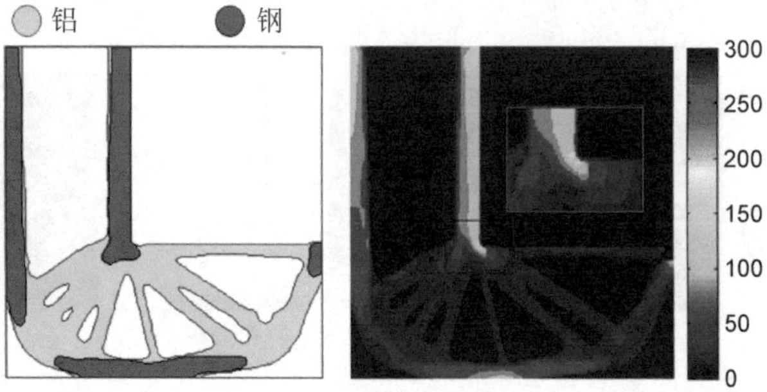

图 3-37 不使用自适应应力惩罚因子调整策略时基于应力约束的柔度最小化多相材料 L 型梁结构拓扑优化的最优设计

2. 基于应力约束的全局应力最小化多相材料结构拓扑优化设计

接着讨论基于应力约束的全局最小化多相材料结构拓扑优化设计。图 3-38 显示了 L 型梁的中间设计过程和最优拓扑优化设计，以及与它们对应的应力分布

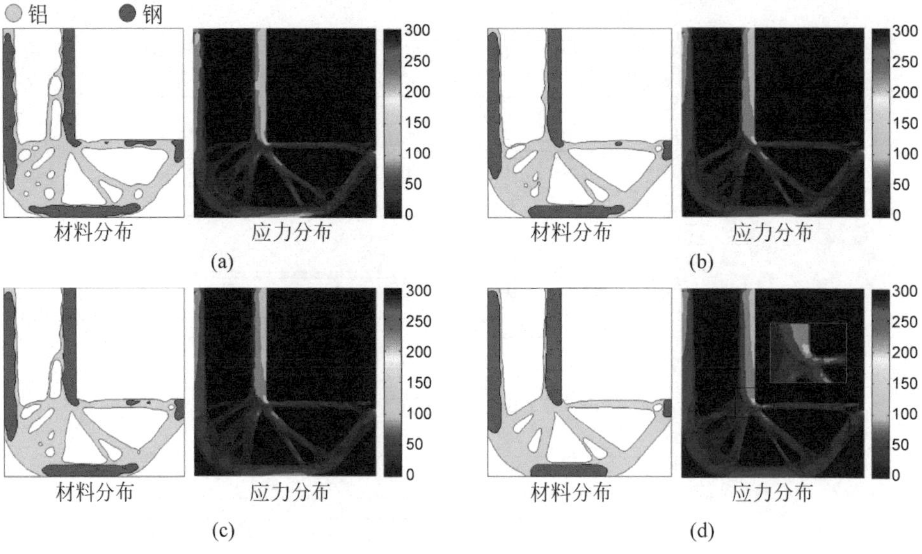

图 3-38 基于应力约束的全局应力最小化多相材料 L 型梁结构拓扑优化设计在优化过程中的材料和应力分布

(a) 第 20 次迭代；(b) 第 40 次迭代；(c) 第 60 次迭代；(d) 第 214 次迭代(最优设计)

情况。优化目标、柔度、全局应力、体积约束和最大应力的收敛曲线如图 3-39 所示。从图 3-38 和图 3-39 可以看出，当多相材料体积满足后，优化目标、柔度和最大应力逐渐减小，最终经过 214 迭代可以获得具有清晰光滑边界的最优结构。最终的优化目标值、全局应力和第一、第二种材料对应的最大应力分别为 12 674 867、10 509 573、95.38 和 145.30。显然，两相材料的许用应力约束均得到满足。这个结果表明，通过基于参数化水平集的多相材料结构拓扑优化设计方法，能够求得满足强度要求的多相材料结构，且其全局应力也同时得到了优化。

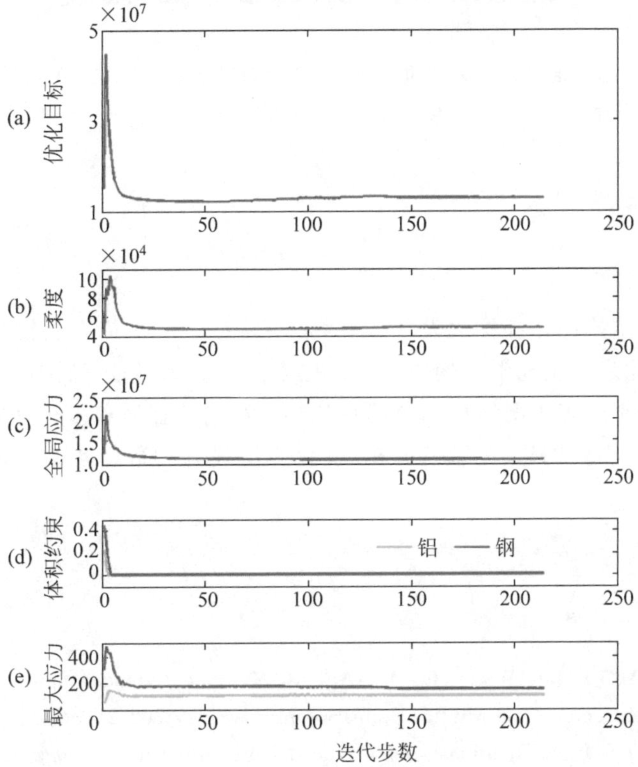

图 3-39　基于应力约束的全局应力最小化多相材料 L 型梁结构拓扑优化设计的收敛曲线
(a) 优化目标；(b) 柔度；(c) 全局应力($p=2$)；(d) 体积约束；(e) 最大应力

除此之外，从图 3-39 可以看出，由于在优化过程中某些迭代步时自适应应力惩罚因子调整策略被执行，导致了目标函数值在这些迭代步时突然上升。当应力惩罚因子被设成 5，并且不使用自适应应力惩罚因子调整策略时，最优结构如图 3-40 所示。在最优结构拓扑构型中第一、第二种材料对应的最大应力分别为 96.42 和 165.17。显而易见，虽然该最优结果具有光滑的内圆角，但是其第二种材料对应的应力约束没有得到满足。因此可以证明，在基于参数化水平集的多相材料结构拓扑优化设计中，基于自适应应力惩罚因子调整策略的应力惩罚能有效地控制结构局部应力。

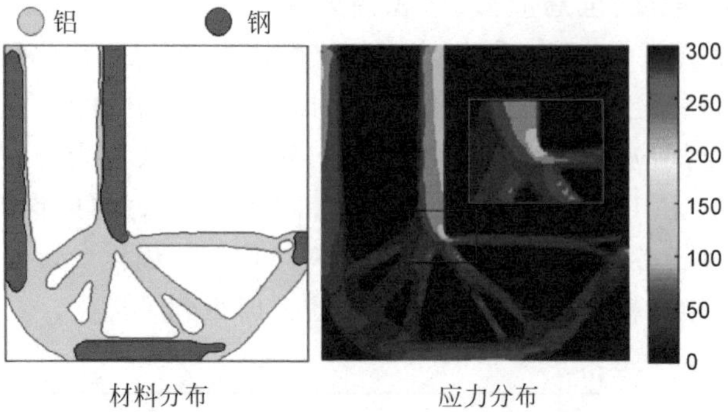

图 3-40 不使用自适应应力惩罚因子调整策略时基于应力约束的全局应力最小化多相材料 L 型梁结构拓扑优化的最优设计

3.5 小结

针对宏观结构的拓扑优化设计，本章采用参数化水平集方法描述结构的拓扑优化边界，以此来产生光滑结构边界。根据不同的应用场景，利用参数化水平集拓扑优化方法分别对多工况结构、结构频率响应、结构特征值和多相材料结构拓扑优化的问题描述、模型构建、灵敏度分析、优化算法设计和数值实例验证等内容进行了详细论述。

参考文献

[1] ROZVANY G I N，QUERIN O M，GASPAR Z，et al. Extended optimality in topology design[J]. Structural and Multidisciplinary Optimization，2002，24(3)：257-261.

[2] ROZVANY G I N. Traditional vs. extended optimality in topology optimization [J]. Structural and Multidisciplinary Optimization，2009，37(3)：319-323.

[3] STRÖMBERG N. Topology optimization of structures with manufacturing and unilateral contact constraints by minimizing an adjustable compliance-volume product[J]. Structural and Multidisciplinary Optimization，2010，42(3)：341-350.

[4] TANSKANEN P. The evolutionary structural optimization method：theoretical aspects[J]. Comput Method Appl M，2002，191(47)：5485-5498.

[5] EDWARDS C S，KIM H A，BUDD C J. An evaluative study on ESO and SIMP for optimising a cantilever tie-beam[J]. Structural and Multidisciplinary Optimization，2007，34(5)：403-414.

[6] MARLER R T，ARORA J S. Survey of multi-objective optimization methods for engineering[J]. Structural and Multidisciplinary Optimization，2004，26(6)：369-395.

[7] MARLER R T，ARORA J S. The weighted sum method for multi-objective optimization：

new insights[J]. Structural and Multidisciplinary Optimization,2010,41(6): 853-862.
[8] ATHAN T W, PAPALAMBROS P Y. A note on weighted criteria methods for compromise solutions in multi-objective optimization[J]. Engineering Optimization, 1996, 27(2): 155-176.
[9] MESSAC A,SUNDARARAJ G J,TAPPETA R V,et al. Ability of objective functions to generate points on nonconvex pareto frontiers[J]. Aiaa Journal,2000,38(38): 1084-1091.
[10] 李好.改进的参数化水平集拓扑优化方法与应用研究[D].武汉:华中科技大学,2016.
[11] BELLMAN R E,ZADEH L A. Decision-making in a fuzzy environment[J]. Management Science,1970,17(4): B141-B164.
[12] LIU P. A weighted aggregation operators multi-attribute group decision-making method based on interval-valued trapezoidal fuzzy numbers[J]. Expert Systems with Applications, 2011,38(1): 1053-1060.
[13] 王坚强.模糊多准则决策方法研究综述[J].控制与决策,2008,23(6): 601-606.
[14] WANG Y J. Ranking triangle and trapezoidal fuzzy numbers based on the relative preference relation[J]. Applied Mathematical Modelling,2015,39(2): 586-599.
[15] WEI S H,CHEN S M. Fuzzy risk analysis based on interval-valued fuzzy numbers[J]. Expert Systems with Applications,2009,36(2): 2285-2299.
[16] HERRERA F, HERRERA-VIEDMA E, CHICLANA F. Multiperson decision-making based on multiplicative preference relations[J]. European Journal of Operational Research, 2001,129(2): 372-385.
[17] 刘虎,张卫红,朱继宏.简谐力激励下结构拓扑优化与频率影响分析[J].力学学报,2013, 45(4): 588-597.
[18] SHU L,WANG M Y,FANG Z,et al. Level set based structural topology optimization for minimizing frequency response[J]. Journal of Sound and Vibration, 2011, 330(24): 5820-5834.
[19] 陈建军,车建文,崔明涛,等.结构动力优化设计述评与展望[J].力学进展,2001,31(2): 181-192.
[20] MA Z D,KIKUCHI N,HAGIWARA I. Structural topology and shape optimization for a frequency response problem[J]. Computational Mechanics,1993,13(3): 157-174.
[21] JOG C S. Topology design of structures subjected to periodic loading[J]. Journal of Sound and Vibration,2002,253(3): 687-709.
[22] YOON G H. Structural topology optimization for frequency response problem using model reduction schemes[J]. Comput Method Appl M,2010,199(25): 1744-1763.
[23] OLHOFF N,DU J. On topological design optimization of structures against vibration and noise emission[M]. Vienna: Springer,2008.
[24] JUNG J,HYUN J,GOO S,et al. An efficient design sensitivity analysis using element energies for topology optimization of a frequency response problem[J]. Comput Method Appl M,2015,296: 196-210.
[25] CHOI K K,KIM N H. Structural sensitivity analysis and optimization -linear systems [M]. New York: Springer,2005.
[26] YOON G H. Structural topology optimization for frequency response problem using model reduction schemes[J]. Comput Method Appl M,2010,199(25-28): 1744-1763.

[27] MA Z D,KIKUCHI N,HAGIWARA I. Structural topology and shape optimization for a frequency response problem[J]. Comput Mech,1993,13(3): 157-174.

[28] GU J M,MA Z D, HULBERT G M. A new load-dependent Ritz vector method for structural dynamics analyses: quasi-static Ritz vectors[J]. Finite Elem Anal Des,2000,36: 261-278.

[29] YOON G H. Toward a multifrequency quasi-static Ritz vector method for frequency-dependent acoustic system application[J]. Int J Numer Meth Eng, 2012, 89(11): 1451-1470.

[30] GU J,MA Z D,HULBERT G M. A new load-dependent Ritz vector method for structural dynamics analyses: quasi-static Ritz vectors[J]. Finite Elements in Analysis & Design, 2000,36(3-4): 261-278.

[31] WANG M Y,WANG X M. GUO D M. A level set method for structural topology optimization[J]. Comput Method Appl M,2003,192: 227-246.

[32] 罗震. 基于变密度法的连续体结构拓扑优化设计技术研究[D]. 武汉: 华中科技大学,2005.

[33] DÍAZ A R, KIKUCHI N. Solutions to shape and topology eigenvalue optimization problems using a homogenization method[J]. International Journal for Numerical Methods in Engineering,1992,35(7): 1487-1502.

[34] SEYRANIAN A P. Sensitivity analysis of multiple eigenvalues[J]. Mech Struct Mach, 1993,21(2): 261-284.

[35] SEYRANIAN A P,LUND E,OLHOFF N. Multiple eigenvalues in structural optimization problems[J]. Structural Optimization,1994,8(4): 207-227.

[36] XIE Y, STEVEN G. A simple approach to structural frequency optimization[J]. Computers and Structures,1994,53(6): 1487-1491.

[37] TENEK L H, HAGIWARA I. Static and vibrational shape and topology optimization using homogenization and mathematical programming[J]. Comput Method Appl M,1993, 109(1-2): 143-154.

[38] NEVES M,RODRIGUES H,GUEDES J. Generalized topology design of structures with a buckling load criterion[J]. Structural Optimization,1995,10(2): 71-78.

[39] PEDERSEN N L. Maximization of eigenvalues using topology optimization[J]. Structural and Multidisciplinary Optimization,2000,20(1): 2-11.

[40] KIM T S,KIM J E,KIM Y Y. Parallelized structural topology optimization for eigenvalue problems[J]. International Journal of Solids and Structures,2004,41(9-10): 2623-2641.

[41] ALLAIRE G,JOUVE F. A level-set method for vibration and multiple loads structural optimization[J]. Comput Method Appl M,2005,194(30-33): 3269-3290.

[42] DU J B,OLHOFF N. Topological design of freely vibrating continuum structures for maximum values of simple and multiple eigenfrequencies and frequency gaps[J]. Struct Multidiscip O,2007,34: 91-110.

[43] LI Z H,XIA Q, SHI T L. Eliminate localized eigenmodes in level set based topology optimization for the maximization of the first eigenfrequency of vibration[J]. Adv Eng Softw,2017,107: 59-70.

[44] BENDSØE M P,SIGMUND O. Material interpolation schemes in topology optimization

[J]. Archive of applied mechanics,1999,69(9-10): 635-654.

[45] ZHU J,ZHANG W,BECKERS P. Integrated layout design of multi-component system [J]. International journal for numerical methods in engineering,2009,78(6): 631-651.

[46] WANG M Y,WANG X. "Color"level sets: a multi-phase method for structural topology optimization with multiple materials [J]. Comput Method Appl M, 2004, 193 (6-8): 469-496.

[47] LUO Z,TONG L,LUO J,et al. Design of piezoelectric actuators using a multiphase level set method of piecewise constants[J]. Journal of Computational Physics,2009,228(7): 2643-2659.

[48] WEI P, WANG M Y. Piecewise constant level set method for structural topology optimization[J]. International Journal for Numerical Methods in Engineering,2009,78(4): 379-402.

[49] WANG Y,LUO Z,KANG Z,et al. A multi-material level set-based topology and shape optimization method[J]. Comput Method Appl M,2015,283: 1570-1586.

[50] KANG Z,WANG Y,WANG Y. Structural topology optimization with minimum distance control of multiphase embedded components by level set method[J]. Comput Method Appl M,2016,306: 299-318.

[51] WANG N,HU K,ZHANG X. Hierarchical optimization for topology design of multi-material compliant mechanisms[J]. Engineering Optimization,2017,49(12): 2013-2035.

[52] 褚晟.基于应力惩罚的结构拓扑优化方法研究[D].武汉:华中科技大学,2018.

[53] CHU S,XIAO M,GAO L,et al. A level-set-based method for stress-constrained multi-material topology optimization of minimizing a global measure of stress[J]. International Journal for Numerical Methods in Engineering,2019,117(7): 800-818.

[54] PEREIRA J, FANCELLO E, BARCELLOS C. Topology optimization of continuum structures with material failure constraints [J]. Structural and Multidisciplinary Optimization,2004,26(1-2): 50-66.

[55] LE C,NORATO J, BRUNS T,et al. Stress-based topology optimization for continua[J]. Structural and Multidisciplinary Optimization,2010,41(4): 605-620.

[56] ZHANG W S, GUO X, WANG M Y, et al. Optimal topology design of continuum structures with stress concentration alleviation via level set method [J]. International journal for numerical methods in engineering,2013,93(9): 942-959.

[57] WANG M Y, LI L. Shape equilibrium constraint: a strategy for stress-constrained structural topology optimization[J]. Structural and Multidisciplinary Optimization,2013, 47(3): 335-352.

[58] GUO X, ZHANG W, ZHONG W. Stress-related topology optimization of continuum structures involving multi-phase materials [J]. Comput Method Appl M, 2014, 268: 632-655.

[59] JEONG S H,CHOI D-H,YOON G H. Separable stress interpolation scheme for stress-based topology optimization with multiple homogenous materials[J]. Finite Elements in Analysis and Design,2014,82: 16-31.

[60] LUO Y,NIU Y,LI M,et al. A multi-material topology optimization approach for wrinkle-free design of cable-suspended membrane structures[J]. Computational Mechanics,2017,

59(6): 967-980.

[61] LUO Y, KANG Z. Layout design of reinforced concrete structures using two-material topology optimization with Drucker-Prager yield constraints [J]. Structural and Multidisciplinary Optimization, 2013, 47(1): 95-110.

[62] LUO Y, WANG M Y, ZHOU M, et al. Optimal topology design of steel-concrete composite structures under stiffness and strength constraints [J]. Computers and Structures, 2012, 112: 433-444.

[63] VERBART A, LANGELAAR M, VAN KEULEN F. Damage approach: A new method for topology optimization with local stress constraints[J]. Structural and Multidisciplinary Optimization, 2016, 53(5): 1081-1098.

[64] WANG M Y, WANG X, GUO D. A level set method for structural topology optimization [J]. Computer methods in applied mechanics and engineering, 2003, 192(1-2): 227-246.

[65] SIGMUND O. A 99 line topology optimization code written in Matlab[J]. Structural and Multidisciplinary Optimization, 2001, 21(2): 120-127.

第4章

材料拓扑优化设计

周期性多孔材料的特性通常不依赖于材料的本征性质，而是由多孔微结构的构型决定，因此具有优良的可设计性。材料微结构的优化设计就是确定微观尺度下微结构设计空间内的最佳材料分布，这与宏观结构的材料布局优化本质相同，只表现为尺度空间的差异。因此，拓扑优化逐步成为多孔材料设计的关键手段之一，并受到越来越多的研究关注。为解决不同尺度下物理量间的映射问题，均匀化理论用严格的数学推导表达微结构等效性能与其组分和构型的相互关系，将两个或多个尺度的物质系统联系起来，奠定了材料微结构设计的理论基础。借助于均匀化方法可方便地建立微结构设计空间材料分布的表征参数与微结构宏观等效性能关系，使得利用拓扑优化技术进行材料微结构设计，以获得极限承载性能、能量吸收、负泊松比及功能梯度等特殊性能的新型轻质材料成为可能。

4.1 基于数值均匀化方法的材料微结构等效性能计算

均匀化理论[1,2]最早来源于材料设计领域，主要作为一种近似的方法来预测由周期性多孔微结构构成的材料的宏观等效属性。均匀化理论具有严格的数学基础，建立于奇异摄动理论的基础上，它将两种不同尺度的比值作为小参数，在分析过程中将任意周期性微结构构型的位移和应力展开为关于小参数的渐进级数，从而以渐变或常系数的微分方程来近似表示系数频繁变化的常微分方程。因此，基于均匀化理论的计算方法较之其他材料属性估算方法，分析的复杂度更低，且材料等效性能预测值更加精确[3]。一般情况下，均匀化理论是指数值均匀化理论，其他相关理论，如能量均匀化理论可参考文献[4]。本书材料拓扑优化设计主要采用了数值均匀化理论或能量均匀化理论，由于理论相似性，接下来将重点介绍数值均匀化理论。

均匀化理论采用宏观上均质的结构以及微观上周期性单胞(periodic unit cell，PUC)来描述材料，其重要的特点是材料的微观构型在结构域内周期性分布，如图 4-1 所示。当宏观结构受到外界载荷作用时，由于均质性使得结构的位移场和应力场随坐标点的变化而规律性变化。然而正由于微结构的非均质性，导致整体结构的力学响应在较小的坐标变化范围内仍然会呈现出较大变化。故而引入宏观

尺度变量 x 和微观尺度变量 y 来描述场变量的变化，且尺度 x 和 y 存在如下关系：

$$y = x/\xi,\quad 0 < \xi \ll 1 \tag{4-1}$$

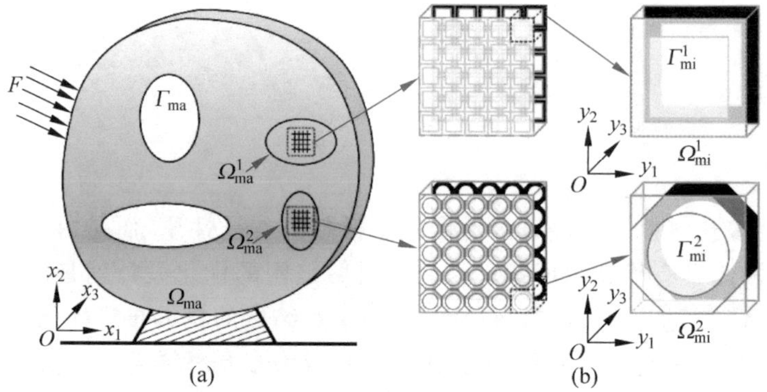

图 4-1　由 PUC 构成的多孔材料示意图

(a) 块体材料；(b) PUCs

考虑到材料微结构周期性排布的特点，将场函数表征为微观尺度上的周期为 Y 的函数：

$$\psi(x,y) = \psi(x, y+Y) \tag{4-2}$$

场函数对尺度 x 的导数为

$$\frac{\mathrm{d}\psi}{\mathrm{d}x} = \frac{\partial \psi}{\partial x} + \frac{1}{\xi}\frac{\partial \psi}{\partial y} \tag{4-3}$$

将场函数以 ξ 为小参数渐进展开：

$$\psi(x,y) = \xi^0 \psi^{(0)}(x,y) + \xi^1 \psi^{(1)}(x,y) + \xi^2 \psi^{(2)}(x,y) + \cdots \tag{4-4}$$

$\psi^{(i)}(x,y)$是以 Y 为周期的光滑函数($i=0,1,2,\cdots$)，保证了微结构的周期性边界条件。

将位移场在周期性设计域 Y 内关于小参数渐进展开：

$$u(x,y) = \xi^0 u^{(0)}(x,y) + \xi^1 u^{(1)}(x,y) + \xi^2 u^{(2)}(x,y) + \cdots \tag{4-5}$$

在基于参数化水平集的拓扑优化设计框架下，通过将展开的位移场以及 Heaviside 函数代入线弹性问题的平衡方程[5]，并求解该方程，可得到材料微结构的等效弹性张量 D_{ijkl}^H 表达形式：

$$D_{ijkl}^H = \frac{1}{|Y|}\int_Y (\varepsilon_{pq}^{0(ij)} - \varepsilon_{pq}^*(u^{ij})) D_{pqrs} (\varepsilon_{rs}^{0(kl)} - \varepsilon_{rs}^*(u^{kl})) H(\Phi)\mathrm{d}Y,$$
$$i,j,k,l = 1,2,\cdots,d \tag{4-6}$$

其中，d 为问题的空间维度；D_{pqrs} 为实体材料的固有弹性张量；$|Y|$ 为二维 PUC 的面积或三维 PUC 的体积；$\varepsilon_{pq}^{0(ij)}$ 为加载的单位试探应变场，在二维问题中包含 3 种应变，在三维问题中包含 6 种应变[5]。于是，局部变化的应变场 $\varepsilon_{pq}^*(u^{ij})$ 可定义为

$$\varepsilon^*_{pq}(u^{(ij)})=\frac{1}{2}(u^{(ij)}_{p,q}+u^{(ij)}_{q,p}) \tag{4-7}$$

式中，$u^{(ij)}$ 是以 Y 为周期的位移场，可通过如下公式计算得出：

$$\int_Y(\varepsilon^{0(ij)}_{pq}-\varepsilon^*_{pq}(u^{(ij)}))D_{pqrs}\varepsilon^*_{rs}(v^{(ij)})H(\Phi)\mathrm{d}Y=0,\quad \forall v^{(ij)}\in\overline{U}(\Omega) \tag{4-8}$$

式中，$v^{(ij)}$ 为 PUC 中的虚拟位移场；$\overline{U}(\Omega)$ 为 PUC 设计空间 Ω 中运动学上可允许的全部位移集合。

4.2 极限性能材料拓扑优化设计

4.2.1 极限性能材料拓扑优化设计问题

本章所研究的材料是一种具有周期性排布微结构的多孔材料，下文简称“材料”。这类多孔材料通常具有轻质、多功能等特点，因此具有广泛的应用前景。这种材料的性能更加依赖于周期性微结构的具体构型，这意味着无需改变材料的化学组分即可实现指定材料功能的设计，可见该类型材料具有优良的可设计性。随着“结构”内涵的扩展，拓扑优化设计开始被广泛应用于周期性排布的微观材料微结构设计。更重要的是，按照给定的优化目标对这种微观尺度上的材料微结构进行设计，可使得材料在宏观上达到 Hashin-Strikhman 边界[6]所限定的力学性能的理论极限。Sigmund[2]率先基于数值均匀化理论对材料的周期性微结构拓扑优化设计问题展开研究。随后，学者们开始将不同的拓扑优化方法同均匀化理论[1,2]结合，用于解决各类材料的微结构设计问题，包括极限力学性能材料[7,8]、最大刚度及渗透率材料[9]、零/负热弹性系数材料[10,11]以及各种类型的超材料[12-14]等。上述研究表明，对于任一物理场下的材料而言，能够通过拓扑优化设计使其指定性能达到理论极限。然而，当前仅有极少数研究采用基于水平集的优化方法来实现材料的设计，导致材料微结构存在边界识别、制造困难，且难以开展微结构形状的优化。实际上，微结构的边界形状对材料的宏观性能影响重大，甚至会影响其极限性能的获取。因此，本节将重点讨论基于水平集的极限性能材料微结构拓扑优化设计方法，以实现材料微结构的拓扑、形状联合优化，使得材料的宏观等效承载力学性能达到其理论极限值。

4.2.2 极限性能材料拓扑优化模型

本章主要讨论极限性能材料的拓扑优化设计问题，主要包括材料体积模量最大化和剪切模量最大化两类问题。基于参数化水平集方法和均匀化理论，可构建统一的极限性能材料微结构拓扑优化模型：

$$求\ \boldsymbol{\alpha}=[\alpha_1,\alpha_2,\cdots,\alpha_N]$$

$$\begin{cases}\underset{(\boldsymbol{u},\Phi)}{\text{Max}}: J(\boldsymbol{u},\Phi)=\sum_{i,j,k,l=1}^{d}\eta_{ijkl}D_{ijkl}^{H}(\boldsymbol{u},\Phi(\boldsymbol{\alpha}))\\ \text{s. t.}: V(\Phi(\boldsymbol{\alpha}))=\int_{\Omega}H(\Phi(\boldsymbol{\alpha}))\mathrm{d}\Omega-V_{\max}\leqslant 0\\ \qquad a(\boldsymbol{u},\boldsymbol{v},\Phi)=l(\boldsymbol{v},\Phi)\ \forall\ \boldsymbol{v}\in\overline{U}(\Omega)\\ \qquad \alpha^{L}\leqslant\alpha_{n}\leqslant\alpha^{U},\quad n=1,2,\cdots,N\end{cases}\tag{4-9}$$

其中,$\boldsymbol{\alpha}$ 代表设计变量;V 代表微结构的体积约束;$V_{\max}$ 是指定的微结构体积上限;下标 n 代表当前有限元或水平集节点;N 为模型中所有节点的总数;α^{U} 和 α^{L} 分别表示设计变量的上下限,主要用于增强基于 OC 算法的迭代求解过程的稳定性。在本章中,Heaviside 函数定义为一种描述结构域中材料有无的近似特征函数[15]:

$$H(\Phi)=\begin{cases}\eta, & \Phi<-\Delta\\ \dfrac{3(1-\eta)}{4}\left(\dfrac{\Phi}{\Delta}-\dfrac{\Phi^{3}}{3\Delta^{3}}\right)+\dfrac{1+\eta}{2}, & -\Delta\leqslant\Phi\leqslant\Delta\\ 1, & \Phi>\Delta\end{cases}\tag{4-10}$$

其中,η 为一个较小的正数,用于避免数值计算的奇异。Δ 定义了在数值过程中 Heaviside 函数的近似带宽[15]。在模型式(4-9)中,弹性平衡方程采用弱形式进行描述,其中双线性能量泛函 $a(\boldsymbol{u},\boldsymbol{v},\Phi)$和线性载荷泛函 $l(\boldsymbol{v},\Phi)$可分别表达为

$$\begin{cases}a(\boldsymbol{u},\boldsymbol{v},\Phi)=\int_{\Omega}\varepsilon_{\mathrm{pq}}^{*}(u^{(ij)})D_{\mathrm{pqrs}}\varepsilon_{\mathrm{rs}}^{*}(v^{(ij)})H(\Phi)\mathrm{d}\Omega\\ l(\boldsymbol{v},\Phi)=\int_{\Omega}\varepsilon_{\mathrm{pq}}^{0(ij)}D_{\mathrm{pqrs}}\varepsilon_{\mathrm{rs}}^{*}(v^{(ij)})H(\Phi)\mathrm{d}\Omega\end{cases}\tag{4-11}$$

需要特别说明的是,在模型式(4-9)中,J 是由均匀化弹性张量 D_{ijkl}^{H} 与权重系数 η_{ijkl} 所构成的目标函数,可通过弹性张量和权重系数的不同组合,实现不同维度和不同性能的材料优化设计。例如,二维材料体积模量 K 的优化目标为

$$J=4K=\sum_{i,j=1}^{2}D_{iijj}^{H}\tag{4-12}$$

二维材料剪切模量 G 的优化目标为

$$J=G=D_{1212}^{H}\tag{4-13}$$

三维材料体积模量 K 的优化目标为

$$J=K=\sum_{i,k=1}^{3}D_{ijkl}^{H},\quad i=j,k=l\tag{4-14}$$

三维材料剪切模量 G 的优化目标为:

$$J=G=\sum_{i,k=1}^{3}D_{ijkl}^{H},\quad i\neq j,k\neq l\tag{4-15}$$

4.2.3 灵敏度分析与优化算法

在基于参数化水平集的拓扑优化设计中,设计变量$\boldsymbol{\alpha}$ 能够通过基于梯度的算

法进行求解，因此需要计算目标函数和约束条件关于设计变量的偏导数，即设计灵敏度。目标函数 J 关于设计变量的导数为

$$\frac{\partial J}{\partial \boldsymbol{\alpha}}=\sum_{i,j,k,l=1}^{d}\left(\eta_{ijkl}\frac{\partial D_{ijkl}^{H}}{\partial \boldsymbol{\alpha}}\right) \tag{4-16}$$

基于形状导数[16]的概念，可分别计算材料的等效弹性张量、双线性能量泛函和线性载荷泛函关于时间变量 t 的导数：

$$\begin{aligned}\frac{\partial D_{ijkl}^{H}}{\partial t}=&\frac{1}{|\Omega|}\int_{\Omega}\beta(\boldsymbol{u})V_n\ |\nabla\Phi|\ \delta(\Phi)\mathrm{d}\Omega-\\&\frac{2}{|\Omega|}\int_{\Omega}(\varepsilon_{\mathrm{pq}}^{*}(\dot{\boldsymbol{u}}^{(ij)}))D_{\mathrm{pqrs}}(\varepsilon_{\mathrm{rs}}^{0(kl)}-\varepsilon_{\mathrm{rs}}^{*}(\boldsymbol{u}^{(kl)}))H(\Phi)\mathrm{d}\Omega\end{aligned} \tag{4-17}$$

$$\begin{aligned}\frac{\partial a}{\partial t}=&\int_{\Omega}\varepsilon_{\mathrm{pq}}^{*}(\boldsymbol{u}^{(ij)})D_{\mathrm{pqrs}}\varepsilon_{\mathrm{rs}}^{*}(\boldsymbol{v}^{(ij)})V_n\ |\nabla\Phi|\ \delta(\Phi)\mathrm{d}\Omega+\\&\int_{\Omega}[\varepsilon_{\mathrm{pq}}^{*}(\dot{\boldsymbol{u}}^{(ij)})D_{\mathrm{pqrs}}\varepsilon_{\mathrm{rs}}^{*}(\boldsymbol{v}^{(ij)})+\varepsilon_{\mathrm{pq}}^{*}(\boldsymbol{u}^{(ij)})D_{\mathrm{pqrs}}\varepsilon_{\mathrm{rs}}^{*}(\dot{\boldsymbol{v}}^{(ij)})]H(\Phi)\mathrm{d}\Omega\end{aligned} \tag{4-18}$$

$$\frac{\partial l}{\partial t}=\int_{\Omega}\varepsilon_{\mathrm{pq}}^{(ij)}D_{\mathrm{pqrs}}\varepsilon_{\mathrm{rs}}^{*}(\boldsymbol{v}^{(ij)})V_n\ |\nabla\Phi|\ \delta(\Phi)\mathrm{d}\Omega+\int_{\Omega}\varepsilon_{\mathrm{pq}}^{(ij)}D_{\mathrm{pqrs}}\varepsilon_{\mathrm{rs}}^{*}(\dot{\boldsymbol{v}}^{(ij)})H(\Phi)\mathrm{d}\Omega \tag{4-19}$$

其中

$$\beta(\boldsymbol{u})=(\varepsilon_{\mathrm{pq}}^{0(ij)}-\varepsilon_{\mathrm{pq}}^{*}(\boldsymbol{u}^{(ij)}))D_{\mathrm{pqrs}}(\varepsilon_{\mathrm{rs}}^{0(kl)}-\varepsilon_{\mathrm{rs}}^{*}(\boldsymbol{u}^{(kl)})) \tag{4-20}$$

相应地，可构造如下伴随等式关系：

$$\int_{\Omega}\varepsilon_{\mathrm{pq}}^{*}(\boldsymbol{u}^{(ij)})D_{\mathrm{pqrs}}\varepsilon_{\mathrm{rs}}^{*}(\dot{\boldsymbol{v}}^{(ij)})H(\Phi)\mathrm{d}\Omega=\int_{\Omega}\varepsilon_{\mathrm{pq}}^{0(ij)}D_{\mathrm{pqrs}}\varepsilon_{\mathrm{rs}}^{*}(\dot{\boldsymbol{v}}^{(ij)})H(\Phi)\mathrm{d}\Omega \tag{4-21}$$

将模型式(4-9)的平衡方程对时间变量 t 求偏导，可得

$$\frac{\partial a(\boldsymbol{u},\boldsymbol{v},\Phi)}{\partial t}=\frac{\partial l(\boldsymbol{v},\Phi)}{\partial t} \tag{4-22}$$

将式(4-18)、式(4-19)和式(4-21)代入式(4-22)：

$$\begin{aligned}&\int_{\Omega}(\varepsilon_{\mathrm{pq}}^{0(ij)}-\varepsilon_{\mathrm{pq}}^{*}(\boldsymbol{u}^{(ij)}))D_{\mathrm{pqrs}}\varepsilon_{\mathrm{rs}}^{*}(\boldsymbol{v}^{(ij)})V_n\ |\nabla\Phi|\ \delta(\Phi)\mathrm{d}\Omega\\&=\int_{\Omega}\varepsilon_{\mathrm{pq}}^{*}(\dot{\boldsymbol{u}}^{(ij)})D_{\mathrm{pqrs}}\varepsilon_{\mathrm{rs}}^{*}(\boldsymbol{v}^{(ij)})H(\Phi)\mathrm{d}\Omega\end{aligned} \tag{4-23}$$

考虑所研究的问题为自伴随，并将式(4-23)代入式(4-17)，可将弹性张量的形状导数改写为

$$\frac{\partial D_{ijkl}^{H}}{\partial t}=-\frac{1}{|\Omega|}\int_{\Omega}\beta(\boldsymbol{u})V_n\ |\nabla\Phi|\ \delta(\Phi)\mathrm{d}\Omega \tag{4-24}$$

将式(2-22)所定义的水平集速度场 V_n 代入式(4-24)，可将该形状导数进一步改写：

$$\frac{\partial D_{ijkl}^{H}}{\partial t}=-\frac{1}{|\Omega|}\int_{\Omega}\beta(\boldsymbol{u})\varphi(\boldsymbol{x})\ \boldsymbol{\alpha}'(t)\delta(\Phi)\mathrm{d}\Omega \tag{4-25}$$

另一方面，可通过链式求导法则推导弹性张量关于 t 的偏导数：

$$\frac{\partial D_{ijkl}^{H}}{\partial t}=\frac{\partial D_{ijkl}^{H}}{\partial \boldsymbol{\alpha}}\cdot \boldsymbol{\alpha}'(t) \tag{4-26}$$

通过对比式(4-25)和式(4-26)可得

$$\frac{\partial D_{ijkl}^{H}}{\partial \boldsymbol{\alpha}}=-\frac{1}{|\Omega|}\int_{\Omega}\beta(\boldsymbol{u})\varphi(\boldsymbol{x})\delta(\Phi)\mathrm{d}\Omega \tag{4-27}$$

类似地，可以推导出体积约束关于设计变量的偏导数：

$$\frac{\partial V}{\partial \boldsymbol{\alpha}}=\frac{1}{|\Omega|}\int_{\Omega}\varphi(\boldsymbol{x})\delta(\Phi)\mathrm{d}\Omega \tag{4-28}$$

将式(4-28)代入式(4-16)即可计算出目标函数关于设计变量的灵敏度。基于上述设计灵敏度，本章直接采用第2章介绍的OC算法对优化模型进行求解。

4.2.4 数值实例

在所有实例中，为方便讨论，对所有的物理量采用无量纲处理。假设微结构实体部分和孔洞部分的杨氏模量分别为1和0.001，泊松比均为0.3。对于二维材料微结构，PUC的尺寸为1×1，采用100×100个四节点有限元网格进行离散。为方便数值实施，假设有限元网格与水平集网格完全相同。优化过程收敛条件设置为相邻两次迭代的目标函数之差的绝对值小于10^{-5}，或达到最大迭代步数150。

1. 二维材料微结构体积模量最大化设计案例

为讨论不同初始设计对优化结构的影响，本例分别采用4种不同的初始设计，如图4-2所示。初始设计方案1中不布置任何孔洞，初始设计方案2中均布3×3个孔洞，初始设计方案3仅在结构边界上布置孔洞，初始设计方案4则兼顾初始设计方案2和初始设计方案3的孔洞布置方式。在4个算例中，材料微结构的最大材料使用量均设置为30%。

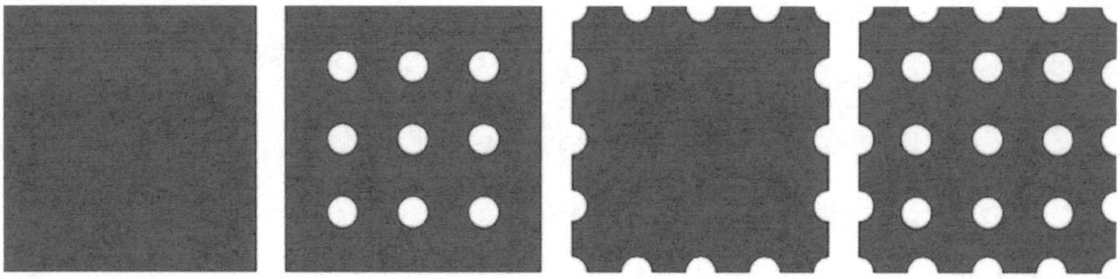

(a)　(b)　(c)　(d)

图4-2　4种不同的微结构初始设计方案

(a) 初始设计1；(b) 初始设计2；(c) 初始设计3；(d) 初始设计4

4组算例中的最优微结构、水平集函数图像、3×3排列的PUC、相应的等效弹性张量和最优体积模量值如表4-1所示。可以发现，所得到的微结构与相关文献[8,17,18]中报道的极为相似。与文献中的优化设计相比，本节所设计的微结构明显具有完整的边界几何信息和清晰的材料界面，这些特点也使得这些优化结果能够直接导入 CAD/CAE/CAM 软件中，从而方便后续的再分析、重设计或制造过程。最优设计所对应的水平集函数图像表明基于参数化水平集的极端性能材料微结构拓扑优化设计方法能够很好地保持传统水平集方法的特点。此外，本节还从理论最优的角度采用 Hashin-Strikhman 边界[6,19]来验证所设计材料属性的正确性，经过理论计算，本例中材料体积模量上界值为 0.095。从表 4-1 中不难发现，所有优化结果的体积模量值几乎均逼近该上界值。

表 4-1　二维微结构体积模量优化中 4 组测试算例的设计结果

算例	PUC	水平集函数	3×3 PUC	$\boldsymbol{D}^H$	K
1	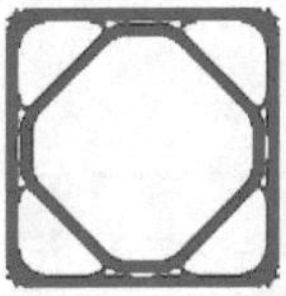	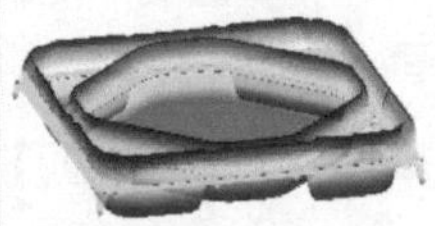		$\begin{bmatrix} 0.142 & 0.046 & 0 \\ 0.046 & 0.142 & 0 \\ 0 & 0 & 0.026 \end{bmatrix}$	0.094
2				$\begin{bmatrix} 0.173 & 0.014 & 0 \\ 0.014 & 0.173 & 0 \\ 0 & 0 & 0.004 \end{bmatrix}$	0.093
3	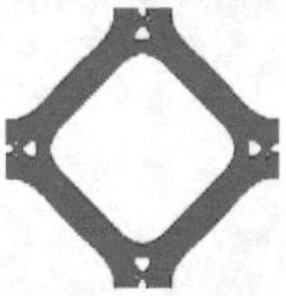			$\begin{bmatrix} 0.099 & 0.088 & 0 \\ 0.088 & 0.099 & 0 \\ 0 & 0 & 0.046 \end{bmatrix}$	0.094
4	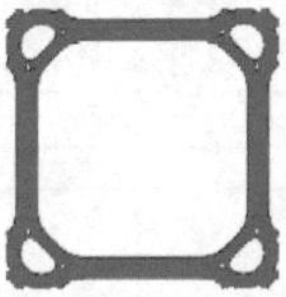	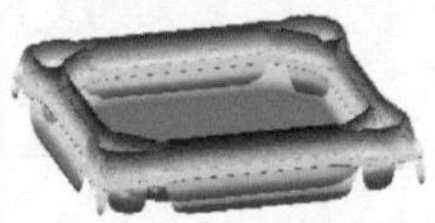	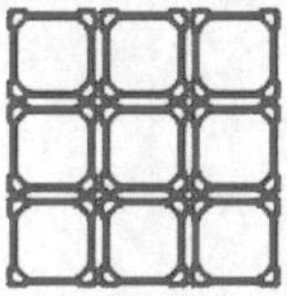	$\begin{bmatrix} 0.152 & 0.037 & 0 \\ 0.037 & 0.152 & 0 \\ 0 & 0 & 0.003 \end{bmatrix}$	0.094

表 4-1 中的最优微结构拓扑形式显示，不同初始设计所对应的最优拓扑结构均不相同，而其对应的等效弹性张量也各不相同。尽管如此，4 组最优设计所对应的材料体积模量却非常接近。以上现象说明，在材料微结构拓扑优化设计中存在许多局部最优解，通常很难在材料优化设计问题中找到其独一无二的全局最优解[2]。此外，由于材料的体积模量是由弹性张量中的 4 个分量组成，因此尽管 4 组最优设计中每个设计方案的 4 个分量均不相同，仅仅是导致结构拓扑不同，对于 4 个分量所组成的最优体积模量值并不会产生影响(表现为 4 组设计的体积模量值非常接近)。因此，说明本方法针对不同初始设计均能最终收敛到最大体积模量的材料设计方案。

4 组测试算例的目标函数、约束条件迭代曲线如图 4-3 所示。可以看到，微结构的体积模量在前几步迭代中不断变小，之后才逐步稳定增大。其原因在于每组算例中的初始设计体积分数均大于 30%，前几步迭代主要用于将设计域中的多余材料删除，当体积约束满足后，结构才开始逐步优化。从整个优化迭代过程来看，在前几步迭代之后的目标函数稳定增加，迭代曲线无任何振荡，说明了优化方法的稳定性。此外，对比4组算例的迭代曲线可以发现，不同的初始设计对优化的迭代次数有明显影响，但对最终的目标函数值无明显影响。从图4-3中的微结构拓扑变化可以发现，设计域中发生了显著的结构拓扑改变，包括新孔洞的产生、已有孔洞的消失和边界的合并等，说明本方法能够有效地在结构域中增加新的孔洞，这也是标准水平集方法所无法实现的。

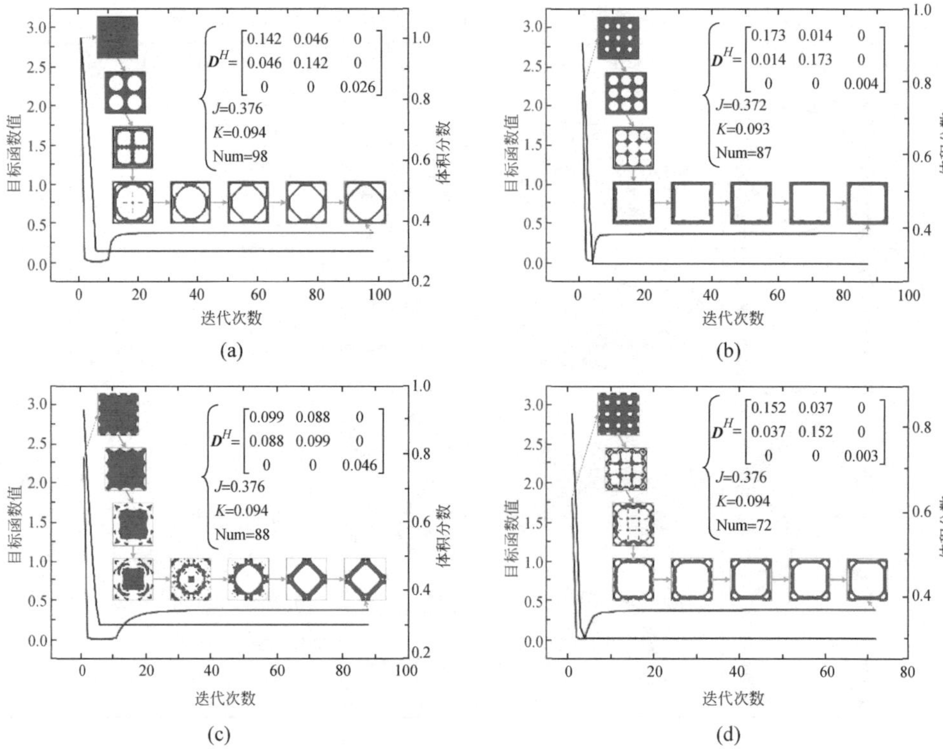

图4-3　四组测试算例的迭代曲线
(a) 算例1；(b) 算例2；(c) 算例3；(d) 算例4

2. 二维材料微结构剪切模量最大化设计案例

为说明方法的有效性，同样研究图4-2中给出的4种不同初始设计方案对剪切模量最大化拓扑优化设计结果的影响。在4个算例中，材料微结构的最大材料使用量均设置为40%。拓扑优化设计结果如表4-2所示，其中包含了PUC的最优拓扑形式、水平集函数图像、3×3排列的PUC、相应的等效弹性张量和最优剪切模量值。类似地，表4-2中的4组最优结构拓扑说明不同的初始设计对于剪切模量最大化的拓扑优化设计同样具有重要影响。不难发现，尽管4组微结构的最优拓扑不尽相同，其剪切模量值却十分接近。主要原因在于即使是同一个等效弹性张量，也可能对应多种不同的 PUC 构型[20]。由于应用了参数化水平集方法，4 组最优结构设计方案展示出了光滑的结构边界和清晰的材料界面。该方法在剪切模量最大化设计中同样能够产生新孔洞、消除已有孔洞和合并边界，最终收敛到性能优异的结构设计方案。具有最大剪切模量的拓扑优化设计方案说明了方法的有效性。

表 4-2　二维微结构剪切模量优化中 4 组测试算例的设计结果

算例	PUC	水平集函数	3×3 PUC	$\boldsymbol{D}^H$	G
1				$\begin{bmatrix} 0.144 & 0.126 & 0 \\ 0.126 & 0.144 & 0 \\ 0 & 0 & 0.108 \end{bmatrix}$	0.108
2				$\begin{bmatrix} 0.142 & 0.123 & 0 \\ 0.123 & 0.142 & 0 \\ 0 & 0 & 0.109 \end{bmatrix}$	0.109
3				$\begin{bmatrix} 0.145 & 0.123 & 0 \\ 0.123 & 0.145 & 0 \\ 0 & 0 & 0.108 \end{bmatrix}$	0.108
4	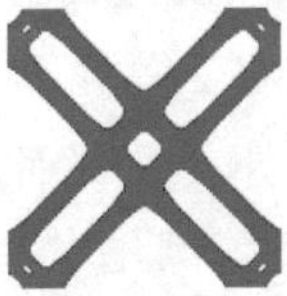	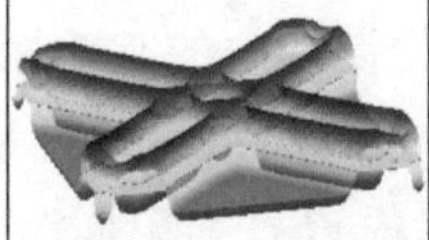		$\begin{bmatrix} 0.142 & 0.129 & 0 \\ 0.129 & 0.142 & 0 \\ 0 & 0 & 0.11 \end{bmatrix}$	0.110

4.3　负泊松比超材料拓扑优化设计

4.3.1　负泊松比超材料拓扑优化设计问题

超材料(metamaterial)是指具有人工设计的微结构且呈现出天然材料不具备或较少具备的超常物理属性的复合材料[21]。拉胀超材料(auxetic metamaterial)[22,23]是一类具有负泊松比的新型力学超材料，它具有受拉时垂直方向膨胀(受压时垂直方向收缩)的非常规力学特性(图 4-4)，以此增强材料的剪切模量、吸能能力、抗裂性和断裂韧性，拥有正泊松比材料不具备的功能特点。这种特殊性能赋予了负泊松比超材料重要的应用价值，包括舰艇抗冲击防护结构、车辆防撞结构、航天领域缓冲结构、军用防弹衣、高敏传感器、智能材料和医学材料等。负泊松比超材料通常由周期性排布的轻质多孔微结构构成，其拉胀特性不依赖于材料的本征性质，而是由多孔微结构的构型决定，因此具有优良的可设计性。

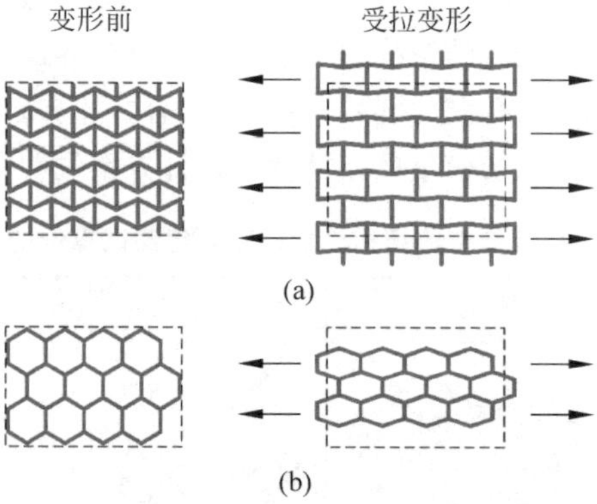

图 4-4　正、负泊松比属性示意图

(a) 负泊松比属性；(b) 正泊松比属性

负泊松比微结构变形

近年来，负泊松比超材料的微结构设计一直是拓扑优化领域研究的热点。Sigmund[2]在逆均匀化方法的基础上，以最小化指定弹性张量与均匀化弹性张量间的差异为目标构建了基于单材料的负泊松比超材料拓扑优化模型，设计出了具有特殊微结构构型的负泊松比超材料。Andreassen 等[12]利用增材制造技术加工出所设计的超材料，测试了这类超材料的负泊松比特性，进而验证了逆均匀化法在负泊松比超材料微结构拓扑优化设计中的有效性。Radman 等[8]采用 BESO 方法实现了基于单材料的各项同性负泊松比超材料拓扑优化设计。上述基于单元密度的拓扑优化方法所导致的锯齿边界和中间密度等问题[19,24]，不具备清晰几何边界，且无法实现超材料微结构的拓扑和形状联合优化。

4.3.2　负泊松比超材料拓扑优化设计模型

这里，与 4.2.2 节所介绍的拓扑优化模型式(4-9)类似，可构建如下基于参数化水平集的负泊松比超材料拓扑优化模型：

$$
\text{求 } \boldsymbol{\alpha}=[\alpha_1,\alpha_2,\cdots,\alpha_N]
$$

$$
\begin{cases}
\underset{(u,\Phi)}{\text{Max}}:\ J(\boldsymbol{u},\Phi) \\
\text{s.t.}:\ V(\Phi(\boldsymbol{\alpha}))=\int_\Omega H(\Phi(\boldsymbol{\alpha}))\mathrm{d}\Omega-V_{\max}\leqslant 0 \\
\qquad a(\boldsymbol{u},\boldsymbol{v},\Phi)=l(\boldsymbol{v},\Phi)\ \forall\ \boldsymbol{v}\in\overline{U}(\Omega) \\
\qquad \alpha^{\mathrm{L}}\leqslant\alpha_n\leqslant\alpha^{\mathrm{U}},\quad n=1,2,\cdots,N
\end{cases}
\tag{4-29}
$$

其中，$\boldsymbol{\alpha}$ 代表设计变量；V 代表微结构的体积约束；$V_{\max}$ 是指定的微结构体积上限；下标 n 代表当前有限元或水平集节点；N 为模型中所有节点的总数；α^{U} 和 α^{L} 分别表示设计变量的上下限；H 代表 Heaviside 函数。在线弹性范围内，双线性能

量泛函 $a(\boldsymbol{u},\boldsymbol{v},\Phi)$和线性载荷泛函 $l(\boldsymbol{v},\Phi)$仍然可以分别表达为

$$\begin{cases} a(\boldsymbol{u},\boldsymbol{v},\Phi)=\int_{\Omega}\varepsilon_{pq}^{*}(u^{(ij)})D_{pqrs}\varepsilon_{rs}^{*}(v^{(ij)})H(\Phi)\mathrm{d}\Omega \\ l(\boldsymbol{v},\Phi)=\int_{\Omega}\varepsilon_{pq}^{0(ij)}D_{pqrs}\varepsilon_{rs}^{*}(v^{(ij)})H(\Phi)\mathrm{d}\Omega \end{cases} \tag{4-30}$$

特别地，对优化模型式(4-29)中的优化目标函数设置展开阐述。对负泊松比材料微结构的拓扑优化设计而言，可以采用最小化材料泊松比为优化目标进行设计，即 $\nu_{12}=D_{1122}^{H}/D_{1111}^{H}$ 或 $\nu_{21}=D_{1122}^{H}/D_{2222}^{H}$，$\nu_{12}$ 与 ν_{21} 代表材料在不同方向上的泊松比(即 x 与 y 方向)。对各向同性材料来说，由于 $\nu_{12}=\nu_{21}$，所以无论是将 ν_{12} 或 ν_{21} 作为目标函数均可以得到同样的负泊松比材料。然而，对各向异性材料的优化设计而言，除非采用了额外的设计约束(例如体积模量约束等)，否则这种目标函数并不能直接应用。这是因为采用该目标函数时，可能只优化了两个方向上泊松比中的一个，而另一个并没有参与优化。这种情况下，各向异性材料将会在一个方向上有明显的负泊松比效应，而在另一个方向上的负泊松比属性则会非常弱。此外，对微结构施加体积模量等约束很大程度上依赖于优化设计经验，实际上是非常难以进行准确设置的。

因此，本章为了获得具有负泊松比属性的正交各向异性材料微结构，构造一种微观尺度上的负泊松比微结构拓扑优化设计目标函数：

$$J(\boldsymbol{u},\Phi)=D_{1122}^{H}(\boldsymbol{u},\Phi(\alpha))+D_{2211}^{H}(\boldsymbol{u},\Phi(\boldsymbol{\alpha}))-2D_{1212}^{H}(\boldsymbol{u},\Phi(\boldsymbol{\alpha})) \tag{4-31}$$

材料的负泊松比效应实质上与材料微结构内部的机构转动效应及剪切刚度有关。最小化 $D_{1122}^{H}+D_{2211}^{H}$ 将会促使材料微结构内部的机构产生转动效应，从而促进不同方向负泊松比效应的生成。同时，最大化 D_{1212}^{H} 会得到一个高剪切刚度但没有机构转动效应的微结构。正如 Sigmund 教授在文献[2]中所指出的，设计负泊松比超材料需要同时考虑 D_{1122}^{H}(或 D_{2211}^{H})与 D_{1212}^{H}。因此，目标函数式(4-31)可同时最小化负泊松比 ν_{12} 与 ν_{21}，实际上对各向同性与各向异性材料的设计来说都是可行的。

4.3.3 灵敏度分析与优化算法

优化模型式(4-29)用成熟的梯度类优化算法进行求解，这需要目标函数与约束相对于设计变量(插值扩展系数)的一阶导数信息。本节的优化问题可采用 OC 方法进行求解，该方法对单约束拓扑优化问题而言，被广泛认为是一种有效的优化算法。

目标函数相对于设计变量的偏导数可写为

$$\frac{\partial J(\boldsymbol{u},\Phi)}{\partial\boldsymbol{\alpha}}=\frac{\partial D_{1122}^{H}(\boldsymbol{u},\Phi(\boldsymbol{\alpha}))}{\partial\boldsymbol{\alpha}}+\frac{\partial D_{2211}^{H}(\boldsymbol{u},\Phi(\boldsymbol{\alpha}))}{\partial\boldsymbol{\alpha}}-2\frac{\partial D_{1212}^{H}(\boldsymbol{u},\Phi(\boldsymbol{\alpha}))}{\partial\boldsymbol{\alpha}} \tag{4-32}$$

根据式(4-27)易知：材料等效弹性张量的设计灵敏度为

$$\frac{\partial D_{ijkl}^{H}}{\partial\boldsymbol{\alpha}}=-\frac{1}{|\Omega|}\int_{\Omega}\beta(\boldsymbol{u})\varphi(\boldsymbol{x})\delta(\Phi)\mathrm{d}\Omega \tag{4-33}$$

因此，本章中所定义的负泊松比超材料的目标函数灵敏度可通过将式(4-33)代入式(4-32)解得。同样，材料微结构体积约束的灵敏度可推导为

$$\frac{\partial V}{\partial \boldsymbol{\alpha}}=\frac{1}{|\Omega|}\int_{\Omega}\varphi(\boldsymbol{x})\delta(\Phi)\mathrm{d}\Omega \tag{4-34}$$

4.3.4 数值实例

这里考虑单胞的几何对称性以得到正交各项异性或正方形的二维对称材料，例如，单轴对称(半对称)或双轴对称(方形对称)。因而本节案例只将单胞的一半或四分之一位移域进行分析与优化，以显著提高优化的效率，更多对称边界的施加可参考文献[25]。为了讨论简便而不失一般性，本节聚焦于平面应力条件下[14]的负泊松比超材料设计。经典弹性力学里，平面问题的泊松比区间值设定为$-1\leqslant\nu\leqslant1$。

为了讨论基于参数化水平集的负泊松比材料拓扑优化设计方法在各向同性和正交各向异性材料上的有效性，我们定义了6种初始设计对应于6种情况。如图4-5所示，通过将几何对称性应用于材料单元来定义各向同性和正交各向异性：其中图4-5(a)～(c)关于x和y方向对称来实现正交各向异性，图4-5(d)～(f)关于x和y方向对称以及对角线对称来获得各向同性，六种情况下的最大体积分数均定义为0.35[26]。

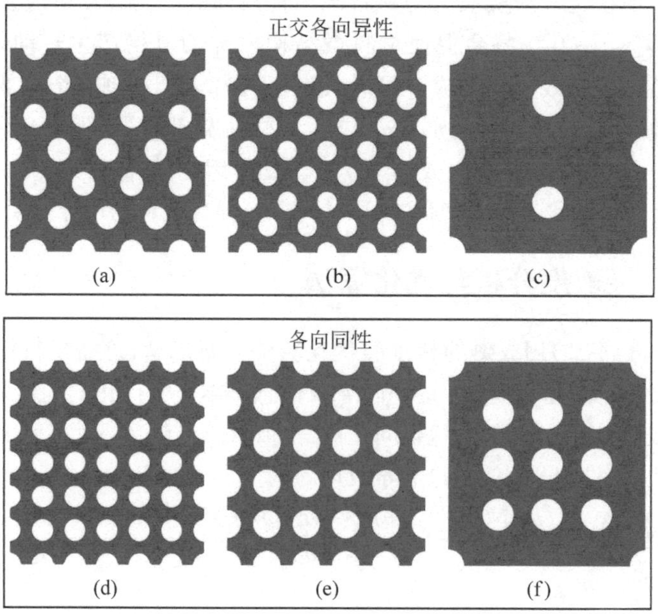

图4-5　6种不同的初始设计方案

(a) 初始设计1；(b) 初始设计2；(c) 初始设计3；(d) 初始设计4；(e) 初始设计5；(f) 初始设计6

表 4-3 列出了 6 种负泊松比超材料的优化结果，包括优化后的周期性单胞(PUC)、相应的水平集图像、3×3 PUC、均匀化弹性张量和两个方向的泊松比。可见，我们得到了一系列新颖的负泊松比材料。由于初始设计不同，具有负泊松比的材料微结构在六种情况下也完全不同。从表 4-3 的最后一列可知，在本节给出的目标函数下优化得到的二维正交各向异性材料在两个方向上具有负泊松比特性。此外，二维正交各向异性材料的泊松比可低于－1(如案例 1、2、3 所示)，而二维各向同性材料的泊松比不能超过其理论下限值－1(如案例 4、5、6 所示)。如表 4-3 的第二、四列所示，具有负泊松比的材料单元的优化拓扑具有光滑的边界，并且在固体和空隙之间没有灰度单元，这也正是参数化水平集方法所使用的边界描述方式所带来的优势。

表 4-3　6 种初始条件下的优化结果

案例	PUC	水平集	3×3 PUC	$\boldsymbol{D}^H$	ν
1				$\begin{bmatrix} 0.037 & -0.048 & 0 \\ -0.048 & 0.098 & 0 \\ 0 & 0 & 0.002 \end{bmatrix}$	$\nu_{12}=-1.3$ $\nu_{21}=-0.49$
2				$\begin{bmatrix} 0.103 & -0.053 & 0 \\ -0.053 & 0.0787 & 0 \\ 0 & 0 & 0.003 \end{bmatrix}$	$\nu_{12}=-0.52$ $\nu_{21}=-0.68$
3	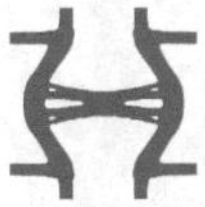			$\begin{bmatrix} 0.43 & -0.048 & 0 \\ -0.048 & 0.102 & 0 \\ 0 & 0 & 0.004 \end{bmatrix}$	$\nu_{12}=-1.12$ $\nu_{21}=-0.48$
4				$\begin{bmatrix} 0.074 & -0.048 & 0 \\ -0.048 & 0.074 & 0 \\ 0 & 0 & 0.005 \end{bmatrix}$	$\nu_{12}=-0.66$ $\nu_{21}=-0.66$
5			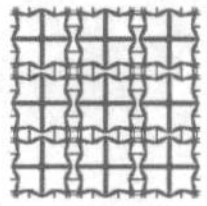	$\begin{bmatrix} 0.1 & -0.047 & 0 \\ -0.047 & 0.1 & 0 \\ 0 & 0 & 0.004 \end{bmatrix}$	$\nu_{12}=-0.47$ $\nu_{21}=-0.47$
6	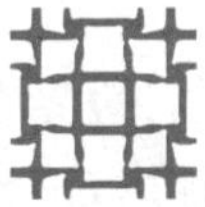		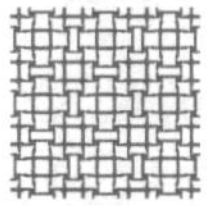	$\begin{bmatrix} 0.106 & -0.054 & 0 \\ -0.054 & 0.106 & 0 \\ 0 & 0 & 0.006 \end{bmatrix}$	$\nu_{12}=-0.50$ $\nu_{21}=-0.50$

图 4-6 显示了案例 3 和案例 4 的优化迭代过程。收敛过程的轨迹表明目标函数和体积分数在 100 步内快速收敛到最优解，这说明基于参数化水平集的负泊松比超材料拓扑优化设计方法具有很高的优化效率。此外，图 4-6 中材料微结构的拓扑演化过程可以很好地说明结构中的新孔成型和旧孔合并机制。

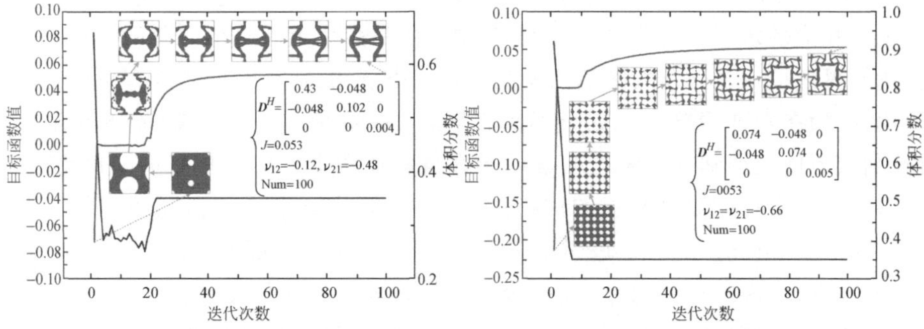

(a) (b)

图 4-6　案例 3 和案例 4 的迭代曲线

(a) 案例 3；(b) 案例 4

为了验证所设计材料微结构的负泊松比特性，将案例 4 中的优化结果导入 ANSYS 软件中，以模拟负泊松比超材料微结构的变形情况。仿真分析后的负泊松比超材料微结构位移场如图 4-7 所示。可以很容易地看出该结构具有拉胀特征（即负泊松比效应），即在长度方向上拉伸时，结构沿高度方向扩展。

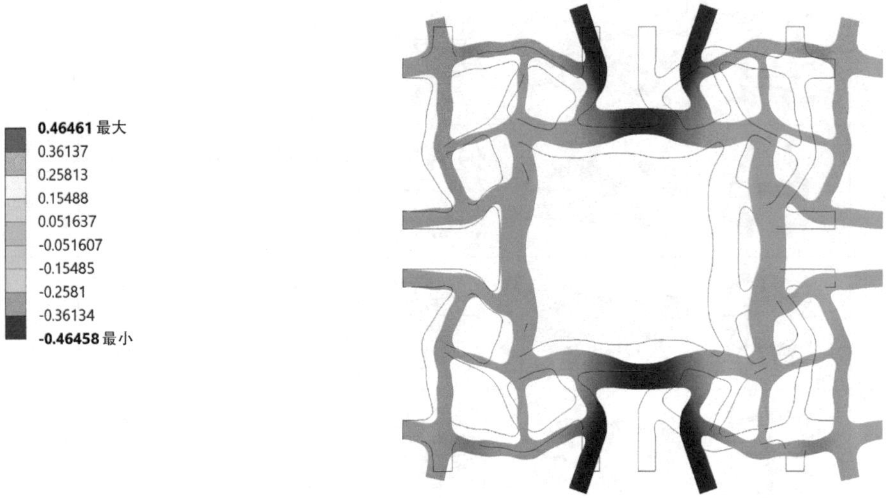

图 4-7　负泊松比超材料的仿真分析

根据仿真结果，顶部或底部边界的最大位移等于 0.465mm，右边界在长度方向上的位移都等于 1mm，泊松比等于−0.465。然而，在优化设计中，泊松比等于−0.66。可见，优化结果与仿真结果之间存在一定误差。经过分析，两个因素在一定程度上可导致上述误差：①当微结构中的有限单元被结构边界切割时，很难精确捕获结构几何形状并准确计算微结构体积分数；②将 STL 文件输入 ANSYS 以获得负泊松比结构时，输入结构中有许多精细结构，ANSYS Space Claim 中用于重建负泊松比微结构的逆向工程在一定程度上会产生误差。

4.4 功能梯度材料拓扑优化设计

4.4.1 功能梯度材料拓扑优化设计问题

本节将继续就4.3节所涉及的负泊松比超材料(即拉胀超材料)展开进一步讨论。基于负泊松比超材料的工程产品应具备多功能性。例如舰艇的防护结构[27]和车辆防撞结构[28],更加强调特殊功能性和承载性的综合:一方面,产品在受冲击时,拉胀效应(负泊松比效应)使得材料瞬间朝受冲击处聚集,从而吸收更多能量,防止结构被破坏(图4-8);另一方面,产品必须具备足够的刚度以保障结构的稳定性及静、动态性能。通常来讲,负泊松比超材料的微观多孔微结构必须足够疏松,以实现其中铰链机构的收缩与伸展,进而呈现出拉胀特性,然而这也导致基于负泊松比超材料的工程结构在承载时缺乏刚度。研究同时具备负泊松比属性和足够刚度的负泊松比超材料是产品设计与工程应用成败的关键,在科学界和工业界得到了越来越多的关注和重视。

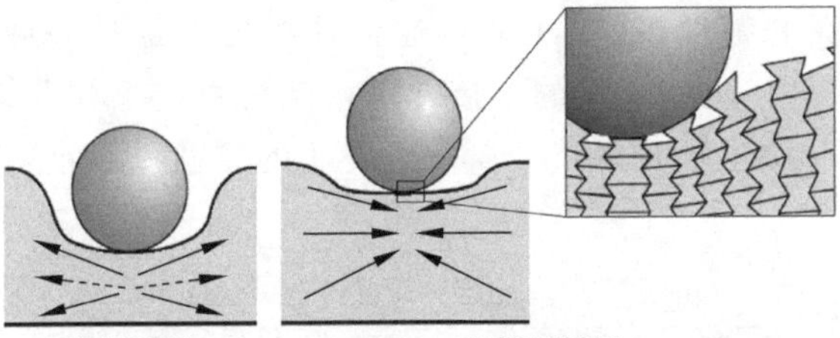

图4-8 受冲击时常规材料和拉胀超材料的变形模式

在材料微结构设计领域,多功能的集成一直是研究的热点和重点,"功能梯度材料"的概念也应运而生。功能梯度材料是指材料的组分和微结构在指定方向上呈梯度变化,从而使材料性能呈梯度变化的新型材料,目的是实现不同材料的性能综合且消除界面上材料性能的突变。由此可见,集成功能梯度材料和拉胀(负泊松比)超材料的概念,研究新型的功能梯度负泊松比超材料,是提升该特殊材料综合性能的有效途径。

在功能梯度材料的微结构拓扑优化方面,刘书田和程耿东[29]提出了基于均匀化理论的功能梯度材料优化设计方法。Zhou和Li[30]根据给定的功能梯度约束,设计了杨氏模量和材料体积分数连续变化的功能梯度材料,并重点探讨了材料微结构间的连接性问题。Paulino等[31]假设材料的微结构拓扑优化模型中设计变量完全连续变化,而不是常规的"0~1"变化,从而实现了材料在局部水平上的功能梯度性。Radman等[32]利用BESO方法设计了剪切模量和体积模量梯度变化的材料,为提高计算效率,他们采用了渐进式的优化方法,每一阶段仅优化3个相邻的微结构。当前的大部分研究仅从材料梯度属性的角度展开拓扑优化设计，很少有研究同时考虑宏观载荷、边界条件和微观材料梯度属性，并进行功能梯度材料微结构拓扑优化设计。

本节讨论一种功能梯度负泊松比超材料优化设计的概念，并在此基础上，构造一种基于参数化水平集和多尺度分析的功能梯度负泊松比超材料拓扑优化设计方法。

4.4.2 功能梯度材料微结构的连接性问题

传统的均匀化材料设计中，周期性边界条件施加于每一个微结构(或称单胞)上，因而相邻微结构间不会产生无法连接的问题。然而，在功能梯度材料设计中，为了实现材料宏观等效属性的梯度变化，沿着功能梯度方向上会布置拓扑构型不同的材料微结构，这可能会导致不同层间的周期性微结构出现无法连接的情况。因而，为了产生一个工程上可行的设计，必须考虑功能梯度材料中相邻层之间微结构的连接性问题。本节采用一种运动学连接约束方法来解决该问题[30]。该方法在材料具有功能梯度属性方向的相邻微结构间引入了一些指定运动学连接件，且为了保证数值计算的精度，这些运动学连接件尽可能保持一致，如图 4-9 所示。在具体的实施过程中，这些预设的连接件可被认为由一系列非设计区域所填充，并在优化过程中不发生任何拓扑、形状和尺寸的变化，从而保证微结构间的连接性。

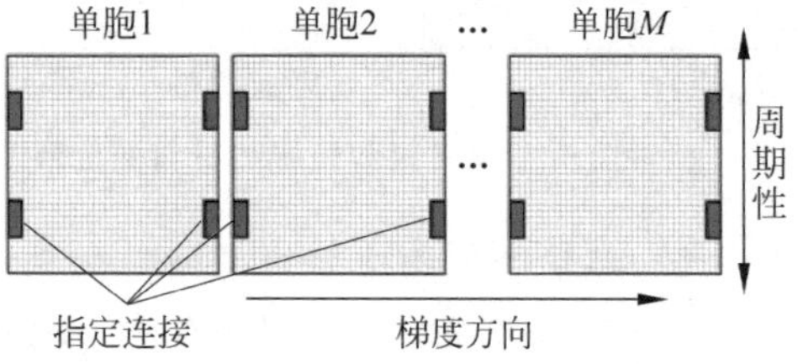

图 4-9　不同微结构或单胞间的运动学连接件

4.4.3 功能梯度材料拓扑优化模型

本节提出了一种符合工程应用需求的分层设计思想，以设计具有多种连续变化微结构或代表性单胞的功能梯度负泊松比超材料。这种分层设计思想见图 4-10。其基本思路是将负泊松比超材料的整体视为宏观设计域，每一个材料微结构视为微观设计域，每一层材料微结构具有同样的拓扑构型(即材料属性)，沿外部载荷传递路径逐步递减材料微结构的体积分数，以实现材料刚度的梯度递减和材料负泊松比属性的梯度递增，从材料整体性能的角度而言，这种处理方式利于实现负泊松比材料刚度性能和负泊松比属性的自然过渡和融合。此外，宏观设计域被分成了描述材料功能梯度属性的不同层，采用 4.2 节所介绍的均匀化方法将宏观设计域的有限元分析与微观设计域的有限元分析联系起来，同时优化所有独立层中的材料微结构。可见，材料的设计将受到宏观设计域的载荷、边界条件影响，整个宏观设计域完全被不同聚合层的微结构所填充，且这些微结构的拓扑构型决定着宏观功能梯度结构的性能。这种情况下，虽然宏观结构的整体拓扑构型保持不变，但其内在微结构的属性也会随着微结构拓扑结构的变化而发生改变。

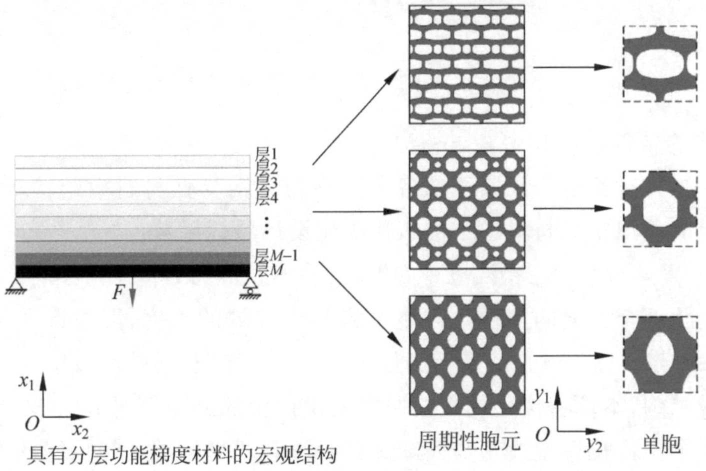

图 4-10　功能梯度负泊松比超材料的分层设计思想

分层设计思想非常适合于工程中功能梯度材料的设计，因其具备如下优点：①每一层设计中，采用相同的微结构或代表性单胞来填充，可显著减少优化设计的计算成本；②每一层中的所有微结构都是相同的，便于制造；③宏观结构所具有的梯度属性很容易被每一层微结构所控制与识别，便于工程应用。

本节的主要目的是综合考虑材料的刚度和拉胀属性，实现功能梯度拉胀超材料的拓扑优化设计。也就是说，所设计材料的最优拓扑构型既需要考虑承载性能，还要考虑抗冲击性能。因此，关键是构建基于参数化水平集的多目标优化模型。这里，首先定义两种不同尺度下的优化目标，即宏观尺度下的刚度目标和微观尺度下的拉胀属性目标。

材料在宏观尺度下的刚度最大化问题可定义为柔度最小化问题，因此，可给出如下柔度目标：

$$\begin{aligned} f^{\mathrm{MA}} &= \frac{1}{2}\int_{\Omega^{\mathrm{MA}}} \varepsilon_{ij}(\boldsymbol{u}^{\mathrm{MA}}) D_{ijkl}^{H}(\boldsymbol{u}^{\mathrm{MI}}, \Phi^{\mathrm{MI}}) \varepsilon_{kl}(\boldsymbol{u}^{\mathrm{MA}}) H(\Phi^{\mathrm{MA}}) \mathrm{d}\Omega^{\mathrm{MA}} \\ &= \frac{1}{2}\int_{\Omega^{\mathrm{MA}}} \varepsilon_{ij}(\boldsymbol{u}^{\mathrm{MA}}) D_{ijkl}^{H}(\boldsymbol{u}^{\mathrm{MI}}, \Phi^{\mathrm{MI}}) \varepsilon_{kl}(\boldsymbol{u}^{\mathrm{MA}}) \mathrm{d}\Omega^{\mathrm{MA}} \end{aligned} \tag{4-35}$$

其中，Ω^{MA} 代表宏观设计域（上标 MA 表示宏观尺度上定义的物理量）；$\boldsymbol{u}^{\mathrm{MA}}$ 是宏观有限元模型中的位移场；Φ^{MA} 代表整个宏观设计域中的水平集函数；ε 是应变场。因为宏观设计域的拓扑构型不参与优化，Φ^{MA} 通常可被认为是大于 Δ 的正数。这时 Heaviside 函数值总是等于 1，因而可被忽略。上标 MI 表示微观尺度上定义的物理量。

考虑到材料的宏观设计域被划分为 M 层，因此宏观目标函数 f^{MA} 可被重新改写为如下形式：

$$\begin{aligned} f^{\mathrm{MA}} &= \sum_{m=1}^{M} f_m^{\mathrm{MA}}(\boldsymbol{u}_m^{\mathrm{MA}}, \boldsymbol{u}_m^{\mathrm{MI}}, \Phi_m^{\mathrm{MI}}) \\ &= \sum_{m=1}^{M} \frac{1}{2}\int_{\Omega_m^{\mathrm{MA}}} \varepsilon_{ij}(\boldsymbol{u}_m^{\mathrm{MA}}) D_{ijkl}^{H}(\boldsymbol{u}_m^{\mathrm{MI}}, \Phi_m^{\mathrm{MI}}) \varepsilon_{kl}(\boldsymbol{u}_m^{\mathrm{MA}}) \mathrm{d}\Omega_m^{\mathrm{MA}} \end{aligned} \tag{4-36}$$

m 代表当前的层数，且 $m=1,2,\cdots,M$。

为了获得具有负泊松比属性的各向同性与各向异性材料微结构，可采用下述微观尺度上的负泊松比材料微结构拓扑优化设计目标函数：

$$f_m^{\mathrm{MI}} = D_{1122}^{H}(\boldsymbol{u}_m^{\mathrm{MI}}, \Phi_m^{\mathrm{MI}}) + D_{2211}^{H}(\boldsymbol{u}_m^{\mathrm{MI}}, \Phi_m^{\mathrm{MI}}) - 2D_{1212}^{H}(\boldsymbol{u}_m^{\mathrm{MI}}, \Phi_m^{\mathrm{MI}}) \tag{4-37}$$

为了优化两个方向的泊松比与整个宏观设计域的柔度，需进行同时考虑目标函数式(4-36)与式(4-37)的多目标优化设计。为了在宏观设计域中获得具有功能梯度材料微结构，本章将优化模型按照宏观设计域的分层情况分为 M 个子优化模型。对于每个子优化模型，均同时考虑两种目标，即材料柔度和拉胀属性。由于这两种优化目标定义在不同的尺度下，且两者之间的关联关系无法显式描述，这里采用归一化指数加权准则法（normalized exponential weighted criterion, NEWC）[33,34]来构建多目标优化模型，其主要原因在于：①NEWC 中的归一化操作消除了不同尺度下目标函数数量级对于多目标优化的影响；②NEWC 是一种在理论上被证明的、能够满足 Pareto 最优充要条件的多目标模型，保证了在 Pareto 前端非凸时也可能获得全部 Pareto 最优解，非常适合于复杂的多目标拓扑优化问题。在本节中，基于 NEWC 的两种子目标函数可被改写为

$$J_m^{\mathrm{MA}} = (\exp(q w_{m,a}) - 1)\exp\left(q\left(\frac{f_m^{\mathrm{MA}}(\boldsymbol{u}_m^{\mathrm{MA}}, \boldsymbol{u}_m^{\mathrm{MI}}, \Phi_m^{\mathrm{MI}}) - f_{m,\min}^{\mathrm{MA}}}{f_{m,\max}^{\mathrm{MA}} - f_{m,\min}^{\mathrm{MA}}}\right)\right) \tag{4-38}$$

$$J_m^{\mathrm{MI}} = (\exp(q w_{m,b}) - 1)\exp\left(q\left(\frac{f_m^{\mathrm{MI}}(\boldsymbol{u}_m^{\mathrm{MI}}, \Phi_m^{\mathrm{MI}}) - f_{m,\min}^{\mathrm{MI}}}{f_{m,\max}^{\mathrm{MI}} - f_{m,\min}^{\mathrm{MI}}}\right)\right) \tag{4-39}$$

式中，参数 $w_{m,a}$ 与 $w_{m,b}$ 分别表示第 m 层两个目标函数的权重，且 $w_{m,a}$ 与 $w_{m,b}$ 之和为 1；$f_{m,\min}^{\mathrm{MA}}$、$f_{m,\max}^{\mathrm{MA}}$、$f_{m,\min}^{\mathrm{MI}}$ 与 $f_{m,\max}^{\mathrm{MI}}$ 分别代表宏观与微观目标函数的理想点，可以通过单独求解单目标函数得到；q 为 NEWC 中的指数常量，本节中取 $q=2$。在基于 NEWC 子目标函数中，J_m^{MA} 为第 m 层材料柔度的目标函数，J_m^{MI} 为第 m 层材料负泊松比属性的目标函数。本节所考虑的多目标拓扑优化数学模型可构造为如下形式：

$$\text{求 } \alpha_{m,n}^{\mathrm{MI}} (m=1,2,\cdots,M; n=1,2,\cdots,N)$$

$$\begin{cases}\text{Min}: J_m(\boldsymbol{u}_m^{\text{MA}},\boldsymbol{u}_m^{\text{MI}},\Phi_m^{\text{MI}}) = J_m^{\text{MA}}(\boldsymbol{u}_m^{\text{MA}},\boldsymbol{u}_m^{\text{MI}},\Phi_m^{\text{MI}}) + J_m^{\text{MI}}(\boldsymbol{u}_m^{\text{MI}},\Phi_m^{\text{MI}}) \\ \text{s.t.}: G_m(\Phi_m^{\text{MI}}) = \int_{\Omega_m^{\text{MA}}}\int_{\Omega_m^{\text{MI}}} H(\Phi_m^{\text{MI}})\mathrm{d}\Omega_m^{\text{MI}}\mathrm{d}\Omega_m^{\text{MA}} \leqslant V_m^{\max}, \\ \quad a^{\text{MA}}(\boldsymbol{u}^{\text{MA}},\boldsymbol{v}^{\text{MA}},\boldsymbol{u}^{\text{MI}},\Phi^{\text{MI}}) = l^{\text{MA}}(\boldsymbol{v}^{\text{MA}}), \forall\, \boldsymbol{v}^{\text{MA}} \in \bar{U}(\Omega^{\text{MA}}), \\ \quad a^{\text{MI}}(\boldsymbol{u}_m^{\text{MI}},\boldsymbol{v}_m^{\text{MI}},\Phi_m^{\text{MI}}) = l^{\text{MI}}(\boldsymbol{v}_m^{\text{MI}},\Phi_m^{\text{MI}}), \forall\, \boldsymbol{v}_m^{\text{MI}} \in \bar{U}(\Omega_m^{\text{MI}}), \\ \quad \tilde{\alpha}_{m,\min}^{\text{MI}} \leqslant \tilde{\alpha}_{m,n}^{\text{MI}} \leqslant \tilde{\alpha}_{m,\max}^{\text{MI}} \end{cases} \tag{4-40}$$

在模型式(4-40)中，下标 n 与 m 代表第 m 层微结构水平集网格的第 n 个节点，N 为微结构中水平集网格的结点总数量，M 是宏观设计空间的层数。对第 m 个优化模型来说(第 m 层优化问题)，J_m 是目标函数，G_m 是体积约束，$V_m^{\max}$ 代表最大可允许的材料用量。$\boldsymbol{u}$ 与 $\boldsymbol{v}$ 分别代表实位移与虚位移。$\bar{U}(\Omega^{\text{MA}})$代表 Ω^{MA} 中所有运动学上可允许位移集合，$\bar{U}(\Omega_m^{\text{MI}})$代表 Ω_m^{MI} 中所有运动学上可允许位移集合，Ω_m^{MI} 是第 m 层微结构的设计域。$\alpha_{m,n}^{\text{MI}}$ 代表径向基函数插值中的扩展系数，即拓扑优化的设计变量。$\tilde{\alpha}_{m,\min}^{\text{MI}}=0.001$ 与 $\tilde{\alpha}_{m,\max}^{\text{MI}}=1$ 分别代表 $\tilde{\alpha}_{m,n}^{\text{MI}}$ 的上下界，$\tilde{\alpha}_{m,n}^{\text{MI}}$ 是优化算法中规范化的设计变量。宏观有限元模型中的双线性能量形式与线性载荷形式分别为

$$a^{\text{MA}} = \int_{\Omega^{\text{MA}}} \varepsilon_{ij}(\boldsymbol{u}^{\text{MA}}) D_{ijkl}^{H}(\boldsymbol{u}^{\text{MI}},\Phi^{\text{MI}}) \varepsilon_{kl}(\boldsymbol{v}^{\text{MA}}) \mathrm{d}\Omega^{\text{MA}} \tag{4-41}$$

$$l^{\text{MA}} = \int_{\Omega^{\text{MA}}} \boldsymbol{p}\boldsymbol{v}^{\text{MA}} \mathrm{d}\Omega^{\text{MA}} + \int_{\partial\Omega^{\text{MA}}} \boldsymbol{\tau}\boldsymbol{v}^{\text{MA}} \mathrm{d}\Gamma^{\text{MA}} \tag{4-42}$$

其中，$\boldsymbol{p}$ 是体积力；$\boldsymbol{\tau}$ 是沿着边界 Γ^{MA} 的牵引力。值得说明的是，宏观位移场 $\boldsymbol{u}^{\text{MA}}$ 与 $\boldsymbol{v}^{\text{MA}}$ 定义在设计空间 Ω^{MA} 中，并不具备周期性。微观有限元模型中的双线性能量形式与线性载荷形式可写为

$$a^{\text{MI}} = \int_{\Omega_m^{\text{MI}}} \varepsilon_{\text{pq}}^{*}(u_m^{\text{MI}(ij)}) D_{\text{pqrs}} \varepsilon_{\text{rs}}^{*}(v_m^{\text{MI}(ij)}) H(\Phi_m^{\text{MI}}) \mathrm{d}\Omega_m^{\text{MI}} \tag{4-43}$$

$$l^{\text{MI}} = \int_{\Omega_m^{\text{MI}}} \varepsilon_{\text{pq}}^{0(ij)} D_{\text{pqrs}} \varepsilon_{\text{rs}}^{*}(v_m^{\text{MI}(ij)}) H(\Phi_m^{\text{MI}}) \mathrm{d}\Omega_m^{\text{MI}} \tag{4-44}$$

微观位移场 $\boldsymbol{u}_m^{\text{MI}}$ 与 $\boldsymbol{v}_m^{\text{MI}}$ 均定义在设计空间 Ω_m^{MI} 中，且 $\boldsymbol{u}_m^{\text{MI}}$ 与 $\boldsymbol{v}_m^{\text{MI}}$ 具有与 Ω_m^{MI} 一致的周期性。每一层中子优化问题的体积约束 $V_m^{\max}$ 都是不同的，以便在宏观设计域中产生功能梯度性，其中 $V_m^{\max}$ 可定义为

$$V_m^{\max} = V_1 + (V_M - V_1)\left(\frac{m-1}{M-1}\right)^{\xi} \tag{4-45}$$

式中，(V_1, V_M)决定了体积约束的范围。如果参数 $\xi=1$，则微结构的体积约束将会呈线性变化的趋势，否则各层微结构的体积约束将呈非线性变化。这里，选择以微结构体积分数作为梯度变化指标的主要考虑在于：在多数情况下，微结构中材料的使用量与其刚度正相关。本节关注于设计兼顾刚度与拉胀属性的功能梯度拉胀超材料，因此，选择合适的体积分数梯度约束以实现宏观设计域内不同层间的功能梯度变化，能够自然地综合材料的刚度与拉胀属性。需要特别说明的是，所设置

的微结构体积分数梯度约束或多或少依赖于经验，工程上很难确定一个最好的功能梯度准则。

4.4.4 灵敏度分析与优化算法

1. 灵敏度分析

本部分采用基于参数化水平集的拓扑优化方法对功能梯度拉胀超材料进行设计。类似地，下面将推导目标函数与约束条件关于设计变量的导数，以便应用基于梯度的优化算法对优化模型式(4-40)进行求解。

$D_{ijkl}^{H}(\boldsymbol{u}_m^{\mathrm{MI}},\Phi_m^{\mathrm{MI}})$，$a^{\mathrm{MI}}(\boldsymbol{u}_m^{\mathrm{MI}},\boldsymbol{v}_m^{\mathrm{MI}},\Phi_m^{\mathrm{MI}})$与$l^{\mathrm{MI}}(\boldsymbol{v}_m^{\mathrm{MI}},\Phi_m^{\mathrm{MI}})$的形状导数可分别表达为

$$\begin{aligned}\frac{\partial D_{ijkl}^{H}}{\partial t}=&\frac{1}{|\Omega_m^{\mathrm{MI}}|}\int_{\Omega_m^{\mathrm{MI}}}(\varepsilon_{\mathrm{pq}}^{0(ij)}-\varepsilon_{\mathrm{pq}}^{*}(u_m^{\mathrm{MI}(ij)}))D_{\mathrm{pqrs}}(\varepsilon_{\mathrm{rs}}^{0(kl)}-\\&\varepsilon_{\mathrm{rs}}^{*}(u_m^{\mathrm{MI}(kl)}))V_m^{\mathrm{MI}}\mid\nabla\Phi_m^{\mathrm{MI}}\mid\delta(\Phi_m^{\mathrm{MI}})\mathrm{d}\Omega_m^{\mathrm{MI}}-\\&\frac{2}{|\Omega_m^{\mathrm{MI}}|}\int_{\Omega_m^{\mathrm{MI}}}(\varepsilon_{\mathrm{pq}}^{*}(\dot{u}_m^{\mathrm{MI}(ij)}))D_{\mathrm{pqrs}}(\varepsilon_{\mathrm{rs}}^{0(kl)}-\varepsilon_{\mathrm{rs}}^{*}(u_m^{\mathrm{MI}(kl)}))H(\Phi_m^{\mathrm{MI}})\mathrm{d}\Omega_m^{\mathrm{MI}}\end{aligned}\tag{4-46}$$

$$\begin{aligned}\frac{\partial a^{\mathrm{MI}}}{\partial t}=&\int_{\Omega_m^{\mathrm{MI}}}\varepsilon_{\mathrm{pq}}^{*}(u_m^{\mathrm{MI}(ij)})D_{\mathrm{pqrs}}\varepsilon_{\mathrm{rs}}^{*}(v_m^{\mathrm{MI}(ij)})V_m^{\mathrm{MI}}\mid\nabla\Phi_m^{\mathrm{MI}}\mid\delta(\Phi_m^{\mathrm{MI}})\mathrm{d}\Omega_m^{\mathrm{MI}}+\\&\int_{\Omega_m^{\mathrm{MI}}}[\varepsilon_{\mathrm{pq}}^{*}(\dot{u}_m^{\mathrm{MI}(ij)})D_{\mathrm{pqrs}}\varepsilon_{\mathrm{rs}}^{*}(v_m^{\mathrm{MI}(ij)})+\varepsilon_{\mathrm{pq}}^{*}(u_m^{\mathrm{MI}(ij)})D_{\mathrm{pqrs}}\varepsilon_{\mathrm{rs}}^{*}(\dot{v}_m^{\mathrm{MI}(ij)})]H(\Phi_m^{\mathrm{MI}})\mathrm{d}\Omega_m^{\mathrm{MI}}\end{aligned}\tag{4-47}$$

$$\begin{aligned}\frac{\partial l^{\mathrm{MI}}}{\partial t}=&\int_{\Omega_m^{\mathrm{MI}}}\varepsilon_{\mathrm{pq}}^{0(ij)}D_{\mathrm{pqrs}}\varepsilon_{\mathrm{rs}}^{*}(v_m^{\mathrm{MI}(ij)})V_m^{\mathrm{MI}}\mid\nabla\Phi_m^{\mathrm{MI}}\mid\delta(\Phi_m^{\mathrm{MI}})\mathrm{d}\Omega_m^{\mathrm{MI}}+\\&\int_{\Omega_m^{\mathrm{MI}}}\varepsilon_{\mathrm{pq}}^{0(ij)}D_{\mathrm{pqrs}}\varepsilon_{\mathrm{rs}}^{*}(\dot{v}_m^{\mathrm{MI}(ij)})H(\Phi_m^{\mathrm{MI}})\mathrm{d}\Omega_m^{\mathrm{MI}}\end{aligned}\tag{4-48}$$

其中，V_m^{MI}是定义在第m层微观尺度的法向速度。

接着，可构建如下共轭方程：

$$\begin{aligned}&\int_{\Omega_m^{\mathrm{MI}}}\varepsilon_{\mathrm{pq}}^{*}(u_m^{\mathrm{MI}(ij)})D_{\mathrm{pqrs}}\varepsilon_{\mathrm{rs}}^{*}(\dot{v}_m^{\mathrm{MI}(ij)})H(\Phi_m^{\mathrm{MI}})\mathrm{d}\Omega_m^{\mathrm{MI}}\\=&\int_{\Omega_m^{\mathrm{MI}}}\varepsilon_{\mathrm{pq}}^{0(ij)}D_{\mathrm{pqrs}}\varepsilon_{\mathrm{rs}}^{*}(\dot{v}_m^{\mathrm{MI}(ij)})H(\Phi_m^{\mathrm{MI}})\mathrm{d}\Omega_m^{\mathrm{MI}}\end{aligned}\tag{4-49}$$

分别对模型(4-40)中的微观有限元平衡方程的两端对时间变量t求偏导，可以得出：

$$\frac{\partial a^{\mathrm{MI}}(\boldsymbol{u}_m^{\mathrm{MI}},\boldsymbol{v}_m^{\mathrm{MI}},\Phi_m^{\mathrm{MI}})}{\partial t}=\frac{\partial l^{MI}(\boldsymbol{v}_m^{\mathrm{MI}},\Phi_m^{\mathrm{MI}})}{\partial t}\tag{4-50}$$

将式(4-47)～式(4-49)代入式(4-50)：

$$\int_{\Omega_m^{\mathrm{MI}}}(\varepsilon_{\mathrm{pq}}^{0(ij)}-\varepsilon_{\mathrm{pq}}^{*}(u_m^{\mathrm{MI}(ij)}))D_{\mathrm{pqrs}}\varepsilon_{\mathrm{rs}}^{*}(v_m^{\mathrm{MI}(ij)})V_m^{\mathrm{MI}}\mid\nabla\Phi_m^{\mathrm{MI}}\mid\delta(\Phi_m^{\mathrm{MI}})\mathrm{d}\Omega_m^{\mathrm{MI}}$$

$$=\int_{\Omega_m^{\mathrm{MI}}}\varepsilon_{pq}^*(\dot{u}_m^{\mathrm{MI}(ij)})D_{pqrs}\varepsilon_{rs}^*(v_m^{\mathrm{MI}(ij)})H(\Phi_m^{\mathrm{MI}})\mathrm{d}\Omega_m^{\mathrm{MI}} \tag{4-51}$$

将式(4-51)代入式(4-46)，并且考虑到弹性系统为自伴随[35]，可以推导弹性张量的形状导数：

$$\frac{\partial D_{ijkl}^H}{\partial t}=-\frac{1}{|\Omega_m^{\mathrm{MI}}|}\int_{\Omega_m^{\mathrm{MI}}}\beta(\boldsymbol{u}_m^{\mathrm{MI}})V_m^{\mathrm{MI}}\mid\nabla\Phi_m^{\mathrm{MI}}\mid\delta(\Phi_m^{\mathrm{MI}})\mathrm{d}\Omega_m^{\mathrm{MI}} \tag{4-52}$$

其中，
$$\beta(\boldsymbol{u}_m^{\mathrm{MI}})=(\varepsilon_{pq}^{0(ij)}-\varepsilon_{pq}^*(u_m^{\mathrm{MI}(ij)}))D_{pqrs}(\varepsilon_{rs}^{0(kl)}-\varepsilon_{rs}^*(u_{\mathrm{m}}^{\mathrm{MI}(kl)})) \tag{4-53}$$

将参数化水平集的速度场式(2-22)代入式(4-52)，可以得到：

$$\frac{\partial D_{ijkl}^H}{\partial t}=-\sum_{n=1}^{N}\left(\frac{1}{|\Omega_m^{\mathrm{MI}}|}\int_{\Omega_m^{\mathrm{MI}}}\beta(\boldsymbol{u}_m^{\mathrm{MI}})\varphi_{m,n}^{\mathrm{MI}}(\boldsymbol{x})\delta(\Phi_m^{\mathrm{MI}})\mathrm{d}\Omega_m^{\mathrm{MI}}\right)\cdot\frac{\partial\alpha_{m,n}^{\mathrm{MI}}}{\partial t} \tag{4-54}$$

$\varphi_{m,n}^{\mathrm{MI}}$ 是微观设计域中第 m 层中第 n 个结点的径向基函数。

另一方面，依据链式法则，可推导等效弹性张量关于时间变量 t 的一阶偏导数：

$$\frac{\partial D_{ijkl}^H}{\partial t}=\sum_{n=1}^{N}\frac{\partial D_{ijkl}^H}{\partial\alpha_{m,n}^{\mathrm{MI}}}\cdot\frac{\partial\alpha_{m,n}^{\mathrm{MI}}}{\partial t} \tag{4-55}$$

通过对比式(4-54)和式(4-55)可以推得等效弹性张量关于设计变量的导数：

$$\frac{\partial D_{ijkl}^H}{\partial\alpha_{m,n}^{\mathrm{MI}}}=-\frac{1}{|\Omega_m^{\mathrm{MI}}|}\int_{\Omega_m^{\mathrm{MI}}}\beta(\boldsymbol{u}_m^{\mathrm{MI}})\varphi_{m,n}^{\mathrm{MI}}(\boldsymbol{x})\delta(\Phi_m^{\mathrm{MI}})\mathrm{d}\Omega_m^{\mathrm{MI}} \tag{4-56}$$

宏观目标函数 J_m^{MA} 关于设计变量 α 相关的偏导数为

$$\frac{\partial J_m^{\mathrm{MA}}}{\partial\alpha_{m,n}^{\mathrm{MI}}}=W_{m,a}\cdot\frac{\partial f_m^{\mathrm{MA}}}{\partial\alpha_{m,n}^{\mathrm{MI}}} \tag{4-57}$$

其中常量

$$W_{m,a}=\left(\frac{q}{f_{m,\max}^{\mathrm{MA}}-f_{m,\min}^{\mathrm{MA}}}\right)\cdot(\mathrm{e}^{qw_{m,a}}-1)\cdot\mathrm{e}^{q\left(\frac{f_m^{\mathrm{MA}}-f_{m,\min}^{\mathrm{MA}}}{f_{m,\max}^{\mathrm{MA}}-f_{m,\min}^{\mathrm{MA}}}\right)} \tag{4-58}$$

$f^{\mathrm{MA}}(\boldsymbol{u}^{\mathrm{MA}},\boldsymbol{u}^{\mathrm{MI}},\Phi^{\mathrm{MI}})$，$a^{\mathrm{MA}}(\boldsymbol{u}^{\mathrm{MA}},\boldsymbol{v}^{\mathrm{MA}},\boldsymbol{u}^{\mathrm{MI}},\Phi^{\mathrm{MI}})$ 以及 $l^{\mathrm{MA}}(\boldsymbol{v}^{\mathrm{MA}})$ 关于时间变量 t 的导数为

$$\frac{\partial f^{\mathrm{MA}}}{\partial t}=\int_{\Omega^{\mathrm{MA}}}\left[\varepsilon_{ij}(\dot{\boldsymbol{u}}^{\mathrm{MA}})D_{ijkl}^H\varepsilon_{kl}(\boldsymbol{u}^{\mathrm{MA}})+\frac{1}{2}\varepsilon_{ij}(\boldsymbol{u}^{\mathrm{MA}})\frac{\partial D_{ijkl}^H}{\partial t}\varepsilon_{kl}(\boldsymbol{u}^{\mathrm{MA}})\right]\mathrm{d}\Omega^{\mathrm{MA}} \tag{4-59}$$

$$\begin{aligned}\frac{\partial a^{\mathrm{MA}}}{\partial t}=&\int_{\Omega^{\mathrm{MA}}}(\varepsilon_{ij}(\dot{\boldsymbol{u}}^{\mathrm{MA}})D_{ijkl}^H\varepsilon_{kl}(\boldsymbol{v}^{\mathrm{MA}})+\varepsilon_{ij}(\boldsymbol{u}^{\mathrm{MA}})D_{ijkl}^H\varepsilon_{kl}(\dot{\boldsymbol{v}}^{\mathrm{MA}})+\\&\varepsilon_{ij}(\boldsymbol{u}^{\mathrm{MA}})\frac{\partial D_{ijkl}^H}{\partial t}\varepsilon_{kl}(\boldsymbol{v}^{\mathrm{MA}}))\mathrm{d}\Omega^{\mathrm{MA}}\end{aligned} \tag{4-60}$$

$$\frac{\partial l^{\mathrm{MI}}}{\partial t}=\int_{\Omega^{\mathrm{MA}}}\boldsymbol{p}\,\dot{\boldsymbol{v}}^{\mathrm{MA}}\mathrm{d}\Omega^{\mathrm{MA}}+\int_{\partial\Omega^{\mathrm{MA}}}\boldsymbol{\tau}\,\dot{\boldsymbol{v}}^{\mathrm{MA}}\mathrm{d}\Gamma^{\mathrm{MA}} \tag{4-61}$$

接下来可定义下述共轭方程：

$$\int_{\Omega^{\mathrm{MA}}}\varepsilon_{ij}(\boldsymbol{u}^{\mathrm{MA}})D_{ijkl}^H\varepsilon_{kl}(\dot{\boldsymbol{v}}^{\mathrm{MA}})\mathrm{d}\Omega^{\mathrm{MA}}=\int_{\Omega^{\mathrm{MA}}}\boldsymbol{p}\,\dot{\boldsymbol{v}}^{\mathrm{MA}}\mathrm{d}\Omega^{\mathrm{MA}}+\int_{\partial\Omega^{\mathrm{MA}}}\boldsymbol{\tau}\,\dot{\boldsymbol{v}}^{\mathrm{MA}}\mathrm{d}\Gamma^{\mathrm{MA}} \tag{4-62}$$

分别对模型式(4-40)中的宏观有限元平衡方程的两端对时间变量 t 求偏导，可以得出：

$$\frac{\partial a^{\mathrm{MA}}(\boldsymbol{u}^{\mathrm{MA}},\boldsymbol{v}^{\mathrm{MA}},\boldsymbol{u}^{\mathrm{MI}},\Phi^{\mathrm{MI}})}{\partial t}=\frac{\partial l^{\mathrm{MA}}(\boldsymbol{v}^{\mathrm{MA}})}{\partial t} \tag{4-63}$$

类似地，将式(4-60)～式(4-62)代入式(4-63)：

$$\int_{\Omega^{\mathrm{MA}}}\varepsilon_{ij}(\dot{\boldsymbol{u}}^{\mathrm{MA}})D_{ijkl}^{H}\varepsilon_{kl}(\boldsymbol{v}^{\mathrm{MA}})\mathrm{d}\Omega^{\mathrm{MA}}=-\int_{\Omega^{\mathrm{MA}}}\varepsilon_{ij}(\boldsymbol{u}^{\mathrm{MA}})\frac{\partial D_{ijkl}^{H}}{\partial t}\varepsilon_{kl}(\boldsymbol{v}^{\mathrm{MA}})\mathrm{d}\Omega^{\mathrm{MA}} \tag{4-64}$$

由于柔度最小化问题为自伴随，因此可将式(4-64)进一步改写为

$$\int_{\Omega^{\mathrm{MA}}}\varepsilon_{ij}(\dot{\boldsymbol{u}}^{\mathrm{MA}})D_{ijkl}^{H}\varepsilon_{kl}(\boldsymbol{u}^{\mathrm{MA}})\mathrm{d}\Omega^{\mathrm{MA}}=-\int_{\Omega^{\mathrm{MA}}}\varepsilon_{ij}(\boldsymbol{u}^{\mathrm{MA}})\frac{\partial D_{ijkl}^{H}}{\partial t}\varepsilon_{kl}(\boldsymbol{u}^{\mathrm{MA}})\mathrm{d}\Omega^{\mathrm{MA}} \tag{4-65}$$

将式(4-65)代入式(4-59)：

$$\frac{\partial f^{\mathrm{MA}}}{\partial t}=-\frac{1}{2}\int_{\Omega^{\mathrm{MA}}}\varepsilon_{ij}(\boldsymbol{u}^{\mathrm{MA}})\frac{\partial D_{ijkl}^{H}(\boldsymbol{u}^{\mathrm{MI}},\Phi^{\mathrm{MI}})}{\partial t}\varepsilon_{kl}(\boldsymbol{u}^{\mathrm{MA}})\mathrm{d}\Omega^{\mathrm{MA}} \tag{4-66}$$

因此，第 m 层材料的柔度关于时间变量 t 的导数为

$$\frac{\partial f^{\mathrm{MA}}}{\partial t}=-\frac{1}{2}\int_{\Omega^{\mathrm{MA}}}\varepsilon_{ij}(\boldsymbol{u}^{\mathrm{MA}})\frac{\partial D_{ijkl}^{H}(\boldsymbol{u}^{\mathrm{MI}},\Phi^{\mathrm{MI}})}{\partial t}\varepsilon_{kl}(\boldsymbol{u}^{\mathrm{MA}})\mathrm{d}\Omega^{\mathrm{MA}} \tag{4-67}$$

将式(4-55)代入式(4-67)可以得到：

$$\frac{\partial f_{m}^{\mathrm{MA}}}{\partial t}=-\frac{1}{2}\int_{\Omega_{m}^{\mathrm{MA}}}\varepsilon_{ij}(\boldsymbol{u}_{m}^{\mathrm{MA}})\left[\sum_{n=1}^{N}\frac{\partial D_{ijkl}^{H}(\boldsymbol{u}_{m}^{\mathrm{MI}},\Phi_{m}^{\mathrm{MI}})}{\partial\alpha_{m,n}^{\mathrm{MI}}}\cdot\frac{\partial\alpha_{m,n}^{\mathrm{MI}}}{\partial t}\right]\varepsilon_{kl}(\boldsymbol{u}_{m}^{\mathrm{MA}})\mathrm{d}\Omega_{m}^{\mathrm{MA}} \tag{4-68}$$

另一方面，通过链式法则可直接推导目标函数 f_{m}^{MA} 关于时间变量 t 的偏导：

$$\frac{\partial f_{m}^{\mathrm{MA}}}{\partial t}=\sum_{n=1}^{N}\frac{\partial f_{m}^{\mathrm{MA}}}{\partial\alpha_{m,n}^{\mathrm{MI}}}\cdot\frac{\partial\alpha_{m,n}^{\mathrm{MI}}}{\partial t} \tag{4-69}$$

通过对比式(4-68)和式(4-69)可以得到：

$$\frac{\partial f_{m}^{\mathrm{MA}}}{\partial\alpha_{m,n}^{\mathrm{MI}}}=-\frac{1}{2}\int_{\Omega_{m}^{\mathrm{MA}}}\varepsilon_{ij}(\boldsymbol{u}_{m}^{\mathrm{MA}})\left[\frac{\partial D_{ijkl}^{H}(\boldsymbol{u}_{m}^{\mathrm{MI}},\Phi_{m}^{\mathrm{MI}})}{\partial\alpha_{m,n}^{\mathrm{MI}}}\right]\varepsilon_{kl}(\boldsymbol{u}_{m}^{\mathrm{MA}})\mathrm{d}\Omega_{m}^{\mathrm{MA}} \tag{4-70}$$

微观目标函数 J_{m}^{MI} 关于设计变量 α 相关的偏导数为

$$\frac{\partial J_{m}^{\mathrm{MI}}}{\partial\alpha_{m,n}^{\mathrm{MI}}}=W_{m,b}\cdot\frac{\partial f_{m}^{\mathrm{MI}}}{\partial\alpha_{m,n}^{\mathrm{MI}}} \tag{4-71}$$

其中常量

$$W_{m,b}=\left(\frac{q}{f_{m,\max}^{\mathrm{MI}}-f_{m,\min}^{\mathrm{MI}}}\right)\cdot(\mathrm{e}^{qw_{m,b}}-1)\cdot\mathrm{e}^{q\left(\frac{f_{m}^{\mathrm{MI}}-f_{m,\min}^{\mathrm{MI}}}{f_{m,\max}^{\mathrm{MI}}-f_{m,\min}^{\mathrm{MI}}}\right)} \tag{4-72}$$

式(4-71)中目标函数 f_{m}^{MI} 关于设计变量的导数为

$$\frac{\partial f_{m}^{\mathrm{MI}}}{\partial\alpha_{m,n}^{\mathrm{MI}}}=\frac{\partial D_{1122}^{H}}{\partial\alpha_{m,n}^{\mathrm{MI}}}+\frac{\partial D_{2211}^{H}}{\partial\alpha_{m,n}^{\mathrm{MI}}}-2\cdot\frac{\partial D_{1212}^{H}}{\partial\alpha_{m,n}^{\mathrm{MI}}} \tag{4-73}$$

基于式(4-56)，容易求得式(4-70)与式(4-73)所定义的导数。然后，凭借式(4-70)与式(4-73)，可分别计算出式(4-57)与式(4-71)所给出的设计敏度。联立

式(4-57)与式(4-71),可给出模型式(4-40)中目标函数的敏度:

$$\frac{\partial J_m}{\partial \alpha_{m,n}^{\mathrm{MI}}}=-\frac{1}{2}W_{m,a}\cdot\int_{\Omega_m^{\mathrm{MA}}}\varepsilon_{ij}(\boldsymbol{u}_m^{\mathrm{MA}})\frac{\partial D_{ijkl}^H}{\partial \alpha_{m,n}^{\mathrm{MI}}}\varepsilon_{kl}(\boldsymbol{u}_m^{\mathrm{MA}})\mathrm{d}\Omega_m^{\mathrm{MA}}+$$
$$W_{m,b}\cdot\left(\frac{\partial D_{1122}^H}{\partial \alpha_{m,n}^{\mathrm{MI}}}+\frac{\partial D_{2211}^H}{\partial \alpha_{m,n}^{\mathrm{MI}}}-2\cdot\frac{\partial D_{1212}^H}{\partial \alpha_{m,n}^{\mathrm{MI}}}\right)\tag{4-74}$$

上述公式中的宏观位移场 $\boldsymbol{u}_m^{\mathrm{MA}}$ 可通过有限元分析求得。一方面,宏观尺度的有限元分析需要每一层微结构的材料属性;另一方面,材料微结构拓扑构型更新同样需要考虑宏观位移场。这表明 m 个子优化问题需要同时求解。同样地,优化模型式(4-40)中体积约束的敏度为

$$\frac{\partial G_m}{\partial \alpha_{m,n}^{\mathrm{MI}}}=\int_{\Omega_m^{\mathrm{MI}}}\varphi_{m,n}^{\mathrm{MI}}(\boldsymbol{x})\delta(\varphi_m^{\mathrm{MI}})\mathrm{d}\Omega_m^{\mathrm{MI}}\tag{4-75}$$

2. 优化算法

正如前文所提及的,模型式(4-40)中的边值约束 $\tilde{\alpha}_{m,\min}^{\mathrm{MI}}\leqslant\tilde{\alpha}_{m,n}^{\mathrm{MI}}\leqslant\tilde{\alpha}_{m,\max}^{\mathrm{MI}}$ 是针对规范化的设计变量 $\tilde{\alpha}_{m,n}^{\mathrm{MI}}$ 而不是实际的设计变量 $\alpha_{m,n}^{\mathrm{MI}}$ 所施加的。由于实际的设计变量为径向基函数插值时的扩展系数,不具备实际的物理意义,因此难以在优化中直接指定其固定的上下限。为了便于数值操作,构造一种逐层优化的 OC 算法可来更新规范化的设计变量。优化过程中的主要步骤可以归纳如下:

步骤 1　引入 Lagrange 乘子 Λ_m、λ_m^1 和 λ_m^2,可以构造优化模型式(4-40)的 Lagrange 函数:

$$L_m=J_m+\Lambda_m G_m+\lambda_m^1(\tilde{\alpha}_{m,\min}^{\mathrm{MI}}-\tilde{\alpha}_{m,n}^{\mathrm{MI}})+\lambda_m^2(\tilde{\alpha}_{m,n}^{\mathrm{MI}}-\tilde{\alpha}_{m,\max}^{\mathrm{MI}})\tag{4-76}$$

步骤 2　计算规范化的设计变量:

$$\tilde{\alpha}_{m,n}^{\mathrm{MI}(\gamma)}=\frac{\alpha_{m,n}^{\mathrm{MI}(\gamma)}-\alpha_{m,\min}^{\mathrm{MI}(\gamma)}}{\alpha_{m,\max}^{\mathrm{MI}(\gamma)}-\alpha_{m,\min}^{\mathrm{MI}(\gamma)}}\tag{4-77}$$

其中,γ 代表当前迭代步。$\alpha_{m,\min}^{\mathrm{MI}(\gamma)}$ 和 $\alpha_{m,\max}^{\mathrm{MI}(\gamma)}$ 可由式(4-78)计算:

$$\alpha_{m,\min}^{\mathrm{MI}(\gamma)}=2\times\min(\alpha_{m,n}^{\mathrm{MI}(\gamma)});\quad \alpha_{m,\max}^{\mathrm{MI}(\gamma)}=2\times\max(\alpha_{m,n}^{\mathrm{MI}(\gamma)})\tag{4-78}$$

步骤 3　基于 Kuhn-Tucker 最优化条件,可构造如下启发式的迭代格式来更新规范化的设计变量 $\tilde{\alpha}_{m,n}^{\mathrm{MI}(\gamma+1)}$:

$$\begin{cases}\min[(\tilde{\alpha}_{m,n}^{\mathrm{MI}(\gamma)}+\kappa),\tilde{\alpha}_{m,\max}^{\mathrm{MI}}], & \min[(\tilde{\alpha}_{m,n}^{\mathrm{MI}(\gamma)}+\kappa),\tilde{\alpha}_{m,\max}^{\mathrm{MI}}]\leqslant(B_{m,n}^{(\gamma)})^l\tilde{\alpha}_{m,n}^{\mathrm{MI}(\gamma)}\\ (B_{m,n}^{(\gamma)})l^{\tilde{\alpha}\,\mathrm{MI}(\gamma)}_{\;\;m,n}, & \begin{cases}\max[(\tilde{\alpha}_{m,n}^{\mathrm{MI}(\gamma)}-\kappa),\tilde{\alpha}_{m,\min}^{\mathrm{MI}}]<(B_{m,n}^{(\gamma)})^l\tilde{\alpha}_{m,n}^{\mathrm{MI}(\gamma)}\\ (B_{m,n}^{(\gamma)})^l\tilde{\alpha}_{m,n}^{\mathrm{MI}(\gamma)}<\min[(\tilde{\alpha}_{m,n}^{\mathrm{MI}(\gamma)}+\kappa),\tilde{\alpha}_{m,\max}^{\mathrm{MI}}]\end{cases}\\ \max[(\tilde{\alpha}_{m,n}^{\mathrm{MI}(\gamma)}-\kappa),\tilde{\alpha}_{m,\min}^{\mathrm{MI}}], & (B_{m,n}^{(\gamma)})^l\tilde{\alpha}_{m,n}^{\mathrm{MI}(\gamma)}\leqslant\max[(\tilde{\alpha}_{m,n}^{\mathrm{MI}(\gamma)}-\kappa),\tilde{\alpha}_{m,\min}^{\mathrm{MI}}]\end{cases}$$

(4-79)

其中,移动极限 $\kappa(0<\kappa<1)$ 以及阻尼因子 $l(0<l<1)$ 是用于稳定优化迭代的参数。$\tilde{\alpha}_{m,\min}^{\mathrm{MI}}=0.001$ 与 $\tilde{\alpha}_{m,\max}^{\mathrm{MI}}=1$ 是规范化设计变量 $\tilde{\alpha}_{m,n}^{\mathrm{MI}}$ 的上下限。考虑到 $\tilde{\alpha}_{m,n}^{\mathrm{MI}}$ 与 $\alpha_{m,n}^{\mathrm{MI}}$ 线性相关,因此 $B_{m,n}^{(\gamma)}$ 可被定义为

$$B_{m,n}^{(\gamma)} = -\frac{\partial J_m}{\partial \alpha_{m,n}^{\mathrm{MI}(\gamma)}} \Big/ \max\left(\mu, \Lambda_m^{(\gamma)} \frac{\partial G_m}{\partial \alpha_{m,n}^{\mathrm{MI}(\gamma)}}\right) \tag{4-80}$$

μ 是一个很小的正数以避免矩阵运算的奇异。Lagrange 乘子 $\Lambda_m^{(\gamma)}$ 可通过二分法来更新[36]。

步骤 4 计算实际的设计变量：

$$\alpha_{m,n}^{\mathrm{MI}(\gamma+1)} = \tilde{\alpha}_{m,n}^{\mathrm{MI}(\gamma+1)} \times (\alpha_{m,\max}^{\mathrm{MI}(\gamma)} - \alpha_{m,\min}^{\mathrm{MI}(\gamma)}) + \alpha_{m,\min}^{\mathrm{MI}(\gamma)} \tag{4-81}$$

步骤 5 重复步骤 2 到步骤 4 直到满足如下收敛条件：任意两次相邻迭代的目标函数之差的绝对值小于 0.0002，或达到迭代步数 300。

4.4.5 数值实例

这里同时考虑了各向同性与正交各向异性材料微结构，因此本节在代表性微结构上施加了几何对称性约束。在数值实施过程中，材料的各向同性通过以下方式获得：在二维微结构上施加了上下对称和对角对称的几何约束（共计 4 组几何约束）。而对二维各向异性微结构来说，仅需在 x 与 y 方向上施加 2 个对称性几何约束。

所有算例中，采用无量纲化处理的方式，假设实体材料的杨氏模量为 180GPa，泊松比为 0.3，材料服从平面应力假设条件。有限元方法被用于离散宏观与微观尺度上的设计域。为了简化处理，假定微结构的尺寸等于宏观有限元网格尺寸。所有层的代表性微结构均采用参数化水平集方法进行优化设计，因此无需迎风差分格式、重新初始化以及速度扩展等数值技术[25]，优化效率更高。在每个微结构设计域中，假定水平集网格与有限元网格完全一致。图 4-11 提供了两种不同的初始化设计，以便得到各向同性与正交各向异性的微结构设计。需要指出的是，在材料微结构的设计中，即便微结构具有相同的弹性张量，微结构的构型也可能不同。因此，不同的初始设计可能只影响设计的最终拓扑而不是其等效材料属性[8,10]。在多目标优化中，对每层所定义的子优化问题来说，采用相同的权重系数。

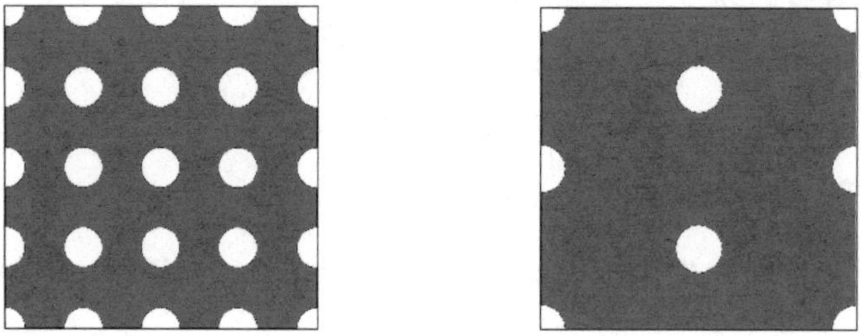

(a) (b)

图 4-11 各向同性与正交各向异性材料微结构的初始设计

(a) 各向同性；(b) 正交各向异性

HJ 功能梯度负泊松比超材料的宏观设计域如图 4-12 所示，其长度为 30cm，高度为 10cm，设计域的底边中部受大小为 50N 的集中载荷作用，上边完全固定。假设宏观设计域划分为了 10 层，相应地产生了 10 个子优化问题。材料的体积分数由最上层到最下层依次梯度增加，表现为材料的功能梯度属性沿着 y 轴方向变化。

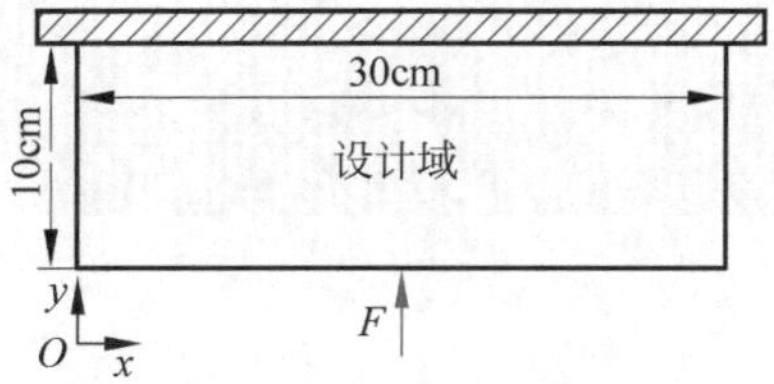

图 4-12　集中载荷作用下的宏观设计空间

1. 对比分析

本组设计实例主要对比功能梯度材料和一般均质材料在性能上的区别。本例首先考虑两种独立的优化目标函数，即材料的柔度和负泊松比属性。对于这两个目标函数单独作用下的材料设计问题，均分别采用功能梯度材料和均质材料来填充宏观设计域。此外，本例主要考虑正交各项异性材料。在进行有限元分析时，宏观设计域采用 30×10=300 个四节点单元进行离散，微结构设计域采用 40×40=1600 个四节点单元进行离散。一方面，为了得到具有功能梯度属性的材料，假设不同层微结构的体积分数沿着功能梯度方向从 0.25～0.55 呈非线性变化（自顶部到底部逐渐增加），亦即将式(4-45)中的参数设置为 $\xi=2$，则 10 层微结构体积分数分别为 0.25、0.2537、0.2648、0.2833、0.3039、0.3406、0.3833、0.4315、0.4870 和 0.55，整个宏观设计域中的材料平均体积分数为 0.3554。另一方面，对相同优化目标的问题，采用均质的材料微结构进行填充，为了便于对比材料性能，此时整个宏观设计域中的材料体积分数同样设置为 0.3554。

图 4-13 给出了功能梯度材料的设计结果，图 4-14 展示了均质材料的设计结果。由于采用了参数化水平集方法对材料边界进行建模，可以看到所有的设计均具有光滑的结构边界与清晰的材料界面。此外，图 4-13(a)与图 4-14(a)均是采用最大化材料负泊松比属性为优化目标的设计结果，其中的负泊松比超材料微结构构型与经典文献[37]中报道的完全一致，均具有典型的拉胀特性。

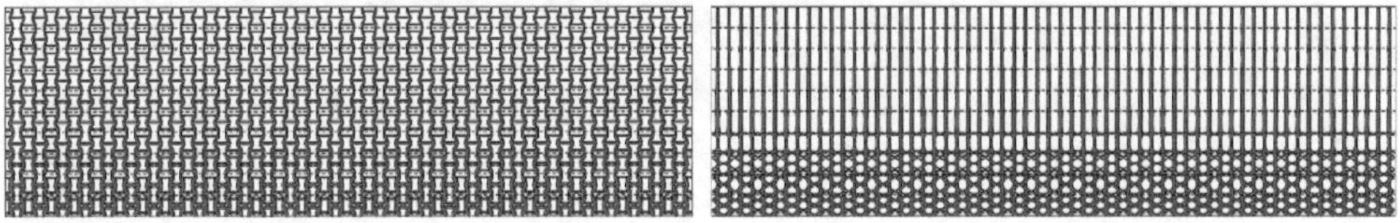

(a)　　　　(b)

图 4-13　功能梯度材料

(a) 以负泊松比属性为优化目标的设计结果，其中 $\nu_{12}=-1.1725$，$\nu_{21}=-0.2896$，柔度为 182.2；

(b) 以柔度为优化目标的设计结果，其中 $\nu_{12}=0.2826$，$\nu_{21}=0.0691$，柔度为 73

值得说明的是，正交各向异性材料的泊松比 ν_{12} 与 ν_{21} 是不同的。对于功能梯度负泊松比超材料而言，每层中正交各向异性材料微结构可采用均匀化法计算得

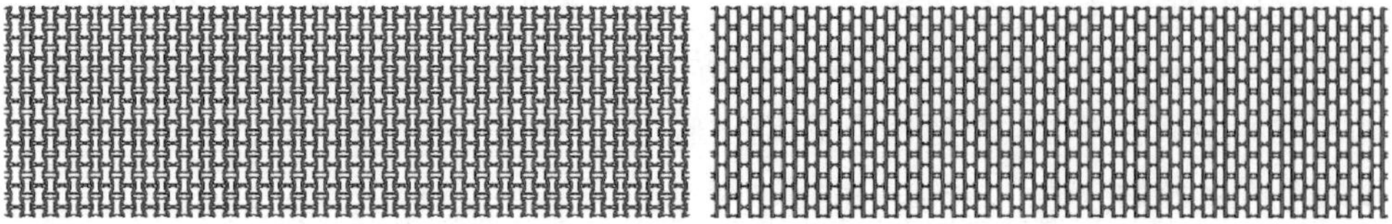

(a) (b)

图 4-14 均质材料

(a) 以负泊松比属性为优化目标的设计结果，其中 $\nu_{12}=-1.128$，$\nu_{21}=-0.2973$，柔度为 303.5；

(b) 以柔度为优化目标的设计结果，其中 $\nu_{12}=0.6798$，$\nu_{21}=0.0815$，柔度为 135.7

出。然而，对一个包含诸多不同微结构的功能梯度材料来讲，很难找到一种解析方法来计算材料的泊松比 ν_{12} 与 ν_{21}。在本节中，我们对一个功能梯度材料中不同层微结构的等效泊松比 ν_{12} 进行平均操作，以近似地计算功能梯度材料整体的泊松比 ν_{12}。同样地，功能梯度材料整体的泊松比 ν_{21} 也可以通过该方式近似得到。

通过进一步比较图 4-13 与图 4-14 的优化结果不难发现：一方面，在刚度优化设计中，功能梯度材料比均质材料的刚度更大；另一方面，在以材料负泊松比属性为优化目标的设计中，在泊松比 ν_{12} 方面，功能梯度材料显然比均质材料具有更显著的负泊松比效应，且在泊松比 ν_{21} 方面，功能梯度材料与均质材料具备相近的负泊松比属性。除此以外，无论以材料的柔度还是负泊松比属性作为优化目标，由于材料体积分数的梯度递减性质，使得功能梯度材料均具备较高的刚度。以上分析结果说明了功能梯度材料与传统的均质材料相比，将拥有更好的性能。

从图 4-15 来看，由于在相邻微结构间引入了非设计连接约束(黄色的方形区域)，功能梯度材料中的不同层间微结构均保持着良好的连接性。需要特别指出的是，对于二维材料微结构而言，正交各向异性材料在某一方向上的泊松比能够低于各向同性材料泊松比的理论下限值 -1[2]。这说明了正交各向异性材料沿着指定方向可展现出更好的拉胀效应。

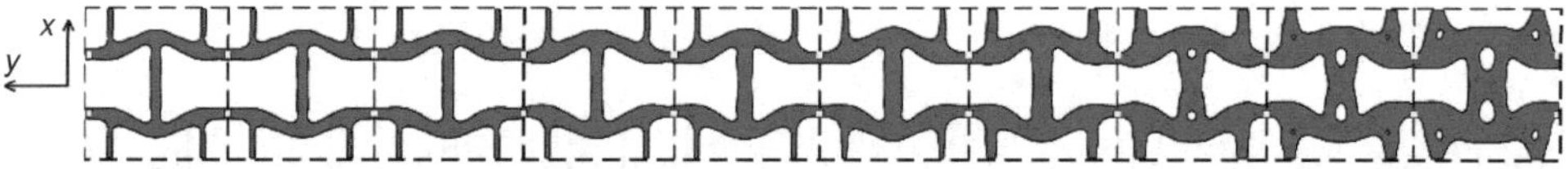

图 4-15 正交各向异性材料微结构的非设计连接件

2. 权重系数的影响

考虑到本节优化模型式(4-40)所定义的多目标优化问题中权重系数对优化结果有重要影响，本例采用几组不同的权重系数来研究其对优化设计柔度与负泊松比属性的影响。在这几组算例中，设计空间(图 4-12)、有限元模型以及体积分数的梯度与上一个案例相同。

图 4-16 展示了不同权重系数下的最优设计结果。相应地，图 4-17 给出了材料属

性的梯度变化曲线，包括每层微结构的泊松比 ν_{12} 和 ν_{21}、体积分数以及每一层材料的柔度。四组算例的收敛步数分别为 161、145、109 与 100。4 组算例中相邻微结构的非设计连接件亦如图 4-15 所示，以保证功能梯度材料的不同微结构间的连接性。

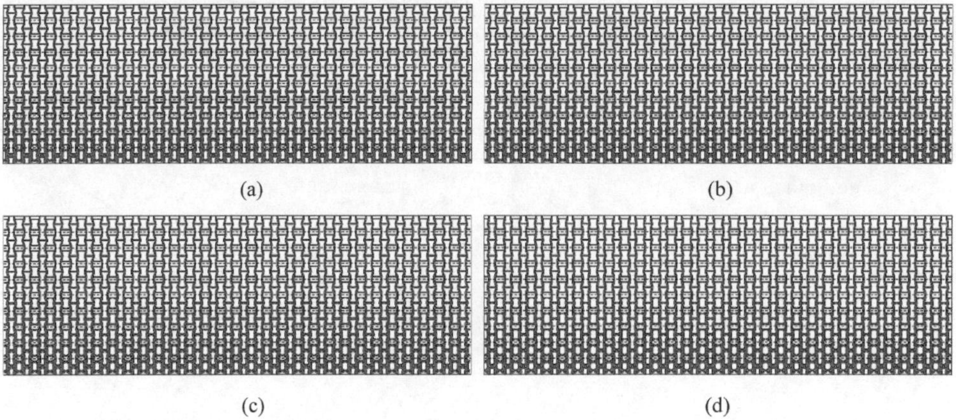

图 4-16　不同权重系数下的最优设计

(a) $w_{m,a}=0.2, w_{m,b}=0.8$：$f^{MA}=176.5$；(b) $w_{m,a}=0.4, w_{m,b}=0.6$：$f^{MA}=157.9$；
(c) $w_{m,a}=0.6, w_{m,b}=0.4$：$f^{MA}=134.3$；(d) $w_{m,a}=0.8, w_{m,b}=0.2$：$f^{MA}=109.4$

为便于讨论，这里还给出了所有功能梯度负泊松比超材料的平均泊松比 ν_{12} 与 ν_{21}。对于图 4-16 给出的 4 组优化设计，材料整体的平均 ν_{12} 分别为 −1.147、−1.1186、−1.0694 与 −0.9556，而材料整体的平均 ν_{21} 分别为 −0.2879、−0.2608、−0.2161 与 −0.1486。明显地，当 $w_{m,a}$ 增加时，会给予宏观目标函数 f^{MA} 一个较大的权重，因此整个材料的刚度也会随该权重的增加而逐步提高。相反，功能梯度负泊松比超材料的平均 ν_{12} 与 ν_{21} 则会逐渐增加(即材料的拉胀属性会逐渐减弱)。这种情况表明了多目标优化在材料刚度(或柔度)与负泊松比属性之间选择出了最佳的折中方案。实际上，对于功能梯度负泊松比超材料的拓扑优化设计问题，在材料刚度目标上设置较大的权重是不可取的。因为较大的权重 $w_{m,a}$ 会导致宏观设计域的某些层中产生正泊松比的材料微结构。如图 4-16(d)与图 4-17(d)所示，其中最底层的材料微结构完全不具备负泊松比属性。

此外，图 4-17 还说明了功能梯度材料的每一层最优微结构都完全满足了体积分数约束，且体积分数从第 1 层到第 10 层呈现出了非线性递增的趋势。一方面，根据工程直观性，与外载荷作用点靠近的地方需要布置更多的材料以抵抗变形。另一方面，如图 4-17(a)～(c)所示，低密度的材料微结构展现出了更好的负泊松比属性。可见，为了满足多功能需求，本节案例中所设计的功能梯度负泊松比超材料的体积分数从第 1 层到第 10 层逐渐增加，高密度的材料微结构主要用于增强刚度，而低密度的材料微结构主要用于保证材料的负泊松比属性。

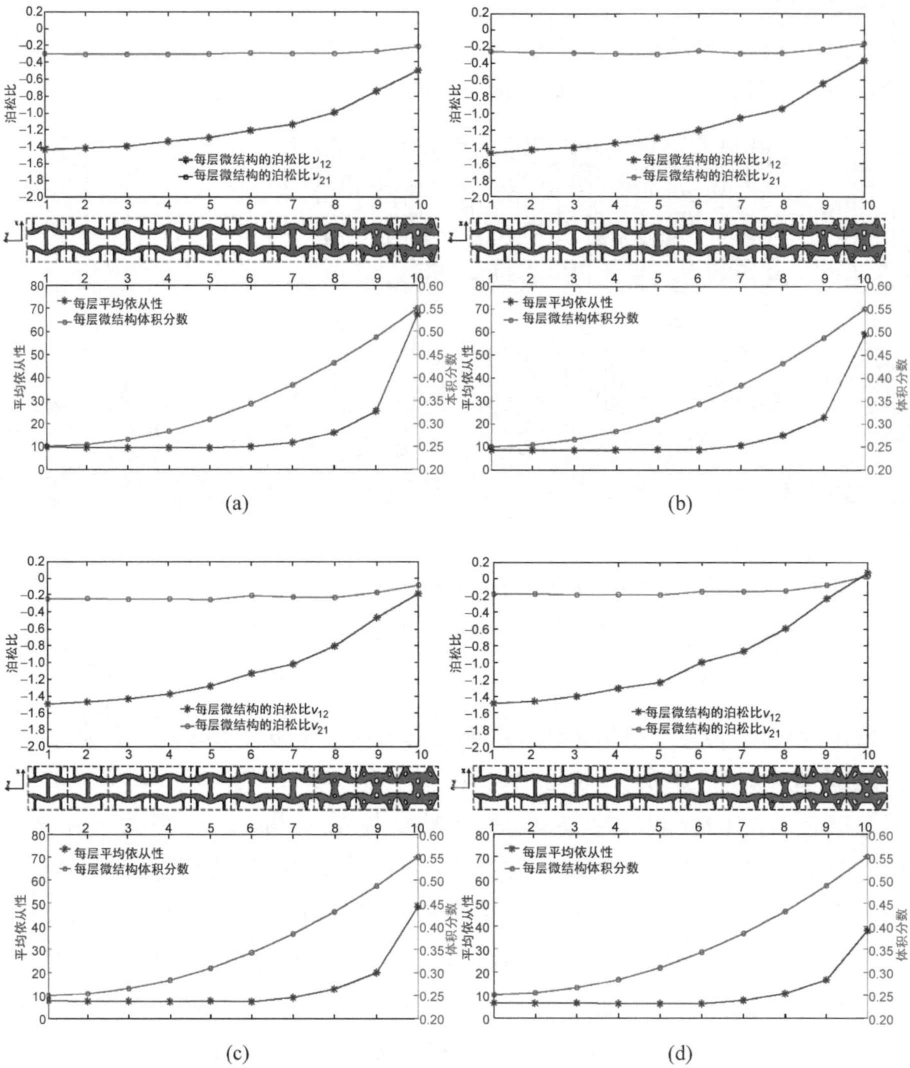

图 4-17　不同权重系数下优化结果所对应的功能梯度曲线

(a) $w_{m,a}=0.2$ 和 $w_{m,b}=0.8$；(b) $w_{m,a}=0.4$ 和 $w_{m,b}=0.6$；

(c) $w_{m,a}=0.6$ 和 $w_{m,b}=0.4$；(d) $w_{m,a}=0.8$ 和 $w_{m,b}=0.2$

3. 各向同性材料的设计

本部分讨论各向同性材料微结构在功能梯度负泊松比超材料设计中的应用。功能梯度负泊松比超材料的设计域如图 4-12 所示，宏观设计域离散为 $30\times10=300$ 个四节点单元，而微观设计域离散为 $80\times80=6400$ 个四节点单元。目标函数的权重分别为 $w_{m,a}=0.2$ 与 $w_{m,b}=0.8$。功能梯度负泊松比超材料中每层微结构的体积分数约束由 0.35 非线性递增到 0.65，体积分数约束的系数为 $\xi=2$。

本例中所有各向同性材料微结构的初始设计如图 4-11(a)所示，所对应的最优设计如图 4-18 所示，其整体柔度为 121.2。功能梯度负泊松比超材料中不同层的微结构拓扑构型以及材料属性见表 4-4。不难发现，由于不同层之间引入了非设计

表 4-4　各向同性材料微结构的材料属性

层数	各向同性材料微结构					
	体积分数	泊松比	每层的柔度	微结构	水平集函数	等效弹性张量
1	0.3500	−0.3999	5.8336	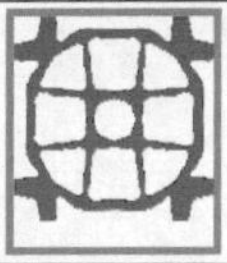		$\begin{bmatrix}18.83 & -7.53 & 0\\ -7.53 & 18.83 & 0\\ 0 & 0 & 1.32\end{bmatrix}$
2	0.3537	−0.3970	5.6923			$\begin{bmatrix}19.07 & -7.57 & 0\\ -7.57 & 19.07 & 0\\ 0 & 0 & 1.37\end{bmatrix}$
3	0.3648	−0.3866	5.7106			$\begin{bmatrix}19.79 & -7.65 & 0\\ -7.65 & 19.79 & 0\\ 0 & 0 & 1.61\end{bmatrix}$
4	0.3833	−0.3787	5.8659			$\begin{bmatrix}20.89 & -7.91 & 0\\ -7.91 & 20.89 & 0\\ 0 & 0 & 1.97\end{bmatrix}$
5	0.4093	−0.3727	6.3431			$\begin{bmatrix}22.08 & -8.23 & 0\\ -8.23 & 22.08 & 0\\ 0 & 0 & 2.44\end{bmatrix}$
6	0.4426	−0.3437	7.0451			$\begin{bmatrix}24.44 & -8.40 & 0\\ -8.40 & 24.44 & 0\\ 0 & 0 & 3.17\end{bmatrix}$
7	0.4833	−0.3113	8.4960			$\begin{bmatrix}27.05 & -8.42 & 0\\ -8.42 & 27.05 & 0\\ 0 & 0 & 4.11\end{bmatrix}$
8	0.5312	−0.2794	11.4749			$\begin{bmatrix}30.28 & -8.46 & 0\\ -8.46 & 30.28 & 0\\ 0 & 0 & 5.29\end{bmatrix}$
9	0.5870	−0.2066	17.8277			$\begin{bmatrix}35.67 & -7.37 & 0\\ -7.37 & 35.67 & 0\\ 0 & 0 & 8.25\end{bmatrix}$
10	0.6500	−0.1144	46.9290			$\begin{bmatrix}42.91 & -4.91 & 0\\ -4.91 & 42.91 & 0\\ 0 & 0 & 12.35\end{bmatrix}$

连接件(见图 4-19 所示的黄色方形区域),最优设计具有良好的连接性。在最优设计方案中,沿着梯度方向(从上到下)的微结构体积约束完全得到满足,且不同层间的材料属性以及柔度也相应地产生梯度变化。可见,基于参数化水平集的功能梯度材料拓扑优化设计方法不仅可以设计由正交各向异性微结构构成的功能梯度材料,也可以设计由各向同性微结构构成的功能梯度材料。

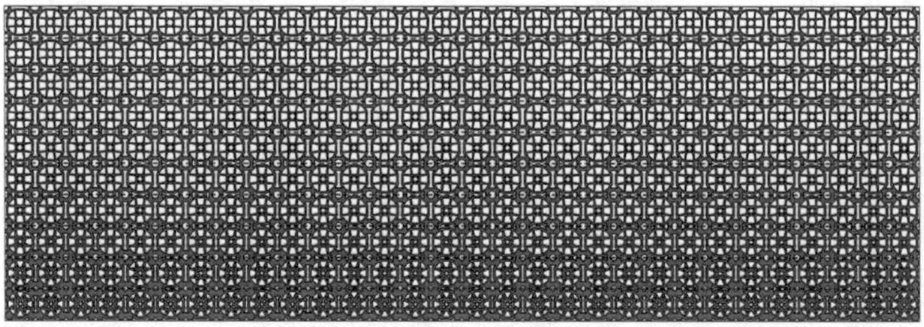

图 4-18　由各向同性微结构构成的功能梯度负泊松比超材料

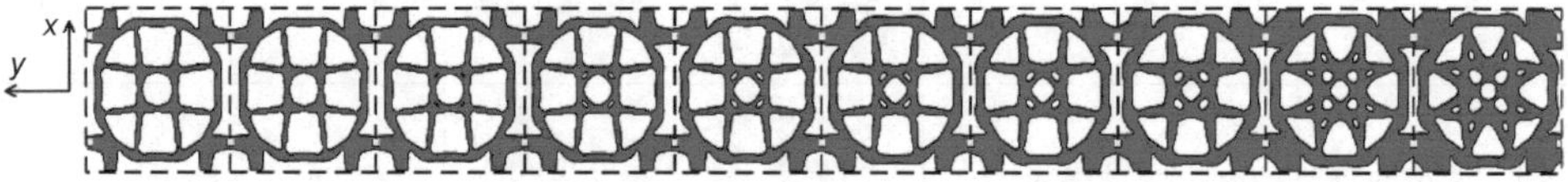

图 4-19　各向同性材料微结构间的非设计连接件

优化过程的收敛曲线如图 4-20 和图 4-21 所示,收敛到最优解需要 152 次迭代。在前几次迭代中(约 10 次),每一层微结构的体积分数约束没有完全满足,因而目标函数有所增加。此时材料逐渐从各层微结构的设计域中被去除,直至满足指定的体积分数约束条件。一旦体积分数约束满足后,目标函数逐渐下降,直至满足指定的收敛准则。

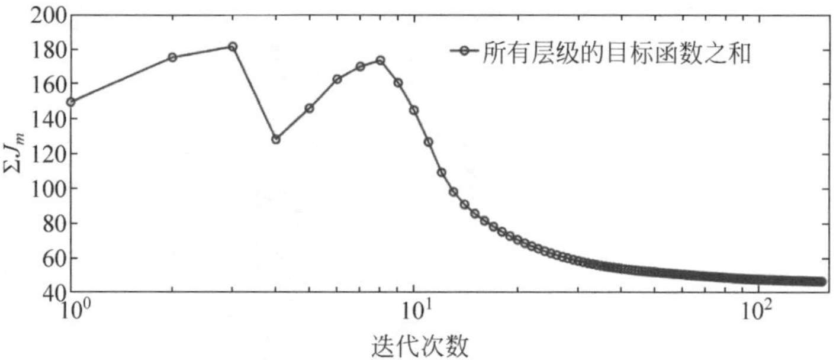

图 4-20　所有子优化问题目标函数之和的迭代曲线

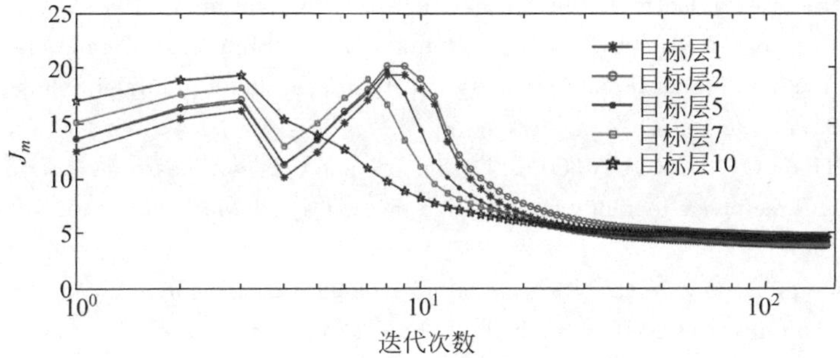

图 4-21　某几组子优化问题目标函数的迭代曲线

4.5　小结

针对周期性材料微结构的拓扑优化设计，本章阐述了基于均匀化方法的材料等效性能计算的基本理论，采用参数化水平集方法描述材料微结构的拓扑优化边界，以此来产生光滑的微结构边界。在此基础上，分别对极限性能材料、负泊松比超材料和功能梯度材料微结构拓扑优化的问题描述、模型构建、灵敏度分析和数值实例验证等内容进行了详细讨论。

参考文献

[1] GUEDES J M, KIKUCHI N. Preprocessing and postprocessing for materials based on the homogenization method with adaptive finite element methods[J]. Comput Method Appl M, 1990, 83(2): 143-198.

[2] SIGMUND O. Materials with prescribed constitutive parameters: an inverse homogenization problem[J]. Int J Solids Struct, 1994, 31(17): 2313-2329.

[3] HOLISTER S J, KIKUCHI N. A Comparison of homogenization and standard mechanics analyses for periodic porous composites[J]. Comput Mech, 1992, 10: 73-95.

[4] GAO J, LI H, GAO L, XIAO M. Topological shape optimization of 3D micro-structured materials using energy-based homogenization method[J]. Advances in Engineering Software, 2018, 116: 89-102.

[5] HASSANI B, HINTON E. A review of homogenization and topology optimization ii - analytical and numerical solution of homogenization equations[J]. Comput Struct, 1998, 69(6): 719-738.

[6] SIGMUND O, AAGE N, ANDREASSEN E. On the (non-) optimality of Michell structures[J]. Struct Multidiscip O, 2016, 54(2): 361-373.

[7] SIGMUND O. A new class of extremal composites[J]. J Mech Phys Solids, 2000, 48(2): 397-428.

[8] RADMAN A, HUANG X D, XIE Y M. Topological optimization for the design of

microstructures of isotropic cellular materials[J]. Eng Optimiz,2013, 45(11): 1331-1348.

[9] GUEST J K, PRÉVOST J H. Optimizing multifunctional materials: Design of microstructures for maximized stiffness and fluid permeability[J]. Int J Solids Struct,2006, 43(22-23): 7028-7047.

[10] SIGMUND O, TORQUATO S. Design of materials with extreme thermal expansion using a three-phase topology optimization method[J]. J Mech Phys Solids,1997, 45(6): 1037-1067.

[11] WANG Y, LUO Z, ZHANG N, et al. Topological design for mechanical metamaterials using a multiphase level set method[J]. Struct Multidiscip O,2016, 54(4): 937-952.

[12] ANDREASSEN E, LAZAROV B S, SIGMUND O. Design of manufacturable 3D extremal elastic microstructure[J]. Mech Mater,2014, 69: 1-10.

[13] WANG Y Q, LUO Z, ZHANG N, et al. Topological shape optimization of microstructural metamaterials using a level set method[J]. Comp Mater Sci,2014, 87: 178-186.

[14] OTOMORI M, YAMADA T, IZUI K, et al. A topology optimization method based on the level set method for the design of negative permeability dielectric metamaterials[J]. Comput Method Appl M,2012, 237-240: 192-211.

[15] WANG M Y, WANG X M, GUO D M. A level set method for structural topology optimization[J]. Comput Method Appl M,2003, 192: 227-246.

[16] ALLAIRE G, JOUVE F, TOADER A M. Structural optimization using sensitivity analysis and a level-set method[J]. J Comput Phys,2004, 194(1): 363-393.

[17] CADMAN J E, ZHOU S W, CHEN Y H, et al. On design of multi-functional microstructural materials[J]. J Mater Sci,2013, 48: 51-66.

[18] XIA L, BREITKOPF P. Design of materials using topology optimization and energy-based homogenization approach in matlab[J]. Struct Multidiscip O, 2015, 52(6): 1229-1241.

[19] BENDSØE M P, SIGMUND O. Material interpolation schemes in topology optimization [J]. Arch Appl Mech,1999, 69(9-10): 635-654.

[20] LIU R Q, KUMAR A, CHEN Z Z, et al. A predictive machine learning approach for microstructure optimization and materials design[J]. Sci Rep-UK,2015, 5(11551).

[21] KADIC M, BÜCKMANN T, SCHITTNY R, et al. Metamaterials beyond electromagnetism[J]. Rep Prog Phys,2013, 76(12): 126501.

[22] BABAEE S, SHIM J M, WEAVER J C, et al. 3D soft metamaterials with negative Poisson's ratio[J]. Adv Mater, 2013, 25(36): 5044-5049.

[23] GRIMA J N, MIZZI L, AZZOPARDI K M, et al. Auxetic perforated mechanical metamaterials with randomly oriented cuts[J]. Adv Mater,2016, 28(2): 385-389.

[24] van DIJK N P, MAUTE K, LANGELAAR M, et al. Level-set methods for structural topology optimization: a review[J]. Struct Multidiscip O,2013, 48(3): 437-472.

[25] SETHIAN J A, WIEGMANN A. Structural boundary design via level set and immersed interface methods[J]. J Comput Phys,2000, 163(2): 489-528.

[26] GAO J, LI H, LUO Z, et al. Topology optimization of micro-structured materials featured with the specific mechanical properties[J]. International Journal of Computational Methods, 2018, 15(8): 1850144-1850171.

[27] 杨德庆，马涛，张梗林. 舰艇新型宏观负泊松比效应蜂窝舷侧防护结构[J]. 爆炸与冲击，

2015，35(2)：243-248.

[28] ZHANG W，MA Z D，HU P. Mechanical properties of a cellular vehicle body structure with negative Poisson's ratio and enhanced strength[J]. J Reinf Plast Comp，2014，33(4)：342-349.

[29] 刘书田，程耿东. 基于均匀化理论的梯度功能材料优化设计方法[J]. 宇航材料工艺，1995，25(6)：21-27.

[30] ZHOU S W，LI Q. Design of graded two-phase microstructures for tailored elasticity gradients[J]. J Mater Sci，2008，43：5157-5167.

[31] PAULINO G H，SILVA E C N，LE C H. Optimal design of periodic functionally graded composites with prescribed properties[J]. Struct Multidiscip O，2009，38：469-489.

[32] RADMAN A，HUANG X D，XIE Y M. Topology optimization of functionally graded cellular materials[J]. J Mater Sci，2013，48：1503-1510.

[33] LI H，GAO L，LI P G. Topology optimization of structures under multiple loading cases with a new complianc-volume product[J]. Eng Optimiz，2014，46(6)：725-744.

[34] LI H，LI P G，GAO L，et al. A level set method for topological shape optimization of 3D structures with extrusion constraints[J]. Comput Method Appl M，2015，283：615-635.

[35] WANG X M，MEI Y L，WANG M Y. Level-set method for design of multi-phase elastic and thermoelastic materials[J]. Int J Mech Mater Des，2004，1：213-239.

[36] BENDSØE M P，SIGMUND O. Topology optimization：theory，methods，and applications[M]. Berlin，Heidelberg：Springer，2003.

[37] LAKES R. Negative Poisson's ratio materials[J]. Science，1987，238(4826)：551.

第5章

结构与材料一体化的多尺度拓扑优化设计

随着计算机技术、实验技术和制造技术的飞速发展，新型结构和先进材料不断涌现并相互促进，使得机械结构的设计水平不断提升。无论从理论研究还是工程实际的角度来看，宏观尺度下的结构设计和微观尺度下的材料设计均具有不可分割的内在联系：宏观上，结构的拓扑形状和材料的布局形式不仅由结构域的几何形状、边界条件及受载情况确定，更受到构成结构的材料性能的影响；微观上，材料的性能同样需要与宏观结构的载荷、边界条件匹配。可见，对机械产品结构及其组成材料进行多尺度设计，能够消除结构设计与材料设计的界限，最终实现结构与材料的最佳组合，显著提升构件的性能，将为机械产品结构的研发与设计提供广阔的思路和全新的机遇。因此，在统一的优化流程中实现不同尺度空间下的优化设计，即结构与材料的一体化设计具有重要价值。拓扑优化是实现机械结构与材料一体化设计的重要手段。实际上，拓扑优化除了能够分别对宏观结构和微观材料进行优化设计外，还能够利用均匀化理论打破尺度界限，从而实现宏观结构和微观材料的一体化拓扑优化设计。

5.1 结构与材料一体化的多尺度拓扑优化设计概述

以最大化结构刚度为例，图 5-1 给出了一种直观的结构与材料一体化设计思想。宏观结构离散后的有限单元为设计变量，赋予其在[0,1]间连续变化的伪密度来表征该处材料的有无。宏观结构设计结果中黑色部分代表致密的实体材料，白色部分代表无材料区域，而灰色部分代表疏松的多孔材料。灰色单元所代表的设计变量值即为材料微结构的材料体积分数。这些灰色单元决定了多孔材料的分布及其构成密度。微观尺度材料微结构的分布和构成密度来源于宏观尺度结构设计。微结构单胞内的材料由黑色描述的实体材料构成，不同的构成形式决定材料不同的宏观等效特性。

然而，这种直观的结构与材料一体化拓扑优化设计方法仅在理论上保证了设计的最优性，在实际工程应用中却面临诸多困难：①计算成本高。宏观和微观两个尺度的拓扑优化设计均需要对设计域进行有限元离散，如图 5-1 给出的简单示例中，若宏观结构采用 40×20 个有限元网格，微观微结构采用 20×20 个有限元网

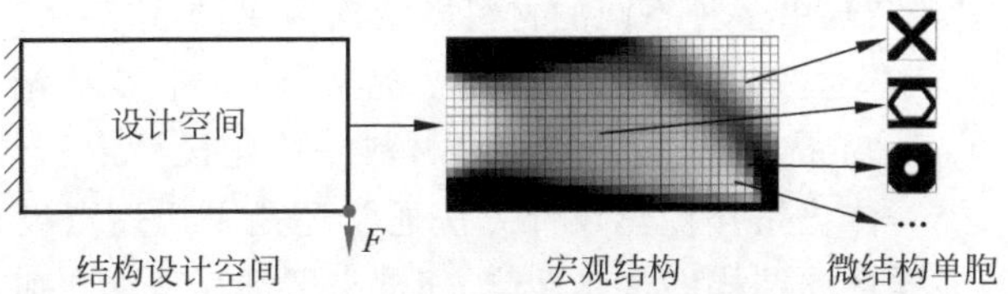

图 5-1　直观的结构-材料一体化拓扑优化设计示意图

格，以有限元单元作为设计变量，则该问题的设计变量数量为 320 000。这样的计算代价对于复杂工程问题显然是不可行的。②加工难度大。宏观结构设计的结果中会出现复杂的载荷传递路径，那么就会导致后续微观设计结果中产生大量构型、构成密度不相同且分布不规则的微结构，从而极大地提升加工的难度与成本。

为了应对上述工程应用问题，学者们对结构与材料一体化的多尺度拓扑优化设计展开了研究。现有的结构与材料一体化拓扑优化设计方法可以按照宏观结构中包含的材料微结构构型种类分为两类：第一类假设宏观结构中的材料属性均匀不变，第二类假设宏观结构中各点处的材料属性均不同。下面对这两种类型的设计方法分别进行综述。

结构材料一体化设计

1. **材料属性均匀不变的一体化拓扑优化设计**

Fujii 等[1]研究了柔度最小化的拓扑优化设计问题，该研究假设宏观结构的形状和拓扑未发生变化，且宏观结构仅由同一种材料微结构构成。Liu 等[2]提出了一种结构与材料的多尺度一体化拓扑优化方法，实现了结构/材料的刚度最大化设计。在类似优化思想的基础上，这种多尺度拓扑优化方法被应用于解决热弹性问题、动力学问题和鲁棒性优化问题[3-5]。Huang 等[6]采用 BESO 方法研究了宏观载荷、边界条件作用下材料微结构的拓扑优化设计问题，其优化结果中只包含一种微结构，且宏观结构的拓扑保持不变。Wang 等[7]利用标准水平集方法描述宏观结构和材料微结构的边界，实现了结构与材料一体化的形状和拓扑优化设计。可见，这类一体化优化方法简化了设计过程，降低了制造成本，但很大程度上牺牲了结构和材料的性能。

2. **材料属性逐点变化的一体化拓扑优化设计**

Rodrigues 等[8]提出了一种分层级的优化方法，将多尺度拓扑优化问题解耦为两个单尺度优化问题，并分别对宏观结构和微观材料微结构进行设计，获得了具有多种材料微结构的设计方案。Zhang 和 Sun[9]讨论了结构与材料集成优化问题中的微结构尺度效应。Schury 等[10]基于自由材料优化的思想实现了在宏观结构中分布多种连续变化的功能梯度材料微结构。Xia 和 Breitkopf[11]实现了基于非线性分析的结构与材料一体化多尺度拓扑优化设计，其中宏观结构由逐点变化的材料微结构构成。Sivapuram 等[12]提出了一种简化的结构与材料一体化拓扑优化设计方法，他们假设宏观结构由多种不同的材料微结构构成，但这些微结构在宏观结构中的相对位置不能发生改变。Wang 等[13] 提出了一种形状渐变技术（shape metamorphosis technology），解决了结构与材料一体化设计中不同微结构间的连接性问题。第二类一体化拓扑优化设计方法通常还是采用逐点设计的方式，增加了材料微结构的多样性和结构的整体性能，却带来了计算成本和加工难度的提升。

5.2 静力学环境下结构与材料一体化的多尺度拓扑优化设计

针对静力学环境下的结构与材料一体化拓扑优化设计问题，本章介绍一种高效率的多尺度拓扑优化方法对结构与材料进行一体化设计。该方法假设宏观结构由多片不同的区域组成，每片区域包含若干重复排列的周期性材料微结构，在微观设计域中的每个微结构是由致密的实体材料构成的多孔单胞，多孔单胞的等效宏观性能由均匀化方法计算确定。优化策略上，在宏观尺度上提出一种离散单元密度法来获得不同离散的单元密度在宏观结构上的最优布局；在微观尺度上，每个宏观单元被当作一个具有中间密度的微结构，所有具有相同中间密度的宏观单元用一种微结构来表示，从而显著减少了一体化拓扑优化中总设计变量的数量。优化模型上，宏观结构布局优化采用离散单元密度方法，材料微结构拓扑优化采用基于参数化水平集的边界描述模型，以此来产生光滑的微结构边界，并同时实现微结构的拓扑和形状优化。该多尺度并行的拓扑优化设计方法，可以在一个统一的设计流程中同时优化宏观结构拓扑、材料微结构拓扑以及微结构在宏观设计空间中的位置，以显著提高结构性能。

5.2.1 静力学环境下结构与材料一体化的多尺度拓扑优化策略

本章所论述的逐域设计材料微结构的一体化拓扑优化策略如图 5-2 所示。该结构与材料一体化拓扑优化设计策略可同时进行宏观结构和微观结构的优化，以在宏观结构设计域内生成合适种类的微结构。可以看到，这种一体化设计方式以同一种代表性材料微结构代替所有具有相同体积分数的微结构，因此明显区别于在宏观设计域内逐点设计微结构优化策略。显然，若不将宏观设计域中的每一个宏观有限单元都作为不同的材料微结构进行处理，将一定程度上牺牲一部分结构性能，但能够显著减少结构与材料一体化拓扑优化的设计变量，从而显著降低一体化优化设计的计算成本。此外，当材料微结构并非逐点变化时，即使是对于增材制造这种先进的加工方式，也能够显著降低其加工成本。

在该优化策略中，一体化设计的目的是在统一的优化程序中同时进行宏观结构拓扑、微结构构型和分布的优化。为了实现上述目标，该一体化拓扑优化策略将

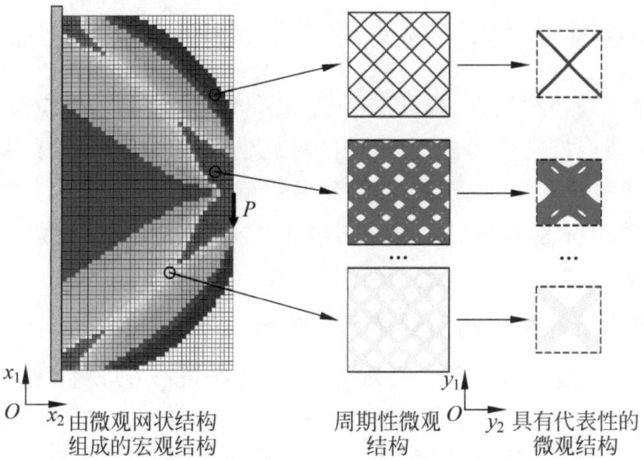

图 5-2　逐域设计微结构的一体化拓扑优化策略示意图

采用有限元法在不同尺度上求解结构应变，并在不同尺度上采用不同拓扑优化方法和设计变量进行结构柔度最小化的多尺度拓扑优化设计。具体来讲：在宏观尺度上，基于离散的单元密度法，并采用一系列给定的离散密度值，进行宏观结构拓扑优化，优化目标为结构柔度最小，约束条件为全局结构体积分数；在微观尺度上，每个宏观单元视为一个具有相应单元密度的材料微结构，具有相同密度（或者体积分数）的微结构被归为相同的一类代表性微结构。每个代表性微结构的等效属性通过均匀化方法计算，其最优构型则采用参数化水平集方法进行拓扑优化设计，此时的优化目标仍然为结构整体柔度最小，约束条件分别为所指定的几组离散体积分数。最终的结构与材料一体化设计结果根据宏观密度场的分布组装不同种类的微结构来得到。在下文中，为了叙述方便，将利用上标“MA”和“MI”分别表示宏观和微观尺度上的物理量。

特别地，当宏观结构中包含不同的材料微结构时，为了得到一种工程上可行的设计，处理相邻微结构的连接性问题十分重要。这里仍然可采用运动学连接性约束方法来保证相邻微结构的连接性。如图 5-3 所示，作为非设计区域的预定义连接件（图中红色部分）被设置在所有微结构的相同位置，以确保相邻微结构间始终具有连接性。与第 4 章中的连接件仅设置在梯度方向的方式不同，这里的运动学连接件需布置在微结构设计域的多个方向上。虽然这些连接件或多或少地会限制一体化拓扑优化设计的自由度，并可能导致最优设计的结构性能稍微变差，但是为了得到工程上可行的设计方案，这种处理仍是十分必要的。

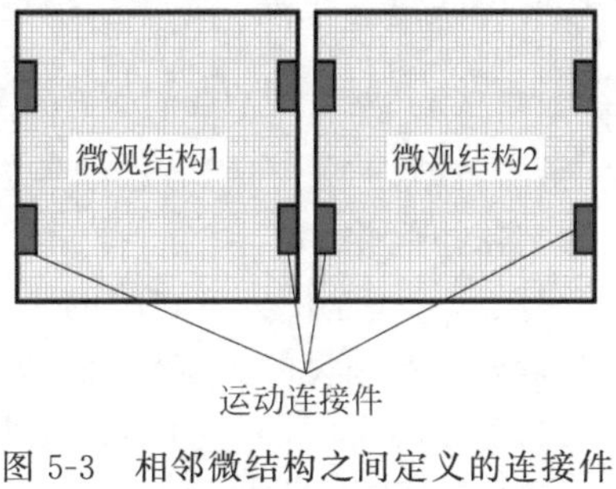

图 5-3　相邻微结构之间定义的连接件

5.2.2 结构与材料一体化的刚度最大化拓扑优化模型

在所提出的结构与材料一体化拓扑优化策略中，宏观结构设计采用离散密度法，以实现宏观结构按密度值进行不同材料属性区域的划分；材料微结构设计采用前文所述的参数化水平集方法，以保证最终优化结果的光滑边界。下面首先介绍所提出的离散单元密度法，随后分别给出宏观结构和材料微结构的拓扑优化模型。

1. 宏观结构拓扑优化的离散单元密度法

在离散单元密度法中，每个宏观单元的伪密度 ρ 为设计变量，这与标准的 SIMP 方法类似。密度为 0 的单元相当于孔洞，密度为 1 的单元表示实体，密度在 0～1 之间的单元是中间密度单元，于是每个单元的弹性张量 $D^{\mathrm{MA}}(\rho_e^{\mathrm{MA}})$ 可通过插值表示如下：

$$D_{ijkl}^{\mathrm{MA}}(\rho_e^{\mathrm{MA}})=\rho_e^{\mathrm{MA}}\cdot(\widetilde{D}_e^0)_{ijkl} \tag{5-1}$$

其中，$e=1,2,\cdots,N$，N 表示宏观单元的数量；ρ_e^{MA} 表示第 e 个宏观单元的伪密度；$\widetilde{D}_e^0$ 是表示宏观单元 e 的等效基体材料属性。在一体化拓扑优化中，假设一个宏观单元是一个具有相同密度的微结构，则：

$$D_{ijkl}^{\mathrm{MA}}(\rho_e^{\mathrm{MA}})=D_{ijkl}^{H}(u_e^{\mathrm{MI}},\Phi_e^{\mathrm{MI}}) \tag{5-2}$$

其中，$D_{ijkl}^{H}(u_e^{\mathrm{MI}},\Phi_e^{\mathrm{MI}})$是宏观单元 e 的等效弹性张量，可通过第 4 章所介绍的数值均匀化方法，即式(4-6)，计算得到。

通过式(5-1)和式(5-2)可得

$$(\widetilde{D}_e^0)_{ijkl}=D_{ijkl}^{H}(u_e^{\mathrm{MI}},\Phi_e^{\mathrm{MI}})/\rho_e^{\mathrm{MA}} \tag{5-3}$$

可见，这里的 $\widetilde{D}_e^0$ 不再是单元 e 的固有材料属性，实际上是优化过程中的一个变化的中间值。在每一步宏观结构优化前，首先需要通过式(5-3)计算每个微结构的 $\widetilde{D}_e^0$。在式(5-3)中，D_{ijkl}^{H} 与 ρ_e^{MA} 是已知值，可通过上一步的迭代结果确定。然后，新的微结构 $\widetilde{D}_e^0$ 在当前迭代步中被固定，在宏观优化中用于更新 ρ_e^{MA}，即实现宏观结构拓扑优化。

显然，ρ_e^{MA} 是 0 与 1 之间的一个任意值，然而，所提出的离散密度法仅允许设计变量取一些预设的固定值，例如$[\rho_0<\rho_1<\cdots<\rho_M]$。$\rho_0=0.001$ 表示宏观尺度上孔洞单元的密度，$\rho_M=1$ 表示宏观尺度上实体单元的密度。因此，需要通过一种阈值操作将连续的设计变量转化成一系列离散的值。当连续设计变量满足 $\rho_{m-1}\leqslant\rho_e^{\mathrm{MA}}\leqslant\rho_m(m=1,2,\cdots,M)$时，经过阈值操作处理后的 $\tilde{\rho}_e^{\mathrm{MA}}$ 可通过如下启发式的策略定义如下：

$$\tilde{\rho}_e^{\mathrm{MA}}=\begin{cases}\rho_{m-1}, & \rho_e^{\mathrm{MA}}-\rho_{m-1}\leqslant\rho_m-\rho_e^{\mathrm{MA}}\\ \rho_m, & \rho_e^{\mathrm{MA}}-\rho_{m-1}>\rho_m-\rho_e^{\mathrm{MA}}\end{cases} \tag{5-4}$$

本章所提出的离散密度法不同于标准的 SIMP 法[14,15]，主要体现在如下 3 个方面：①不需要惩罚因子抑制中间密度单元；②根据一系列初始的连续设计变量，可以获得有限数量的离散值；③基体材料的等效属性 $\widetilde{D}_e^0$ 可以是各向同性、正交各向异性，甚至各向异性。

2. **宏观结构拓扑优化模型**

在宏观尺度，结构柔度最小化拓扑优化问题可表述如下：

$$\text{求 } \rho_e^{\mathrm{MA}}(e=1,2,\cdots,E)$$

$$\begin{cases}\text{Min}: F(\rho^{\mathrm{MA}})=\int_{\Omega^2}\varepsilon_{ij}(u^{\mathrm{MA}})D_{ijkl}^{\mathrm{MA}}(\rho^{\mathrm{MA}})\varepsilon_{kl}(u^{\mathrm{MA}})\mathrm{d}\Omega^{\mathrm{MA}}\\ \text{s. t.}: G(\rho^{\mathrm{MA}})=\int_{\Omega^{\mathrm{MA}}}\rho^{\mathrm{MA}}V_0^{\mathrm{MA}}\mathrm{d}\Omega^{\mathrm{MA}}-V_{\max}\leqslant 0,\\ \qquad a(u^{\mathrm{MA}},v^{\mathrm{MA}},\rho^{\mathrm{MA}})=l(v^{\mathrm{MA}}),\quad \forall v^{\mathrm{MA}}\in\overline{U}(\Omega^{\mathrm{MA}}),\\ \qquad \rho_{\min}\leqslant\rho_e^{\mathrm{MA}}\leqslant\rho_{\max}\end{cases}\tag{5-5}$$

其中，F 是目标函数；G 是宏观结构的全局体积分数约束；$V_{\max}$ 是相应的最大材料用量(即最大体积分数)；V_0^{MA} 是宏观实体单元的体积；ε 表示应变场；Ω^{MA} 是宏观尺度设计域；u^{MA} 是宏观位移；v^{MA} 是运动学允许的位移空间 $\overline{U}(\Omega^{\mathrm{MA}})$ 内的宏观虚位移；$\rho_{\min}=0.001$ 与 $\rho_{\max}=1$ 分别是宏观设计变量的上下限。能量双线性形式 $a(u^{\mathrm{MA}},v^{\mathrm{MA}},\rho^{\mathrm{MA}})$ 和载荷线性形式 $l(v^{\mathrm{MA}})$ 可分别表示为

$$a(u^{\mathrm{MA}},v^{\mathrm{MA}},\rho^{\mathrm{MA}})=\int_{\Omega^{\mathrm{MA}}}\varepsilon_{ij}(u^{\mathrm{MA}})D_{ijkl}^{\mathrm{MA}}(\rho^{\mathrm{MA}})\varepsilon_{kl}(v^{\mathrm{MA}})\mathrm{d}\Omega^{\mathrm{MA}}\tag{5-6}$$

$$l(v^{\mathrm{MA}})=\int_{\Omega^{\mathrm{MA}}}fv^{\mathrm{MA}}\mathrm{d}\Omega^{\mathrm{MA}}+\int_{\partial\Omega^{\mathrm{MA}}}\tau v^{\mathrm{MA}}\mathrm{d}\Gamma^{\mathrm{MA}}\tag{5-7}$$

其中，f 是结构内部的体积力；τ 是结构边界 Γ^{MA} 上的牵引力，在每一步迭代中，式(5-4)中的启发式策略将用于所有连续变量，以得到一系列给定的离散设计变量 $\tilde{\rho}_e^{\mathrm{MA}}=\rho_m(m=0,1,\cdots,M)$。

3. **材料微结构拓扑优化模型**

在每一步迭代中，宏观结构优化与微结构优化直接关联，离散的宏观密度值被当作代表性微结构的最大体积率约束。同时，不同体积分数微结构的分布对应宏观尺度上的单元密度分布。因此，在微观尺度上，基于参数化水平集的材料微结构拓扑优化设计问题可表述如下：

$$\text{求 } \alpha_{m,n}^{\mathrm{MI}}(m=0,1,\cdots,M;n=1,2,\cdots,N)$$

$$\begin{cases}\text{Min}: F(\alpha^{\mathrm{MI}})=\int_{\Omega^{\mathrm{MA}}}\varepsilon_{ij}(u^{\mathrm{MA}})D_{ijkl}^{H}(u^{\mathrm{MI}},\Phi^{\mathrm{MI}}(\alpha^{\mathrm{MI}}))\varepsilon_{kl}(u^{\mathrm{MA}})\mathrm{d}\Omega^{\mathrm{MA}}\\ \text{s. t.}: G_m(\alpha^{\mathrm{MI}})=\int_{\Omega_m^{\mathrm{MI}}}H(\Phi^{\mathrm{MI}}(\alpha^{\mathrm{MI}}))\mathrm{d}\Omega_m^{\mathrm{MI}}-\rho_m V_0^{\mathrm{MA}}\leqslant 0,\\ \qquad a(u^{\mathrm{MA}},v^{\mathrm{MA}},u^{\mathrm{MI}},\Phi^{\mathrm{MI}})=l(v^{\mathrm{MA}})\ \forall v^{\mathrm{MA}}\in\overline{U}(\Omega^{\mathrm{MA}}),\\ \qquad \alpha_{\min}\leqslant\alpha_{m,n}^{\mathrm{MI}}\leqslant\alpha_{\max}\end{cases}\tag{5-8}$$

其中，下标 n 与 m 表示第 m 个代表性微结构的第 n 个微观水平集网格节点；N 是每一个微结构设计域中水平集网格节点的数量；M 表示代表性微结构的数量；Ω_m^{MI} 表示第 m 个代表性微结构的设计域；G_m 是第 m 个代表性微结构的局部体积分数约束，其最大体积分数为 $\rho_m(\rho_0<\cdots<\rho_M)$，这里 ρ_m 是经过阈值策略处理的宏观离散设计变量。$\alpha_{m,n}^{\mathrm{MI}}$ 是高斯径向基函数插值的扩展系数，代表微结构拓扑优化的设计变量。$\alpha_{\max}$ 与 $\alpha_{\min}$ 分别是微观设计变量的上下限。可以看到，在微观尺度有 $M-2$ 种不同的代表性微结构需要进行拓扑优化设计，且这些不同的微结构可以通过并行计算同时优化，以提高计算效率。式(5-8)中的能量双线性形式可表示成如下形式：

$$a(u^{\mathrm{MA}},v^{\mathrm{MA}},u^{\mathrm{MI}},\Phi^{\mathrm{MI}})=\int_{\Omega^{\mathrm{MA}}}\varepsilon_{ij}(u^{\mathrm{MA}})D_{ijkl}^{H}\varepsilon_{kl}(v^{\mathrm{MA}})\mathrm{d}\Omega^{\mathrm{MA}} \tag{5-9}$$

如上所述，所提出方法中的宏观结构优化和微结构优化通过均匀化弹性张量与宏观单元密度耦合在一起。这里，全局体积分数约束决定宏观结构的最大材料用量，局部体积分数约束决定不同代表性微结构的最大材料用量。所提出方法包含如下优点：①在宏观结构拓扑优化和微结构拓扑优化中可以加入额外约束(如制造约束)以满足特殊的工程需求。②由于微结构的种类可控，相比微结构在整个宏观设计域逐点变化的一体化拓扑优化设计方法，所提出方法的计算和制造成本显著降低。③由于采用参数化水平集方法来设计材料微结构，使材料微结构具有清晰的几何边界，因此一体化拓扑优化设计的结果不需要任何后处理操作便可以进行制造。

5.2.3 灵敏度分析与优化算法

由于采用 OC 准则法[16]来更新宏微观两个度上的设计变量，因此需要计算目标函数和体积约束的一阶导数来指导 OC 准则法的迭代搜索方向。

1. **宏观尺度结构优化设计的敏度分析**

采用伴随变量法[17]推导结构柔度关于宏观设计变量的偏导数，可表示如下：

$$\frac{\partial F(\rho^{\mathrm{MA}})}{\partial\rho_e^{\mathrm{MA}}}=-\int_{\Omega_e^{\mathrm{MA}}}\varepsilon_{ij}(u_e^{\mathrm{MA}})(\widetilde{D}_e^0)_{ijkl}\varepsilon_{kl}(u_e^{\mathrm{MA}})\mathrm{d}\Omega_e^{\mathrm{MA}} \tag{5-10}$$

其中，Ω_e^{MA} 表示宏观单元 e 的设计域。

相似地，体积分数约束对宏观设计变量的导数可表示如下：

$$\frac{\partial G(\rho^{\mathrm{MA}})}{\partial\rho_e^{\mathrm{MA}}}=V_0^{\mathrm{MA}} \tag{5-11}$$

2. **微观尺度材料微结构优化设计的敏度分析**

采用形状导数计算微结构的敏度信息。则 $F(\alpha^{\mathrm{MI}})$，$a(u^{\mathrm{MA}},v^{\mathrm{MA}},u^{\mathrm{MI}},\Phi^{\mathrm{MI}})$ 与 $l(v^{\mathrm{MA}})$ 的形状导数可分别表示如下：

$$\frac{\partial F(\alpha^{\mathrm{MI}})}{\partial t}=\int_{\Omega^{\mathrm{MA}}}\left[2\varepsilon_{ij}(\dot{u}^{\mathrm{MA}})D_{ijkl}^{H}(u^{\mathrm{MI}},\Phi^{\mathrm{MI}})\varepsilon_{kl}(u^{\mathrm{MA}})+\right.$$

$$\left.\varepsilon_{ij}(u^{\mathrm{MA}})\frac{\partial D_{ijkl}^{H}(u^{\mathrm{MI}},\Phi^{\mathrm{MI}})}{\partial t}\varepsilon_{kl}(u^{\mathrm{MA}})\right]\mathrm{d}\Omega^{\mathrm{MA}} \tag{5-12}$$

$$\frac{\partial a}{\partial t}=\int_{\Omega^{\mathrm{MA}}}\left[\varepsilon_{ij}(\dot{u}^{\mathrm{MA}})D_{ijkl}^{H}(u^{\mathrm{MI}},\Phi^{\mathrm{MI}})\varepsilon_{kl}(v^{\mathrm{MA}})+\right.$$

$$\left.\varepsilon_{ij}(u^{\mathrm{MA}})D_{ijkl}^{H}(u^{\mathrm{MI}},\Phi^{\mathrm{MI}})\varepsilon_{kl}(\dot{v}^{\mathrm{MA}})\right]\mathrm{d}\Omega^{\mathrm{MA}}+$$

$$\int_{\Omega^{\mathrm{MA}}}\varepsilon_{ij}(u^{\mathrm{MA}})\frac{\partial D_{ijkl}^{H}(u^{\mathrm{MI}},\Phi^{\mathrm{MI}})}{\partial t}\varepsilon_{kl}(v^{\mathrm{MA}})\mathrm{d}\Omega^{\mathrm{MA}} \tag{5-13}$$

$$\frac{\partial l}{\partial t}=\int_{\Omega^{\mathrm{MA}}}f\dot{v}^{\mathrm{MA}}\mathrm{d}\Omega^{\mathrm{MA}}+\int_{\partial\Omega^{\mathrm{MA}}}\tau\dot{v}^{\mathrm{MA}}\mathrm{d}\Gamma^{\mathrm{MA}} \tag{5-14}$$

提取式(5-13)与式(5-14)中包含 $\dot{v}^{\mathrm{MA}}$ 的部分，可得到如下方程：

$$\int_{\Omega^{\mathrm{MA}}}\varepsilon_{ij}(u^{\mathrm{MA}})D_{ijkl}^{H}(u^{\mathrm{MI}},\Phi^{\mathrm{MI}})\varepsilon_{kl}(\dot{v}^{\mathrm{MA}})\mathrm{d}\Omega^{\mathrm{MA}}=\int_{\Omega^{\mathrm{MA}}}f\dot{v}^{\mathrm{MA}}\mathrm{d}\Omega^{\mathrm{MA}}+\int_{\partial\Omega^{\mathrm{MA}}}\tau\dot{v}^{\mathrm{MA}}\mathrm{d}\Gamma^{\mathrm{MA}} \tag{5-15}$$

同时，推导宏观平衡方程关于时间变量 t 的偏导数：

$$\frac{\partial a(u^{\mathrm{MA}},v^{\mathrm{MA}},u^{\mathrm{MI}},\Phi^{\mathrm{MI}})}{\partial t}=\frac{\partial l(v^{\mathrm{MA}})}{\partial t} \tag{5-16}$$

将式(5-13)～式(5-15)代入式(5-16)得到：

$$\int_{\Omega^{\mathrm{MA}}}\varepsilon_{ij}(\dot{u}^{\mathrm{MA}})D_{ijkl}^{H}(u^{\mathrm{MI}},\Phi^{\mathrm{MI}})\varepsilon_{kl}(v^{\mathrm{MA}})\mathrm{d}\Omega^{\mathrm{MA}}$$

$$=-\int_{\Omega^{\mathrm{MA}}}\varepsilon_{ij}(u^{\mathrm{MA}})\frac{\partial D_{ijkl}^{H}(u^{\mathrm{MI}},\Phi^{\mathrm{MI}})}{\partial t}\varepsilon_{kl}(v^{\mathrm{MA}})\mathrm{d}\Omega^{\mathrm{MA}} \tag{5-17}$$

由于柔度最小化问题是自伴随问题，通过将式(5-17)代入式(5-12)可得目标函数的形状导数如下：

$$\frac{\partial F(\alpha^{\mathrm{MI}})}{\partial t}=-\int_{\Omega^{\mathrm{MA}}}\varepsilon_{ij}(u^{\mathrm{MA}})\frac{\partial D_{ijkl}^{H}(u^{\mathrm{MI}},\Phi^{\mathrm{MI}})}{\partial t}\varepsilon_{kl}(u^{\mathrm{MA}})\mathrm{d}\Omega^{\mathrm{MA}} \tag{5-18}$$

根据式(4-25)可得等效弹性张量对于时间变量 t 的偏导数：

$$\frac{\partial D_{ijkl}^{H}}{\partial t}=-\frac{1}{|\Omega_m^{\mathrm{MI}}|}\int_{\Omega_m^{\mathrm{MI}}}\beta(u_m^{\mathrm{MI}})\theta_m^{\mathrm{MI}}\,|\,\nabla\Phi_m^{\mathrm{MI}}\,|\,\delta(\Phi_m^{\mathrm{MI}})\mathrm{d}\Omega_m^{\mathrm{MI}} \tag{5-19}$$

其中，$\delta(\Phi_m^{\mathrm{MI}})$代表 Heaviside 函数的导数，$\theta_m^{\mathrm{MI}}$ 是第 m 个代表性微结构设计域内的法向速度，$\beta(u_m^{\mathrm{MI}})$为

$$\beta(u_m^{\mathrm{MI}})=(\varepsilon_{\mathrm{pq}}^{0(ij)}-\varepsilon_{\mathrm{pq}}^{*}(u_m^{\mathrm{MI}(ij)}))D_{\mathrm{pqrs}}(\varepsilon_{\mathrm{rs}}^{0(kl)}-\varepsilon_{\mathrm{rs}}^{*}(u_m^{\mathrm{MI}(kl)})) \tag{5-20}$$

通过将式(2-22)定义的法向速度代入式(5-19)可得

$$\frac{\partial D_{ijkl}^{H}}{\partial t}=-\sum_{n=1}^{N}\left(\frac{1}{|\Omega_m^{\mathrm{MI}}|}\int_{\Omega_m^{\mathrm{MI}}}\beta(u_m^{\mathrm{MI}})\varphi_{m,n}^{\mathrm{MI}}(x)\delta(\Phi_m^{\mathrm{MI}})\mathrm{d}\Omega_m^{\mathrm{MI}}\right)\cdot\frac{\partial\alpha_{m,n}^{\mathrm{MI}}}{\partial t} \tag{5-21}$$

通过链式法则，同样可得等效弹性模量对于时间 t 的导数：

$$\frac{\partial D_{ijkl}^{H}}{\partial t}=\sum_{n=1}^{N}\frac{\partial D_{ijkl}^{H}(u_{m}^{\mathrm{MI}},\Phi_{m}^{\mathrm{MI}})}{\partial\alpha_{m,n}^{\mathrm{MI}}}\cdot\frac{\partial\alpha_{m,n}^{\mathrm{MI}}}{\partial t}\tag{5-22}$$

通过对比式(5-21)与式(5-22)中相应的项，可得等效弹性张量对于设计变量的敏度：

$$\frac{\partial D_{ijkl}^{H}}{\partial\alpha_{m,n}^{\mathrm{MI}}}=-\frac{1}{|\Omega_{m}^{\mathrm{MI}}|}\int_{\Omega_{m}^{\mathrm{MI}}}\beta(u_{m}^{\mathrm{MI}})\varphi_{m,n}^{\mathrm{MI}}(x)\delta(\Phi_{m}^{\mathrm{MI}})\mathrm{d}\Omega_{m}^{\mathrm{MI}}\tag{5-23}$$

将式(5-22)代入式(5-18)中，可以得出：

$$\frac{\partial F(\alpha^{\mathrm{MI}})}{\partial t}=-\sum_{m=1}^{M}\int_{\Omega_{m}^{\mathrm{MA}}}\varepsilon_{ij}(u_{m}^{\mathrm{MA}})\left[\sum_{n=1}^{N}\frac{\partial D_{ijkl}^{H}(u_{m}^{\mathrm{MI}},\Phi_{m}^{\mathrm{MI}})}{\partial\alpha_{m,n}^{\mathrm{MI}}}\cdot\frac{\partial\alpha_{m,n}^{\mathrm{MI}}}{\partial t}\right]\varepsilon_{kl}(u_{m}^{\mathrm{MA}})\mathrm{d}\Omega_{m}^{\mathrm{MA}}\tag{5-24}$$

另一方面，$F(\alpha^{\mathrm{MI}})$对于时间 t 的导数可通过链式法则求得

$$\frac{\partial F(\alpha^{\mathrm{MI}})}{\partial t}=\sum_{m=1}^{M}\sum_{n=1}^{N}\frac{\partial F(\alpha^{\mathrm{MI}})}{\partial\alpha_{m,n}^{\mathrm{MI}}}\cdot\frac{\partial\alpha_{m,n}^{\mathrm{MI}}}{\partial t}\tag{5-25}$$

比较式(5-24)与式(5-25)中的相应项，可得 $F(\alpha^{\mathrm{MI}})$的敏度：

$$\frac{\partial F(\alpha^{\mathrm{MI}})}{\partial\alpha_{m,n}^{\mathrm{MI}}}=-\int_{\Omega_{m}^{\mathrm{MA}}}\varepsilon_{ij}(u_{m}^{\mathrm{MA}})\left(\frac{\partial D_{ijkl}^{H}(u_{m}^{\mathrm{MI}},\Phi_{m}^{\mathrm{MI}})}{\partial\alpha_{m,n}^{\mathrm{MI}}}\right)\varepsilon_{kl}(u_{m}^{\mathrm{MA}})\mathrm{d}\Omega_{m}^{\mathrm{MA}}\tag{5-26}$$

类似地，可得局部体积约束对于设计变量的敏度：

$$\frac{\partial G_{m}(\alpha^{\mathrm{MI}})}{\partial\alpha_{m,n}^{\mathrm{MI}}}=\int_{\Omega_{m}^{\mathrm{MI}}}\varphi_{m,n}^{\mathrm{MI}}(x)\delta(\Phi_{m}^{\mathrm{MI}})\mathrm{d}\Omega_{m}^{\mathrm{MI}}\tag{5-27}$$

3. 宏观尺度结构优化设计的优化算法

在宏观尺度上，得到了目标函数和全局体积的敏度信息后，即可采用基于 OC 法的启发式迭代准则来更新宏观设计变量 $\rho_{e}^{\mathrm{MA}(\kappa+1)}$：

$$\begin{cases}\min[(\eta^{\mathrm{MA}}+1)\rho_{e}^{\mathrm{MA}(\kappa)},\rho_{\max}], & \min[(\eta^{\mathrm{MA}}+1)\rho_{e}^{\mathrm{MA}(\kappa)},\rho_{\max}]\leqslant[B_{e}^{\mathrm{MA}(\kappa)}]^{\zeta^{\mathrm{MA}}}\rho_{e}^{\mathrm{MA}(\kappa)}\\ [B_{e}^{\mathrm{MA}(\kappa)}]^{\zeta^{\mathrm{MA}}}\rho_{e}^{\mathrm{MA}(\kappa)}, & \begin{cases}\max[(1-\eta^{\mathrm{MA}})\rho_{e}^{\mathrm{MA}(\kappa)},\rho_{\min}]<[B_{e}^{\mathrm{MA}(\kappa)}]^{\zeta^{\mathrm{MA}}}\rho_{e}^{\mathrm{MA}(\kappa)}\\ [B_{e}^{\mathrm{MA}(\kappa)}]^{\zeta^{\mathrm{MA}}}\rho_{e}^{\mathrm{MA}(\kappa)}<\min[(\eta^{\mathrm{MA}}+1)\rho_{e}^{\mathrm{MA}(\kappa)},\rho_{\max}]\end{cases}\\ \max[(1-\eta^{\mathrm{MA}})\rho_{e}^{\mathrm{MA}(\kappa)},\rho_{\min}], & [B_{e}^{\mathrm{MA}(\kappa)}]^{\zeta^{\mathrm{MA}}}\rho_{e}^{\mathrm{MA}(\kappa)}\leqslant\max[(1-\eta^{\mathrm{MA}})\rho_{e}^{\mathrm{MA}(\kappa)},\rho_{\min}]\end{cases}\tag{5-28}$$

其中，κ 表示当前的迭代步数。如标准的 OC 法一样[18]，$\eta^{\mathrm{MA}}(0<\eta^{\mathrm{MA}}<1)$表示移动极限，$\zeta^{\mathrm{MA}}(0<\zeta^{\mathrm{MA}}<1)$是阻尼系数。$B_{e}^{\mathrm{MA}}$ 可表示如下：

$$B_{e}^{\mathrm{MA}(\kappa)}=-\frac{\partial F(\rho^{\mathrm{MA}})}{\partial\rho_{e}^{\mathrm{MA}(\kappa)}}\Big/\left(\Lambda^{\mathrm{MA}(\kappa)}\frac{\partial G(\rho^{\mathrm{MA}})}{\partial\rho_{e}^{\mathrm{MA}(\kappa)}}\right)\tag{5-29}$$

这里，Λ^{MA} 是拉格朗日乘子，通过二分法求解[16]。由于 OC 法只能更新连续设计变量，因此通过式(5-28)更新后的设计变量需要通过式(5-4)进一步地进行规范化处理，以使设计变量具有指定的离散值。

4. 微观尺度材料微结构优化设计的敏度分析

在微观尺度上，同样可采用 OC 算法来更新微观设计变量。相似地，利用基于 Kuhn-Tucker 条件的启发式策略更新设计变量 $\tilde{\alpha}_{m,n}^{\mathrm{MI}(\kappa+1)}$：

$$\begin{cases}\min\left[(\eta^{\mathrm{MI}}+1)\tilde{\alpha}_{m,n}^{\mathrm{MI}(\kappa)},\tilde{\alpha}_{m,\max}^{\mathrm{MI}}\right], & \min\left[(\eta^{\mathrm{MI}}+1)\tilde{\alpha}_{m,n}^{\mathrm{MI}(\kappa)},\tilde{\alpha}_{m,\max}^{\mathrm{MI}}\right]\leqslant\left[B_{m,n}^{\mathrm{MI}(\kappa)}\right]^{\zeta^{\mathrm{MI}}}\tilde{\alpha}_{m,n}^{\mathrm{MI}(\kappa)} \\ \left[B_{m,n}^{\mathrm{MI}(\kappa)}\right]^{\zeta^{\mathrm{MI}}}\tilde{\alpha}_{m,n}^{\mathrm{MI}(\kappa)}, & \begin{cases}\max\left[(1-\eta^{\mathrm{MI}})\tilde{\alpha}_{m,n}^{\mathrm{MI}(\kappa)},\tilde{\alpha}_{m,\min}^{\mathrm{MI}}\right]<\left[B_{m,n}^{\mathrm{MI}(\kappa)}\right]^{\zeta^{\mathrm{MI}}}\tilde{\alpha}_{m,n}^{\mathrm{MI}(\kappa)} \\ \left[B_{m,n}^{\mathrm{MI}(\kappa)}\right]^{\zeta^{\mathrm{MI}}}\tilde{\alpha}_{m,n}^{\mathrm{MI}(\kappa)}<\min\left[(\eta^{\mathrm{MI}}+1)\tilde{\alpha}_{m,n}^{\mathrm{MI}(\kappa)},\tilde{\alpha}_{m,\max}^{\mathrm{MI}}\right]\end{cases} \\ \max\left[(1-\eta^{\mathrm{MI}})\tilde{\alpha}_{m,n}^{\mathrm{MI}(\kappa)},\tilde{\alpha}_{m,\min}^{\mathrm{MI}}\right], & \left[B_{m,n}^{\mathrm{MI}(\kappa)}\right]^{\zeta^{\mathrm{MI}}}\tilde{\alpha}_{m,n}^{\mathrm{MI}(\kappa)}\leqslant\max\left[(1-\eta^{\mathrm{MI}})\tilde{\alpha}_{m,n}^{\mathrm{MI}(\kappa)},\tilde{\alpha}_{m,\min}^{\mathrm{MI}}\right]\end{cases} \tag{5-30}$$

其中，引入移动极限 $\eta^{\mathrm{MI}}(0<\eta^{\mathrm{MI}}<1)$ 与阻尼系数 $\zeta^{\mathrm{MI}}(0<\zeta^{\mathrm{MI}}<1)$ 使优化迭代过程稳定。根据最优化条件和敏度信息，$B_{m,n}^{\mathrm{MI}(\kappa)}$ 定义为如下形式：

$$B_{m,n}^{\mathrm{MI}(\kappa)}=-\frac{\partial F(\alpha^{\mathrm{MI}})}{\partial\alpha_{m,n}^{\mathrm{MI}(\kappa)}}\Big/\max\left(\theta,\Lambda_m^{\mathrm{MI}(\kappa)}\frac{\partial G_m(\alpha^{\mathrm{MI}})}{\partial\alpha_{m,n}^{\mathrm{MI}(\kappa)}}\right) \tag{5-31}$$

其中，θ 是一个较小的正常数，用于避免零项。拉格朗日乘子 Λ_m^{MI} 通过二分法更新[16]。标准化设计变量的上下限是 $\tilde{\alpha}_{m,\max}^{\mathrm{MI}}=1$ 与 $\tilde{\alpha}_{m,\min}^{\mathrm{MI}}=0.001$。为了方便数值实施，$\tilde{\alpha}_{m,n}^{\mathrm{MI}}$ 是实际设计变量 $\alpha_{m,n}^{\mathrm{MI}}$ 的标准化形式：

$$\tilde{\alpha}_{m,n}^{\mathrm{MI}(\kappa)}=\frac{\alpha_{m,n}^{\mathrm{MI}(\kappa)}-\alpha_{m,\min}^{\mathrm{MI}(\kappa)}}{\alpha_{m,\max}^{\mathrm{MI}(\kappa)}-\alpha_{m,\min}^{\mathrm{MI}(\kappa)}} \tag{5-32}$$

式中，$\alpha_{m,\min}^{\mathrm{MI}(\kappa)}$ 与 $\alpha_{m,\max}^{\mathrm{MI}(\kappa)}$ 定义如下：

$$\alpha_{m,\min}^{\mathrm{MI}(\kappa)}=2\times\min(\alpha_{m,n}^{\mathrm{MI}(\kappa)}),\quad \alpha_{m,\max}^{\mathrm{MI}(\kappa)}=2\times\max(\alpha_{m,n}^{\mathrm{MI}(\kappa)}) \tag{5-33}$$

5. 静力学结构-材料一体化的多尺度拓扑优化流程

如图 5-4 所示，为静力学环境下的结构-材料一体化多尺度拓扑优化实施流程图。根据微观有限元分析所得的位移场，不同微结构的等效弹性张量可通过均匀化方法来近似计算。基于均匀化的材料属性，可以进行宏观有限元分析以得到宏观位移场和宏观结构柔度。随后，目标函数和全局体积分数约束对于宏观设计变量的敏度可以根据式(5-10)和式(5-11)得到。采用式(5-28)中的 OC 算法来更新宏观设计变量，根据式(5-4)中的阀值策略将连续的设计变量转化成离散的设计变量，以优化宏观结构拓扑和不同微结构在宏观设计域中的分布。接着，通过式(5-26)和式(5-27)计算微结构拓扑优化设计的敏度信息，根据式(5-30)中的 OC 算法来更新微观设计变量和不同微结构的拓扑。当收敛准则满足时，优化迭代过程终止。

5.2.4　数值实例

在所有案例中，进行无量纲化处理，基体材料的杨氏模量为 $E_0=10$，泊松比为

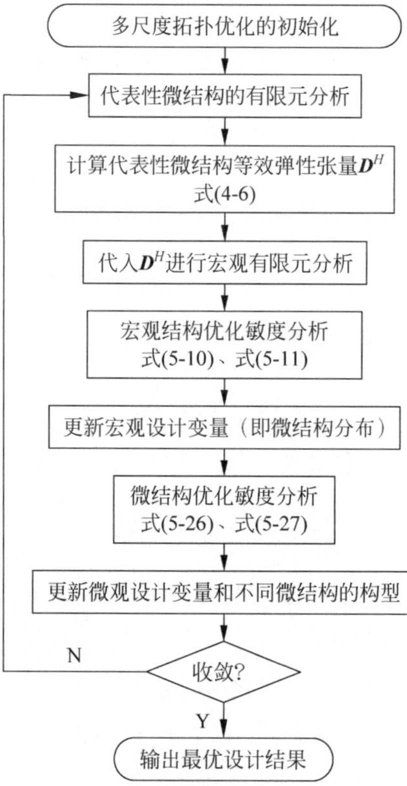

图 5-4　静力学结构-材料一体化的多尺度拓扑优化设计流程图

$\mu_0=0.3$。为了操作简便，假设一个宏观尺度上的单元等价于一个微观尺度上的材料微结构。对于二维优化问题，所有微结构均被离散为 80×80=6400 个四节点单元。通过保持所有微结构在 $x-y$（二维情况）上的对称性，以使材料微结构表现出正交各向异性属性。如图 5-5 所示，在二维微结构中通过预设运动学连接件保证不同微结构间的连接性。

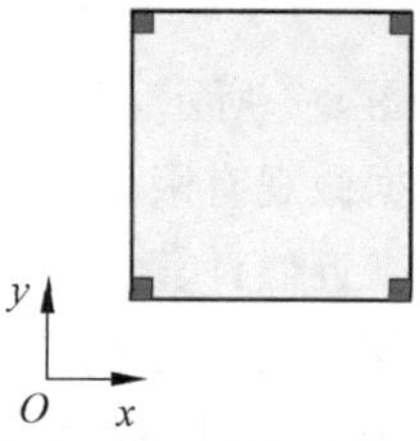

图 5-5　二维材料微结构间的运动学连接件（红色部分）

如无特别说明，数值算例中采用 11 种离散的密度值来规范化所有宏观单元的密度，即 0.001（孔洞）、0.1、0.2、0.3、0.4、0.5、0.6、0.7、0.8、0.9 和 1（实体）。这也意味着仅有 9 种具有中间密度值的微结构需要进行拓扑优化设计。当连续两次迭代的目标函数差值小于 0.000 01 或者优化迭代达到 300 步时，优化终止。

1. 静力学环境下二维悬臂梁结构的多尺度拓扑优化设计

如图 5-6 所示，二维悬臂梁的长 $L=120\text{cm}$ 和宽 $H=40\text{cm}$，左端边界约束全部自由度，右端边界中点承受集中载荷 $P=5$。宏观结构被离散为 120×40=4800

个四节点单元。优化目标是在全局体积分数约束为 50%时最小化结构柔度。如前所述，9 种代表性微结构的局部体积分数约束分别为 10%、20%、30%、40%、50%、60%、70%、80%和 90%。

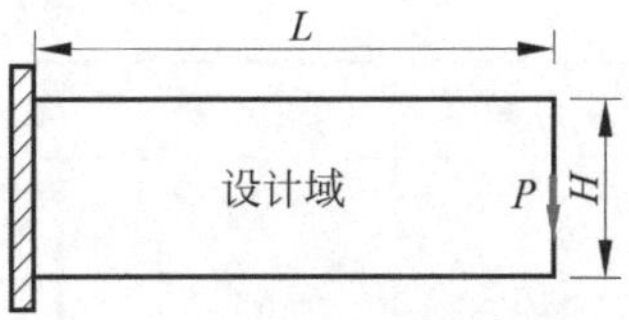

图 5-6　二维悬臂梁的设计域

结构与材料一体化优化设计结果如图 5-7 所示，包括最优的宏观结构拓扑、非均匀分布的微结构及相应的最优微结构构型。右边的颜色条显示了每个宏观单元的密度值(或者每个微结构的体积分数)，不同的微结构用不同的颜色表示。代表性的微结构构型、微结构属性及相应的百分比如表 5-1 所示。目标函数和全局体积约束的迭代过程如图 5-8 所示。局部体积约束的迭代过程如图 5-9 所示。

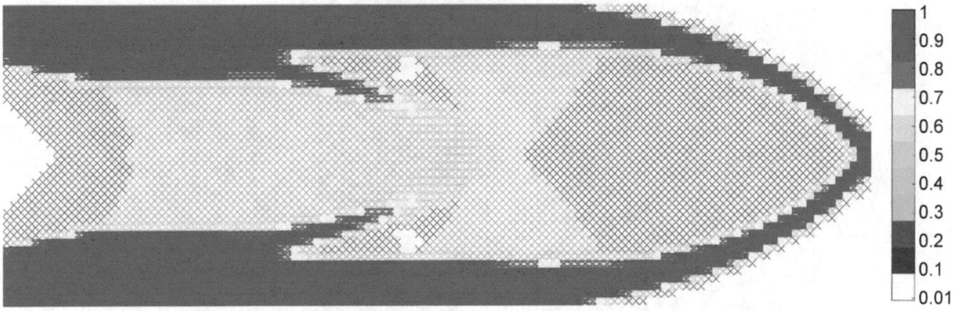

图 5-7　二维悬臂梁的一体化优化设计结构，柔度为 397.403

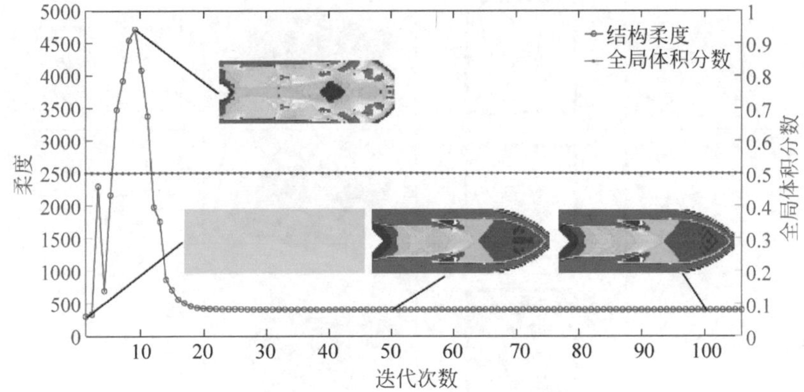

图 5-8　目标函数与全局体积分数约束的迭代过程

由图 5-7 可知，一体化优化设计结果的外部框架区域通过实体或者高密度微结构填充以抵抗变形，这与常见的悬臂梁优化结果[15,18,19]相一致。如图 5-5 所示，由于在所有微结构中设置预定义的非设计连接件，所有宏观结构域中的微结构均较好地连接。如表 5-1 所示，拓扑优化设计后的微结构表现出正交各向异性。对于柔度优化问题，正交各向异性的微结构相比于各向同性微结构，能使宏观结构性

表 5-1　代表性微结构的构型及属性

体积分数/%	百分比/%	微结构构型	水平集函数图	材料等效属性
10	5.63		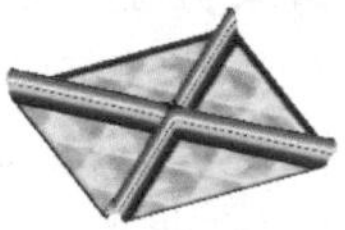	$\begin{bmatrix} 0.311 & 0.301 & 0 \\ 0.301 & 0.313 & 0 \\ 0 & 0 & 0.273 \end{bmatrix}$
20	18.5		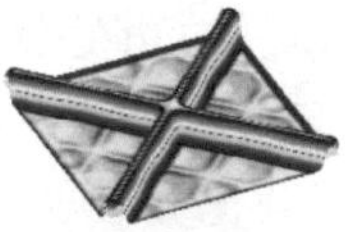	$\begin{bmatrix} 0.660 & 0.629 & 0 \\ 0.629 & 0.662 & 0 \\ 0 & 0 & 0.564 \end{bmatrix}$
30	16.79		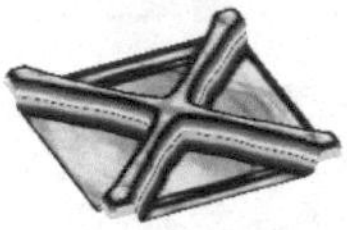	$\begin{bmatrix} 1.090 & 1.003 & 0 \\ 1.003 & 1.103 & 0 \\ 0 & 0 & 0.860 \end{bmatrix}$
40	8.58		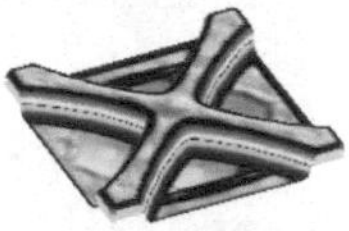	$\begin{bmatrix} 1.700 & 1.401 & 0 \\ 1.401 & 1.628 & 0 \\ 0 & 0 & 1.162 \end{bmatrix}$
50	2.88			$\begin{bmatrix} 3.589 & 1.388 & 0 \\ 1.388 & 1.855 & 0 \\ 0 & 0 & 1.245 \end{bmatrix}$
60	2.5			$\begin{bmatrix} 5.598 & 1.333 & 0 \\ 1.333 & 1.672 & 0 \\ 0 & 0 & 1.351 \end{bmatrix}$
70	1.71		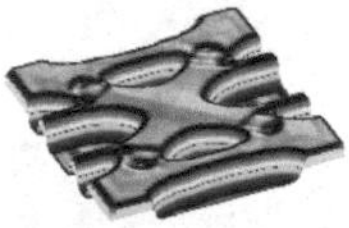	$\begin{bmatrix} 7.111 & 1.625 & 0 \\ 1.625 & 2.567 & 0 \\ 0 & 0 & 1.641 \end{bmatrix}$
80	1.5	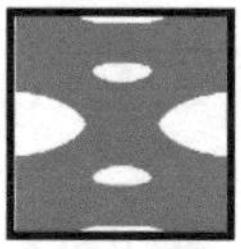		$\begin{bmatrix} 8.856 & 2.037 & 0 \\ 2.037 & 3.670 & 0 \\ 0 & 0 & 2.060 \end{bmatrix}$
90	1.58			$\begin{bmatrix} 10.721 & 2.657 & 0 \\ 2.657 & 5.287 & 0 \\ 0 & 0 & 2.650 \end{bmatrix}$

能更优。这是因为在一体化设计中不同构型的正交各向异性微结构能灵活地提供不同方向上的刚度，从而能够更好地传递结构外载荷。虽然所有代表性微结构的

最优设计具有不同的拓扑、形状和尺寸，但从整体上来看，所有微结构沿对角线方向均具有两条交叉杆结构，微结构中的这种结构（两条交叉杆）与文献[20]中解析解的结构形式完全一致。

值得注意的是，最优设计中仅有9种代表性微结构。如图5-7中不同颜色所示，宏观结构由一些不同种类的微结构区域组成，每一个微结构区域包含相同的微结构。从计算成本方面来看，宏观结构域内微结构逐点变化的一体化拓扑优化设计将导致有大量的微结构需要优化，相比较而言，本章所涉及的静力学结构与材料一体化的多尺度拓扑优化设计方法中需要优化的微结构数量明显减少，这也意味着计算成本的显著降低。从制造方面来看，本方法的设计结果仅由较少数量的代表性微结构组成，设计复杂度更低，将更加便于制造。

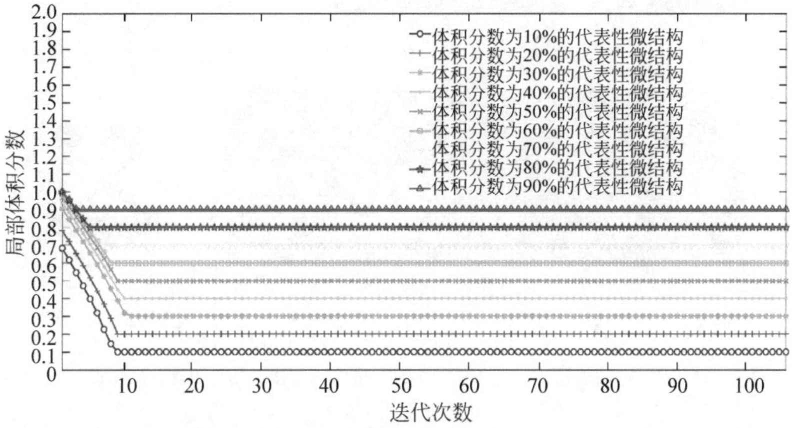

图5-9　代表性微结构的局部体积分数迭代过程

如图5-8所示，宏观结构拓扑和微结构分布在一体化优化设计过程中始终保持同时优化。本例中结构与材料一体化拓扑优化过程在108次迭代时收敛。从图5-9可知，宏观结构优化的全局体积约束一直满足，然而各个微结构优化时的局部体积约束逐步满足。在优化迭代开始阶段，局部体积约束的违反解释了目标函数值的增加。在所有代表性微结构拓扑优化过程中，基体材料被首先逐步移除以满足各个局部体积约束，接着宏观结构柔度开始逐步减少直至收敛到最优解。

为了进一步显示本方法的优点，将优化设计结果与传统单尺度宏观结构设计、单尺度均质材料微结构设计和均一材料微结构的一体化优化设计进行比较。这里的单尺度设计分别指两种不同情况：基于SIMP方法的宏观结构设计[14]和均质材料微结构设计（宏观结构没有拓扑改变）。基于均一材料微结构的一体化优化设计在宏微观两个尺度均采用SIMP方法[21]。在SIMP方法中，惩罚因子设置为$P=3$。为了方便比较，所有算例中的有限元模型、边界条件和设计域均相同，所有设计的体积分数约束均为50%。

如图 5-10 所示为单尺度的宏观结构设计与材料微结构设计最优结果，图 5-11 是基于均一微结构的一体化优化设计最优结果。图 5-11(a)与(b)分别是宏观体积分数和微结构体积分数不同组合的优化结果，两个尺度体积分数约束的乘积等于 50%。结果显示，单尺度宏观结构设计相比单尺度材料微结构设计与均一微结构的一体化优化设计，具有更优的结构柔度，这与文献[2,22,23]所得结论一致。

(a)

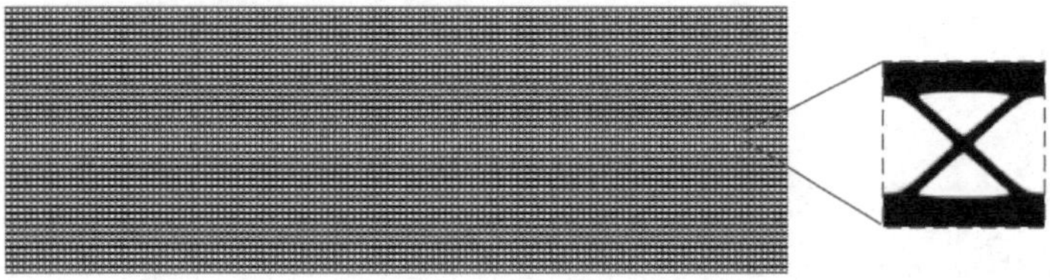

(b)

图 5-10　两种不同的单尺度优化设计结果

(a) 基于 SIMP 的单尺度宏观结构设计，柔度为 409.746；(b) 基于 SIMP 的单尺度微结构设计，柔度为 853.979

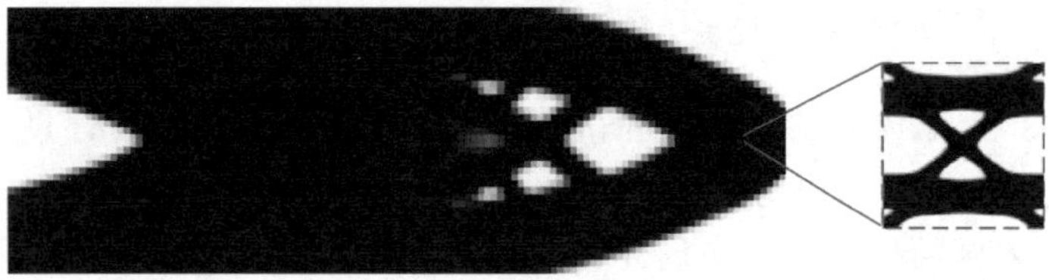

(a)

(b)

图 5-11　均一微结构的一体化优化设计

(a) 宏观体积分数 $V_f^{\mathrm{MA}}=83.3\%$ 与微结构体积分数 $V_f^{\mathrm{MI}}=60\%$，柔度为 714.081；

(b) 宏观体积分数 $V_f^{\mathrm{MA}}=62.5\%$ 与微结构体积分数 $V_f^{\mathrm{MI}}=80\%$，柔度为 550.035

更重要的是，在柔度最小化问题中，均一微结构的一体化优化设计结果总是比宏观结构拓扑设计结果的性能差[2,22,23]。然而，如图 5-7 所示，本书所涉及的静力学结构与材料一体化的多尺度拓扑优化设计方法得到的优化结果相比图 5-10 和图 5-11 中的所有优化设计结果，均具有更低的结构柔度，即结构整体刚度性能最优。主要原因在于本书论述的一体化优化设计方法可以通过并行处理宏观结构拓扑、微结构的构型和布局极大地扩展多尺度拓扑优化的设计空间，从而能够得到更优的设计结果。实际上，本书所涉及的静力学结构与材料一体化的多尺度拓扑优化设计方法的设计结果属于一种具有多区域周期性微结构的异质多孔结构。因此，该方法能充分利用不同种类的微结构使一体化设计结构的承载能力最大，同时计算效率高，方便制造。

在本案例中，我们还讨论了不同的代表性微结构的数量对一体化优化设计结果的影响。图 5-12 所示为分别采用 4 种和 19 种代表性微结构的一体化优化设计结果。为便于观察，将放大后的最优代表性微结构绘制于最终设计结果的周围，且将不同种类的微结构通过不同的颜色表示。可以看到，在一体化拓扑优化设计中，如果采用更多的代表性微结构，其最优设计的结构柔度更低。这是因为代表性微结构越多，一体化拓扑优化的设计空间越大。然而，过多的代表性微结构将导致更多的微结构需要被优化，这将显著增加计算和制造成本。

2. 静力学环境下二维 MBB 梁结构的多尺度拓扑优化设计案例

如图 5-13 所示，messerschmidt-bölkow-blohm（MBB）梁的长 $L=150\text{cm}$ 和宽 $H=30\text{cm}$，在顶部中点竖直施加载荷 $P=5$，约束 MBB 梁结构的左下角全部自由度和右下角竖直方向上的自由度。宏观结构设计域被离散为 $150\times30=4500$ 个四节点单元。目标函数为最小化宏观结构的柔度，全局体积分数约束分别为 50%、30%和 10%。这里仍然采用 9 种代表性微结构。通常在柔度优化问题中，单尺度宏观结构设计比单尺度材料微结构设计和均一微结构的一体化优化设计具有更好的结构性能。在本案例中，本书所涉及的静力学结构与材料一体化的多尺度拓扑优化设计结果仅与基于 SIMP 的单尺度宏观结构设计结果在相同材料用量约束下进行对比分析，以说明该方法的有效性。

不同全局体积分数约束的一体化优化设计结果如图 5-14 所示，在相同体积分数约束下，采用 SIMP 方法的单尺度宏观结构优化设计结果如图 5-15 所示。由于预先定义了运动学连接件，一体化优化设计结果在几何上保持了较好的连接性。显而易见，在不同体积分数约束下，静力学结构与材料一体化的多尺度拓扑优化设计结果相比单尺度宏观结构设计结果，均具有更低的柔度（即更高的刚度），表明本书所涉及的静力学结构与材料一体化多尺度拓扑优化设计方法总能通过扩大设计空间以获得性能更优的结构设计方案。

更重要的是，当全局材料用量低于 10%时，一体化优化设计结果明显优于传

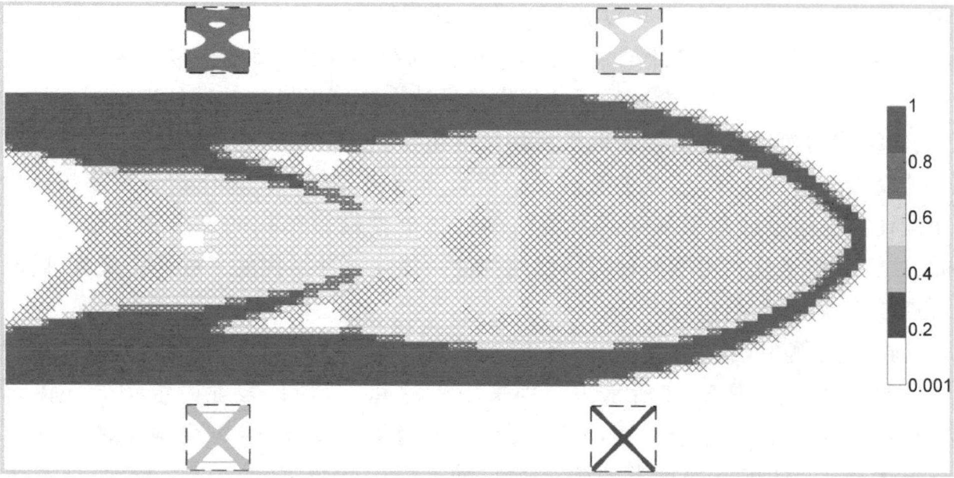

(a)

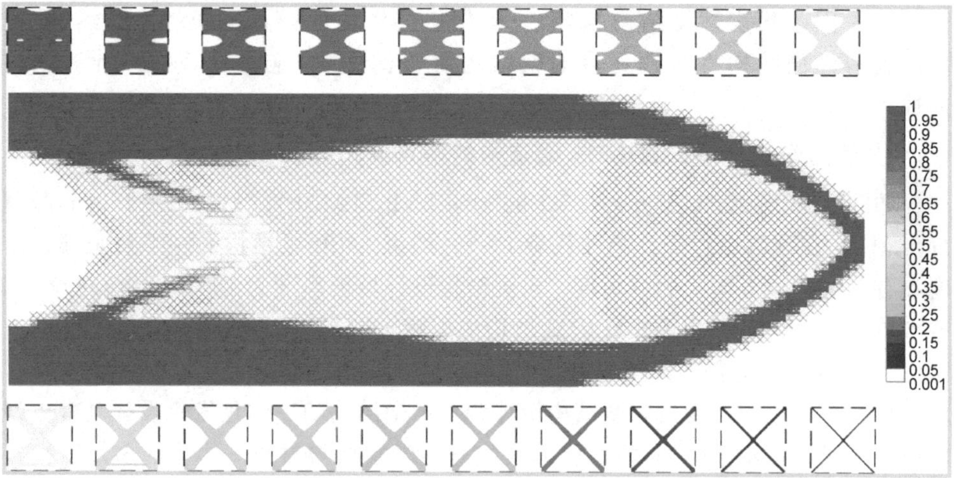

(b)

图 5-12　不同数量代表性微结构的一体化拓扑优化设计

(a) 4 种代表性微结构,柔度为 401.474;(b) 19 种代表性微结构,柔度为 396.785

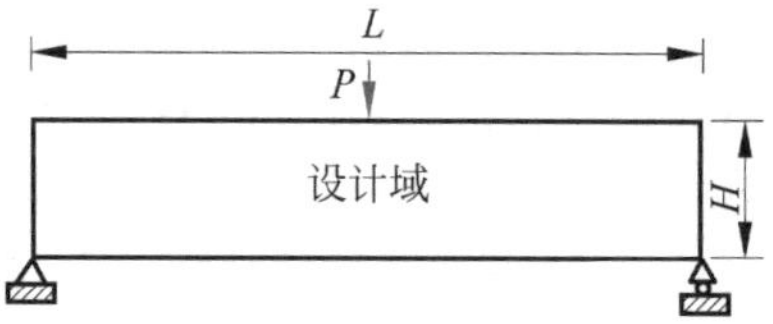

图 5-13　二维 MBB 梁结构的设计空间

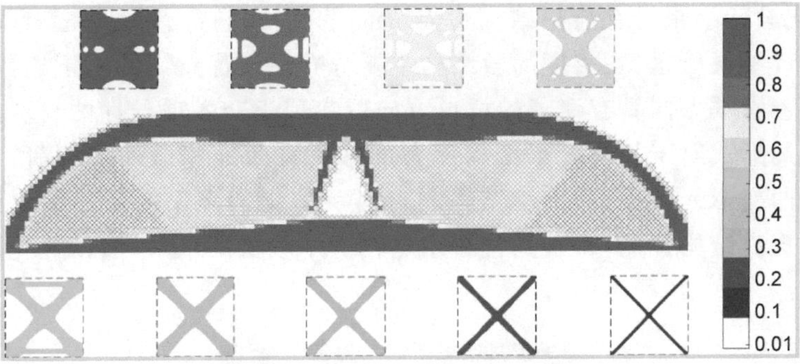

(a)

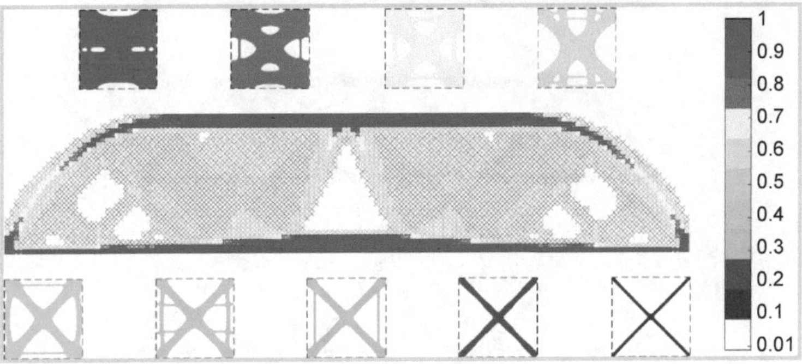

(b)

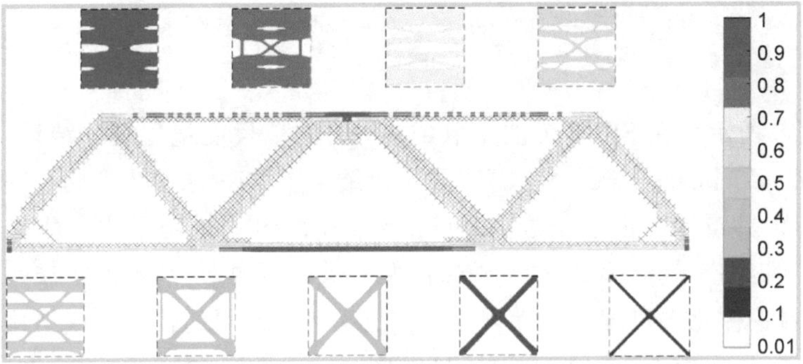

(c)

图 5-14 二维 MBB 梁的一体化优化设计结果

(a) 全局体积分数为 50%，柔度为 142.837；(b) 全局体积分数为 30%，柔度为 248.625；

(c) 全局体积分数为 10%，柔度为 938.699

统的单尺度宏观结构设计结果，而且单尺度宏观结构优化设计的迭代次数超过 1000。如图 5-15(c)所示，在一个相对较低的体积分数约束下(如 10%)，单尺度宏观结构优化很难收敛到清晰的“黑-白”设计。然而，如图 5-14(c)所示，静力学结构与材料一体化的多尺度拓扑优化设计方法可以在仅迭代 139 步后即获得最优设计，且优化设计结果具有清晰结构边界，便于识别和制造。如图 5-14(c)的一体化优化设计结果所示，高密度的微结构主要分布在最优设计的上下边界，这保证了结构沿着水平方向具有清晰的材料方向以实现正交各项异性的材料属性。这种结构布局形式对于长跨度梁结构而言能够更有效地传递外部载荷，以便更好地抵抗弯曲变形。可见，静力学结构与材料一体化的多尺度拓扑优化设计方法能显著地提高结构性能，特别是材料用量在一个较低的水平时，该优化方法的效果更佳。

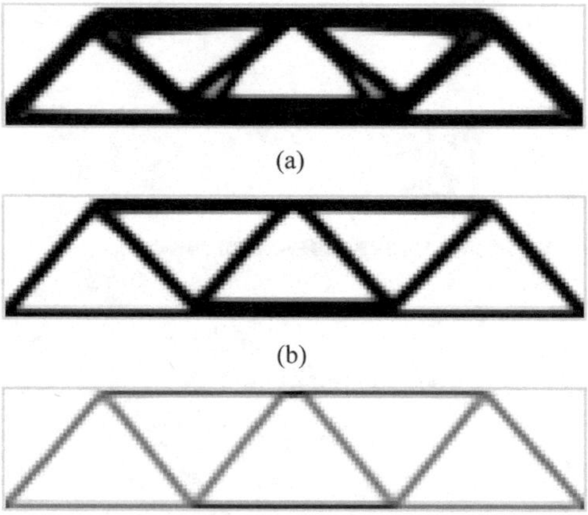

(a)

(b)

(c)

图 5-15　二维 MBB 梁的单尺度宏观结构优化设计结果

(a) 体积分数为 50%，柔度为 148.951；(b) 体积分数为 30%，柔度为 253.808；
(c) 体积分数为 10%，柔度为 2697.958

图 5-16 所示为在 SIMP 方法中取 $P=1$ 时的单尺度优化设计结果，即变厚度板(variable thickness sheet，VTS)法的设计结果。VTS 法实质上属于一种自由材料设计方法，其设计自由度非常高。可以看到，VTS 设计结果比一体化优化设计结果的刚度更高。其原因如下：一方面，为了保证可制造性，本书所涉及的静力学结构与材料一体化多尺度拓扑优化设计方法采用了有限的代表性微结构和预先定义的连接件，一定程度上限制了设计自由度；另一方面，对于柔度优化设计，由于 hashin-shtrikhman 边界对多孔材料微结构属性的约束，在材料用量相同时，封闭结构(如 VTS 设计)总是比开孔结构(如一体化优化设计)的性能更加优异。然而，VTS 设计的结构中存在大量薄板(即灰度单元)，将导致制造困难。更重要的是，相比一体化优化设计结果(图 5-14)，VTS 设计结果(图 5-16)在应用上存在诸多问题，如稳定性、多孔性、透明性和美学特性等[19]。因此，VTS 法可以获得更刚的设计，但一体化拓扑优化设计结构在制造和应用上更具实用性和灵活性。

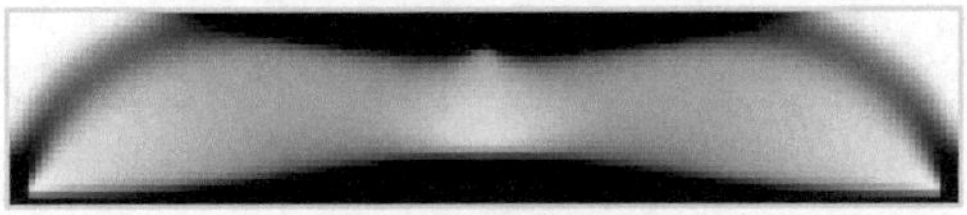

(a)

(b)

(c)

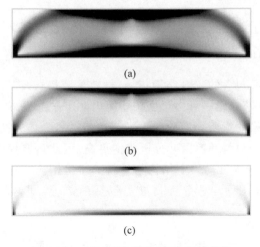

图 5-16　二维 MBB 梁的 VTS 设计结果

(a) 体积分数为 50%，柔度为 123.998；(b) 体积分数为 30%，柔度为 182.688；
(c) 体积分数为 10%，柔度为 505.531

5.3　动力学环境下结构与材料一体化的多尺度拓扑优化设计

图 5-17 所示的一个具有已知边界条件和外部简谐振动激励下的三维多孔结构，两种不同的材料单胞周期性分布在该三维多孔结构的不同区域。该宏观三维多孔结构位于宏观坐标系 x 中，材料微结构单胞位于微观坐标系 y 中。通过同时优化宏观结构拓扑、材料微结构拓扑及其在宏观结构中的分布，以有效扩大其设计自由度，达到宏观结构与微观材料的匹配和统一，从而使得多孔结构整体在外部激励载荷作用下的振动显著降低。以上即为本节所讨论的动力学环境下结构-材料一体化的多尺度拓扑优化设计问题[23]。

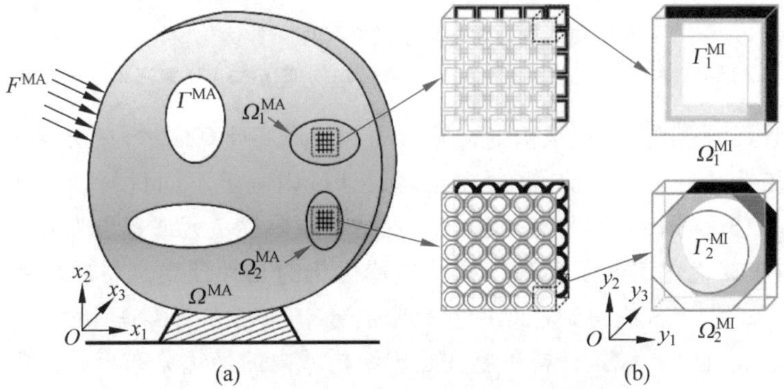

图 5-17　宏微观两尺度下的多孔结构示意图

(a) 多孔结构；(b) 材料单胞

5.3.1 动力学环境下结构与材料一体化的多尺度拓扑优化策略

针对多孔结构所包含的宏观结构拓扑、材料单胞拓扑及其在宏观结构域内的分布等优化要素,本节介绍一种多尺度拓扑优化设计方法,以提高宏观结构抵抗动态载荷的能力。与第 4 章所介绍的静力学结构与材料一体化拓扑优化设计不同,动力学环境下结构与材料的有限元分析成本更高,因此需要探索更加高效的多尺度优化方法。进一步提升动力学结构与材料一体化拓扑优化设计的优化效率的核心思想如图 5-18 所示,整个优化过程包括两部分,即材料布局优化和并行优化。

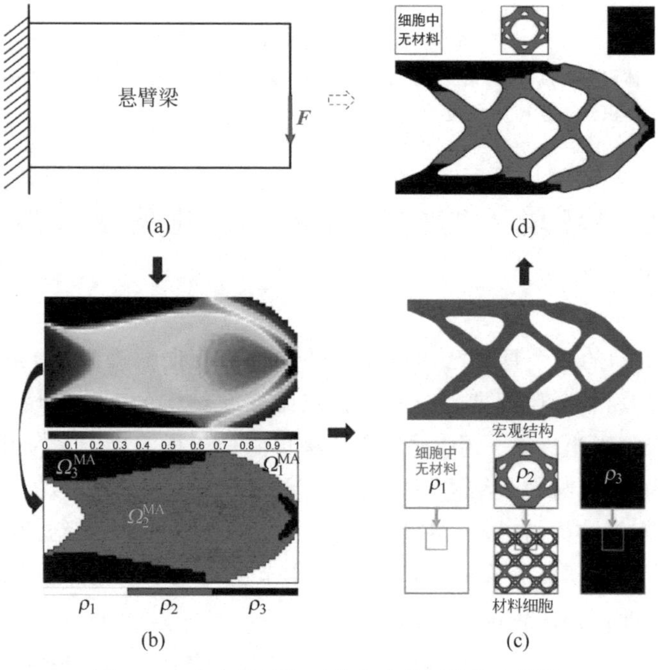

图 5-18 动力学环境下的多尺度拓扑优化设计

(a) 原始结构;(b) 优化解决方案;(c) 级别 1:分布优化;(d) 级别 2:并行优化

图 5-18(a)所示为宏观结构的初始布局。为降低计算成本,在宏观结构拓扑和材料单胞拓扑并行优化之前,需要在宏观设计域内确定不同材料微结构单胞的分布。如图 5-18(b)所示,与材料单胞在宏观结构域内逐单元或逐点变化的分布形式不同,材料布局优化实现了宏观结构域内待优化的几种预定义材料单胞的合理分布。首先,采用 VTS 法得到连续的单元密度分布,如图 5-18(b)所示。这种单元密度的分布形式可以看作是材料单胞在宏观结构域内的最优分布形式。需要指出的是,此时材料单胞的宏观等效属性与单元伪密度正相关。然而,这种材料单胞逐点

不同的理想分布形式，将带来惊人的优化成本。因此，本节给出了一种处理单元密度的正则化机制：假设具有相同或者相近伪密度的单元在其相应位置上具有相同的等效宏观属性，并将这些单元归为一组。这一组内所有单元伪密度的平均值作为这一组内单元新的伪密度值。通过这种正则化机制处理后的结果如图 5-18(b)所示，可以看到正则化后的单元密度以逐片的形式分布（Ω_1^{MA}、Ω_2^{MA} 和 Ω_3^{MA}），每一片区域内均匀分布相同密度的单元（ρ_1、ρ_2 和 ρ_3）。

由于材料体积与宏观等效性能间具有正相关关系，正则化后的单元密度将作为材料单胞的最大体积约束。同时，在每一个子域内仅需优化一种代表性材料微结构单胞。在第一步得到具有给定体积率的材料单胞的分布下，在第二步进行宏观结构和不同材料单胞拓扑的并行优化，即多尺度优化。在宏观尺度上，基于材料单胞的既有分布和全局体积率约束，采用参数化水平集进行宏观结构的拓扑优化设计。在微观尺度上，基于材料单胞的体积率约束，采用参数化水平集方法优化多种不同微结构单胞的拓扑构型。图 5-18(c)所示为宏观结构和 3 种不同材料微结构单胞的最优拓扑构型。

如图 5-18(d)所示，为最终的结构与材料多尺度拓扑优化设计结果。可以看到，基于宏观结构域内材料单胞的分布约束，宏观结构的最优拓扑被划分成 3 种不同的子域，每个子域内周期性地分布有相应的最优材料单胞。此时，我们可以跨尺度地实现宏观结构拓扑、材料单胞拓扑及其在宏观结构域内分布的联合优化设计，在扩大设计自由度，提升结构动态性能的同时，有效控制了优化计算的成本。

5.3.2　结构与材料一体化的频率响应最小化拓扑优化模型

1. 动力学有限元分析

具有黏性阻尼的宏观结构的受迫振动方程可表示如下：

$$\boldsymbol{M}\ddot{\boldsymbol{U}}_t + \boldsymbol{C}\dot{\boldsymbol{U}}_t + \boldsymbol{K}\boldsymbol{U}_t = \boldsymbol{F}_t \tag{5-34}$$

其中，$\boldsymbol{M}$、$\boldsymbol{C}$ 和 $\boldsymbol{K}$ 分别是质量矩阵、阻尼矩阵和刚度矩阵；$\boldsymbol{U}_t$、$\dot{\boldsymbol{U}}_t$ 和 $\ddot{\boldsymbol{U}}_t$ 分别是全局位移场、速度场和加速度场；$\boldsymbol{F}_t$ 是随时间变化的外载荷向量。依据 Rayleigh 阻尼模型假设，引入参数 α 和 β，阻尼矩阵 $\boldsymbol{C}$ 可表示如下：

$$\boldsymbol{C} = \alpha\boldsymbol{M} + \beta\boldsymbol{K} \tag{5-35}$$

定义简谐载荷的激励频率为 ω，则动态载荷 $\boldsymbol{F}_t$ 与位移场 $\boldsymbol{U}_t$ 可表示成如下指数形式：

$$\begin{cases} \boldsymbol{U}_t = \boldsymbol{U}\mathrm{e}^{\mathrm{i}\omega t} \\ \boldsymbol{F}_t = \boldsymbol{F}\mathrm{e}^{\mathrm{i}\omega t} \end{cases} \tag{5-36}$$

其中，$\boldsymbol{U}$ 和 $\boldsymbol{F}$ 分别是外载荷和位移的幅值。当仅考虑频域问题时，基于位移响应和外载荷的幅值，动平衡方程(5-34)可表示如下：

$$(-\omega^2\boldsymbol{M} + \mathrm{i}\omega\boldsymbol{C} + \boldsymbol{K})\boldsymbol{U} = \boldsymbol{F} \tag{5-37}$$

为叙述方便，定义如下紧凑的形式：

$$\boldsymbol{K}_{\mathrm{d}} = -\omega^2 \boldsymbol{M} + \mathrm{i}\omega \boldsymbol{C} + \boldsymbol{K} \tag{5-38}$$

这里，$\boldsymbol{K}_{\mathrm{d}}$ 是由质量矩阵、阻尼矩阵和刚度矩组成的动态刚度矩阵。

2. 宏观和微观尺度上的参数化水平集

在多尺度系统中，在参考域 $D_{\mathrm{ma}} \subset R^d_{\mathrm{ma}}$ 与 $D_{\mathrm{mi}} \subset R^d_{\mathrm{mi}}$（$d=2$ 或 3）中分别定义一种水平集函数，分别包含所有允许的宏观结构 Ω_{ma}（$\Omega_{\mathrm{ma}} \subset D_{\mathrm{ma}}$）和材料单胞构型 Ω_{mi}（$\Omega_{\mathrm{mi}} \subset D_{\mathrm{mi}}$）：

$$\begin{cases} \begin{cases} \Phi^{\mathrm{MA}}(\boldsymbol{x}) > 0, & \forall \boldsymbol{x} \in \Omega^{\mathrm{MA}} \backslash \Gamma^{\mathrm{MA}} & (\text{宏观设计域}) \\ \Phi^{\mathrm{MA}}(\boldsymbol{x}) = 0, & \forall \boldsymbol{x} \in \Gamma^{\mathrm{MA}} \cap D^{\mathrm{MA}} & (\text{宏观边界}) \\ \Phi^{\mathrm{MA}}(\boldsymbol{x}) < 0, & \forall \boldsymbol{x} \in D^{\mathrm{MA}} \backslash \Omega^{\mathrm{MA}} & (\text{宏观参考域}) \end{cases} \\ \begin{cases} \Phi^{\mathrm{MI}}(\boldsymbol{y}) > 0, & \forall \boldsymbol{y} \in \Omega^{\mathrm{MI}} \backslash \Gamma^{\mathrm{MI}} & (\text{微观设计域}) \\ \Phi^{\mathrm{MI}}(\boldsymbol{y}) = 0, & \forall \boldsymbol{y} \in \Gamma^{\mathrm{MI}} \cap D^{\mathrm{MI}} & (\text{微观边界}) \\ \Phi^{\mathrm{MI}}(\boldsymbol{y}) < 0, & \forall \boldsymbol{y} \in D^{\mathrm{MI}} \backslash \Omega^{\mathrm{MI}} & (\text{微观参考域}) \end{cases} \end{cases} \tag{5-39}$$

其中，Ω^{MA}、Γ^{MA} 和 D^{MA} 分别表示宏观尺度下的设计域、结构边界和参考域；Ω^{MI}、Γ^{MI} 和 D^{MI} 分别表示材料单胞的设计域、结构边界和参考域。通过引入时间变量 t，并对水平集函数求对时间 t 的微分，则宏观结构与材料单胞构型的边界演化可转化成对如下两个尺度下的 Hamilaton-Jacobi 偏微分方程的求解：

$$\begin{cases} \dfrac{\partial \Phi^{\mathrm{MA}}}{\partial t} - v_{\mathrm{n}}^{\mathrm{MA}} \mid \nabla \Phi^{\mathrm{MA}} \mid = 0 \\ \dfrac{\partial \Phi^{\mathrm{MI}}}{\partial t} - v_{\mathrm{n}}^{\mathrm{MI}} \mid \nabla \Phi^{\mathrm{MI}} \mid = 0 \end{cases} \tag{5-40}$$

其中，$v_{\mathrm{n}}^{\mathrm{MA}}$ 和 $v_{\mathrm{n}}^{\mathrm{MI}}$ 分别是宏观尺度和微观尺度下的法向速度场。

3. 分布优化模型

这里采用 VTS 方法获得单元伪密度连续分布而非伪密度“0/1”分布的“黑—白”设计。根据结构动柔度的定义[22,24]，基于体积率约束的结构动柔度最小化的数学模型可表示如下：

$$\text{求 } \boldsymbol{\rho} = (\rho_1, \rho_2, \cdots, \rho_{\mathrm{NE}})$$

$$\begin{cases} \mathrm{Min:}\ J_{\mathrm{d}} = \mid J \mid = \mid \boldsymbol{F}^{\mathrm{T}} \boldsymbol{U} \mid \\ \mathrm{s.t.:}\ \boldsymbol{K}_{\mathrm{d}} \boldsymbol{U} = \boldsymbol{F} \\ \qquad G^{\mathrm{MI}} = \displaystyle\sum_{e=1}^{\mathrm{NE}} \rho_e V_0 - V^{\mathrm{MI}} \leqslant 0 \\ \qquad 0 \leqslant \rho_e \leqslant 1 \end{cases} \tag{5-41}$$

其中，J 表示结构动柔度。如文献[22,24]中所述，动柔度为一个复数，可用 J_{R} 与 J_{I} 分别表示 J 的实部和虚部：

$$J = J_R + \mathrm{i}J_I \tag{5-42}$$

考虑到数值计算的稳定性，这里选取动柔度 J_d 的模作为优化目标：

$$J_d = \sqrt{(J_R)^2 + (J_I)^2} \tag{5-43}$$

其中，$\boldsymbol{F}$ 是具有特定激励频率 ω 的动态外载荷向量；$\boldsymbol{U}$ 是全局位移场；$\boldsymbol{K}_d$ 是根据式(5-38)计算的全局动态刚度矩阵；G^{MI} 为最大体积率 V^{MI} 的体积约束，这里的体积率与"MI"相关，因为分布优化模型式(5-41)决定了不同单胞在宏观结构域内的分布。V_0 表示实体单元的体积率，ρ_e 表示单元密度，取值范围为[0,1]。NE 表示宏观结构域内的有限单元总数。

在基于 SIMP 方法的动力学拓扑优化设计中，局部模态现象是一种较常见的现象。理论上，当弱材料的密度接近极小值时[25-27]，由于材料插值策略的幂函数惩罚将导致单元质量矩阵与刚度矩阵产生一个较大的差值，这样便会导致在动力学拓扑优化过程中出现局部模态现象，从而影响优化过程的稳定性。由于在分布优化模型式(5-41)中采用了 VTS 法，相当于将 SIMP 材料插值模型中惩罚因子取为1。这也就意味着，即使有弱材料存在，其质量矩阵与刚度矩阵也不会产生较大的差别，因此局部模态现象可被自然避免。

通过分布优化模型式(5-41)得到的是连续变化的单元伪密度，即宏观结构域内理想的材料单胞分布形式。为了显著减少待优化的材料微结构单胞数量，这里需要用到一种处理单元密度的正则化机制：假设连续变化的单元密度被分为 Ψ 组，则正则化机制可定义如下：

$$\rho_\psi = \sum_{l=1}^{\mathrm{NI}^\psi} \rho_l^\psi \Big/ \mathrm{NI}^\psi, \quad \rho_{\min}^\psi \leqslant \rho_l^\psi \leqslant \rho_{\max}^\psi; \psi = 1,2,\cdots,\Psi \tag{5-44}$$

其中，ρ_l^ψ 表示第 ψ_{th} 组内的第 l_{th} 个单元的伪密度；$\rho_{\min}^\psi$ 与 $\rho_{\max}^\psi$ 是在第 ψ_{th} 内定义设计变量的阈值下限和上限；NI^ψ 是第 ψ_{th} 组内的单元总数；ρ_ψ 是第 ψ_{th} 组经过正则化处理后的单元伪密度，通过该组内所有单元密度的平均值定义。宏观结构将被划分成 Ψ 个子域($\Omega_1^{\mathrm{MA}},\Omega_2^{\mathrm{MA}},\cdots,\Omega_\Psi^{\mathrm{MA}}$)，每个子域将均匀分布相应的单元密度 $\rho_\psi(\psi=1,2,\cdots,\Psi)$，该单元密度 ρ_ψ 将作为材料微结构单胞设计的体积率约束。

4. 并行优化模型

在前一步优化中，已得到在宏观结构域内具有给定体积率的材料单胞分布形式。为了使跨尺度设计下的结构动态性能达到最优，这里通过集成参数化水平集拓扑优化方法和数值均匀化方法，以实现宏观结构拓扑和多种材料微结构单胞拓扑的并行优化设计。基于上一阶段优化获得的材料单胞分布形式，可同时确定宏观、微观两个尺度下的体积率约束，于是结构动态柔度最小化的多尺度并行优化模型可表示如下：

$$\text{求 } \boldsymbol{\alpha}_n^{\mathrm{MA}}, \boldsymbol{\alpha}_{\psi,m}^{\mathrm{MI}}, \quad n=1,2,\cdots,N; \psi=1,2,\cdots,\Psi; m=1,2,\cdots,M$$

$$\underset{(\boldsymbol{U},\boldsymbol{\Phi})_{\mathrm{MA,MI}}}{\mathrm{Min}} : J_d(\boldsymbol{u},\boldsymbol{\Phi}) = |J(\boldsymbol{u},\boldsymbol{\Phi})| = \left| \int_{D^{\mathrm{MA}}} \boldsymbol{F}^{\mathrm{T}} \boldsymbol{u}^{\mathrm{MA}} H(\boldsymbol{\Phi}^{\mathrm{MA}}) \mathrm{d}\Omega^{\mathrm{MA}} \right|$$

$$\text{s.t.}:\begin{cases}\sum_{\psi=1}^{\Psi}\left\{\begin{array}{l}k(\Phi_\psi^{\mathrm{MA}},\boldsymbol{u}_\psi^{\mathrm{MA}},\boldsymbol{v}_\psi^{\mathrm{MA}},\boldsymbol{E}_\psi^{H})+\mathrm{i}\omega c(\Phi_\psi^{\mathrm{MA}},\boldsymbol{u}_\psi^{\mathrm{MA}},\boldsymbol{v}_\psi^{\mathrm{MA}},\boldsymbol{E}_\psi^{H})\\-\omega^2 m(\Phi_\psi^{\mathrm{MA}},\boldsymbol{u}_\psi^{\mathrm{MA}},\boldsymbol{v}_\psi^{\mathrm{MA}},\boldsymbol{E}_\psi^{H})\end{array}\right\}=\\ l(\Phi^{\mathrm{MA}},\boldsymbol{v}^{\mathrm{MA}}),\ \forall\,\boldsymbol{v}^{\mathrm{MA}}\in\overline{U}(\Omega^{\mathrm{MA}})\\ a(\boldsymbol{u}_\psi^{\mathrm{MI}},\boldsymbol{v}_\psi^{\mathrm{MI}},\Phi_\psi^{\mathrm{MI}})=l(\boldsymbol{v}_\psi^{\mathrm{MI}},\Phi_\psi^{\mathrm{MI}}),\quad\forall\,\boldsymbol{v}_\psi^{\mathrm{MI}}\in\overline{U}(\Omega_\psi^{\mathrm{MI}})\\ G_M=\left\{\left(\int_{D^{\mathrm{MA}}}H(\Phi_\psi^{\mathrm{MA}})\mathrm{d}\Omega^{\mathrm{MA}}\right)\cdot\left(\int_{D_\psi^{\mathrm{MI}}}H(\Phi_\psi^{\mathrm{MI}})\mathrm{d}\Omega_\psi^{\mathrm{MI}}\right)\right\}-V_M\leqslant 0\\ G_\psi^{\mathrm{MI}}=\int_{D_\psi^{\mathrm{MI}}}H(\Phi_\psi^{\mathrm{MI}})\mathrm{d}\Omega_\psi^{\mathrm{MI}}-\rho_\psi\leqslant 0\\ \alpha_{\min}^{\mathrm{MA}}\leqslant\alpha_n^{\mathrm{MA}}\leqslant\alpha_{\max}^{\mathrm{MA}}\\ \alpha_{\psi,\min}^{\mathrm{MI}}\leqslant\alpha_{\psi,m}^{\mathrm{MI}}\leqslant\alpha_{\psi,\max}^{\mathrm{MI}}\end{cases}\tag{5-45}$$

其中，α_n^{MA} 表示宏观设计变量，其上下限分别为 $\alpha_{\max}^{\mathrm{MA}}$ 与 $\alpha_{\min}^{\mathrm{MA}}$；$\alpha_{\psi,m}^{\mathrm{MI}}$ 是第 ψ_{th} 种材料单胞的设计变量，其上下限分别为 $\alpha_{\psi,\max}^{\mathrm{MI}}$ 与 $\alpha_{\psi,\min}^{\mathrm{MI}}$；$J$ 是结构的动柔度；J_d 是结构动柔度的模，即优化目标。$J_d=\mathrm{sqrt}(J_R^2+J_I^2)$，$J_R$ 与 J_I 分别表示 J 的实部和虚部。G_M 是全局体积率约束，通过组合宏观结构体积率和不同的材料微结构单胞体积率计算得到。G_ψ^{MI} 表示第 ψ_{th} 种材料单胞的体积率约束，可通过第一阶段分布优化得到的单元伪密度 ρ_ψ 定义。H 是 Heaviside 函数[28]。$\boldsymbol{u}^{\mathrm{MA}}$ 是宏观位移场，$\boldsymbol{u}_\psi^{\mathrm{MA}}$ 是第 ψ_{th} 个子域的宏观位移场，$\boldsymbol{v}^{\mathrm{MA}}$ 是运动学允许的位移空间 $\overline{U}(\Omega^{\mathrm{MA}})$ 内的宏观虚位移。刚度矩阵、阻尼矩阵、质量矩阵和载荷函数的弱形式可分别表示为

$$\begin{cases}k(\Phi_\psi^{\mathrm{MA}},\boldsymbol{u}_\psi^{\mathrm{MA}},\boldsymbol{v}_\psi^{\mathrm{MA}},\boldsymbol{E}_\psi^{H})=\int_{D^{\mathrm{MA}}}\boldsymbol{\varepsilon}^{\mathrm{T}}(\boldsymbol{u}_\psi^{\mathrm{MA}})\boldsymbol{E}_\psi^{H}(\boldsymbol{u}_\psi^{\mathrm{MI}},\Phi_\psi^{\mathrm{MI}})\,\boldsymbol{\varepsilon}(\boldsymbol{v}_\psi^{\mathrm{MA}})H(\Phi_\psi^{\mathrm{MA}})\mathrm{d}\Omega^{\mathrm{MA}}\\ m(\Phi_\psi^{\mathrm{MA}},\boldsymbol{u}_\psi^{\mathrm{MA}},\boldsymbol{v}_\psi^{\mathrm{MA}},\boldsymbol{E}_\psi^{H})=\int_{D^{\mathrm{MA}}}\theta_\psi^{H}\boldsymbol{u}_\psi^{\mathrm{MA}}\boldsymbol{v}_\psi^{\mathrm{MA}}H(\Phi_\psi^{\mathrm{MA}})\mathrm{d}\Omega^{\mathrm{MA}}\\ c(\Phi_\psi^{\mathrm{MA}},\boldsymbol{u}_\psi^{\mathrm{MA}},\boldsymbol{v}_\psi^{\mathrm{MA}},\boldsymbol{E}_\psi^{H})=\alpha m(\Phi_\psi^{\mathrm{MA}},\boldsymbol{u}_\psi^{\mathrm{MA}},\boldsymbol{v}_\psi^{\mathrm{MA}},\boldsymbol{E}_\psi^{H})+\beta k(\Phi_\psi^{\mathrm{MA}},\boldsymbol{u}_\psi^{\mathrm{MA}},\boldsymbol{v}_\psi^{\mathrm{MA}},\boldsymbol{E}_\psi^{H})\\ l(\Phi^{\mathrm{MA}},\boldsymbol{v}^{\mathrm{MA}})=\int_{D^{\mathrm{MA}}}p^{\mathrm{MA}}\boldsymbol{v}^{\mathrm{MA}}H(\Phi^{\mathrm{MA}})\mathrm{d}\Omega^{\mathrm{MA}}+\int_{D^{\mathrm{MA}}}\tau^{\mathrm{MA}}\boldsymbol{v}^{\mathrm{MA}}\delta(\Phi^{\mathrm{MA}})\ |\ \nabla\Phi^{\mathrm{MA}}\ |\ \mathrm{d}\Omega^{\mathrm{MA}}\end{cases}\tag{5-46}$$

其中，p^{MA} 是宏观体积力；τ^{MA} 是根据具有激励频率 ω 的宏观载荷 $\boldsymbol{F}$ 定义的边界牵引力；δ 是 Heaviside 函数 H 的导数，即 Dirac 函数[29]；ρ_ψ^{H} 是第 ψ_{th} 个子域的质量密度，通过简单高效的"人工材料"模型[30]计算：

$$\rho_\psi^{H}=\frac{1}{|\,Y_\psi^{\mathrm{MI}}\,|}\int_{D_\psi^{\mathrm{MI}}}\rho_0 H(\Phi_\psi^{\mathrm{MI}})\mathrm{d}\Omega_\psi^{\mathrm{MI}}\tag{5-47}$$

其中，$|Y_\psi^{\mathrm{MI}}|$ 表示第 ψ_{th} 种材料单胞的面积(2D)或体积(3D)；ρ_0 是基体材料的质量密度；$\boldsymbol{E}_\psi^{H}$ 是第 ψ_{th} 种材料单胞均匀化的弹性张量，通过式(5-48)计算：

$$E_{\psi(ijkl)}^{H}=\frac{1}{|\,Y_\psi^{\mathrm{MI}}\,|}\int_{D_\psi^{\mathrm{MI}}}(\varepsilon_{pq}^{0(ij)}-\varepsilon_{pq}^{*}(u_\psi^{\mathrm{MI}(ij)}))E_{\mathrm{pqrs}}(\varepsilon_{\mathrm{rs}}^{0(kl)}-\varepsilon_{\mathrm{rs}}^{*}(u_\psi^{\mathrm{MI}(kl)}))H(\Phi_\psi^{\mathrm{MI}})\mathrm{d}\Omega_\psi^{\mathrm{MI}}\tag{5-48}$$

与第 4 章中所介绍的数值均匀化方法描述类似,式(5-48)中 E_{pqrs} 是基体材料的本构弹性属性,ε_{pq}^{0} 是初始测试应变,包含 3 个单位向量(2D)或者 6 个单位向量(3D)[31,32]。ε_{pq}^{*} 是通过 ε_{pq}^{0} 得到的局部应变场。$\varepsilon_{pq}^{*}(\boldsymbol{u}_{\psi}^{\mathrm{MI}(ij)})$ 相应的未知位移场 $\boldsymbol{u}_{\psi}^{\mathrm{MI}(ij)}$ 通过求解给定初始应变 $\varepsilon_{pq}^{0(ij)}$ 的微观平衡方程得到。在微观尺度上,能量双线性 a 和载荷线性 l 的弱形式如下所示:

$$\begin{cases} a(\boldsymbol{u}_{\psi}^{\mathrm{MI}},\boldsymbol{v}_{\psi}^{\mathrm{MI}},\Phi_{\psi}^{\mathrm{MI}})=\int_{D_{\psi}^{\mathrm{MI}}}\varepsilon_{pq}^{*}(\boldsymbol{u}_{\psi}^{\mathrm{MI}(ij)})E_{pqrs}\varepsilon_{rs}^{*}(\boldsymbol{v}_{\psi}^{\mathrm{MI}(ij)})H(\Phi_{\psi}^{\mathrm{MI}})\mathrm{d}\Omega_{\psi}^{\mathrm{MI}} \\ l(\boldsymbol{v}_{\psi}^{\mathrm{MI}},\Phi_{\psi}^{\mathrm{MI}})=\int_{D_{\psi}^{\mathrm{MI}}}\varepsilon_{pq}^{0(ij)}E_{pqrs}\varepsilon_{rs}^{*}(\boldsymbol{v}_{\psi}^{\mathrm{MI}(ij)})H(\Phi_{\psi}^{\mathrm{MI}})\mathrm{d}\Omega_{\psi}^{\mathrm{MI}} \end{cases} \tag{5-49}$$

其中,$\boldsymbol{v}_{\psi}^{\mathrm{MI}}$ 是第 ψ_{th} 种材料单胞在是运动学允许的位移空间 $\overline{U}(\Omega_{\psi}^{\mathrm{MI}})$内的虚位移场。

5.3.3 灵敏度分析与优化算法

在本节所涉及的动力学结构与材料一体化的多尺度拓扑优化设计方法中,VTS 和参数化水平集框架下的优化模型均可以通过一些成熟的梯度算法求解[33]。在这些基于梯度的算法中,目标函数与约束函数关于设计变量的敏度信息被用来指导优化搜索的方向。这里存在多种设计变量,包括分布优化中的单元密度,以及宏观、微观并行优化中的 CSRBF 扩展系数。

1. 分布优化的敏度分析

基于 VTS 的分布优化中,单元伪密度是设计变量。基于伴随变量法[34],位移响应关于单元密度的一阶偏导数可通过下式计算:

$$\frac{\partial \boldsymbol{U}}{\partial \rho_e}=-(\boldsymbol{K}_{\mathrm{d}})^{-1}\frac{\partial \boldsymbol{K}_{\mathrm{d}}}{\partial \rho_e}\boldsymbol{U} \tag{5-50}$$

根据链式法则,目标函数对于单元伪密度的一阶偏导数可表示如下:

$$\frac{\partial J}{\partial \rho_e}=\frac{\partial J_{\mathrm{R}}}{\partial \rho_e}+\mathrm{i}\frac{\partial J_{\mathrm{I}}}{\partial \rho_e}=\boldsymbol{F}^{\mathrm{T}}\frac{\partial U}{\partial \rho_e}=-\boldsymbol{U}^{\mathrm{T}}\frac{\partial \boldsymbol{K}_{\mathrm{d}}}{\partial \rho_e}\boldsymbol{U} \tag{5-51}$$

式(5-51)可分解为求动柔度实部和虚部关于设计变量的一阶偏导数。$\partial \boldsymbol{K}_d/\partial x_e$ 是动态刚度对于单元密度的一阶偏导数,可推导如下:

$$\frac{\partial \boldsymbol{K}_{\mathrm{d}}}{\partial \rho_e}=-\omega^2\frac{\partial \boldsymbol{M}}{\partial \rho_e}+\mathrm{i}\omega\frac{\partial \boldsymbol{C}}{\partial \rho_e}+\frac{\partial \boldsymbol{K}}{\partial \rho_e} \tag{5-52}$$

其中

$$\begin{cases} \dfrac{\partial \boldsymbol{K}}{\partial \rho_e}=p\rho_e^{p-1}\boldsymbol{K}_0 \\ \dfrac{\partial \boldsymbol{M}}{\partial \rho_e}=\boldsymbol{M}_0 \\ \dfrac{\partial \boldsymbol{C}}{\partial \rho_e}=\alpha\dfrac{\partial \boldsymbol{M}}{\partial \rho_e}+\beta\dfrac{\partial \boldsymbol{K}}{\partial \rho_e} \end{cases} \tag{5-53}$$

在分布优化模型式(5-41)中,目标函数关于设计变量的一阶偏导数可以直接推导为：

$$\frac{\partial J_{\mathrm{d}}}{\partial \rho_e}=\frac{1}{J_{\mathrm{d}}}\left(J_R \frac{\partial J_R}{\partial \rho_e}+J_{\mathrm{I}} \frac{\partial J_{\mathrm{I}}}{\partial \rho_e}\right) \tag{5-54}$$

至此，通过式(5-51)和式(5-54)可以得到目标函数关于设计变量的敏度信息。此外，体积约束关于设计变量的一阶偏导数可通过式(5-55)求得：

$$\frac{\partial G}{\partial \rho_e}=\partial\left(\sum_{e=1}^{\mathrm{NE}} \rho_e V_0-V^{\mathrm{MI}}\right) / \partial \rho_e=V_0 \tag{5-55}$$

2. 并行优化中的宏观结构拓扑优化设计敏度分析

宏观水平集函数中的 CSRBF 扩展系数是宏观结构拓扑优化的设计变量。在水平集方法中，形状导数[35]被用来计算目标函数和约束函数关于设计变量的偏导数。通过将设计域的形状处理成一个连续介质的方式，可将形状导数定义为物质导数[35]。基于宏观线弹性状态方程，结构动柔度可转化成如下形式：

$$\begin{aligned} J(\boldsymbol{u}, \Phi)= & \sum_{\psi=1}^{\Psi} \int_{D^{\mathrm{MA}}}\left\{(1+\mathrm{i} \omega \beta) \boldsymbol{\varepsilon}^{\mathrm{T}}\left(\boldsymbol{u}_\psi^{\mathrm{MA}}\right) \boldsymbol{E}_\psi^H \boldsymbol{\varepsilon}\left(\boldsymbol{u}_\psi^{\mathrm{MA}}\right)+\right. \\ & \left.\left(\mathrm{i} \omega \alpha-\omega^2\right) \rho_\psi^H \boldsymbol{u}_\psi^{\mathrm{MA}} \boldsymbol{u}_\psi^{\mathrm{MA}}\right\} H\left(\Phi_\psi^{\mathrm{MA}}\right) \mathrm{d} \Omega^{\mathrm{MA}} \end{aligned} \tag{5-56}$$

结构动态柔度的物质导数可表示如下：

$$\dot{J}(\boldsymbol{u}, \Phi)=\sum_{\psi=1}^{\Psi}\left\{\begin{array}{l} 2 \int_{D^{\mathrm{MA}}}\left\{(1+\mathrm{i} \omega \beta) \boldsymbol{\varepsilon}^{\mathrm{T}}\left(\dot{\boldsymbol{u}}_\psi^{\mathrm{MA}}\right) \boldsymbol{E}_\psi^H \boldsymbol{\varepsilon}\left(\boldsymbol{u}_\psi^{\mathrm{MA}}\right)+\left(\mathrm{i} \omega \alpha-\omega^2\right) \rho_\psi^H \dot{\boldsymbol{u}}_\psi^{\mathrm{MA}} \boldsymbol{u}_\psi^{\mathrm{MA}}\right\} H\left(\Phi_\psi^{\mathrm{MA}}\right) \mathrm{d} \Omega^{\mathrm{MA}}+ \\ \int_{\Gamma^{\mathrm{MA}}}\left\{(1+\mathrm{i} \omega \beta) \boldsymbol{\varepsilon}^{\mathrm{T}}\left(\boldsymbol{u}_\psi^{\mathrm{MA}}\right) \boldsymbol{E}_\psi^H \boldsymbol{\varepsilon}\left(\boldsymbol{u}_\psi^{\mathrm{MA}}\right)+\left(\mathrm{i} \omega \alpha-\omega^2\right) \rho_\psi^H \boldsymbol{u}_\psi^{\mathrm{MA}} \boldsymbol{u}_\psi^{\mathrm{MA}}\right\} v_n^{\mathrm{MA}} \mathrm{d} \Gamma^{\mathrm{MA}} \end{array}\right\} \tag{5-57}$$

计算状态方程两边的物质导数，可得：

$$\begin{aligned} & \sum_{\psi=1}^{\Psi}\left\{\begin{array}{l} (1+\mathrm{i} \omega \beta)\left[k\left(\dot{\boldsymbol{u}}_\psi^{\mathrm{MA}}, \boldsymbol{v}_\psi^{\mathrm{MA}}\right)+k\left(\boldsymbol{u}_\psi^{\mathrm{MA}}, \dot{\boldsymbol{v}}_\psi^{\mathrm{MA}}\right)+\int_{\Gamma^{\mathrm{MA}}}\left(\boldsymbol{\varepsilon}^{\mathrm{T}}\left(\boldsymbol{u}_\psi^{\mathrm{MA}}\right) \boldsymbol{E}_\psi^H \boldsymbol{\varepsilon}\left(\boldsymbol{v}_\psi^{\mathrm{MA}}\right)\right) v_n^{\mathrm{MA}} \mathrm{d} \Gamma^{\mathrm{MA}}\right]+ \\ \left(\mathrm{i} \omega \alpha-\omega^2\right)\left[m\left(\dot{\boldsymbol{u}}_\psi^{\mathrm{MA}}, \boldsymbol{v}_\psi^{\mathrm{MA}}\right)+m\left(\boldsymbol{u}_\psi^{\mathrm{MA}}, \dot{\boldsymbol{v}}_\psi^{\mathrm{MA}}\right)+\int_{\Gamma^{\mathrm{MA}}}\left(\rho_\psi^H \boldsymbol{u}_\psi^{\mathrm{MA}} \boldsymbol{v}_\psi^{\mathrm{MA}}\right) v_n^{\mathrm{MA}} \mathrm{d} \Gamma^{\mathrm{MA}}\right] \end{array}\right\} \\ & =\left\{\begin{array}{l} \int_{D^{\mathrm{MA}}} p^{\mathrm{MA}} \dot{\boldsymbol{v}}^{\mathrm{MA}} H\left(\Phi^{\mathrm{MA}}\right) \mathrm{d} \Omega^{\mathrm{MA}}+\int_{\Gamma^{\mathrm{MA}}}\left(p^{\mathrm{MA}} \boldsymbol{v}^{\mathrm{MA}}\right) v_n^{\mathrm{MA}} \mathrm{d} \Gamma^{\mathrm{MA}}+ \\ \int_{\Gamma^{\mathrm{MA}}} \boldsymbol{\tau}^{\mathrm{MA}} \dot{\boldsymbol{v}}^{\mathrm{MA}} \mathrm{d} \Gamma^{\mathrm{MA}}+\int_{\Gamma^{\mathrm{MA}}}\left(\nabla\left(\tau^{\mathrm{MA}} \boldsymbol{v}^{\mathrm{MA}}\right) \cdot n+\boldsymbol{\kappa}\left(\tau^{\mathrm{MA}} \boldsymbol{v}^{\mathrm{MA}}\right)\right) \boldsymbol{v}_n^{\mathrm{MA}} \mathrm{d} \Gamma^{\mathrm{MA}} \end{array}\right\} \end{aligned} \tag{5-58}$$

其中，$\dot{\boldsymbol{u}}_\psi^{\mathrm{MA}}$ 与 $\dot{\boldsymbol{v}}_\psi^{\mathrm{MA}}$ 分别表示 $\boldsymbol{u}_\psi^{\mathrm{MA}}$ 与 $\boldsymbol{v}_\psi^{\mathrm{MA}}$ 关于时间的偏微分。考虑到 $\dot{\boldsymbol{v}}_\psi^{\mathrm{MA}} \in \bar{U}(\Omega^{\mathrm{MA}})$，可以得出如下形式的振动状态方程：

$$\begin{aligned} & \sum_{\psi=1}^{\Psi}(1+\mathrm{i} \omega \beta) k\left(\boldsymbol{u}_\psi^{\mathrm{MA}}, \dot{\boldsymbol{v}}_\psi^{\mathrm{MA}}\right)+\left(\mathrm{i} \omega \alpha-\omega^2\right) m\left(\boldsymbol{u}_\psi^{\mathrm{MA}}, \dot{\boldsymbol{v}}_\psi^{\mathrm{MA}}\right) \\ & =\int_{D^{\mathrm{MA}}} p^{\mathrm{MA}} \dot{\boldsymbol{v}}^{\mathrm{MA}} H\left(\Phi^{\mathrm{MA}}\right) \mathrm{d} \Omega^{\mathrm{MA}}+\int_{\Gamma^{\mathrm{MA}}} \tau^{\mathrm{MA}} \dot{\boldsymbol{v}}^{\mathrm{MA}} \mathrm{d} \Gamma^{\mathrm{MA}} \end{aligned} \tag{5-59}$$

将式(5-59)代入式(5-58)，然后消掉所有包含 $\dot{\boldsymbol{v}}_\psi^{\mathrm{MA}}$ 的项：

$$\sum_{\psi=1}^{\Psi}\{(1+\mathrm{i}\omega\beta)k(\dot{\boldsymbol{u}}_{\psi}^{\mathrm{MA}},\boldsymbol{v}_{\psi}^{\mathrm{MA}})+(\mathrm{i}\omega\alpha-\omega^{2})m(\dot{\boldsymbol{u}}_{\psi}^{\mathrm{MA}},\boldsymbol{v}_{\psi}^{\mathrm{MA}})\}$$

$$=\int_{\Gamma^{\mathrm{MA}}}\left\{-\sum_{\psi=1}^{\Psi}\{(1+\mathrm{i}\omega\beta)\boldsymbol{\varepsilon}^{\mathrm{T}}(\boldsymbol{u}_{\psi}^{\mathrm{MA}})\boldsymbol{E}_{\psi}^{H}\boldsymbol{\varepsilon}(\boldsymbol{v}_{\psi}^{\mathrm{MA}})+(\mathrm{i}\omega\alpha-\omega^{2})\rho_{\psi}^{H}\boldsymbol{u}_{\psi}^{\mathrm{MA}}\boldsymbol{v}_{\psi}^{\mathrm{MA}}\}+\right.$$

$$\left.(p^{\mathrm{MA}}\boldsymbol{v}^{\mathrm{MA}}+\nabla(\tau^{\mathrm{MA}}\boldsymbol{v}^{\mathrm{MA}})\cdot\boldsymbol{n}+\kappa(\tau^{\mathrm{MA}}\boldsymbol{v}^{\mathrm{MA}}))\right\}v_{n}^{\mathrm{MA}}\mathrm{d}\Gamma^{\mathrm{MA}} \tag{5-60}$$

由于结构动态柔度问题是自伴随问题，则首先可将式(5-60)转化为仅包含实位移场 $\boldsymbol{u}$ 的形式，随后将其代入式(5-57)，可以将目标函数的物质导数被转化成如下新形式：

$$\dot{J}(\boldsymbol{u},\Phi)=\int_{\Gamma^{\mathrm{MA}}}\gamma(\boldsymbol{u},\Phi)v_{\mathrm{n}}^{\mathrm{MA}}\mathrm{d}\Gamma^{\mathrm{MA}} \tag{5-61}$$

其中，$\gamma(\boldsymbol{u},\Phi)=-\sum_{\psi=1}^{\Psi}\{(1+\mathrm{i}\omega\beta)\boldsymbol{\varepsilon}^{\mathrm{T}}(\boldsymbol{u}_{\psi}^{\mathrm{MA}})\boldsymbol{E}_{\psi}^{H}\boldsymbol{\varepsilon}(\boldsymbol{u}_{\psi}^{\mathrm{MA}})+(\mathrm{i}\omega\alpha-\omega^{2})\rho_{\psi}^{H}\boldsymbol{u}_{\psi}^{\mathrm{MA}}\boldsymbol{u}_{\psi}^{\mathrm{MA}}\}+$

$$2(p^{\mathrm{MA}}\boldsymbol{u}^{\mathrm{MA}}+\nabla(\tau^{\mathrm{MA}}\boldsymbol{u}^{\mathrm{MA}})\cdot\boldsymbol{n}+\kappa(\tau^{\mathrm{MA}}\boldsymbol{u}^{\mathrm{MA}})) \tag{5-62}$$

通过定义所有体积约束的拉格朗日乘子得到式(5-45)中的拉格朗日函数 L，将有约束优化问题转化成如下无约束优化问题：

$$L=J+(1+\mathrm{j}\omega A)k+(\mathrm{j}\omega B-\omega^{2})m-l+\lambda_{0}G_{M} \tag{5-63}$$

拉格朗日函数 L 的形状导数通过物质导数[35]表示如下：

$$\frac{\mathrm{d}L}{\mathrm{d}t}=\int_{D_{\mathrm{ma}}}\gamma_{1}(\boldsymbol{u},\Phi)v_{\mathrm{n}}^{\mathrm{MA}}\mid\nabla\Phi^{\mathrm{MA}}\mid\delta(\Phi^{\mathrm{MA}})\mathrm{d}\Omega^{\mathrm{MA}}=\int_{\Gamma^{\mathrm{MA}}}\gamma_{1}(\boldsymbol{u},\Phi)v_{\mathrm{n}}^{\mathrm{MA}}\mathrm{d}\Gamma^{\mathrm{MA}} \tag{5-64}$$

其中，

$$\gamma_{1}(\boldsymbol{u},\Phi)=\gamma(\boldsymbol{u},\Phi)+\lambda_{0}\sum_{\psi=1}^{\Psi}\int_{D_{\psi}^{\mathrm{MI}}}H(\Phi_{\psi}^{\mathrm{MI}})\mathrm{d}\Omega_{\psi}^{\mathrm{MI}} \tag{5-65}$$

将式(2-22)所定义的法向速度 v_{n}^{MA} 代入式(5-64)，拉格朗日函数的形状导数可被进一步表示如下：

$$\frac{\mathrm{d}L}{\mathrm{d}t}=\sum_{n=1}^{N}\int_{\Gamma^{\mathrm{MA}}}\left\{\gamma_{1}(\boldsymbol{u},\Phi)\frac{\boldsymbol{\varphi}^{\mathrm{T}}(\boldsymbol{x})}{\mid\nabla\boldsymbol{\varphi}^{\mathrm{T}}(\boldsymbol{x})\boldsymbol{\alpha}^{\mathrm{MA}}(t)\mid}\right\}\frac{\mathrm{d}\boldsymbol{\alpha}_{n}^{\mathrm{MA}}(t)}{\mathrm{d}t}\mathrm{d}\Gamma^{\mathrm{MA}} \tag{5-66}$$

式(5-66)可被扩展如下：

$$\frac{\mathrm{d}L}{\mathrm{d}t}=\sum_{n=1}^{N}P^{\mathrm{T}}\frac{\mathrm{d}\boldsymbol{\alpha}_{n}^{\mathrm{MA}}(t)}{\mathrm{d}t}+\sum_{n=1}^{N}Q^{\mathrm{T}}\frac{\mathrm{d}\boldsymbol{\alpha}_{n}^{\mathrm{MA}}(t)}{\mathrm{d}t} \tag{5-67}$$

其中，P^{T} 与 Q^{T} 可定义如下：

$$\begin{cases}P^{\mathrm{T}}=\int_{\Gamma^{\mathrm{MA}}}\gamma(\boldsymbol{u},\Phi)\dfrac{\boldsymbol{\varphi}^{\mathrm{T}}(\boldsymbol{x})}{\mid\nabla\boldsymbol{\varphi}^{\mathrm{T}}(\boldsymbol{x})\boldsymbol{\alpha}^{\mathrm{MA}}(t)\mid}\mathrm{d}\Gamma^{\mathrm{MA}}\\ Q^{\mathrm{T}}=\lambda_{0}\left(\sum_{\psi=1}^{\Psi}\int_{D_{\psi}^{\mathrm{MI}}}H(\Phi_{\psi}^{\mathrm{MI}})\mathrm{d}\Omega_{\psi}^{\mathrm{MI}}\right)\int_{\Gamma^{\mathrm{MA}}}\dfrac{\boldsymbol{\varphi}^{\mathrm{T}}(\boldsymbol{x})}{\mid\nabla\boldsymbol{\varphi}^{\mathrm{T}}(\boldsymbol{x})\boldsymbol{\alpha}^{\mathrm{MA}}(t)\mid}\mathrm{d}\Gamma^{\mathrm{MA}}\end{cases} \tag{5-68}$$

另一方面，通过链式法则，拉格朗日函数 L 的形状导数可表示如下：

$$\frac{\mathrm{d}L}{\mathrm{d}t}=\left(\sum_{n=1}^{N}\frac{\partial J}{\partial\boldsymbol{\alpha}_{n}^{\mathrm{MA}}}+\lambda_{0}\sum_{n=1}^{N}\frac{\partial G_{M}}{\partial\boldsymbol{\alpha}_{n}^{\mathrm{MA}}}\right)\cdot\frac{\mathrm{d}\boldsymbol{\alpha}_{n}^{\mathrm{MA}}(t)}{\mathrm{d}t} \tag{5-69}$$

比较式(5-67)和式(5-69)中的相应项，可得目标函数与约束函数关于设计变量的偏导数：

$$\begin{cases}\dfrac{\partial J}{\partial \boldsymbol{\alpha}_n^{\mathrm{MA}}}=\displaystyle\int_{\Gamma^{\mathrm{MA}}}\gamma(\boldsymbol{u},\Phi)\ \frac{\boldsymbol{\varphi}^{\mathrm{T}}(x)}{|\nabla\boldsymbol{\varphi}^{\mathrm{T}}(\boldsymbol{x})\,\boldsymbol{\alpha}^{\mathrm{MA}}(t)\,|}\mathrm{d}\Gamma^{\mathrm{MA}}\\[2ex] \dfrac{\partial G_M}{\partial \boldsymbol{\alpha}_n^{\mathrm{MA}}}=\left(\displaystyle\sum_{\psi=1}^{\Psi}\int_{D_\psi^{\mathrm{MI}}}H(\Phi_\psi^{\mathrm{MI}})\mathrm{d}\Omega_\psi^{\mathrm{MI}}\right)\int_{\Gamma^{\mathrm{MA}}}\ \frac{\boldsymbol{\varphi}^{\mathrm{T}}(\boldsymbol{x})}{|\nabla\boldsymbol{\varphi}^{\mathrm{T}}(\boldsymbol{x})\,\boldsymbol{\alpha}^{\mathrm{MA}}(t)\,|}\mathrm{d}\Gamma^{\mathrm{MA}}\end{cases}\tag{5-70}$$

其中，$n=1,2,\cdots,N$，表示宏观尺度 CSRBF 节点的数量。

为了提高优化效率，将基于边界积分的敏度信息转化成如下体积积分的形式[30]：

$$\begin{cases}\dfrac{\partial J}{\partial \boldsymbol{\alpha}_n^{\mathrm{MA}}}=\displaystyle\int_{D^{\mathrm{MA}}}\gamma(\boldsymbol{u},\Phi)\ \boldsymbol{\varphi}^{\mathrm{T}}(\boldsymbol{x})\delta(\Phi^{\mathrm{MA}})\mathrm{d}\Omega^{\mathrm{MA}}\\[2ex] \dfrac{\partial G_M}{\partial \boldsymbol{\alpha}_n^{\mathrm{MA}}}=\left(\displaystyle\sum_{\psi=1}^{\Psi}\int_{D_\psi^{\mathrm{MI}}}H(\Phi_\psi^{\mathrm{MI}})\mathrm{d}\Omega_\psi^{\mathrm{MI}}\right)\int_{D^{\mathrm{MA}}}\ \boldsymbol{\varphi}^{\mathrm{T}}(\boldsymbol{x})\delta(\Phi^{\mathrm{MA}})\mathrm{d}\Omega^{\mathrm{MA}}\end{cases}\tag{5-71}$$

参照式(5-51)和式(5-54)中分布优化模型的敏度信息，并行优化中的目标函数导数可通过式(5-72)计算：

$$\frac{\partial J_{\mathrm{d}}}{\partial \boldsymbol{\alpha}_n^{\mathrm{MA}}}=\frac{1}{J_d}\left(J_R\ \frac{\partial J_R}{\partial \boldsymbol{\alpha}_n^{\mathrm{MA}}}+J_I\ \frac{\partial J_I}{\partial \boldsymbol{\alpha}_n^{\mathrm{MA}}}\right)\tag{5-72}$$

$$\frac{\partial J}{\partial \boldsymbol{\alpha}_n^{\mathrm{MA}}}=\frac{\partial J_R}{\partial \boldsymbol{\alpha}_n^{\mathrm{MA}}}+\mathrm{i}\ \frac{\partial J_I}{\partial \boldsymbol{\alpha}_n^{\mathrm{MA}}}=\int_{D^{\mathrm{MA}}}\gamma(\boldsymbol{u},\Phi)\ \boldsymbol{\varphi}^{\mathrm{T}}(\boldsymbol{x})\delta(\Phi^{\mathrm{MA}})\mathrm{d}\Omega^{\mathrm{MA}}\tag{5-73}$$

3. 并行优化中的微观优化的敏度分析

基于链式法则，全局目标相对于微观设计变量（即微观水平集函数插值中 CSRBF 的扩展系数）的偏导数可表示如下：

$$\begin{aligned}\frac{\partial J}{\partial \boldsymbol{\alpha}_{\psi,m}^{\mathrm{MI}}}&=\frac{\partial J_R}{\partial \boldsymbol{\alpha}_{\psi,m}^{\mathrm{MI}}}+\mathrm{i}\ \frac{\partial J_{\mathrm{I}}}{\partial \boldsymbol{\alpha}_{\psi,m}^{\mathrm{MI}}}\\ &=\int_{D^{\mathrm{MA}}}\left\{(1+\mathrm{i}\omega\beta)\ \boldsymbol{\varepsilon}^{\mathrm{T}}(\boldsymbol{u}_\psi^{\mathrm{MA}})\ \frac{\partial \boldsymbol{E}_\psi^H}{\partial \boldsymbol{\alpha}_{\psi,m}^{\mathrm{MI}}}\varepsilon(\boldsymbol{u}_\psi^{\mathrm{MA}})+(\mathrm{i}\omega\alpha-\omega^2)\ \frac{\partial \rho_\psi^H}{\partial \boldsymbol{\alpha}_{\psi,m}^{\mathrm{MI}}}\boldsymbol{u}_\psi^{\mathrm{MA}}\boldsymbol{u}_\psi^{\mathrm{MA}}\right\}H(\Phi_\psi^{\mathrm{MA}})\mathrm{d}\Omega^{\mathrm{MA}}\end{aligned}\tag{5-74}$$

不难发现，推导式(5-74)中敏度信息的关键是计算 $\boldsymbol{E}_\psi^H$ 与 ρ_ψ^H 关于微观设计变量的一阶偏导数。材料等效弹性张量 $\boldsymbol{E}_\psi^H$ 对于时间 t 的偏导数可通过形状导数表示如下：

$$\begin{aligned}\frac{\partial E_{\psi(ijkl)}^H}{\partial t}=&\frac{1}{|\,Y_\psi^{\mathrm{MI}}\,|}\int_{D_\psi^{\mathrm{MI}}}(\varepsilon_{pq}^{0(ij)}-\varepsilon_{pq}^{*}(u_\psi^{\mathrm{MI}(ij)}))E_{pqrs}(\varepsilon_{rs}^{0(kl)}-\\ &\varepsilon_{rs}^{*}(u_\psi^{\mathrm{MI}(kl)}))v_n^{\mathrm{MI}}\ |\nabla\Phi_\psi^{\mathrm{MI}}|\ \delta(\Phi_\psi^{\mathrm{MI}})\mathrm{d}\Omega_\psi^{\mathrm{MI}}\end{aligned}\tag{5-75}$$

将参数化水平集框架下的法向速度场 v_n^{MI} 代入式(5-75)得

$$\frac{\partial E_{\psi(ijkl)}^H}{\partial t}=\frac{1}{|\,Y_\psi^{\mathrm{MI}}\,|}\int_{D_\psi^{\mathrm{MI}}}(\varepsilon_{pq}^{0(ij)}-\varepsilon_{pq}^{*}(u_\psi^{\mathrm{MI}(ij)}))E_{pqrs}(\varepsilon_{rs}^{0(kl)}-$$

$$\varepsilon_{rs}^{*}(\boldsymbol{u}_{\psi}^{\mathrm{MI}(kl)}))\,\boldsymbol{\varphi}^{\mathrm{T}}(\boldsymbol{y})\delta(\Phi_{\psi}^{\mathrm{MI}})\mathrm{d}\Omega_{\psi}^{\mathrm{MI}}\cdot\frac{\mathrm{d}\,\boldsymbol{\alpha}_{\psi,m}^{\mathrm{MI}}(t)}{\mathrm{d}t} \tag{5-76}$$

另一方面，通过链式求导法则可得到等效弹性张量 $\boldsymbol{E}_{\psi}^{H}$ 对于时间 t 的偏导数：

$$\frac{\partial E_{\psi(ijkl)}^{H}}{\partial t}=\frac{\partial E_{\psi(ijkl)}^{H}}{\partial\,\boldsymbol{\alpha}_{\psi,m}^{\mathrm{MI}}}\cdot\frac{\mathrm{d}\,\boldsymbol{\alpha}_{\psi,m}^{\mathrm{MI}}(t)}{\mathrm{d}t} \tag{5-77}$$

根据式(5-76)和式(5-77)，可得等效弹性张量 $\boldsymbol{E}_{\psi}^{H}$ 对于微观扩展系数的一阶偏导数：

$$\frac{\partial E_{\psi(ijkl)}^{H}}{\partial\,\boldsymbol{\alpha}_{\psi,m}^{\mathrm{MI}}}=\frac{1}{|Y_{\psi}^{\mathrm{MI}}|}\int_{D_{\psi}^{\mathrm{MI}}}(\varepsilon_{pq}^{0(ij)}-\varepsilon_{pq}^{*}(\boldsymbol{u}_{\psi}^{\mathrm{MI}(ij)}))E_{pqrs}(\varepsilon_{rs}^{0(kl)}-\varepsilon_{rs}^{*}(\boldsymbol{u}_{\psi}^{\mathrm{MI}(kl)}))\,\boldsymbol{\varphi}^{\mathrm{T}}(\boldsymbol{y})\delta(\Phi_{\psi}^{\mathrm{MI}})\mathrm{d}\Omega_{\psi}^{\mathrm{MI}} \tag{5-78}$$

类似地，可以推导得到材料质量密度对于微观设计变量的偏导数：

$$\frac{\partial\rho_{\psi}^{H}}{\partial\,\boldsymbol{\alpha}_{\psi,m}^{\mathrm{MI}}}=\frac{1}{|Y_{\psi}^{\mathrm{MI}}|}\int_{D_{\psi}^{\mathrm{MI}}}\rho_0\,\boldsymbol{\varphi}^{\mathrm{T}}(\boldsymbol{y})\delta(\Phi_{\psi}^{\mathrm{MI}})\mathrm{d}\Omega_{\psi}^{\mathrm{MI}} \tag{5-79}$$

将式(5-78)和式(5-79)代入式(5-74)，可得动柔度关于微观设计变量的一阶偏导数：

$$\frac{\partial J_d}{\partial\,\boldsymbol{\alpha}_{\psi,m}^{\mathrm{MI}}}=\frac{1}{J_d}\left(J_R\frac{\partial J_R}{\partial\,\boldsymbol{\alpha}_{\psi,m}^{\mathrm{MI}}}+J_I\frac{\partial J_I}{\partial\,\boldsymbol{\alpha}_{\psi,m}^{\mathrm{MI}}}\right) \tag{5-80}$$

类似地，体积约束关于微观设计变量的一阶偏导数可以推导为

$$\frac{\partial G_{\psi}^{\mathrm{MI}}}{\partial\,\boldsymbol{\alpha}_{\psi,m}^{\mathrm{MI}}}=\frac{1}{|Y_{\psi}^{\mathrm{MI}}|}\int_{D_{\psi}^{\mathrm{MI}}}\boldsymbol{\varphi}^{\mathrm{T}}(\boldsymbol{y})\delta(\Phi_{\psi}^{\mathrm{MI}})\mathrm{d}\Omega_{\psi}^{\mathrm{MI}} \tag{5-81}$$

4. 优化算法

在上述分布优化和并行优化中，均采用 OC 法来更新相应的 3 种设计变量[16]。引入符号 $\Theta=\{\boldsymbol{\rho},\boldsymbol{\alpha}_{n}^{\mathrm{MA}},\boldsymbol{\alpha}_{\psi,m}^{\mathrm{MI}}\}$ 表示这 3 种设计变量(单元伪密度、宏观和微观扩展系数)。基于 OC 法的启发式的更新策略如下式所示：

$$\Theta_j^{k+1}=\left\{\begin{array}{ll}\max\{(1-m)\Theta_j^k,\Theta^L\}, & (\Pi_j^k)^{\zeta}\Theta_j^k\leqslant\max\{(1-m)\Theta_j^k,\Theta^{\mathrm{L}}\}\\ (\Pi_j^k)^{\zeta}\Theta_j^k, & \left\{\begin{array}{l}\max\{(1-m)\Theta_j^k,\Theta^{\mathrm{L}}\}<(\Pi_j^k)^{\zeta}\Theta_j^k<\\ \min\{(1+m)\Theta_j^k,\Theta^{\mathrm{U}}\}\end{array}\right\}\\ \min\{(1+m)\Theta_j^k,\Theta^U\}, & \min\{(1+m)\Theta_j^k,\Theta^{\mathrm{U}}\}\leqslant(\Pi_j^k)^{\zeta}\Theta_j^k\end{array}\right. \tag{5-82}$$

其中，m $(0<m<1)$与 $\zeta(0<\zeta<1)$分别是优化算法中的移动极限和阻尼因子。Π_j^k 是更新因子，通过目标函数 J 与约束函数 G 的一阶偏导数表示如下：

$$\Pi_j^k=\frac{\partial J}{\partial\Theta_j^k}\bigg/\left(\max\left(\eta,\Lambda^k\frac{\partial G}{\partial\Theta_j^k}\right)\right) \tag{5-83}$$

其中，η 是一个非常小的正常数，避免数值奇异，拉格朗日算子 Λ 通过二分法更新。

5.3.4 数值实例

根据均匀化理论，材料微结构单胞没有具体的尺寸大小，但是在宏观结构域内应保持周期性。为了保证单胞在每个子域的周期性，单胞尺寸应该比宏观有限单元更小。本节假设材料单胞在任意方向上的尺寸均设定为 1mm。基体材料的杨氏模量 $E_0=210\text{GPa}$，泊松比 $\mu=0.3$，密度 $\rho_0=7800\text{kg/m}^3$。动力学分析中，阻尼系数为 $\alpha=0.03$，$\beta=0.001$。在分布优化中，移动极限 $m=0.001$，在宏观结构优化中 $m=0.001$，在材料微结构优化中 $m=1\text{E}-4$，阻尼因子 $\xi=0.3$。在第一阶段分布优化中，当连续两迭代步的目标函数差值小于 0.001 时迭代终止。当连续两次迭代目标函数差值小于 1E−4 或者当迭代步达到 200 步时，第二阶段并行优化迭代终止。

如图 5-19 所示，该固支梁两端被固定，在结构中间加载固定频率 $\omega=100\text{Hz}$、方向向下的激励载荷，即 $\boldsymbol{F}=-1\text{e}6\text{e}^{\text{i}100t}$。宏观设计域尺寸长 $L=1.05\text{m}$，宽 $H=0.15\text{m}$，被离散为 $210\times30=6300$ 个四节点单元；微观设计域被离散为 $30\times30=900$ 个四节点单元。在二维问题中，宏观单元在两个方向上的尺寸均为 5mm，比材料单胞的尺寸更大。全局体积率的最大值为 $V_M=30\%$，分布优化中的体积率 $V^{\text{MI}}=45\%$。

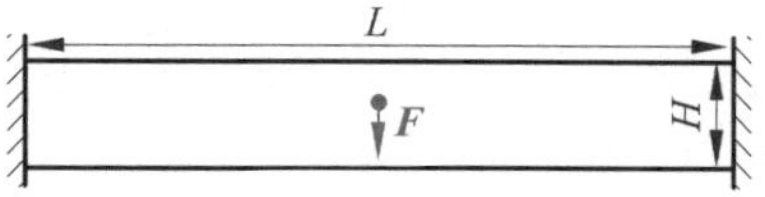

图 5-19 二维两端固支梁

在分布优化中的体积率约束为 $V^{\text{MI}}=45\%$，采用 VTS 方法优化单元密度分布，得到的单元密度是连续分布的，如图 5-20(a)所示。位于密度图下方的色度图中不同颜色表示不同密度值。密度分布图下方色度图中不同颜色表示单元密度的大小。密度分布中的中间密度 $0<\rho_e<1$ 所对应的材料单胞将是后续并行优化中

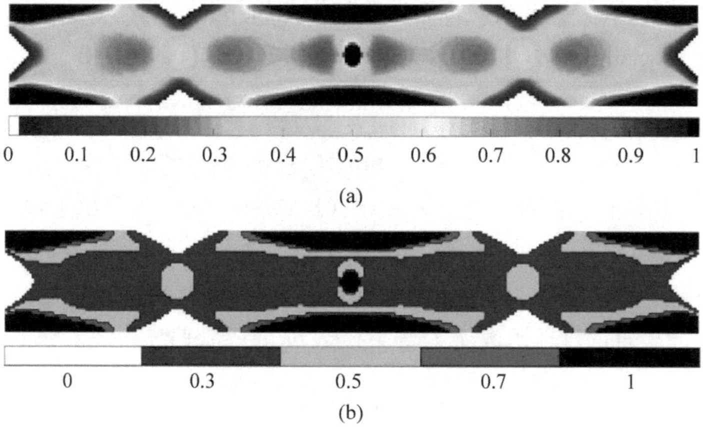

图 5-20 材料单胞的分布优化

(a) 材料单胞的理想分布；(b) 材料单胞的近似分布

需要设计的代表性材料微结构。如前述分析可知，根据宏观结构中理想的材料单胞分布情况来设计相应材料单胞的宏观属性，此时结构整体的动态性能将是最优的，然而这种优化设计方式的计算成本却是惊人的。

因此，如表 5-2 所示，这里引入了一种正则化机制，通过事先定义的阈值处理单元密度。正则化的单元密度如图 5-20(b)所示，对应于宏观结构中材料单胞的分布。可以看到，宏观设计域被划分成一些子区域，每个子区域被相应的单元密度值均匀填充。特别地，为简化计算，如果单元密度值为 0.00～0.20，这时单元密度值为 0；如果单元密度值为 0.80～1，这时单元密度值为 1。因此，可以看到图 5-20(b)中白色部分为单元密度值为 0 的部分，黑色部分为单元密度值为 1 的部分。在每一个子区域仅需要优化一个单胞作为该子区域的一个代表性微结构单胞。材料微结构单胞的数量将被极大程度地减少(仅有 3 种)。同时，密度等于 0 的单元则表示无材料单胞，密度为 1 的单元则为实体材料单胞。正则化处理后的单元密度为下一阶段并行优化中材料微结构单胞的最大体积率，如 0.3、0.5 和 0.7 表示相应代表性材料微结构的最大体积率分别为 30%、50%和 70%。

表 5-2　正则化机制

策　　略	不同子域的阈值($\rho^{\psi}_{\min}$ 与 $\rho^{\psi}_{\max}$)
1	0.00～0.20，0.20～0.40，0.40～0.60，0.60～0.80，0.80～1.00

基于宏观设计域内 5 种给定体积率的材料单胞的分布，宏观结构和材料单胞的拓扑可以进行第二阶段的并行优化设计。图 5-21 所示是宏观结构和材料单胞的初始设计，这里 5 种单胞的初始设计均是相同的，如图 5-21(b)所示。在全局体积率约束 $V_M=30\%$和材料单胞体积率约束(0、30%、50%、70%、100%)下，宏观结构最优拓扑如图 5-22 所示，5 种材料单胞最优拓扑及具体数值结果(除空材料单胞外)如表 5-3 所示。

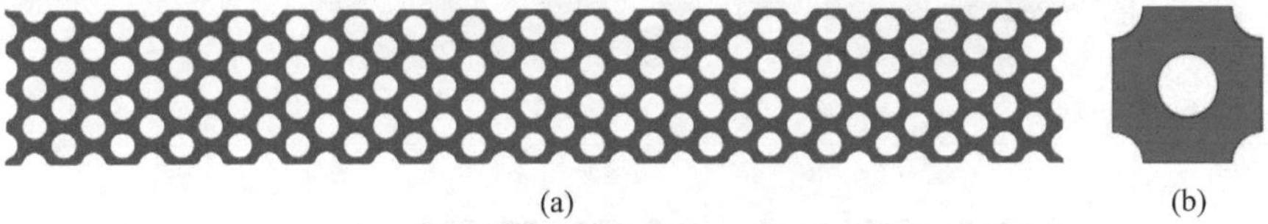

图 5-21　宏观结构和代表性材料单胞的初始设计

(a) 微观结构；(b) 材料单胞

图 5-22　宏观结构的最优设计

表 5-3 代表性材料单胞的最优设计结果

体积率	代表性材料单胞	3×3×3 代表性单胞	等效材料属性
30%			$\begin{bmatrix} 2.3 & 1.8 & 0 \\ 1.8 & 1.9 & 0 \\ 0 & 0 & 1.6 \end{bmatrix} e^{10}$
50%	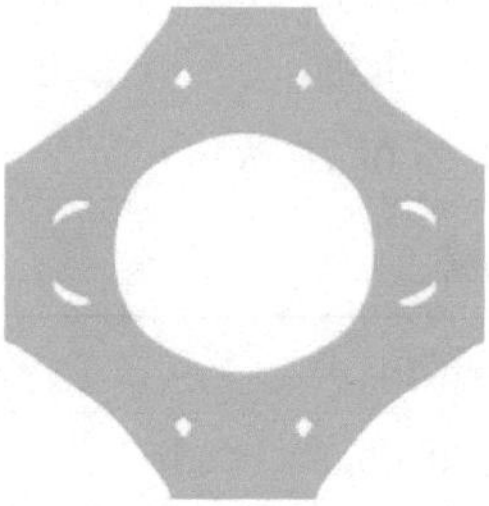		$\begin{bmatrix} 6.0 & 2.8 & 0 \\ 2.8 & 3.9 & 0 \\ 0 & 0 & 2.5 \end{bmatrix} e^{10}$
70%	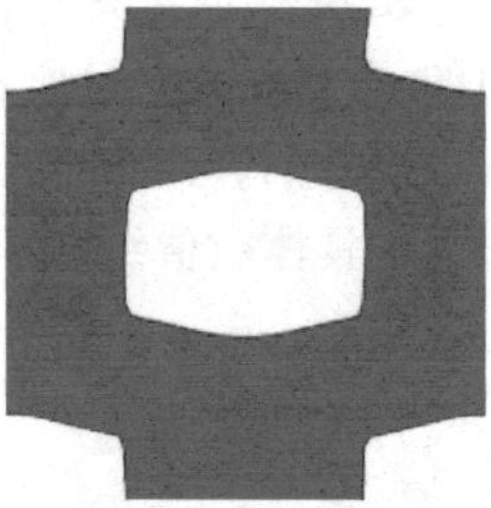	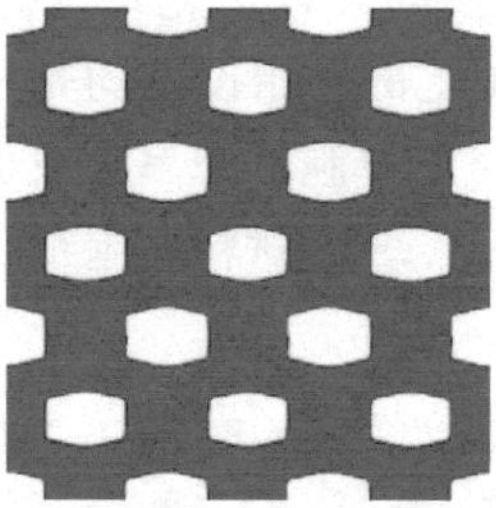	$\begin{bmatrix} 11.5 & 3.2 & 0 \\ 3.2 & 6.16 & 0 \\ 0 & 0 & 3.63 \end{bmatrix} e^{10}$
100%			$\begin{bmatrix} 23.1 & 6.92 & 0 \\ 6.92 & 23.1 & 0 \\ 0 & 0 & 8.08 \end{bmatrix} e^{10}$

图 5-23 所示为根据上述 3 种单元密度在宏观结构域内的分布所组装的两端固支梁多尺度拓扑优化设计结果。可以看到，宏观最优拓扑结构被划分成 5 个子区域，分别用 5 种不同的颜色表示。每个相应的代表性材料单胞在该子区域内周期性排布。从最优宏观拓扑结构中材料单胞的分布来看，材料单胞的体积率(0、30%、50%、70%、100%)沿着传力方向逐渐增加，这较好地保持了材料功能梯度分布的特性，有益于增加宏观结构抵抗动态载荷的能力。值得注意的是，最优宏观结构拓扑的上下边界被实体微结构填充以提供足够的刚度来抵抗变形，这进一步显示了分布优化能自适应地为宏观结构提供定向刚度。可见，该多尺度拓扑优化设计方法不仅能优化宏观、微观两个尺度上的拓扑构型来提高结构的动态性能，而且通过变化的材料单胞继承了功能梯度材料的特性。

图 5-23　两端固支梁的多尺度设计 1(采用正则化策略 1)

显然，不同材料单胞在结构边界有相似的结构特征，这意味着不同种材料单胞之间的连接性能自然地得到保证。这是因为多尺度拓扑优化会保证整个设计域内载荷传递路径的连续性，以增加结构的整体刚度。即使有一些材料微结构单胞位于宏观结构边界的较小区域内，在宏观结构域内的所有材料单胞也均具有周期性，主要是由于材料单胞的尺寸比宏观单元的尺寸更小，这也在一定程度上保证了利用数值均匀化方法预测材料微结构宏观等效属性的精度。在第二阶段的并行优化中，宏观结构和代表性材料单胞均采用了参数化水平集方法进行优化设计，所以均具有光滑的结构边界。目标函数与全局体积率约束的迭代曲线如图 5-24(a)所示，5 种材料单胞体积率的迭代曲线如图 5-24(b)所示。可以看到，迭代曲线光滑，优化收敛迅速，这也正显示了动力学结构与材料一体化的多尺度拓扑优化设计方法的高效。可见，该动力学多尺度设计方法不仅能提升结构整体的动态性能，而且能显著降低多尺度优化成本。

接下来，将讨论分布优化对优化结果的影响。表 5-4 所示是 4 种不同的正则化机制。所有优化设计参数与前述案例相同，4 种不同的正则化机制所产生的设计结果如图 5-25 所示，正则化后的单元密度如图下方色度图的不同颜色所示。类似地，宏观设计域被划分成不同的子区域，正则化后的密度在相应子域内

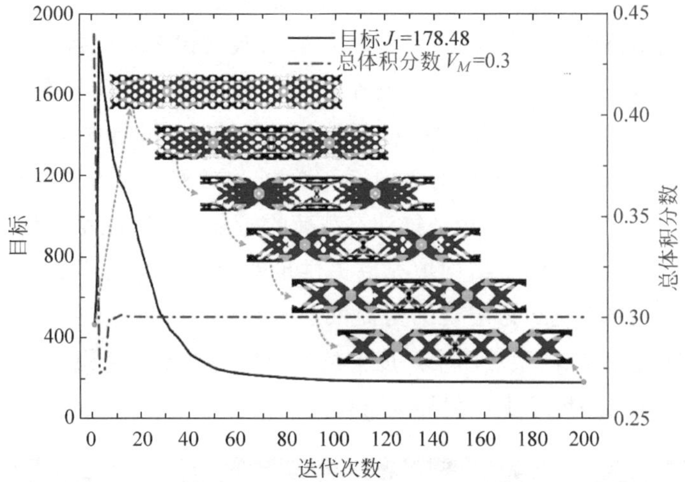

(a)

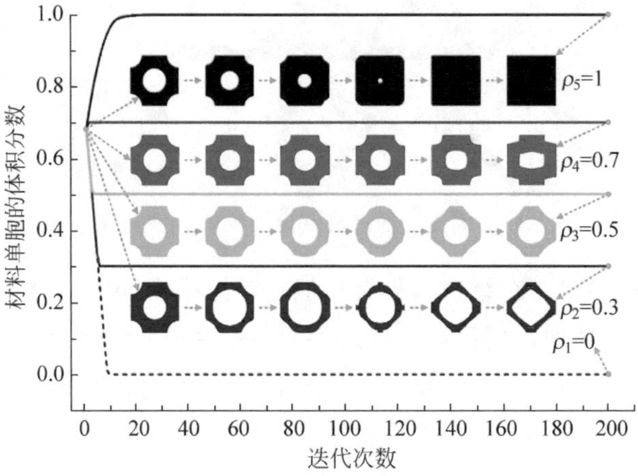

(b)

图 5-24 目标函数与体积率约束的迭代曲线

(a) 目标函数与全局体积率约束的迭代曲线；(b) 5 种材料单胞体积率的迭代曲线

均布。因此,可以得到 4 种近似的代表性材料微结构单胞分布,以便于后续进行并行优化。

基于宏观结构域内 4 种不同的材料单胞分布,可以进行宏观结构和材料单胞的并行优化设计。两端固支梁的 4 种不同的多尺度优化设计结果如图 5-26 所示。可以发现,最优宏观拓扑被划分成满足图 5-25 中代表性材料单胞的不同分布的子区域,每个子域均匀分布有相应的材料单胞,每种单胞用不同的颜色区分。此外,在最优宏观拓扑结构内的材料单胞沿着载荷方向以材料用量的梯度形式进行分布,以提高结构整体的动态性能。

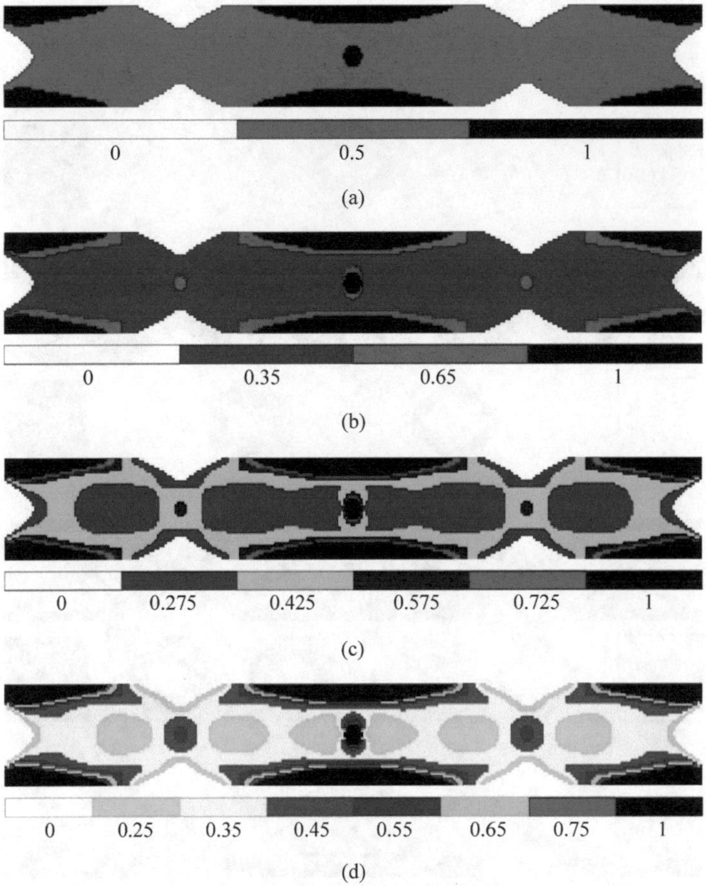

图 5-25　代表性材料单胞的近似分布

(a) 策略 2；(b) 策略 3；(c) 策略 4；(d) 策略 5

表 5-4　正则化机制

策略	不同子域的阈值(ρ_{min}^{ψ} 与 ρ_{max}^{ψ})
2	0.00～0.20，0.20～0.80，0.80～1.00
3	0.00～0.20，0.20～0.50，0.50～0.80，0.80～1.00
4	0.00～0.20，0.20～0.35，0.35～0.50，0.50～0.65，0.65～0.80，0.80～1.00
5	0.00～0.20，0.20～0.30，0.30～0.40，0.40～0.50，0.50～0.60，0.60～0.70，0.70～0.80，0.80～1.00

为了进一步显示本书所述的动力学结构与材料多尺度设计方法的优势，将基于多尺度设计的两端固支梁优化结果与传统的多尺度设计结果(即宏观结构仅由一种均匀分布的材料单胞组成)进行对比。这里将传统多尺度拓扑优化设计的全局体积率设定为 $V_M=30\%$，材料单胞的体积率设置为 45%，两个尺度下的初始设计如图 5-21 所示。

(a)

(b)

(c)

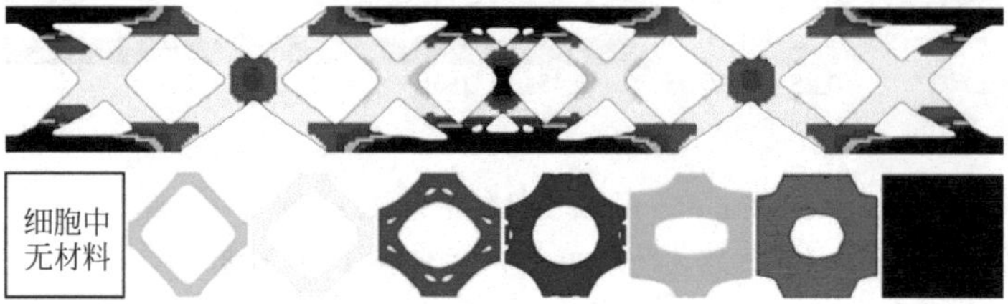

(d)

图 5-26　4 种不同策略下两端固支梁的多尺度设计

(a) 多尺度设计 2：$J_2=183.18$；(b) 多尺度设计 3：$J_3=179.72$；(c) 多尺度设计 4：$J_4=172.46$；(d) 多尺度设计 5：$J_5=170.99$

基于两个尺度下的体积率约束，宏观结构和材料单胞的拓扑进行了并行优化设计。图 5-27 给出了采用传统多尺度拓扑优化设计时的最优结果，优化目标 $J_0=828.72$。显而易见，利用本书所述的动力学结构与材料多尺度设计方法所获得的最优设计具有更好的动态结构性能，即 $J_0>J_2>J_3>J_1>J_4>J_5$。其本质原因在于材料单胞的分布优化能根据宏观载荷和边界条件自适应地提供匹配的材料性能分布，以进一步加强宏观结构抵抗动态载荷的能力。可以判断，材料单胞的分布优化对于后续宏观结构的并行优化是至关重要的。

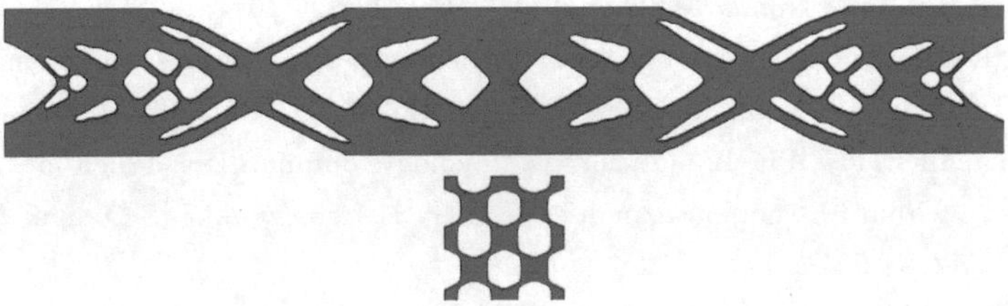

图 5-27 传统的多尺度设计: $J_0 = 828.72$

5.4 小结

针对结构与材料一体化的多尺度拓扑优化设计,本章阐述了多尺度拓扑优化设计问题研究的基本概念及必要性,在此基础上,分别对静力学和动力学环境下的结构与材料一体化的多尺度拓扑优化设计的优化策略、模型构建、灵敏度分析、优化算法设计和数值实例验证等内容进行了详细讨论。

参考文献

[1] FUJII D, CHEN B C, KIKUCHI N. Composite material design of two-dimensional structures using homogenization method[J]. Int J Numer Meth Eng, 2001, 50(9): 2031-2051.

[2] LIU L, YAN J, CHENG G D. Optimum structure with homogeneous optimum truss-like material[J]. Comput Struct, 2008, 86(13-14): 1417-1425.

[3] YAN J, CHENG G D, LIU L. A uniform optimum material based model for concurrent optimization of thermoelastic structures and materials[J]. Int J Simul Multidiscip Des Optim, 2009, 2(4): 259-266.

[4] NIU B, YAN J, CHENG G D. Optimum structure with homogeneous optimum cellular material for maximum fundamental frequency[J]. Struct Multidiscip O, 2008, 39(2): 115-132.

[5] GUO X, ZHAO X F, ZHANG W S, et al. Multi-scale robust design and optimization considering load uncertainties[J]. Comput Method Appl M, 2015, 283: 994-1009.

[6] HUANG X D, ZHOU S W, XIE Y M, et al. Topology optimization of microstructures of cellular materials and composites for macrostructures[J]. Comp Mater Sci, 2013, 67: 397-407.

[7] WANG Y Q, WANG M Y, CHEN F F. Structure-material integrated design by level sets [J]. Struct Multidiscip O, 2016, 54(5): 1145-1156.

[8] RODRIGUES H, GUEDES J M, BENDSOE M P. Hierarchical optimization of material and structure[J]. Struct Multidiscip O, 2002, 24(1): 1-10.

[9] ZHANG W H, SUN S P. Scale-related topology optimization of cellular materials and

structures[J]. Int J Numer Meth Eng,2006, 68(9): 993-1011.
[10] SCHURY F, STINGL M, WEIN F. Efficient two-scale optimization of manufacturable graded structures[J]. SIAM J Sci Comput,2012, 34(6): B711-B733.
[11] XIA L, BREITKOPF P. Concurrent topology optimization design of material and structure within FE^2 nonlinear multiscale analysis framework[J]. Comput Method Appl M,2014, 278: 524-542.
[12] SIVAPURAM R, DUNNING P D, KIM H A. Simutaneous material and structural optimization by multiscale topology optimization[J]. Struct Multidiscip O,2016, 54(5): 1267-1281.
[13] WANG Y Q, CHEN F F, WANG M Y. Concurrent design with connectable graded microstructures[J]. Comput Method Appl M,2017, 317: 84-101.
[14] SIGMUND O. A 99 line topology optimization code written in Matlab[J]. Struct Multidiscip O,2001, 21(2): 120-127.
[15] BENDSØE M P, SIGMUND O. Topology Optimization: Theory, Methods, and Applications[M]. Berlin, Heidelberg: Springer, 2003.
[16] ZHOU M, ROZVANY G I N. The COC algorithm, Part Ⅱ: topological, geometrical and generalized shape optimization[J]. Computer Methods in Applied Mechanics and Engineering,1991, 89(1-3): 309-336.
[17] CHOI K K, KIM N H. Structural sensitivity analysis and optimization - linear systems [M]. New York: Springer, 2005.
[18] SIGMUND O, MAUTE K. Topology optimization approaches: a comparative review[J]. Struct Multidiscip O,2013, 48(6): 1031-1055.
[19] SIGMUND O, AAGE N, ANDREASSEN E. On the (non-) optimality of Michell structures[J]. Struct Multidiscip O,2016, 54(2): 361-373.
[20] ROZVANY G I N, QUERIN O M, LÓGÓ J, et al. Exact analytical theory of topology optimization with some pre-existing members or elements[J]. Struct Multidiscip O,2006, 31(5): 373-377.
[21] DENG J D, YAN J, CHENG G D. Multi-objective concurrent topology optimization of thermoelastic structures composed of homogeneous porous material[J]. Struct Multidiscip O,2013, 47(4): 583-597.
[22] YAN J, GUO X, CHENG G D. Multi-scale concurrent material and structural design under mechanical and thermal loads[J]. Struct Multidiscip O,2016, 57(3): 437-446.
[23] GAO J, LUO Z, LI H, LI P G, GAO L. Dynamic multiscale topology optimization for multi-regional micro-structured cellular composites[J]. Composite structures, 2019, 211: 401-417.
[24] CHOI K K, KIM N H. Structural sensitivity analysis and optimization 1: linear systems [M]. New Youk:Springer Science and Business Media, 2006.
[25] DU J, OLHOFF N. Topological design of freely vibrating continuum structures for maximum values of simple and multiple eigenfrequencies and frequency gaps [J]. Structural and Multidisciplinary Optimization,2007, 34(2): 91-110.
[26] MA Z D, KIKUCHI N, CHENG H C, Topological design for vibrating structures[J]. Comput Method Appl M,1995, 121(1-4): 259-280.

[27] YOON G H. Structural topology optimization for frequency response problem using model reduction schemes[J]. Comput Method Appl M,2010, 199(25-28): 1744-1763.
[28] WANG M Y, WANG X, GUO D. A level set method for structural topology optimization[J]. Comput Method Appl M,2003, 192(1-2): 227-246.
[29] ALEXANDERSEN J, LAZAROV B S. Topology optimisation of manufacturable microstructural details without length scale separation using a spectral coarse basis preconditioner[J]. Comput Method Appl M,2015, 290: 156-182.
[30] ALLAIRE G, JOUVE F, TOADER A M. Structural optimization using sensitivity analysis and a level-set method[J]. Journal of Computational Physics,2004, 194(1): 363-393.
[31] SIGMUDN O. Materials with prescribed constitutive parameters: An inverse homogenization problem[J]. International Journal of Solids and Structures,1994, 31(17): 2313-2329.
[32] BENDSØE M P, SIGMUND O. Material interpolation schemes in topology optimization [J]. Archive of Applied Mechanics,1999, 69(9-10): 635-654.
[33] LUO Z, TONG L, KANG Z. A level set method for structural shape and topology optimization using radial basis functions[J]. Computers and Structures,2009, 87(7-8): 425-434.
[34] XU B, JIANG J S, XIE Y M. Concurrent design of composite macrostructure and multi-phase material microstructure for minimum dynamic compliance[J]. Composite Structures, 2015, 128: 221-233.
[35] SOKOŁOWSKI J, ZOLESIO J. Introduction to shape optimization: shape sensitivity analysis[M]. Heidelberg: Springer,1992 .

第6章

多学科设计优化中近似模型构建方法

近似模型是一种在满足设计精度的前提条件下，通过插值、拟合等方式将目标和约束函数表达成简单、易于计算的数学函数形式，即构造近似函数，对复杂、隐式或未知的函数关系进行简化替代的方法，在此基础上进行设计优化，得到满足设计约束和设计精度的近似最优解。采用近似模型代替工程产品设计优化中昂贵耗时的计算机有限元仿真模型，能够极大地降低设计优化中庞大的计算量。本章从近似模型透明度角度出发，考虑到基因表达式编程（gene expression programming，GEP）算法通过对已知样本数据进行训练测试，能提供输入变量和观测响应之间显式直观函数表达式的优点，重点介绍了基于 GEP 的近似模型构建方法[1]，并将其与 MDO 中 RSM、Kriging 与 RBF 3 种常见近似模型进行比较，总结它们的优缺点和适用范围，为近似模型的选用提供参考和依据[2]。

6.1 多学科设计优化中常见的近似模型

近似模型常用于处理几个独立变量影响一个或多个因变量且函数关系未知或较为复杂的问题，在工程产品多学科设计优化中得到了广泛应用。本节将对 MDO 中 3 种常见近似模型（即响应面、Kriging 和径向基函数模型）的基本原理进行简单介绍。

6.1.1 响应面模型

响应面（RSM）模型以统计学中多元线性回归理论为基础，通过构建显式的多项式来描述输入变量和观测响应之间复杂或隐式的函数关系[3]。RSM 模型具有构造简单、操作方便、计算量小等特点，被广泛应用于工程产品设计优化中，通过替代实际的计算机仿真模型，以降低计算量，提高设计优化的效率。在 RSM 模型的构建中，低阶多项式是常用的基函数，其中又以二阶多项式应用最为广泛，其所对应的二次响应面模型的数学表达式如下：

$$y = a_0 + \sum_{i=1}^{n} b_i x_i + \sum_{i=1}^{n} c_{ii} x_i^2 + \sum_{i=1, j>i}^{n} d_{ij} x_i x_j \tag{6-1}$$

其中，y 是拟合函数，对应于实际仿真模型中的观测响应；$x_i\,(i=1,2,\cdots,n)$ 是

n 个自变量，对应于实际仿真模型中的设计变量；a_0, b_i, c_{ii}, d_{ij} 是多项式待定系数，通过最小二乘估计(least squares estimation, LSE)方法求得。从式(6-1)可以计算出，二次响应面模型中待定系数的数目 $N=(n+1)(n+2)/2$。

为了便于利用统计学中多元线性回归的处理方法，式(6-1)可以转化成线性多项式的形式：

$$y=\alpha_0+\alpha_1 x_1+\cdots+\alpha_k x_k+\varepsilon \tag{6-2}$$

其中，$k=N-1$，$\mathbf{A}=\{\alpha_0,\alpha_1,\cdots,\alpha_k\}^{\mathrm{T}}$ 与式(6-1)中的待定系数相对应，一般假定随机误差 $\varepsilon \sim N(0,\sigma^2)$。选取 $m(m \geqslant k+1)$ 个样本点，通过仿真计算得到各个样本点所对应的观测响应值，分别代入各个样本点的设计变量值和观测响应值，就可以确定式(6-2)中 $k+1$ 个待定系数的值。当样本点设计变量值构成的矩阵 U 的秩不小于 $k+1$ 时，$U^{\mathrm{T}}U$ 为非奇异矩阵，式(6-2)中待定系数向量 $\mathbf{A}$ 的最小二乘估计值 $\hat{\mathbf{A}}$ 为：

$$\hat{A}=(U^{\mathrm{T}}U)^{-1}U^{\mathrm{T}}W \tag{6-3}$$

式中，$\hat{\mathbf{A}}=[\alpha_0,\alpha_1,\cdots,\alpha_k]^{\mathrm{T}}$，$W=[y_1,y_2,\cdots,y_m]^{\mathrm{T}}$，

$$U=\begin{bmatrix} 1 & x_1^{(1)} & x_2^{(1)} & \cdots & x_k^{(1)} \\ 1 & x_1^{(2)} & x_2^{(2)} & \cdots & x_k^{(2)} \\ \vdots & \vdots & \vdots & & \vdots \\ 1 & x_1^{(m)} & x_2^{(m)} & \cdots & x_k^{(m)} \end{bmatrix}_{m\times(k+1)}$$

当待定系数确定以后，设计人员需要利用统计的方法来检验二次响应面模型的拟合精度，常采用的方法有判定系数 R^2 法、F 检验法和 t 检验法。

6.1.2　Kriging 模型

Kriging 模型通过对样本点数据进行插值的方式给出设计变量与观测响应之间的最优线性无偏估计，包括普通 Kriging、泛 Kriging 和析取 Kriging 模型等，在实际工程中以普通 Kriging 模型的应用与研究最为广泛。上述 3 种 Kriging 模型在工程界的应用与分析在文献[4]中有较为详细介绍，本节重点对普通 Kriging 模型的构建原理进行介绍，其数学表达式如下：

$$y(x)=F(x)+Z(x)=\sum_{i=1}^{k}\beta_i f_i(x)+Z(x) \tag{6-4}$$

其中，$y(x)$是响应函数；$F(x)$是已知的多项式函数(如二阶多项式响应面模型)，代表设计空间的全局近似模型；$Z(x)$是一个均值为 0、方差为 σ^2 的随机函数，代表全局近似模型的局部偏差，以实现 Kriging 模型对样本点数据的精确插值。在实际应用中，多将 $F(x)$简化为一个常数 β，式(6-4)可转变为

$$y(x)=\beta+Z(x) \tag{6-5}$$

$Z(x)$的协方差矩阵表明全局近似模型局部偏离的程度，其表达式如下：

$$\mathrm{cov}[Z(x^{(i)},x^{(j)})]=\sigma^2\boldsymbol{R}[R(x^{(i)},x^{(j)})] \tag{6-6}$$

其中,$R(x^{(i)},x^{(j)})$是任意两个样本点 $x^{(i)}$ 和 $x^{(j)}$ 之间的相关函数; $\boldsymbol{R}[\cdot]$是 $n\times n$ 阶对称相关矩阵(n 表示样本点数目)。相关函数可选取的类型很多,在实际应用中以高斯相关函数最为常见:

$$R(x^{(i)},x^{(j)})=\exp\left[-\sum_{k=1}^{m}\theta_k\mid x_k^{(i)}-x_k^{(j)}\mid^2\right] \tag{6-7}$$

其中,θ_k 是未知的相关参数; m 是设计空间的维数; $|x_k^{(i)}-x_k^{(j)}|$表示样本点 $x^{(i)}$ 和 $x^{(j)}$ 在第 k 维方向上的距离。

相关函数确定以后,Kriging 模型对观测响应的近似估计值可以表示为

$$\hat{y}(x)=\hat{\beta}+r^{\mathrm{T}}(x)R^{-1}(Y-F\hat{\beta}) \tag{6-8}$$

其中,$\boldsymbol{Y}$ 是 n 维列向量,向量中各元素分别对应 n 个样本点的观测响应值; $\boldsymbol{F}$ 是 n 维列向量,当式(6-4)中的 $F(x)$简化为常数时,$\boldsymbol{F}$ 为单位列向量; $\boldsymbol{r}(x)$是 n 维列向量,代表预测点与样本点之间的相关性,可利用式(6-9)来计算。利用广义最小二乘估计(generalized least squares estimation, GLSE)方法可以得到 $\hat{\beta}$ 值,如式(6-10)所示。

$$\boldsymbol{r}(x)=[R(x,x^{(1)}),R(x,x^{(2)}),\cdots,R(x,x^{(n)})]^{\mathrm{T}} \tag{6-9}$$

$$\hat{\beta}=(\boldsymbol{F}^{\mathrm{T}}\boldsymbol{R}^{-1}\boldsymbol{F})^{-1}\boldsymbol{F}^{\mathrm{T}}\boldsymbol{R}^{-1}\boldsymbol{Y} \tag{6-10}$$

式(6-7)描述的相关函数中未知相关参数 θ_k 可以通过极大似然估计(maximum likelihood estimation, MLE)方法求得,即:

$$\text{Max}: L(x^{(1)},x^{(2)},\cdots,x^{(n)};\theta_1,\theta_2,\cdots,\theta_m)=-[n\ln(\hat{\sigma}^2)+\ln\mid R\mid]/2 \tag{6-11}$$

其中,$\hat{\sigma}^2$ 为方差 σ^2 的估计值,可按式(6-12)计算:

$$\hat{\sigma}^2=(Y-F\hat{\beta})^{\mathrm{T}}R^{-1}(Y-F\hat{\beta})/n \tag{6-12}$$

通过求解上述 m 维无约束优化问题,就可以得到所构建的 Kriging 模型。

针对 Kriging 模型构建过程中多项式回归函数 $F(x)$往往预先给定会带来一定的主观局限性,Joseph 提出了一种“盲 Kriging”模型[5]。基于该思想的启发,褚[6]提出了一种基于贝叶斯变量选择方法的 Kriging 模型,即采用贝叶斯变量选择技术(Bayesian variable selection technique, BVST)来确定 Kriging 模型的回归部分,因此称这种方法为 B-Kriging 模型。

6.1.3 径向基函数模型

在众多的神经网络模型中,径向基函数(RBF)模型以其优良的函数逼近特性在工程产品多学科设计优化中得到了广泛应用[7]。RBF 模型利用径向对称基函数的线性组合形式对多变量离散数据进行插值,其数学表达式如下:

$$y=w_0+\sum_{i=1}^{n}w_i\varphi(\|x-x_i\|) \tag{6-13}$$

其中，w_0 是一个多项式函数；w_i 是权重系数，利用LSE方法求得；x_i 是一个样本点，作为径向基函数的中心点；n 是中心点个数；φ 代表径向基函数。径向基函数是一类对中心点径向对称衰减的非负非线性函数，具有多种形式，如多二次函数、逆多二次函数、薄板样条函数和高斯函数等。将径向基函数作为神经网络的传递函数便构成了径向基神经网络。在本书中，选取常用的高斯函数作为径向基函数，其数学形式为

$$\varphi=\exp\left(-\frac{\| x-x_i \|^2}{2\delta^2}\right) \tag{6-14}$$

其中，δ 是高斯函数的平坦度或宽度。文献[8]对RBF模型中参数的选取和计算进行了详细的阐述。

6.2　基于基因表达式编程的近似模型构建方法

结合遗传算法（genetic algorithms，GAs）和遗传编程（genetic programming，GP）的特点，葡萄牙科学家Ferreira于2001年首次提出了一种基于基因型和表现型的进化算法——基因表达式编程（GEP）算法[9]。GEP与GAs和GP的根本区别在于构成各自种群的个体性质不同：在GAs中，个体是固定长度的线性符号串，即基因组或染色体；在GP中，个体是不同形状和大小的非线性实体，即解析树或表达式树（expression trees，ETs）；而在GEP中，个体首先被编码成固定长度的线性符号串，在适应度评价阶段，这些线性符号串被表达成不同形状和大小的非线性实体。因此，GEP结合了GAs和GP的优点，使得基因型和表现型既分离同时又相互转化，克服了GAs中个体难以体现问题复杂性和GP中个体难以繁殖的弱点。GEP中搜索空间和解空间相互独立，支持基因空间的无约束搜索，从而能用简单的编码解决复杂的问题[10]。作为一种新的进化算法，GEP在多个领域中得到了应用，如将GEP用于分类规则挖掘[10]、函数发现[11]、时间序列预测[12]、自动控制规则演化[13]和调度规则构造[14]等。

GEP算法通过对已知的样本数据进行训练测试，从而探索输入变量和观测响应之间复杂、隐式或未知的函数关系，而且能提供显式直观的函数表达式。因此，本节重点介绍基于GEP的近似模型构建方法。接下来内容将对GEP的基本原理及其用于近似模型构建的流程进行具体介绍。

6.2.1　基因和染色体

染色体是GEP进行遗传操作的基本单位，由一个或多个基因所构成。在构建GEP的基因和染色体前，首先需要定义函数集（function set，FS）和终端集（terminal set，TS）。函数集是由一系列数学运算符号组成的集合，如FS = {+，−，*，/}；终端集是由程序中的输入变量或常数组成的集合，如TS = {a，b，c， d，1，2}。GEP 中基因包含头部(head)和尾部(tail)两个部分。基因的头部既可以含有函数符号，也可以含有终端符号，而尾部只能含有终端符号。基因头部的长度需要根据具体的问题来选定，基因尾部的长度可以依据下列公式进行计算：

$$T = H * (N - 1) + 1 \tag{6-15}$$

其中，H 和 T 分别代表基因头部和尾部的长度。N 代表所需变量数最多的函数所含变量的个数，如对于三角函数，N 等于 1；对于加减乘除等四则运算函数，N 等于 2。

假定 FS = {+，－，*，/，S}，TS = {a，b，c，d}，H = 7，可以判断出 $N = 2$，根据式(6-15)可以计算出基因的尾部长度 $T = 7 * (2-1) + 1 = 8$，那么基因的总长度为 15。式(6-16)给出了一个头部长度为 7、尾部长度为 8 的基因示意图(其中下划线表示基因的头部，“•”是基因中各符号之间的间隔，仅起便于观察的作用，不代表基因中任何符号)。在执行 GEP 方法前，需要根据问题的具体特征选定染色体包含基因的个数，式(6-17)给出了由三个基因组成的染色体。

+• * •/•a•b•—•c•d•S•a•b•b•c•c•d (6-16)

+• * •/•a•b•—•c•d•S•a•b•b•c•c•d• * •+•a•b•—•a•b•a•d•a•b•c•b•d•d•/•+• * •a•b•S•a•+•/•b•c•S•+•a•b (6-17)

6.2.2 基因型和表现型之间的转换

在 GEP 中，遵循某种特定的遍历规则，如广度优先遍历规则[8]和深度优先遍历规则[15]，基因型(即基因组或染色体)与表现型(即表达式树)之间可以相互转换。此处采用深度优先遍历规则对二者进行转换。

给定某个染色体，染色体的第一个元素符号对应表达式树的根节点，如果表达式树的节点是函数符号，那么该节点下面生成几个子节点，子节点的个数等于该函数所含变量的个数；如果表达式树的节点是终端符号，那么该节点不生成子节点。当表达式树的某个分支的最后一个节点是终端符号时，该分支就停止生长。染色体的各个符号依次逐个被遍历，遍历过程遵循从上到下，从左至右的原则，直到所有的节点均是终端符号为止。按照这种思路，式(6-16)中的单基因染色体可以转换成图 6-1(a)中的表达式树，该表达式树可以进一步转换成函数表达式，此即为染色体对应的 GEP 近似模型。

基因表达式编程算法

注意到，式(6-16)描述的染色体在转换成表达式树的过程中，有部分元素符号是冗余的。在 GEP 中，冗余的染色体符号称为非编码元素，在转换过程中有效的符号称为 K-表达式(K-expression)。如式(6-16)中，“+•*•/•a•b•－•c•d•S•a”是 K-表达式，“b•b•c•c•d”是非编码元素。

按照上述深度遍历的逆过程，表达式树可以顺利转换成染色体，即从表达式树的根节点开始，从上到下，从左往右依次遍历以每个节点为根节点的子表达式树，就可以将表达式树转换成染色体。遵循这一过程，图 6-1(a)中的表达式树很容易编码成式(6-16)中的 K-表达式。

对于多基因染色体，每一个基因对应一个子表达式树(sub-ET)，各个子表达式树通过相互作用构成一个更复杂的多子树型的表达式树(multi-subunit ET)。各个子表达式树一般通过某种特定的函数(如采用加减乘除四则运算或采用布尔逻辑运算等)相互连接起来。对于式(6-17)中的三基因染色体，如果利用加法运算将各个基因对应的子表达式树连接起来，那么 3 个子树型的表达式树将会生成，如图 6-1(b)所示。

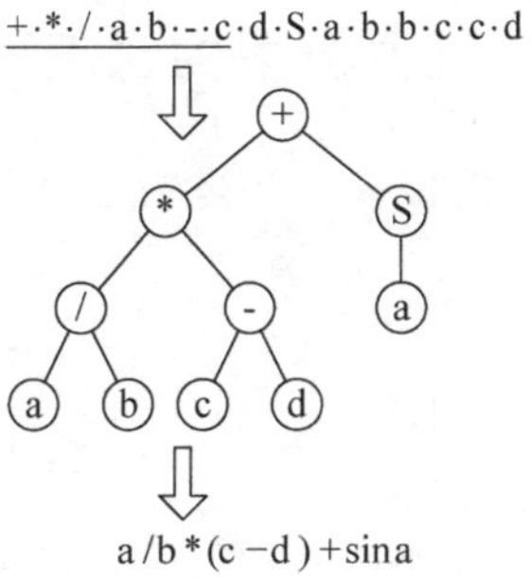

(a)

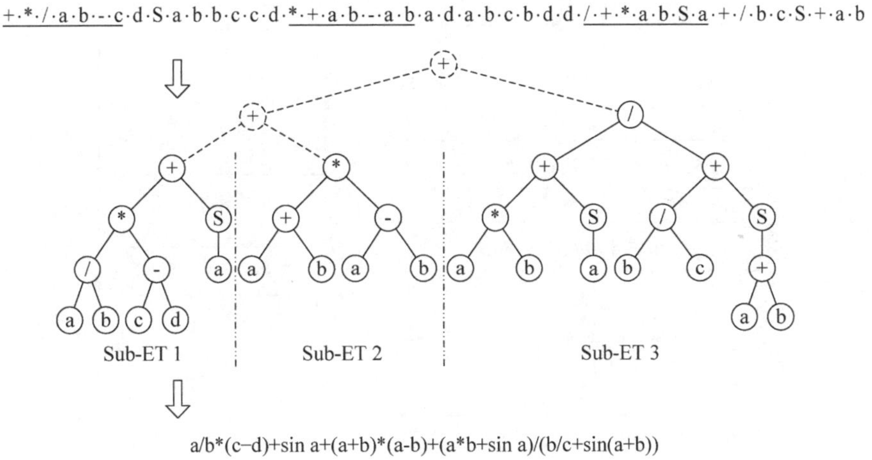

(b)

图 6-1　染色体解码为表达式树

(a) 单基因表达式树；(b) 三基因表达式树

6.2.3　基于均方差的适应度函数定义

除了定义个体的编码和解码形式外，还需要定义个体的适应度评价函数。个体的适应度评价函数是连接进化算法与具体问题的纽带，GEP 算法通过适应度函数对个体质量进行评价，从而找出当前最好的个体。在工程产品多学科设计优化中，近似模型的预测精度越高就越能精确地反映设计空间的特征，于是本书采用一种基于均方差(mean squares error，MSE)的适应度函数，其定义如下：

$$\text{fitness}_i = \sum_{j=1}^{n} (y_j - \hat{y}_{i,j})^2 / n \tag{6-18}$$

其中，fitness_i 是个体 i 的适应度；y_j 是第 j 个训练样本点处的观测响应真实值；$\hat{y}_{i,j}$ 是个体 i 对应的函数表达式(即 GEP 近似模型)在第 j 个训练样本点处的观测响应预测值；n 是训练样本点总数。

6.2.4 基于 GEP 的近似模型构建流程

本节将阐述基于 GEP 的近似模型构建方法的详细流程，如图 6-2 所示，主要包含如下几个步骤：

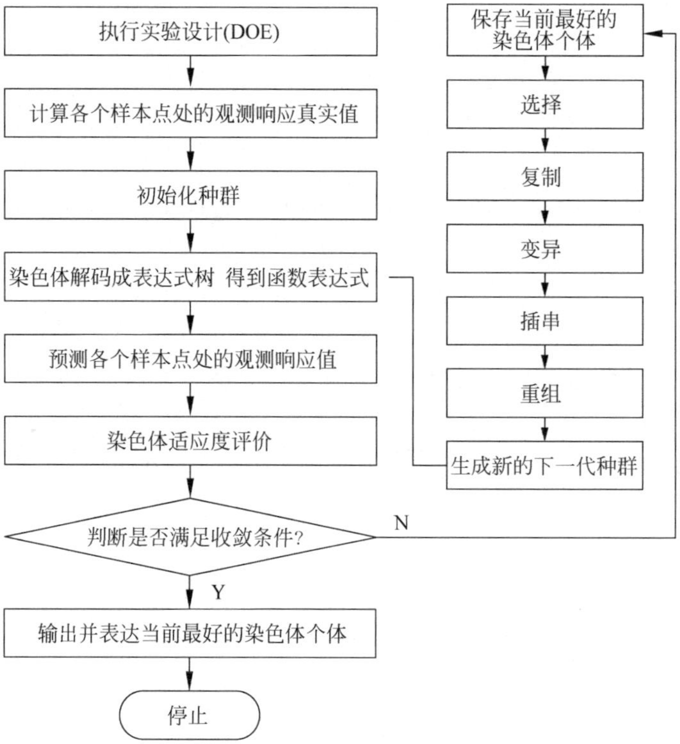

图 6-2 基于 GEP 的近似模型构建方法流程图

步骤一：执行实验设计(design of experiment，DOE)获得训练样本点数据。

步骤二：通过数学运算或计算机仿真分析计算得到训练样本点处的观测响应值。

步骤三：随机生成一个初始种群。

步骤四：将所生成的种群中各个染色体个体解码成表达式树，各个表达式树进一步转换成显式的函数表达式。

步骤五：利用上一步得到的函数表达式预测训练样本点处的观测响应值。

步骤六：依据式(6-18)中的适应度函数计算各个染色体个体的适应度。

步骤七：判断收敛条件是否满足，例如是否达到预先设定的最大繁殖代数等。如果收敛条件满足，则停止迭代，输出当前最好的染色体个体，并将其解码成表达式树，进一步得到显式的函数表达式，此即为 GEP 近似模型。如果收敛条件不满足，则转至下一步。

步骤八：保存当前最好的染色体个体，同时按照一定的规则选择个体，对选择的个体实施遗传操作(即复制、变异、插串与重组)[9]，繁殖生成新的下一代种群。

步骤九：返回步骤四。

基于 GEP 的近似模型构建方法具有如下优点：

(1) 高柔性。在 GEP 算法中，染色体是固定长度的线性字符串，便于进行遗传操作，从而繁殖得到新的种群个体；表达式树是具有不同形状和大小的非线性实体，用于个体适应度的评价。基于上述灵活的交替机制，GEP 算法能够利用简单的编码来描述复杂的问题，因此，基于 GEP 的近似模型构建方法表现出了较高的柔性。

(2) 高精度。GEP 算法通过各种遗传操作(如复制、变异、交叉和重组)来获得不同的基因染色体，基因染色体的多样性有助于探索各种不同的近似函数表达式，从中获得预测精度较高的 GEP 近似模型。另一方面，GEP 算法中染色体非编码区域的存在也有助于训练得到更精确的近似模型[9]。

(3) 高复杂度。在 GEP 算法中，对于具有复杂层次结构的表达式树，可以利用多基因染色体进行编码。类似地，对于工程产品多学科设计优化中相对复杂的函数关系，可以在构建 GEP 近似模型时采用多基因染色体的形式进行编码和个体繁殖。因此，基于 GEP 的近似模型构建方法具有描述高复杂度问题的能力。

6.3　近似模型性能测试方案

6.3.1　测试算例

本节选取了一些数学和工程算例来检验基于 GEP 的近似模型构建方法的性能，同时通过这些算例将 GEP 近似模型与 6.1 节中介绍的 3 种常见近似模型进行比较。这些测试算例分别是：

(1) 六驼峰函数(six-hump camel back function)[16]：

$$f_{sc}(x) = x_1^6/3 - 2.1x_1^4 + 4x_1^2 + x_1x_2 - 4x_2^2 + 4x_2^4, \quad x_1, x_2 \in [-5,5] \tag{6-19}$$

(2) Sinusoidal 函数[17]:

$$f_{\sin}(x)=x_1\sin(x_2)+x_2\sin(x_1),\quad x_1,x_2\in[-2\pi,2\pi] \tag{6-20}$$

(3) Sinusoidal 非线性函数[18]:

$$f_{\text{sinnl}}(x)=\sin(x_1+x_2)+(x_1-x_2)^2-1.5x_1+2.5x_2+1,$$
$$x_1\in[-10,10],\ x_2\in[-20,20] \tag{6-21}$$

(4) Kotanchek 函数[19]:

$$f_{\text{kotanchek}}(x)=\frac{\exp[-(x_2-1)^2]}{1.2+(x_1-2.5)^2},\quad x_1,x_2\in[0,4] \tag{6-22}$$

(5) 二维 Rosenbrock 函数[20]:

$$f_{\text{rosenbrock}}^2(x)=100(x_1^2-x_2)^2+(x_1-1)^2,\quad x_1,x_2\in[-2.048,2.048] \tag{6-23}$$

(6) 二维 Rosenbrock 噪声函数[20]:

$$f_{\text{rosenbrock}}^{\varepsilon}(x)=100(x_1^2-x_2)^2+(x_1-1)^2+\varepsilon(x_1,x_2),$$
$$x_1,x_2\in[-2.048,2.048] \tag{6-24}$$

其中,噪声函数 $\varepsilon(x_1,x_2)\sim N(0,\sigma^2)$,在测试中考虑两种不同规模的噪声:$\sigma^2=\frac{1}{100}\sigma_s^2$ 和 $\sigma^2=\frac{1}{200}\sigma_s^2$,$\sigma_s^2$ 为二维 Rosenbrock 函数平滑部分的方差。

(7) 三维 Rosenbrock 函数[20]:

$$f_{\text{rosenbrock}}^3(x)=\sum_{i=1}^{2}[100(x_i^2-x_{i+1})^2+(x_i-1)^2],\quad x_1,x_2,x_3\in[-2.048,2.048] \tag{6-25}$$

(8) 三杆桁架结构设计问题[21]:

三杆桁架的结构如图 6-3 所示,该问题要求桁架在满足应力约束的前提条件下使得其重量最轻,杆子的横截面积分别为 A_1、A_2 和 A_3,考虑到结构的对称性,$A_1=A_3$。该问题的数学模型描述如下:

$$\begin{cases}\text{Min: } w(A_1,A_2)=\rho L(2\sqrt{2}A_1+A_2)\\ \text{s.t.: } \sigma_1=P\left[\dfrac{1}{A_1}-\dfrac{A_2}{2A_1A_2+\sqrt{2}A_1^2}\right]\leqslant 20\,000\\ \qquad\sigma_2=\dfrac{P\sqrt{2}A_1}{2A_1A_2+\sqrt{2}A_1^2}\leqslant 20\,000\\ \qquad\sigma_3=-\dfrac{PA_2}{2A_1A_2+\sqrt{2}A_1^2}\geqslant -15\,000\\ \qquad A_1,A_2\in[0.1,2]\end{cases} \tag{6-26}$$

其中,杆的材料密度 $\rho=2.768\times10^3\text{kg/m}^3$,中间杆的长度 $L=0.254\text{m}$,桁架受力 $P=8.890\,56\times10^4\text{N}$。在该测试算例中,将对 3 个应力约束函数进行近似,分别构

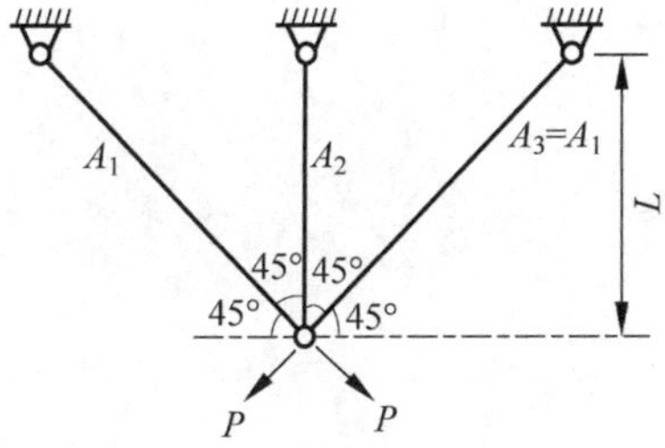

图 6-3　三杆桁架示意图

建它们各自的近似模型。

6.3.2　数据采样

由于不同的实验设计方法会对近似模型的精度产生不同的影响，为了方便比较，本章采用相同的实验设计方法——拉丁超立方抽样（Latin hypercube sampling，LHS）[22]方法来分别获取近似模型构建和性能检验中需要的训练样本点和检验样本点。此外，大、小两种不同的样本规模被考虑到近似模型的比较中，表 6-1 给出了各个测试算例的实验设计方案。

表 6-1　测试算例的实验设计方案

样本点数目	小样本规模	大样本规模
训练样本点数目	10(LHS)	100(LHS)
检验样本点数目	500(LHS)	500(LHS)

6.3.3　评价标准

为了对各种近似模型进行全面比较，本节选取了预测精度、鲁棒性、透明度和计算效率 4 种评价标准。

1. **预测精度**

预测精度是指近似模型对设计空间中观测响应预测的准确程度，通常采用观测响应真实值与预测值之间的误差大小来衡量预测精度的高低。为了全面衡量近似模型的预测精度，本文选取了 3 种不同类型的误差评价标准：相对均方根误差（relative root mean squared error，RRMSE）、相对平均绝对误差（relative average absolute error，RAAE）和相对最大绝对误差（relative maximum absolute error，RMAE）。其中，RRMSE 和 RAAE 用来反映近似模型对设计空间的全局预测精度，二者的值越小，近似模型的全局预测精度越高；RMAE 用来体现近似模型在整个设计空间中的最大预测误差，是近似模型局部预测精度的反映。RMAE 越小，近似模型的最大预测误差越小。以上 3 种误差评价标准的计算公式如下：

$$\mathrm{RRMSE}=\frac{1}{\mathrm{STD}}\left[\frac{1}{n}\sum_{i=1}^{n}(y_i-\hat{y}_i)^2\right]^{\frac{1}{2}} \tag{6-27}$$

$$\mathrm{RAAE}=\frac{1}{n\times\mathrm{STD}}\sum_{i=1}^{n}\mid y_i-\hat{y}_i\mid \tag{6-28}$$

$$\mathrm{RMAE}=\frac{1}{\mathrm{STD}}\max\mid y_i-\hat{y}_i\mid,\quad i=1,2,\cdots,n \tag{6-29}$$

$$\mathrm{STD}=\left[\frac{1}{n-1}\sum_{i=1}^{n}(y_i-\bar{y}_i)^2\right]^{\frac{1}{2}} \tag{6-30}$$

其中，y_i 是第 i 个检验样本点处的观测响应真实值；$\hat{y}_i$ 是利用近似模型计算得到的第 i 个检验样本点处的观测响应预测值；n 是检验样本点总数；$\bar{y}$ 和 STD 分别代表检验样本点处观测响应的平均值和标准差。

2. 鲁棒性

鲁棒性是指近似模型在不同环境条件下实现相同或相近预测精度的能力，此处的环境条件是指不同大小的样本规模和不同类型的测试问题，如线性与非线性问题等[18]。本书利用各种精度误差的标准差来反映近似模型的鲁棒性大小。RRMSE、RAAE 和 RMAE 各自的标准差可以依据式(6-30)来计算。标准差越小，近似模型的鲁棒性越高。

3. 透明度

透明度是指近似模型提供输入变量与观测响应之间直观显式函数关系的能力。对于透明度较高的近似模型，工程设计人员更易于从中获取各个设计变量变化对观测响应变化的影响程度。

4. 计算效率

计算效率是指构建近似模型和利用近似模型对新的设计点进行响应预测所需要花费的计算量大小[18]，常利用构建近似模型和预测新的设计点处的响应所花费的时间来衡量。

6.3.4 参数设置

在构建近似模型前，需要对近似模型的相关参数进行设置。对于不同的测试算例，相同近似模型的参数设置值也不尽相同。表 6-2 给出了 4 种近似模型参数设置的情况。其中，对于 GEP 近似模型，测试算例 $f_{\mathrm{sin}}(x)$ 和 $f_{\mathrm{sinnl}}(x)$ 的函数集中符号“S”代表正弦函数；测试算例 $f^{2}_{\mathrm{rosenbrock}}(x)$ 与 $f^{\varepsilon}_{\mathrm{rosenbrock}}(x)$ 的函数集中符号“c”以及 $f^{3}_{\mathrm{rosenbrock}}(x)$ 的函数集中符号“d”均代表常量 100；三杆桁架测试算例的函数集中符号“c”是常量，其取值与载荷 P 相同。

表 6-2 四种近似模型的参数设置情况

近似模型	参数	设置值					
RSM	多项式最高阶次(d)	2					
Kriging	相关参数取值范围	$0.1 \leqslant \theta \leqslant 20, \theta_0 = 2$					
RBF	多项式函数(w_0)	取训练样本点观测响应的平均值					
GEP	测试算例	$f_{sc}(x)$	$f_{sin}(x)$	$f_{sinnl}(x)$	$f^2_{rosenbrock}(x)$ $f^{\varepsilon}_{rosenbrock}(x)$	$f^3_{rosenbrock}(x)$	$\sigma_1, \sigma_2, \sigma_3$
	函数集(FS)	+, −, *, /	+, −, *, /, S	+, −, *, /, S	+, −, *, /	+, −, *, /	+, −, *, /
	终端集(TS)	a, b	a, b	a, b	a, b, c	a, b, c, d	a, b, c
	运行次数	100	100	100	100	100	100
	最大代数	300	500	300	300	300	500
	种群大小	100	30	30	200	100	100
	基因头部长度(H)	7	7	7	7	7	7
	染色体基因个数	3	1	3	3	3	3
	连接函数	Addition	—	Addition	Addition	Addition	Addition
	变异概率	0.044	0.044	0.044	0.044	0.044	0.044
	IS 插串概率	0.1	0.1	0.1	0.1	0.1	0.1
	IS 插串长度	1, 2, 3	1, 2, 3	1, 2, 3	1, 2, 3	1, 2, 3	1, 2, 3
	RIS 插串概率	0.1	0.1	0.1	0.1	0.1	0.1
	RIS 插串长度	1, 2, 3	1, 2, 3	1, 2, 3	1, 2, 3	1, 2, 3	1, 2, 3
	基因插串概率	0.1	0.1	0.1	0.1	0.1	0.1
	单点重组概率	0.3	0.3	0.3	0.3	0.3	0.3
	两点重组概率	0.3	0.3	0.3	0.3	0.3	0.3
	基因重组概率	0.1	0.1	0.1	0.1	0.1	0.1

6.4 近似模型性能测试结果与比较

6.4.1 测试结果

利用基于 GEP 的近似模型构建方法，可以得到各个测试算例的 GEP 近似模型。表 6-3 分别给出了大、小两种样本规模下 GEP 近似模型的函数表达式。此外，各个测试算例的 RSM、Kriging 和 RBF 近似模型也均被建立。6.3.1 节中给出了 11 个测试算例，因此总共构建 11×2×4=88 个近似模型。依据检验样本点数据和 6.3.3 节中 3 种不同类型的误差评价标准，可以计算得到各个近似模型的误差值，如表 6-4 所示。

表 6-3 GEP 近似模型

测试算例	样本规模	染色体	GEP 近似模型
$f_{sc}(x)$	小	*•*•*•+•+•+•a•a•a•a•a•a•a•b•b *•*•*•+•b•b•+•b•b•b•b•a•a•b•b *•+•/•*•−•+•a•b•a•b•a•b•a•b•a	$4a^4+4b^4+b^2+ab$
	大	*•*•*•+•a•a•+•a•a•a•a•b•b•b•a *•*•*•+•a•a•a•b•b•a•b•a•a•a•b *•−•*•−•*•+•+•b•b•b•b•a•b•b•b	$4a^4+3b^4+2a^2b^2-ab^2-b^2$
$f_{sin}(x)$	小	+•*•S•b•a•*•S•a•b•b•a•a•a•b•a	$a\sin b+b\sin a$
	大	+•*•b•S•a•*•S•b•a•b•a•a•a•b•b	$a\sin b+b\sin a$
$f_{sinnl}(x)$	小	*•−•b•a•+•−•/•a•a•a•b•b•a•a•b S•b•+•+•a•a•S•b•a•a•b•b•a•b•b b•/•a•+•a•b•a•a•a•a•b•a•b•a•b	$(a-b)^2-a+2b+\sin b$
	大	+•S•+•/•a•+•*•b•a•b•b•b•a•b•b −•b•*•−•a•b•−•b•a•b•b•b•a•a•a −•*•*•b•a•−•a•a•a•a•b•a•b•b•b	$(a-b)^2-a+2b+\sin\left(\frac{a}{ab+b}+b\right)$
$f_{kotanchek}(x)$	小	−•b•a•a•/•/•/•a•a•a•b•a•a•b•a a•−•/•−•b•+•−•a•a•a•b•a•b•b −•/•a•+•+•+•*•b•b•a•b•a•b•a•b	$\frac{a}{2a+b+b^2}$
	大	/•/•a•+•+•/•/•a•b•b•a•b•b•b•b a•b•a•b•−•/•/•b•a•a•b•a•b•b•b /•*•−•+•−•b•+•b•a•b•b•a•a•b•b	$\frac{ab}{a+ab^2+b^3}$

续表

测试算例	样本规模	染　色　体	GEP 近似模型
$f^2_{\text{rosenbrock}}(x)$	小	*•−•*•*•−•−•*•a•a•b•b•a•c•a•a c•c•*•c•b•b•c•a•b•a•a•a•a•a•b b•b•*•/•−•a•b•b•c•b•a•c•b•b•a	$a^4c-2a^2bc-a^2+b+c$
	大	*•*•*•−•/•*•*•c•a•a•c•b•c•a•a c•/•a•*•/•/•b•a•a•c•c•b•b•c•a −•+•−•*•b•/•+•a•a•a•b•a•b•c•b	$a^4c-a^2bc+a+c$
$f^{\varepsilon}_{\text{rosenbrock}}(x)$ $\sigma^2=\frac{1}{200}\sigma_s^2$	小	a•a•c•a•+•a•b•b•a•c•c•c•b•b•c *•*•*•−•−•a•+•a•b•b•a•a•c•c•a *•*•*•*•c•*•/•a•c•a•a•a•c•c•c	a^4c-2a^2bc+a
	大	*•*•*•−•*•a•a•b•a•c•a•c•c•c•c /•b•−•/•−•c•/•a•a•c•c•a•c•c•a c•b•a•*•a•a•a•a•a•c•c•b•b•a•b	$a^4c-a^2bc+c-\frac{bc}{c^2-c+1}$
$f^{\varepsilon}_{\text{rosenbrock}}(x)$ $\sigma^2=\frac{1}{100}\sigma_s^2$	小	b•/•b•c•a•/•*•c•b•c•b•a•b•b•a +•*•a•*•*•a•*•a•c•a•c•c•c•a•b −•*•b•*•a•*•−•b•a•c•c•c•a•b•a	$a^4c-a^2bc+ab^2c+b$
	大	+•−•b•c•c•b•*•a•a•b•c•a•b•a•b +•c•a•−•*•+•*•a•a•c•a•c•c•a•a *•*•/•*•*•−•*•a•a•b•c•a•b•a•b	$a^4c-a^2bc+a+b+c$
$f^3_{\text{rosenbrock}}(x)$	小	+•*•*•*•*•*•−•d•a•c•c•a•a•a•d•d *•*•+•d•+•*•*•b•b•d•c•b•b•d•b d•−•a•a•*•d•d•a•d•a•d•c•a•c•b	$a^2c^2d-a^3c^2+a+b^2c+b^2d+b^4d+d$
	大	+•*•*•*•+•/•*•c•c•a•a•d•a•d•c•d c•*•/•c•−•/•/•c•d•b•c•b•d•d•c *•b•−•*•*•*•b•*•b•d•b•d•c•d•c•b	$a^2d+b^4d+c^2d-bd+c+d$
σ_1	小	*•/•+•b•a•*•+•+•b•a•b•a•c•c•c a•/•−•b•*•+•+•b•b•b•a•a•c•c•c −•−•b•b•a•c•c•c•a•a•b•a•b•a•b	$\frac{c(a+b)}{a(a+2b)}$
	大	−•*•−•b•a•*•−•b•b•b•a•a•b•c•c *•/•/•+•b•a•+•+•b•b•a•a•c•c•a a•*•b•+•b•−•a•a•b•b•a•a•c•c•c	$\frac{c(a+b)}{a(a+2b)}$

续表

测试算例	样本规模	染　色　体	GEP 近似模型
σ_2	小	＋•/•c•＋•＊•＋•/•b•a•b•a•a•a•c•c a•＋•＊•a•b•c•c•c•c•a•c•c•a•c•a /•a•b•b•＋•－•/•a•c•c•a•b•b•a•a	$\frac{c}{a+b+ab}+2a+\frac{a}{b}$
	大	＋•/•c•＋•＋•a•＊•a•b•b•b•b•b•c•b b•b•＋•＊•b•＋•－•a•a•c•c•a•b•a•a ＋•a•＋•b•b•b•c•a•b•b•a•b•b•b•c	$\frac{c}{a+b+ab}+a+4b$
σ_3	小	/•＊•＊•/•－•c•c•a•a•b•b•a•c•c•b －•－•b•a•b•/•a•b•a•b•a•a•c•c•c －•a•＊•c•/•/•b•＋•＋•a•b•b•a•c•c	$-\frac{bc}{a(a+2b)}$
	大	－•b•b•b•－•a•b•a•a•c•c•c•b•a•a ＊•/•b•＊•－•－•－•－•b•b•b•b•a•a•c －•＋•－•a•c•c•a•b•b•b•a•b•a•c•c	$-\frac{bc}{a(a+2b)}$

从表 6-4 可以看出，对于小样本规模，除测试算例 $f_{\mathrm{sinnl}}(x)$和 $f_{\mathrm{kotanchek}}(x)$外，GEP 近似模型的 3 种误差值均是最小的。最引人注目的是，对于 $f_{\mathrm{sin}}(x)$函数，GEP 近似模型的 3 种误差值均为 0。分析其原因，当正弦函数符号“S”添加到 GEP 函数集时，原有的 $f_{\mathrm{sin}}(x)$函数可以看成符号“S”与自变量 x_1 和 x_2 的线性组合，GEP 近似模型对于此种线性函数的近似具有很高的预测精度。当样本规模增大后，Kriging 和 RBF 近似模型的预测精度有较大程度的提高，但 GEP 近似模型的预测精度变化比较小，说明其具有较高的鲁棒性。

表 6-4　近似模型误差计算结果

测试算例	误差标准	小样本规模				大样本规模			
		RSM	Kriging	RBF	GEP	RSM	Kriging	RBF	GEP
$f_{\mathrm{sc}}(x)$	RRMSE	0.9643	0.8865	0.7695	0.2903	0.4238	0.0004	0.0088	0.2674
	RAAE	0.7357	0.7063	0.5686	0.1834	0.3412	0.0001	0.0033	0.1835
	RMAE	2.9804	2.1462	2.8756	1.3186	1.5061	0.0038	0.0752	1.1976
$f_{\mathrm{sin}}(x)$	RRMSE	1.1530	1.2344	1.0293	0	0.8484	0.0126	0.0109	0
	RAAE	0.9383	0.9780	0.8152	0	0.7338	0.0034	0.0057	0
	RMAE	3.0378	3.2758	2.8682	0	1.8612	0.1048	0.1101	0
$f_{\mathrm{sinnl}}(x)$	RRMSE	0.0044	0.2598	0.0578	0.0369	0.0041	0.0672	0.0562	0.0368
	RAAE	0.0038	0.1507	0.0299	0.0309	0.0037	0.0302	0.0276	0.0308
	RMAE	0.0123	1.7210	0.3957	0.0894	0.0080	0.4892	0.5109	0.0895

续表

测试算例	误差标准	小样本规模				大样本规模			
		RSM	Kriging	RBF	GEP	RSM	Kriging	RBF	GEP
$f_{\text{kotanchek}}(x)$	RRMSE	0.6457	0.3399	0.4048	0.7300	0.6113	0.0073	0.0102	0.6268
	RAAE	0.4867	0.2054	0.2745	0.5541	0.4546	0.0015	0.0026	0.4893
	RMAE	2.301	1.1231	1.2836	2.0405	1.9026	0.0961	0.1309	1.7930
$f^2_{\text{rosenbrock}}(x)$	RRMSE	1.1632	0.7074	0.8444	0.1970	0.5189	7.5E−5	0.1685	0.3814
	RAAE	0.7151	0.4835	0.6190	0.1562	0.3793	2.6E−5	0.0530	0.2740
	RMAE	5.3202	2.5203	3.8092	0.4765	2.5928	0.0009	1.7483	1.4142
$f^{\varepsilon}_{\text{rosenbrock}}(x)$	RRMSE	1.2368	0.8209	0.8448	0.2812	0.5200	0.2784	0.2936	0.3814
$\sigma^2=\frac{1}{200}\sigma_s^2$	RAAE	0.7787	0.5419	0.6193	0.2111	0.3786	0.1570	0.1594	0.2740
	RMAE	5.6413	3.1102	3.8023	0.6184	2.6048	2.4802	2.6574	1.4112
$f^{\varepsilon}_{\text{rosenbrock}}(x)$	RRMSE	1.2687	0.8377	0.8455	0.5322	0.5153	0.4214	0.4335	0.3825
$\sigma^2=\frac{1}{100}\sigma_s^2$	RAAE	0.8066	0.5484	0.6212	0.3420	0.3758	0.2395	0.2409	0.2749
	RMAE	5.7743	3.1722	3.7994	2.5536	2.5400	2.8625	2.9470	1.4170
$f^3_{\text{rosenbrock}}(x)$	RRMSE	1.8430	0.9234	0.8722	0.8065	0.4917	0.0675	0.0544	0.7673
	RAAE	1.2333	0.7068	0.6473	0.5222	0.3904	0.0339	0.0320	0.4921
	RMAE	7.3817	2.7873	3.9391	3.2563	1.7919	0.4416	0.2722	3.8638
σ_1	RRMSE	0.7373	0.8675	0.7309	0.0591	0.4172	0.0364	0.1308	0.0591
	RAAE	0.5791	0.5808	0.4083	0.0495	0.3025	0.0083	0.0420	0.0495
	RMAE	2.5557	4.7771	4.5071	0.3000	2.5731	0.4752	1.1919	0.3000
σ_2	RRMSE	0.5509	0.6963	0.4155	0.2714	0.4171	0.0447	0.0458	0.2714
	RAAE	0.1409	0.2120	0.0799	0.2450	0.2302	0.0056	0.0057	0.2449
	RMAE	7.1483	8.4498	5.8700	1.2655	4.9957	0.7053	0.7228	1.2657
σ_3	RRMSE	0.8493	0.8501	0.7259	0.0678	0.4634	0.0522	0.1549	0.0678
	RAAE	0.6800	0.5702	0.4216	0.0568	0.3273	0.0131	0.0505	0.0568
	RMAE	2.9530	5.1191	3.9765	0.3441	2.9820	0.5754	1.3686	0.3441

6.4.2 性能比较

本节将从预测精度、鲁棒性、透明度和计算效率 4 个方面对 GEP 近似模型与多学科设计优化中 3 种常见的近似模型(即 RSM、Kriging 和 RBF 模型)进行比较。其中,每种误差计算结果的平均值和标准差用来体现各种近似模型的平均预测精度和鲁棒性。

1. 预测精度和鲁棒性

1) 整体性能比较

根据 6.3 节中各种近似模型的误差计算结果,可以分别求出 3 种误差的平均值和标准差。图 6-4 分别给出了所有测试情况下 4 种近似模型 3 种误差的平均值和标准差。从图 6-4(a)可以看出,与 RSM、Kriging 和 RBF 3 种近似模型相比,

GEP 近似模型 3 种误差(即 RRMSE、RAAE 和 RMAE)的平均值都是最小的,这说明 GEP 近似模型具有最高的平均预测精度。在 RRMSE 和 RAAE 上,RBF 模型的平均值比 Kriging 模型小;但在 RMAE 上,Kriging 模型的平均值比 RBF 模型小。RSM 模型 3 种误差的平均值都是最大的,因此 RSM 模型的平均预测精度最差。从图 6-4(b)可以看出,与 RSM、Kriging 和 RBF 3 种近似模型相比,GEP 近似模型 3 种误差的标准差也都是最小的,因此 GEP 近似模型的鲁棒性是最高的。其次是 RBF 模型,RSM 和 Kriging 模型的鲁棒性水平比较接近。在 RRMSE 和 RAAE 上,Kriging 模型的鲁棒性比 RSM 模型高;但在 RMAE 上,RSM 模型的鲁棒性比 Kriging 模型高。因此从整体上看,GEP 近似模型的平均预测精度和鲁棒性都是最好的。

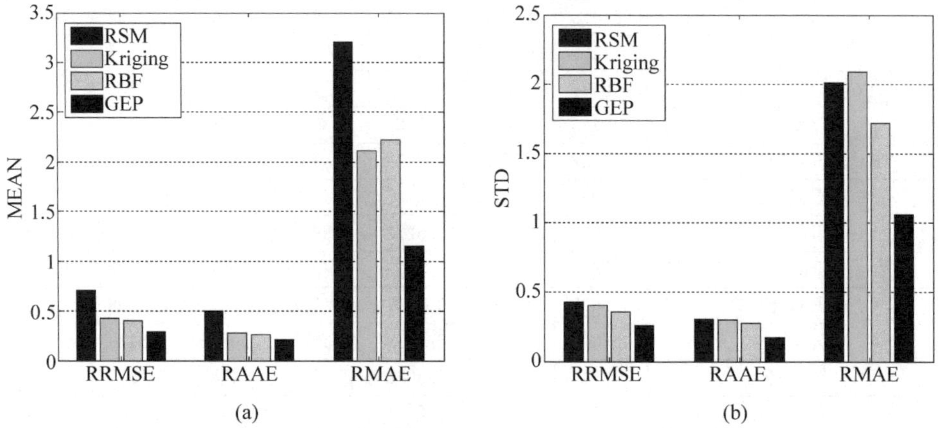

图 6-4　近似模型平均预测精度与鲁棒性整体比较

(a) 3 种误差的平均值;(b) 3 种误差的标准差

2) 不同样本规模下的性能比较

接下来讨论不同样本规模下 4 种近似模型的平均预测精度和鲁棒性水平。图 6-5 分别给出了大、小两种样本规模下 4 种近似模型 3 种误差的平均值和标准差。从该图可以看出,对于小样本数据集(small set),与 RSM、Kriging 和 RBF 3 种近似模型相比,GEP 近似模型除了 RRMSE 的标准差略微比 Kriging 模型大之外,其 3 种误差的平均值和剩余两种误差的标准差都是最小的。因此可以判断出,在小样本规模下 GEP 近似模型的平均预测精度和鲁棒性都是最好的。RBF 模型除了在 RRMSE 上鲁棒性比 Kriging 和 GEP 近似模型低之外,其平均预测精度和鲁棒性水平在 4 种近似模型中位居第二。RSM 模型的平均预测精度和鲁棒性是最低的。对于大样本数据集(Large Set),Kriging 模型的平均预测精度是最高的,接下来依次是 RBF 模型和 GEP 近似模型,RSM 模型的平均预测精度仍然是最低的。Kriging 和 RBF 模型的鲁棒性水平比较接近,而且均比 RSM 和 GEP 近似模型的鲁棒性水平高。在 RRMSE 上,RSM 模型的鲁棒性比 GEP 近似模型高;但在 RAAE 和 RMAE 上,GEP 近似模型的鲁棒性比 RSM 模型高。

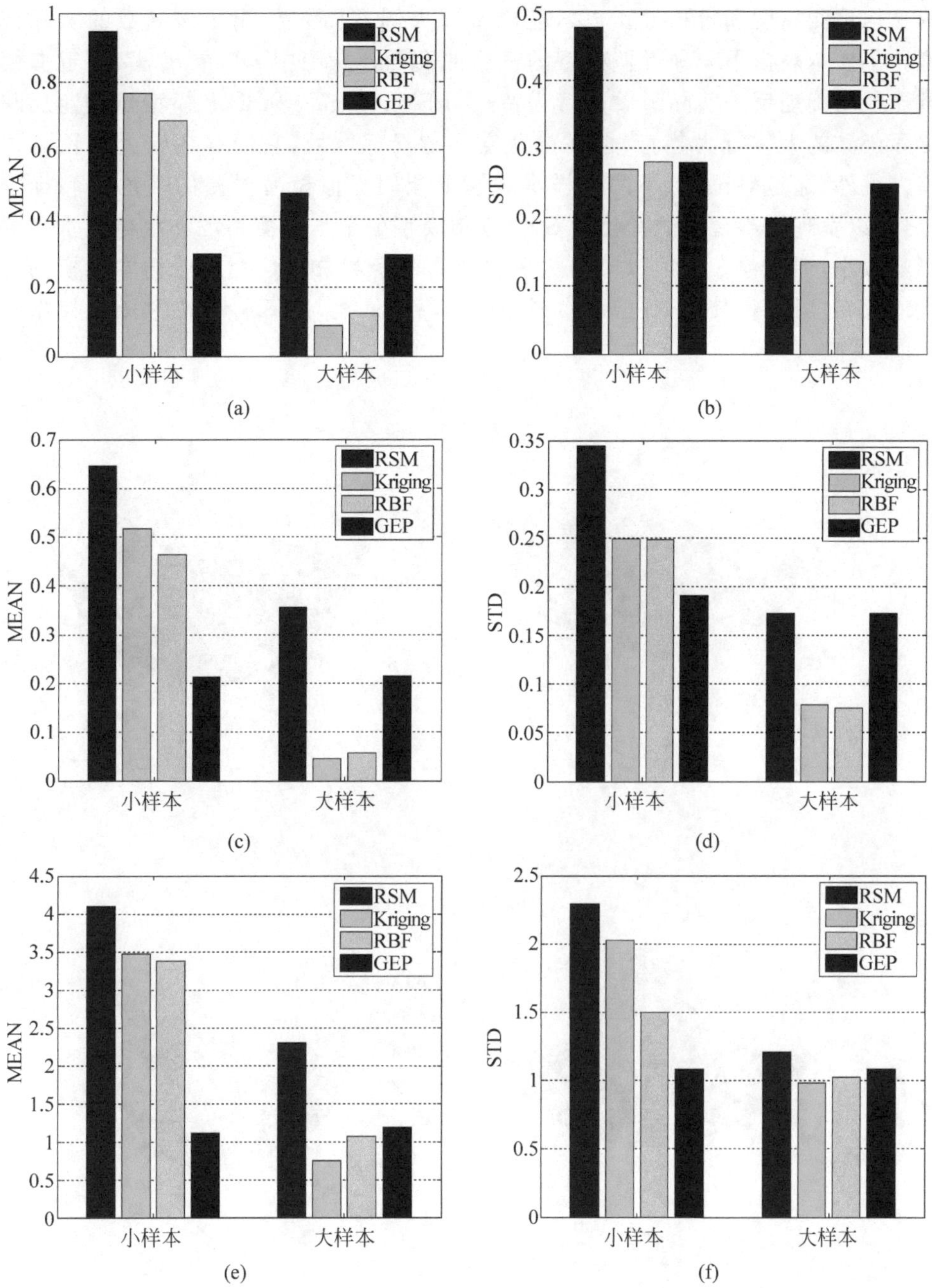

图 6-5　大、小两种样本规模下近似模型的平均预测精度和鲁棒性比较

(a) RRMSE 的平均值；(b) RRMSE 的标准差；(c) RAAE 的平均值；(d) RAAE 的标准差；(e) RMAE 的平均值；(f) RMAE 的标准差

通过上述比较分析可以得出，在小样本采样条件下，GEP 近似模型具有最高的平均预测精度和鲁棒性。以六驼峰函数为例，图 6-6 给出了该函数的实际模型和小样本规模下 4 种近似模型的三维曲面图。从图中可以看出，GEP 近似模型能最精确地反映实际函数的行为特征，RSM、Kriging 和 RBF 模型虽然能反映实际函数的大体行为趋势，但在设计空间的局部区域，它们存在较大的预测误差。另外，通过对比大、小两种样本规模下相同近似模型误差的平均值和标准差，可以发现样本规模的变化对 GEP 近似模型的平均预测精度和鲁棒性水平的影响很小，但其他 3 种近似模型的平均预测精度和鲁棒性会随着样本规模的增大而大幅度提高，其中 Kriging 模型提高的幅度最大，接下来依次是 RBF 模型和 RSM 模型。

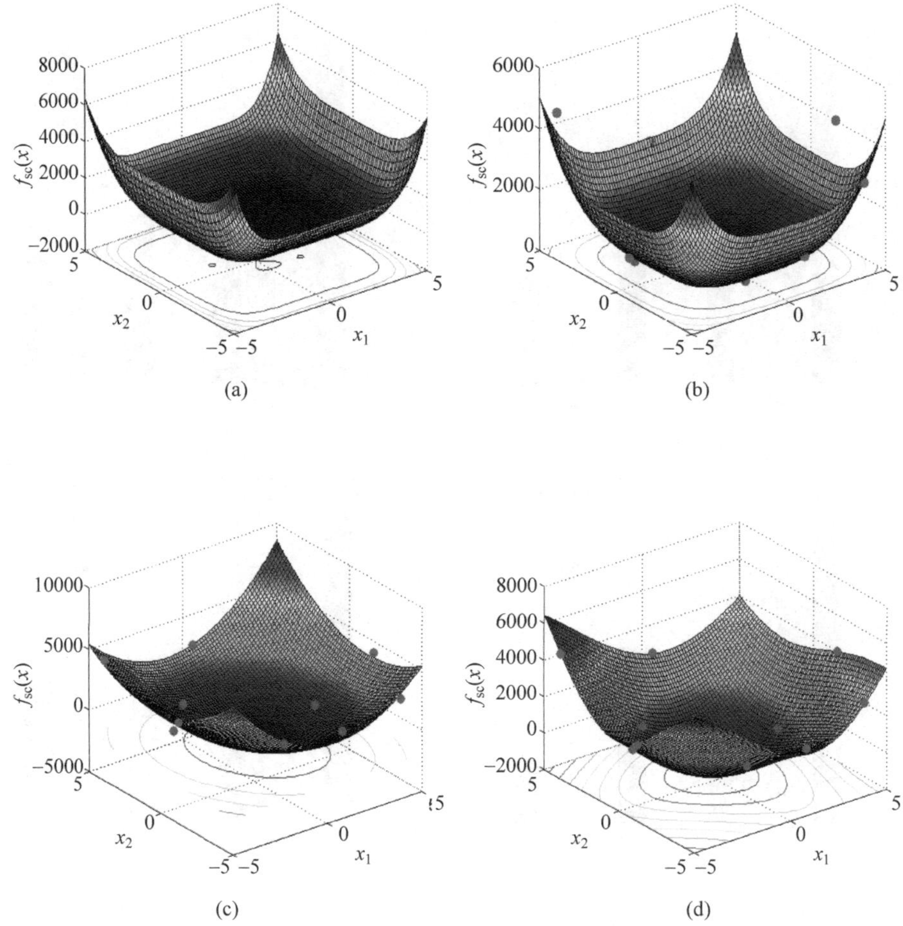

图 6-6　六驼峰函数的实际模型与小样本规模下的近似模型三维曲面图

(a) 实际函数模型；(b) GEP 模型；(c) RSM 模型；(d) Kriging 模型；(e) RBF 模型

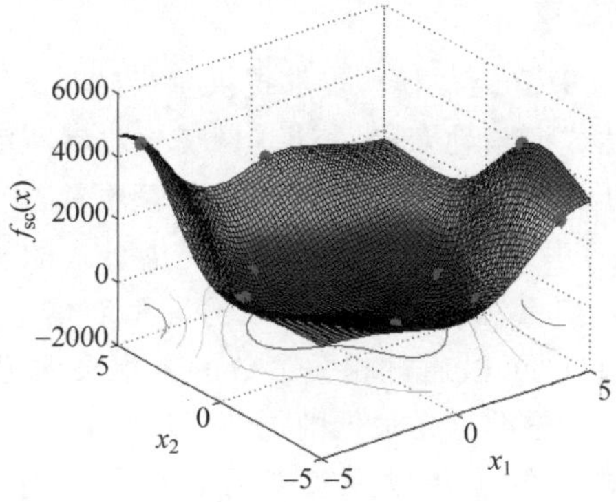

(e)

图 6-6 （续）

3）样本噪声环境下的性能比较

图 6-7 反映了样本噪声对近似模型预测精度的影响。从图 6-7(a)可以看出，在小样本规模下，随着样本噪声波动幅度的增加，4 种近似模型的预测精度逐步降低。与其他 3 种近似模型相比，GEP 近似模型的预测精度最高，但是它对样本噪声最敏感，即样本噪声的波动对 GEP 近似模型的预测精度影响最大。从图 6-7(b)可以看出，在大样本规模下，样本噪声对 RSM 和 GEP 近似模型的预测精度影响很小，Kriging 和 RBF 模型对样本噪声比较敏感。在样本噪声波动水平相对最大的情况下（即问题 3），GEP 近似模型表现出了最高的预测精度。

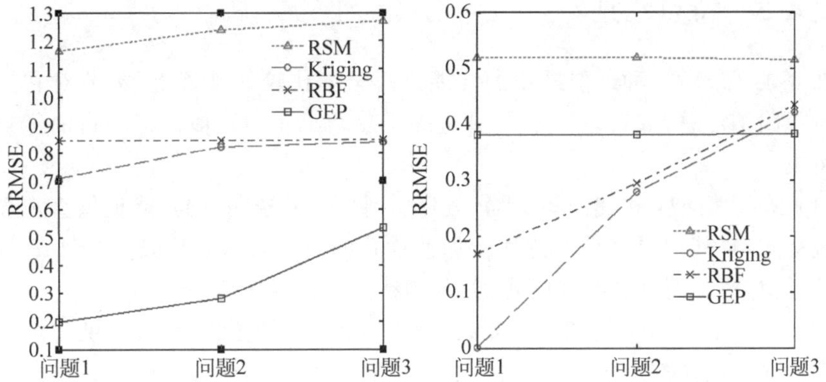

图 6-7　样本噪声对近似模型性能的影响：问题 1 代表平滑函数 $f^{2}_{\text{rosenbrock}}(x)$；问题 2 代表噪声函数 $f^{\varepsilon}_{\text{rosenbrock}}(x)$，$\sigma^2=\dfrac{1}{200}\sigma_s^2$；问题 3 代表噪声函数 $f^{\varepsilon}_{\text{rosenbrock}}(x)$，$\sigma^2=\dfrac{1}{100}\sigma_s^2$

(a) 小样本规模；(b) 大样本规模

2. **透明度和计算效率**

与 RSM 模型相似,GEP 近似模型能够提供直观显式的函数表达式,设计人员能够通过这些函数表达式清晰地获得设计变量变化对观测响应变化的影响程度。而且,GEP 近似模型的函数表达式往往比 RSM 模型更简洁,尤其是当高阶多项式在 RSM 模型构建中被采用时。RBF 模型可以提供显式的函数表达式,但是设计人员无法直观获得输入变量和观测响应之间的灵敏度信息。尽管在某种程度上 Kriging 模型的非线性程度可以通过相关参数的大小来体现[18],但是与其他近似模型相比,Kriging 模型的透明度是最低的。

本章中所有近似模型的构建以及对新的设计点处观测响应的预测都是在 Intel Core 2 Duo 2.0 GHz 的计算机上执行的。本节对构建各种近似模型所花费的时间进行了粗略统计：以大样本规模条件为例,构建 RSM 和 RBF 模型均不超过 1s,Kriging 模型的构建则需要 0.5～1min。与上述 3 种近似模型相比,GEP 近似模型的构建往往需要花费更多的计算时间：在小样本规模下,GEP 模型的构建需要历时 1～6min；在大样本规模下,则需要 8～16min。由于 GEP 函数表达式的简洁性,利用 GEP 近似模型对新的设计点处观测响应进行预测是极其高效的。RSM、Kriging 和 RBF 模型同样也具有很高的预测效率。然而,在工程产品多学科设计优化中,往往需要通过计算机仿真来获得训练样本点处的观测响应值,构建各种近似模型和利用近似模型进行预测所花费的时间要远远少于计算机仿真运行的时间。

6.4.3 特点总结

在 6.4.2 节对 4 种近似模型的性能进行全面比较的基础上,本节对它们的特点进行了归纳汇总,如表 6-5 所示,并进一步总结了 4 种近似模型各自的优缺点和适用范围。

(1) RSM 模型：构建简单、操作方便、计算量小、透明度高,能提供直观显式的函数表达式,且其多项式平滑特性能加速优化问题的收敛。比较适合于简单线性问题的近似,对于高度非线性问题,其预测精度和鲁棒性很差。

(2) Kriging 模型：构建比较复杂、计算量大、透明度低,无法提供直观显式的函数表达式。在样本点比较少的情况下,其预测精度和鲁棒性较低；当样本点变得比较充足时,其预测精度和鲁棒性大幅提高,能精确处理高度非线性问题的近似。

(3) RBF 模型：构建简单、计算量小,但透明度低,无法提供设计变量和观测响应之间的灵敏度信息。在样本点比较少的情况下,其预测精度和鲁棒性水平比较适中；当样本点变得比较充足时,其预测精度和鲁棒性大幅度提高,能精确处理高度非线性问题的近似。

(4) GEP 模型：构建比较复杂、计算量大,但透明度高,能提供直观简洁的显式函数表达式。在样本点比较少的情况下,其预测精度和鲁棒性最高,且其预测精度和鲁棒性基本上不受样本规模变化的影响,非常适合于处理小样本条件下的近似问题。

表 6-5 近似模型特点总结

近似模型	预测精度		鲁棒性		透明度	计算效率	
	小样本	大样本	小样本	大样本		构建	预测
RSM	最低	最低	最低	低	较高	高	高
Kriging	较低	最高	较低	高	最低	较低	高
RBF	较高	较高	较高	高	较低	高	高
GEP	最高	较低	最高	低	最高	最低	高

6.5 小结

本章首先回顾了 MDO 中 RSM、Kriging 与 RBF 3 种常见近似模型的基本原理;接着介绍了基于 GEP 的近似模型构建方法及其具体流程;然后通过算例测试,考虑大、小两种样本规模,从预测精度、鲁棒性、透明度和计算效率 4 个方面对 GEP 近似模型与上述 3 种常见的近似模型进行了比较;最后总结了 4 种近似模型的优缺点和适用范围,为工程设计人员对近似模型的选用提供指导和参考。

参考文献

[1] GAO L, XIAO M, SHAO X Y, et al. Analysis of gene expression programming for approximation in engineering design[J]. Structural and Multidisciplinary Optimization, 2012, 46(3): 399-413.

[2] 肖蜜. 多学科设计优化中近似模型与求解策略研究[D]. 武汉: 华中科技大学, 2012.

[3] MYERS R H, MONTGOMERY D C. Response surface methodology: process and product optimization using designed experiments[M]. New York: Wiley, 1995.

[4] MARTIN J D, SIMPSON T W. A study on the use of Kriging models to approximate deterministic computer models[C]. The 2003 ASME Design Engineering Technical Conference, DETC2003/DAC48762, Chicago, IL, 2003.

[5] JOSEPH V R, HUNG Y, SUDJIANTO A. Blind Kriging: a new method for developing metamodels[J]. ASME Journal of Mechanical Design, 2008, 130(3): 031102-1-8.

[6] 褚学征. 复杂产品设计空间探索与协调分解方法研究[D]. 武汉: 华中科技大学, 2010.

[7] HARDY R L. Multiquadratic equations of topography and other irregular surfaces[J]. Journal of Geophysics Research, 1971, 76(8): 1905-1915.

[8] POWELL M J D. Radial basis functions for multivariable interpolation: a review[M]// MASON J C, COX M G. IMA conference on algorithms for the approximation of functions

and data. London:Oxford Univ. Press,1987,143-167.

[9] FERREIRA C. Geneexpression programming: a new adaptive algorithm for solving problems[J]. Complex System, 2001, 13(2): 87-129.

[10] ZHOU C, XIAO W M, TIRPAK T M, et al. Evolving accurate and compact classification rules with gene expression programming [J]. IEEE Transactions on Evolutionary Computation, 2003, 7(6): 519-531.

[11] FERREIRA C. Function finding and the creation of numerical constants in gene expression programming [M]//Advances in soft computing: engineering design and manufacturing. Berlin: Springer-Verlag,2003,257-266.

[12] ZUO J, TANG C J, LI C, et al. Time series prediction based on gene expression programming[J]. Lecture Notes in Computer Science, 2004, 3129: 55-64.

[13] FERREIRA C. Designing neural networks using gene expression programming[M]// Advances in soft computing. Berlin: Springer-Verlag,2006,517-535.

[14] NIE L, SHAO X Y, GAO L, et al. Evolving scheduling rules with gene expression programming for dynamic single-machine scheduling problems[J]. International Journal of Advanced Manufacturing Technology, 2010, 50(5-8): 729-747.

[15] HARDY Y, STEEB W H. Gene expression programming and one-dimensional chaotic maps[J]. International Journal of Modern Physics C, 2002, 13(1):13-24.

[16] BRANIN F H. Widely convergent method for finding multiple solutions of simultaneous nonlinear equations [J]. IBM Journal of Research and Development, 1972, 16 (5): 504-522.

[17] HUSSAIN M F, BARTON R R, JOSHI S B. Metamodeling: radial basis functions, versus polynomials [J]. European Journal of Operational Research, 2002, 138 (1): 142-154.

[18] JIN R, CHEN W, SIMPSON T W. Comparative studies of metamodelling techniques under multiple modelling criteria [J]. Structural and Multidisciplinary Optimization, 2001, 23(1): 1-13.

[19] SMITS G, KOTANCHEK M. Pareto-front exploitation in symbolic regression[M]// Genetic programming theory and practice Ⅱ. New York: Springer, 2005,283-299.

[20] SHANG Y W, QIU Y H. A note on the extended Rosenbrock function[J]. Evolutionary Computation, 2006, 14(1): 119-126.

[21] SCHMIT L A. Structural synthesis-its genesis and development[J]. AIAA Journal, 1981, 19(10): 1249-1263.

[22] MCKAY M D, BECKMAN R J, CONOVER W J. A comparison of three methods for selecting values of input variables in the analysis of output from a computer code[J]. Technometrics, 1979, 21(2): 239-244.

第7章

多学科设计优化求解策略

在对工程产品 MDO 问题中各学科计算机仿真模型进行近似替代后，要明确整个产品系统内各个学科模块的参数、设计变量、观测响应和相互关系，在此基础上对整个产品系统进行分解和协调，最后采用寻优算法对 MDO 问题进行求解，以获得产品整体性能最佳的一致性设计方案[1]。本章首先简要回顾了 MDO 中 CSSO、CO、BLISS 和 ATC 4 种常见的求解策略，然后介绍了基于 Kriging 的广义协同优化求解策略[2]；接着，考虑到工程产品设计优化往往会涉及多个相互冲突的优化目标，在对工程产品 MDO 中单目标求解策略进行研究后，分别介绍了基于 GEP 和 Nash 均衡的多目标求解策略和基于物理规划的分级目标传递多目标求解策略[3]。此外，本章结合工程产品设计优化算例，分别对上述求解策略的有效性进行了验证。

7.1 多学科多级求解策略

在 MDO 发展初期，多学科求解策略主要呈现单级形式，如多学科可行(multidisciplinary feasible，MDF，也称为 All-In-One，AIO)方法[4]、同时分析和设计(simultaneous analysis and design，SAND，也称为 All-At-Once，AAO)方法[5]、单学科可行(individual discipline feasible，IDF)方法[6]。这些方法为求解早期简单的 MDO 问题提供了有效的思路。随后，各种多级求解策略开始纷纷涌现，如并行子空间优化(concurrent subspace optimization，CSSO)方法[7]、协同优化(collaborative optimization，CO)方法[8-10]、两级集成系统合成(bi-level integrated system synthesis，BLISS)方法[11,12]、分级目标传递(analytical target cascading，ATC)方法[13, 14]。接下来本节将对上述四种常见多级求解策略的基本原理进行简单介绍。

7.1.1 并行子空间优化求解策略

并行子空间优化(CSSO)是一种包含系统级、子系统级的分布式并行优化方法。在并行子空间优化方法中，各个子空间含有局部变量 X_1。在学科子系统中，如涉及到其他空间设计变量，需用近似模型进行近似计算，子空间的变量耦合以及相互数据传输，由系统级来协调。各子空间的优化结果由系统级分析近似模型来获得，又作为并行子空间迭代过程的下一个初始值赋给各个学科子系统。随着不断迭代，系统近似模型随之不断精确，从而求出系统的全局最优解[15]。整个流程可由图7-1表示。

目前，CSSO可分为：基于全局灵敏度分析(GSE)的CSSO方法、基于改进的敏感度分析的CSSO方法和基于响应面的CSSO方法。

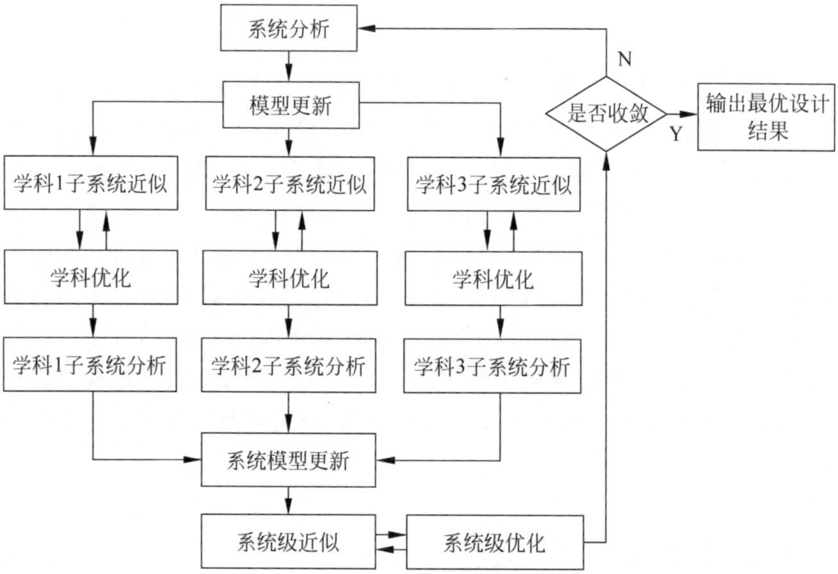

图7-1　CSSO方法流程图

7.1.2　两级集成系统合成求解策略

二级集成系统综合法(BLISS)是由Sobieszczanski-Sobieski提出的[11]。BLISS方法相比于CSSO方法更适宜于多变量问题。

BLISS法分为系统级与子系统级，由系统分析、灵敏度分析、子学科级优化与系统级优化组成。如图7-2所示，整个流程与CSSO法类似，但其需要进行一次完整的系统分析来保证多学科可行性，并且用梯度导向提高系统设计，在学科设计空间和系统设计空间之间交互优化[16]。

7.1.3　协同优化求解策略

协同优化算法(CO)首先由Kroo等于1994年首先提出[8]。它的出现在很大程度上归功于一致性约束优化法，因为利用一致性约束来处理系统分解/协同问题是协同优化方法的核心。CO具有软件集成难度低、符合现代工程设计组织形式、可并行处理等优点，因此非常适合于大规模复杂产品的MDO工作。但协同优化

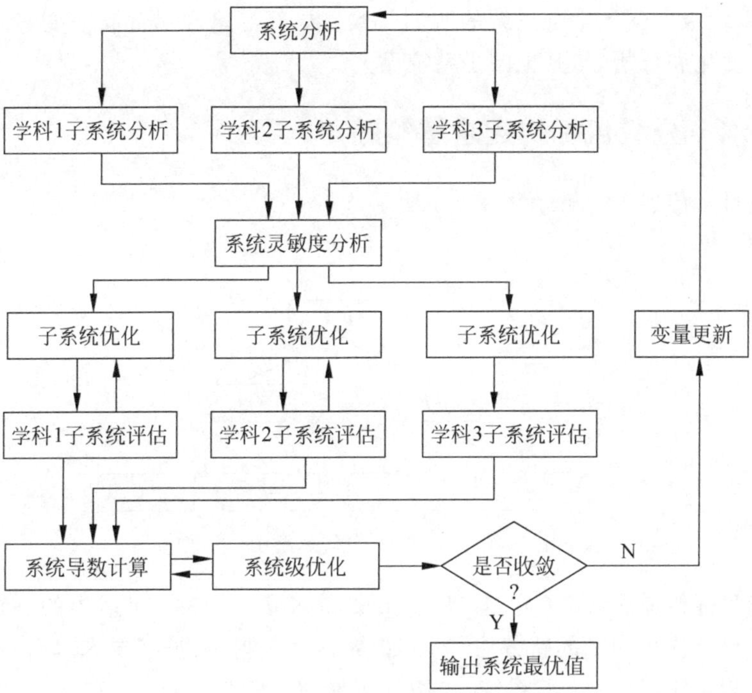

图 7-2　BLISS 方法流程图

自身存在着一定的缺点，主要是无法证明收敛、计算消耗过大、鲁棒性差等。其流程图如图 7-3 所示。

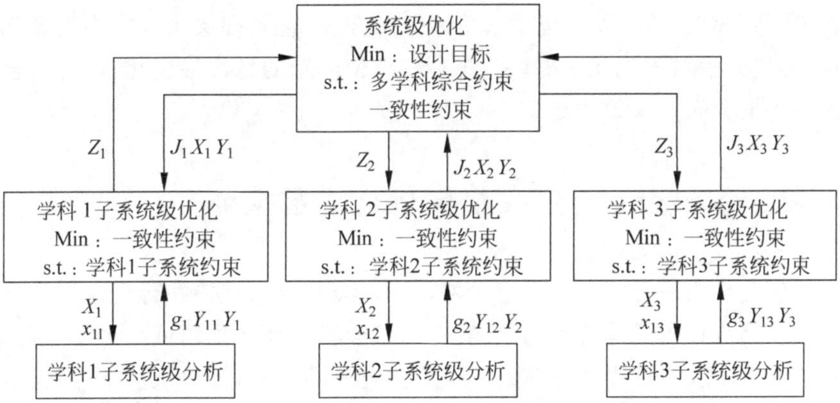

系统级目标变量: Z_i　局部状态变量: Y_{1i}　局部变量: x_{1i}　子学科约束: g_i

全局状态变量: Y_i　一致性约束: J_i　学科输入变量集合: X_i

图 7-3　CO 方法流程图

在 CO 中系统级和子系统级通过一致性约束保证共享变量和耦合变量的全局一致性，系统级保证各个子系统的协调一致。局部变量和局部状态变量在子系统内部进行优化和分析，与其他的子系统无关。

7.1.4 分级目标传递求解策略

分级目标传递法分解示意图 7-4 所示。

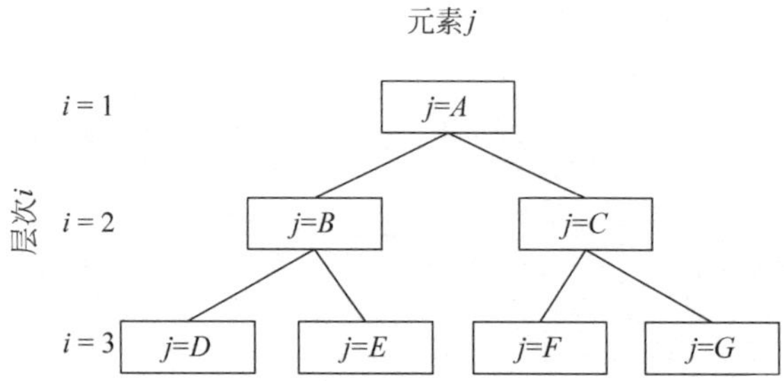

图 7-4 ATC 分解示意图

分级目标传递法(ATC)，是 Michelena 和 Kim 于 1999 年提出的一种解决复杂产品中设计优化问题的新方法[18]，其级数不受限制，根据需要选择合适级数，自上而下称为系统级、一级子系统、二级子系统等。ATC 方法具有两个主要特征：其一，目标传递(target cascading)，即父代元素为子代元素设置目标并将目标传递给子代元素，它以系统的各个部件为标准进行分解，分解后为树型结构，树型结构中的节点称为元素(element)；其二，分级(analytical)，每个元素中包括设计模型和分析模型，其中设计模型调用分析模型来计算元素响应，并且设计模型可调用多个分析模型。ATC 是一种非集中式协调分解方法，它允许层次结构中的各元素自主决策，父代元素对子代元素的决策进行协调使问题的目标最优化，因此适合于解决层次结构的分布式决策问题。

7.2 基于 Kriging 的广义协同优化求解策略

协同优化作为一种高效的求解策略，具有实现简单、支持并行设计和优化以及符合工程产品设计模式等优点，在工程产品多学科设计优化领域得到了广泛应用。本节首先对 CO 求解过程中存在的不一致性进行了分析，针对这些不一致性，介绍了一种广义协同优化(generalised collaborative optimisation，GCO)求解策略；接着对 CO 和 GCO 中系统级一致性约束函数的非光滑、不连续特性进行了分析，结合近似模型的优点，进一步介绍了基于 Kriging 的广义协同优化求解策略；最后通过齿轮减速器减重设计的工程算例对上述求解策略的合理性和有效性进行了验证。

7.2.1 广义协同优化求解策略

如 7.1 节所述，CO 中各学科间耦合变量的差异通过系统级一致性约束来协调，但是在利用 CO 对 MDO 问题进行求解的过程中，不一致性依然存在，具体表现在以下两个方面：

(1) 局部变量：在 CO 中，系统级耦合变量由系统级共享设计变量和系统级耦合状态变量两部分组成[9]。然而，在实际工程产品多学科设计优化中，除了上述两种耦合变量之外，系统级目标函数通常还包含一些子系统级局部变量，如子系统级局部设计变量和子系统级局部状态变量。因此，系统级一致性约束也必须将这些局部变量考虑进去。

(2) 设计变量的取值范围：一般来讲，工程产品 MDO 问题往往涉及很多设计变量，不同学科或同一学科设计变量的数量级可能会相差很大。对于数量级很大的耦合变量，它们取值的微小变化会导致系统级一致性约束函数值出现很大的波动。与此相反，对于数量级较小的耦合变量，它们取值的微小变化对系统级一致性约束函数值的影响就很小。因此，耦合变量取值范围的差异会导致这些变量取值的变化对系统级一致性约束函数值产生不一致的影响。

针对上述讨论中 CO 存在的不一致性，本节重点介绍了 GCO 求解策略。首先，为了消除原始 CO 求解策略中系统级设计变量和对应的子系统级局部变量之间的不一致性，对于 GCO 求解策略，首先介绍一种广义耦合变量。该广义耦合变量可以总结为以下 4 种类型：

类型一：系统级共享设计变量 Z^{s}：同时参与两个及以上学科设计优化的一组相互独立的变量[9]；

类型二：系统级耦合状态变量 Z^{c}：某个学科的状态变量，同时在其他学科设计优化中充当输入变量角色[9]；

类型三：系统级局部设计变量 Z^{ld}：参与系统级设计优化且只参与某个学科设计优化的一组相互独立的变量；

类型四：系统级局部状态变量 Z^{ls}：参与系统级设计优化且只属于某个学科的状态变量，不参与任何其他学科设计优化。

其次，为了消除因耦合变量取值范围的差异所带来的不一致性，在 GCO 求解策略中采用了线性归一化方法，该方法将 MDO 问题中所有设计变量的取值范围映射到相同的区间范围内。这样一来，即便在 MDO 问题中设计变量数量级存在很大差异，小数量级耦合变量的微小变化所产生的误差也不会被过滤掉，所有耦合变量取值的变化对系统级一致性约束函数值的影响将是一致的。

最后，图 7-5 给出了 GCO 求解策略的详细流程。GCO 求解策略中系统级优化问题可以描述为

$$\begin{cases}\text{Min: } F(Z) \\ \text{s. t. : } J_i=(Z_i^{s}-P_i)^2+(Z_i^{c}-Q_i)^2+ \\ \qquad (Z_i^{ld}-R_i)^2+(Z_i^{ls}-S_i)^2\leqslant \varepsilon_i, \quad i=1,2,\cdots,n\end{cases} \tag{7-1}$$

其中,J 代表广义一致性约束,Z 代表广义耦合变量,Z^{ld} 是系统级局部设计变量向量,即类型三;Z^{ls} 是系统级局部状态变量向量,即类型四。P、Q、R 和 S 是子系统级传递到系统级的参数向量。在实际应用中,原始 CO 的系统级一致性等式约束($J_i=0$)通常转变为不等式约束形式($J_i\leqslant\varepsilon_i$),其中 ε 是松弛因子。

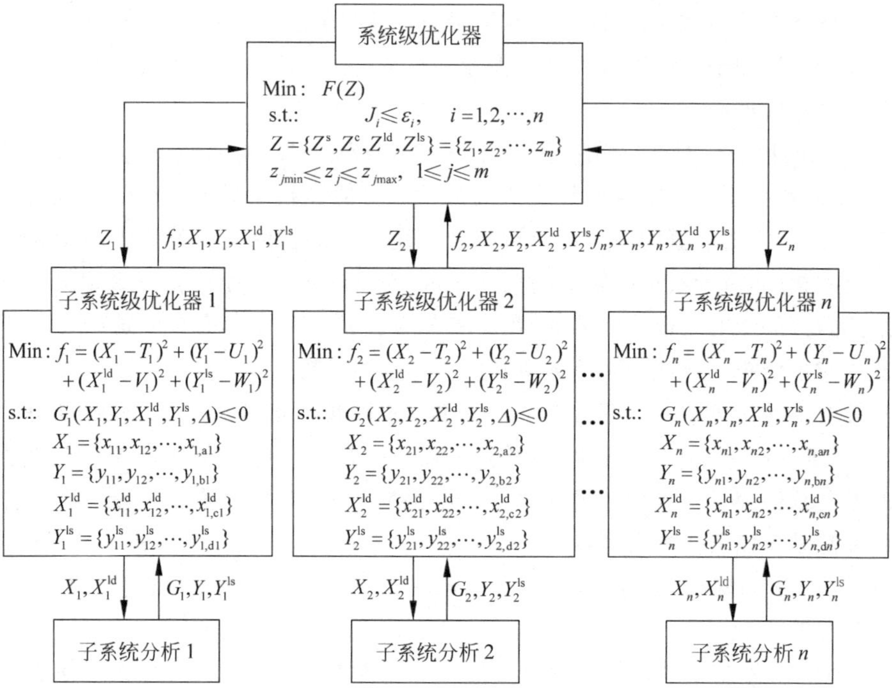

图 7-5　GCO 求解策略流程图

GCO 求解策略中子系统级优化问题可以描述为

$$\begin{cases}\text{Min: } f_i=(X_i-T_i)^2+(Y_i-U_i)^2+(X^{ld}-V_i)^2+(Y^{ls}-W_i)^2 \\ \text{s. t. : } G_i(X_i,Y_i,X_i^{ld},Y_i^{ls},\Delta_i)\leqslant 0 \\ X_i=\{x_{i,1},x_{i,2},\cdots,x_{i,a}\}, \quad Y_i=\{y_{i,1},y_{i,2},\cdots,y_{i,b}\} \\ X_i^{ld}=\{x_{i,1}^{ld},x_{i,2}^{ld},\cdots,x_{i,c}^{ld}\}, \quad Y_i^{ls}=\{y_{i,1}^{ls},y_{i,2}^{ls},\cdots,y_{i,d}^{ls}\}\end{cases} \tag{7-2}$$

其中,X、Y、X^{ld} 和 Y^{ls} 分别代表与系统级广义耦合变量向量 Z^s、Z^c、Z^{ld} 和 Z^{ls} 相对应的子系统级耦合变量向量,Δ_i 代表子系统 i 中剩余的局部设计变量向量,T、U、V 和 W 是系统级传递到子系统级的参数向量。

图 7-6 描绘了 GCO 求解策略中系统级和子系统级之间数据传递的对应关系。其中,系统级广义耦合变量向量 $Z=\{Z^s,Z^c,Z^{ld},Z^{ls}\}$,系统级优化器将各广义耦合变量的期望值传递给各子系统级优化器,在各子系统级优化问题中作为参数向量,

即 T、U、V 和 W。子系统级优化问题中 X、Y、X^{ld} 和 Y^{ls} 分别与系统级各广义耦合变量向量相对应，在各子系统级优化完成后，它们将 X、Y、X^{ld} 和 Y^{ls} 的优化值返回给系统级优化器，在系统级优化问题中作为参数向量，即 P、Q、R 和 S。

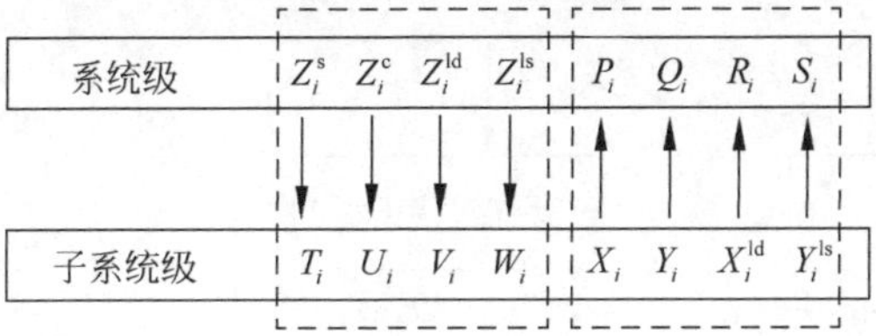

图 7-6　GCO 中系统级和子系统级之间数据传递示意图

7.2.2　基于 Kriging 的广义协同优化求解策略

CO 中系统级一致性约束函数通常以误差平方和的形式呈现，该形式的函数通常呈现非光滑、不连续特性，而且系统级设计变量在当前最优解设计区域附近取值所产生的差异将对一致性约束函数值产生较小的变动，这样会导致系统级迭代次数增加、系统级优化易陷入局部最优解等[19,20]。特别是当基于梯度的优化算法用于求解系统级优化问题时，往往会出现反复振荡的现象，系统级优化的收敛速度非常缓慢。Alexandrov 和 Lewis[21]指出利用非线性规划算法对 CO 中系统级优化问题进行求解是极其低效的，而且通常难以获得全局最优解。

GCO 求解策略利用系统级广义一致性约束消除了原始 CO 求解策略中存在的不一致性，但是该广义一致性约束仍然采用了误差平方和的函数形式，因此系统级迭代次数多、优化收敛速度慢和易陷于局部最优等问题在 GCO 求解策略中依然存在。

结合第 6 章中阐述的近似模型具有的各种优点，本章决定采用近似模型对 GCO 中系统级广义一致性约束函数和各子系统级分析模型进行近似替代。参考第 6 章对 MDO 中 4 种近似模型优缺点和适用范围的总结与归纳，考虑到 Kriging 模型对非线性问题进行近似具有较高预测精度的优点，加上在利用 GCO 对 MDO 问题进行求解时，无需获得系统级广义一致性约束函数的直观显式近似表达式，本章重点介绍了基于 Kriging 的广义协同优化求解策略，简称为 KGCO 求解策略。在该求解策略中，一方面采用 Kriging 模型对 GCO 中各子系统级目标函数进行近似，从而实现对系统级广义一致性约束函数的近似替代，以提高优化收敛的效率；另一方面采用 Kriging 模型对各子系统级分析模型进行近似替代，以降低计算成本。

图 7-7 描述了 KGCO 求解策略的详细流程。具体来讲，利用 KGCO 求解策略对工程产品 MDO 问题进行求解的主要步骤如下：

步骤一：构建 GCO 求解框架。

(1) 将初始的工程产品 MDO 问题层次分解为一个系统级优化和多个子系统

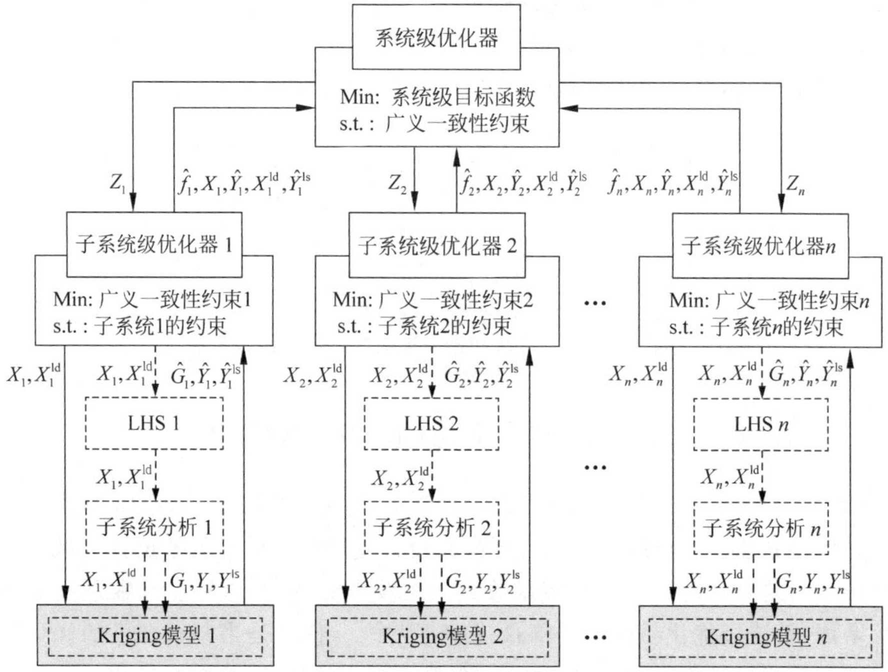

图 7-7 KGCO 求解策略流程图

虚线箭头代表 Kriging 模型构建过程中的数据流；实线箭头代表在执行各个子系统级优化时调用 Kriging 模型后的数据流。

级优化问题。

(2) 明确系统级优化和各个子系统级优化问题的参数、设计变量、响应和相互关系，确定系统级广义耦合变量。

(3) 对 MDO 问题中所有设计变量进行线性归一化处理，选择合适的松弛因子，构建系统级广义一致性约束函数。

(4) 构建 GCO 求解框架。

步骤二：构建 Kriging 模型。

(1) 采用 LHS 方法从各个子系统级优化问题的设计空间中选取充足的样本点。

(2) 通过数学运算或计算机仿真分析得到各个样本点处的观测响应值。

(3) 利用上述数据构建各个子系统级分析模型的 Kriging 模型。

(4) 将样本点数据作为初始值，执行各个子系统级优化，获得各个子系统级目标函数值，即系统级广义一致性约束函数值。

(5) 利用上述优化求得的数据和样本点数据构建各个子系统级目标函数的 Kriging 模型，即获得系统级广义一致性约束函数的 Kriging 模型。

步骤三：结合 GCO 和 Kriging 模型，执行 KGCO 求解策略。

(1) 采用初始化方法或随机采样方法赋予系统级设计变量一组初始值，系统级优化器将该组初始值传递到各个子系统级优化问题中。

(2) 调用步骤二中构建的 Kriging 模型，执行各个子系统级优化，获得各个子系统级优化问题的最优解；

(3) 将各个子系统级优化问题的当前最优解传递到系统级优化问题中，执行系统级优化；

(4) 判断是否满足收敛条件。如果满足，则得到学科间协调一致的系统最优设计方案；否则，将系统级当前最优解传递到各个子系统级优化问题中，重复执行上述相关操作步骤，直到收敛条件满足为止。

KGCO 求解策略可以较好克服原始 CO 求解策略的缺点：

(1) 通过系统级广义一致性约束有效地消除了系统级设计变量和对应的子系统级局部变量之间的不一致性。同时通过线性归一化方法有效地消除了耦合变量取值范围的差异对系统级广义一致性约束函数值带来的不一致影响。

(2) 通过构建系统级广义一致性约束函数的 Kriging 模型，消除了原有平方和形式函数的非光滑、不连续特性，提高了系统级优化的收敛效率。同时在一定程度上有助于防止系统级优化陷于局部最优解，提高了求解策略的鲁棒性。

(3) 通过构建各个子系统级分析模型的 Kriging 模型，各个子系统级分析模型仅仅在构建近似模型时被执行，从而降低了各个子系统级分析的计算量和计算时间，提高了子系统级设计优化的效率。尤其对于复杂工程产品(如飞机、汽车、轮船等)的多学科设计优化，利用 Kriging 模型对昂贵耗时的仿真分析代码进行替代，可以极大地降低计算成本，缩短产品设计周期。

7.2.3　测试算例

美国 NASA 兰利(Langley)研究中心大力支持有关 MDO 求解策略的研究。该研究中心选取了一系列工程产品设计问题，将这些问题作为 MDO 标准测试算例，用于评价和比较各种求解策略的性能[22]。本节选取齿轮减速器减重设计这一标准测试算例来验证 GCO 求解策略的合理性，并在此基础上进一步验证 KGCO 求解策略的可行性和高效性。

1. 齿轮减速器测试算例

齿轮减速器测试算例要求在满足几何和物理约束的条件下使得齿轮减速器的重量最小，其三维结构如图 7-8 所示。表 7-1 给出了该测试算例的数学模型，其中设计变量向量 $\boldsymbol{X}=[x_1, x_2, x_3, x_4, x_5, x_6, x_7]$，各个设计变量的物理意义如下：$x_1$～$x_3$ 分别代表齿轮齿宽、齿轮模数和齿轮齿数；x_4 代表轴承 1 之间的距离，x_5 代表轴承 2 之间的距离，x_6 和 x_7 分别代表轴 1 和轴 2 的直径。约束向量 $\boldsymbol{G}=[g_1, g_2, g_3, g_4, g_5, g_6, g_7, g_8, g_9, g_{10}, g_{11}]$，其中，$g_1$ 和 g_2 分别代表齿的弯曲应力和接触应力约束，g_3 和 g_4 分别代表轴 1 和轴 2 的扭转变形约束，g_5 和 g_6 分别代表轴 1 和轴 2 的应力约束，g_7 和 g_8 分别代表轴 1 和轴 2 的经验约束，g_9～g_{11} 代表齿轮的几何约束。

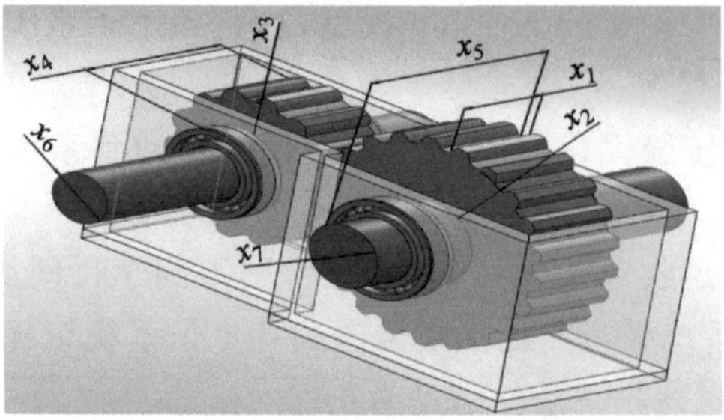

图 7-8 齿轮减速器三维图

表 7-1 齿轮减速器测试算例的数学模型

Min: $F(x)=0.7854x_1x_2^2(3.3333x_3^2+14.9334x_3-43.0934)-1.508x_1(x_6^2+x_7^2)+7.477(x_6^3+x_7^3)+0.7854(x_4x_6^2+x_5x_7^2)$
s. t. :
$g_1=27/(x_1x_2^2x_3)-1\leqslant 0$ $g_2=397.5/(x_1x_2^2x_3^2)-1\leqslant 0$ $g_3=1.93x_4^3/(x_2x_3x_6^4)-1\leqslant 0$ $g_4=1.93x_5^3/(x_2x_3x_7^4)-1\leqslant 0$ $g_5=10x_6^{-3}[(745x_2^{-1}x_3^{-1}x_4)^2+1.69\times 10^7]^{1/2}-1100\leqslant 0$ $g_6=10x_7^{-3}[(745x_2^{-1}x_3^{-1}x_5)^2+15.75\times 10^7]^{1/2}-850\leqslant 0$ $g_7=(1.5x_6+1.9)/x_4-1\leqslant 0$ $g_8=(1.1x_7+1.9)/x_5-1\leqslant 0$ $g_9=x_2x_3-40\leqslant 0$ $g_{10}=5-x_1/x_2\leqslant 0$ $g_{11}=x_1/x_2-12\leqslant 0$ $2.6\leqslant x_1\leqslant 3.6$, $0.7\leqslant x_2\leqslant 0.8$ $17\leqslant x_3\leqslant 28$, $7.3\leqslant x_4\leqslant 8.3$ $7.3\leqslant x_5\leqslant 8.3$, $2.9\leqslant x_6\leqslant 3.9$ $5.0\leqslant x_7\leqslant 5.5$

2. 广义协同优化求解策略的应用

下面利用 GCO 求解策略对齿轮减速器测试算例进行求解。首先,将齿轮减速器减重设计优化问题层次分解为一个系统级优化和多个子系统级优化问题。按照齿轮减速器的各组成部件,分别得到齿轮、轴 1 和轴承 1、轴 2 和轴承 2 共 3 个子系统。齿轮减速器测试算例的求解框架如图 7-9 所示,其中 Z 代表系统级设计变量向量,X_i 代表各个子系统级设计变量向量。

在图 7-9 描述的求解框架中,子系统级设计变量 x_2 和 x_3 同时参与 3 个子系统级优化,因此可以判断得出,x_2 和 x_3 分别对应的系统级设计变量 z_2 和 z_3 属于广义耦合变量类型一,即系统级共享设计变量。由于系统级目标函数包含 3 个子系统级优化问题的所有局部设计变量,因此系统级设计变量 z_1,z_4,z_5,z_6 和 z_7 属于广义耦合变量类型三，即系统级局部设计变量。最后，系统级3组广义耦合变量被确定，即 $Z_1=[z_1, z_2, z_3]$，$Z_2=[z_2, z_3, z_4, z_6]$和 $Z_3=[z_2, z_3, z_5, z_7]$。考虑到设计变量 x_3($17\leqslant x_3\leqslant 28$)的取值范围相比于其他设计变量的取值范围偏大，因此有必要对所有设计变量进行线性归一化处理。在本例中，3个松弛因子均选定为0.0001[23]。基于以上判断和选择，可以得到系统级广义一致性约束分别为

$$J_1=\sum(z_i-x_{1i})^2\leqslant 0.0001,\quad i=1,2,3 \tag{7-3}$$

$$J_2=\sum(z_i-x_{2i})^2\leqslant 0.0001,\quad i=2,3,4,6 \tag{7-4}$$

$$J_3=\sum(z_i-x_{3i})^2\leqslant 0.0001,\quad i=2,3,5,7 \tag{7-5}$$

最后，可以得到齿轮减速器测试算例的GCO求解流程，如图7-9所示。

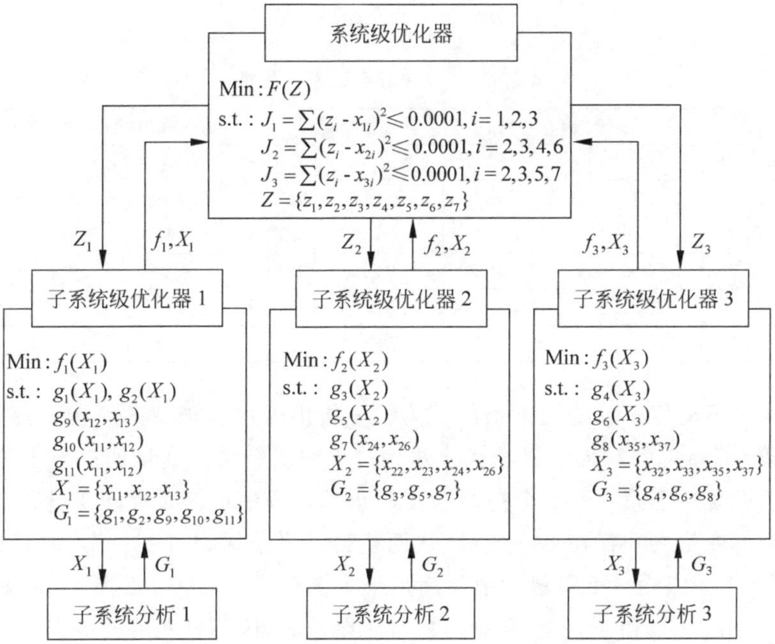

图7-9　齿轮减速器测试算例的GCO求解流程图

本例采用混合整数优化算法(mixed integer optimization algorithm，MIOA)来寻求系统级和子系统级优化问题的最优解。通过随机选取10个初始点，执行GCO求解策略，可以分别得到齿轮减速器的10组最优设计重量值。此外，为了进行比较，本节利用CO求解策略对各个初始点条件下齿轮减速器测试算例进行求解，两种求解策略的优化结果如图7-10所示，CO中存在的不一致性如表7-2所示。

从图7-10可以看出，对于第1～5、10个初始点，*GCO*优化结果均比*CO*优化结果好；对于剩余4个初始点，*GCO*和*CO*的优化结果非常接近。但是，将各个初始点条件下求解获得的系统级设计变量最优值代入到各个子系统级约束函数表达式中，通过计算发现：对于第6～10个初始点，利用*CO*求解获得的系统级设计变

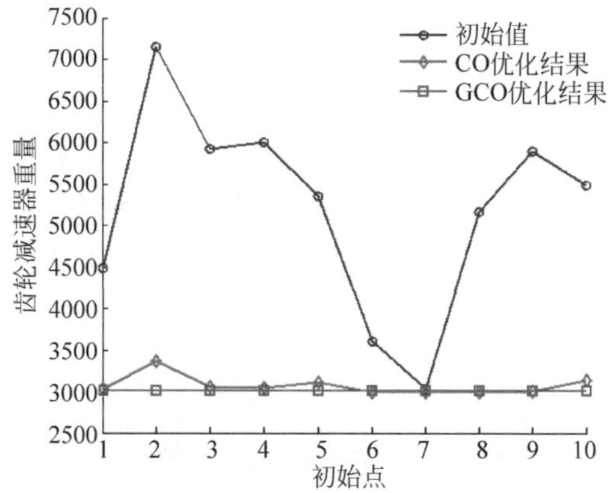

图 7-10　优化结果比较

表 7-2　CO 中存在的不一致性

初始点	系统级优化问题					子系统级优化问题 3				
	z_2	z_3	z_5	z_7	g_6	x_{32}	x_{33}	x_{35}	x_{37}	g_6
6	0.7	17	7.8	5.2052	40.546	0.7	17	7.7999	5.2867	−0.008 11
7	0.7	17	7.3981	5.2871	0.0429	0.7	17	7.7176	5.2868	−0.000 28
8	0.7	17	7.3996	5.2906	0.0433	0.7	17	7.7244	5.2928	−0.0003
9	0.7	17	7.7153	5.2867	6.3E−7	0.7	17	7.7191	5.2867	−0.000 48
10	0.7	17	7.7153	5.2867	6.3E−7	0.7	17	7.758	5.3184	−0.001

量最优值并不满足子系统约束条件。为了分析出现这种现象的原因，分别对各个初始点条件下 GCO 和 CO 整个优化迭代过程中所有设计变量值进行了检验与比较。最后发现对于第 6～10 个初始点，CO 求解过程中系统级设计变量和对应的子系统级局部变量之间存在不一致性，从而使得子系统级设计变量最优值满足子系统约束，而系统级设计变量最优值不满足子系统约束。如表 7-2 所示，以第 6 个初始点为例，由于 z_5 和 x_{35}，z_7 和 x_{37} 之间存在差异，因而使得在子系统 3 中，$g_6=-0.008\,11<0$，满足约束条件；然而，对于系统级设计变量最优值，$g_6=40.546>0$，不满足约束条件。因此对于第 6 个初始点，利用 CO 求解获得的系统级设计变量最优值并不满足约束 g_6。对于第 7～10 个初始点，类似这样约束违反的现象依然存在。然而，对 GCO 求解过程执行相同的检验与计算后，发现 GCO 中系统级设计变量和对应的子系统级局部变量之间满足一致性约束，利用 GCO 求解获得的系统级设计变量最优值满足子系统约束。因此，通过以上分析可以得出：GCO 通过广义一致性约束消除了原有 CO 中存在的不一致性，从而提高了优化结果的可靠性，增强了求解策略的鲁棒性。

3. 基于 Kriging 的广义协同优化求解策略的应用

下面利用 KGCO 求解策略对齿轮减速器测试算例进行求解，图 7-11 给出了齿轮减速器测试算例的 KGCO 求解流程图。

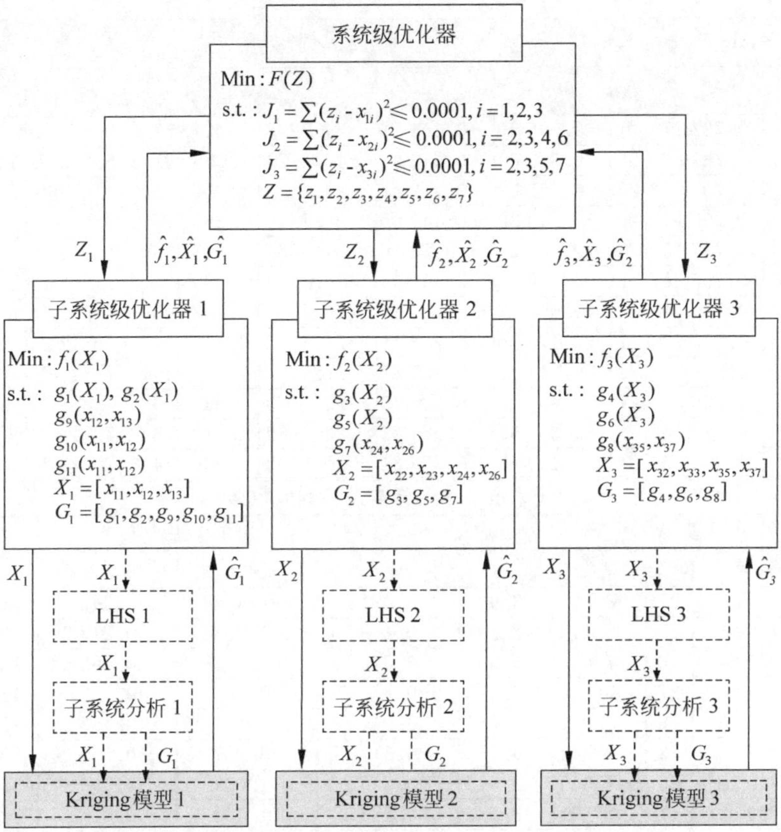

图 7-11　齿轮减速器测试算例的 KGCO 求解流程图

首先，在 GCO 求解策略的基础上，利用 LHS 方法分别从各个子系统级优化问题的设计空间中选取一组训练样本点(每组包含 12 个训练样本点)。然后，通过计算获得各个样本点处 3 个子系统级优化问题中所有约束的响应值。与此同时，在各个样本点处执行子系统级优化，可以得到系统级广义一致性约束的响应值。表 7-3 分别列出了齿轮减速器测试算例 3 个子系统级优化问题所选取的样本点和响应数据。利用这些数据，可以顺利构建各个学科约束函数和系统级广义一致性约束函数的 Kriging 近似模型。以子系统 1 为例，图 7-12 给出了该子系统中 5 个约束函数(即 g_1，g_2，g_9，g_{10}，g_{11})的 Kriging 近似模型的曲面图。

在前面选取的 10 个初始点条件下，利用 KGCO 对齿轮减速器测试算例进行求解。为了检验 KGCO 相对于 GCO 的高效性，3 种评价指标被选取：目标函数最优值($f_{\min}$)、系统级迭代次数(N)和优化运行时间(T)。表 7-4 给出了 GCO 和 KGCO 两种求解策略的对比结果。从表中数据可以看出，GCO 和 KGCO 求解获

表 7-3 齿轮减速器测试算例求解过程中选取的样本点和响应数据

子系统 1 中的样本点和响应数据

样本点	设计变量			约束响应					
	x_{11}	x_{12}	x_{13}	g_1	g_2	g_9	g_{10}	g_{11}	J_1
1	2.6	0.727 27	21	−0.065 07	−0.344 56	−24.7273	1.424 987	−8.424 99	63.296 79
2	2.691	0.781 82	26	−0.368 66	−0.642 51	−19.6727	1.558 031	−8.558 03	73.952 51
3	2.782	0.709 09	22	−0.122 63	−0.412 87	−24.4	1.0766 62	−8.07666	62.020 39
4	2.873	0.790 91	20	−0.248 82	−0.447 05	−24.1818	1.367 475	−8.367 48	74.113 78
5	2.964	0.745 45	25	−0.344 29	−0.613 86	−21.3638	1.023 878	−8.023 88	69.520 16
6	3.055	0.763 64	18	−0.158 02	−0.311 34	−26.2545	0.999 424	−7.999 42	70.325 32
7	3.145	0.7	19	−0.077 87	−0.285 48	−26.7	0.507 143	−7.507 14	61.8745
8	3.236	0.772 73	17	−0.178 04	−0.288 17	−26.8636	0.812 25	−7.812 25	72.571 29
9	3.327	0.8	28	−0.547 13	−0.761 88	−17.6	0.841 25	−7.841 25	81.548 27
10	3.418	0.736 36	27	−0.46 043	−0.705 79	−20.1183	0.358 249	−7.358 25	71.930 12
11	3.509	0.718 18	23	−0.351 39	−0.584 82	−23.4819	0.114 038	−7.114 04	68.263 23
12	3.6	0.754 55	24	−0.451 12	−0.663 31	−21.8908	0.228 944	−7.228 94	74.6549

子系统 2 中的样本点和响应数据

样本	设计变量				约束响应			
	x_{22}	x_{23}	x_{24}	x_{26}	g_3	g_5	g_7	J_2
1	0.8	21	8.3	2.9	−0.07127	592.3224	−0.24699	144.9446
2	0.736 36	25	8.118	2.991	−0.299 18	441.2622	−0.213 29	134.2359
3	0.727 27	28	7.573	3.082	−0.543 78	307.4388	−0.138 65	126.2206
4	0.754 55	27	7.936	3.173	−0.532 88	190.0679	−0.16085	136.0074
5	0.745 45	18	8.027	3.264	−0.344 57	89.132 26	−0.153 36	133.3337
6	0.772 73	23	7.664	3.355	−0.614 17	−8.087 45	−0.095 45	134.076
7	0.718 18	26	7.845	3.445	−0.6457	−91.6047	−0.099 11	130.5771
8	0.709 09	17	7.391	3.536	−0.586 51	−164.441	−0.0253	119.7995
9	0.7	19	7.755	3.627	−0.608 92	−233.613	−0.053 45	125.2786
10	0.781 82	24	7.3	3.718	−0.7906	−298.152	0.024 247	132.9981
11	0.763 64	20	7.482	3.809	−0.748 55	−353.181	0.017 576	132.1092
12	0.790 91	22	8.209	3.9	−0.734 77	−404.446	−0.055 91	149.1515

子系统 3 中的样本点和响应数据

样本	设计变量				约束响应			
	x_{32}	x_{33}	x_{35}	x_{37}	g_4	g_6	g_8	J_3
1	0.7	21	7.755	5.364	−0.926 03	−36.4452	0.005 854	227.8746
2	0.709 09	28	8.209	5	−0.913 96	154.2944	−0.098 55	224.1479
3	0.718 18	19	7.391	5.455	−0.935 51	−76.4642	0.068 935	228.2167
4	0.727 27	18	7.573	5.227	−0.914 22	29.303 32	0.010 128	222.2063
5	0.736 36	27	7.3	5.136	−0.945 73	76.548 96	0.034 192	219.0514
6	0.745 45	25	7.664	5.409	−0.945 54	−56.7342	0.024 256	236.5009
7	0.754 55	26	7.482	5.5	−0.954 97	−95.4926	0.062 55	239.5017
8	0.763 64	17	8.3	5.273	−0.890 04	6.6029	−0.072 25	240.8112
9	0.772 73	22	8.027	5.182	−0.918 57	52.232 76	−0.053 17	235.5564
10	0.781 82	23	8.118	5.091	−0.914 52	101.452	−0.076 11	235.0712
11	0.790 91	24	7.936	5.045	−0.921 55	127.6659	−0.0613	232.1024
12	0.8	20	7.845	5.318	−0.927 18	−15.2063	−0.01214	241.9743

得的目标函数最优值非常接近，但是在系统级迭代次数和优化运行时间上，KGCO 要明显优于 GCO。利用 KGCO 对齿轮减速器测试算例进行求解，系统级迭代次数和优化运行时间均得到了不同程度的降低，而且在个别情况下，降低量是比较大的。因此可以证明：KGCO 是一种可行且高效的 MDO 求解策略，能快速、准确地获得工程产品 MDO 问题的最优解。

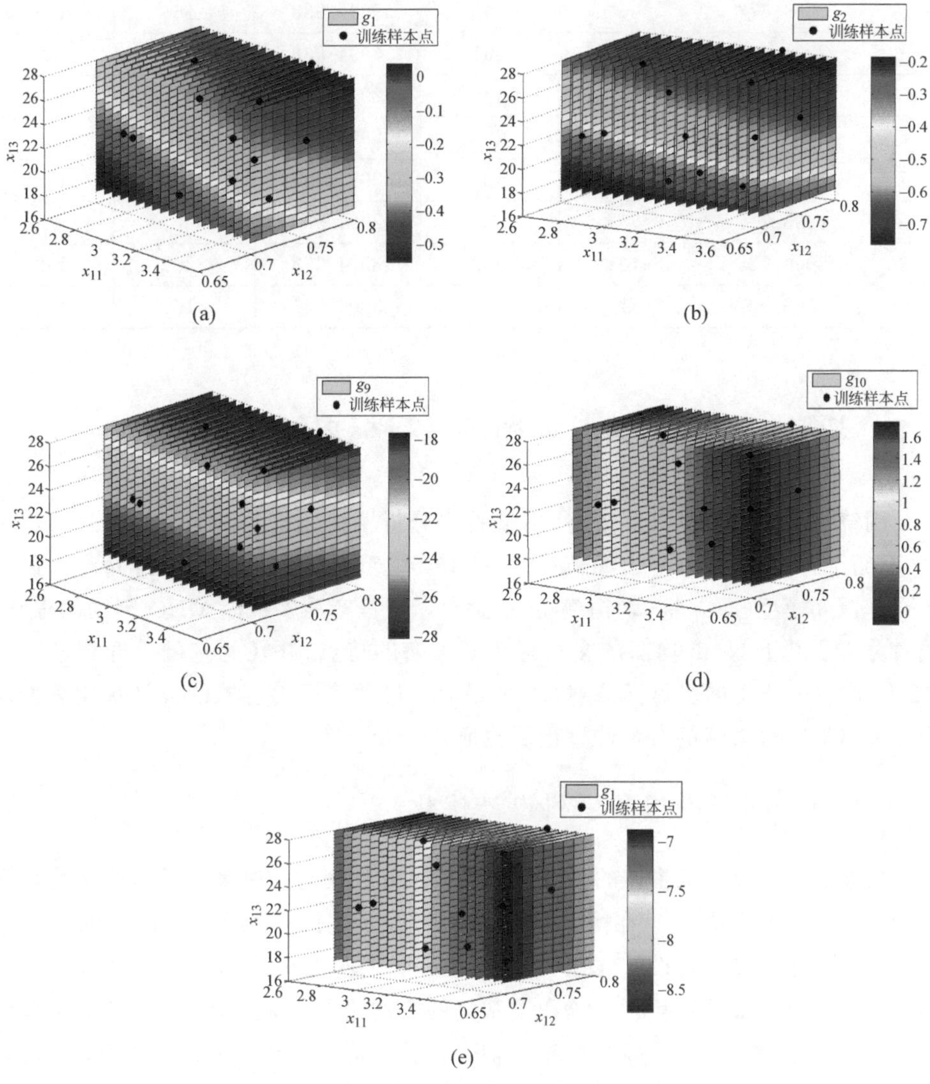

图 7-12　子系统 1 中构建的 Kriging 近似模型

(a) 约束 g_1；(b) 约束 g_2；(c) 约束 g_9；(d) 约束 g_{10}；(e) 约束 g_{11}

表 7-4　GCO 和 KGCO 优化结果比较

初始点	GCO			KGCO		
	f_{min}	N	T/s	f_{min}	N	T/s
1	2994.342	28	134	2994.938	24	125
2	3004.542	24	215	3005.158	16	111
3	2999.672	50	342	2994.938	16	145
4	2994.341	40	167	2994.938	8	47
5	2995.716	70	439	2994.938	16	136
6	2995.716	28	253	2996.298	16	99
7	2994.342	31	132	2994.938	16	128
8	2995.716	56	454	2994.938	8	45
9	3004.138	40	248	3004.473	20	198
10	3002.022	31	214	3000.545	16	142

7.3　基于 GEP 和 Nash 均衡的多目标求解策略

围绕多目标多学科求解策略，本节首先分析了博弈论与 MDO 的相互对应关系，介绍了合作、非合作与领导/随从 3 种博弈模型，分析了它们各自的特点，说明非合作博弈模型(即 Nash 均衡模型)更适合于工程产品多目标 MDO 问题的求解；接着分析了基于 Nash 均衡的多目标求解策略的特点，并在此基础上介绍了基于 GEP 和 Nash 均衡的多目标求解策略；最后通过薄壁压力容器的设计优化算例对上述多目标求解策略的有效性进行了验证。

7.3.1　博弈论与多学科设计优化

博弈论是研究决策主体的行为发生直接相互作用时的决策以及该决策均衡问题的数学理论与方法[24]。在博弈论中，各个参与者之间相互依存，相互制约，即存在竞争与合作。多学科设计优化(MDO)是一种通过充分探索和利用系统中相互作用的协同机制来设计复杂系统和子系统的方法论[25]。在 MDO 中，各个子系统之间相互作用，相互影响，即存在相互耦合。从本质上来讲，博弈论中各个参与者之间相互竞争与合作的关系与 MDO 中各个子系统之间相互耦合的关系是一致的。因此，可以将博弈论与多学科设计优化结合起来进行应用，即将 MDO 中各个子系统看成博弈中的各个参与者，进而运用博弈论中的相关理论与方法对 MDO 问题进行求解，这是将博弈论引入 MDO 领域最根本的出发点。

利用博弈论对 MDO 问题进行求解就是将多学科设计优化过程看成一个决策

过程，各个子系统拥有独立的设计变量、设计约束和设计目标，使得各个子系统可以像各个博弈参与者一样独立进行决策，最后构建 MDO 问题的博弈模型，利用博弈论中的相关理论与方法求得 MDO 问题的最优解。对于多目标 MDO 问题，将多个目标合理分配在不同的子系统中作为各个子系统设计优化目标，进而构建多目标 MDO 问题的博弈模型，通过对博弈模型进行求解，从而获得原有多目标 MDO 问题的最优解。

将博弈论应用于多学科设计优化领域，首先应赋予博弈模型中 3 种基本要素在 MDO 背景中的具体含义。博弈模型中 3 种基本要素与 MDO 中相关概念的映射对应关系如下：

(1) 参与者：各个学科设计团队及其相应的分析工具[26]。

(2) 策略：各个学科可以选择的各种设计方案，具体表现为各个学科所控制的设计变量的取值，即策略空间映射为设计空间。

(3) 效用：各个学科设计优化的目标函数。

在明确博弈模型中基本要素与 MDO 中相关概念的对应关系后，需要按照某种博弈方式构建 MDO 问题的博弈模型。Lewis 和 Mistree[26] 总结了博弈论中合作、非合作和领导/随从 3 种博弈方式，用于描述工程产品多学科设计优化中 3 种不同的设计场景。假设存在一个二人博弈，参与者为 A 和 B，他们分别控制设计变量 x_1 和 x_2，以最小化各自的目标函数 f_1 和 f_2，3 种博弈方式所对应的博弈模型描述如下：

1) 合作博弈模型

在图 7-13 描述的合作博弈模型中，博弈参与者相互之间进行信息交流，彼此了解对方的相关信息，如可能选取的策略、试图达到最佳的效用函数等。与该博弈模型相对应的工程产品多目标多学科设计优化场景为：各个设计者相互之间进行全面的信息沟通和交流，并相互了解各自的设计变量、设计约束和设计目标，对产品进行协同设计，以获取满足设计要求和设计规范的多目标 MDO 问题的最优解。

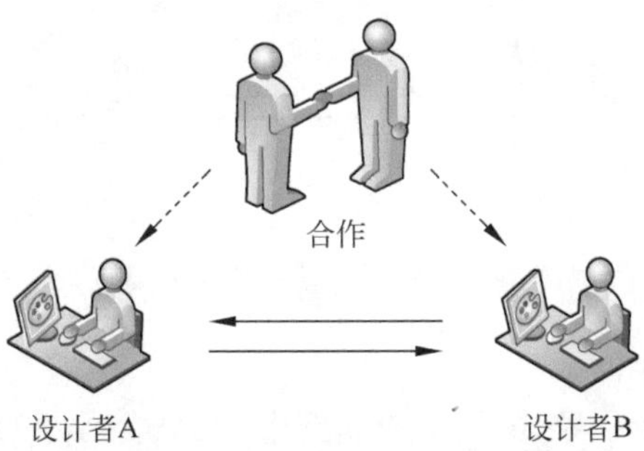

图 7-13　合作博弈模型示意图

对于任意一个合作博弈模型，如果不存在其他任何解(x_1, x_2)满足式(7-6)，那么(x_{1P}, x_{2P})就是该合作博弈模型的 Pareto 最优解，即是对应的工程产品多目标 MDO 问题的 Pareto 整体最优解。

$$f_1(x_1, x_2) < f_1(x_{1P}, x_{2P}), \quad f_2(x_1, x_2) < f_2(x_{1P}, x_{2P}) \tag{7-6}$$

2）非合作博弈模型

非合作博弈模型也称为 Nash 均衡模型，如图 7-14 所示。在该模型中博弈参与者相互之间不进行直接的信息交流，各个参与者在预测其他参与者可能选取某种策略的前提条件下做出对自身最有利的反应，此时形成的策略组合就是著名的 Nash 均衡策略。与该博弈模型相对应的工程产品多目标多学科设计优化场景为：由于受到设计部门组织结构上的壁垒、地理上的隔阂以及信息交流中各种障碍等因素的影响，各学科设计人员无法实现协作，不得不独立进行各自学科的设计，由此所获得的设计方案即为原多目标 MDO 问题的 Nash 均衡解。Nash 均衡解(x_{1N}, x_{2N})满足以下条件：

$$f_1(x_{1N}, x_{2N}) = \min_{x_1 \in X_1} f_1(x_1, x_{2N}), \quad f_2(x_{1N}, x_{2N}) = \min_{x_2 \in X_2} f_2(x_{1N}, x_2) \tag{7-7}$$

其中，

$$(x_{1N}, x_{2N}) \in X_{1N}(x_2) \times X_{2N}(x_1) \tag{7-8}$$

$$X_{1N}(x_2) = \{x_{1N} \in X_1 \mid f_1(x_{1N}, x_2) = \min_{x_1 \in X_1} f_1(x_1, x_2)\} \tag{7-9}$$

$$X_{2N}(x_1) = \{x_{2N} \in X_2 \mid f_2(x_1, x_{2N}) = \min_{x_2 \in X_2} f_2(x_1, x_2)\} \tag{7-10}$$

在式(7-9)与式(7-10)中$X_{1N}(x_2)$与$X_{2N}(x_1)$分别代表两个博弈参与者的理性反应集(rational reaction set，RRS)。任何一个设计人员都是将自身的理性反应作为其他设计人员设计决策的函数，从而构建各自的 RRS。

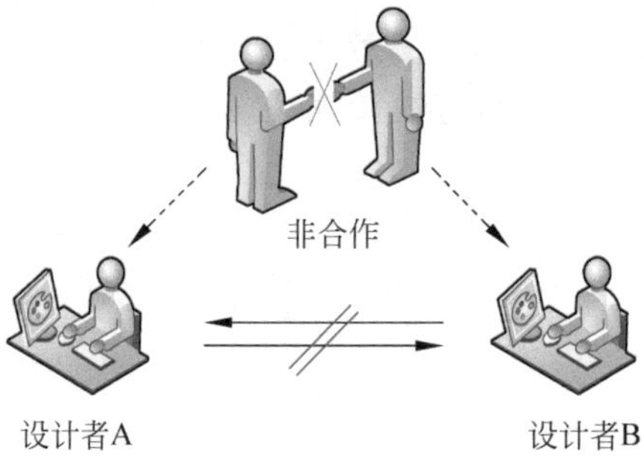

图 7-14　非合作博弈模型示意图

3）领导/随从博弈模型

如图 7-15 所示，在领导/随从博弈模型中，某个参与者的决策行为直接影响其他参与者对各自决策的选择，这种起主导作用的参与者在博弈中处于领导者地位，其他受影响的参与者则处于随从者地位。与该博弈模型相对应的工程产品多目标多学科设计优化场景为：某个学科设计者的设计方案直接影响甚至决定其他学科设计者的设计结果，或者其他设计者必须在主导设计者设计任务完成后才能进行各自的设计。从本质上来讲，领导/随从设计方式属于一种串行设计模式。

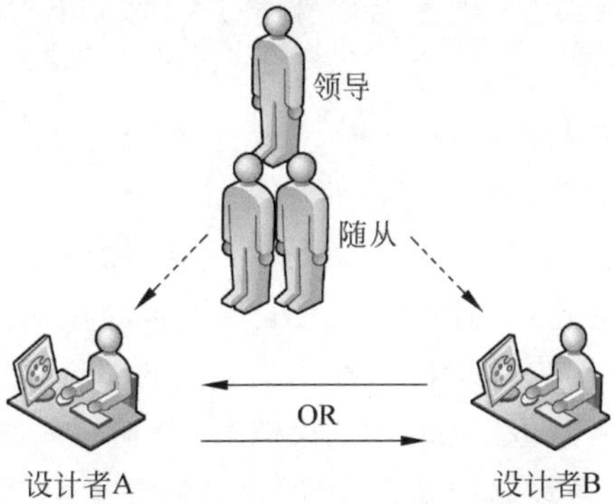

图 7-15　领导/随从博弈模型示意图

假设参与者 A 为博弈中领导者，参与者 B 为随从者，那么领导/随从博弈模型的描述如下：

$$\begin{cases}\text{Min}: f_1(x_1, x_2) \\ \text{s. t.}: x_2 \in X_{2\text{N}}(x_1) \\ \qquad (x_1, x_2) \in X_1 \times X_2\end{cases} \tag{7-11}$$

其中，$X_{2\text{N}}(x_1)$为参与者 B 的 RRS，参与者 A 首先在假设参与者 B 进行理性决策的前提条件下对自身的策略做出选择，随后参与者 B 再根据参与者 A 的决策开展自身的策略选择。

反之，如果参与者 B 作为博弈中领导者，参与者 A 作为随从者，则其博弈模型为

$$\begin{cases}\text{Min}: f_2(x_1, x_2) \\ \text{s. t.}: x_1 \in X_{1\text{N}}(x_2) \\ \qquad (x_1, x_2) \in X_1 \times X_2\end{cases} \tag{7-12}$$

对于上述 3 种博弈模型，合作博弈模型与 MDO 中多学科可行(multidisciplinary feasible，MDF)求解策略的思路比较相似；非合作博弈模型中各个参与者独立进行决策，这与多级 MDO 求解策略中各个学科单独进行设计优化的思想比较接近，各个参与者拥有独立的设计目标，具有自治性，能提高 MDO 问题的求解效率；领导/随从博弈模型实质上属于传统的串行设计模式。下面将对非合作博弈模型(即 Nash 均衡模型)在多目标 MDO 问题中的应用进行具体介绍。

7.3.2　基于 Nash 均衡的多目标求解策略

Nash 均衡是指所有博弈参与者的最优策略形成的一种策略组合，即在给定其

他参与者所选策略的前提条件下，没有参与者会选择其他策略来打破这种均衡[27]。Nash 均衡是非合作博弈论的重要理论基础。

假定有 n 个参与者的博弈，存在策略组合 $s^*=\{s_1^*,s_2^*,\cdots,s_n^*\}$，如果对于任何一个参与者 i，s_i^* 是给定其他参与者策略 s_{-i}^* 情况下第 i 个参与者的最优策略，即

$$u_i(s_i^*,s_{-i}^*)\geqslant u_i(s_i^j,s_{-i}^*),\quad s_i^j\in S_i \tag{7-13}$$

$$s_{-i}^*=\{s_1^*,s_2^*,\cdots,s_{i-1}^*,s_{i+1}^*,\cdots,s_n^*\} \tag{7-14}$$

那么该策略组合 $s^*=\{s_1^*,s_2^*,\cdots,s_n^*\}$是一个 Nash 均衡。

Nash 均衡存在以下几种特性[27]：①Nash 均衡的存在性：每一个有限博弈都至少存在一个 Nash 均衡解。②Nash 均衡的稳定性：纯策略的 Nash 均衡是稳定的，即在其他博弈参与者采取 Nash 均衡策略时，任何一个博弈参与者的策略偏离均衡策略都有恢复到均衡策略的动力，但混合策略的均衡是不稳定的。③Nash 均衡的多重性：多数博弈问题往往都存在多个 Nash 均衡解。④Nash 均衡的一致预测性：在 Nash 均衡状态下，所有博弈参与者都会预测到一个特定的均衡结果，这个均衡结果即为博弈的最终结局。

基于 Nash 均衡的多目标求解策略就是按照学科界限将设计系统划分为多个子系统，进而把原有的多目标 MDO 问题分解为多个并行的子系统（或学科）优化问题，各个子系统对应于各个博弈参与者，各个子系统优化问题的设计空间对应于各个参与者的策略空间，各个子系统的目标函数对应于各个参与者的效用函数，然后通过各个参与者之间相互竞争与合作的策略选择过程，最终实现各个参与者整体利益上的均衡，即获得多目标 MDO 问题的 Nash 均衡解。

基于 Nash 均衡的多目标求解策略的主要步骤为：

步骤一：将多目标 MDO 问题分解为多个并行的子系统优化问题，即生成多个博弈参与者；

步骤二：给定一组初始策略组合，即一组初始设计变量值，各个参与者在保证其他参与者策略维持不变的情况下调整自己的策略，试图优化自己的效用函数，进而得到各个参与者的最优策略；

步骤三：综合各个参与者的最优策略得到新的策略组合，继续下一次迭代，直到所有参与者的最优策略不再随迭代过程发生变化时，即可得到多目标 MDO 问题的 Nash 均衡解。

7.3.3 基于 GEP 和 Nash 均衡的多目标求解策略

在实际应用过程中，基于 Nash 均衡的多目标求解策略通常会遇到以下两方面困难：①目标函数过于复杂导致优化迭代的计算量过大；②需要花费很多次迭代才能获得多目标 MDO 问题的 Nash 均衡解，即求解效率比较低。对于上述两方面问题，国内外研究学者纷纷提出构建各个博弈参与者的 RRS，通过计算所有 RRS

的交集从而获得 Nash 均衡解[26]。

各个博弈参与者的RRS在数学形式上表现为各个博弈参与者的决策是其他博弈参与者决策的函数,即在多目标 MDO 问题中,各个子系统将其控制的设计变量作为观测响应,将其他子系统控制的设计变量作为自变量,通过构建二者之间的函数关系,便可得到各个子系统的 RRS。对于简单的工程产品设计问题,能够比较方便、准确地构建各个子系统的 RRS;但对于复杂的工程产品设计问题,计算机仿真等会耗费大量计算时间和计算成本,因而准确地构建各个子系统的 RRS 将比较困难。根据第 3 章中总结的 GEP 近似模型具有预测精度高、鲁棒性强、能直观给出未知函数关系的显式表达式的优点,本节介绍基于 GEP 的理性反应集构建方法,通过利用 GEP 近似模型对各个子系统的 RRS 进行近似替代,获得显式的函数表达式,从而求解出这些表达式的交集,最终得到多目标 MDO 问题的 Nash 均衡解。

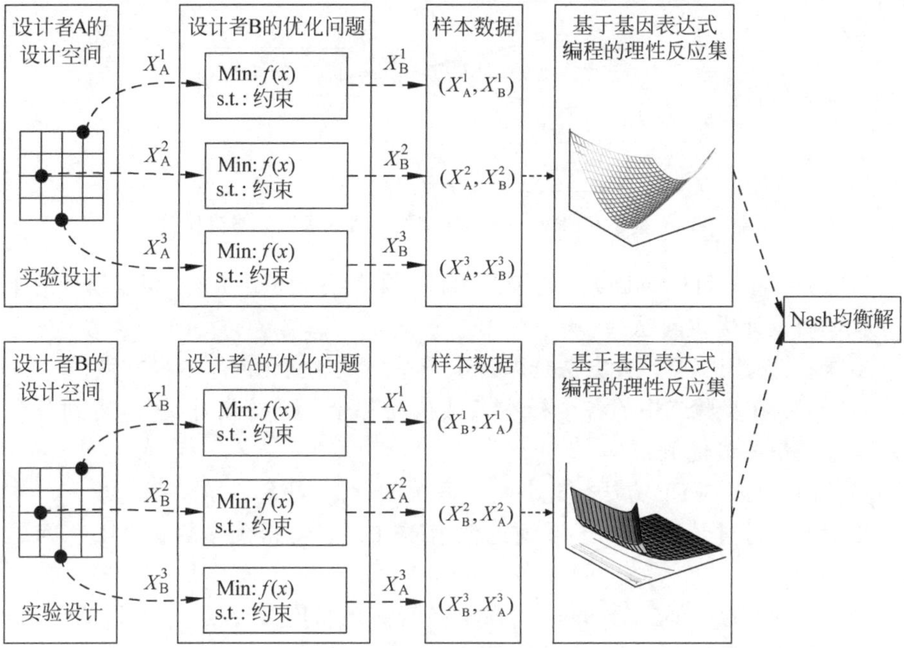

图 7-16　采用基于 GEP 的理性反应集获得 Nash 均衡解

图 7-16 给出了基于 GEP 的理性反应集构建流程,其主要步骤为:

步骤一:利用实验设计方法获得各个子系统设计空间的样本点;

步骤二:将各个子系统设计空间的样本点依次代入与该子系统相互耦合的子系统设计优化问题中作为初始值,求出这些耦合子系统所控制设计变量的最优值;

步骤三:利用各个子系统设计空间的样本点数据和步骤二中优化得到的其他子系统设计变量的最优值,构建 GEP 近似模型,便可得到各个子系统的近似 RRS。

结合上述分析，基于 GEP 和 Nash 均衡的多目标求解策略实施流程(图 7-17)可以总结为如下几步：

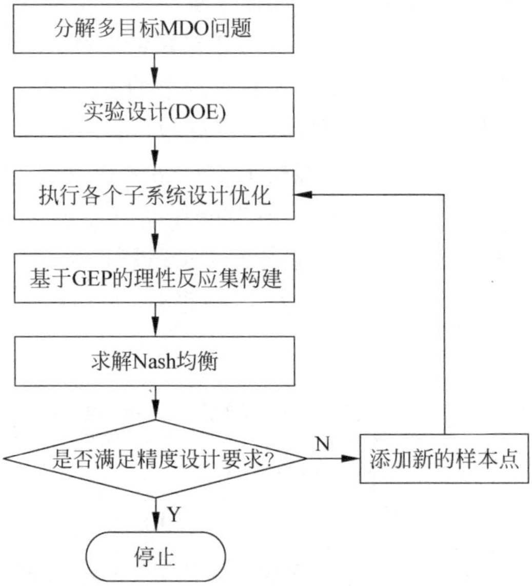

图 7-17 基于 GEP 和 Nash 均衡的多目标求解策略流程图

步骤一：将多目标 MDO 问题按照学科界限划分为多个并行、相互耦合的子系统(或学科)设计优化问题；

步骤二：利用实验设计方法选取各个子系统设计优化问题的样本点；

步骤三：在步骤二中的各个样本点处执行各个子系统设计优化，得到各个子系统设计变量的最优值；

步骤四：利用 GEP 方法构建各个子系统的近似 RRS；

步骤五：通过计算所有子系统近似 RRS 的交集，得到多目标 MDO 问题的 Nash 均衡解；

步骤六：检验所得到的 Nash 均衡解是否满足精度设计要求，如果满足，则停止迭代；否则添加新的样本点，返回步骤三。

基于 GEP 和 Nash 均衡的多目标求解策略具有如下优点：

(1) 将原有的多目标 MDO 问题分解为多个子系统设计优化问题，各个子系统之间信息交互简单，不需要系统级协调优化，从而消除了各个子系统之间的迭代运算，降低了各个子系统计算的复杂性。

(2) 各个子系统拥有独立的设计优化目标，它们可以像各个子博弈一样独立进行决策，具有很好的自治性，能独立自主优化。

(3) 利用 GEP 模型构建各个子系统的近似 RRS，通过计算所有子系统 RRS 的交集获得 Nash 均衡解，整个过程所需要花费的计算量小，同时降低了优化迭代的次数，提高了求解策略的收敛效率，因而较好地克服了基于 Nash 均衡的多目标求解策略中计算量大、收敛速度慢的缺点。

(4) 充分利用 GEP 近似模型预测精度高、鲁棒性强、能提供输入变量和输出响应之间显式函数关系的优点，提高了 Nash 均衡解的精度。

7.3.4 测试算例

本节以薄壁压力容器[28]为例，验证基于 GEP 和 Nash 均衡的多目标求解策略的有效性。

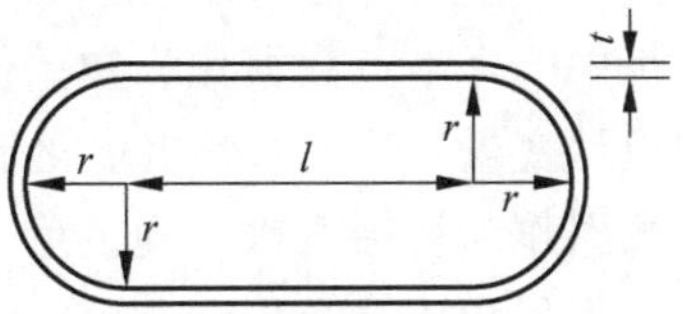

图 7-18　薄壁压力容器示意图

如图 7-18 所示，薄壁压力容器两端呈现半球状，当容器装入液体后，容器内壁将承受一定的压力，设计人员希望在满足薄壁压力容器所受应力和几何约束的条件下使得容器的质量最小、容积最大。该多目标设计优化问题的数学模型如下：

$$
\text{求 } t,l,r
$$

$$
\begin{cases}
\text{Min: } w(t,l,r)=\rho\left[\dfrac{4}{3}\pi(r+t)^3+\pi(r+t)^2 l-\dfrac{4}{3}\pi r^3-\pi r^2 l\right] \\
\text{Max: } v(r,l)=\dfrac{4}{3}\pi r^3+\pi r^2 l \\
\text{s.t.: } g_1=\sigma_{\text{circ}}=pr/t\leqslant s_t \\
\qquad g_2=5t-r\leqslant 0 \\
\qquad g_3=r+t-40\leqslant 0 \\
\qquad g_4=l+2r+2t-150\leqslant 0 \\
\qquad 0.5\leqslant t\leqslant 6,\ 0.1\leqslant l\leqslant 140,\ 0.1\leqslant r\leqslant 36
\end{cases}
\tag{7-15}
$$

其中，各个变量所代表的物理意义如表 7-5 所示。在本例中，$\rho=0.283\text{lbs/in}^3$，$p=3.89\text{klb}$，$s_t=35.0\text{klb}$（1lbs=0.4532kg，1klb=0.454t，1in=0.3048m）。

表 7-5　薄壁压力容器数学模型中各变量的物理含义

变量	物理意义	单　位
w	压力容器的质量	lbs
v	压力容器的容积	in^3
t	压力容器的薄壁厚度	in
l	压力容器中间圆柱体部分的长度	in
r	压力容器两端半球体的内部半径	in
ρ	压力容器所选用材料的密度	lbs/in^3
p	压力容器内壁承受的压力	klb
s_t	材料的许用抗拉强度	klb
σ_{circ}	圆周应力	lbs/in^2

重量和容积两个子系统的样本数据图

首先，将薄壁压力容器多目标设计优化问题分解为两个子系统优化问题，如式(7-16)和式(7-17)所示，即得到一个二人博弈。其中博弈参与者 Weight 控制设计变量 t，其优化目标是使得薄壁压力容器的质量最小，博弈参与者容积控制设计变量 l 和 r，其优化目标是使得薄壁压力容器的容积最大。

然后，分别对重量和容积两个子系统优化问题的设计空间进行采样，在本例中依然采用 LHS 方法选取各个样本点。将重量子系统中的样本点数据作为初始值输入到容积子系统中，对容积子系统进行优化，得到设计变量 l 和 r 的各组优化值，如表 7-6 所示。类似地，将容积子系统中的样本点数据作为初始值输入到重量子系统中，对重量子系统进行优化，得到设计变量 t 的各组优化值，如表 7-7 所示。

表 7-6 重量子系统中设计变量样本数据和容积子系统中设计变量最优值

样本点	样本数据	设计变量最优值	
	t	l	r
1	0.5	140	4.5
2	0.7895	134.21	7.1055
3	1.079	128.42	9.711
4	1.368	122.64	12.312
5	1.658	116.84	14.922
6	1.947	111.06	17.523
7	2.237	105.26	20.133
8	2.526	99.48	22.734
9	2.816	93.68	25.344
10	3.105	87.9	27.945
11	3.395	82.1	30.555
12	3.684	76.32	33.156
13	3.974	70.52	35.766
14	4.263	70	35.737
15	4.553	70	35.447
16	4.842	70	35.158
17	5.132	70	34.868
18	5.421	70	34.579
19	5.711	70	34.289
20	6	70	34

表 7-7　容积子系统中设计变量样本数据和重量子系统中设计变量最优值

样本点	样本数据		设计变量最优值	样本点	样本数据		设计变量最优值
	l	r	t		l	r	t
1	0.1	8.159	0.906 815	26	71.48	17.68	1.965 006
2	2.955	12.56	1.395 954	27	74.33	25.74	2.860 817
3	5.81	14.02	1.558 223	28	77.19	22.81	2.535 169
4	8.665	18.42	2.047 251	29	80.04	25.01	2.779 683
5	11.52	30.14	3.349 846	30	82.9	10.36	1.151 44
6	14.38	20.61	2.290 654	31	85.75	29.41	3.268 711
7	17.23	7.427	0.825 458	32	88.61	4.496	0.5
8	20.09	35.27	3.920 009	33	91.46	32.34	3.594 36
9	22.94	11.09	1.232 574	34	94.32	15.49	1.721 603
10	25.8	23.54	2.616 303	35	97.17	34.53	3.837 763
11	28.65	24.28	2.698 549	36	100.03	0.8327	0.5
12	31.51	5.229	0.581 166	37	102.88	26.48	2.943 063
13	34.36	22.08	2.454 034	38	105.74	9.624	1.069 639
14	37.22	16.95	1.883 871	39	108.59	13.29	1.477 089
15	40.07	19.88	2.209 52	40	111.45	3.763	0.5
16	42.93	3.031	0.5	41	114.3	0.1	0.5
17	45.78	30.87	3.430 98	42	117.16	6.694	0.743 99
18	48.64	1.565	0.5	43	120.01	28.67	3.186 466
19	51.49	36	4.001 143	44	122.87	2.298	0.5
20	54.35	8.892	0.988 282	45	125.72	14.75	1.639 357
21	57.2	33.07	3.675 494	46	128.58	19.15	2.128 386
22	60.06	27.21	3.024 197	47	131.43	16.22	1.802 737
23	62.91	33.8	3.756 629	48	134.29	27.94	3.105 331
24	65.77	5.961	0.662 523	49	137.14	21.35	2.3729
25	68.62	31.6	3.512 114	50	140	11.82	1.313 709

参与者：重量

求 t

$$\begin{cases}\text{Min: } w(t)=\rho\left[\dfrac{4}{3}\pi(r+t)^3+\pi(r+t)^2 l-\dfrac{4}{3}\pi r^3-\pi r^2 l\right]\\ \text{s.t.: } g_1=pr/t\leqslant s_t\\ \qquad g_2=5t-r\leqslant 0\\ \qquad g_3=r+t-40\leqslant 0\\ \qquad g_4=l+2r+2t-150\leqslant 0\\ \qquad 0.5\leqslant t\leqslant 6\end{cases}\tag{7-16}$$

参与者：容积

求 l,r

$$\begin{cases}\text{Max: } v(l,r)=\pi r^2 l+\dfrac{4}{3}\pi r^3 \\ \text{s.t.: } g_1=pr/t\leqslant s_t \\ \qquad g_2=5t-r\leqslant 0 \\ \qquad g_3=r+t-40\leqslant 0 \\ \qquad g_4=l+2r+2t-150\leqslant 0 \\ \qquad 0.1\leqslant l\leqslant 140,\quad 0.1\leqslant r\leqslant 36\end{cases} \tag{7-17}$$

接着,设置 GEP 的相关求解参数,如表 7-8 所示。利用表 7-6 和表 7-7 中的数据,分别构建 3 组 GEP 近似模型,即得到重量和容积两个子系统的近似 RRS,其数学表达式分别为

$$\text{RRS}_{\text{重量}}: t=\frac{lr^2}{l^2+r^3}+\frac{l}{r^2-l^2}+1 \tag{7-18}$$

$$\text{RRS}_{\text{容积}}: \begin{cases}l=16t+\dfrac{2}{t^5} \\ r=-t^2+12t\end{cases} \tag{7-19}$$

最后,联立上述 3 个方程得到一个三元非线性方程组,对其求解可以得到薄壁压力容器多目标 MDO 问题的 Nash 均衡解为

$$(t,l,r)=(2.4587,39.3612,23.4591) \tag{7-20}$$

$$(w,v)=(9577.6,122\,070) \tag{7-21}$$

表 7-8 GEP 求解参数设置

参　　数	参　数　值	参　　数	参　数　值
函数集	+, −, *, /	IS 插串概率	0.1
终端集	"a, b"; "a"	IS 插串长度	1,2,3
最大代数	300	RIS 插串概率	0.1
种群大小	100	RIS 插串长度	1,2,3
基因头部长度	7	基因插串概率	0.1
染色体基因个数	3	单点重组概率	0.3
连接函数	Addition	两点重组概率	0.3
变异概率	0.044	基因重组概率	0.1

在处理薄壁压力容器多目标设计优化问题时,Nair 和 Lewis[29]设置了重量和容积两个子系统对各自设计目标的 3 种不同满意程度区间,如表 7-9 所示。两个子系统将各自设计目标的最优值和满意程度传递给设计管理者(design manager, DM),由设计管理者确定最终设计方案。

表 7-9 薄壁压力容器质量和容积的不同满意程度区间[29]

不同满意程度	w/lbs	v/in^3
高度满意(HD)	<4000	>200 000
满意(A)	4000～12 000	75 000～200 000
不满意(NA)	>12 000	<75 000

为了进行比较，表7-10给出了薄壁压力容器多目标MDO问题在合作、非合作(即Nash均衡)和领导/随从3种博弈模型下各个子系统的最优结果及其相应的满意程度，同时也描述了多目标的综合满意程度。通过比较发现，利用基于GEP和Nash均衡的多目标求解策略获得的优化结果能够同时达到重量和容积两个子系统对各自设计目标的满意程度要求，而利用其他求解策略获得的优化结果均无法同时满足两个子系统对各自设计目标的满意要求。

表7-10　不同博弈模型下的多目标优化结果

基于博弈模型的多目标求解策略	w/lbs	满意程度	v/in^3	满意程度	综合满意程度
合作博弈模型 ($w_w=1.0, w_v=0.0$)	13.73	HD	67.41	NA	NA
合作博弈模型 ($w_w=0.0, w_v=1.0$)	39 475	NA	480 385	HD	NA
Nash均衡模型 (基于GEP的近似RRS)	9577.6	A	122 070	A	A
Nash均衡模型 (基于RSM的近似RRS)	24 746	NA	316 110	HD	NA
领导/随从博弈模型 (重量为领导者，容积为随从者)	635.6	HD	9413.9	NA	NA
领导/随从博弈模型 (容积为领导者，重量为随从者)	39 772.4	NA	484 863	HD	NA

7.4　基于物理规划的分级目标传递多目标求解策略

本节深入研究了ATC方法的原理，剖析其不足，在此基础上介绍了基于物理规划的分级目标传递(ATC-PP)求解策略，给出了该策略的数学模型，以及其偏好函数建立的数学表达，详细讨论了ATC-PP的实施步骤。最后，对ATC-PP求解策略中非协作元素的解耦均衡点与稳定性问题进行了研究，增加了ATC-PP方法解耦的可靠性与稳定性[30]。

7.4.1　分级目标传递求解策略的不足分析

ATC法通常用于解决带有层次结构的设计问题，目的是把整个复杂产品分解为两级(系统级和一级子系统)或者两级以上(系统级、一级子系统和二级子系统等)的树形分析结构，如图7-4所示。在树形结构中，每个级别会包含多个元素(elements)，每个元素会为下一级相关元素传递期望值。例如，船舶设计包括动力传动系统、船体结构和船舶水动力等方面，其中，动力传动系统是由船舶主机和传动系统组成的。ATC法充分考虑复杂产品设计中的层次分析问题。整个系统目标函数用各个子系统目标函数的和来表示。典型 ATC 法目标函数在同一级系统中,除连接变量之外,子问题会被分割。图 7-19 表示通过目标指派和目标响应变量把父、子系统元素连接起来,父元素将子元素的期望响应 R_{ij}^{i-1} 和连接变量的期望 y_{ij}^{i-1} 传递给子元素,第 i 层子元素内部通过对整体输入 $\bar{x}_{ij}$(包括局部变量 x_{ij}^{i}、连接变量 y_{ij}^{i}、子元素实际响应 $R_{(i+1)k}^{i}$ 等)的计算,求出子元素的实际函数响应 $R_{ij}^{i}=r_{ij}(\bar{x}_{ij})$,并返回给父元素,通过父元素的计算确定新的子元素期望响应分配给子元素;同时子元素也会对孙元素(即 $i+1$ 层的元素)传递对孙元素的期望响应 R_{ik}^{i} 和期望连接变量 y_{ik}^{i},同样孙元素也会将计算后的实际响应和连接变量回传给子元素。在每个元素中优化问题相对独立,每个父元素负责其所有子元素耦合变量的协调问题,通过不断迭代,在整个复杂产品的设计空间中寻找全局和局部元素的协调优化方案。

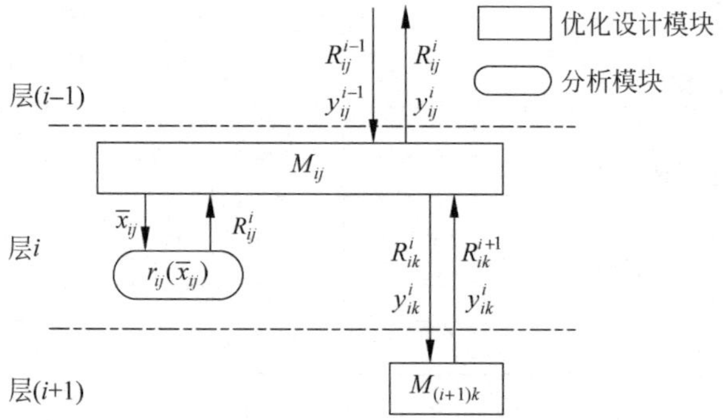

图 7-19 ATC 中父子系统级间输入输出数据流

Michalek 和 Papalambros[31]给出了 ATC 方法中任意一个元素的表达形式:

$$\min_{\bar{x}_{ij},\, y_{(i+1)j}^{i}} : \| w_{ij}^{R} \circ (R_{ij}^{i} - R_{ij}^{i-1}) \|_2^2 + \| S_j w_{ip}^{y} \circ (S_j y_{ip}^{i-1} - y_{ij}^{i}) \|_2^2 +$$

$$\sum_{j\in C_{ij}} \| w_{(i+1)k}^{R} \circ (R_{(i+1)k}^{i} - R_{(i+1)k}^{i+1}) \|_2^2 + \sum_{j\in C_{ij}} \| S_k w_{(i+1)j}^{y} \circ (S_k y_{(i+1)j}^{i} - y_{(i+1)k}^{(i+1)}) \|_2^2$$

$$\text{s. t. :}\ g_{ij}(\bar{x}_{ij}) \leqslant 0$$

$$h_{ij}(\bar{x}_{ij}) = 0$$

其中,$\bar{x}_{ij}=[x_{ij}^{i}, y_{ij}^{i}, R_{(i+1)k_1}^{i}, \cdots, R_{(i+1)k_{C_{ij}}}^{i}]^{\mathrm{T}}$

$$R_{ij}^{i} = r_{ij}(\bar{x}_{ij})\ \forall j \in \varepsilon_i,\quad i=1,2,\cdots,N \tag{7-22}$$

或者为

$$\min_{\bar{x}_{ij},\, y_{(i+1)j}^{i},\, \varepsilon_{ij}^{R},\, \varepsilon_{ij}^{y}} : \| w_{ij}^{R} \circ (R_{ij}^{i} - R_{ij}^{i-1}) \|_2^2 + \| S_j w_{ip}^{y} \circ (S_j y_{ip}^{i-1} - y_{ij}^{i}) \|_2^2 + \varepsilon_{ij}^{R} + \varepsilon_{ij}^{y}$$

$$\text{s. t. :}\ \sum_{j\in C_{ij}} \| w_{(i+1)k}^{R} \circ (R_{(i+1)k}^{i} - R_{(i+1)k}^{i+1}) \|_2^2 \leqslant \varepsilon_{ij}^{R}$$

$$\sum_{j\in C_{ij}} \| S_k w^y_{(i+1)j} \circ (S_k y^i_{(i+1)j} - y^{(i+1)}_{(i+1)k}) \|_2^2 \leqslant \varepsilon^y_{ij}$$

$$g_{ij}(\bar{x}_{ij}) \leqslant 0$$

$$h_{ij}(\bar{x}_{ij}) = 0$$

其中，$\bar{x}_{ij} = [x^i_{ij}, y^i_{ij}, R^i_{(i+1)k_1}, \cdots, R^i_{(i+1)k_{C_{ij}}}]^{\mathrm{T}}$

$$R^i_{ij} = r_{ij}(\bar{x}_{ij})\ \forall j \in \varepsilon_i,\quad i=1,2,\cdots,N \tag{7-23}$$

x^i_{ij}：第 i 层第 j 个元素的局部变量；

y^i_{ij}：第 i 层第 j 个元素的连接变量；

y^{i-1}_{ij}：$(i-1)$层分配给第 i 层第 j 个元素的连接变量期望值；

R^i_{ij}：第 i 层第 j 个元素的实际响应值；

R^{i-1}_{ij}：$(i-1)$层父元素给第 i 层第 j 个元素(子元素)的期望响应值；

r_{ij}：第 i 层第 j 个元素的响应函数；

g_{ij}：第 i 层第 j 个元素的不等式约束；

h_{ij}：第 i 层第 j 个元素的等式约束；

ε^R_{ij}：第 i 层第 j 个元素响应容差变量；

ε^y_{ij}：第 i 层第 j 个元素连接变量的容差变量；

w^R_{ij}：第 i 层第 j 个元素响应容差权重系数；

w^y_{ij}：第 i 层第 j 个元素连接变量容差权重系数；

S_j：连接变量的选择矩阵，表示子元素中的连接变量向量 y^i_{ij} 有哪些是来自于父元素 y^{i-1}_{ij}；

C_{ij}：是元素 j 的子元素的数目。

上述两个公式表达了 ATC 方法的主要思想，是 ATC 方法对复杂产品进行分解内涵的数学表达。式(7-22)的目标函数第一项是第 $i-1$ 层对指派给第 i 层子元素的期望响应 R^{i-1}_{ij} 与此子元素自身实际响应 R^i_{ij} 之间容差加权二次模量，其中 w^R_{ij} 表示此第 i 层第 j 个元素响应容差的权重系数。同样，第二项表示第 i 层指派给第$(i+1)$层元素的期望连接变量 $y^i_{(i+1)j}$ 与$(i+1)$层元素连接变量实际响应容差的加权二次模量。第三项和第四项分别表示第 i 层元素和第$(i+1)$层元素之间期望和实际响应容差的加权二次模量，与期望和实际连接变量容差的加权二次模量。式(7-23)是式(7-22)的另一种表达形式，将式(7-22)中目标函数的第三、四项转化为约束，使这两项满足设计人员事先制定好的响应和连接变量的容差。通过$(i-1)$层，i 层，$(i+1)$的一致性约束保证，ATC 实现复杂产品设计空间的分解和耦合变量的协调求解。

由于 ATC 方法起源于分解技术和非线性规划方法，所以 ATC 方法有坚实的数学基础，并且能够证明其符合 Karush-Kuhn-Tucker 最优化条件，其收敛性得到证明。但分析式(7-22)和式(7-23)，在复杂产品的设计中，通常都会赋给 ε^R_{ij} 和 ε^y_{ij}

足够小的正数,限制 i 和 $i+1$ 层中子元素和孙元素之间响应和连接变量的容差。然而,在实际复杂产品设计过程中会牵扯到不同的度量标准和不同的学科设计要求,所以统一将 ε_{ij}^{R} 和 ε_{ij}^{y} 赋值任意小的正数在系统设计优化中虽然能保证得到系统级全局最优解,但是在实际设计过程中,优化后的全局最优解不一定是最符合实际设计开发要求的最优设计方案,不一定是各部件相互协调后综合性能最高的方案。比如说,船长以米为单位,以 0.1m 为最小的误差基准,足够满足船舶设计的要求;舱壁板一般以厘米为单位,毫米级误差能够满足设计要求;船舱振动频率一般在 20～50Hz 范围内,不同阶次震动频率只要不重合,尽量相隔较大就满足要求。设计人员对于船长、船舱壁厚度、舱壁震动频率的 ε_{ij}^{R} 和 ε_{ij}^{y} 统一定义为 0.000 01,存在以下困难:首先,长度、厚度和震动频率度量对象、方法、方式、单位等均不同,统一定义容差变量毫无意义。其次,有的学科过小的变动柔性不会带来理想的优化结果,反而会降低设计优化的作用,例如:船长 190m 和 190.000 01m 对船舶的性能没有丝毫影响。再次,即使预先不赋值给 ε_{ij}^{R} 和 ε_{ij}^{y} 任意小正数,而是符合某学科设计要求的变化范围,如设计船舱壁厚度为 0.4m 时,容差允许在 0.05m 浮动,但不能满足一致性约束要求。

综上所述,ATC 方法在实际应用中还存在以下不足:

(1) 对容差分配任意小的正数以保证收敛,但在实际设计中过于教条,设计柔性不够;

(2) 如果放宽容差变量的范围,一致性约束很难保证父、子元素中耦合和共享变量的一致性;

(3) 确定父、子元素一致性约束的权重系数的计算量大;

(4) 元素涉及的变量单位难以统一,影响设计优化的效果。

分析式(7-22)和式(7-23),目标函数每一项都是变量的二次模量,如果把 ATC 的系统优化问题看做多目标优化问题,则每个二次模量项都可看做是一个设计优化目标,整个系统设计优化问题就成为多目标优化问题。

7.4.2 物理规划简介

物理规划(physical programming,PP)是由 Messac 提出的一种新的处理多目标优化问题的方法[32]。它能通过设置偏好函数和偏好结构,从本质上把握设计者对不同设计目标的偏好程度,免除多目标优化中的权重设置和更新,大大减轻大规模多目标优化问题的计算负担,将整个设计优化过程置于一个更加灵活、自然的框架中。

采用物理规划方法进行多目标优化时,虽然各设计目标有不同的物理意义,取值的量纲也可能不同,但是偏好函数用统一的尺度定量表达设计者对各个设计目标的满意程度,将具有不同物理意义的各个设计目标转换为具有相同数量级的无量纲的满意度目标。通过对总体偏好函数的优化,寻求满意度最优的设计点作为设计问题的最优解，真实反映设计者对各个设计目标的满意程度。

物理规划方法的核心就是如何构造设计目标的偏好函数。设计者需要做的，就是对不同的满意程度区间(理想、满意、可以容忍、不满意等)，确定相应的各个设计目标值的范围。偏好函数分为 4 种类型(大于型、小于型、取点型、区间型)，每种类型又可分为软偏好函数和硬偏好函数。

由于后文中涉及的用偏好函数表示元素响应与连接变量容差，只涉及小于型软偏好函数，所以在此只介绍 1-S 型软偏好函数，其他类型的偏好函数可以参照文献[32,33]。

1-S 型偏好函数有 6 个满意程度区间，详细划分情况如图 7-20 所示。利用各区间边界上的偏好函数值和其一阶导数，通过分段函数曲线拟合的方法，便可得到符合物理规划要求的定量描述的偏好函数[32]。同时，物理规划认为某一设计目标从可容忍区间的较差边界改进到较好边界，优于所有其他的设计目标从满意区间的较差边界改进到较好边界。所以，区间边界的定义是准则内偏好，OVO 准则可以认为是设计目标间的偏好[34]。

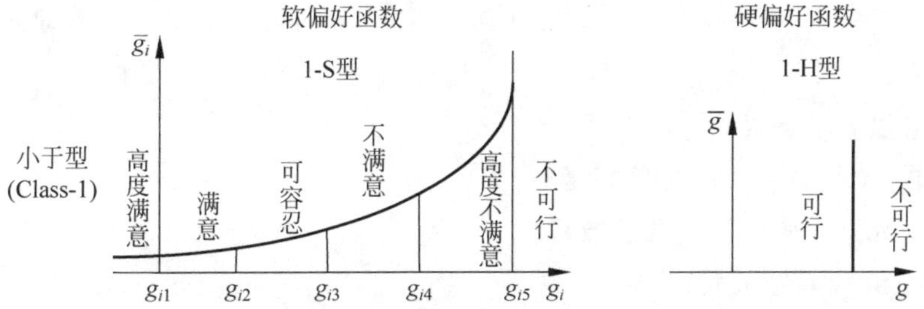

图 7-20　偏好函数类型与区间划分

7.4.3　基于物理规划的分级目标传递多目标求解策略

前面两节分别总结了 ATC 方法存在的不足和物理规划的特点，本节针对 ATC 方法的不足，介绍了 ATC-PP 方法，有效解决 ATC 方法不能保证最终得到令设计者满意的综合性能高的设计方案、设计变量单位不统一、权重更新计算量大等缺点，并将着重讨论和定义 ATC-PP 模型。

如 4.2.1 节中所述，式(7-22)看作是一个多目标设计优化问题，那么 ATC-PP 方法数学模型定义为

$$
\begin{cases}
\text{Min: } P_{ij} = \lg\left\{\dfrac{1}{n_{\text{SC}}}\sum\limits_{n=1}^{n_{\text{SC}}}\bar{g}_n[g_n(x)]\right\} \\
\text{s. t. : } \leqslant g^R_{(i)(i-1)}(x) \leqslant g^R_{(i)(i-1)}(x)_{n5}\ (\text{1-S 型偏好函数}) \\
\qquad 0 \leqslant g^y_{(i)(i-1)}(x) \leqslant g^y_{(i)(i-1)}(x)_{n5}\ (\text{1-S 型偏好函数}) \\
\qquad 0 \leqslant g^R_{(i)(i+1)}(x) \leqslant g^R_{(i)(i+1)}(x)_{n5}\ (\text{1-S 型偏好函数})
\end{cases}
$$

$$\begin{cases} 0 \leqslant g^{y}_{(i)(i+1)}(x) \leqslant g^{y}_{(i)(i+1)}(x)_{n5} (1\text{-S 型偏好函数}) \\ g_{ij}(\bar{x}_{ij}) \leqslant 0 \\ h_{ij}(\bar{x}_{ij}) = 0 \end{cases} \tag{7-24}$$

其中：

$R^{i}_{ij} - R^{i-1}_{ij} = g^{R}_{ij}(x)$，$S_j y^{i-1}_{ip} - y^{i}_{ij} = g^{y}_{ij}(x)$，$R^{i}_{(i+1)k} - R^{i+1}_{(i+1)k} = g^{R}_{(i)(i+1)}(x)$，

$S_k y^{i}_{(i+1)j} - y^{(i+1)}_{(i+1)k} = g^{y}_{(i)(i+1)}(x)$，　$k \in C_{ij}$，

$g_n(x) \in \{g_n(x) \mid g^{R}_{ij}(x), g^{y}_{ij}(x), g^{R}_{ik}(x), g^{y}_{ik}(x), k \in C_{ij}\}$，

$g^{R}_{(i)(i-1)}(x)$：元素中实际响应与父元素期望响应容差；

$g^{y}_{(i)(i-1)}(x)$：元素中实际共享变量值与父元素期望共享变量值容差；

$g^{R}_{(i)(i+1)}(x)$：元素对子元素期望响应与子元素实际响应容差；

$g^{y}_{(i)(i+1)}(x)$：元素对子元素期望共享变量值与子元素实际共享变量值容差；

n：所考虑的设计目标序号；

$g_n(x)$：第 n 个设计目标值，其中详细定义 $g^{R}_{ij}(x) = g_1$，$g^{y}_{ij}(x) = g_2$，$g^{R}_{(i+1)k}(x) = g_{k+2}(k=0,1,2,\cdots,C_{ij})$（其中当 $k=0$ 时，$g^{R}_{(i+1)k}(x)=0$，即元素没有子元素），$g^{y}_{(i+1)k}(x) = g_{C_{ij}+k+2}(k=0,1,2,\cdots,C_{ij})$（其中当 $k=0$ 时，$g^{R}_{(i+1)k}(x)=0$，即元素没有子元素）；

$\bar{g}_n[g_n(x)]$：$g_n(x)$的偏好函数；

n_{sc}：元素中软偏好函数总数目；

P_{ij}：综合偏好函数。

式(7-24)是对 ATC-PP 方法中任意一个元素求解的数学模型。式(7-22)看做是多目标优化问题，因此引入物理规划中的偏好函数衡量元素响应与连接变量容差。由于四类二次模量分别代表元素响应和共享变量的期望值与实际值的容差，原始的 ATC 方法希望容差越小越好，理论上趋向于零，但是由于实际工程设计的需要和不同子元素的约束，很难保证容差都为零[35]。因此，设计人员希望这四类容差即设计目标越小越好，符合物理规划中的 1-S 型偏好函数，如图 7-20 所示。式(7-24)中的约束即为 1-S 型偏好函数形成的约束，而 $g_{ij}(\cdot)$和 $h_{ij}(\cdot)$以及 $\bar{x}_{ij}$ 的定义同式(7-23)。

在约束中需要注意：普通 1-S 型软偏好函数没有规定目标函数值的下限，但 ATC-PP 方法把期望值与实际值差的二次模量看做优化目标，那么其目标函数值不小于 0，所以在 ATC-PP 方法中将 1-S 型软偏好函数的定义域，即原目标函数的值定义在区间$[0, g_{n5}]$。如果二次模量目标函数的值等于零时，则为原始 ATC 方法。ATC-PP 方法为了满足实际设计要求，尽量达到全局响应和连接变量统一，如果不能满足严格约束要求，就会发挥物理规划的优势，通过不断迭代优化得到符合实际设计要求的优化可行解。下面将给出 ATC-PP 方法中偏好函数表达方法。

1. 基于物理规划的分级目标传递中偏好函数的定义

文献[32]定义了一般偏好函数表达方法。由于在 ATC-PP 方法中，所有的设计目标即式(7-23)中的二次模量，在实际设计中都符合 1-S 型软偏好函数要求，因此，在 ATC-PP 方法中只考虑 1-S 型软偏好函数的构造和表示方法。如图 7-20 所示，1-S 型软偏好函数认为目标函数值越小越好，设计人员应该按照实际设计要求和经验，对 n 个目标函数不同取值进行划分，如 $R_{ij}^{i}-R_{ij}^{i-1}=g_{ij}^{R}(x)$，取 $g_{ij}^{R}(x)=0.1$ 为容差高度满意值，并且高度满意区间中函数的变化值也为 0.1，并表达如下：

$$\bar{g}^{1}=\tilde{\tilde{g}}^{1}=0.1 \tag{7-25}$$

其他 4 个区域的偏好函数边界值划分有：

$$\tilde{\tilde{g}}^{k}=\beta n_{sc}\tilde{\tilde{g}}^{(k-1)} \quad (2\leqslant k\leqslant 5,\beta>1) \tag{7-26}$$

$$\bar{g}^{k}=\bar{g}^{(k-1)}+\tilde{\tilde{g}}^{k} \quad (2\leqslant k\leqslant 5) \tag{7-27}$$

$$\lambda_{i}^{k}=g_{ik}-g_{i(k-1)} \tag{7-28}$$

其中，$\bar{g}^{k}$ 是区间边界 k 的偏好函数值，$\tilde{\tilde{g}}^{k}$ 为经过第 k 个区间的偏好函数值的变化，β 是凸度系数(确定方法参照文献[32])。在 1-S 型软偏好函数的 5 个区域中，区域的斜率计算如下：

$$\tilde{s}_{i}^{k}=\tilde{\tilde{g}}^{k}/\lambda_{i}^{k}, \quad k=2,3,4,5 \tag{7-29}$$

$$s_{i1}=\alpha\tilde{s}_{i}^{2}, \quad 0<\alpha<1 \tag{7-30}$$

$$s_{ik}=(s_{ik})_{\min}+\alpha\Delta s_{ik}, \quad k=2,3,4,5 \tag{7-31}$$

$$(s_{ik})_{\min}=\frac{4\tilde{s}_{ik}-s_{i(k-1)}}{3}, \quad \Delta s_{ik}=\frac{8}{3}(\tilde{s}_{ik}-s_{i(k-1)}) \tag{7-32}$$

其中，s_{ik} 是区间边界 k 处的偏好函数的一阶导数值；$\tilde{s}_{ik}$ 是偏好函数在区间 k 处的平均斜率。α 参数的确定见文献[32]。

ATC-PP 方法中，1-S 型软偏好函数分段函数的拟合方法为如果 $n=1$ 时，1-S 型最左端的一个分段，与原始的 1-S 不同，不是从无穷小递增的曲线，而是从 0 开始递增的曲线，该曲线同样类似于指数函数，采用如下形式表达：

$$\bar{g}_{i}=g_{i1}\exp[(s_{i}^{1}/g_{i1})(g_{i}-g_{i1})], \quad 0\leqslant g_{i}\leqslant g_{i1} \tag{7-33}$$

其中，s_{i}^{1} 表示第一个区域边界点的斜率。如果 $k=2,3,4,5$ 时，偏好函数的二阶导数：

$$\frac{\partial^{2}\bar{g}_{i}^{k}}{\partial g_{i}^{k2}}=(\lambda_{i}^{k})^{2}[a(\xi_{i}^{k})^{2}+b(\xi_{i}^{k}-1)^{2}], \quad 0\leqslant\xi_{i}^{k}\leqslant 1$$

其中，a，b 严格正实数，$\xi_{i}^{k}=\dfrac{g_{i}-g_{i(k-1)}}{g_{ik}-g_{i(k-1)}}$，$\lambda_{i}^{k}=g_{ik}-g_{i(k-1)}$，积分得到

$$\bar{g}_{i}^{k}=(\lambda_{i}^{k})^{4}\left[\frac{a}{12}(\xi_{i}^{k})^{4}+\frac{b}{12}(\xi_{i}^{k}-1)^{4}\right]+c\lambda_{i}^{k}\xi_{i}^{k}+d$$

将区间端点的偏好函数 $\bar{g}_{i}^{k}$ 和 $\bar{g}_{i}^{k-1}$ 以及斜率 s_{ik} 和 $s_{i(k-1)}$ 代入求得：

$$
\begin{cases}
a=\dfrac{3[3S_{ik}+S_{i(k-1)}]-12\widetilde{S}_{ik}}{2(\lambda_i^k)^3}\\
b=\dfrac{12\overline{S}_{ik}-3[S_{ik}+3S_{i(k-1)}]}{2(\lambda_i^k)^3}\\
c=2\dfrac{\overline{g}_i^k-\overline{g}_i^{k-1}}{\lambda_i^k}-\dfrac{S_{i(k-1)}+S_{ik}}{2}\\
d=\dfrac{3\overline{g}_i^{k-1}-\overline{g}_i^k}{2}-\dfrac{\lambda_i^k(3S_{i(k-1)}+S_{ik})}{8}
\end{cases}
\tag{7-34}
$$

按照上述方法，利用设计人员事先确定好的响应与连接变量容差的容忍区间，确定不同区间边界上的偏好函数值，并求出一阶导数，采用分段曲线拟合的方法，便得到不同容差的偏好函数。利用偏好函数将设计目标值划分为一组程度区间，在不同区间，以及在相同区间不同位置，目标值的变化对设计者的满意程度影响是不同的。这符合设计者在多目标设计中的思维特点，因此物理规划能够从本质上把握设计者对于期望目标和实际值容差的偏好。在 ATC-PP 方法中，相同连接变量在不同级别元素中的容差都采用统一偏好区间划分来处理，便于连接变量的统一，降低复杂产品设计优化复杂度。

因此，ATC-PP 方法在一定程度上松弛了一致性约束，更加符合复杂产品实际设计需要，当容差趋向于 0 时，即为原始 ATC 方法。原始 ATC 方法是 ATC-PP 方法的理想情况，也是一种特例。

2. 基于物理规划的分级目标传递的流程

接下来详细讨论 ATC-PP 方法的详细流程，如图 7-21 所示，并总结如下：

步骤一：根据复杂产品的相关设计规范和历史设计数据，确定整个系统设计目标以及其相关部件的设计要求；

步骤二：分析设计优化中相关部件与系统级设计优化目标；

步骤三：结合两级映射方法对设计空间的划分，明确各部件之间以及系统级之间的关系；

步骤四：建立整个系统的 ATC 模型；

步骤五：设计人员确定各个父子元素期望值与实际值容差偏好；

步骤六：建立父子元素期望值与实际值容差偏好函数；

步骤七：综合各个偏好函数并进行优化；

步骤八：判断是否满足设计要求与设计规范；

步骤九：如果满足设计要求与设计规范，就结束优化；反之，则再次根据设计规范和历史设计数据，对容差范围和设计空间范围进行调整，返回第四步，进行迭代，直到满足要求为止，迭代结束。

综上所述，ATC-PP 方法首先对整个系统进行基于部件的分解，然后对每一个

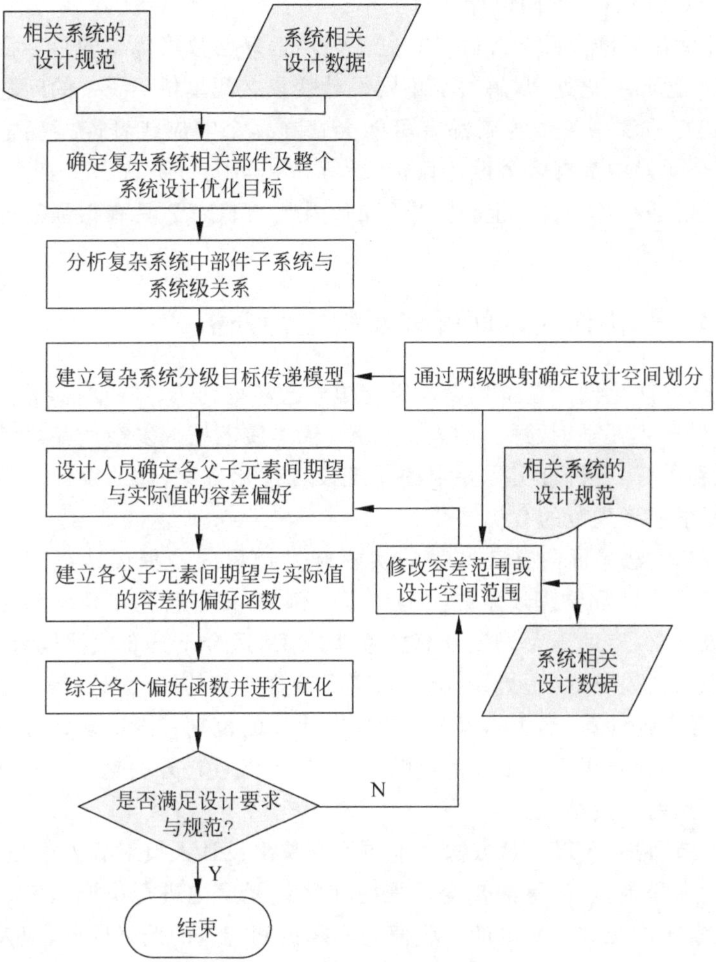

图 7-21　ATC-PP 方法流程图

元素的响应和共享变量容差进行偏好划分,建立元素响应和共享变量容差的偏好函数,进行迭代优化,求出符合设计人员设计习惯的优化结果。

在 ATC-PP 方法中,由于引入容差偏好划分,放宽解耦约束,会导致优化后子元素耦合变量在系统级无法统一的情况发生,因而,下一节将详细研究 ATC-PP 方法中耦合变量的协调求解及其收敛的稳定性。

ATC-PP 方法可以较好地克服 ATC 方法的缺点:

(1) ATC 方法是基于分层分解的协调分解方法,对每个元素的期望与实际响应容差采用权重系数的方法来表达其重要性,通过不断迭代更新权重系数,不能保证最终得到令设计者满意的设计方案。而 ATC-PP 方法在设计者的偏好明确以后,通过优化算法获得符合这种偏好设置的最优化设计方案集,减轻计算负担,对于大规模优化设计问题尤其重要。

(2) ATC方法中,不同设计变量的单位没有统一,会导致ATC方法中容差设定以及设计优化标准混乱。ATC-PP方法采用偏好函数将优化的目标函数值进行处理,代替普通归一化处理,解决了不同设计变量之间单位不统一的问题。

(3) ATC方法中每个约束都有可能会存在多个响应或者连接变量的一致性约束,即每个元素中都有多个设计目标,计算量相当大。而ATC-PP方法中,各目标的偏好规划是在各个目标上独立进行的,因此ATC-PP具有很强的处理多目标优化的能力。

7.4.4 非协作元素间解耦及稳定性分析

自动化、智能化设计在工程设计研究领域已经得到了足够重视,并取得了众多研究成果[36,37],但是适时、适当的人工干预,从本质上把握复杂产品设计的内部机理,能够收到更好、更符合实际要求的系统设计优化方案,保证设计人员的设计经验和设计要求或者规范的有机结合。

ATC-PP方法是面向复杂产品的实际开发过程的一种设计空间分解求解方法,兼具ATC方法和物理规划方法的优点。例如,以部件为单位将整个系统分解为若干分级元素,有助于大规模计算的逐步求解,适合于分布式协同计算框架,从本质上体现设计人员对各元素响应和共享变量容差值的设计偏好等。以部件为单位的分解、分布式计算,属于自动化、智能化计算的范畴;体现设计人员的设计偏好,建立偏好函数属于人工干预的范畴。所以,ATC-PP方法是分布式智能计算和人工适时干预的有机结合。

如7.3节所述,ATC-PP方法从本质上反映出设计人员对容差的偏好,但是同时也引入约束松弛,这使得耦合变量需要在父代元素中进行协调求解。在每个元素内部,元素响应和共享变量的期望值与实际值间容差的偏好区间,以及子元素中的耦合协调需要由设计人员参与其中。在元素内部,有工程设计人员参与,增加部件级设计优化的可行性,使设计优化方案更加贴近工程实际要求;在元素外部,分别有父代和孙代的期望和实际响应作为元素间的交流"桥梁",同级元素相互之间没有交流、没有数据的传递,所有的优化协调都通过父代元素进行优化协调,有助于减少交流和通信花费,方便整个系统的统一管理和规划,实现分布式自动智能计算。

针对上述对ATC-PP方法的分析,本节将主要采用博弈论的方法研究ATC-PP方法中耦合变量的均衡点求解以及均衡点的稳定性问题:对ATC-PP方法中同级元素耦合变量的均衡点求解进行研究,并采用现代控制理论中Lyapunov理论方法研究解耦均衡点稳定性问题。

1. 设计场景分析

7.3.1节已经简单介绍了博弈论在复杂产品设计优化应用中的三种场景及其相关特点。ATC-PP方法分级目标传递的本质及特点没有改变,仍是一种分级的、基于部件的协调分解方法,具有分布式、非集中式计算优化的特点。并且在同级不同元素相互之间几乎没有直接联系，元素都是通过上一级父代元素进行协调优化。ATC-PP 方法的同级元素之间非协作关系如图 7-22 所示，其符合非协作博弈论设计场景。同级元素之间由于各种原因无法进行顺畅沟通或者通讯，必须通过第三方协调与分析，才能进行部分信息或者设计变量的协调优化。综上所述，ATC-PP 方法中同级元素符合非协作模型特点，因此，Nash 均衡理论在此方法中可以得到推广，用于在引入偏好函数后耦合变量的协调求解。下面将对 ATC-PP 方法纳什均衡点求解和稳定性进行研究和讨论。

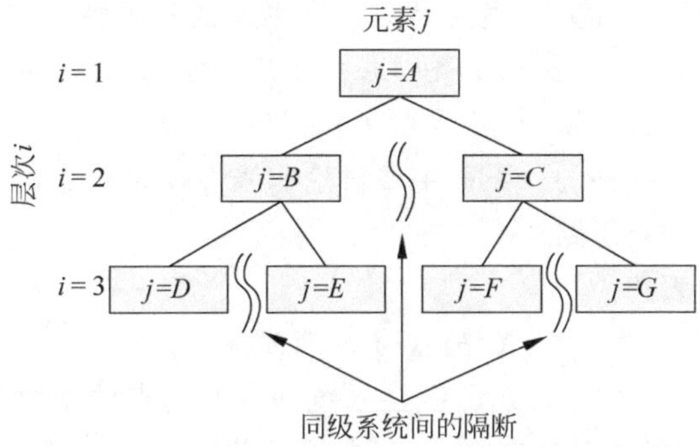

图 7-22　ATC-PP 方法同级元素的非协作示意图

在 ATC-PP 方法中，每个元素内部设计优化问题通常都是非线性问题，因此，整个元素的实际响应可能会存在非常复杂的表达形式，或者根本无法采用准确的数学公式进行表达，本文采用 Kriging 模型来近似表达整个元素的实际响应。同级元素相对独立，都将自己的实际响应和共享变量传递到父代元素，并由父代元素进行相互协调求解。在这种情况下，优化后的耦合变量在相关偏好区间内仍无法解耦，因此，如何在同级元素中建立合理反应集合从而求解纳什均衡点至关重要。在 ATC-PP 中具有耦合变量的两个同级设计元素，得到不同耦合变量容差，在容差范围内会有耦合现象，又因前述元素求解问题是非线性的，所以需要在各次迭代数据(相当于采样数据)和实验采样数据的基础上构建近似模型。

引入偏好函数进行优化后，在放宽的可行方案空间中，设计者 A 的合理反应集求解过程如下：首先，采用拉丁超立方(latin hypercube sampling，LHS)方法，在设计者 B 优化后的偏好范围内进行可行性方案采样，对于设计者 A，采样点相当于确定设计者 B 的设计方案，求解设计者 A 的可行性方案。在此基础上，建立设计者 A 和设计者 B 耦合变量之间合理反应集。上述建立近似模型的过程可以推广到多个设计者负责设计不同的部件或者子系统中，建立多个近似模型。通过近似模型求得的交点即为解耦均衡点。

在采用偏好函数进行物理规划后，相关的耦合变量仍然存在于松弛一致性约束优化后的设计空间中，纳什均衡点是上述近似模型的相交点，在复杂产品的设计优化中，特别是在 ATC-PP 方法中，可能不仅仅存在一个纳什均衡点。下面将研究均衡点的稳定性。

2. 基于 Lyapunov 直接法的稳定性判别方法

ATC-PP 方法通过引入偏好函数在父、子元素中进行迭代优化，在松弛约束的设计空间中采用实验设计的方法建立近似模型，协调求解耦合变量，上述过程在不同元素中进行相互信息传递，最终达到寻优收敛。这种现象与控制理论中的离散时间控制系统的特点极其类似。本节主要采用控制系统的稳定性分析方法来研究 ATC-PP 方法中均衡点的稳定性问题。

控制理论中的稳定性分析主要是对给定系统的各种特征进行分析，其中就包括均衡点的稳定性分析。Chanron 和 Lewis 已经尝试将非线性控制论的相关方法应用在非集中式的设计环境中，并取得了较好的效果[38]。ATC-PP 方法中的元素设计优化问题都是非线性的。下面主要讨论非线性控制论的相关方法在 ATC-PP 方法中推广及应用的新思路。

离散时间系统表达为

$$\boldsymbol{X}(k+1)=f(\boldsymbol{X}(k)) \tag{7-35}$$

式(7-35)和初始状态条件表示出非线性系统任意时间点的函数关系。在 ATC-PP 方法中，$\boldsymbol{X}$ 是相关元素的设计向量，f 是非线性状态函数，可采用响应面模型来近似表达[38]。

1) 均衡点及稳定性定义

在经济学中均衡点实际上是在整个经济体趋于稳定的状态下各个参与者所达到的最终状态。在控制论中，对于离散时间系统，如果 $\forall k \geqslant k_0, f(x,0,k)=\bar{x}$，则称 $\bar{x}$ 是从时间 t_0 开始，系统的一个平衡点。如果系统由时间 t_0 或 k_0、状态 $\bar{x}$ 开始，在所经历的时间过程中，状态保持不变，则对于式(7-35)，当 $\boldsymbol{X}(k_0+1)=f(\boldsymbol{X}(k_0))$ 时，从 k_0 时刻起，系统就趋于平衡状态(均衡状态)。在复杂产品设计空间协调求解中，每个元素合理反应集的响应面模型的交点是均衡点(平衡点)。设计优化迭代步骤不断进行，或者实验设计采样过程都可认为符合离散时间系统特点的动态系统，均衡点的最终获取就意味着，整个 ATC-PP 方法中耦合变量协调求解过程趋于收敛，最终达到平衡。求解离散时间系统稳定性方程，即 $\boldsymbol{X}(k_0+1)=f(\boldsymbol{X}(k_0))$ 的解可能是空集，也可能是一个或多个解。如果是空集，证明整个协调优化过程不收敛，即不稳定；存在一个或者多个解的情况下，需要对解的稳定性进行分析。

通常，一个非线性系统，总可以通过简单的变换，得到平衡状态在原点的等价系统。在 ATC-PP 方法中也将均衡点看作原点，并且根据 Lyapunov 定义，给出设计空间均衡点稳定性的定义：

定义：给定任意的 $\varepsilon>0$，存在 $\delta>0$，使得 $\forall k>k_0$ 时(k_0 为原点)，如果 $\|\boldsymbol{X}(k_0)\|<\delta$，则有 $\|\boldsymbol{X}(k)\|<\varepsilon$，那么就认均衡点 $k=k_0$ 是稳定的；否则，则称均衡点是不稳定的。

上述定义表明，在以 δ 为半径的足够小(为正值)的圆内，以任意的初始条件释放的状态，其运动轨迹(设计空间中关注的设计变量的收敛轨迹)都能够封闭成一个任意小的圆，这个圆的圆心在平衡点(原点)，半径为 ε。

均衡点附近的重要特征表示了纳什均衡点集稳定性的相关信息，也就是均衡点附近区域中的有价值的信息，包括根轨迹从任意点开始收敛于原点所经过的所有点和均衡点等。因此，除上述的稳定性定义之外，在设计空间中研究均衡点的稳定性还要引入渐进稳定性的概念，渐进稳定性的定义比上述 Lyapunov 稳定性的定义更加严格，它不仅要求整个系统在任何状态下均衡点稳定，而且要求收敛于"0"点(原点)。因此，在 ATC-PP 方法中研究耦合变量均衡点的渐进稳定性具有非常重要的意义。

2) Lyapunov 直接法

Lyapunov 直接法是研究非线性系统稳定性的常用方法，是研究在 Lyapunov 函数存在的基础上，均衡点稳定的必要条件。

Lyapunov 函数：对于离散时间系统，在某个球 B_r 中，标量函数 $V(k)$ 是正定的，并且函数 $V(k+1)-V(k)$ 是负半定的，那么 $V(k)$ 被认为是所研究的非线性系统的 Lyapunov 函数，其中球 $B_r=\{x \| |x\| \leqslant r\}, r>0$。

Lyapunov 局部稳定性定理：对于离散时间系统，如果存在一个 Lyapunov 函数，其在原点是稳定的，如果，函数 $V(k+1)-V(k)$ 在球 B_r 中是负定的，那么原点就是渐进稳定的。

ATC-PP 方法中协调耦合变量所建立的离散时间系统，如果系统的公式已知，就可对这个系统进行 Lyapunov 稳定性推断。需要注意的是，Lyapunov 直接法的应用困难主要在于：

(1) Lyapunov 函数的确定。函数 $V(\cdot)$ 一般称为 Lyapunov 函数，或者是 Lyapunov 函数初选函数，在不同的应用过程中有不同的命名。

(2) Lyapunov 局部稳定性定理只是一个充分条件。为将其用于一个特定的系统，需要寻找一个满足 $V(\cdot)$ 要求的函数。在这个阶段中，认为是 Lyapunov 初选函数。对于所研究的特定系统和特别选取的 $V(\cdot)$，$V(k+1)-V(k)$ 条件不一定满足。如果满足条件 $V(k+1)-V(k)$，则得出肯定的结论，$V(\cdot)$ 就是 Lyapunov 函数；反之，如果不能满足条件 $V(k+1)-V(k)$，由于定理是充分条件，则不能得出肯定的结论，所以就必须从另外 Lyapunov 初选函数重新开始。

在 ATC-PP 方法中采用离散系统判断稳定性的方法、判断均衡点稳定性的意义在于：如果判断出均衡点是稳定的，就对整个复杂产品或者局部相关系统进行优化求解；反之，如果能判断出均衡点存在不稳定性，就不用迭代优化求解，因为均衡点不稳定会导致整个系统设计方案的不稳定，事先判断均衡点的稳定性能够节约设计优化时间，提高效率。

7.4.5 测试算例

本节将以组合悬臂梁[39]为例，验证 ATC-PP 方法的有效性，如图 7-23 所示。

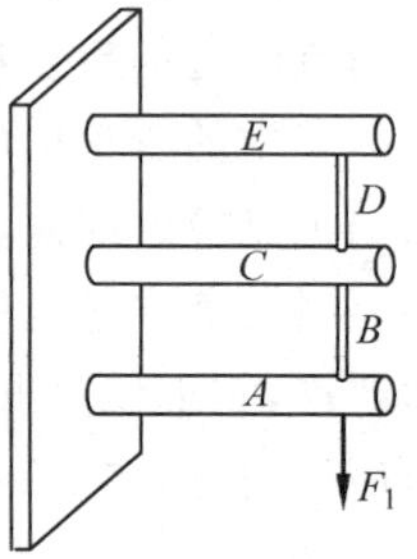

图 7-23 组合悬臂梁示意图

组合悬臂梁包括 3 个圆柱形的悬臂梁和两段连接杆，在其前端施加 $F_1=1000\text{N}$ 载荷，3 个圆柱形悬臂梁分别用 A、C 和 E 来表示，两个连杆用 B 和 D 表示。本实例对于这 5 个组件放宽约束为非标准件，原问题是对标准件和非标准件同时进行研究，同时忽略底座的质量和弯曲力矩；整个悬臂梁所采用的材料是 6061-T6 铝，弹性模量 $E=70\text{GPA}$，密度 $\rho=2700\text{kg/m}^3$，最大许用应力 $\bar{\sigma}=127\text{MPa}$，底座最大许用传递剪切力 $\bar{F}=400\text{N}$，最大允许变形 $\bar{\delta}=50\text{mm}$。整个问题建模如下：

$$
\begin{aligned}
&\text{Min}:(m_A+m_B+m_C+m_D+m_E)\\
&\text{关于 } d_A,d_B,d_C,d_D,d_E\in\mathcal{R}\\
&\text{s.t.}:\delta_A\leqslant\bar{\delta};\sigma_i\leqslant\bar{\sigma},\forall i\in\{A,B,C,D,E\}\\
&\qquad F_1-F_2\leqslant\bar{F};F_2-F_3\leqslant\bar{F};F_3\leqslant\bar{F};
\end{aligned}
$$

其中，$m_i=\dfrac{\pi}{4}d_i^2L\rho,\forall i\in\{A,B,C,D,E\}$

$$
\begin{cases}
\sigma_A=\dfrac{32(F_1-F_2)}{\pi d_A^3};\quad \sigma_C=\dfrac{32(F_2-F_3)}{\pi d_C^3};\\
\sigma_B=\dfrac{4F_2}{\pi d_B^2};\quad \sigma_D=\dfrac{4F_3}{\pi d_D^2};\quad \sigma_E=\dfrac{32F_3}{\pi d_E^2};\\
F_2=\dfrac{\pi Ed_B^2(\delta_A-\delta_C)}{4L};\quad F_3=\dfrac{\pi Ed_B^2(\delta_A-\delta_C)}{4L};\\
\delta_A=\dfrac{64L^3(F_1-F_2)}{3\pi Ed_A^4};\quad \delta_C=\dfrac{64L^3(F_2-F_3)}{3\pi Ed_A^4};\\
\delta_E=\dfrac{64L^3F_3}{3\pi Ed_E^4}
\end{cases}
\tag{7-36}
$$

如图 7-24 所示，采用 ATC-PP 方法对组合悬臂梁进行设计优化，分解模型表达如下：

系统级模型：

$$
\begin{aligned}
\text{Min}:P_{11}=\lg\frac{1}{10}\Big\{&\sum_{i=A,B,C,D,E}\bar{g}[g^R_{(1)(2)}\parallel m^1_{i2}-m^2_{i2}\parallel^2_2]+\\
&\sum_{i=A,C,E}\bar{g}[g^y_{(1)(2)}\parallel\delta^1_{i2}-\delta^2_{i2}\parallel^2_2]+\sum_{i=2,3}\bar{g}[g^y_{(1)(2)}\parallel F^1_{i2}-F^2_{i2}\parallel^2_2]\Big\}
\end{aligned}
\tag{7-37}
$$

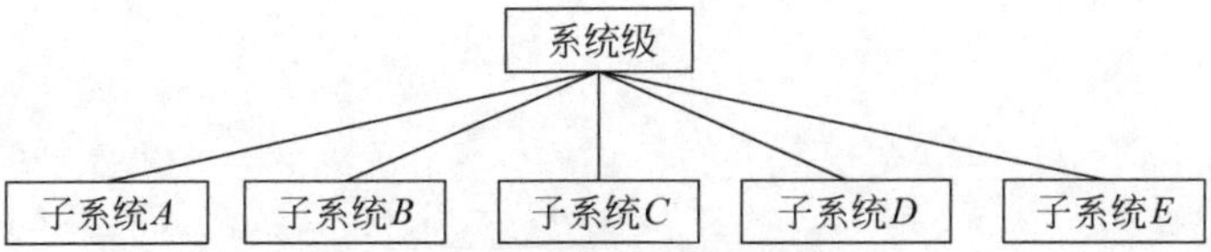

图 7-24 组合悬架的系统分解图

$$\begin{aligned} \text{s.t.}:\ & 0 \leqslant \| m_{i2}^1 - m_{i2}^2 \|_2^2 \leqslant 0.05, && i = A, C, E \\ & 0 \leqslant \| m_{i2}^1 - m_{i2}^2 \|_2^2 \leqslant 0.0005, && i = B, D \\ & 0 \leqslant \| \delta_{i2}^1 - \delta_{i2}^2 \|_2^2 \leqslant 0.5, && i = A, C, E \\ & 0 \leqslant \| F_{i2}^1 - F_{i2}^2 \|_2^2 \leqslant 25, && i = 2, 3 \end{aligned}$$

子系统 A：

$$\begin{aligned} \text{Min}:\ P_{21} = \lg \frac{1}{3} \{ & \bar{g}[g_{(1)(2)}^R \| m_{A2}^1 - m_{A2}^2 \|_2^2] + \bar{g}[g_{(1)(2)}^y \| \delta_{A2}^1 - \delta_{A2}^2 \|_2^2] + \\ & \bar{g}[g_{(1)(2)}^y \| F_{22}^1 - F_{22}^2 \|_2^2] \} \end{aligned}$$

$$\begin{aligned} \text{s.t.}:\ & 0 \leqslant \| m_{A2}^1 - m_{A2}^2 \|_2^2 \leqslant 0.05 \\ & 0 \leqslant \| \delta_{A2}^1 - \delta_{A2}^2 \|_2^2 \leqslant 0.5 \\ & 0 \leqslant \| F_{22}^1 - F_{22}^2 \|_2^2 \leqslant 25 \\ & m_A = \frac{\pi}{4} d_A^2 L \rho \\ & \sigma_A = \frac{32(F_1 - F_2)}{\pi d_A^3} \leqslant \bar{\sigma} \\ & F_1 - F_2 \leqslant \bar{F} \\ & \delta_A \leqslant \bar{\delta} \end{aligned}$$

其中，

$$\delta_A = \frac{64 L^3 (F_1 - F_2)}{3 \pi E d_A^4} \tag{7-38}$$

子系统 B：

$$\begin{aligned} \text{Min}:\ P_{22} = \lg \frac{1}{3} \{ & \bar{g}[g_{(1)(2)}^R \| m_{B2}^1 - m_{B2}^2 \|_2^2] + \bar{g}[g_{(1)(2)}^y \| \delta_{C2}^1 - \delta_{C2}^2 \|_2^2] + \\ & \bar{g}[g_{(1)(2)}^y \| F_{22}^1 - F_{22}^2 \|_2^2] \} \end{aligned}$$

$$\begin{aligned} \text{s.t.}:\ & 0 \leqslant \| m_{B2}^1 - m_{B2}^2 \|_2^2 \leqslant 0.0005 \\ & 0 \leqslant \| \delta_{i2}^1 - \delta_{i2}^2 \|_2^2 \leqslant 0.5, \quad i = A, C \\ & 0 \leqslant \| F_{22}^1 - F_{22}^2 \|_2^2 \leqslant 25 \\ & m_B = \frac{\pi}{4} d_A^2 L \rho \end{aligned}$$

$$\sigma_B=\frac{4F_2}{\pi d_B^2}\leqslant\bar{\sigma}$$

其中，

$$F_2=\frac{\pi E d_B^2(\delta_A-\delta_C)}{4L} \tag{7-39}$$

子系统 C：

$$\text{Min: } P_{23}=\lg\frac{1}{4}\{\bar{g}[g_{(1)(2)}^R\|m_{C2}^1-m_{C2}^2\|_2^2]+\bar{g}[g_{(1)(2)}^y\|\delta_{C2}^1-\delta_{C2}^2\|_2^2]+\bar{g}[g_{(1)(2)}^y\|F_{22}^1-F_{22}^2\|_2^2]+\bar{g}[g_{(1)(2)}^y\|F_{32}^1-F_{32}^2\|_2^2]\}$$

$$\text{s.t.: } 0\leqslant\|m_{C2}^1-m_{C2}^2\|_2^2\leqslant 0.05$$

$$0\leqslant\|\delta_{C2}^1-\delta_{C2}^2\|_2^2\leqslant 0.5$$

$$0\leqslant\|F_{i2}^1-F_{i2}^2\|_2^2\leqslant 25,\quad i=2,3$$

$$m_C=\frac{\pi}{4}d_A^2L\rho$$

$$\sigma_C=\frac{32(F_1-F_2)}{\pi d_A^3}\leqslant\bar{\sigma}$$

$$F_1-F_2\leqslant\bar{F}$$

其中，

$$\delta_C=\frac{64L^3(F_2-F_3)}{3\pi E d_A^4} \tag{7-40}$$

子系统 D：

$$\text{Min: } P_{24}=\lg\frac{1}{4}\{\bar{g}[g_{(1)(2)}^R\|m_{D2}^1-m_{D2}^2\|_2^2]+\bar{g}[g_{(1)(2)}^y\|\delta_{C2}^1-\delta_{C2}^2\|_2^2]+\bar{g}[g_{(1)(2)}^y\|\delta_{E2}^1-\delta_{E2}^2\|_2^2]+\bar{g}[g_{(1)(2)}^y\|F_{32}^1-F_{32}^2\|_2^2]\}$$

$$\text{s.t.: } 0\leqslant\|m_{D2}^1-m_{D2}^2\|_2^2\leqslant 0.0005$$

$$0\leqslant\|\delta_{i2}^1-\delta_{i2}^2\|_2^2\leqslant 0.5,\quad i=C,E$$

$$0\leqslant\|F_{32}^1-F_{32}^2\|_2^2\leqslant 25$$

$$\mathrm{m}_D=\frac{\pi}{4}d_D^2L\rho$$

$$\sigma_D=\frac{4F_3}{\pi d_D^2}\leqslant\bar{\sigma}$$

其中，

$$F_3=\frac{\pi E d_D^2(\delta_C-\delta_E)}{4L} \tag{7-41}$$

子系统 E：

$$\text{Min: } P_{25}=\lg\frac{1}{3}\{\bar{g}[g_{(1)(2)}^R\|m_{E2}^1-m_{E2}^2\|_2^2]+\bar{g}[g_{(1)(2)}^y\|\delta_{E2}^1-\delta_{E2}^2\|_2^2]+$$

$$\bar{g}[g^{y}_{(1)(2)} \| F^1_{32} - F^2_{32} \|^2_2]\}$$

$$\text{s.t.}: 0 \leqslant \| m^1_{E2} - m^2_{E2} \|^2_2 \leqslant 0.05$$

$$0 \leqslant \| \delta^1_{E2} - \delta^2_{E2} \|^2_2 \leqslant 0.5$$

$$0 \leqslant \| F^1_{32} - F^2_{32} \|^2_2 \leqslant 25$$

$$m_E = \frac{\pi}{4} d^2_E L\rho$$

$$\sigma_E = \frac{32F_3}{\pi d^2_E} \leqslant \bar{\sigma}$$

$$F_3 \leqslant \bar{F}$$

其中，

$$\delta_E = \frac{64L^3F_3}{3\pi E d^4_E} \tag{7-42}$$

其中相关容差便变量的偏好函数区间定义如下：

(1) $0 \leqslant \| m^1_{i2} - m^2_{i2} \|^2_2 = g^R_{(i)(i+1)}(x) \leqslant 0.05, i = A, C, E$，表示系统级对 A、C、E 3个悬臂梁质量 m_A、m_C、m_E 期望与实际响应的容差，容差值越小越好。[0, 0.01]为高度满意区域；[0.01, 0.02]为满意区域；[0.02, 0.03]为可容忍区域；[0.03, 0.04]为不满意区域；[0.04, 0.05]为高度不满意区域；[0.05, +∞]为不可行区域。

(2) $0 \leqslant \| m^1_{i2} - m^2_{i2} \|^2_2 = g^R_{(i)(i+1)}(x) \leqslant 0.0005, i = B, D$，表示系统级对 B、D 两个连杆的质量 m_B、m_D 的期望与实际响应的容差，容差值越小越好。[0, 0.0001]为高度满意区域；[0.0001, 0.0002]为满意区域；[0.0002, 0.0003]为可容忍区域；[0.0003, 0.0004]为不满意区域；[0.0004, 0.0005]为高度不满意区域；[0.0005, +∞]为不可行区域。

(3) $0 \leqslant \| \delta^1_{i2} - \delta^2_{i2} \|^2_2 = g^y_{(i)(i+1)}(x) \leqslant 0.5, i = A, C, E$，表示系统级共享变量，即 A、C、E 3个悬臂梁变形 δ_A、δ_C、δ_E 期望与实际响应的容差，容差值越小越好。[0, 0.1]为高度满意区域；[0.1, 0.2]为满意区域；[0.2, 0.3]为可容忍区域；[0.3, 0.4]为不满意区域；[0.4, 0.5]为高度不满意区域；[0.5, +∞]为不可行区域。

(4) $0 \leqslant \| F^1_{i2} - F^2_{i2} \|^2_2 = g^y_{(i)(i+1)}(x) \leqslant 25, i = 2, 3$，表示系统级共享变量，即 B、D 两连杆所受的力 F_2、F_3 期望与实际响应的容差，容差值越小越好。[0, 5]为高度满意区域；[5, 10]为满意区域；[10, 15]为可容忍区域；[15, 20]为不满意区域；[20, 25]为高度不满意区域；[25, +∞]为不可行区域。

在 A、B、C、D、E 5个子系统中，容差的偏好函数区间设定与系统级是一致的。系统级是期望值的发送方，子系统级是期望值的接收方，二次模量表示的容差只是被减数与减数顺序颠倒，其值不变，因此与系统级的偏好函数区间是一致的。对偏好区间的设定如表7-11所示。

表 7-11 ATC-PP 偏好区间划分表

容差	类型	高度满意	满意	可容忍	不满意	高度不满意	不可行
		0	g_{n1}	g_{n2}	g_{n3}	g_{n4}	g_{n5}	
$\Vert m_{i2}^1-m_{i2}^2 \Vert_2^2, i=A,C,E$	1-S	0	0.01	0.02	0.03	0.04	0.05	$+\infty$
$\Vert m_{i2}^1-m_{i2}^2 \Vert_2^2, i=B,D$	1-S	0	0.0001	0.0002	0.0003	0.0004	0.0005	$+\infty$
$\Vert \delta_{i2}^1-\delta_{i2}^2 \Vert_2^2, i=A,C,E$	1-S	0	0.1	0.2	0.3	0.4	0.5	$+\infty$
$\Vert F_{i2}^1-F_{i2}^2 \Vert_2^2, i=2,3$	1-S	0	5	10	15	20	25	$+\infty$

如前所述，由于偏好函数的引入松弛了求解模型中的约束，会导致共享变量或者耦变量在同级元素中取值不统一的现象。下面将求解非协作模型求解耦合变量的纳什均衡点，并用离散时间系统的 Lyapunov 函数稳定性来分析均衡点的稳定性。

以子系统(部件)A、B 为例说明均衡点及其稳定性研究。A 和 B 是同级元素，相互之间没有直接联系，因此是非协作关系。子系统 A 和 B 的目标函数都要求质量最轻。对于部件 A，δ_A 和 F_2 是其变量；对于部件 B，δ_A、δ_C 和 F_2 是其变量。在两个子系统共同承受载荷的情况下，满足设计约束并要质量轻，每个元素都希望对方承受的载荷大，F_2 是一个 A 和 B 的耦合变量。同时，A 和 B 希望各自的变形 δ_A 和 δ_C 大(在此，C 的变形大就意味着 B 的变形大，因为 B 和 C 相连)，因为载荷不变、长度一定时，变形越大意味着质量越轻，那么变形在 A 和 B 部件中也是耦合变量。

根据子系统 A 和 B 的模型及公式，以及对变量 δ_A、δ_C 和 F_2 容差偏好函数区间划分，能够确定其纳什均衡点。首先需要建立每个合理反应集的响应面模型。参考 δ_A、δ_C 和 F_2 容差偏好函数区间划分，确定 3 个变量的响应面区间为：[41.1, 41.7]，[22.6, 22.8]，[696, 704]。首先，δ_A 在[41.1, 41.7]区间采样，针对采样点求 B 中 δ_C 和 F_2 的解，并将 3 个变量标准化到区间[−1, 1]，然后根据输入输出关系建立 δ_C，F_2 相对于 δ_A 的响应面模型：

$$\begin{aligned} \delta_C(\delta_A) &= 0.451\,79 - 0.026\,249\delta_A - 0.088\,671\delta_A^2 \\ F_2(\delta_A) &= 0.380\,99 - 0.292\,44\delta_A + 0.475\,38\delta_A^2 \end{aligned} \tag{7-43}$$

δ_A 相对于 δ_C 和 F_2 的响应面模型为

$$\delta_A(\delta_C) = 0.682\,14 - 0.401\,61\delta_C + 0.260\,06\delta_C^2 \tag{7-44}$$

在原公式中 F_2 一次方和二次方的系数为 $0.736\,534\times10^{-9}$ 和 $0.273\,64\times10^{-9}$，对整个响应面模型影响非常小，为计算简便，只考虑 δ_C 的相关项。纳什均衡点是上述响应面的交点，求解方程得到 4 组解如下：

$$\begin{cases}\delta_A = 0.5614 \\ \delta_C = 0.4091 \\ F_2 = 0.3666\end{cases} \quad \begin{cases}\delta_A = -4.1546 - 7.0824i \\ \delta_C = 3.4780 - 5.0323i \\ F_2 = -14.0435 + 30.0469i\end{cases}$$

$$\begin{cases}\delta_A = 7.1559 \\ \delta_C = -4.2766 \\ F_2 = 22.6307\end{cases} \quad \begin{cases}\delta_A = -4.1546 + 7.0824i \\ \delta_C = 3.4780 + 5.0323i \\ F_2 = -14.0435 - 30.0469i\end{cases}$$

只有第一组符合要求，将第一组解还原到原有区间为

$$\begin{cases}\delta_A = 41.74\text{mm} \\ \delta_C = 22.78\text{mm} \\ F_2 = 700.93\text{N}\end{cases} \tag{7-45}$$

所以纳什均衡点为式(7-45)表示的解。由于3个变量被标准化，将式(7-43)和式(7-44)改写成如下形式：

$$\begin{cases}\delta_A(k+1) = 0.682\,14 - 0.401\,61\delta_C(k) + 0.260\,06\delta_C(k)^2 \\ \delta_C(k+1) = 0.451\,79 - 0.026\,249\delta_A(k) - 0.088\,671\delta_A(k)^2 \\ F_2(k+1) = 0.380\,99 - 0.292\,44\delta_A(k) + 0.475\,38\delta_A(k)^2\end{cases} \tag{7-46}$$

7.4.4节中所论述的Lyapunov函数稳定性是以均衡点为原点进行讨论的，所以，以均衡点为坐标原点，将公式进行坐标转化可得到下面以均衡点为原点的公式：

$$\begin{cases}\delta_A(k+1) = 0.260\,06\delta_C(k)^2 + 0.721\,19\delta_C(k) \\ \delta_C(k+1) = -0.088\,671\delta_A(k)^2 - 0.0988\delta_A(k) \\ F_2(k+1) = 0.475\,38\delta_A(k)^2 + 0.0561\delta_A(k)\end{cases} \tag{7-47}$$

坐标变换后 δ_A、δ_C 和 F_2 3个变量的区间为：[−0.4386, 1.5614]，[−0.5909, 1.4091]，[−0.6334, 1.3666]。

下面将讨论式(7-47)均衡点的稳定性。δ_A、δ_C 相互耦合，F_2 只是 δ_A 的函数，那么研究式(7-48)，即可表明子系统 A 和子系统 B 的稳定性。

$$\begin{cases}\delta_A(k+1) = 0.260\,06\delta_C(k)^2 + 0.721\,19\delta_C(k) \\ \delta_C(k+1) = -0.088\,671\delta_A(k)^2 - 0.0988\delta_A(k)\end{cases} \tag{7-48}$$

假设式(7-49)为 A 和 B 两个子系统构成设计空间的Lyapunov函数，

$$V = a\delta_A^2 + b\delta_A\delta_C + c\delta_C^2 \tag{7-49}$$

采用Matlab中的SOSTOOLS工具箱[40]，求解式(7-49)的系数。要分析 A 和 B 两个子系统构成设计空间的稳定性，就是要确定Lyapunov函数 V 是否正定，并且 $V(k+1)-V(k)$ 是否负定。求解式(7-49)的系数可得：

$$V = 4.82\delta_A^2 + 1.38\delta_A\delta_C + 5.33\delta_C^2 \tag{7-50}$$

$$V=\begin{bmatrix}\delta_A & \delta_C\end{bmatrix}\cdot\begin{bmatrix}4.82 & 0.69\\ 0.69 & 5.33\end{bmatrix}\cdot\begin{bmatrix}\delta_A\\ \delta_C\end{bmatrix} \tag{7-51}$$

式(7-51)中矩阵的特征值为 4.3394 和 5.8106，所以 V 是正定的。从图 7-25 中看出，$V(k+1)-V(k)$是负定的，因此，在整个设计空间中都可以保证均衡点的稳定性，所以前面所述的纳什均衡点在子系统 A 和 B 中是稳定的。所以上述 3 个响应面联立求得的 δ_A、δ_C 和 F_2 3 个设计变量的解在整个系统中是稳定的均衡点，可以作为解耦的最后解方案。

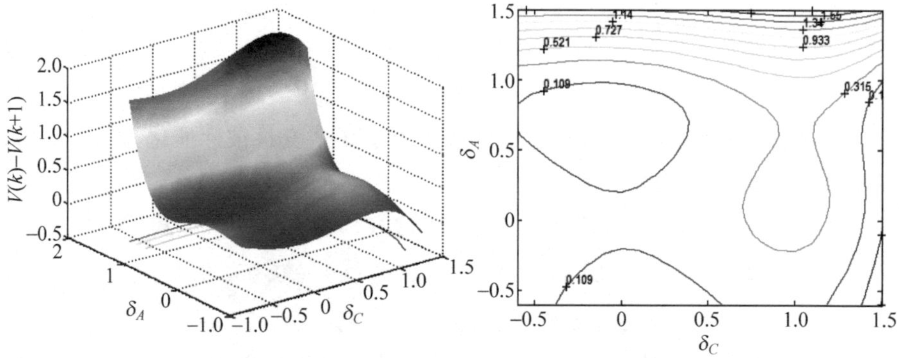

图 7-25　$V(k)-V(k+1)$函数图

采用 ATC-PP 方法对组合悬臂梁进行设计优化的结果如表 7-12 和表 7-13 所示。

表 7-12　设计变量及容差值

设计变量	初始值	优化值	设计变量	初始值	优化值	容差标准	初始值	优化值
m/kg	5.892	5.768	F_2/N	710	700.93	$\Vert F_{22}^1-F_{22}^2\Vert_2^2$	12	4
d_A/mm	28.8	29.2	F_3/N	375	363	$\Vert F_{32}^1-F_{32}^2\Vert_2^2$	15	6
d_B/mm	2.85	3.0	m_A/kg	1.7588	1.8080	$\Vert m_{A2}^1-m_{A2}^2\Vert_2^2$	0.0245	0.0012
d_C/mm	30.8	29.9	m_B/kg	0.0228	0.019 08	$\Vert m_{B2}^1-m_{B2}^2\Vert_2^2$	0.000 123	0.000 16
d_D/mm	2.2	2.0	m_C/kg	2.010 64	1.894 85	$\Vert m_{C2}^1-m_{C2}^2\Vert_2^2$	0.103 09	0.0075
d_E/mm	31.4	31.0	m_D/kg	0.0102	0.008 48	$\Vert m_{D2}^1-m_{D2}^2\Vert_2^2$	0.000 01	0.000 014
σ_A/kPa	120	122	m_E/kg	2.089 74	2.037 81	$\Vert m_{E2}^1-m_{E2}^2\Vert_2^2$	0.052 91	0.008
σ_B/kPa	127	99.2	δ_A/mm	44	39.93	$\Vert \delta_{A2}^1-\delta_{A2}^2\Vert_2^2$	2.6	0.3
σ_C/kPa	126	128.8	δ_C/mm	22.5	41.01	$\Vert \delta_{C2}^1-\delta_{C2}^2\Vert_2^2$	0.2	0.1
σ_D/kPa	125	115.6	δ_E/mm	12.00	38.13	$\Vert \delta_{E2}^1-\delta_{E2}^2\Vert_2^2$	0.8	0.12
σ_E/kPa	136	124.2	P_{ij}	1.49	0.456			
F_1/N	1000	1000	$\hat{g}$	30.78	2.86			

表 7-13　ATC-PP 方法优化结果

容差标准	高度满意	满　　意	可　容　忍	不　满　意	高度不满意	不可行
$\lVert m_{A2}^{1}-m_{A2}^{2}\rVert_2^2$						
$\lVert m_{B2}^{1}-m_{B2}^{2}\rVert_2^2$						
$\lVert m_{C2}^{1}-m_{C2}^{2}\rVert_2^2$						
$\lVert m_{D2}^{1}-m_{D2}^{2}\rVert_2^2$						
$\lVert m_{E2}^{1}-m_{E2}^{2}\rVert_2^2$						
$\lVert \delta_{A2}^{1}-\delta_{A2}^{2}\rVert_2^2$						
$\lVert \delta_{C2}^{1}-\delta_{C2}^{2}\rVert_2^2$						
$\lVert \delta_{E2}^{1}-\delta_{E2}^{2}\rVert_2^2$						
$\lVert F_{22}^{1}-F_{22}^{2}\rVert_2^2$						
$\lVert F_{32}^{1}-F_{32}^{2}\rVert_2^2$						

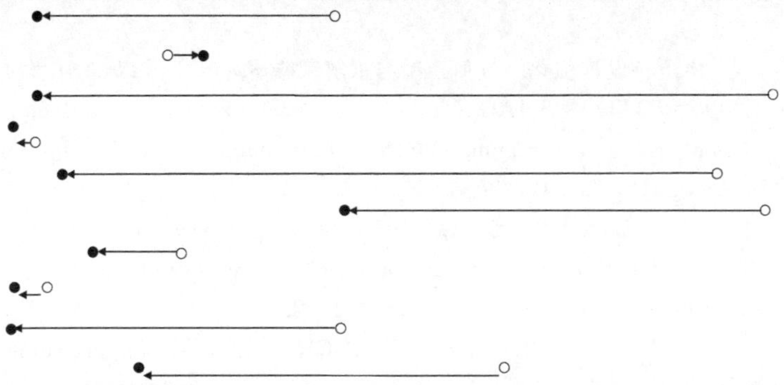

○表示初始点位置；●表示优化后点的位置。

ATC-PP 方法放宽了设计约束，使得部分设计优化结果没有达到系统级全局最优解。比如，d_A、d_C 和 F_2 的系统级全局最优解为 29.0、30.0 和 698，在求解的结果中分别为 29.2、29.9 和 700.93，与全局最优解接近，但是符合偏好函数的高度满意区间的划分。接近系统级全局最优解的这种现象不会影响 ATC-PP 方法的应用，因为该方法着重于实用性。在大规模复杂产品的设计优化中由于部件和子系统众多，多学科多领域之间相互作用、相互传递信息、相互干扰，使得整个复杂产品的设计优化不一定能够达到系统级全局最优。同时系统级全局最优不一定能够满足用户对学科综合性能最高的要求。开发符合实际需要、各部件相互有机协调、综合性能最好的复杂产品，是工程应用中复杂产品开发的宗旨。分析优化结果，此方法能有效地将复杂产品设计优化分解成多级子系统或者部件进行求解，适合于不同部门分布式计算，并且能够按照设计者事先设定好的偏好函数进行优化，优化结果从本质上反映出设计人员的设计偏好。

7.5　小结

本章首先回顾了 MDO 中 CSSO、BLISS、CO 和 ATC 这 4 种常见多级求解策略的基本原理；其次针对 CO 求解策略中存在的变量不一致性和系统级一致性约束函数存在的非光滑、不连续特性，介绍了基于 Kriging 的广义协同优化求解策略，通过齿轮减速器减重设计的工程算例对该求解策略的合理性和有效性进行了验证；接着针对基于 Nash 均衡的多目标求解策略存在迭代次数多、计算复杂、收敛效率低等缺点，介绍了基于 GEP 和 Nash 均衡的多目标求解策略，通过薄壁压力容器设计的工程算例对该求解策略的有效性进行了验证；最后，针对 ATC 方法在实施过程中存在的不足，介绍了基于物理规划的分级目标传递求解策略，通过组合悬臂梁设计的工程算例对该求解策略的有效性进行了验证。

参考文献

[1] 肖蜜.多学科设计优化中近似模型与求解策略研究[D].武汉：华中科技大学，2012.

[2] XIAO M, GAO L, SHAO X Y, et al. A generalized collaborative optimization method and its combination with kriging metamodels for engineering design[J]. Journal of Engineering Design, 2012, 23(5): 379-399.

[3] XIAO M, SHAO X Y, GAO L, et al. A new methodology for multi-objective multidisciplinary design optimization problems based on game theory[J]. Expert Systems with Applications, 2015, 42(3): 1602-1612.

[4] GROSSMAN B, GURDAL Z, STRAUCH G J, et al. Integrated aerodynamic/structure design of a sailplane wing[J]. Journal of Aircraft, 1988, 25(9): 855-860.

[5] HAFTKA R T. Simultaneousanalysis and design[J]. AIAA Journal, 1985, 23(7): 1099-1103.

[6] HAFTKA R T, SOBIESZCZANSKI-SOBIESKI J, PADULA S L. On options for interdisciplinary analysis and design optimization[J]. Structural and Multidisciplinary Optimization, 1992, 4(2): 65-74.

[7] SOBIESZCZANSKI-SOBIESKI J. Optimization by decomposition: a step from hierarchic to non-hierarchic systems[C]//Proceedings of the 2nd NASA/air force symposium on recent advances in multidisciplinary analysis and optimization, Hampton, Virginia, NASA CP-3013, 1988, 51-78.

[8] KROO I M, ALTUS S, BRAUN R, et al. Multidisciplinary optimization methods for aircraft preliminary design[C]//Proceedings of 5th AIAA/USAF/NASA/ISSMO symposium on multidisciplinary analysis and optimization, Panama City Beach, FL, Sept. 7-9, 1994, AIAA-1994-4325.

[9] BRAUN R D, KROO I M. Development and application of the collaborative optimization architecture in a multidisciplinary design environment[C]//Proceedings of the ICASE/NASA langley workshop on multidisciplinary design optimization, Hampton, Virginia, 1995, 98-116.

[10] BRAUN R D. Collaborative optimization: an architecture for large-scale distributed design[D]. Palo Alto: Stanford University, 1996.

[11] SOBIESZCZANSKI-SOBIESKI J, AGTE J S, SANDUSKY R R. Bi-level integrated system synthesis[C]//Proceedings of the 7th AIAA/USAF/NASA/ISSMO symposium on multidisciplinary analysis and optimization, St. Louis, MO, Sept. 2-4, 1998, AIAA-1998-4916.

[12] SOBIESZCZANSKI-SOBIESKI J, ALTUS T, PHILLIPS M, et al. Bi-level integrated system synthesis for concurrent and distributed processing (BLISS 2000)[J]. AIAA Journal, 2003, 40(10): 1996-2003.

[13] KIM H M. Target cascading in optimal system design[D]. Ann Arbo: University of Michigan, 2001.

[14] KIM H M, MICHELENA N F, PAPALAMBROS P Y, et al. Target cascading in

optimal system design[J]. Journal of Mechanical Design, 2003, 125(3): 474-480.

[15] ZHANG K, LI W, SONG W. Bilevel adaptive weighted sum method for multidisciplinary multi-objective optimization [J]. American Institute of Aeronautics and Astronautics Journal, 46(10): 2611-2622.

[16] 龚春林.多学科设计优化技术研究[D].西安：西北工业大学，2004.

[17] KROO I, ALTUS S, BRAUN R, et al. Multidisciplinary optimization methods for aircraft preliminary design [C]//AIAA/USAF/NASA/ISSMO symposium on multidisciplinary analysis and optimization, 5th, Panama City Beach, FL, Sept 7-9, 1994, Technical Papers. Pt. 1 (A94-36228 12-66): Washington, DC, American Institute of Aeronautics and Astronautics, 1994:697-707.

[18] MICHELENA N, KIM H M, PAPALAMBROS P Y. A system partitioning and optimization approach to target cascading[C]//International conference on engineering design, Vol. 2, Technical Univ. of Munich, Garching-Munich, 1999: 1109-1112.

[19] ALEXANDROV N M, KODLYALAM S. Initial results of an MDO method evaluation study [C]//Proceedings of the 7th AIAA/USAF/NASA/ISSMO symposium on multidisciplinary analysis and optimization, St. Louis, MO, 1998, AIAA-1998-4884.

[20] DEMIGUEL A V, MURRAY W. An analysis of collaborative optimization methods[C]// Proceedings of the 8th AIAA/USAF/NASA/ISSMO symposium on multidisciplinary analysis and optimization, Long Beach, CA, Sept. 6-8, 2000, AIAA-2000-4720.

[21] ALEXANDROV N M, LEWIS R M. Analytical and computational aspects of collaborative optimization for multidisciplinary design[J]. AIAA Journal, 2002, 40(2): 301-309.

[22] PADULA S L, ALEXANDROV N, GREEN L L. MDO test suite at NASA Langleyresearch cente [C]//Proceedings of the 6th NASA/ISSMO symposium on multidisciplinary analysis and optimization, Bellevue, WA, 1996, AIAA-1996-4028.

[23] JUN S, JEON Y H, RHO J, et al. Application of collaborative optimization using response surface methodology to an aircraft wing design[C]//Proceedings of the 10th AIAA/ISSMO multidisciplinary analysis and optimization conference, Albany, New York, Aug. 30-1, 2004, AIAA-2004-4442.

[24] VON NEUMANN J, MORGENSTERN O. Theory of games and economic behavior [M]. Princeton, NJ: Princeton University Press, 1944.

[25] ZANG T A, GREEN L L. Multidisciplinary design optimization techniques: implications and opportunities for fluid dynamics research[C]//Proceedings of the 30th AIAA fluid dynamics conference, Norfolk, VA, 1999, AIAA-1999-3798.

[26] LEWIS K, MISTREE F. Modeling interactions in multidisciplinary design: a game theoretic approach[J]. AIAA Journal, 1997, 35(8): 1387-1392.

[27] 张维迎.博弈论与信息经济学[M].上海：上海人民出版社，1996.

[28] RAO J R J, BADHRINATH K, PAKALA R, et al. A study of optimal design under conflict using models of multi-player games[J]. Engineering Optimization, 1997, 28(1-2): 63-94.

[29] NAIR A R, LEWIS K E. An efficient design strategy for solving MDO problems in non-cooperative environments [C]//Proceedings of the 8th AIAA/USAF/NASA/ISSMO

symposium on multidisciplinary analysis and optimization, Long Beach, CA, Sept. 6-8, 2000, AIAA-2000-4811.

[30] 褚学征.复杂产品设计空间探索与协调分解方法研究[D].武汉：华中科技大学，2010.

[31] MICHALEK J J, PAPALAMBROS P Y. Weights, norms and notation in analytical target cascading[J]. ASME Journal of Mechanical Design, 2005, 127(3): 499-502.

[32] MESSAC A. Physical programming: eeffective optimization for computational design[J]. American Institute of Aeronautics and Astronautics Journal, 1996, 34(1): 149-158.

[33] MESSAC, A, ISMAIL-YAHAYA A. Multi-objective robust design using physical programming[J]. Structural and Multidisciplinary Optimization, 2002, 23(5): 357-371.

[34] 田志刚.智能多目标优化理论及工程应用研究[D].大连：大连理工大学，2003.

[35] KIM H M, RIDEOUT D G, PAPALAMBROS P Y, et al. Analytical target cascading in automotive design[J]. ASME Journal of Mechanical Design, 2003, 125: 481-489.

[36] KUSIAK A. Intelligent manufacturing systems[M]. Englewood Cliffs, NJ: Prentice-Hall, Inc., 1990.

[37] SARGENT T J. Evolution and intelligent design, presidential address to the american economic association[R]. New Orleans, 5th, January, 2008.

[38] CHANRON V, SINGH T, LEWIS K. Equilibrium stability in decentralized design systems[J]. International Journal of Systems Science, 2005, 36(10): 651 -662.

[39] MICHALEK J J, PAPALAMBROS P Y. Analytical target cascading using branch and bound for mixed-integer nonlinear programming[C]//Proceedings of IDETC/CIE 2006 ASME 2006 international design engineering technical conferences and computers and information in engineering conference, September 10-13, 2006, Philadelphia, Pennsylvania, USA, DETC2006/DAC-99040.

[40] PRAJNA S, PAPACHRISTODOULOU A, PARRILO P A. Sostools: sum of squares optimization toolbox for MATLAB[EB/OL]. http://www.cds.caltech.edu/sostools and http://www.aut.ee.ethz.ch/~parrilo/sostools.

第8章

基于概率解析的可靠性设计优化方法

对可靠性设计优化的双环结构进行解析解耦是最直接有效的途径。本章首先回顾了可靠性设计优化问题的3类解析策略，即双循环方法、单循环方法、解耦方法。然后就解耦策略介绍基于更新角度技术的圆弧搜索法和概率约束可行性判断准则，同时，就解耦过程中必需的偏移向量，介绍最优偏移向量求解模型，保证确定性约束向概率约束偏移的准确度。此外，基于单循环法无法保证足够精度的问题，引入基于KKT条件的近似最可能失效点精度判断准则，在真实最可能失效点和近似最可能失效点之间实时切换，构建自适应混合单循环法。

8.1 可靠性设计优化的基本求解方法

8.1.1 双循环方法

可靠性设计优化的求解过程有两层循环，即设计优化循环（design optimization loop）和可靠性分析循环（reliability analysis loop）。可靠性分析循环嵌套于设计优化循环，在优化过程中，设计优化循环通过调用可靠性分析循环从而获得当前设计解的可靠性信息。当概率约束具有高度非线性特征或由有限元仿真构成时，双循环方法的计算代价将会异常昂贵。双循环法主要包含两类：可靠度指标法（RIA）[1]和性能测度法（PMA）[2]。

基于可靠度指标法的双循环方法，在第 k 次设计优化循环中，可以将原始模型转化为如下所示的模型进行求解：

求 $\boldsymbol{d},\mu_{\mathrm{X}}$

$$\begin{cases}\text{Min}: f(\boldsymbol{d},\mu_{\mathrm{X}},\mu_{\mathrm{P}}) \\ \text{s.t.}: \beta_i(d^k,\mu_{\mathrm{X}}^k,\mu_{\mathrm{P}})+\dfrac{\partial\beta_i(d^k,\mu_{\mathrm{X}}^k,\mu_{\mathrm{P}})}{\partial(d,\mu_{\mathrm{X}},\mu_{\mathrm{P}})}((d,\mu_{\mathrm{X}},\mu_{\mathrm{P}})-(d^k,\mu_{\mathrm{X}}^k,\mu_{\mathrm{P}}))\geqslant\beta_i^t, \\ \qquad i=1,2,\cdots,N \\ \boldsymbol{d}^{\text{Lower}}\leqslant\boldsymbol{d}\leqslant\boldsymbol{d}^{\text{Upper}},\quad \mu_{\mathrm{X}}^{\text{Lower}}\leqslant\mu_{\mathrm{X}}\leqslant\mu_{\mathrm{X}}^{\text{Upper}}\end{cases} \tag{8-1}$$

其中，可靠度指标 $\beta_i(d^k,\mu_{\mathrm{X}}^k,\mu_{\mathrm{P}})$ 及其对设计变量的灵敏度 $\dfrac{\partial\beta_i(d^k,\mu_{\mathrm{X}}^k,\mu_{\mathrm{P}})}{\partial(d,\mu_{\mathrm{X}},\mu_{\mathrm{P}})}$ 需要通

过可靠性分析获得[3-5]。

基于性能测度法的双循环方法，在第 k 次设计优化循环中，可以将原始模型转化为如下所示的模型进行求解：

$$
\begin{aligned}
&\text{求 } \boldsymbol{d}, \mu_X \\
&\begin{cases}
\text{Min: } f(\boldsymbol{d}, \mu_X, \mu_P) \\
\text{s. t. : } g_i(d^k, X_{\text{IMPP}}^k, P_{\text{IMPP}}^k) + \dfrac{\partial g_i(d^k, X_{\text{IMPP}}^k, P_{\text{IMPP}}^k)}{\partial(d, \mu_X, \mu_P)} \cdot \\
\qquad ((d, \mu_X, \mu_P) - (d^k, X_{\text{IMPP}}^k, \mu_P)) \geqslant 0, \\
\qquad i = 1, 2, \cdots, N \\
\qquad \boldsymbol{d}^{\text{Lower}} \leqslant \boldsymbol{d} \leqslant \boldsymbol{d}^{\text{Upper}}, \quad \mu_X^{\text{Lower}} \leqslant \mu_X \leqslant \mu_X^{\text{Upper}}
\end{cases}
\end{aligned}
\tag{8-2}
$$

其中，$(X_{\text{IMPP}}^k, P_{\text{IMPP}}^k)$是由性能度量法求解获得的最大可能失效点(most probable point, MPP) $\boldsymbol{u}_{\text{IMPP}}^k$ 从标准设计空间转换回原设计空间所对应的点[4]。

由此可见，双循环法中每一步优化都需要进行可靠性分析，而可靠性分析本身也是一个迭代寻优过程，因此它的计算成本在工程实际中是无法承受的。

8.1.2 单循环方法

单循环法利用库恩-塔克最优条件替代可靠性分析循环，从而对于线性或者轻度非线性问题具有很好的求解效率。单循环法包括：单循环单变量法(single loop single variable, SLSV)[6]、混合空间法(hybrid space method)[7]、可行设计空间法(reliable design space method, RDS)[8]、基于逆度量的单循环法(inverse measure based uni-level method)[9]以及一些最新的单循环法[10-17]。

单循环法的模型可以表示如下：

$$
\begin{aligned}
&\text{求 } \boldsymbol{d}, \mu_X \\
&\begin{cases}
\text{Min: } f(\boldsymbol{d}, \mu_X, \mu_P) \\
\text{s. t. : } g_i(d^k, x_{\text{IMPP}}^K, p_{\text{IMPP}}^K) \geqslant 0, \quad i = 1, 2, \cdots, N \\
\qquad (x_{\text{IMPP}}^K, p_{\text{IMPP}}^K) = T^{-1}(\boldsymbol{u}_{\text{IMPP}}^K), \quad \boldsymbol{u}_{\text{IMPP}}^K = -\beta_i^t \dfrac{\nabla G_i(\boldsymbol{u}_{\text{IMPP}}^{K-1})}{\| \nabla G_i(\boldsymbol{u}_{\text{IMPP}}^{K-1}) \|} \\
\qquad \boldsymbol{d}^{\text{Lower}} \leqslant \boldsymbol{d} \leqslant \boldsymbol{d}^{\text{Upper}}, \quad \mu_X^{\text{Lower}} \leqslant \mu_X \leqslant \mu_X^{\text{Upper}}
\end{cases}
\end{aligned}
\tag{8-3}
$$

其中，T^{-1} 是将最大可能失效点 MPP 从标准正态空间转换为原设计空间的转换函数。

由式(8-3)可见，单循环法只有一个优化循环，其中可靠性分析过程被省略，因而提高了它的计算效率。然而对于高度非线性问题，单循环法求解非常困难，其精度无法保证，甚至会出现迭代优化结果不收敛的情况。

8.1.3 解耦方法

解耦方法将设计优化与可靠性分析两个环节序列进行。当设计优化循环求出一组新的设计参数时,可靠性分析循环将评估该组设计参数相对于概率约束的可行性,并给出最大可能失效点;随后基于该最大可能失效点提供的相关信息进行后续的设计优化循环,从而求解出下一组最优设计参数。解耦方法具有较好的求解精度、计算效率等综合效果,因而它在工程实际中被广泛应用。解耦方法包括安全系数法(safety factor approach,SFA)[18]、序列优化与可靠性评估方法(sequential optimization and reliability assessment,SORA)[19]、耦合法(decoupling approach)[20]、序列线性逼近法(sequential approximate programming,SAP)[21,22]、转换法(transforming method)[23]、直接解耦法(direct decoupling method)[24]、罚函数法(penalty-based approach)[25]、凸线性法(convex linearization,CL-SORA)[26]等。

以上解耦方法中,序列优化与可靠性评估法因其操作简单、求解稳定而被广泛使用,其模型如下所示:

$$
\text{求 } \boldsymbol{d}, \mu_X
$$

$$
\begin{cases}
\text{Min: } f(\boldsymbol{d}, \mu_X, \mu_P) \\
\text{s.t.: } g_i(\boldsymbol{d}, \mu_X - s_X^{k+1}, \mu_P - s_P^{k+1}) \geqslant 0, \quad i = 1, 2, \cdots, N \\
\qquad \boldsymbol{d}^{\text{Lower}} \leqslant \boldsymbol{d} \leqslant \boldsymbol{d}^{\text{Upper}}, \quad \mu_X^{\text{Lower}} \leqslant \mu_X \leqslant \mu_X^{\text{Upper}}
\end{cases}
\tag{8-4}
$$

其中,

$$
\begin{aligned}
s_X^{k+1} &= \mu_X^k - X_{\text{IMPP}}^k \\
s_P^{k+1} &= \mu_P^k - P_{\text{IMPP}}^k \\
(X_{\text{IMPP}}^k, P_{\text{IMPP}}^k) &= T^{-1}(u_{\text{IMPP}}^k)
\end{aligned}
$$

在式(8-4)中,(s_X^{k+1}, s_P^{k+1})为解耦过程中的偏移向量,它是由可靠性分析中的最大可能失效点 u_{IMPP}^k 转换而得到的。可以看出,解耦法中设计优化和可靠性分析通过偏移向量进行相互耦合,从而使得解耦法具有较好的精度、效率综合效果。

8.2 基于自适应解耦的可靠性设计优化方法

对于考虑不确定特性的机械产品设计问题,基于可靠性的设计优化是一种非常有效的方法。然而它在工程实际应用当中,却受到昂贵的计算成本的限制,因为对产品结构进行可靠性评估是一个非常耗时的过程。学者们提出了许多方法来解决该问题,如混合均值法(HMV)[27],圆弧搜索法(ASM)[28]及其他解耦法等。

本节将介绍一种新的自适应解耦方法(adaptive decoupling method, ADA)[29]。该方法采用一种更新角度技术和新的概率约束可行性检查策略,从而达到改善概率优化方法效率的目的。更新角度技术集成在圆弧搜索法中可以减少对概率约束函数的调用次数；而可行性检查策略则是将概率约束分类为可行约束、活动约束、被违反约束3类，然后有的放矢地对活动约束、被违反约束进行精确的可靠性分析，从而避免不必要的可靠性分析计算成本[30]。

8.2.1 更新角度策略与圆弧搜索算法

在标准正态空间中，更新角度表示下一个最大可能失效点(MPP)与当前MPP点之间的夹角，其求解方法如式(8-5)所示。图8-1展示了二维问题中更新角度的情况。

$$\delta^k = \arccos\left(\frac{\boldsymbol{u}^{k+1} \cdot \boldsymbol{u}^k}{\| \boldsymbol{u}^{k+1} \| \cdot \| \boldsymbol{u}^k \|}\right) \tag{8-5}$$

$$\boldsymbol{u}^{k+1} = -\beta_i^t \frac{\nabla G_i(\boldsymbol{u}^k)}{\| \nabla G_i(\boldsymbol{u}^k) \|} \tag{8-6}$$

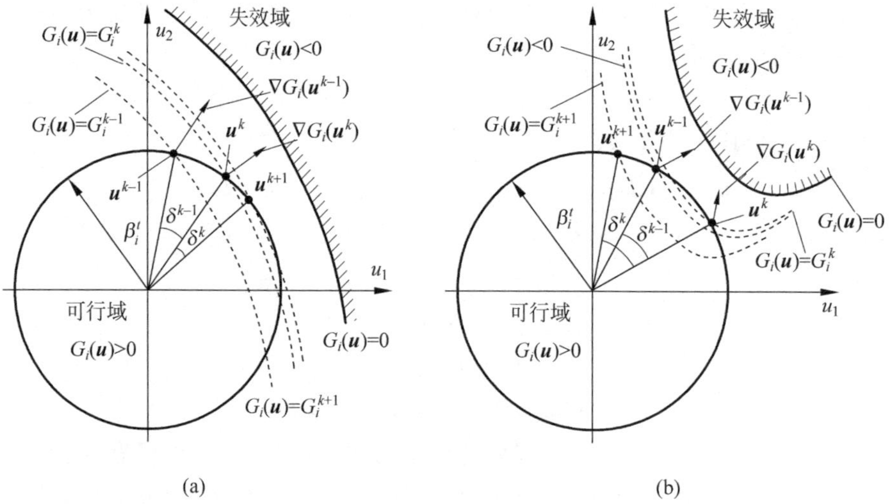

图8-1 更新角度策略

(a) $\delta^k<\delta^{k-1}$；(b) $\delta^k>\delta^{k-1}$

在图8-1(a)中，有3个连续的最大可能失效点 $\boldsymbol{u}^{k+1}$、$\boldsymbol{u}^k$ 和 $\boldsymbol{u}^{k-1}$，两个更新角度 δ^k 和 δ^{k-1}。G_i^{k+1}、G_i^k 和 G_i^{k-1} 分别为求解最大可能失效点的过程中所对应的第 i 个概率约束的函数值。圆弧搜索法的目标是寻找合适的概率约束等值线(即图8-1(a)中的虚线)，使得该等值线与 β_i^t 圆只有一个切点，且该概率约束等值线的取值最小，其中 β_i^t 圆定义为：$\| \boldsymbol{u} \| = \beta_i^t$。如果已知条件：$G_i^{k+1} \leqslant G_i^k \leqslant G_i^{k-1}$，则容易判断，MPP点 $\boldsymbol{u}^k$ 比 $\boldsymbol{u}^{k-1}$ 更优，MPP点 $\boldsymbol{u}^{k+1}$ 比 $\boldsymbol{u}^k$ 更优。该判断方法需要对概率约束在MPP点 $\boldsymbol{u}^{k+1}$、$\boldsymbol{u}^k$ 和 $\boldsymbol{u}^{k-1}$ 的函数值进行求解，才能得出当前MPP点是否比前次迭代点更优，然后继续下一步求解。

在自适应解耦方法ADA中，更新角度 δ^k(而不是概率约束的函数值 G_i^k)将被用于判断下一个 MPP 点 $\boldsymbol{u}^{k+1}$ 是否在迭代过程中趋于最优。从图 8-1 中可以看出，如果 $\delta^k<\delta^{k-1}$，则表示下一个 MPP 点 $\boldsymbol{u}^{k+1}$ 比前一个 MPP 点 $\boldsymbol{u}^{k-1}$ 更接近于当前的 MPP 点 $\boldsymbol{u}^k$。当更新角度 δ^k 逐步减小并且趋向于 0 时，则 MPP 点 $\boldsymbol{u}^{k+1}$ 将会与当前的 MPP 点 $\boldsymbol{u}^k$ 逐步接近，并最终达到收敛。

MPP 点 $\boldsymbol{u}^k$ 为上一次迭代的结果，而下一个 MPP 点 $\boldsymbol{u}^{k+1}$ 可以利用式(8-6)进行求解。从更新角度 δ^k 的定义式(8-5)可知，它的计算不需要求解概率约束的函数值，因而更新角度策略可以有效地降低圆弧搜索法的计算成本。

当条件 $\delta^k<\delta^{k-1}$ 不满足时，表示下一个 MPP 点 $\boldsymbol{u}^{k+1}$ 没有改进，此时我们采用圆弧搜索法寻找一个新的角度 $\delta^{K'}$：

求 $\delta^{k'}$

$$\text{Min}: G(\boldsymbol{u}^{k+1'})=G\left(\frac{\beta^t}{\sin(\gamma^k)}\left(\sin(\gamma^k-\delta^{k'})\frac{\boldsymbol{u}^k}{\|\boldsymbol{u}^k\|}+\sin(\delta^{k'})\frac{\nabla G(\boldsymbol{u}^k)}{\|\nabla G(\boldsymbol{u}^k)\|}\right)\right) \tag{8-7}$$

其中，

$$\gamma^k=\arccos\left(\frac{\boldsymbol{u}^k\cdot\nabla G(\boldsymbol{u}^k)}{\|\boldsymbol{u}^k\|\cdot\|\nabla G(\boldsymbol{u}^k)\|}\right) \tag{8-8}$$

当式(8-7)中角度 $\delta^{k'}$ 被求解出来之后，则下一个 MPP 点 $\boldsymbol{u}^{k+1'}$ 可以表示为

$$\boldsymbol{u}^{k+1'}=\frac{\beta^t}{\sin(\gamma^k)}\left(\sin(\gamma^k-\delta^{k'})\frac{\boldsymbol{u}^k}{\|\boldsymbol{u}^k\|}+\sin(\delta^{k'})\frac{\nabla G(\boldsymbol{u}^k)}{\|\nabla G(\boldsymbol{u}^k)\|}\right) \tag{8-9}$$

圆弧搜索方法的目标为寻找最小的概率约束函数值，搜索区间是 β-圆(或球)与向量 $\boldsymbol{u}^k$ 和 $\nabla G(\boldsymbol{u}^k)$ 所在平面的交线。如图 8-2(a)所示，向量 $\boldsymbol{u}^k$ 和 $\nabla G(\boldsymbol{u}^k)$ 所在的平面经过坐标原点 O，且搜索路径为 β-圆上的一段圆弧。

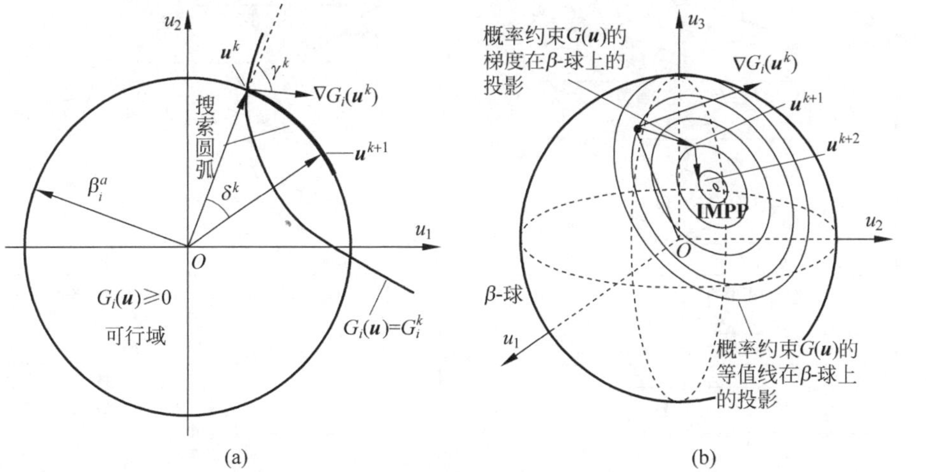

图 8-2　圆弧搜索过程

(a) 二维问题；(b) 三维问题

图 8-2(b)展示了圆弧搜索过程在三维问题中的情况。假设在第 k 次循环中需要进行圆弧搜索,当前的 MPP 点是 $\boldsymbol{u}^k$,则下一个新的 MPP 点 $\boldsymbol{u}^{k+1}$ 将位于由 $\boldsymbol{u}^k$ 和$\nabla G(\boldsymbol{u}^k)$确定的平面上,且该 MPP 点 $\boldsymbol{u}^{k+1}$ 是概率约束的梯度值$\nabla G(\boldsymbol{u}^k)$在 β-球上的投影与概率约束 $G(\boldsymbol{u})$的等值线在 β-球上的投影的切点。容易看出,概率约束 $G(\boldsymbol{u})$在新的 MPP 点 $\boldsymbol{u}^{k+1}$ 处的函数值要比在 MPP 点 $\boldsymbol{u}^k$ 处的函数值小,即达到了寻优的目的。

基于更新角度策略的圆弧搜索方法的步骤如下:

(1) 初始化最大可能失效点 MPP:由式(8-6)计算 $\boldsymbol{u}^0$、$\boldsymbol{u}^1$ 和 $\boldsymbol{u}^2$。

(2) 利用式(8-5),计算更新角度 δ^k。

(3) 如果 $\delta^k \leqslant \varepsilon$($\varepsilon$ 为收敛精度),则 $\boldsymbol{u}^* = \boldsymbol{u}^{k+1}$,并终止搜索;否则,$k=k+1$,转向步骤(4)。

(4) 如果 $\delta^k \leqslant \delta^{k-1}$,则利用式(8-6)求解下一个 MPP 点 $\boldsymbol{u}^{k+1}$,并转向步骤(2);否则,利用式(8-7)~式(8-9)求解下一个 MPP 点 $\boldsymbol{u}^{k+1}$,并转向步骤(2)。

图 8-3 展示了圆弧搜索法在使用更新角度策略前后的流程图。可以看出,更新角度策略主要用于提高圆弧搜索方法的计算效率。在原始的圆弧搜索法中,概率约束的函数值被用来判断当前 MPP 点是否比上一次 MPP 点更优,然后采用不同的求解方法计算下一个 MPP 点。在本节所提出的方法中,更新角度策略用来替代概率约束的函数值进行上述判断。相对于原始的圆弧搜索法需要求解概率约束的函数值,更新角度策略仅仅依据已有的信息即可作出判断,因而基于更新角度策略的圆弧搜索方法可以减少对约束函数的调用,从而降低可靠性分析过程中的计算成本。

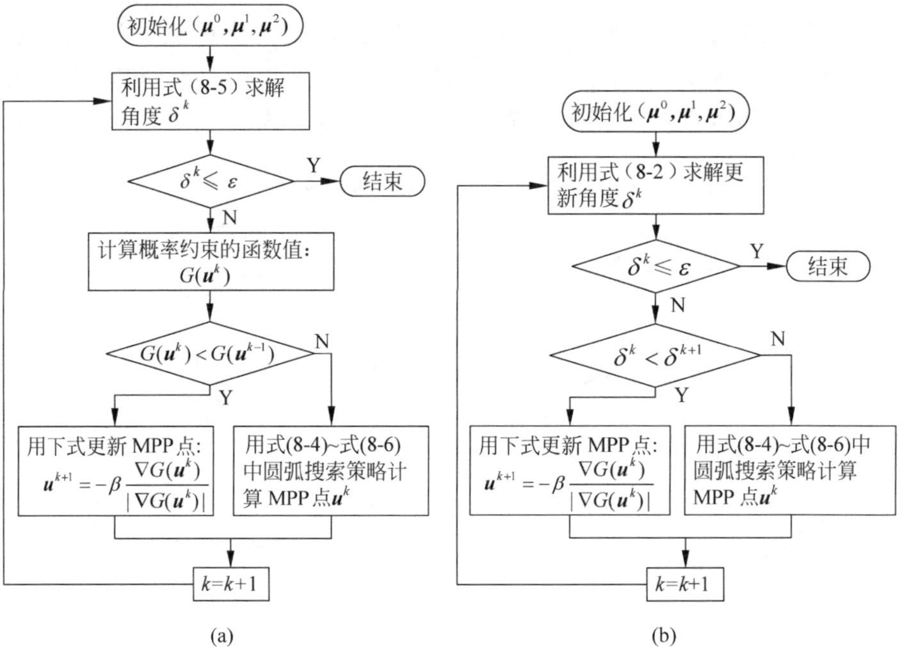

图 8-3　圆弧搜索法在使用更新角度策略前后的流程图

(a) 圆弧搜索法;(b) 基于更新角度策略的圆弧搜索法

8.2.2　概率约束的可行性检查

可靠性设计优化与确定性优化的不同之处是，判断概率约束的可行性需要考虑系统的不确定性来进行可靠性分析。然而并非所有的概率约束在可靠性设计优化过程中都起作用，因而没有必要对不活跃的概率约束进行精确的可靠性评估，这就要求在可靠性分析之前，对概率约束的可行性状态进行检查。

从文献[21,22]中得知，第 i 个概率约束的可靠度指标和 MPP 点可以通过下式进行求解：

$$\beta_i^k \approx \frac{G_i(\boldsymbol{u}^k) - \nabla G_i(\boldsymbol{u}^k) \cdot \boldsymbol{u}^k}{\| \nabla G_i(\boldsymbol{u}^k) \|} \tag{8-10}$$

$$\boldsymbol{u}^k = -\beta_i^{k-1} \frac{\nabla G_i(\boldsymbol{u}^{k-1})}{\| \nabla G_i(\boldsymbol{u}^{k-1}) \|} \tag{8-11}$$

式(8-10)给出了一个进行快速约束可行性检查的方法。在对概率约束进行可靠性评估之前，可以近似地计算出位于 MPP 点 $\boldsymbol{u}^k$ 处的实际可靠度指标 β_i^k，然后将概率约束的可行性状态分为以下三类：

(1) 可行/不活跃状态：当 $\beta_i^k - \beta_i^t > \varepsilon$ 时，β_i^k 为位于 MPP 点 $\boldsymbol{u}^k$ 处的近似的实际可靠度指标；β_i^t 为目标可靠度指标；ε 为一个较小的阈值，我们选择 $\varepsilon = 0.2\beta_i^t$，因为对于具有不同的目标可靠度指标的概率约束，如 $\beta_i^t = 1.285$ 和 $\beta_i^t = 4.0$，阈值 ε 的选择也应该有所区别。

(2) 活跃/ε-活跃状态：当 $0 \leqslant \beta_i^k - \beta_i^t \leqslant \varepsilon$ 时。

(3) 不可行/违反状态：当 $\beta_i^k - \beta_i^t \leqslant 0$ 时。

图 8-4 举例说明了本节所介绍新方法的可行性检查过程。该例子有三个概率约束，为了表述方便，假定三个概率约束具有同样的目标可靠度指标 β_i^t(虚线圆环的半径)。$\boldsymbol{\mu}^k$ 是随机设计变量；上标 k 表示第 k 次设计优化循环；β_i^k 是利用式(8-10)近似求解出的实际可靠度指标；$\boldsymbol{u}_i^k$ 是由式(8-11)所求解的 MPP 点；$G_i(\boldsymbol{u})=0$ 表示第 i 个概率约束的极限状态函数；$G_i(\boldsymbol{u}-\boldsymbol{s}_i^k)=0$ 是经过偏移的概率约束的极限状态函数；$\boldsymbol{s}_i^k$ 为偏移向量，在标准正态空间中，偏移向量由式(8-12)进行计算：

$$\boldsymbol{s}_i^k = -\beta_i^t \frac{\boldsymbol{\mu}^k - \boldsymbol{u}_i^k}{\| (\boldsymbol{\mu}^k - \boldsymbol{u}_i^k) \|} \tag{8-12}$$

图 8-4(a)中，$\boldsymbol{\mu}^k$ 为当前设计优化点。在后续的优化迭代过程中，首先采用式(8-10)近似地计算出实际可靠度指标：β_1^k、β_2^k 和 β_3^k；并进行比较：$\beta_1^k > \beta_1^t$，$\beta_2^k < \beta_2^t$，$0 < \beta_3^k - \beta_3^t < \varepsilon$；由此可知概率约束 1 是可行的，概率约束 2 是活跃的，概率约束 3 是 ε-活跃的；然后仅针对概率约束 2 和 3，采用上述的基于更新角度策略的圆弧搜索法进行精确的可靠性分析，寻找出 MPP 点 $\boldsymbol{u}_2^k$ 和 $\boldsymbol{u}_3^k$，而概率约束 1 的 MPP 点 $\boldsymbol{u}_1^k$ 利用式(8-11)进行近似求解，从而避免了不必要的计算成本；可靠性分析之后，

将概率约束的极限状态函数进行偏移，并进行确定性设计优化，获得下一个设计点$\boldsymbol{\mu}^{k+1}$。

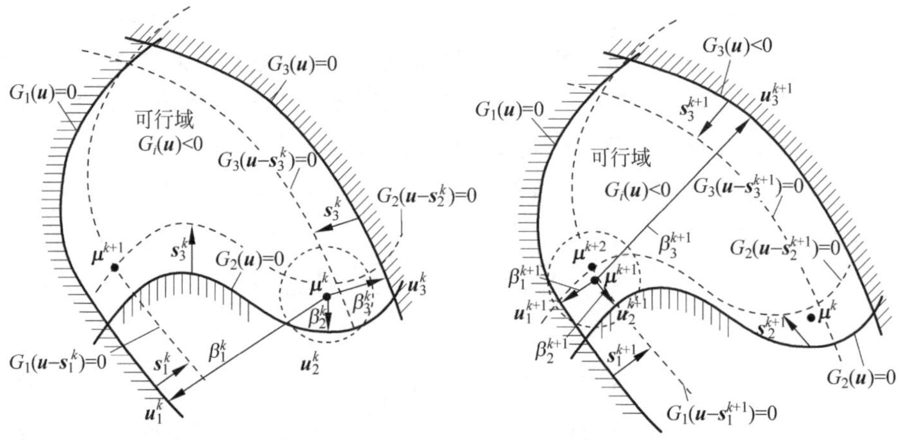

(a) (b)

图 8-4　ADA 方法中可行性检查过程

(a) 第 k 次循环；(b) 第 $k+1$ 次循环

图 8-4(b)给出了第 $k+1$ 次设计优化循环。首先对三个概率约束进行可行性检查，概率约束 1 和 2 是活跃的，概率约束 3 变为不活跃状态；然后针对概率约束 1 和 2 采用基于更新角度策略的圆弧搜索法求解 MPP 点 $\boldsymbol{u}_1^{k+1}$ 和 $\boldsymbol{u}_2^{k+1}$，而 MPP 点 $\boldsymbol{u}_3^{k+1}$ 则利用式(8-11)近似求解，避免不必要的精确计算；最后将偏移的概率约束(虚线)作为确定性优化的约束边界，求解出下一个设计点 $\boldsymbol{\mu}^{k+2}$。

解耦方法的关键是偏移向量 $\boldsymbol{s}_i^k, i=1,\cdots,n$，因为它们决定着概率约束被偏移的位置，进而决定着确定性设计优化的精度。如式(8-12)所示，在标准正态空间中，偏移向量 $\boldsymbol{s}_i^k$ 的长度等于目标可靠度指标 β_i^k 的大小，因而可靠性分析所获得的 MPP 点 $\boldsymbol{u}_i^k$ 仅决定着偏移向量 $\boldsymbol{s}_i^k$ 的方向。通过可行性检查方法，如果非线性概率约束是活跃的，如图 8-4(a)中的概率约束 2，则基于更新角度策略的圆弧搜索方法将能够同时保证 MPP 点和偏移向量的精度；当一个概率约束是不活跃的，如图 8-4(b)中的概率约束 3，它的偏移极限状态函数将在优化中不起作用。所以偏移向量和偏移极限状态函数将会保证非线性概率约束问题的收敛性。

8.2.3　自适应解耦方法的流程和步骤

本节所介绍的自适应解耦方法的流程如图 8-5 所示，具体步骤如下：

(1) 初始化设计变量 $\boldsymbol{d}^0$ 和$\boldsymbol{\mu}^0$。

(2) 利用式(8-10)、式(8-11)近似地计算出所有概率约束的实际可靠度指标 β_i^k 和 MPP 点 $\boldsymbol{u}_i^k$。

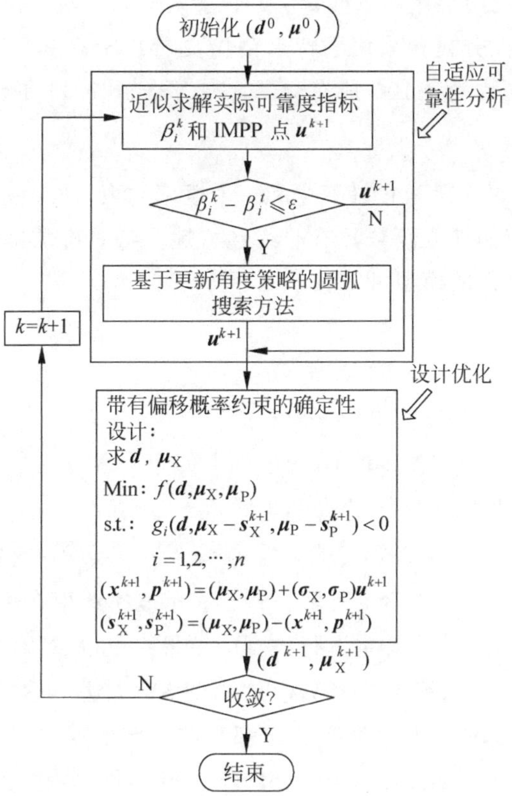

图 8-5　ADA 方法流程图

(3) 检查所有概率约束的可行状态。如果 $\beta_i^k - \beta_i^t < \varepsilon$，则说明概率约束是活跃的或者 ε-活跃的，针对该类概率约束采用基于更新角度策略的圆弧搜索方法进行可靠性分析，从而获得 MPP 点；否则，采用步骤(2)中所求解的结果作为近似的 MPP 点，避免不必要的精确可靠性分析。

(4) 求解偏移向量，并对概率约束的极限状态方程进行偏移，从而将可靠性设计优化问题转化为确定性优化问题，最后求解出设计优化点。

(5) 如果优化解收敛，则终止整个可靠性设计优化循环；否则转向步骤(2)。

8.2.4　测试算例

为了更好地展示本章所介绍的自适应解耦方法(ADA)的性能，本节将通过算例对比验证 DA 方法的精度和有效性。测试的方法包括双循环法：可靠度指标法(RIA)、性能测度法(PMA)、改进性能测度法(PMA^+)；单循环法：单循环单变量方法(SLSV)；解耦法：序列优化与可靠性评估法(SORA)。其中，可靠度指标法采用序列二次规划法(sequential quadratic programming, SQP)进行可靠性分析；性能测度法 PMA 和 PMA^+ 将采用混合均值法(HMV)进行可靠性分析；而在序列优化与可靠性分析法中采用圆弧搜索法。自适应解耦方法采用基于更新角度的圆弧搜索法进行可靠性分析。采用蒙特卡洛仿真(MCS)对每种方法的结果进行评估,蒙特卡洛的样本数量为 10^7,所有测试均在 Matlab 7.11 平台上进行。

1. 算例 1

该算例[31]具有两个随机设计变量和一个概率约束,两个变量相互独立并服从正态分布,概率约束的性能函数具有非线性特性。将对应的确定性设计优化的结果选为初始点,该算例的模型可以表示如下:

$$
\text{求 } \boldsymbol{\mu}=[\mu_1,\mu_2]^{\mathrm{T}}
$$

$$
\begin{cases}
\text{Min: } f(\boldsymbol{\mu})=(\mu_1-3.7)^2+(\mu_2-4)^2 \\
\text{s.t.: } \operatorname{prob}[g_1(\boldsymbol{X})\leqslant 0]\leqslant \Phi(-\beta^t) \\
\qquad g_1(\boldsymbol{X})=-X_1\sin(4X_1)-1.1X_2\sin(2X_2) \\
\qquad \beta^t=2.0,\quad X_i\sim \mathrm{N}(\mu_i,0.1^2),\quad i=1,2 \\
\qquad 0.0\leqslant\mu_1\leqslant 3.7,\quad 0.0\leqslant\mu_2\leqslant 4.0,\quad \boldsymbol{\mu}^{(0)}=[2.97,3.40]^{\mathrm{T}}
\end{cases}
\tag{8-13}
$$

算例 1 的优化结果如表 8-1 所示。β^{MCS} 表示概率约束在优化解处的可靠度指标,它是由 MCS 采用 10^7 个样本进行仿真的结果。可以看出,所有方法(SLSV 除外)的可靠度指标 β^{MCS} 都等于 1.875,但是在 SLSV 方法中,β^{MCS} 等于 −0.803。目标可靠度指标为 2.0,所以几乎所有方法都存在一定的误差,但是单循环法 SLSV 给出了一个错误的解。在所有方法中(SLSV 除外),目标函数值都等于 1.3038,因此本章所介绍的自适应解耦法和现有的方法具有相同的求解精度。

表 8-1 算例 1 的设计优化结果

方 法	目 标 值	优 化 解	函数调用次数		β^{MCS}
			目标函数	约束函数	
RIA	1.3038	(2.8163,3.2769)	55	1382	1.857
PMA	1.3038	(2.8163,3.2769)	25	574	1.857
PMA^+	1.3038	(2.8163,3.2769)	25	567	1.857
SLSV	1.0127	(2.7809,3.5902)	202	404	−0.803
SORA	1.3038	(2.8163,3.2768)	67	133	1.857
ADA	1.3038	(2.8163,3.2768)	69	86	1.857

双循环法 RIA、PMA 和 PMA^+ 计算效率不高;SORA 比双循环法更高效。在本章所提的 ADA 方法中,虽然目标函数的调用次数比 SORA 方法略多,其约束函数的调用次数却大大减少,因而 ADA 具有更高的计算效率。在本算例中只有一个概率约束,而且处于活跃状态,所以可行性检查方法在该算例中没有起到作用,计算效率的提升归功于更新角度策略。

2. 算例 2

该算例为高度非线性的数值问题[32]，它有两个随机设计变量 X_1、X_2，3 个概率约束 g_1、g_2、g_3，没有确定性设计变量或者随机参数。两个随机设计变量相互独立且服从正态分布。该问题的确定性优化最优解被选作为可靠性设计优化的初始解。

$$
\text{求}\ \boldsymbol{\mu}=[\mu_1,\mu_2]^{\mathrm{T}}
$$

$$
\begin{cases}
\text{Min: } f(\boldsymbol{\mu})=\mu_1+\mu_2 \\
\text{s.t.: } \operatorname{prob}[g_i(\boldsymbol{X})\geqslant 0]\leqslant \Phi(-\beta_j^t), \quad j=1,2,3 \\
\qquad g_1(\boldsymbol{X})=1-\dfrac{X_1^2X_2}{20} \\
\qquad g_2(\boldsymbol{X})=1-\dfrac{(X_1+X_2-5)^2}{30}-\dfrac{(X_1-X_2-12)^2}{120} \\
\qquad g_3(\boldsymbol{X})=1-\dfrac{80}{(X_1+8X_2+5)^2} \\
\qquad 0.0\leqslant \mu_i\leqslant 10.0, \quad X_i\sim \mathrm{N}(\mu_i,0.3^2), \quad i=1,2 \\
\qquad \beta_1^t=\beta_2^t=\beta_3^t=3.0, \quad \boldsymbol{\mu}^{(0)}=[3.10,2.09]^{\mathrm{T}}
\end{cases}
\tag{8-14}
$$

本算例的优化结果如表 8-2 所示。β_j^{MCS} 表示第 j 个概率约束在优化点处的可靠度指标，它是由 MCS 采用 10^7 个样本点仿真而获得的，因而该可靠度指标 β_j^{MCS} 可以验证各个方法所求解的优化点对可靠性要求的满足情况。概率约束 3 是不活跃的，因而它的可靠度指标 β_3^{MCS} 变为无穷大(infinite)。在所有的方法中(SLSV 除外)，优化点几乎是相同的，MCS 的结果也都具有相同的误差。由此可见，所有的方法具有相同的求解精度，但是 SLSV 方法的优化结果是失败的。

表 8-2　算例 2 的设计优化结果

方法	目标值	优化解	函数调用次数		β_1^{MCS}	β_2^{MCS}	β_3^{MCS}
			目标函数	约束函数			
RIA	6.7255	(3.4390,3.2865)	15	900	2.970	3.053	Infinite
PMA	6.7257	(3.4391,3.2866)	18	474	2.971	3.053	Infinite
PMA$^+$	6.7257	(3.4391,3.2866)	18	414	2.971	3.054	Infinite
SLSV	5.3393	(3.6103,1.7289)	202	1212	0.438	−1.813	Infinite
SORA	6.7257	(3.4391,3.2866)	33	184	2.970	3.054	Infinite
ADA	6.7257	(3.4391,3.2866)	33	136	2.971	3.053	Infinite

容易看出，RIA、PMA 和 PMA$^+$ 方法因为采用双循环结构而效率不高；尽管本节介绍的 ADA 方法和 SORA 方法具有相同的目标函数调用次数，但 ADA 方法调用概率约束的次数却明显减少，从而证明了 ADA 方法的有效性。本算例中有三个概率约束，其中约束 3 在可靠性设计优化中不活跃，因而本章所介绍的更新角

度策略和可行性检查方法在提高计算效率方面同时起到了作用。

3. 算例 3

该算例有 10 个随机设计变量，8 个概率约束。所有随机变量相互独立且服从正态分布。该算例的确定性优化结果被选作为可靠性设计优化的初始值。

求 $\boldsymbol{\mu}=[\mu_1,\mu_2,\mu_3,\mu_4,\mu_5,\mu_6,\mu_7,\mu_8,\mu_9,\mu_{10}]^{\mathrm{T}}$

$$
\left\{
\begin{aligned}
&\text{Min:}\ f(\boldsymbol{\mu})=\mu_1^2+\mu_2^2-\mu_1\mu_2-14\mu_1-16\mu_2+(\mu_3-10)^2+4(\mu_4-5)^2+\\
&\qquad\qquad (\mu_5-3)^2+2(\mu_6-1)^2+5\mu_7{}^2+7(\mu_8-11)^2+2(\mu_9-10)^2+\\
&\qquad\qquad (\mu_{10}-7)^2+45\\
&\text{s.t.:}\ \text{prob}[g_i(\boldsymbol{X})\geqslant 0]\leqslant f(-\beta_j^t),\quad j=1,\cdots,8\\
&\qquad g_1(\boldsymbol{X})=\frac{4X_1+5X_2-3X_7+9X_8}{105}-1\\
&\qquad g_2(\boldsymbol{X})=10X_1-8X_2-17X_7+2X_8\\
&\qquad g_3(\boldsymbol{X})=\frac{-8X_1+2X_2+5X_9-2X_{10}}{12}-1\\
&\qquad g_4(\boldsymbol{X})=\frac{3(X_1-2)^2+4(X_2-3)^2+2X_3^2-7X_4}{120}-1\\
&\qquad g_5(\boldsymbol{X})=\frac{5X_1^2+8X_2^2+(X_3-6)^2-2X_4}{40}-1\\
&\qquad g_6(\boldsymbol{X})=\frac{0.5(X_1-8)^2+2(X_2-4)^2+3X_5^2-X_6}{120}-1\\
&\qquad g_7(\boldsymbol{X})=X_1+2(X_2-2)^2-2X_1X_2+14X_5-6X_6\\
&\qquad g_8(\boldsymbol{X})=-3X_1+6X_2+12(X_9-8)^2-7X_{10}\\
&\qquad 0.0\leqslant\mu_i,\quad X_i\sim \mathrm{N}(\mu_i,0.02^2),\quad i=1,\cdots,10,\quad \beta_1^t=\cdots=\beta_8^t=3.0\\
&\qquad \boldsymbol{\mu}^{(0)}=[2.17,2.36,8.77,5.10,0.99,1.43,1.32,9.83,8.28,8.38]^{\mathrm{T}}
\end{aligned}
\right.
\tag{8-15}
$$

算例 3 的优化结果如表 8-3 所示。概率约束在优化点处的可靠度采用 MCS 10^7 次进行仿真，其结果如表 8-4 所示。各方法求得的目标函数值都是一致的，概率约束对于可靠性要求的满足情况，不同方法也都在同一水平。

从表 8-3 可知，双循环法如 RIA、PMA 效率较低，PMA^+ 方法较 PMA 有所改进。单循环法 SLSV 和解耦法 SORA 较双循环法在计算效率上有很大提升。在本章所介绍的 ADA 中，目标函数和约束函数的调用次数相对 SORA 方法都有所减少，因而 ADA 具有较好的求解效率。由表 8-4 可知，概率约束 6 和 8 是不活跃的，其余 6 个约束在优化中起作用，所以本章介绍的更新角度策略和可行性检查方法在提高计算效率方面都有所贡献。

表 8-3　算例 3 的可靠性设计优化结果

方法	目标值	优化解	函数调用次数	
			目标函数	约束函数
RIA	27.7466	(2.1350,2.3309,8.7094,5.1023,0.9225,1.4450,1.3885,9.8094,8.1556,8.4755)	113	59 099
PMA	27.7466	(2.1350,2.3309,8.7094,5.1023,0.9225,1.4450,1.3885,9.8094,8.1556,8.4755)	113	4520
PMA^+	27.7466	(2.1350,2.3309,8.7094,5.1023,0.9225,1.4450,1.3885,9.8094,8.1556,8.4755)	113	3616
SLSV	27.7466	(2.1350,2.3309,8.7094,5.1023,0.9225,1.4450,1.3885,9.8094,8.1556,8.4755)	113	1808
SORA	27.7466	(2.1350,2.3309,8.7094,5.1023,0.9225,1.4450,1.3885,9.8094,8.1556,8.4755)	171	1468
ADA	27.7466	(2.1350,2.3309,8.7094,5.1023,0.9225,1.4450,1.3885,9.8094,8.1556,8.4755)	160	1328

表 8-4　算例 3 优化结果的 MCS 仿真

方法	β_1^{MCS}	β_2^{MCS}	β_3^{MCS}	β_4^{MCS}	β_5^{MCS}	β_6^{MCS}	β_7^{MCS}	β_8^{MCS}
RIA	3.001	3.000	3.000	2.997	2.998	infinite	2.996	infinite
PMA	3.001	3.000	3.000	2.995	2.998	infinite	2.997	infinite
PMA^+	3.000	3.000	3.000	2.996	2.999	infinite	2.996	infinite
SLSV	3.002	3.000	3.000	2.996	2.999	infinite	2.995	infinite
SORA	2.999	3.000	2.999	2.996	3.000	infinite	2.996	infinite
ADA	3.001	3.000	3.000	2.995	2.998	infinite	2.997	infinite

4. 焊接梁设计

焊接梁结构设计[33]如图 8-6 所示，它有 4 个随机变量，5 个概率约束分别对应于物理量如剪切应力、弯曲应力、屈曲以及位移等。所有随机变量相互独立并且都服从正态分布。

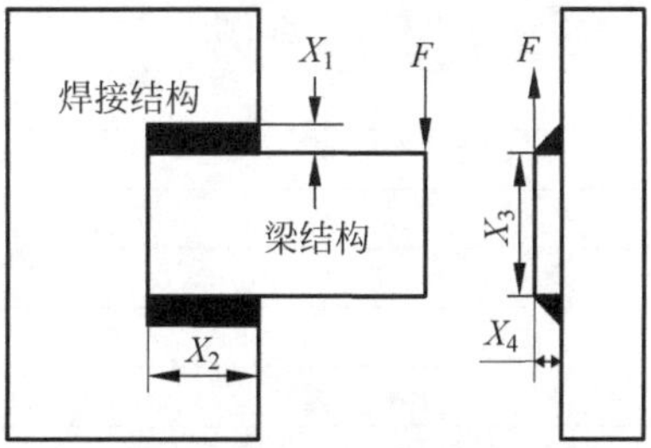

图 8-6　焊接梁结构

焊接梁设计的数学模型表示如下：

$$\text{求}\ \boldsymbol{\mu}=[\mu_1,\mu_2,\mu_3,\mu_4]^T$$

$$
\begin{cases}
\text{Min}: f(\boldsymbol{\mu}) = c_1\mu_1^2\mu_2 + c_2\mu_3\mu_4(z_2+\mu_2) \\
\text{s. t.}: \text{prob}[g_i(\boldsymbol{X},\boldsymbol{z}) \geqslant 0] \leqslant \Phi(-\beta_j^t), \quad j=1,\cdots,5 \\
\quad g_1(\boldsymbol{X},\boldsymbol{z}) = \dfrac{\tau(\boldsymbol{X},\boldsymbol{z})}{z_6} - 1, \quad g_2(\boldsymbol{X},\boldsymbol{z}) = \dfrac{\sigma(\boldsymbol{X},\boldsymbol{z})}{z_7} - 1 \\
\quad g_3(\boldsymbol{X},\boldsymbol{z}) = \dfrac{X_1}{X_4} - 1, \quad g_4(\boldsymbol{X},\boldsymbol{z}) = \dfrac{\delta(\boldsymbol{X},\boldsymbol{z})}{z_5} - 1, \quad g_5(\boldsymbol{X},\boldsymbol{z}) = 1 - \dfrac{P_c(\boldsymbol{X},\boldsymbol{z})}{z_1} \\
\quad \tau(\boldsymbol{X},\boldsymbol{z}) = \left\{ t(\boldsymbol{X},\boldsymbol{z})^2 + \dfrac{2t(\boldsymbol{X},\boldsymbol{z})tt(\boldsymbol{X},\boldsymbol{z})X_2}{2R(\boldsymbol{X})} + tt(\boldsymbol{X},\boldsymbol{z})^2 \right\}^{1/2} \\
\quad t(\boldsymbol{X},\boldsymbol{z}) = \dfrac{z_1}{\sqrt{2}X_1X_2}, \quad tt(\boldsymbol{X},\boldsymbol{z}) = \dfrac{M(\boldsymbol{X},\boldsymbol{z})R(\boldsymbol{X})}{J(\boldsymbol{X})}, \quad M(\boldsymbol{X},\boldsymbol{z}) = z_1\left(z_2 + \dfrac{X_2}{2}\right) \\
\quad R(\boldsymbol{X}) = \dfrac{\sqrt{X_2^2 + (X_1+X_3)^2}}{2}, \quad J(\boldsymbol{X}) = \sqrt{2}X_1X_2\left\{ \dfrac{X_2^2}{12} + \dfrac{(X_1+X_3)^2}{4} \right\} \\
\quad \sigma(\boldsymbol{X},\boldsymbol{z}) = \dfrac{6z_1z_2}{X_3^2X_4}, \quad \delta(\boldsymbol{X},\boldsymbol{z}) = \dfrac{4z_1z_2^3}{z_3X_3^3X_4} \\
\quad P_c(\boldsymbol{X},\boldsymbol{z}) = \dfrac{4.013X_3X_4^3\sqrt{z_3z_4}}{6z_2^2}\left(1 - \dfrac{X_3}{4z_2}\sqrt{\dfrac{z_3}{z_4}}\right) \\
\quad 0.0 \leqslant \mu_i \leqslant 10.0 \\
\quad X_i \sim N(\mu_i, 0.1693^2), \quad i=1,2; \; X_i \sim N(\mu_i, 0.0107^2), \quad i=3,4 \\
\quad \beta_1^t = \beta_2^t = \beta_3^t = 3.0, \quad \boldsymbol{\mu}^{(0)} = [6.208, 157.82, 210.62, 6.208]^T
\end{cases}
\tag{8-16}
$$

系统参数如表 8-5 所示。表 8-6 给出了不同方法的优化结果,所有方法的最优解与文献[33]是一致的。概率约束的 MCS 仿真结果如表 8-7 所示。最优目标函数值在所有方法中都等于 2.5914,并且概率约束都满足可靠性要求。可以看出,本章所介绍的 ADA 方法具有更高的计算效率。本问题的概率约束中有四个处于活跃状态,一个处于可行状态,因而本章所介绍的更新角度策略和可行性检查方法在提高该问题的求解效率方面同时起到了作用。

表 8-5 焊接梁系统参数

变量名称	参 数
z_1	2.6688×10^4 N
z_2	3.556×10^2 mm
z_3	2.0685×10^5 MPa
z_4	8.274×10^4 MPa
z_5	6.35mm
z_6	9.377×10MPa
z_7	2.0685×10^2 MPa
c_1	6.74135×10^{-5} \$/mm^3
c_2	2.93585×10^{-6} \$/mm^3

表 8-6　焊接梁可靠性设计优化结果

方法	目标值	最　优　解	函数调用次数	
			目标函数	约束函数
RIA	2.5914	(5.7230，200.9072，210.5977，6.2390)	60	5940
PMA	2.5914	(5.7299，200.9076，210.5977，6.2390)	60	1500
PMA^+	2.5914	(5.7299，200.9076，210.5977，6.2390)	60	1380
SLSV	2.5914	(5.7299，200.9076，210.5977，6.2390)	65	650
SORA	2.5914	(5.7299，200.9076，210.5977，6.2390)	75	496
ADA	2.5914	(5.7299，200.9076，210.5977，6.2390)	75	404

表 8-7　焊接梁优化结果 MCS 仿真分析

方法	β_1^{MCS}	β_2^{MCS}	β_3^{MCS}	β_4^{MCS}	β_5^{MCS}
RIA	3.000	3.000	3.000	Infinite	3.001
PMA	2.999	3.000	3.000	Infinite	3.000
PMA^+	3.000	2.999	2.999	Infinite	3.000
SLSV	3.001	3.000	3.000	Infinite	3.000
SORA	3.000	3.000	3.000	Infinite	3.001
ADA	3.001	3.000	3.000	Infinite	3.000

根据以上算例可以看出本节所介绍的自适应解耦方法在精度上与现有的方法一致,但是它具有更好的求解效率。

8.3　面向最优偏移向量的可靠性设计优化方法

本节基于序列优化与可靠度评估方法,介绍一种最优偏移向量法[34](optimal shifting vector,OSV),以改善现有方法对高度非线性产品设计所存在的计算成本过高的问题。OSV 方法的提出基于最优偏移向量的解耦概念和基于超球设计空间的可靠性分析方法。解耦过程的 MPP 点和偏移向量,将根据概率约束的极限状态方程进行求解,而不是依据概率约束在 β-球上的最小等值线进行求解,该方法可以计算出最优偏移向量并因此加速可靠性设计优化的迭代进程。超球设计空间用于减少可靠性分析模型中的约束和变量的数量,从而简化求解过程。最优偏移向量法对于高度非线性问题非常有效,尤其是当概率约束函数的等值线具有较复杂的轮廓形态时。

8.3.1　偏移向量的求解模型分析

在基于可靠性的设计优化方法中,当前综合性能最好的结构是解耦结构,如 SORA。在 SORA 方法中,概率约束的极限状态函数 $g_i(\boldsymbol{X})=0,i=1,2,\cdots,N$ 将依据偏移向量进行移动。而性能测度法 PMA(也称为逆可靠度指标法)通常被用来求解 SORA 方法中的偏移向量。但是,用 PMA 方法求解出的偏移向量是基于概率约束在 β-球上的最小等值线 $g_i(\boldsymbol{X})=g_i^k$,而不是极限状态方程 $g_i(\boldsymbol{X})=0$。如果概率约束函数具有高度非线性的特点,则函数等值线的形状将会有很大差别,那么此时用 PMA 方法所求解出的偏移向量是不准确的,从而不能给出概率约束最优的偏移方向。

在解耦方法中,偏移向量是非常重要的,因为它决定着概率约束被移动的位置,进而影响可靠性设计优化的精度。最优的偏移向量应该能够保证设计优化的可靠性要求。如图 8-7 所示,从当前优化点 $\boldsymbol{\mu}_X^{k+1}$ 到概率约束的极限状态函数 $g_i(\boldsymbol{X})=0$ 的距离 l 等于目标可靠度指标 β,也就是说当前优化点 $\boldsymbol{\mu}_X^{k+1}$ 满足概率约束 $g_i(\boldsymbol{X})\geqslant 0$ 的可靠度要求,因而偏移向量 $\boldsymbol{s}_X^{k+1}$ 是最优的。

然而,从性能测度法 PMA 中获得的偏移向量 $\boldsymbol{s}_X^{k+1}$ 是基于概率约束特定的等值线 $g_i(\boldsymbol{X})=g_i^k$ 求解的。g_i^k 来自于可靠性分析,如图 8-7 所示,它是概率约束的等值线在 β-球上的最小值。

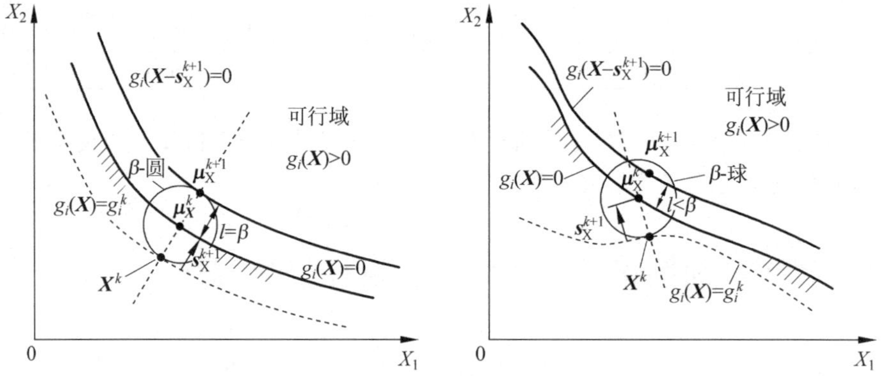

图 8-7　SORA 方法与偏移向量

(a) 轻度非线性问题;(b) 高度非线性问题

如果概率约束函数 $g_i(\boldsymbol{X})$为线性或者轻度非线性问题,如图 8-7(a)所示,等值线 $g_i(\boldsymbol{X})=g_i^k$ 与极限状态方程 $g_i(\boldsymbol{X})=0$ 几乎相互平行,则采用 PMA 方法所求解出的偏移向量 $\boldsymbol{s}_X^{k+1}$ 可以给出概率约束正确的移动方向,从而保证优化点的可靠性要求。

如果概率约束函数 $g_i(\boldsymbol{X})$是高度非线性的,如图 8-7(b)所示,等值线 $g_i(\boldsymbol{X})=g_i^k$ 与极限状态方程 $g_i(\boldsymbol{X})=0$ 在形状上有较大差别,则利用 PMA 方法求解所获得的偏移向量 $\boldsymbol{s}_X^{k+1}$ 不能给出概率约束正确的移动方向。从优化点 $\boldsymbol{\mu}_X^{k+1}$ 到极限状态方程 $g_i(\boldsymbol{X})=0$ 的距离 l 小于目标可靠度指标 β,也即当前优化点的可靠性要求不满足,从而需要更多的优化迭代循环求解出最优偏移向量。

可靠性分析通常在标准正态空间中进行，概率约束 $g_i(\boldsymbol{X}), i=1,2,\cdots,N$ 被转化为 $G_i(\boldsymbol{u}), i=1,2,\cdots,N$，其中 $\boldsymbol{u}$ 为随机变量，对应于原设计空间中的变量 $\boldsymbol{X}$。图 8-8 展示了偏移向量在标准正态空间中的情况，该约束 $G_i(\boldsymbol{u})$ 为高度非线性函数，原点表示当前优化点 $\boldsymbol{\mu}_{\mathrm{U}}^k$，其中下标 U 表示该变量是在标准正态空间中，上标表示第 k 次设计优化迭代。G_i^k 是在 β-球（$\|\boldsymbol{u}\|=\beta_i^t$）上概率约束等位线的最小值。$\boldsymbol{u}_{\mathrm{PMA}}^k$ 和 $\boldsymbol{s}_{\mathrm{U,PMA}}^k$ 是由 PMA 方法获得的 MPP 点和偏移向量，其中 $\boldsymbol{s}_{\mathrm{U,PMA}}^k=\boldsymbol{\mu}_{\mathrm{U}}^k-\boldsymbol{u}_{\mathrm{PMA}}^k$；$\boldsymbol{s}_{\mathrm{U,opt}}^k$ 表示最优偏移向量。图 8-8 中虚线和点画线分别表示被移动的极限状态方程，分别对应于偏移向量 $\boldsymbol{s}_{\mathrm{U,PMA}}^k$ 和 $\boldsymbol{s}_{\mathrm{U,opt}}^k$。

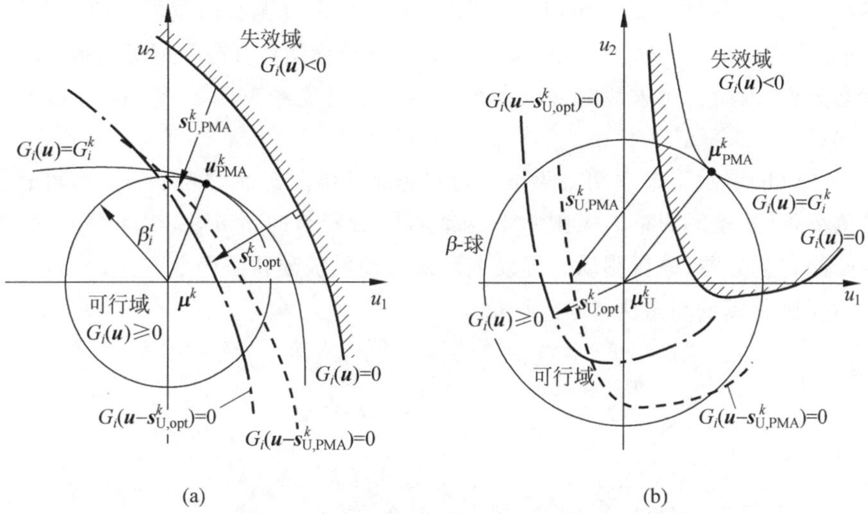

图 8-8　PMA 方法求解的偏移向量和最优偏移向量

(a) 可行约束；(b) 不可行约束

当采用最优偏移向量 $\boldsymbol{s}_{\mathrm{U,opt}}^k$ 对概率约束的极限状态方程进行移动时，则在当前最优点附近，曲线 $G_i(\boldsymbol{u}-\boldsymbol{s}_{\mathrm{U,opt}}^k)=0$ 和 $G_i(\boldsymbol{u})=0$ 之间的距离 l 等于目标可靠度指标 β_i^t，即当前设计满足可靠性要求；然而当采用由 PMA 方法获得的偏移向量 $\boldsymbol{s}_{\mathrm{U,PMA}}^k$ 对概率约束的极限状态方程进行移动时，曲线 $G_i(\boldsymbol{u}-\boldsymbol{s}_{\mathrm{U,PMA}}^k)=0$ 和 $G_i(\boldsymbol{u})=0$ 在当前优化点附近的距离 l 小于目标可靠度指标 β_i^t，因而当前优化点不满足可靠性要求，进而需要更多的优化迭代寻找优化解。

8.3.2　基于最优偏移向量的可靠性分析模型

为了解决由高度非线性约束函数所带来的问题，本节所介绍的 OSV 方法将建立新的可靠性分析模型，如下式所示。其中，MPP 点 $\boldsymbol{s}_{\mathrm{OSV}}^k$ 位于偏移概率约束方程 $G_i(\boldsymbol{u}-\tau\boldsymbol{u})=0$ 与 β-球之间的切点上。该模型的目标是最小化概率约束极限状态方程的偏移系数 τ，且 τ 和 $\boldsymbol{u}$ 同时为新模型的设计变量。

$$
\text{求}(\tau_i, \boldsymbol{u})
\begin{cases}
\text{Min: } (\tau_i) \\
\text{s.t.: } G(\boldsymbol{u} + \tau_i \boldsymbol{u}) = 0 \\
\qquad \| \boldsymbol{u} \| = \beta_i^t, \quad i = 1, 2, \cdots, N
\end{cases}
\tag{8-17}
$$

如图 8-9(a)所示,概率约束的极限状态方程 $G_i(\boldsymbol{u})=0$ 没有穿过 β-圆: $\|\boldsymbol{u}\| = \beta_i^t$,$\beta_i^t$ 为目标可靠度指标,β_i^a 为实际可靠度指标。为了满足模型(8-17)中的约束条件,首先概率约束的极限状态方程 $G_i(\boldsymbol{u})=0$ 需要沿着向量 $\boldsymbol{u}_{\mathrm{OSV}}^k$ 的反方向(即可行域方向)移动。虚线表示被移动的极限状态方程 $G_i(\boldsymbol{u}-\tau_i\boldsymbol{u}_{\mathrm{OSV}}^k)=0$,它具有最小的偏移系数值 τ_i,并且与 β-圆相切于 MPP 点 $\boldsymbol{u}_{\mathrm{OSV}}^k$。最优偏移向量可以通过 MPP 点进行求解:$\boldsymbol{s}_{\mathrm{OSV}}^k = \boldsymbol{\mu}_{\mathrm{U}}^k - \boldsymbol{u}_{\mathrm{OSV}}^k$。由于新的可靠性分析模型(8-17)采用了概率约束的极限状态方程,因而它所求解的偏移向量在精度上不受约束函数 $G_i(\boldsymbol{u})$ 非线性程度的影响。

图 8-9(b)展示了概率约束为不可行状态时的情况。此时为了满足新可靠性模型的约束条件,概率约束的极限状态函数需要沿着与向量 $\boldsymbol{u}_{\mathrm{OSV}}^k$ 相同的方向(即设计空间的右上方向)进行移动。虚线表示被移动的极限状态函数 $G_i(\boldsymbol{u}-\tau_i\boldsymbol{u}_{\mathrm{OSV}}^k)=0$,它与 β-圆之间的切点为 MPP 点 $\boldsymbol{u}_{\mathrm{OSV}}^k$。

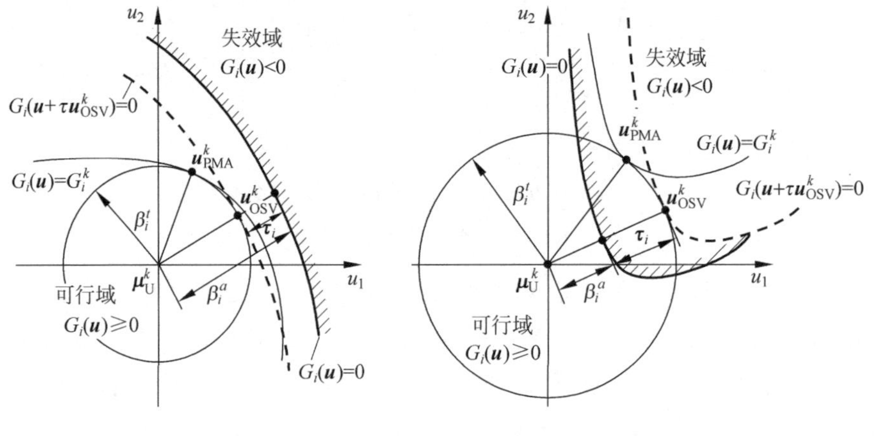

(a) (b)

图 8-9 标准正态空间中新可靠性分析模型

(a) 可行约束;(b) 失效约束

采用可靠性分析模型(8-17)可以求解出解耦方法的最优偏移向量,该模型即便对于高度非线性的概率约束函数也非常有效。然而,从式(8-17)可知,在新的可靠性分析模型中,偏移系数 τ_i 和 MPP 点 $\boldsymbol{u}$ 都将作为求解变量,而且同时出现了两个约束条件: $G(\boldsymbol{u}+\tau_i\boldsymbol{u})=0$ 和 $\|\boldsymbol{u}\|=\beta_i^t$。相对于传统的逆可靠性分析方法(PMA 法或者圆弧搜索法),新模型(8-17)中额外的求解变量 τ_i 和约束条件 $G(\boldsymbol{u}+\tau_i\boldsymbol{u})=0$ 将会增加计算成本。为了解决该问题,本章将介绍基于超球设计空间的求

解方法。

新的可靠性分析模型(8-17)具有约束条件：$\|\boldsymbol{u}\|=\beta_i^t$，对于多维问题，就意味着新模型的 MPP 搜索空间是在一个超球面上。当采用超球设计空间时，则模型(8-17)的约束条件 $\|\boldsymbol{u}\|=\beta_i^t$ 就可以看做为已知半径 ρ，此时设计变量的数量就可以减少，与传统的可靠性模型保持一致。

众所周知，二维的笛卡儿坐标可以转化为极坐标。从极坐标到二维笛卡儿坐标的转换公式如下所示：

$$\begin{cases}(u_1^2+u_2^2)^{1/2}=\rho \\ u_1=\rho\cdot\cos(\gamma_1) \\ u_2=\rho\cdot\sin(\gamma_1)\end{cases} \tag{8-18}$$

其中，(u_1,u_2)和(ρ,γ_1)分别是对应的卡迪尔坐标和极坐标。

对于 n 维问题，笛卡儿坐标同样可以转化为超球坐标，本章称为超球设计空间，坐标 $\boldsymbol{u}=(u_1,u_2,\cdots,u_n)$和$(\rho,\boldsymbol{\gamma})=(\rho,\gamma_1,\gamma_2,\cdots,\gamma_{n-1})$之间的转换如下所示：

$$\begin{cases}(u_1^2+u_2^2+\cdots+u_n^2)^{1/2}=\rho \\ u_1=\rho\cdot\sin(\gamma_{n-1})\cdot\sin(\gamma_{n-2})\cdot\cdots\cdot\sin(\gamma_3)\cdot\sin(\gamma_2)\cdot\cos(\gamma_1) \\ u_2=\rho\cdot\sin(\gamma_{n-1})\cdot\sin(\gamma_{n-2})\cdot\cdots\cdot\sin(\gamma_3)\cdot\sin(\gamma_2)\cdot\sin(\gamma_1) \\ u_3=\rho\cdot\sin(\gamma_{n-1})\cdot\sin(\gamma_{n-2})\cdot\cdots\cdot\sin(\gamma_3)\cdot\cos(\gamma_2) \\ \vdots \\ u_{n-1}=\rho\cdot\sin(\gamma_{n-1})\cdot\cos(\gamma_{n-2}) \\ u_n=\rho\cdot\cos(\gamma_{n-1})\end{cases} \tag{8-19}$$

将新的可靠性模型式(8-17)转化到超球设计空间$(\rho,\boldsymbol{\gamma})$中，$\rho$ 为该点到坐标原点的距离，$\boldsymbol{\gamma}$ 表示坐标原点与该点所形成的向量与坐标轴正方向所形成的夹角。则标准正态空间中的变量 $\boldsymbol{u}$ 转化为变量$(\rho,\boldsymbol{\gamma})$的函数：$\boldsymbol{u}=\boldsymbol{u}(\rho,\boldsymbol{\gamma})$。因为在新可靠性分析模型式(8-17)中，约束函数 $\|\boldsymbol{u}\|=\beta_i^t=\rho$ 为已知条件，所以 $\boldsymbol{u}=\boldsymbol{u}(\boldsymbol{\gamma})$，模型式(8-17)可以转化为

$$\begin{aligned}&\text{求}(\tau_i,\gamma)\\ &\begin{cases}\text{Min: }\tau_i \\ \text{s.t.: }G(\boldsymbol{u}(\boldsymbol{\gamma})+\tau_i\boldsymbol{u}(\boldsymbol{\gamma}))=0, \quad i=1,\cdots,N\end{cases}\end{aligned} \tag{8-20}$$

从式(8-19)可知，向量$\boldsymbol{\gamma}$ 为$(n-1)$维变量，τ_i 为一维偏移系数，超球设计空间中新模型式(8-20)具有 n 个求解变量，然而模型式(8-17)却有$(n+1)$个变量，所以通过超球设计空间可以减少基于最优偏移向量的新模型的求解变量，同时模型式(8-17)中的约束条件 $\|\boldsymbol{u}\|=\beta_i^t$ 也将会作为已知量 $\|\boldsymbol{u}\|=\rho$ 而消失。随着求解变量和约束函数的数量的减少，新模型式(8-20)将会比模型式(8-17)更加高效。虽然新模型式(8-17)的变量个数与约束个数都与 PMA 方法相等，但是对于高度非线性的可靠性设计优化问题，新模型式(8-20)可以求解出最优偏移向量，进而减少设计优化的迭代次数，降低计算成本。

8.3.3 基于最优偏移向量的可靠性设计优化流程

最优偏移向量法的流程如图 8-10 所示，具体求解步骤如下：

(1) 初始化确定性设计变量 $\boldsymbol{d}^0$ 和随机设计变量 $\boldsymbol{\mu}^0$，本章将使用确定性设计优化（即不考虑不确定性因素）的最优值作为可靠性设计优化的初始点（$\boldsymbol{d}^0$，$\boldsymbol{\mu}^0$）。

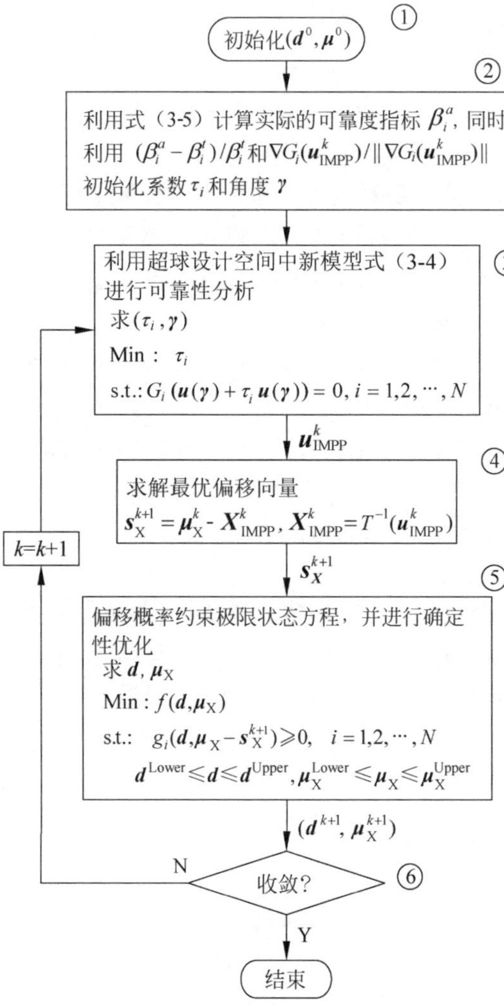

图 8-10 OSV 方法流程图

(2) 初始化偏移系数 τ_i 和角度向量 $\boldsymbol{\gamma}$，概率约束的实际可靠度指标可以通过下式近似求解[1,19,20]：

$$\beta_i^a \approx \frac{G_i(\boldsymbol{u}^k)-\nabla G_i(\boldsymbol{u}^k)\cdot\boldsymbol{u}^k}{\|\nabla G_i(\boldsymbol{u}^k)\|} \tag{8-21}$$

如图 8-9(a)所示，偏移系数 τ_i 可以初始化为：$\tau_i=(\beta_i^a-\beta_i^t)/\beta_i^t$，角度向量 $\boldsymbol{\gamma}$ 表示超

球设计空间中坐标点的方向，本章所介绍的 OSV 方法将采用单位梯度向量$\nabla G_i(\boldsymbol{u}_{\mathrm{IMPP}}^k)/\|\nabla G_i(\boldsymbol{u}_{\mathrm{IMPP}}^k)\|$的方向作为角度向量$\boldsymbol{\gamma}$的初始方向。例如，对于二维问题，选取梯度单位向量：$\boldsymbol{e}=(e_1,e_2)$，则$e_1=\cos(\boldsymbol{\gamma})$，$e_2=\sin(\boldsymbol{\gamma})$。对于高维度问题，转换方法如式(8-19)所示。

(3) 利用本章介绍的基于最优偏移向量的可靠性分析方法进行可靠性评估。在第k次优化循环，首先将标准正态空间中的设计变量从笛卡儿坐标转换到超球设计空间$(\rho,\boldsymbol{\gamma})$中，从而建立新的可靠性分析模型，如式(8-20)所示，然后求解出 MPP 点$\boldsymbol{u}_{\mathrm{IMPP}}^k=\boldsymbol{u}(\boldsymbol{\gamma}^*)$。

(4) 求解最优偏移向量：$\boldsymbol{s}_{\mathrm{X}}^{k+1}=\mu_{\mathrm{X}}^k-\boldsymbol{X}_{\mathrm{IMPP}}^k$，$\boldsymbol{X}_{\mathrm{IMPP}}^k=T^{-1}(\boldsymbol{u}_{\mathrm{IMPP}}^k)$，其中，$\boldsymbol{\mu}_{\mathrm{X}}^k$为第$k$次循环的优化点，$\boldsymbol{X}_{\mathrm{IMPP}}^k$为原设计空间的 MPP 点，$\boldsymbol{u}_{\mathrm{IMPP}}^k$为步骤(3)中获得的标准正态空间中的 MPP 点，T^{-1}表示转换函数(Rosenblatt 转换或者 Nataf 转换)。例如，当随机设计变量$\boldsymbol{X}$相互独立并服从正态分布$\boldsymbol{X}\sim\mathrm{N}(\mu_{\mathrm{X}}^k,\boldsymbol{\sigma}_{\mathrm{X}}^k)$时，则 MPP 点可以通过下式计算：$\boldsymbol{X}_{\mathrm{IMPP}}^k=\boldsymbol{\mu}_{\mathrm{X}}^k+\boldsymbol{\sigma}_{\mathrm{X}}^k\cdot\boldsymbol{u}_{\mathrm{IMPP}}^k$，进而获得最优偏移向量：$\boldsymbol{s}_{\mathrm{X}}^{k+1}=\boldsymbol{\mu}_{\mathrm{X}}^k-\boldsymbol{X}_{\mathrm{IMPP}}^k$。

(5) 将概率约束的极限状态方程沿着最优偏移向量方向进行移动，则可靠性设计优化问题转化为确定性设计优化问题。求解该确定性优化问题，得到新的优化点$\boldsymbol{d}^{k+1}$，$\boldsymbol{\mu}^{k+1}$。

(6) 如果优化点收敛，则整个可靠性优化过程结束；否则，$k=k+1$，整个优化过程转向步骤(3)。

8.3.4 测试算例

为了验证 OSV 方法的可行性与有效性，本节将通过 3 个算例进行对比验证，所对比方法包括双循环法：可靠度指标法(RIA)、性能测度法(PMA)、先进性能测度法 (PMA^+)；单循环法：单循环单变量法(SLSY)；解耦法：序列优化与可靠性评估法(SORA)。其中在 SORA 和本章所提的 OSV 方法中，可靠性分析过程与优化过程都采用序列二次规划法(SQP)。优化结果将会采用 MCS 10^7 次样本进行验证。所有测试都在 MATLAB 7.11 上进行。

1. 案例 1

本算例将用于验证 OSV 方法在可靠性分析过程中的可行性。它是一个二维问题，两个随机设计变量相互独立且服从正态分布。约束函数如下：

$$g(\boldsymbol{X})=\frac{(X_1-10.3)^2}{8}+(X_2-7.3)^2-5 \tag{8-22}$$

$$\boldsymbol{X}_i\sim N(5.3,1.5^2),\quad i=1,2,\quad \beta^t=3.0$$

本章介绍的可靠性分析新模型(8-17)和式(8-20)将会与 PMA 法(逆可靠性分析法)进行比较。其中，模型(8-17)是在卡迪尔坐标系中进行求解，而模型(8-20)

则是在超球设计空间中进行求解。

对比结果如表 8-8 所示。模型式(8-17)计算效率不高,因为相对于模型式(8-20)和 PMA 法,它具有额外的求解变量 τ_i 和约束函数。模型式(8-20)可以大大提高计算效率,因为该类问题的搜索空间为超球面,采用超球设计空间进行描述更为合适。

表 8-8 算例 1 的分析结果

方　法	$\boldsymbol{X}^{\mathrm{MPP}}$	$\boldsymbol{s}^*$	函数调用次数
PMA	(2.7057,1.2958)	(−4.0586,−1.9437)	25
OSV	(1.1340,2.7774)	(−1.7009,−4.1661)	36
OSV	(1.1340,2.7774)	(−1.7010,−4.1661)	18

可靠性分析过程如图 8-11 所示。PMA 方法获得的 MPP 点与 OSV 方法获得的 MPP 点是不同的,因而偏移向量($\boldsymbol{s}^* = -\sigma\boldsymbol{X}^{\mathrm{IMPP}}$)也会有所不同。如图 8-11 (a)所示,当采用 PMA 方法所求解的偏移向量 $\boldsymbol{s}^*$ 对极限状态方程进行移动时,在当前优化点附近$\boldsymbol{\mu}_X$,曲线 $g(\boldsymbol{X}-\boldsymbol{s}^*)=0$ 和 $g(\boldsymbol{X})=0$ 之间的距离小于目标可靠度指标 β:$l<\beta$,也就意味着 PMA 方法所获得偏移向量 $\boldsymbol{s}^*$ 不能给出概率约束极限状态方程正确的移动方向。

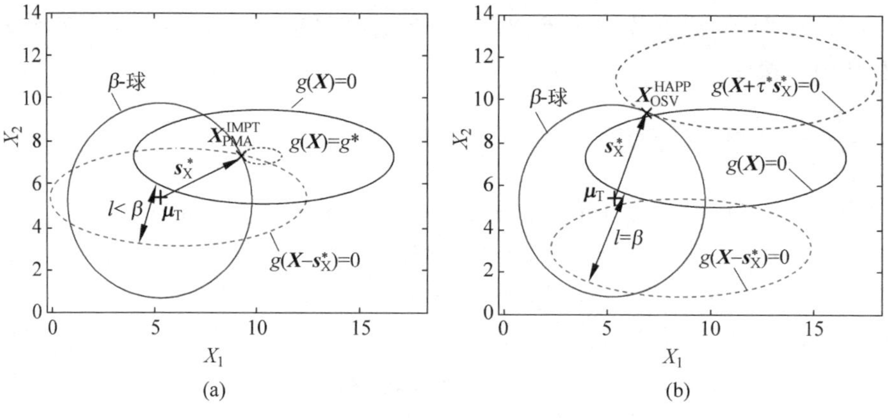

图 8-11 算例 1 的可靠性分析过程

(a) 性能测度法 PMA;(b) 最优偏移向量法 OSV

如图 8-11(b)所示的最优偏移向量法中,MPP 点是基于函数 $g(\boldsymbol{X}-\tau_i\boldsymbol{s}^*)=0$ 进行求解的。当采用该偏移向量对概率约束的极限状态方程进行移动时,在当前设计点附近,曲线 $g(\boldsymbol{X}-\boldsymbol{s}^*)=0$ 和 $g(\boldsymbol{X})=0$ 之间的距离等于目标可靠度指标,因而该优化点能够满足可靠性要求,因此 OSV 法能够求解出比 PMA 法更优的偏移向量。

2. 案例 2

该例子有两个随机设计变量和两个概率约束，且两个随机设计变量相互独立并服从正态分布。确定性设计优化的结果被选作为可靠性设计优化的初始点。该算例模型如下：

$$
\text{求}\ \boldsymbol{\mu}=[\mu_1,\mu_2]^{\mathrm{T}}
$$

$$
\begin{cases}
\text{Min: } f(\boldsymbol{\mu})=(\mu_1-3.7)^2+(\mu_2-4.0)^2 \\
\text{s.t.: prob}[g_j(\boldsymbol{X})<0]\leqslant \Phi(-\beta_j^t),\quad j=1,2 \\
\qquad g_1(\boldsymbol{X})=-X_1\sin(4X_1)-1.1X_2\sin(2X_2) \\
\qquad g_2(\boldsymbol{X})=X_1+X_2-3,\quad \beta_1^t=\beta_2^t=2.0,\quad X_i\sim \mathrm{N}(\mu_i,0.1^2),\quad i=1,2 \\
\qquad 0.0\leqslant\mu_1\leqslant 3.7,\quad 0.0\leqslant\mu_2\leqslant 4.0,\quad \boldsymbol{\mu}^{(0)}=[2.97,3.40]^{\mathrm{T}}
\end{cases}
\tag{8-23}
$$

本算例的目标函数值沿着设计空间的右上方向逐步减小。如图 8-12(a)所示，阴影部分为可行域，虚线表示概率约束的极限状态方程。图 8-12(b)展示了第一个概率约束的等值线分布，可以看出，该约束是高度非线性的。可靠性设计优化的最优点位于(2.8163, 3.2769)，在最优点附近的圆环表示 β-圆。

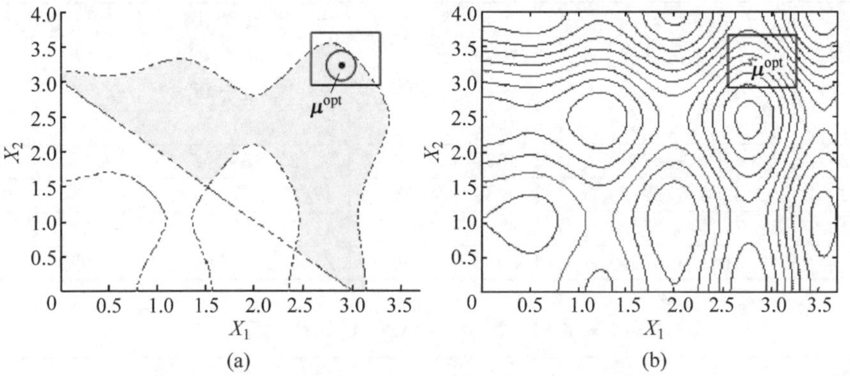

图 8-12　例子 2 中概率约束的轮廓线

(a) 可行域；(b) 高度非线性概率约束函数 $g_1(\boldsymbol{X})$

算例 2 的优化结果如表 8-9 所示。约束函数调用次数的计算方法为：单个约束函数被调用一次，则总次数加 1。β^{MCS} 表示可靠度指标，它是由 MCS 采用 10^7 次样本仿真的结果。在所有方法中(SLSV 除外)，β^{MCS} 具有几乎相同的值，并且目标最优值都等于 1.3038，因此 OSV 方法与现有方法具有相同的求解精度。SLSV 方法无法达到收敛，因为第一个概率约束是高度非线性的，如图 8-12(b)所示。SLSV 采用 KKT 条件近似代替可靠性分析过程，因而不能保证所求解 MPP 点的精度，所以对于高度非线性问题，SLSV 法将无法达到收敛。

表 8-9　算例 2 的可靠性设计优化结果

方法	优化点	目标值	迭代循环次数	目标函数调用次数	约束函数调用次数	β_1^{MCS}	β_2^{MCS}
RIA	(2.8163,3.2769)	1.3038	16	55	1492	1.856	∞
PMA	(2.8163,3.2769)	1.3038	7	25	1148	1.857	∞
PMA^+	(2.8163,3.2769)	1.3038	7	25	1121	1.857	∞
SLSV	不收敛	—	—	—	—	—	—
SORA	(2.8164,3.2768)	1.3038	4	66	210	1.857	∞
OSV	(2.8163,3.2769)	1.3038	2	34	117	1.856	∞

SORA 方法比双循环法(如 RIA、PMA 和 PMA^+)的计算效率高；OSV 方法的目标函数和约束函数的调用次数都明显减少，因而 OSV 法比 SORA 法在求解效率上更为有效。

因为 OSV 和 SORA 都是解耦方法，因而在本节算例中仅对这两种方法的迭代过程进行了对比，如表 8-10 和表 8-11 所示。可以看出，SORA 要用四个优化迭代循环才能达到收敛，而 OSV 法仅用了两个优化迭代循环，因此 OSV 法可以加快可靠性设计优化的迭代速度。

表 8-10　算例 2 中 SORA 的迭代过程

循环	优　化　解	目标值	目标函数调用次数	约束函数调用次数总和(设计优化/可靠性分析)	$g_1(\boldsymbol{X})$	$g_2(\boldsymbol{X})$
1	(2.8054,3.2965)	1.2952	21	69(27/42)	0	3.38
2	(2.8180,3.2748)	1.3037	16	53(21/32)	0	3.38
3	(2.8160,3.2772)	1.3038	16	47(15/32)	0	3.38
4	(2.8164,3.2768)	1.3038	13	41(15/26)	0	3.38
最优	(2.8164,3.2768)	1.3038	66	210(78/132)	活跃	不活跃

表 8-11　算例 2 中 OSV 的迭代过程

循环	优　化　解	目标值	目标函数调用次数	约束函数调用次数总和(设计优化/可靠性分析)	$g_1(\boldsymbol{X})$	$g_2(\boldsymbol{X})$
1	(2.8165,3.2766)	1.3038	21	59(17/42)	0	2.81
2	(2.8163,3.2769)	1.3038	13	58(32/26)	0	2.81
最优	(2.8163,3.2769)	1.3038	34	117(49/68)	活跃	不活跃

图 8-13 展示了图 8-12 中最优点$\boldsymbol{\mu}^{opt}$ 附近矩形框内的图形。在图 8-13(a)中，$\boldsymbol{X}^k$，$\boldsymbol{\mu}_X^k$，$\boldsymbol{s}_X^k$ 分别表示第 k 次设计优化循环中的 MPP 点、设计点和偏移向量。$g_1(\boldsymbol{X})=0$ 为概率约束的极限状态方程；$g_1(\boldsymbol{X})=g_1^k$ 表示 PMA 方法中用于求解 MPP 点的约束函数等值线；$g_1(\boldsymbol{X}-\boldsymbol{s}_X^k)=0$ 表示偏移的极限状态方程。容易看出，曲线 $g_1(\boldsymbol{X})=0$ 和 $g_1(\boldsymbol{X})=g_1^k$，$i=1,2,3,4$ 在形状一上有较大差别，尤其是曲线

$g_1(\boldsymbol{X})=g_1^1$，偏移向量 $\boldsymbol{s}_X^1$ 有较大的偏移因而导致 SORA 法需要更多的优化迭代循环去寻找最优解。

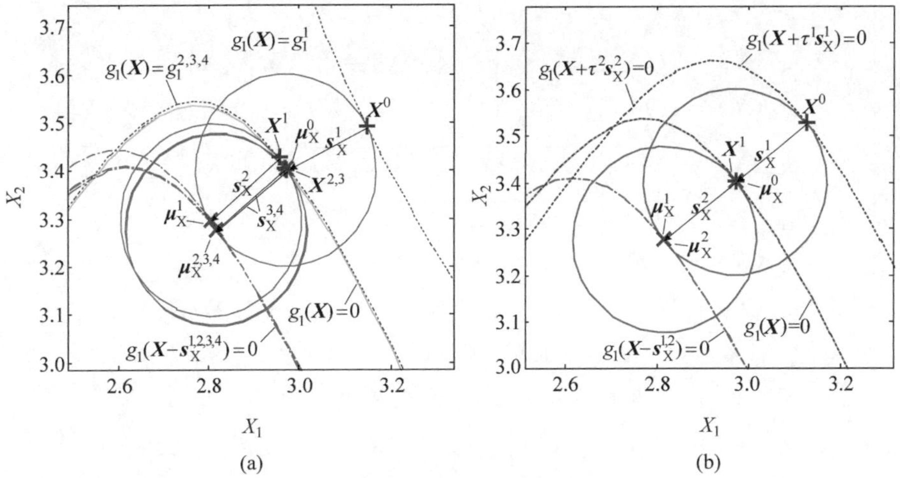

图 8-13　解耦法的可靠性设计优化迭代过程

(a) SORA 方法；(b) OSV 方法

在图 8-13 (b)中，OSV 方法利用偏移的极限状态方程 $g_1(\boldsymbol{X}-\tau^k\boldsymbol{s}_X^k)=0$ 寻找 MPP 点，在当前设计点附近，曲线 $g_1(\boldsymbol{X})=0$ 和 $g_1(\boldsymbol{X}-\tau^k\boldsymbol{s}_X^k)=0$ 在形状上几乎相互平行。偏移向量 $\boldsymbol{s}_X^k(k=1,2)$是最优的，且该方法仅用了两个迭代循环就寻找到最优设计，从而验证了 OSV 方法可以加速可靠性设计优化的收敛过程，有效地降低计算成本。

3. 减速器设计

如图 8-14 所示，减速器可以改变机器的旋转速度和扭矩[32]。该减速器设计有 7 个随机变量和 11 个概率约束。设计目标是最小化减速器的质量，约束函数对应的物理量有屈服应力、接触应力、纵向位移、轴应力以及其他几何约束。随机变量为齿轮宽度(X_1)、齿轮模数(X_2)、齿数(X_3)、轴承间距(X_4，X_5)和轴半径(X_6，X_7)。

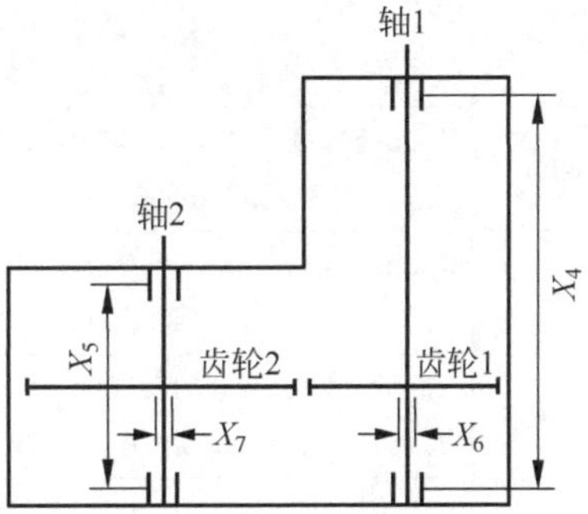

图 8-14　减速器结构

所有变量都相互独立且服从正态分布，确定性设计优化的最优解被选为可靠性设计优化的初始解。该加速器的数学模型可表示如下：

$$\text{求}\ \boldsymbol{\mu}=[\mu_1,\mu_2,\mu_3,\mu_4,\mu_5,\mu_6,\mu_7]^{\mathrm{T}}$$

$$
\begin{cases}
\text{Min}: f(\boldsymbol{\mu}) = 0.7854\mu_1\mu_2^2(3.3333\mu_3^2 + 14.9334\mu_3 - 43.0934) - \\
\quad 1.5080\mu_1(\mu_6^2 + \mu_7^2) + 7.4770(\mu_6^3 + \mu_7^3) + 0.7854(\mu_4\mu_6^2 + \mu_5\mu_7^2) \\
\text{s.t.}: \text{prob}[g_i(\boldsymbol{X}) > 0] \leqslant \Phi(-\beta_i^t), \quad i = 1, \cdots, 11 \\
\quad g_1(\boldsymbol{X}) = 27/X_1X_2^2X_3 - 1, \quad g_2(X) = 397.5/X_1X_2^2X_3^2 - 1 \\
\quad g_3(\boldsymbol{X}) = 1.93X_4^3/X_2X_3X_6^4 - 1, \quad g_4(X) = 1.93X_5^3/X_2X_3X_7^4 - 1 \\
\quad g_5(\boldsymbol{X}) = \sqrt{(745X_4/(X_2X_3))^2 + 16.9\times 10^6}/0.1X_6^3 - 1100 \\
\quad g_6(\boldsymbol{X}) = \sqrt{(745X_5/(X_2X_3))^2 + 157.5\times 10^6}/0.1X_7^3 - 850 \\
\quad g_7(\boldsymbol{X}) = X_2X_3 - 40, \quad g_8(\boldsymbol{X}) = 5 - X_1/X_2 \\
\quad g_9(\boldsymbol{X}) = X_1/X_2 - 12, \quad g_{10}(\boldsymbol{X}) = (1.5X_6 + 1.9)/X_4 - 1 \\
\quad g_{11}(\boldsymbol{X}) = (1.1X_7 + 1.9)/X_5 - 1 \\
\quad 2.6 \leqslant \mu_1 \leqslant 3.6, \quad 0.7 \leqslant \mu_2 \leqslant 0.8, \quad 17 \leqslant \mu_3 \leqslant 28 \\
\quad 7.3 \leqslant \mu_4 \leqslant 8.3, \quad 7.3 \leqslant \mu_5 \leqslant 8.3, \quad 2.9 \leqslant \mu_6 \leqslant 3.9 \\
\quad 5.0 \leqslant \mu_7 \leqslant 5.5, \quad X_j \sim \text{N}(\mu_j, 0.005^2), \quad j = 1, \cdots, 4, 6 \\
\quad X_j \sim \text{N}(\mu_j, 0.022^2), \quad j = 5, 7, \quad \beta_1^t = \cdots = \beta_{11}^t = 3.0 \\
\quad \boldsymbol{\mu}^{(0)} = [3.50, 0.70, 17.00, 7.30, 7.72, 3.35, 5.29]^{\text{T}}
\end{cases}
\tag{8-24}
$$

减速器设计优化的对比结果如表 8-12、表 8-13 所示。所有方法的最优设计与文献[32]几乎相等。概率约束在最优解处的可靠性通过 MCS 10^7 次样本进行仿真，如表 8-13 所示，所有方法的优化解在满足可靠性要求方面都处在同一水平。所以本章介绍的方法在精度上与已有方法一致，但是它具有更高的求解效率。

表 8-12 减速器设计优化结果对比

方法	优化解	目标值	迭代循环次数	目标函数调用次数	约束函数调用次数
RIA	(3.5764，0.7000，17.0000，7.3000，7.7541，3.3652，5.3017)	3038.60	5	48	63 116
PMA	(3.5765，0.7000，17.0000，7.3000，7.7541，3.3652，5.3017)	3038.61	4	49	14 553
PMA$^+$	(3.5765，0.7000，17.0000，7.3000，7.7541，3.3652，5.3017)	3038.61	4	49	10 584
SLSV	(3.5765，0.7000，17.0000，7.3000，7.7541，3.3652，5.3017)	3038.61	4	49	4851
SORA	(3.5765，0.7000，17.0000，7.3000，7.7541，3.3652，5.3017)	3038.61	2	40	2486
OSV	(3.5765，0.7000，17.0000，7.3000，7.7541，3.3652，5.3017)	3038.61	2	40	1823

表 8-13　减速器设计优化结果 MCS 仿真

方法	β_1^{MCS}	β_2^{MCS}	β_3^{MCS}	β_4^{MCS}	β_5^{MCS}	β_6^{MCS}	β_7^{MCS}	β_8^{MCS}	β_9^{MCS}	β_{10}^{MCS}	$\beta^0 MCS_{11}$
RIA	∞	∞	∞	∞	2.996	2.998	∞	3.000	∞	∞	2.996
PMA	∞	∞	∞	∞	3.001	3.000	∞	3.000	∞	∞	2.997
PMA^+	∞	∞	∞	∞	2.998	3.000	∞	2.998	∞	∞	2.998
SLSV	∞	∞	∞	∞	3.003	3.000	∞	2.998	∞	∞	3.000
SORA	∞	∞	∞	∞	3.003	2.998	∞	3.000	∞	∞	3.002
OSV	∞	∞	∞	∞	2.999	2.998	∞	3.001	∞	∞	3.002

表 8-14～表 8-17 展示了 SORA 和 OSV 方法的优化迭代过程。其中,“Active”表示概率约束处于活跃状态,“Inac.”则表示不活跃状态。可以看出,两种方法都使用了两个优化循环,目标函数的调用次数都等于 40 次,但是在 OSV 法中约束函数的调用次数相比于 SORA 法却大大减少,因而 OSV 方法具有更高的效率。

表 8-14　减速器可靠性设计优化 SORA 法迭代过程

循环	优　化　解	目标值	目标函数调用次数	约束函数调用次数总和(设计优化/可靠性分析)
1	(3.5765, 0.7000, 17.0000, 7.3000, 7,7541, 3.3652, 5.3017)	3038.61	32	2190(352/1838)
2	(3.5765, 0.7000, 17.0000, 7.3000, 7,7541, 3.3652, 5.3017)	3038.61	8	296(88/208)
最优	(3.5765, 0.7000, 17.0000, 7.3000, 7,7541, 3.3652, 5.3017)	3038.61	40	2486(440/2046)

表 8-15　减速器可靠性设计优化 SORA 法迭代过程

循环	$g_1(\boldsymbol{X})$	$g_2(\boldsymbol{X})$	$g_3(\boldsymbol{X})$	$g_4(\boldsymbol{X})$	$g_5(\boldsymbol{X})$	$g_6(\boldsymbol{X})$	$g_7(\boldsymbol{X})$	$g_8(\boldsymbol{X})$	$g_9(\boldsymbol{X})$	$g_{10}(\boldsymbol{X})$	$g_{11}(\boldsymbol{X})$
1	0.053	0.18	0.49	0.90	0	0	27.84	0	6.78	0.045	0
2	0.053	0.18	0.49	0.90	0	0	27.84	0	6.78	0.045	0
最优	不活跃	不活跃	不活跃	不活跃	活跃	活跃	不活跃	活跃	不活跃	不活跃	活跃

表 8-16　减速器可靠性设计优化 OSV 法迭代过程

循环	最　优　解	目标值	目标函数调用次数	约束函数调用次数总和(设计优化/可靠性分析)
1	(3.5765, 0.7000, 17.0000, 7.3000, 7,7541, 3.3652, 5.3017)	3038.61	32	1126(352/774)
2	(3.5765, 0.7000, 17.0000, 7.3000, 7,7541, 3.3652, 5.3017)	3038.61	8	697(88/609)
最优	(3.5765, 0.7000, 17.0000, 7.3000, 7,7541, 3.3652, 5.3017)	3038.61	40	1823(440/1383)

表 8-17 减速器可靠性设计优化 OSV 法迭代过程

循环	$g_1(\boldsymbol{X})$	$g_2(\boldsymbol{X})$	$g_3(\boldsymbol{X})$	$g_4(\boldsymbol{X})$	$g_5(\boldsymbol{X})$	$g_6(\boldsymbol{X})$	$g_7(\boldsymbol{X})$	$g_8(\boldsymbol{X})$	$g_9(\boldsymbol{X})$	$g_{10}(\boldsymbol{X})$	$g_{11}(\boldsymbol{X})$
1	0.053	0.18	0.51	0.91	0	0	27.85	0	6.89	0.045	0
2	0.053	0.18	0.51	0.90	0	0	27.85	0	6.89	0.045	0
最优	不活跃	不活跃	不活跃	不活跃	活跃	活跃	不活跃	活跃	不活跃	不活跃	活跃

8.4 使用迭代控制策略的自适应混合单循环方法

无论是基于自适应解耦的可靠性设计优化方法还是面向最佳偏移向量的可靠性设计优化方法,二者的基本框架都与序列优化与可靠性评估法的基本框架类似。总的来说,它们都归类为解耦方法。尽管解耦方法将可靠性分析从确定性优化中分解出来,但是每一次优化迭代仍需要进行一次可靠性分析。当功能函数计算复杂、多个约束同时存在时,一次可靠性分析就相当耗时,而整个优化过程需要多次迭代,其计算成本相当昂贵,尤其是当优化问题也比较复杂时,计算成本甚至难以承受。作为对比,单循环法则表现出很好的高效性,因为单循环法以牺牲复杂问题的求解精度为代价而不用于进行可靠性分析。为了保留单循环法的优势,并提升单循环法的精度,本节介绍一类增强的自适应混合单循环法。

8.4.1 方法概述

单循环法与上述方法最大的不同点在于,在每一次优化迭代时,它仅根据上一次优化迭代得到的信息进行一次近似的可靠性分析,避免了可靠性分析所需的大量功能函数响应计算。当得到第 k 迭代步的设计点$\boldsymbol{\mu}_{\mathrm{X}}^{(k)}$ 之后,近似的最大可能失效点(MPP)由下式计算即可:

$$\boldsymbol{X}_i^{(k)}=\boldsymbol{\mu}_{\mathrm{X}}^{(k)}-\sigma^2\times\beta_{t_i}\times\nabla g_i(\boldsymbol{X}_i^{(k-1)})/\|\sigma\times\nabla g_i(\boldsymbol{X}_i^{(k-1)})\| \tag{8-25}$$

其中,$\boldsymbol{X}_i^{(k-1)}$ 是上一优化迭代步中使用的近似 MPP。如图 8-15 所示,这种近似对于弱非线性功能函数具有良好的准确度,但是对于强非线性功能函数而言,利用第 $k-1$ 步近似 MPP 点 $\boldsymbol{X}_{\mathrm{SLA}}^{(k-1)}$ 所提供的信息来得到的第 k 迭代步近似 MPP 点 $\boldsymbol{X}_{\mathrm{SLA}}^{(k)}$ 与真实的 MPP 点 $\boldsymbol{X}_{\mathrm{True}}^{(k)}$ 相差很大。对于含有强非线性功能函数的 RBDO 问题,不精确的近似 MPP 点将不满足实际可靠性要求,因此也无法得到满足要求的最优解。但是功能函数的非线性程度相关信息是无法提前预知的,哪些优化迭代步中的近似 MPP 点不够精确也是无法预知的。

因此,在得到每一个近似 MPP 点后,理应进行一次有效性判断。如果近似 MPP 点足够精确,则继续使用该 MPP 点;反之,如果不够精确,则应该计算精确的 MPP 点来代替该近似 MPP 点。此处选用 KKT 条件作为判断准则:

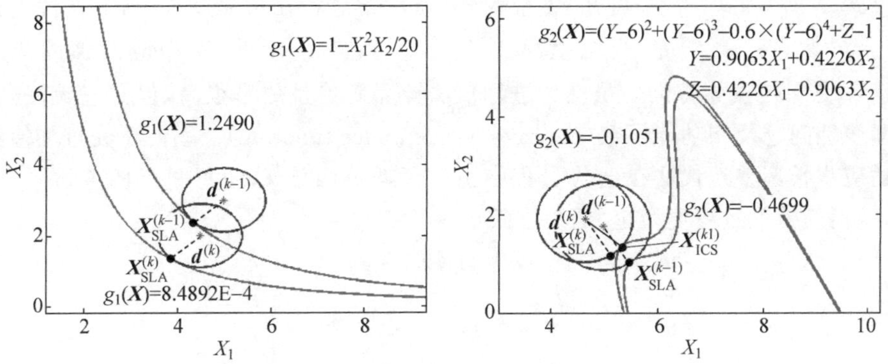

(a)　　　　(b)

图 8-15　近似 MPP 点的更新情况对比结果

(a) 弱非线性函数；(b) 强非线性函数

$$\left|\frac{\boldsymbol{u}_{\mathrm{SLA}}}{\|\boldsymbol{u}_{\mathrm{SLA}}\|}\times\frac{\nabla G(\boldsymbol{u}_{\mathrm{SLA}})}{\|\nabla G(\boldsymbol{u}_{\mathrm{SLA}})\|}-1\right|\leqslant\varepsilon_{\mathrm{KKT}} \tag{8-26}$$

其中，$\boldsymbol{u}_{\mathrm{SLA}}$ 是标准正态空间中的近似 MPP，$\boldsymbol{u}_{\mathrm{SLA}}/\|\boldsymbol{u}_{\mathrm{SLA}}\|$ 是近似 MPP 点的单位方向，$\nabla G(\boldsymbol{u}_{\mathrm{SLA}})/\|\nabla G(\boldsymbol{u}_{\mathrm{SLA}})\|$ 则是单位梯度方向。参数 $\varepsilon_{\mathrm{KKT}}$ 一般设定为 $10^{-3}\sim 10^{-4}$。当近似 MPP 点无法满足此 KKT 条件时，则需要重新设定一个精确的 MPP 点。借助此判断准则，可以有效控制精确 MPP 点的数量，从而控制实际的计算成本。此判断准则的另一个优势是，如果近似 MPP 点足够精确，KKT 条件中的梯度方向可以直接用于下一步迭代优化和近似 MPP 点的计算，从而节省计算成本。

8.4.2　迭代控制策略

另一个控制实际计算成本的途径则是提高可靠性分析的效率，减少每一次计算精确 MPP 点时所需要的功能函数响应评估次数。在 RBDO 问题中，逆可靠性分析因其求解稳定的优势而被广泛应用。常用的逆可靠性分析方法包括：先进均值法(advanced mean value method)、混合均值法(hybrid mean value method)、增强混合均值法(enhanced hybrid mean value method)、共轭梯度分析法(conjugate gradient analysis,ethod)[35]、混沌控制法(chaos control method)[36]以及一系列基于混沌控制法的改进方法[37,38]。其中，自适应步长调整迭代法(step length adjustment iterative algorithm)[39]就是一种基于混沌控制思想的算法。

逆可靠性分析模型为

$$\begin{cases}\mathrm{Min:}\ G(\boldsymbol{U})\\ \mathrm{s.t.:}\ \|\boldsymbol{U}\|=\beta_t\end{cases} \tag{8-27}$$

针对此优化问题，最基本的先进均值法求解公式为

$$\boldsymbol{u}^{(k+1)}=\beta_t\boldsymbol{n}(\boldsymbol{u}^{(k)}),\quad \boldsymbol{n}(\boldsymbol{u}^{(k)})=-\frac{\nabla_{\mathrm{U}}G(\boldsymbol{u}^{(k)})}{\|\nabla_{\mathrm{U}}G(\boldsymbol{u}^{(k)})\|} \tag{8-28}$$

结合式(8-27)和式(8-28)可知，整个 MPP 点搜索过程在可靠度 β_t-圆上迭代进行。$\boldsymbol{u}^{(k)}=(u_1^{(k)},\cdots,u_n^{(k)})$是 β_t-圆上第 k 个迭代点，$\nabla_{\mathrm{U}}G(\boldsymbol{u}^{(k)})$是相应的梯度向量，$\boldsymbol{n}(\boldsymbol{u}^{(k)})$是单位搜索方向。虽然先进均值法计算简单且效率很高，但是它无法处理强非线性问题及凹功能函数(concave performance function)。不同于先进均值法，自适应步长调整迭代法在迭代过程中引入了调节因子 λ，使每一步的搜索距离缩短，从而使搜索过程更稳定、更易收敛：

$$\boldsymbol{u}_{\lambda}^{(k)}=\boldsymbol{u}^{(k)}-\lambda\nabla_{\mathrm{U}}g(\boldsymbol{u}^{(k)}) \tag{8-29}$$

$$\boldsymbol{u}^{(k+1)}=\beta_t\tilde{\boldsymbol{n}}(\boldsymbol{u}^{(k)}),\quad \tilde{\boldsymbol{n}}(\boldsymbol{u}^{(k)})=\frac{\boldsymbol{u}_{\lambda}^{(k)}}{\|\boldsymbol{u}_{\lambda}^{(k)}\|} \tag{8-30}$$

图 8-16 给出了自适应步长调整迭代法原理图。在每一迭代步中，上一步迭代点都参与了当前迭代点的搜索与确认。搜索距离由 λ 控制，λ 越小，则下一步迭代点越接近上一步迭代点；λ 越大，则下一步迭代点越接近由先进均值法确定的迭代点。同时，λ 也可以自适应调节。设定 λ 的初始值为 $0.01\leqslant\lambda\leqslant10$，每当新的搜索距离 $\|\boldsymbol{u}^{(k)}-\boldsymbol{u}^{(k-1)}\|$ 大于之前的搜索距离 $\|\boldsymbol{u}^{(k-1)}-\boldsymbol{u}^{(k-2)}\|$ 时，就更新 λ：

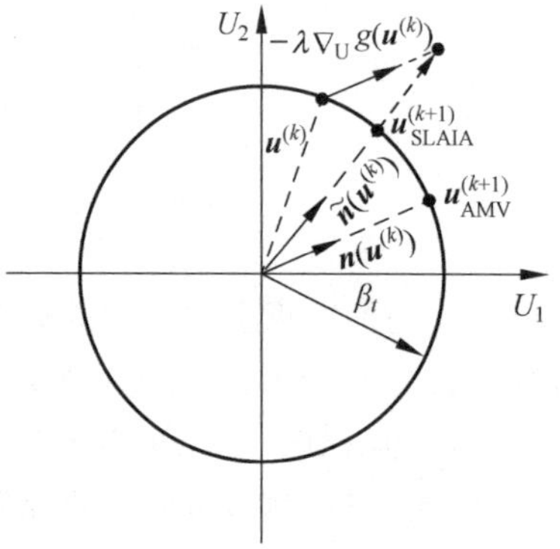

图 8-16　自适应步长调整迭代法原理图

$$\lambda=\lambda/c,\quad c=2.2\sim2.6 \tag{8-31}$$

在调节因子和控制步长的协助下，每一步的搜索距离得到了有效控制，避免了搜索过程出现不规则振荡、无法收敛到精确的 MPP 点。

但是仅仅使用 $\|\boldsymbol{u}^{(k)}-\boldsymbol{u}^{(k-1)}\|>\|\boldsymbol{u}^{(k-1)}-\boldsymbol{u}^{(k-2)}\|$ 作为判断准则来决定是否更新调节因子 λ 是不够的。有些不规则振荡现象的振幅不断减小，也就是说连续两个迭代步之间的搜索距离是逐步减小的，此时该判断准则($\|\boldsymbol{u}^{(k)}-\boldsymbol{u}^{(k-1)}\|>\|\boldsymbol{u}^{(k-1)}-\boldsymbol{u}^{(k-2)}\|$)一直无法生效，调节因子 λ 无法更新，进而影响搜索效率甚至无法确定精确的 MPP 点。此外，当功能函数仅仅是弱非线性时，上述调节因子更新策略和搜索步长控制策略虽然能生效，但由于搜索步长较小，步长调整迭代法需要更多的迭代次数才能搜索到，较先进均值法而言过于低效。在实际方法应用中，使用者无法事先预知上述情形是否会出现以及会出现几种，因此步长调整迭代法的使用效果大打折扣。

振荡振幅不断减小的情况与功能函数为弱非线性的情况

为此本节使用两个策略来更新调节因子 λ。表 8-18 首先给出更新策略 1，针对判断准则 $\|\boldsymbol{u}^{(k)}-\boldsymbol{u}^{(k-1)}\|>\|\boldsymbol{u}^{(k-1)}-\boldsymbol{u}^{(k-2)}\|$ 可能不生效的情况，引入一个静态标记参数。当每一次判断准则不生效的时候，该参数则相应增加。当参数值达到预先设定的目标值时，则自动更新调节因子，并将静态参数归零。表 8-19 给出

了更新策略 2，设定一个更大的初始 λ，增强初始搜索能力，尽快地搜索到精确 MPP 点附近区域。一般而言，目标静态标记参数 N^t_{count} 可设置为 2 或 3，初始调节因子 λ_{initial} 可设为 $10^{2\sim3}$。

表 8-18　更新策略 1

```
Let  N_count = 0, N^t_count = N, λ = λ_initial
If  k < 2
    λ = λ
Else
  If ‖u^(k) − u^(k−1)‖ > ‖u^(k−1) − u^(k−2)‖  ||  N_count = N^t_count
    λ = λ/c, N_count = 0
  Else
    N_count = N_count + 1
  End
End
```

表 8-19　更新策略 2

```
Let  λ_initial = 10^n, n ≥ 1
If  λ > 10
    λ = λ/c, c = 10
Else if 0.1 ≤ λ ≤ 10
  λ = λ/c, c = 2.5
Else
  λ = 0.1
End
```

8.4.3　自适应混合单循环法的流程和步骤

AH-SLM 算法的流程如图 8-17 所示，具体程序如下。

(1) 设置迭代步 $k=0$，定义初始设计变量 $\boldsymbol{\mu}_{\mathrm{X}}^{(0)}$，计算第 i 个约束的初始归一化梯度向量 $\boldsymbol{\alpha}_i^{(0)}$。

$$\boldsymbol{\alpha}_i^{(0)} = \boldsymbol{\sigma} \times \nabla g_i(\boldsymbol{X}_i^{(0)}) / \| \boldsymbol{\sigma} \times \nabla g_i(\boldsymbol{X}_i^{(0)}) \|, \quad \boldsymbol{X}_i^{(0)} = \boldsymbol{\mu}_{\mathrm{X}}^{(0)} \tag{8-32}$$

(2) 设置迭代步 $k=k+1$，执行确定性优化计算 $\boldsymbol{\mu}_{\mathrm{X}}^{(k)}$，如果收敛准则 $\| \boldsymbol{\mu}_{\mathrm{X}}^{(k)} - \boldsymbol{\mu}_{\mathrm{X}}^{(k-1)} \| \leqslant \varepsilon_c$ 得到满足，则停止，否则执行步骤(3)。

(3) 使用 $\boldsymbol{\mu}_{\mathrm{X}}^{(k)}$ 和 $\boldsymbol{\alpha}_i^{(k-1)}$ 计算近似 MPP 点 $\boldsymbol{X}_{i,\mathrm{SLA}}^{(k)}$。

(4) 使用式(8-26)检查近似 MPP 点的可行性，如果不可行，使用 ICS 计算精确的 MPP 点 $\boldsymbol{X}_{i,\mathrm{ICS}}^{(k)}$ 来替代 $\boldsymbol{X}_{i,\mathrm{SLA}}^{(k)}$。

(5) 使用 $\boldsymbol{X}_i^{(k)}$ 计算归一化梯度向量 $\boldsymbol{\alpha}_i^{(k)}$，然后回到步骤(2)。

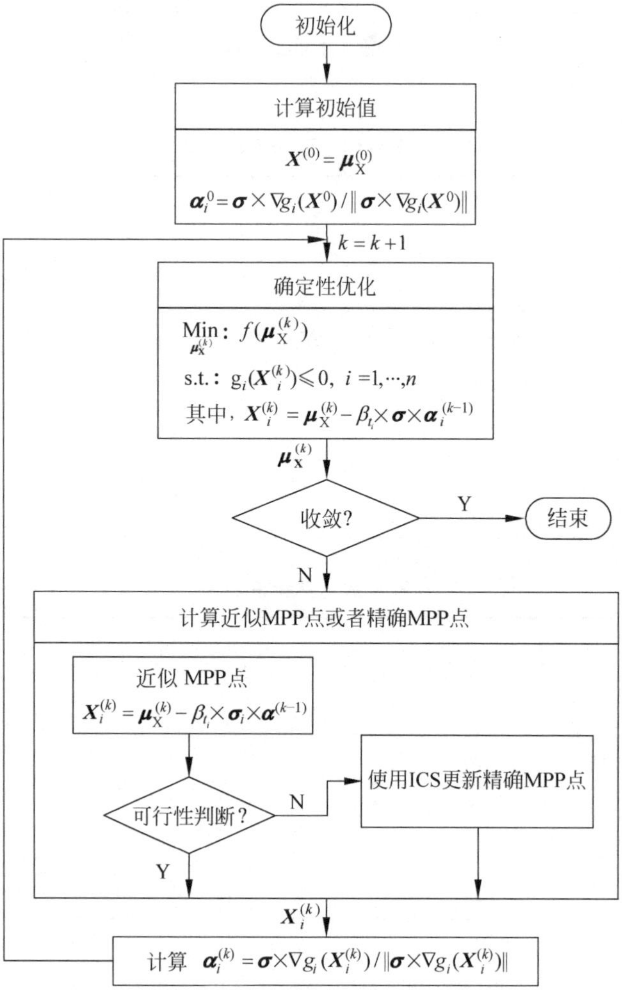

图 8-17　混合自适应单循环法的流程图(AH-SLM)

8.4.4　测试算例

1. 可靠性分析

为了验证前述迭代控制策略的有效性,本节将该策略应用于 7 个经典算例,并分析不同的静态标记参数取值和初始调节因子取值对该策略的影响。这 7 个算例具体如下:

算例 1

$$g_1(\boldsymbol{X})=-\mathrm{e}^{X_1-7}-X_2+10,\quad X_i\sim \mathrm{N}(\mu_{X_i},0.8^2),\quad \beta=3$$

算例 2

$$g_2(\boldsymbol{X})=80/(X_1^2+8X_2+5)-1,\quad X_i\sim \mathrm{N}(\mu_{X_i},0.3^2),\quad \beta=3$$

算例 3

$$g_3(\boldsymbol{X})=1-(Y-6)^2-(Y-6)^3+0.6(Y-6)^4-Z$$
$$Y=0.9063X_1+0.4226X_2,\quad Z=0.4226X_1-0.9063X_2$$
$$X_i\sim \mathrm{N}(\mu_{X_i},0.3^2),\quad \beta=3$$

算例 4

$$g_4(\boldsymbol{X})=X_1^3+X_1^2X_2+X_2^3-18,\quad X_i\sim \mathrm{N}(\mu_{X_i},5^2),\quad \beta=3$$

算例 5

$$g_5(\boldsymbol{X})=4-(X_1+0.25)^2+(X_1+0.25)^3+(X_1+0.25)^4-X_2$$
$$X_i\sim \mathrm{N}(\mu_{X_i},1^2),\quad \beta=3$$

算例 6

$$g_6(\boldsymbol{X})=X_2X_3X_4-\frac{X_3^2X_4^2X_5}{X_6X_7}-X_1,\quad X_1\sim \mathrm{N}(0.01,0.003^2)$$
$$X_2\sim \mathrm{N}(0.3,0.015^2),\quad X_3\sim \mathrm{N}(360,36^2)$$
$$X_4\sim \mathrm{N}(226\times 10^{-6},(11.3\times 10^{-6})^2),\quad X_5\sim \mathrm{N}(0.5,0.05^2)$$
$$X_6\sim \mathrm{N}(0.12,0.006^2),\quad X_7\sim \mathrm{N}(40,6^2),\quad \beta=3$$

算例 7

$$g_7(q,l,\mathrm{As},\mathrm{Ac},\mathrm{Es},\mathrm{Ec})=0.03-\frac{ql^2}{2}\left(\frac{3.81}{\mathrm{AcEc}}+\frac{1.13}{\mathrm{AsEs}}\right)$$
$$q(\mathrm{N/m})\sim \mathrm{N}(20\,000,1400^2),\quad l(\mathrm{m})\sim \mathrm{N}(12,0.12^2)$$
$$\mathrm{As}(\mathrm{m}^2)\sim \mathrm{N}(9.82\times 10^{-4},(5.9852\times 10^{-5})^2)$$
$$\mathrm{Ac}(\mathrm{m}^2)\sim \mathrm{N}(0.04,0.0048^2),\quad \mathrm{Es}(\mathrm{Pa})\sim \mathrm{N}(1\times 10^{11},(6\times 10^9)^2)$$
$$\mathrm{Ec}(\mathrm{Pa})\sim \mathrm{N}(2\times 10^{10},(1.2\times 10^9)^2),\quad \beta=3$$

表 8-20 给出了迭代控制策略分别取不同的静态标记参数和初始调节因子对结果的影响。$N=+\infty$ 表示静态标记参数对调节因子的更新不发挥任何作用，$N=+\infty$ 且 $n=1$ 表示迭代控制策略和原步长调节迭代方法一样。表格中的数字表示算法收敛所需要的迭代步数，此处收敛准则设为 $\|\boldsymbol{u}^{(k)}-\boldsymbol{u}^{(k-1)}\|<\varepsilon$ ($\varepsilon=$ 1E−3)。从表 8-20 可知，当迭代控制策略不使用静态标记参数而只采用不同的初始调节因子时，均表现出较高的效率，尤其是对算例 2 和算例 3。当初始调节因子为 10^4 时，ICS 的迭代次数和 AMV 的迭代次数完全一致。但总体上看，调节因子取 10^2 或 10^3 时的表现要更优一些。同样地，固定初始调节因子和 SLAIA 一致，让 ICS 取不同的目标静态标记参数。结果显示，对于大部分算例，ICS 的迭代次数都要少于 SLAIA 的迭代次数。此外，目标静态标记参数取 2 或者 3 的时候，表现要更优一些。表 8-21 进一步给出了静态标记参数和初始调节因子的不同组合分别对计算结果的影响。通过不同组合的迭代次数的对比，可以发现目标静态标记参数取 2 或 3，初始调节因子 $\lambda_{\mathrm{initial}}$ 取 $10^2\sim 10^3$ 时，迭代控制策略表现较优。

表 8-20 静态标记参数和初始调节因子的取值对计算结果的影响

μ_X	$g_1(\boldsymbol{X})$		$g_2(\boldsymbol{X})$		$g_3(\boldsymbol{X})$		$g_4(\boldsymbol{X})$		$g_5(\boldsymbol{X})$	
	(6,6)	(5,5)	(5,5)	(5,2)	(5,5)	(5,2)	(10,9.9)	(9.9,9.9)	(0,0)	(1,1)
AMV	8	10	4	4	6	—	—	—	—	—
$\mathrm{SLAIA}\|_{n=1}^{N=+\infty}$	11	12	25	17	3	37	27	36	111	45
$\mathrm{ICS}\|_{n=2}^{N=+\infty}$	9	11	8	6	5	10	36	38	123	53
$\mathrm{ICS}\|_{n=3}^{N=+\infty}$	8	10	5	4	6	11	37	40	133	55
$\mathrm{ICS}\|_{n=4}^{N=+\infty}$	8	10	4	4	6	11	38	42	139	63
$\mathrm{ICS}\|_{n=1}^{N=2}$	13	14	10	10	3	7	19	19	76	19
$\mathrm{ICS}\|_{n=1}^{N=3}$	12	14	11	11	3	8	19	21	77	22
$\mathrm{ICS}\|_{n=1}^{N=4}$	11	12	13	13	3	9	20	21	78	24

表 8-21 静态标记参数和初始调节因子的不同组合对计算结果的影响

μ_X	$g_1(\boldsymbol{X})$		$g_2(\boldsymbol{X})$		$g_3(\boldsymbol{X})$		$g_4(\boldsymbol{X})$		$g_5(\boldsymbol{X})$		总计
	(6,6)	(5,5)	(5,5)	(5,2)	(5,5)	(5,2)	(10,9.9)	(9.9,9.9)	(0,0)	(1,1)	
SLAIA	11	12	25	17	3	37	27	36	111	45	324
$\mathrm{ICS}\|_{n=2}^{N=2}$	10	11	6	5	5	9	21	20	84	25	196
$\mathrm{ICS}\|_{n=3}^{N=2}$	8	10	5	4	6	13	24	23	82	23	198
$\mathrm{ICS}\|_{n=2}^{N=3}$	9	10	6	6	5	9	23	21	81	26	196
$\mathrm{ICS}\|_{n=3}^{N=3}$	8	10	5	4	6	11	25	24	85	29	207
$\mathrm{ICS}\|_{n=2}^{N=4}$	9	11	7	6	5	9	24	22	88	29	210
$\mathrm{ICS}\|_{n=3}^{N=4}$	8	10	5	4	6	12	26	26	88	30	215

对于算例 6 和算例 7，迭代控制策略采用了上述取值方案，表 8-22 中列出的组合均要明显优于 AMV 和 SLAIA 方法。

表 8-22 算例 6 和算例 7 的计算结果

方法	$g_6(\boldsymbol{X})$			$g_7(q,l,\mathrm{As},\mathrm{Ac},\mathrm{Es},\mathrm{Ec})$		
	$\boldsymbol{X}^*$	$g(\boldsymbol{X}^*)$	迭代次数	$\boldsymbol{X}^*$	$g(\boldsymbol{X}^*)$	迭代次数
AMV	(0.017,0.289,301,218E−6,0.502,0.120,39.687)	0.001 62	6	—	—	—
SLAIA	(0.017,0.288,301,217E−6,0.502,0.120,39.639)	0.001 63	82	(0.226E5,12.1,9.02E−4,0.035,9.21E10,1.94e10)	−0.001 83	121
$\mathrm{ICS}\|_{n=2}^{N=2}$	(0.017,0.287,300,217E−6,0.502,0.120,39.597)	0.001 64	8	(0.228E5,12.1,9.04E−4,0.035,9.23E10,1.94e10)	−0.001 81	11

续表

方法	$g_6(\boldsymbol{X})$			$g_7(q,l,\mathrm{As},\mathrm{Ac},\mathrm{Es},\mathrm{Ec})$		
	$\boldsymbol{X}^*$	$g(\boldsymbol{X}^*)$	迭代次数	$\boldsymbol{X}^*$	$g(\boldsymbol{X}^*)$	迭代次数
ICS $\vert_{n=3}^{N=2}$	(0.017,0.289,301,218E−6,0.502,0.120,39.679)	0.001 62	8	(0.226E5,12.1,9.01E−4,0.034,9.20E10,1.94E10)	−0.001 84	8
ICS $\vert_{n=2}^{N=3}$	(0.167,0.288,300,217E−6,0.502,0.120,39.608)	0.001 63	10	(0.227E5,12.1,9.04E−4,0.035,9.23E10,1.94E10)	−0.001 81	10

2. 强非线性 RBDO 算例

本例是一个二变量三约束的问题，其中第二个约束为强非线性，其他的为弱非线性约束。两个变量均服从正态分布，具体概率参数为 $X_i \sim \mathrm{N}(d_i, 0.3^2), i=1,2,T$。三个约束的目标可靠度 $\beta_{1,2,3}^t$ 均是 3。初始设计点选为 $\boldsymbol{d}^{(0)}=(5,5)$。具体的 RBDO 模型如下：

$$\text{求 } \boldsymbol{d}=[d_1,d_2]$$

$$\begin{cases}\text{Min}: -\dfrac{(d_1+d_2-10)^2}{30}-\dfrac{(d_1-d_2+10)^2}{120}\\ \text{s.t.}: P(g_i(\boldsymbol{X})\leqslant 0)\geqslant P_i^t, \quad i=1,2,3\\ \qquad 0\leqslant d_1\leqslant 10, \quad 0\leqslant d_2\leqslant 10, \quad P_i^t=99.8650\%\\ \qquad g_1(\boldsymbol{X})=1-X_1^2X_2/20\\ \qquad g_2(\boldsymbol{X})=(Y-6)^2+(Y-6)^3-0.6\times(Y-6)^4+Z-1\\ \qquad g_3(\boldsymbol{X})=1-80/(X_1^2+8X_2+5)\\ \qquad Y=0.9063X_1+0.4226X_2\\ \qquad Z=0.4226X_1-0.9063X_2\end{cases} \tag{8-33}$$

优化结果如表 8-23 所示。函数调用次数主要包括用于优化部分的函数调用次数和用于可靠性分析的调用次数。P_{F_i} 是相应的概率约束在最优解处的失效概率，该失效概率由 MCS 采用 100 万个随机点计算而来。结果显示，除 SLA 无法收敛外，所有的方法均能收敛到相同的结果。由于 DLM/PMA 是一个嵌套的双层优化结构，所有它需要最多的函数调用次数。AHA 比 SORA 更高效一些，因为 AHA 是 SLA 和 SORA 的结合。综合来看，AH_SLM 最好。

图 8-18 进一步比较了 SLA 和 AH_SLM 的搜索过程。因为第二个约束的存在，SLA 的搜索过程陷入一个振荡现象。图中仅给出了 SLA 前 50 个迭代步，从第 3 步起即陷入振荡，这主要归因于近似 MPP 点的错误指引。不同于 SLA，AH_SLM 经过 3 个迭代步之后就大概收敛了，显示了其高效性。

表 8-23　强非线性 RBDO 算例的优化结果

方　法	调用次数	优　化　解	$P_{F_1}/\%$	$P_{F_2}/\%$	$P_{F_3}/\%$
DLM/PMA	1221	－1.7247(4.5581,1.9645)	0.1578	0.0679	0
SORA	495	－1.7247(4.5581,1.9645)	0.1578	0.0679	0
SLA	—	—	—	—	—
AHA	284	－1.7247(4.5581,1.9645)	0.1578	0.0679	0
AH_SLM	247	－1.7247(4.5581,1.9645)	0.1578	0.0679	0

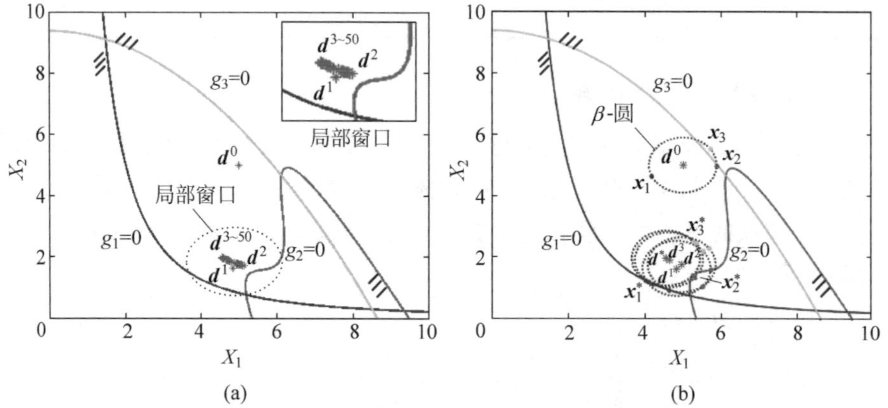

图 8-18　SLA 和自适应混合单循环法的结果对比

(a) SLA 的前 50 个迭代步；(b) 自适应混合单循环法

3. 短柱设计问题

本算例是一个截面为矩形的短柱[40]，根据短柱的弹塑性分析和优化设计，RBDO 模型定义如下：

$$\text{求 } \boldsymbol{d}=[d_1,d_2]$$

$$\begin{cases}\text{Min: } d_1\times d_2\\ \text{s.t.: } P(g_i(\boldsymbol{X})\leqslant 0)\geqslant P_i^t,\quad i=1,2,3\\ \qquad d_i\geqslant 0,\quad \beta_i^t=3,\quad P_i^t=99.8650\%\\ \qquad g_1(\boldsymbol{X})=-1+\dfrac{4M_1}{bh^2f_y}+\dfrac{4M_2}{b^2hf_y}+\dfrac{F^2}{(bhf_y)^2}\\ \qquad g_2(\boldsymbol{X})=0.5-\dfrac{b}{h},\quad g_3(\boldsymbol{X})=\dfrac{b}{h}-2\end{cases}\tag{8-34}$$

其中，设计变量是深度 h 和宽度 b，初始设计点为 $\boldsymbol{d}^{(0)}=(0.5,0.5)$。此外，本算例还有 4 个随机参数，分别为载荷 F、弯矩 M_1 和 M_2 以及屈服应力 f_y。所有的随机变量和参数均独立分布，具体参数如表 8-24。

表 8-24　短柱设计问题的统计数据

数据	h/m	b/m	F/kN	M_1/(kN·m)	M_2/(kN·m)	f_y/MPa
均值	d_1	d_2	2500	250	125	40
标准差	0.05	0.05	500	75	37.5	4
第一类分布	Normal	Normal	Normal	Normal	Normal	Normal
第二类分布	Gumbel	Gumbel	Gumbel	Weibull	Lognormal	Lognormal

当所有随机变量和参数为第一类分布时，所有的方法均能收敛到相同的解，约束的失效概率同样由 MCS 采用 100 万个随机点计算而来，如表 8-25 所示。SLA、AHA 和 AH-SLM 具有相同的效率。但是当所有随机变量和参数服从第二类分布时，如表 8-26 所示，功能函数的非线性程度进一步增强，此时 SLA 已经不能收敛。其他方法基本能收敛到类似的解，但求解效率各不相同。因为 AH-SLM 在每一次优化迭代中，仅仅只是对近似 MPP 无法满足 KKT 条件的相应约束进行可靠性分析，而不是针对所有的约束。所以 AH-SLM 需要最少的调用次数，也即效率最高。

表 8-25　第一类分布的 RBDO 结果

方　法	调用次数	优化解	P_{F_1}/%	P_{F_2}/%	P_{F_3}/%
DLM/PMA	826	0.2428(0.5491,0.4422)	0.1746	0	0.1344
SORA	287	0.2428(0.5491,0.4422)	0.1746	0	0.1344
SLA	48	0.2428(0.5491,0.4422)	0.1746	0	0.1344
AHA	48	0.2428(0.5491,0.4422)	0.1746	0	0.1344
AH_SLM	48	0.2428(0.5491,0.4422)	0.1746	0	0.1344

表 8-26　第二类分布的 RBDO 结果

方　法	调用次数	优化解	P_{F_1}/%	P_{F_2}/%	P_{F_3}/%
DLM/PMA	1292	0.2373(0.5519,0.4300)	0.0153	0	0.1359
SORA	383	0.2373(0.5519,0.4300)	0.0153	0	0.1359
SLA	—	—	—	—	—
AHA	325	0.2373(0.5519,0.4300)	0.0153	0	0.1359
AH_SLM	208	0.2361(0.5516,0.4294)	0.0156	0	0.1378

8.5　小结

本章在概率模型的框架下从解析法的角度介绍了 3 种可靠性设计优化方法。首先从解耦策略出发，介绍了基于更新角度策略的圆弧搜索方法，并在进行可靠性分析之前先判断概率约束的可行性，有效控制了可靠性评估的次数。然后从偏移向量出发，对确定性约束往概率约束偏移的最佳向量的求解模型进行分析，介绍了基于最优偏移向量的可靠性设计优化方法,有效减少了整个优化过程中确定性约束往概率约束偏移的次数,进而提高效率。最后,针对解耦方法必须在每一迭代步都进行可靠性评估的劣势,介绍了自适应混合单循环可靠性设计优化方法。混合单循环法优先使用近似的最可能失效点来代替可靠性评估,然后在优化和可靠性分析的衔接阶段进行一次有效性判断,如果近似精度不足则使用迭代控制策略补充一次可靠性评估。混合单循环法相对解耦法效率更高,为可靠性设计优化的应用提供了另外一种可能,但值得注意的是,它并不能完全替代解耦法,两者相辅相成。

参考文献

[1] NIKOLAIDIS E, BURDISSO R. Reliability based optimization: a safety index approach [J]. Computers and Structures, 1988, 28(6):781-788.

[2] YOUN, B D, CHOI K K, DU L. Enriched performance measure approach for reliability-based design optimization[J]. Aiaa Journal, 2005, 43(4):874-884.

[3] HASOFER A M, LIND N C. Exact and invariant second-moment code format[J]. Journal of the Engineering Mechanics Division, 1974, 1001:111-121.

[4] TU J, CHOI, K K, PARK, Y H. A new study on reliability-based design optimization [J]. Journal of Mechanical Design, 1999, 121(4):557-564.

[5] 吕震宙,宋述芳,李洪双,等. 结构机构可靠性及可靠性灵敏度分析[M]. 北京:科学出版社,2009.

[6] CHEN X, HASSELMAN T K, NEILL D J. Reliability based structural design optimization for practical applications[C]//In Proceedings of the 38th AIAA/ASME/ASCE/AHS/ASC structures, structural dynamics, and materials conference, 1997.

[7] KHARMANDA G, MOHAMED A, LEMAIRE M. Efficient reliability-based design optimization using a hybrid space with application to finite element analysis[J]. Structural and Multidisciplinary Optimization, 2002, 24(3): 233-245.

[8] SHAN S, WANG G G. Reliable design space and complete single-loop reliability-based design optimization[J]. Reliability Engineering and System Safety, 2008, 93(8): 1218-1230.

[9] AGARWAL H, MOZUMDER C K, RENAUD J E, et al. An inverse-measure-based unilevel architecture for reliability-based design optimization[J]. Structural and Multidisciplinary Optimization, 2007, 33(3): 217-227.

[10] LIANG J, MOURELATOS Z P, NIKOLAIDIS E. A single-loop approach for system reliability-based design optimization[J]. Journal of Mechanical Design, 2007, 129(12):1215.

[11] NGUYEN T H, SONG, J, PAULINO G H. Single-loop system reliability-based design optimization using matrix-based system reliability method: theory and applications[J]. Journal of Mechanical Design, 2010, 132(1): 011005.

[12] SILVA M, TORTORELLI D A, NORATO J A, et al. Component and system reliability-

based topology optimization using a single-loop method [J]. Structural and Multidisciplinary Optimization, 2010, 41(1): 87-106.

[13] NGUYEN T H, SONG J, PAULINO G H. Single-loop system reliability-based topology optimization considering statistical dependence between limit-states[J]. Structural and Multidisciplinary Optimization, 2011, 44(5): 593-611.

[14] HE Q,LI Y, AO L, WEN, Z, et al. Reliability and multidisciplinary design optimization for turbine blade based on single-loop method[J]. Journal of Propulsion Technology, 2011, 32(5): 658-663.

[15] XIE M, ZHANG X, HUANG H, et al. Single loop methods for reliability based design optimization[J]. Journal of University of Electronic Science and Technology of China, 2011, 40(1): 157-160.

[16] KOGISO N, YANG Y S, KIM B J, et al. modified single-loop-single-vector method for efficient reliability-based design optimization[J]. Journal of Advanced Mechanical Design Systems and Manufacturing, 2012, 6(7): 1206-1221.

[17] LI F, WU T, BADIRU A, et al. A single-loop deterministic method for reliability-based design optimization[J]. Engineering Optimization, 2013, 45(4): 435-458.

[18] WU Y, SHIN Y, SUES R, et al. Safety-factor based approach for probability-based design optimization [C]//Proc. 42nd AIAA/ASME/ASCE/AHS/ASC structures, structural dynamics, and materials conference, number AIAA-2001-1522, Seattle, WA, 2001.

[19] DU X P, CHEN W. Sequential optimization and reliability assessment method for efficient probabilistic design[J]. Journal of Mechanical Design, 2004, 126(2): 225-233.

[20] ROYSET J O, KIUREGHIAN A D, POLAK E. Reliability-based optimal structural design by the decoupling approach[J]. Reliability Engineering and System Safety, 2001, 73(3): 213-221.

[21] CHENG G, XU L, JIANG L. A sequential approximate programming strategy for reliability-based structural optimization[J]. Computers and Structures, 2006, 84(21): 1353-1367.

[22] YI P, CHENG G, JIANG L. A sequential approximate programming strategy for performance-measure-based probabilistic structural design optimization[J]. Structural Safety, 2008, 30(2): 91-109.

[23] CHING J, HSU W C. Transforming reliability limit-state constraints into deterministic limit-state constraints[J]. Structural Safety, 2008, 30(1): 11-33.

[24] ZOU T, MAHADEVAN S. A direct decoupling approach for efficient reliability-based design optimization[J]. Structural and Multidisciplinary Optimization, 2006, 31(3): 190-200.

[25] LI F, WU T, HU M, et al. An accurate penalty-based approach for reliability-based design optimization[J]. Research in Engineering Design, 2010, 21(2): 87-98.

[26] CHO T M, LEE B C. Reliability-based design optimization using convex linearization and sequential optimization and reliability assessment method[J]. Structural Safety, 2011, 33(1): 42-50.

[27] YOUN B D, CHOI K, DU L. Adaptive probability analysis using an enhanced hybrid

mean value method[J]. Structural and Multidisciplinary Optimization, 2005, 29(2): 134-148.

[28] DU X, SUDJIANTO A, CHEN W. An integrated framework for optimization under uncertainty using inverse reliability strategy[J]. Journal of Mechanical Design, 2004, 126(4): 562.

[29] CHEN Z, QIU H, GAO L, SU L, LI P. An adaptive decoupling approach for reliability-based design optimization[J]. Computers & Structures, 2013, 117: 58-66.

[30] 陈振中. 基于可靠性的设计优化中精确解耦与高效抽样技术研究[D]. 武汉: 华中科技大学,2013.

[31] LEE T H, JUNG J J. A sampling technique enhancing accuracy and efficiency of metamodel-based RBDO: Constraint boundary sampling[J]. Computers & Structures, 2008, 86(13-14): 1463-1476.

[32] AOUES Y, CHATEAUNEUF, A. Benchmark study of numerical methods for reliability-based design optimization [J]. Structural and Multidisciplinary Optimization, 2010, 41(2): 277-294.

[33] JU B H, LEE B C. Reliability-based design optimization using a moment method and a kriging metamodel[J]. Engineering Optimization, 2008, 40(5): 421-438.

[34] CHEN Z, QIU H, GAO L, et al. An optimal shifting vector approach for efficient probabilistic design[J]. Structural and Multidisciplinary Optimization, 2013, 47(6): 905-920.

[35] EZZATI G, MAMMADOV M, KULKARNI S. A new reliability analysis method based on the conjugate gradient direction[J]. Struct Multidiscip Optim, 2015, 51: 89-98.

[36] YANG D, YI P. Chaos control of performance measure approach for evaluation of probabilistic constraints[J]. Struct Multidiscip Optim, 2009, 38: 83-92.

[37] MENG Z, LI G, WANG B P, et al. A hybrid chaos control approach of the performance measure functions for reliability-based design optimization[J]. Comput Struct, 2015, 146(1): 32-43.

[38] KESHTEGAR B, HAO P. A hybrid self-adjusted mean value method for reliability-based design optimization using sufficient descent condition [J]. Applied Mathematical Modelling, 2017, 41: 257-270.

[39] YI P, ZHU Z. Step length adjustment iterative algorithm for inverse reliability analysis [J]. Struct Multidiscip Optim, 2016, 54(4): 999-1009.

[40] LOPEZ R H, BECK A T. Reliability-based design optimization strategies based on FORM: a review[J]. J Braz Soc Mech Sci Eng, 2012, 34(4): 506-514.

第9章

基于近似模型的可靠性设计优化方法

在处理含耗时仿真模型或物理实验的问题时，使用近似模型技术构建相应的替代模型显得十分必要。在可靠性设计优化中，该技术被用于构建极限状态函数的近似模型，但是仅仅根据极限状态函数的数目直接构建一一对应的近似模型无法把握RBDO的特征，且计算量很大。本章首先介绍了基于近似模型技术的RBDO基本原理。然后，基于设计驱动的采样机制，在每一迭代步当前的设计解的周围建立自适应局部抽样区域，从而构建基于局部Kriging的RBDO方法。其次，介绍了基于融合目标函数和最可能失效点相关信息的重要边界抽样方法，丰富了局部Kriging的建模思路。最后，介绍了基于变可信度模型的RBDO框架，充分合理地利用计算成本低但精度低的低可信度模型以及精度高但计算成本高的高可信度模型。

9.1 基于近似模型的可靠性设计优化基本原理

第8章介绍的传统解析可靠性设计优化方法主要致力于在整个优化循环中减少可靠性分析的次数，或者在可靠性分析阶段减少单次分析的迭代次数，归根结底这两种途径都以通过提升可靠性分析或优化的性能来达到减少RBDO中复杂功能函数的调用次数为目的。基于近似模型的可靠性设计优化则致力于用尽可能少的样本点构建足够精确的近似模型，并用该近似模型替换原始功能函数，从而在可靠性分析和优化循环中不再受困于昂贵的功能函数响应评估。与传统解析的RBDO不同，基于近似模型的RBDO对可靠性分析和优化方法要求不高，一般选择仿真模拟法进行可靠性分析，梯度优化方法或者元启发式算法进行优化。

基于近似模型的RBDO基本流程如图9-1所示，具体实施步骤如下：

(1) 初始化，定义RBDO模型，确定随机变量和随机参数的统计信息，设定初始设计点；在设计空间内生成初始样本点，建立初始近似模型。

(2) 根据设计点的位置，确定局部采样区域。

(3) 在局部采样区域内生成新样本点，通过仿真或者物理实验获取功能函数响应。

(4) 将新的样本数据加入原训练数据，更新近似模型。

(5) 判断模型是否足够精确,如果足够精确,则进入第(6)步;否则,返回第(3)步。

(6) 在现有近似模型的基础上,进行可靠性分析和灵敏度分析。

(7) 基于步骤(6)的结果,进行确定性设计优化,获取新的设计点。

(8) 判断优化结果是否收敛,如果收敛,则终止运行,输出最优解;反之,则返回第(2)步。

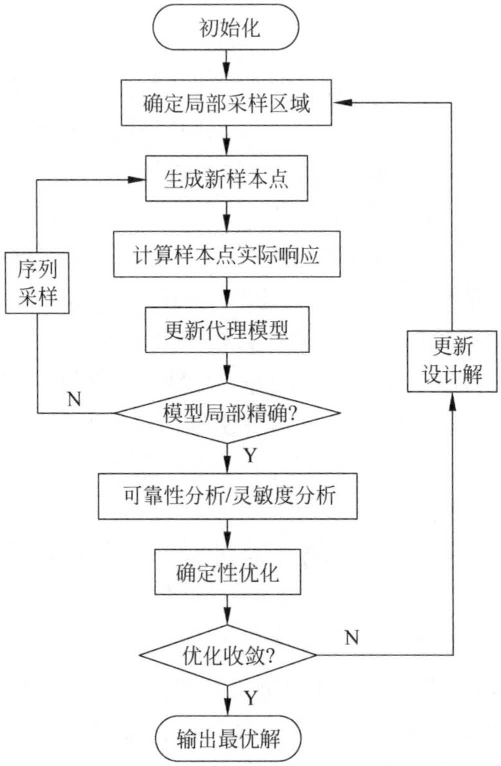

图 9-1 基于近似模型的可靠性设计优化流程图

9.2 基于局部克里金的自适应可靠性设计优化方法

9.2.1 MCS 灵敏度分析与近似

蒙特卡洛法(MCS)[1]通过获取设计变量的一系列随机样本,判断特定事件(失效)是否发生,从而模拟失效概率的大小。失效事件的个数与总样本个数的比值被看作为失效概率。在失效概率很小的情况下,MCS 通常需要大量的样本才能获得准确的失效概率,因此它的计算成本通常是无法接受的。然而,当 MCS 与近似的克里金模型相结合时,它的计算成本则可以忽略,因为相对于计算机有限元仿真或者物理实验而言,克里金近似模型的计算成本非常小。虽然基于梯度的可靠性分析方法非常有效,但它在精度上却存在较大误差,尤其是在概率约束为高度非线性函数的情况。当采用MCS进行可靠性分析时,可以获得非常精确的分析结果,为了结合优化方法,需要求解失效概率 $P_j(\boldsymbol{\mu}_X^k)$ 相对于设计变量的灵敏度信息 $\dfrac{\partial P_j(\boldsymbol{\mu}_X^k)}{\partial \boldsymbol{\mu}_X}$,具体求解方法如下:

$$\begin{aligned}\frac{\partial P_j(\boldsymbol{\mu}_X^k)}{\partial \boldsymbol{\mu}_X} &= \frac{\partial}{\partial \boldsymbol{\mu}_X}\int_{g_i(\boldsymbol{X})\leqslant 0} f_X(\boldsymbol{X})\mathrm{d}\boldsymbol{X} \\ &= \int_{g_i(\boldsymbol{X})\leqslant 0} \frac{\partial f_X(\boldsymbol{X})}{\partial \boldsymbol{\mu}_X}\mathrm{d}\boldsymbol{X} \\ &= \int_{g_i(\boldsymbol{X})\leqslant 0} \frac{\left(\dfrac{\partial f_X(\boldsymbol{X})}{\partial \boldsymbol{\mu}_X}\right)}{f_X(\boldsymbol{X})} f_X(\boldsymbol{X})\mathrm{d}\boldsymbol{X} \\ &= \frac{1}{N}\sum_{i=1}^{N}\frac{I_F(\boldsymbol{X}^i)}{f_X(\boldsymbol{X}^i)}\frac{\partial f_X(\boldsymbol{X}^i)}{\partial \boldsymbol{\mu}_X}\end{aligned} \tag{9-1}$$

其中,$\boldsymbol{X}$ 为随机设计变量,$f_X(\boldsymbol{X})$ 为变量的联合概率密度函数,N 表示MCS使用的仿真样本数量。

上式中的仿真样本 $\boldsymbol{X}^i(i=1,2,\cdots,N)$ 与计算失效概率的仿真样本为同一样本。所以,求解失效概率 $P_j(\boldsymbol{\mu}_X^k)$ 相对于设计变量 $\boldsymbol{\mu}_X$ 的灵敏度 $\dfrac{\partial P_j(\boldsymbol{\mu}_X^k)}{\partial \boldsymbol{\mu}_X}$ 不需要额外的MCS仿真计算,即可在求解失效概率的同时把灵敏度信息求解出来。

9.2.2　局部抽样区域自适应调整

1. 局部抽样区域的概念

在设计优化和可靠性分析过程中,当前设计点附近的区域相对于其他区域更为重要,且该区域内概率约束的极限状态边界应该在模型拟合过程中首先考虑。所以在本章所介绍的局部自适应采样(local adaptive sampling, LAS)方法中,首先进行初始抽样,建立初始克里金模型,然后在当前优化点附近定义一个局部抽样区域,并在该区域内优先考虑将样本点选择在概率约束的极限状态边界上。LAS方法最大化地利用每一个样本点为可靠性设计优化服务,从而提高序列抽样的效率。

局部抽样区域大小的选取至关重要,它将直接影响到克里金模型序列抽样的效率。在可靠性分析过程中,β-球区域的半径等于目标可靠度指标 $\|\boldsymbol{u}\|=\beta^t$,为了满足概率约束的可靠性要求,$\beta$-球必须完全位于可行域内,因此,$\beta$-球区域内克里金模型的精度应该得到保证,即局部抽样区域应该大于 β-球区域,其半径表示为 $c\beta^t$,此处 c 为半径系数,在本节中 c 的取值范围为1.2～1.5。

克里金模型的预测误差在抽样边界附近通常是比较大的，尤其是当拟合高度非线性的问题。所以，在本章中为了保证克里金模型在β-球区域内的精度，局部抽样区域的大小将随着拟合函数非线性程度的提高而增大。

2. 局部抽样区域半径的计算

下面依据概率约束函数的非线性程度来计算局部抽样区域的半径系数 c。

对于线性函数或者轻度非线性函数，如图 9-2(a)所示，较小的局部抽样区域即可以保证β-球区域内的克里金模型的精度。然而，对于高度非线性的函数，如图 9-2(b)所示，由于在抽样边界处克里金模型的误差较大，为了保证β-球区域内的克里金模型的精度，需要增大局部抽样区域的大小以便消除边界误差的影响。

若性能函数的梯度值在某个区域内为常量，如图 9-2(a)所示，则可以判断该函数是线性的；而当某个性能函数在一定区域内的梯度值变化较大时，则说明它是高度非线性的，如图 9-2(b)所示。所以，性能函数梯度值的方差$\boldsymbol{\sigma}_i^2$ 可以在一定意义上体现出该函数的非线性程度。本章将利用非线性程度系数的概念，定义如下：

$$\text{nc}=\frac{2}{\pi}\arctan(\max(\|\boldsymbol{\sigma}_i^2\|)),\quad i=1,2,\cdots,N \tag{9-2}$$

其中，$\boldsymbol{\sigma}_i^2=\text{variance}(\nabla\hat{g}_i(\boldsymbol{x}^1),\nabla\hat{g}_i(\boldsymbol{x}^2),\cdots,\nabla\hat{g}_i(\boldsymbol{x}^M))$，$\|\boldsymbol{\sigma}_i^2\|=\sqrt{\boldsymbol{\sigma}_i^2\cdot(\boldsymbol{\sigma}_i^2)^{\mathrm{T}}}$，$\nabla\hat{g}_i(\boldsymbol{x})$为第 i 个概率约束性能函数的克里金模型的预测梯度，$(\boldsymbol{x}^1,\boldsymbol{x}^2,\cdots,\boldsymbol{x}^M)$为 M 个均匀分散在β-球区域内的测试点，N 为概率约束的个数。

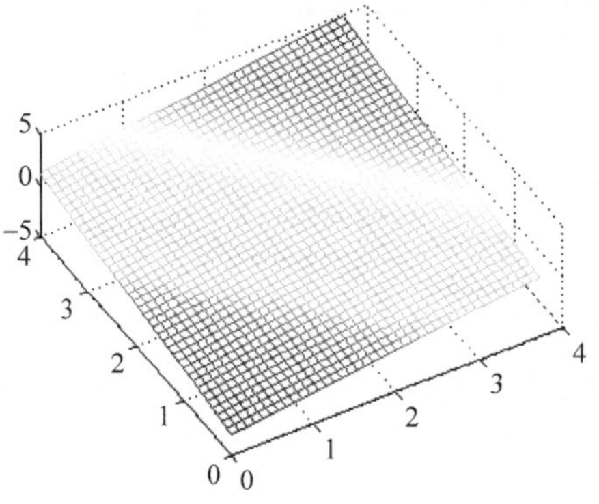

(a)

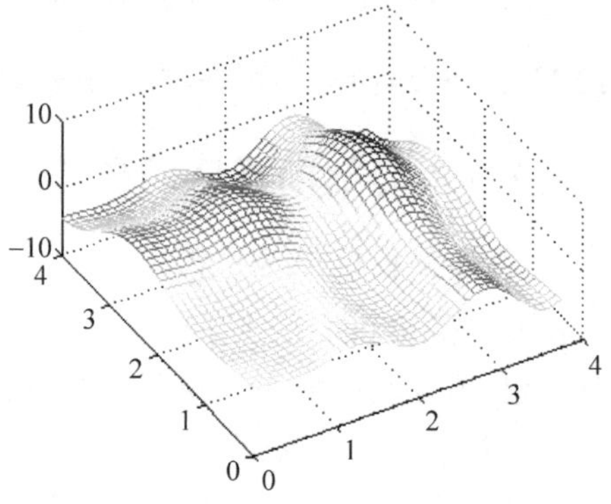

(b)

图 9-2　函数的非线性程度

(a) 线性函数；(b) 非线性函数

方差的长度$\|\boldsymbol{\sigma}_i^2\|$在式(9-2)中从$\|\boldsymbol{\sigma}_i^2\|\in[0,+\infty)$转化为非线性系数值 $\text{nc}\in[0,1)$，且局部抽样区域的半径系数可求解如下：

$$R=1.2\beta^t+0.3\text{nc}\beta^t=(1.2+0.3\text{nc})\beta^t \tag{9-3}$$

其中，β^t 为 N 个概率约束中可靠度指标的最大值：$\beta^t=\max(\beta_i^t)$，$i=1,2,\cdots,N$。

从式(9-3)可知，局部抽样区域的半径大于β-球区域的半径。对于线性概率约束函数，非线性系数 nc 等于 0，则局部抽样区域的半径等于 $1.2\beta^t$；对于高度非线性的概率约束函数，非线性系数 nc 接近于 1，则局部抽样区域的半径等于 $1.5\beta^t$。所以本章所介绍的局部抽样区域的半径将随着概率约束函数的非线性程度而改变，其取值范围为 $1.2\beta^t \sim 1.5\beta^t$，该范围与文献[2]所介绍的方法一致。

9.2.3 局部抽样策略自适应选择

为了简化描述，将可靠性设计优化模型中的设计变量$(\boldsymbol{d},\boldsymbol{\mu}_X)$替代为向量 $\boldsymbol{x}$，则概率约束函数变为：$g_i(\boldsymbol{x}), i=1,\cdots,N$。本节所介绍的 LAS 方法将用于拟合这些概率约束函数。在每个设计优化循环中，LAS 方法逐步增加新的样本点到样本集合中，从而不断提高克里金模型的精度，新的样本点从当前优化点附近的局部抽样区域内选取。在该局部抽样区域内，由于极限状态约束边界的重要性，样本点将优先选在约束边界上；当局部抽样区域不包含任何极限状态约束边界时，则克里金模型的预测误差将会用来选取新的样本点。

1. 约束边界抽样准则

克里金模型的预测值满足约束的概率示意图

约束边界抽样准则(constraint boundary sampling，CBS)是由学者 Lee 和 Jung[2]提出的。根据大数定律，当采用充分数量的样本点对克里金模型进行拟合时，预测值 $g(\boldsymbol{x})$将会趋近于正态分布，其中均值为 $\hat{g}(\boldsymbol{x})$，标准差为$\sqrt{\mathrm{MSE}(\boldsymbol{x})}$，此处$\sqrt{\mathrm{MSE}(\boldsymbol{x})}$为克里金模型预测值 $\hat{g}(\boldsymbol{x})$的均方根误差。

本章假定概率约束的失效域定义为 $g(\boldsymbol{x})<0$，则克里金模型的预测值满足约束 $g(\boldsymbol{x})\geqslant 0$ 的概率为

$$p(\boldsymbol{x}) = 1 - \Phi\left(\frac{0-\hat{g}(\boldsymbol{x})}{\sqrt{\mathrm{MSE}(\boldsymbol{x})}}\right) = \Phi\left(\frac{\hat{g}(\boldsymbol{x})}{\sqrt{\mathrm{MSE}(\boldsymbol{x})}}\right) \tag{9-4}$$

从式(9-4)可以看出，概率密度函数值 $\varphi(\hat{g}(\boldsymbol{x})/\sqrt{\mathrm{MSE}(\boldsymbol{x})})$的大小可以用来表示克里金模型预测值 $\hat{g}(\boldsymbol{x})$与极限状态函数值 $g(\boldsymbol{x})=0$ 的接近程度。概率密度函数值 $\varphi(\hat{g}(\boldsymbol{x}^{\Delta})/\sqrt{\mathrm{MSE}(\boldsymbol{x}^{\Delta})})$越大，说明该点 $\boldsymbol{x}^{\Delta}$ 位于极限状态约束边界 $g(\boldsymbol{x})=0$ 上的可能也就越大。所以 CBS 抽样准则定义如下：

$$\mathrm{CBS} = \begin{cases} \displaystyle\sum_{i=1}^{N} \Phi\left(\frac{\hat{g}_i(\boldsymbol{x})}{\sqrt{\mathrm{MSE}_i(\boldsymbol{x})}}\right)\cdot D, & \hat{g}_i(\boldsymbol{x}) \geqslant 0, \forall i \\ 0, & \text{其他} \end{cases} \tag{9-5}$$

其中，D 为当前样本点 $\boldsymbol{x}$ 与所有已知样本点之间的最小距离，该距离可以避免样本点分布过密，进而避免克里金模型拟合过程中的病态现象。

2. MSE 抽样准则

当 LAS 局部抽样区域不包含任何极限状态约束边界时，CBS 准则将无法有效

地进行抽样，此时 LAS 方法采用克里金模型的预测误差 MSE 作为抽样准则：

$$C_{\text{MSE}} = \sum_{i=1}^{N} \sqrt{\text{MSE}_i(\boldsymbol{x})} \cdot D \tag{9-6}$$

C_{MSE} 的值越大，说明克里金模型在该处的预测误差越大，因而将新的样本点选在该处，可以最大化地提高克里金模型在抽样区域内的精度。

为了确定样本点的数量，建立序列抽样的终止准则是很有必要的。本章中将采用克里金模型在新样本点处的相对预测误差作为抽样的终止条件：

$$\text{Error} = \max\left\{\frac{|\hat{g}_i(\boldsymbol{x}') - g_i(\boldsymbol{x}')|}{\text{Range}(g_i(\boldsymbol{x}))}\right\}, \quad i = 1, \cdots, N \tag{9-7}$$

其中，$\text{Range}(g_i(\boldsymbol{x})) = \max(g_i(\boldsymbol{x})) - \min(g_i(\boldsymbol{x}))$，$\boldsymbol{x} \in (x^1, x^2, \cdots, x^m)$，它表示第 i 个概率约束在已知样本点处函数最大值与最小值之间的跨度；$g_i(\boldsymbol{x}')$ 为第 i 个概率约束在新样本点 $\boldsymbol{x}'$ 处的函数值；$\hat{g}_i(\boldsymbol{x}')$ 为克里金模型在新样本点 $\boldsymbol{x}'$ 处的预测值；m 为已知的样本点的数量。

3. 局部自适应抽样技术流程

自适应抽样技术流程如图 9-3 所示。经过初始化采样和定义局部抽样区域之后，首先采用 CBS 准则沿着极限状态边界进行抽样；如果基于 CBS 准则在局部抽

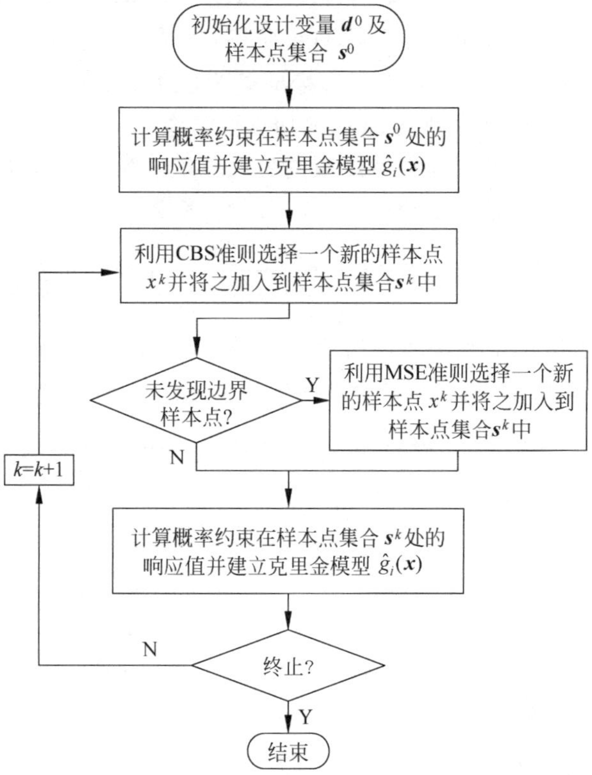

图 9-3　自适应抽样技术流程图

样区域内没有发现新的样本点，则认为该区域不包含极限状态边界，此时采用MSE准则进行采样，从而有效地降低局部区域内克里金模型的预测误差；新样本点确定之后，求解对应的概率约束函数的响应值，并依据所有已知样本点重新建立克里金模型。该过程一直持续到满足序列抽样的终止准则。

如图9-4所示，图中有两条约束，虚线圆内部的区域为局部抽样区域，$\boldsymbol{d}^k$ 表示第 k 次设计循环中的优化点，β^k 为目标可靠度指标。

优化解 $\boldsymbol{d}^k$ 附近的局部抽样区域完全位于可行域内，首先采用CBS抽样准则对该区域进行采样时，将无法找到边界样本点；接着采用MSE准则进行抽样，从而改进该区域内克里金模型的精度。$\boldsymbol{d}^{k+1}$ 为第 $k+1$ 次设计循环的优化解，$\boldsymbol{d}^*$ 为可靠性设计优化的最优解，约束边界穿过以上两个优化解所决定的局部抽样区域，因而当采用CBS准则进行抽样时，可以沿着约束边界进行有效的抽样，而MSE抽样准则不再使用。

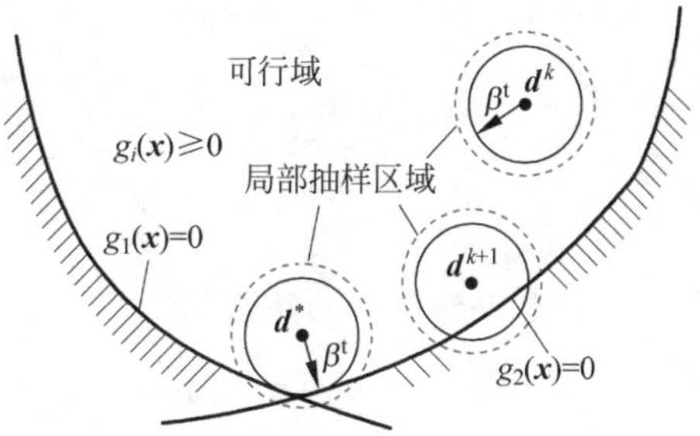

图9-4 局部自适应抽样过程

9.2.4 实施过程及测试算例

1. 基于局部自适应抽样的可靠性优化流程与步骤

本章所介绍的局部自适应抽样方法总的流程如图9-5所示，具体步骤如下：

(1) 利用拉丁超立方抽样方法初始化概率约束函数的样本点集合 $\boldsymbol{s}^0$，同时初始化设计变量($\boldsymbol{d}^0$，$\boldsymbol{\mu}_X^0$)。

(2) 计算概率约束在样本点集合 $\boldsymbol{s}^0$ 处的响应值，依据现有的样本点及其响应值建立克里金模型。

(3) 在第 k 次迭代循环中，首先计算局部抽区域半径的大小，依据当前优化解附近概率约束函数的非线性程度进行计算。

(4) 在步骤(3)中所确定的局部抽样区域内，利用LAS自适应抽样技术选择新的样本点，并计算对应概率约束函数的响应值，然后依据所有已知的样本点及其响应值建立新的克里金模型。

(5) 利用步骤(4)所建立的克里金模型，采用MCS方法进行可靠性分析，进而进行可靠性设计优化。

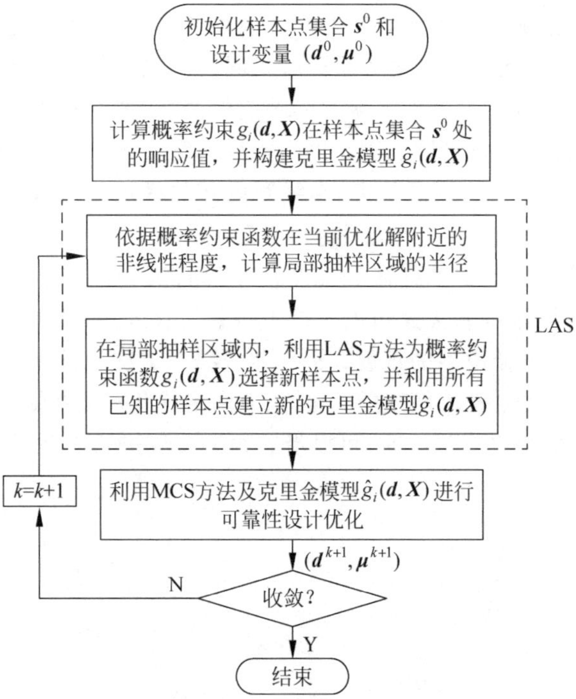

图 9-5　LAS 方法流程图

(6) 如果设计优化解收敛，则整个优化过程结束；否则，$k=k+1$，转向步骤(3)。

2. 算例分析

为了验证本章所介绍的 LAS 方法的可行性与有效性，下面用 2 个算例进行对比测试。其中，所对比的方法有解析法、拉丁超立方抽样法 LHS、约束边界抽样法 CBS 和序列抽样法(sequential sampling，SS)[3]。在所有方法中，MCS 将用来进行可靠性分析。各个方法的最优解将通过相对误差 $\|\boldsymbol{d}^*-\boldsymbol{d}_A^*\|/\|\boldsymbol{d}_A^*\|$ 进行评价，其中 $\boldsymbol{d}_A^*$ 为解析法的最优解，因为解析法未使用克里金模型，而是直接调用原函数进行求解，因而它的精度较高。同时，各个方法的最优解将由 MCS 采用 10^7 次样本进行验证。

1) 算例 1

该算例[2]具有 2 个随机设计变量和 2 个概率约束。2 个随机变量相互独立且服从正态分布：

$$\text{求 } \boldsymbol{d}=[d_1,d_2]^{\mathrm{T}}$$

$$\begin{cases}\text{Min: } f(\boldsymbol{d})=(d_1-3.7)^2+(d_2-4)^2\\ \text{s.t.: prob}[g_i(\boldsymbol{X})<0]\leqslant\Phi(-\beta_i^t),\quad i=1,2\\ \qquad g_1(\boldsymbol{X})=-X_1\sin(4X_1)-1.1X_2\sin(2X_2)\\ \qquad g_2(\boldsymbol{X})=X_1+X_2-3\end{cases}$$

$$\begin{cases} 0.0 \leqslant d_1 \leqslant 3.7, \quad 0.0 \leqslant d_2 \leqslant 4.0, \quad X_i \sim N(d_i, 0.1^2), \quad i=1,2 \\ \beta_1^t = \beta_2^t = 2.0, \quad \boldsymbol{d}^{(0)} = [2.50, 2.50]^{\mathrm{T}} \end{cases} \tag{9-8}$$

目标函数值在设计区域内沿右上方向减小。第一个概率约束 $g_1(\boldsymbol{X})$ 为高度非线性的函数，如图 9-6(a)所示。可靠性设计优化的最优解"+"位于(2.8421, 3.2320)。最优解 $\boldsymbol{d}^{\mathrm{opt}}$ 周围的圆为 β-圆。

如图 9-6(b)所示，LHS 方法使用 45 个样本点对概率约束进行拟合，实线表示概率约束极限状态函数的克里金模型预测值"Kriging"，而虚线表示概率约束的真实函数"True"。可以看出，采用 LHS 方法所选取的样本点均匀地分布于整个设计空间内，即便在设计空间的左下方也有很多样本点；然而在最优点 $\boldsymbol{d}^{\mathrm{opt}}$ 附近，第一个概率极限状态约束边界具有较大误差。

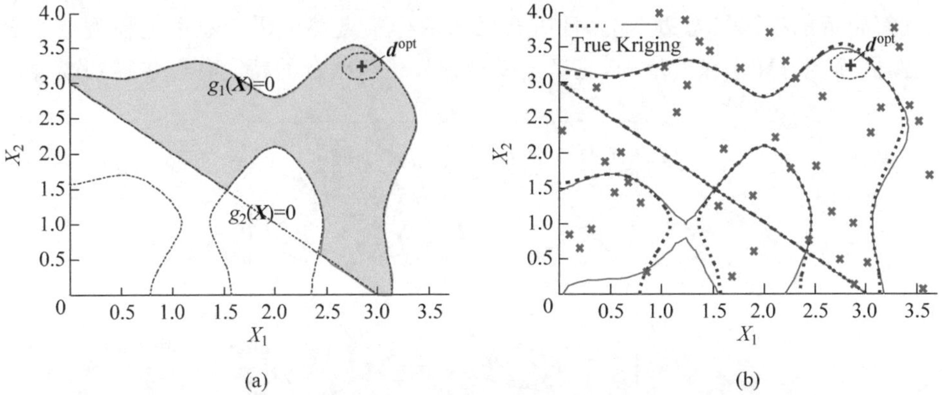

图 9-6 算例 1 的概率约束原函数和拉丁超立方抽样法的样本点分布

(a) 概率约束的极限状态边界；(b) 拉丁超立方抽样 LHS

CBS 方法采用三水平因子网格抽样选取 9 个样本点作为初始样本，一共 45 个样本点用来拟合概率约束函数。如图 9-7(a)所示，大部分样本点位于极限状态边界附近，因而在整个设计空间中约束极限状态边界的精度得到了保证。然而，在最优解 $\boldsymbol{d}^{\mathrm{opt}}$ 附近只有 3 个样本点，所以 CBS 选取的大部分样本点在可靠性设计优化过程中没有得到充分的利用。

序列抽样 SS 法建立了若干个相互独立的局部克里金模型，如图 9-7(b)所示。在每个设计优化循环中，SS 法首先选择一个局部抽样窗口，然后将克里金模型建立在该窗口内的样本点之上。从图 9-7(b)中可以看出，局部窗口逐步接近最优值。尽管 SS 方法选取了很多个样本点，然而由于克里金模型仅利用当前局部窗口内的样本点进行拟合，因而导致了大量样本点没有得到充分利用。

LAS 方法采用 9 个网格样本点作为初始样本，一共选用了 22 个样本点来拟合概率约束函数。从图 9-8 中可以看出，尽管第一条概率约束在远离最优解的位置具有较大误差，但它并不影响最优解的精度。LAS 方法中样本点主要选取在当前

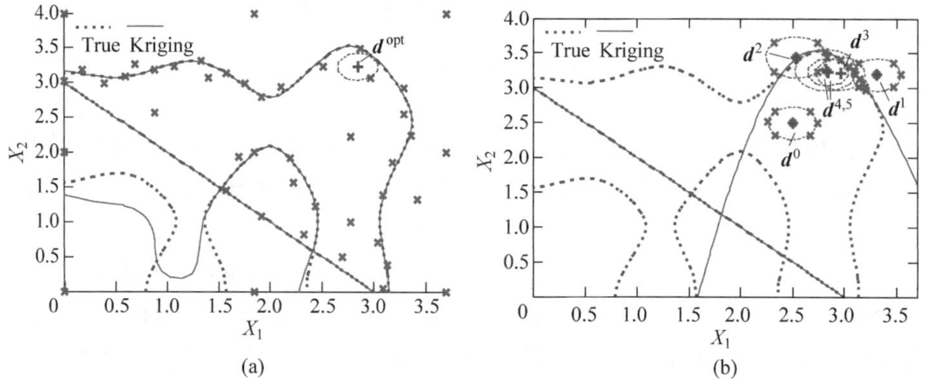

图 9-7 CBS 和 SS 法抽样过程

(a) CBS 抽样；(b) SS 抽样

最优解附近的极限状态边界上，且所有已知的样本点都将用于克里金模型的拟合过程，因而随着样本点的增加，克里金模型在最优解附近的精度将逐步得到改善。

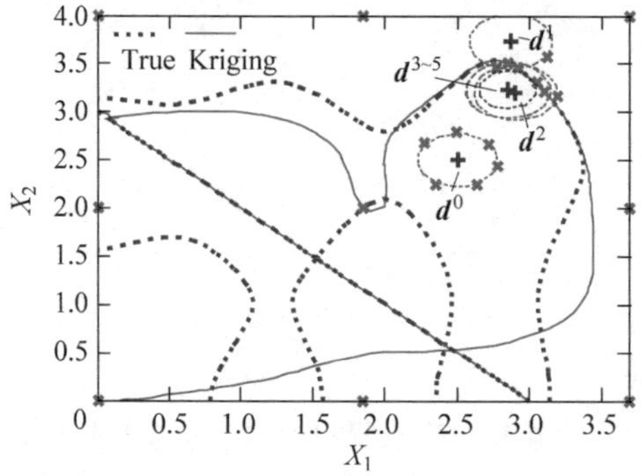

图 9-8 算例 1 中 LAS 抽样过程

算例 1 的对比优化结果如表 9-1 所示。"Anal."表示直接调用原函数的解析方法。在基于克里金模型的可靠性方法中，CBS 较 LHS 更为精确；SS 较 CBS 效率更高；LAS 使用了最少的样本点数，而且它是精度最高的方法。SS 和 LAS 方法的迭代过程如表 9-2、表 9-3 所示。可以看出，SS 和 LAS 方法都有 5 个迭代循环，但是 LAS 的求解精度更高。

表 9-1 算例 1 的优化结果

方法	优化解	目标值	样本点	相对误差	β_1	β_2
Anal.	(2.8421,3.2320)	1.3259	—	—	2.000	Inf.
LHS	(3.2409,3.1275)	0.9720	45	0.1440	−0.827	Inf.
CBS	(2.8485,3.2350)	1.3103	45	0.0024	1.934	Inf.
SS	(2.8400,3.2339)	1.3264	29	0.0009	2.002	Inf.
LAS	(2.8408,3.2334)	1.3259	22	0.0006	2.001	Inf.

表 9-2　算例 1 中 SS 方法的迭代过程

循环	优　化　解	目标值	半径系数	新样本数量	相对误差	β_1	β_2
0	(2.5000,2.5000)	3.6900	1.2000	7	0.2565	Inf.	Inf.
1	(3.3072,3.1948)	0.8027	1.2000	13	0.1641	−1.7268	Inf.
2	(2.5370,3.4460)	1.6595	1.5000	7	0.1261	−0.5233	Inf.
3	(2.9664,3.2122)	1.1588	1.2000	1	0.0442	1.1210	Inf.
4	(2.8215,3.2614)	1.3174	1.5000	1	0.0116	1.9391	Inf.
5	(2.8400,3.2339)	1.3264	—	—	0.0009	2.0019	Inf.

表 9-3　算例 1 中 LAS 方法的迭代过程

循环	优　化　解	目标值	半径系数	新样本数量	相对误差	β_1	β_2
0	(2.5000,2.5000)	3.6900	1.3967	9	0.2565	Inf.	Inf.
1	(2.8657,3.7314)	0.7681	1.4471	6	0.1547	−2.2739	Inf.
2	(2.8984,3.2046)	1.2752	1.4687	3	0.0215	1.7254	Inf.
3	(2.8482,3.2241)	1.3276	1.4704	2	0.0032	2.0045	Inf.
4	(2.8464,3.2276)	1.3252	1.4698	1	0.0021	1.9957	Inf.
5	(2.8408,3.2334)	1.3259	—	—	0.0006	1.9999	Inf.

2) 算例 2

该算例是一个非线性问题[3]，有 2 个随机设计变量，3 个概率约束，不存在确定性设计变量和随机参数。2 个随机设计变量相互独立且服从正态分布。

$$\text{求 } \boldsymbol{d}=[d_1,d_2]^{\mathrm{T}}$$

$$\left\{\begin{aligned}
&\text{Min}:\ f(\boldsymbol{d})=10-d_1+d_2\\
&\text{s.t.}:\ \text{prob}[g_i(\boldsymbol{X})\leqslant 0]\leqslant \Phi(-\beta_i^t),\quad i=1,2\\
&\qquad g_1(\boldsymbol{X})=X_1^2X_2/20-1\\
&\qquad g_2(\boldsymbol{X})=1-(0.9063X_1+0.4226X_2-6)^2-\\
&\qquad\qquad (0.9063X_1+0.4226X_2-6)^3+0.6\times\\
&\qquad\qquad (0.9063X_1+0.4226X_2-6)^4+\\
&\qquad\qquad (-0.4226X_1+0.9063X_2)\\
&\qquad g_3(\boldsymbol{X})=80/(X_1^2+8X_2+5)-1\\
&\qquad 0.0\leqslant d_i\leqslant 10.0,\quad X_i\sim \mathrm{N}(d_i,0.50^2),\quad i=1,2\\
&\qquad \beta_1^t=\beta_2^t=\beta_3^t=2.0,\quad \boldsymbol{d}^{(0)}=[5.00,5.00]^{\mathrm{T}}
\end{aligned}\right. \tag{9-9}$$

目标函数值在设计空间中沿着右下方向减小。第二个概率约束为高度非线性函数，如图 9-9(a)所示。可靠性设计优化的最优值 $\boldsymbol{d}^{\text{opt}}$ 位于点(4.6868,2.0513)处。阴影部分为可行域，最优值 $\boldsymbol{d}^{\text{opt}}$ 周围的圆为 β-圆。

LHS 抽样过程如图 9-9(b)所示。实线表示克里金模型的极限状态边界；虚线为真实的概率约束边界。50 个样本点均匀地分布于整个设计空间中。然而，大量

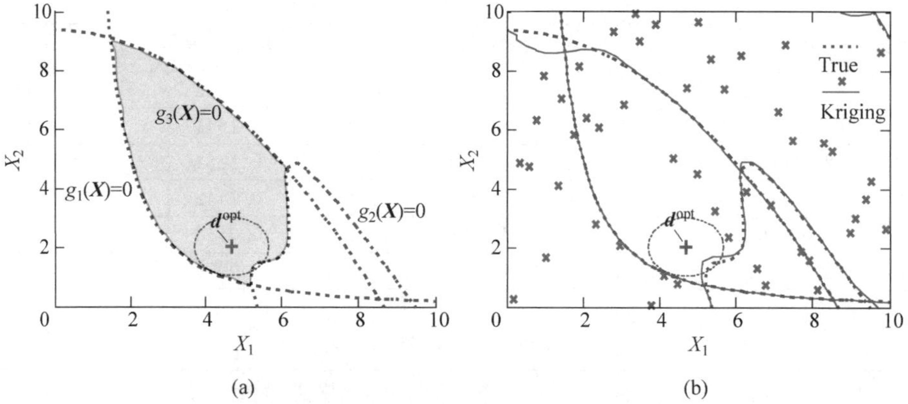

图 9-9　算例 2 中概率约束极限状态边界和 LHS 抽样过程

(a) 概率约束极限状态边界；(b) LHS 抽样

样本都位于可行域之外，概率约束 2 和 3 的拟合不够精确。

如图 9-10(a)所示，在 CBS 中，9 个网格样本作为初始样本点，43 个样本点用于拟合 3 个概率约束，其中大部分位于可行域内概率约束的极限状态边界附近。可行域的边界得到了很好的拟合。然而在最优解附近，样本点却比较稀少，所以在提高可靠性设计优化精度方面，大部分样本点没有很好地发挥作用。

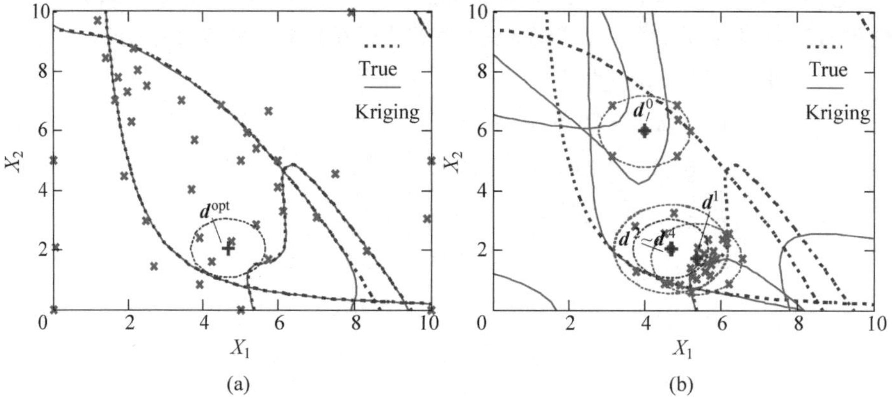

图 9-10　算例 2 中 CBS 和 SS 方法的抽样过程

(a) CBS 抽样；(b) SS 抽样

SS 方法抽样过程如图 9-10(b)所示。可以看出，局部抽样窗口逐步靠近最优解，许多样本点选在最优解附近。然而大部分样本点远离极限状态约束边界，且 SS 方法在优化过程中仅利用当前局部窗口内的样本点进行克里金模型拟合，因而造成了样本点的浪费。如图所示，概率约束 2 的克里金模型不够精确。

LAS 方法的采样过程

LAS 方法采用 9 个均匀网格样本点作为初始样本，一共使用

33 个样本点拟合 3 个概率约束函数。如图 9-11 所示，局部抽样区域逐步靠近最优解，且当局部抽样区域内存在极限状态边界时，样本点主要集中在边界上，所以在最优解附近概率约束 1 和 2 得到了很好的拟合，因而保证了最优解的精度。

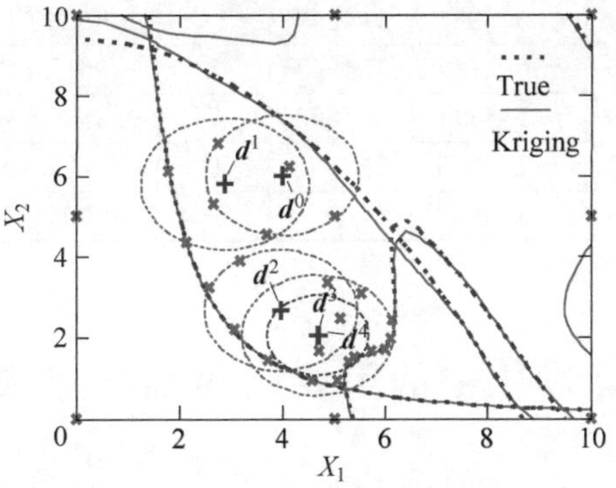

图 9-11　算例 2 中 LAS 抽样过程

算例 2 的对比优化结果如表 9-4 所示。CBS 较 LHS 更为精确和高效；SS 方法较 CBS 效率更高。在 LAS 方法中，样本数量为 31，因而它是最有效的。LAS 优化结果的相对误差为 0.04%，且 MCS 分析结果接近于目标可靠度指标 2.0，因而 LAS 方法同时也是非常精确的。

表 9-4　算例 2 的对比优化结果

方法	优化解	目标值	样本数量	相对误差	β_1	β_2	β_3
Anal.	(4.6868,2.0513)	−1.6851	—	—	2.0010	2.0008	Inf.
HL	(4.4825,2.3386)	−1.5658	50	0.1467	2.2555	2.6615	Inf.
CBS	(4.6768,2.0576)	−1.6825	43	0.0038	2.0025	2.0236	Inf.
SS	(4.7004,2.0430)	−1.6886	35	0.0050	2.0003	1.9707	Inf.
LAS	(4.6868,2.0521)	−1.6848	31	0.0004	2.0022	2.0017	Inf.

SS 和 LAS 方法的迭代过程如表 9-5、表 9-6 所示。可以看出，两种方法都用了 4 个迭代循环，但是 LAS 方法在求解效率和克里金模型拟合精度方法都有很大提高。

表 9-5　算例 2 中 SS 方法的迭代过程

循环	优化解	目标值	半径系数	新样本数量	相对误差	β_1	β_2	β_3
0	(4.0000,6.0000)	−0.5333	1.2000	7	1.9306	4.2849	Inf.	1.8438
1	(5.3633,1.7160)	−1.8364	1.2000	18	0.2181	1.9210	0.6014	4.3468
2	(4.6835,2.0557)	−1.6833	1.5000	8	0.0023	2.0057	2.0112	Inf.
3	(4.6999,2.0434)	−1.6884	1.5000	2	0.0047	2.0003	1.9707	Inf.
4	(4.7004,2.0430)	−1.6886	—	—	0.0050	2.0002	1.9708	Inf.

表 9-6 算例 2 中 LAS 方法的迭代过程

循环	优化解	目标值	半径系数	新样本数量	相对误差	β_1	β_2	β_3
0	(4.0000,6.0000)	−0.5333	1.4897	13	1.9306	4.2762	Inf.	1.8440
1	(2.8894,5.7879)	−0.4786	1.4957	2	1.8615	2.0227	Inf.	3.7814
2	(3.9681,2.6612)	−1.4441	1.4893	7	0.3346	2.0022	3.8226	Inf.
3	(4.7089,2.0421)	−1.6045	1.4855	9	0.1164	1.9984	2.6947	Inf.
4	(4.6868,2.0521)	−1.6848	—	—	0.0004	2.0022	2.0017	Inf.

9.3 可靠性设计优化中的重要边界抽样方法

本节所介绍的重要边界抽样方法(important boundary sampling, IBS)在概率约束的极限状态边界的关键部分进行抽样。在确定性优化过程中,具有相对较小目标函数值的区域更为关键;而在可靠性设计优化过程中,距离当前设计点距离较小的区域更为重要。因此本节将介绍两种重要边界抽样准则。首先介绍约束边界抽样准则,然后分别讨论重要边界抽样准则 1 和 2。

9.3.1 约束边界抽样准则

在可靠性设计优化问题中,约束边界非常重要,因而将样本点集中在约束边界附近,能够有效地保证设计精度,同时提高抽样效率。在 9.2.3 节中,已经介绍了约束边界抽样准则。如图 9-12 所示,标准正态分布密度函数 $\varphi(\hat{g}(\boldsymbol{x})/\sigma_g(\boldsymbol{x}))$ 被用来表示克里金模型预测值 $\hat{g}(\boldsymbol{x})$ 与极限状态边界 $g(\boldsymbol{x})=0$ 的远近程度。式(9-5)定义了 CBS 准则,当 CBS 准则的取值越大时,说明当前样本点距离极限状态边界的距离越小。因此,CBS 准则可以有效地选取约束边界样本点。

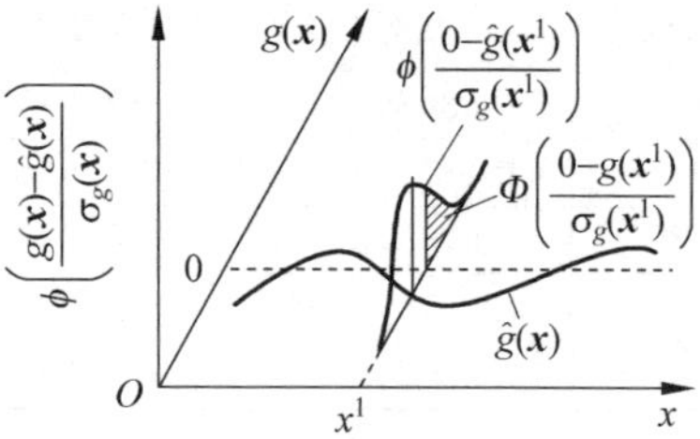

图 9-12 克里金模型预测值 $\hat{g}(\boldsymbol{x})$ 的可行概率

9.3.2 确定性优化的重要边界抽样准则

假定在确定性优化过程中,优化目标为寻找最小的目标函数值,则在设计空间中,目标函数值相对较小的区域将会更为关键,该区域内的极限状态边界的精度应该首先得到保证。利用目标函数值求解重要系数如下:

$$I_1(\boldsymbol{x})=\max\left(\frac{f(\boldsymbol{x}^i)-f(\boldsymbol{x})}{\mathrm{Range}(f(\boldsymbol{x}))}\right),\quad i=1,2,\cdots,m \tag{9-10}$$

其中，$f(\boldsymbol{x})$ 为目标函数；$\boldsymbol{x}^i$ 为第 i 个样本点；m 为已知样本点的数量；$\text{Range}(f(\boldsymbol{x}))$ 为目标函数值在已知样本点处的最大差值，定义为

$$\text{Range}(f(\boldsymbol{x}))=\max(f(\boldsymbol{x}^i))-\min(f(\boldsymbol{x}^j)),\quad i,j=1,2,\cdots,m$$

从式(9-10)可知，目标函数值 $f(\boldsymbol{x})$ 越小，则重要系数 $I_1(\boldsymbol{x})$ 越大。假设目标函数值的取值范围为$[\max(f(\boldsymbol{x}^i)),\min(f(\boldsymbol{x}^j))]$，$i,j=1,2,\cdots,m$，则重要系数的取值范围为$[0,1]$。

重要边界抽样准则 1 可以表示如下：

$$\text{IBS}_1(\boldsymbol{x})=\begin{cases}\displaystyle\sum_{j=1}^{N}\varphi\left(\frac{\hat{g}_j(\boldsymbol{x})}{\sigma_{g_j}(\boldsymbol{x})}\right)\cdot D(\boldsymbol{x})\cdot I_1(\boldsymbol{x}), & \hat{g}_j(\boldsymbol{x})\geqslant 0,\quad \forall j\\ 0, & \text{其他}\end{cases}\tag{9-11}$$

其中，$I_1(\boldsymbol{x})$为由式(9-10)获得的重要系数。

式(9-11)中的重要抽样准则 1 结合了克里金模型的可行概率密度 $\varphi\left(\frac{\hat{g}_j(\boldsymbol{x})}{\sigma_{g_j}(\boldsymbol{x})}\right)$、当前样本点与已知样本点之间的最小距离 $D(\boldsymbol{x})$ 以及重要系数 $I_1(\boldsymbol{x})$。当目标函数 $f(\boldsymbol{x})$在点 $\boldsymbol{x}$ 处的取值越小时，则 $I_1(\boldsymbol{x})$的取值越大，此时重要抽样准则 $\text{IBS}_1(\boldsymbol{x})$的值将会增大，也就意味着该点 $\boldsymbol{x}$ 被选为新样本点的可能性越大。

然而，从式(9-10)中获取的重要系数 $I_1(\boldsymbol{x})$与目标函数值 $f(\boldsymbol{x})$之间具有线性关系，从而造成 $I_1(\boldsymbol{x})$对重要抽样准则 $\text{IBS}_1(\boldsymbol{x})$的影响非常有限。换言之，重要系数 $I_1(\boldsymbol{x})$不能够清晰地识别出概率约束极限状态边界的关键部位。本章将通过重要系数 $I_2(\boldsymbol{x})$来解决该问题：

$$I_2(\boldsymbol{x})=\mathrm{e}^{\tau\cdot I_1(\boldsymbol{x})}\tag{9-12}$$

其中，τ 为常量系数，e 为自然指数。

在式(9-12)中，重要系数 $I_2(\boldsymbol{x})$与目标函数值 $f(\boldsymbol{x})$具有指数关系。当使用重要系数 $I_2(\boldsymbol{x})$时，极限状态边界的关键部位(具有相对较小目标函数值的区域)将被清晰地划分出来，同时将非关键区域进行有效地过滤。如上所述，$I_1(\boldsymbol{x})$的取值范围为$[0,1]$，则重要系数 $I_2(\boldsymbol{x})$的取值范围为$[1,\mathrm{e}^{\tau}]$。在本节中，常量系数 τ 的选取范围为 2～4，该范围可以使 $I_2(\boldsymbol{x})$对重要抽样准则 $\text{IBS}_1(\boldsymbol{x})$具有足够的影响，如下所示：

$$\text{IBS}_1(\boldsymbol{x})=\begin{cases}\displaystyle\sum_{j=1}^{N}\varphi\left(\frac{\hat{g}_j(\boldsymbol{x})}{\sigma_{\hat{g}_j}(\boldsymbol{x})}\right)\cdot D(\boldsymbol{x})\cdot I_2(\boldsymbol{x}), & \hat{g}_j(\boldsymbol{x})\geqslant 0,\quad \forall j\\ 0, & \text{其他}\end{cases}\tag{9-13}$$

为了展示重要抽样准则 $\text{IBS}_1(\boldsymbol{x})$的效果，对如下问题[2]进行测试：

$$\begin{cases}\text{Min: } f(\boldsymbol{x})=-x_1-x_2\\ \text{s.t.: } g(\boldsymbol{x})\geqslant 0\\ \qquad g(\boldsymbol{x})=-2x_1^2+1.05x_1^4-\dfrac{1}{6}x_1^6+x_1x_2-x_2^2+0.5\\ \qquad -2.5\leqslant x_1\leqslant 2.5,\quad -1.5\leqslant x_2\leqslant 1.5\end{cases}\tag{9-14}$$

该问题中约束为三驼峰函数，如图 9-13(a)所示。虚线表示约束极限状态边界 $g(\boldsymbol{x})=0$，该问题具有 3 个不连续的可行域 $g(\boldsymbol{x})\geqslant 0$，目标函数值 $f(\boldsymbol{x})$ 在设计空间中沿右上方向减小，$\boldsymbol{x}^*$ 为最优点。

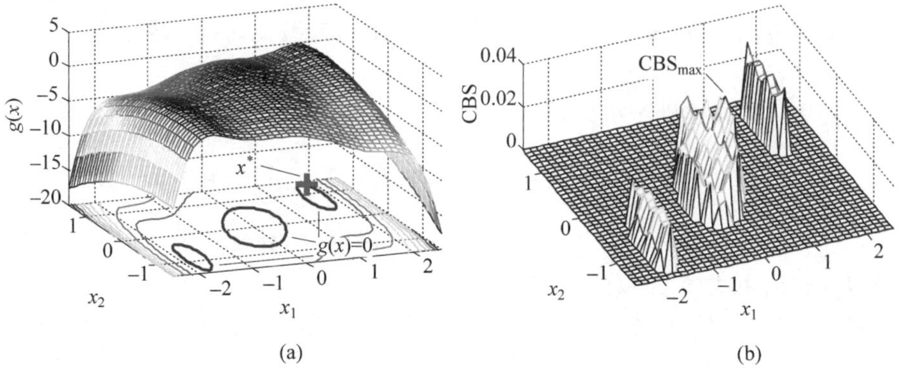

图 9-13　三驼峰函数轮廓图及 CBS 抽样准则

(a) 三驼峰函数；(b) CBS 抽样准则

选取 50 个均匀分布的样本点对克里金模型进行拟合，此时 CBS 抽样准则在设计空间中的大小如图 9-13(b)所示。在 3 个可行域内，CBS 准则的取值较大，其最大值 CBS_{1max} 位于中间的可行域内，所以该点将会被选为新的样本点。然而，该算例旨在最小化目标函数值，因而右上方的可行域的边界更为重要，应该将样本点选在该区域内。

图 9-14 展示了重要抽样准则 $IBS_1(\boldsymbol{x})$ 的轮廓。当采用重要系数 $I_1(\boldsymbol{x})$ 时，其轮廓如图 9-14(a)所示。可以看出，$IBS_1(\boldsymbol{x})$ 的取值在设计空间中沿左下方向下降，最大值 CBS_{1max} 位于右上方的可行域内。然而，位于中间的可行域内，$IBS_1(\boldsymbol{x})$ 的取值依然比较大，从而证实了重要系数 $I_1(\boldsymbol{x})$ 对抽样准则 $IBS_1(\boldsymbol{x})$ 的影响十分有限，新的样本点依然可能选在该区域内。当采用重要系数 $I_2(\boldsymbol{x})$ 时，其轮廓如图 9-14(b)所示，重要抽样准则 $IBS_1(\boldsymbol{x})$ 在右上方的可行域内取值较大。然而在其余两个可行域内，$IBS_1(\boldsymbol{x})$ 的值非常小。由此可以看出，当采用重要系数 $I_2(\boldsymbol{x})$ 时，非关键区域将会被有效地过滤掉，样本点将主要集中在右上方可行域内的边界上，从而大大提高优化过程中抽样的效率。

9.3.3　可靠性设计优化的重要抽样准则

当采用解析方法时，可靠性分析的目标为寻找当前设计变量到概率约束的极限状态边界的最短距离，具有最短距离的点称为最大可能失效点(MPP)。因此，可靠性设计优化过程中，当前设计解的 MPP 点附近的区域非常重要，位于该区域的极限状态约束边界应该在克里金模型拟合时优先保证其精度。本章所介绍的 IBS

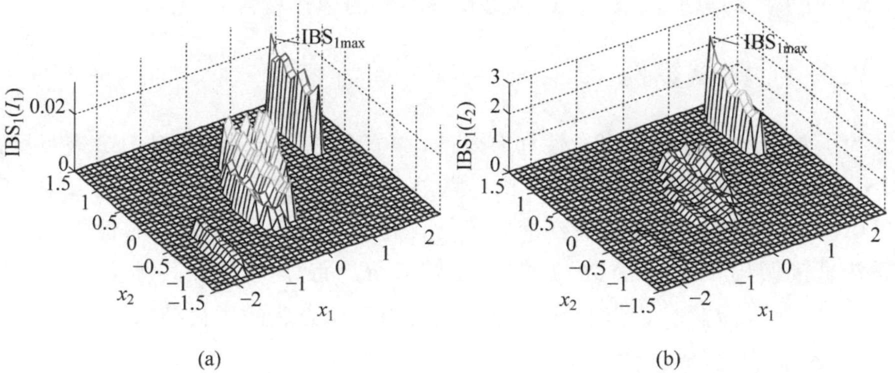

图 9-14 $\mathrm{IBS}_1(\boldsymbol{x})$的轮廓

(a) 采用 $I_1(\boldsymbol{x})$的重要抽样准则 $\mathrm{IBS}_1(\boldsymbol{x})$；(b) 采用 $I_2(\boldsymbol{x})$的重要抽样准则 $\mathrm{IBS}_1(\boldsymbol{x})$

方法将采用随机变量的联合概率密度作为重要系数。假定随机变量服从正态分布 $\boldsymbol{x}\sim\mathrm{N}(\boldsymbol{\mu}_{\mathrm{X}},\sigma_{\mathrm{X}}^2)$，则重要系数可以表示为

$$I_3(\boldsymbol{x})=\varphi\left(\frac{\boldsymbol{x}-\boldsymbol{\mu}_{\mathrm{X}}}{\boldsymbol{\sigma}_{\mathrm{X}}}\right) \tag{9-15}$$

其中，φ 为标准正态分布的概率密度函数。

此时，针对可靠性设计优化的重要抽样准则表示为

$$\mathrm{IBS}_2(\boldsymbol{x})=\begin{cases}\sum_{j=1}^{N}\varphi\left(\dfrac{\hat{g}_j(\boldsymbol{x})}{\sigma_{g_j}(\boldsymbol{x})}\right)\cdot D(\boldsymbol{x})\cdot I_3(\boldsymbol{x}), & \hat{g}_j(\boldsymbol{x})\geqslant 0,\quad \forall j\\ 0, & \text{其他}\end{cases} \tag{9-16}$$

如果随机变量不服从正态分布，则需要通过 $\boldsymbol{u}=T(\boldsymbol{x}),\boldsymbol{x}=T^{-1}(\boldsymbol{u})$进行转换，如 Rosenblatt 转换[4~6]或者 Nataf 转换[7,8]。转换之后的随机变量将具有正态分布 $\boldsymbol{u}\sim\mathrm{N}(\boldsymbol{\mu}_{\mathrm{U}},\boldsymbol{\sigma}_{\mathrm{U}}^2)$。此时重要系数可以表示为

$$I_3(\boldsymbol{x})=I_3(T^{-1}(\boldsymbol{u}))=\varphi\left(\frac{\boldsymbol{u}-\boldsymbol{\mu}_{\mathrm{U}}}{\boldsymbol{\sigma}_{\mathrm{U}}}\right) \tag{9-17}$$

如图 9-15 所示，$\boldsymbol{\mu}_{\mathrm{X}}$ 为当前设计解，$\boldsymbol{x}_{\mathrm{MPP}}$ 表示 MPP 点，$\boldsymbol{x}^1\sim\boldsymbol{x}^4$ 为极限状态边界上 4 个潜在的候选样本点。为了使设计点 MPP 的求解更为精确，在其附近的约束边界的精度应该首先得到保证。然而，在可靠性分析完成之前，MPP 点是未知的，所以本章将采用重要系数 $I_3(\boldsymbol{x})$来识别 MPP 点附件的关键区域。在图 9-15 中，潜在样本点 $\boldsymbol{x}^1$ 和 $\boldsymbol{x}^2$ 将会首先被选择作为新的样本点，而 $\boldsymbol{x}^3$ 和 $\boldsymbol{x}^4$ 因为远离优化点 $\boldsymbol{\mu}_{\mathrm{X}}$ 将不会被选择。因

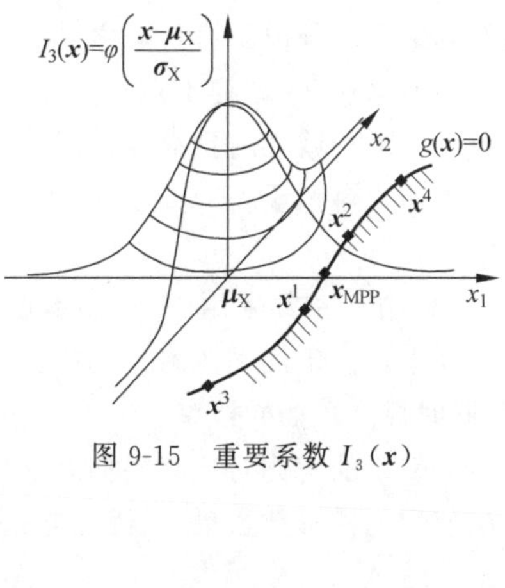

图 9-15 重要系数 $I_3(\boldsymbol{x})$

此，本节所采用的重要系数 $I_3(\boldsymbol{x})$ 能够使样本点的选择更为合理。

9.3.4 测试算例

为了验证 IBS 方法的可行性和有效性，本节将在 3 个算例上对 IBS 进行测试。LHS、CBS 将被用来与 IBS 进行对比。克里金模型的建立将使用 MATLAB 工具箱“DACE”[9]将用来对重要抽样准则进行优化。SORA 将作为可靠性优化方法。解析法直接调用原约束函数，它的优化结果 $\boldsymbol{d}_A^*$ 将作为评价其他方法的参考：$\|\boldsymbol{d}^*-\boldsymbol{d}_A^*\|/\|\boldsymbol{d}_A^*\|$。同时 MCS 方法也将对各个方法的优化结果进行验证。

1. 算例 1：非线性算例

该算例为一个非线性问题[11]，有两个随机设计变量，3 个概率约束，不存在确定性设计变量和随机参数。两个随机设计变量相互独立且服从正态分布。

$$
\text{求 } \boldsymbol{d}=[d_1,d_2]^{\mathrm{T}}
$$

$$
\begin{cases}
\text{Min: } f(\boldsymbol{d})=10-d_1+d_2\\
\text{s.t.: } \operatorname{prob}[g_i(\boldsymbol{X})\leqslant 0]\leqslant \Phi(-\beta_i^t), \quad i=1,2\\
\qquad g_1(\boldsymbol{X})=X_1^2X_2/20-1\\
\qquad g_2(\boldsymbol{X})=\dfrac{(X_1+X_2-5)^2}{30}+\dfrac{(X_1-X_2-12)^2}{120}-1\\
\qquad g_3(\boldsymbol{X})=80/(X_1^2+8X_2+5)-1\\
\qquad 0.0\leqslant \boldsymbol{d}_i\leqslant 10.0, \quad \boldsymbol{X}_i\sim \mathrm{N}(\boldsymbol{d}_i,0.3^2), \quad i=1,2\\
\qquad \beta_1^t=\beta_2^t=\beta_3^t=3.0, \quad \boldsymbol{d}^{(0)}=[5.00,5.00]^{\mathrm{T}}
\end{cases}
\tag{9-18}
$$

目标函数值在设计空间中沿着右下方向减小。第二个概率约束为高度非线性函数，如图 9-16(a)所示。可靠性设计优化的最优值 $\boldsymbol{d}^{\mathrm{opt}}$ 位于点(5.8545,3.4236)处。阴影部分为可行域，最优值 $\boldsymbol{d}^{\mathrm{opt}}$ 周围的圆为 β-圆。

LHS 方法如图 9-16(b)所示。虚线表示真实的概率约束极限状态边界，而实线表示由克里金模型预测的约束边界。50 个样本点均匀分布于整个设计空间中，然而其中大部分位于可行域之外，约束边界 1 和 3 具有较大误差。

CBS 采用 33 个样本点对概率约束函数进行拟合，如图 9-17(a)所示，大部分样本点位于可行域之内且沿着极限状态约束边界均匀分布。然而在最优解 $\boldsymbol{d}^{\mathrm{opt}}$ 附近样本点却相对稀少，所以大多数样本点在提高设计优化精度上没有很好地发挥作用。

IBS 方法一共采用 21 个样本点对克里金模型进行拟合，如图 9-17(b)所示，大部分样本点位于最优解附近的极限状态约束边界上，从而保证了最优解 $\boldsymbol{d}^{\mathrm{opt}}$ 的精度，同时提高了抽样效率。

算例 1 的优化对比结果如表 9-7 所示。可以看出，CBS 较 LHS 效率更高，IBS 方法使用的样本数量最少，因而它是最有效的。从精度上看，IBS 相对解析方法误

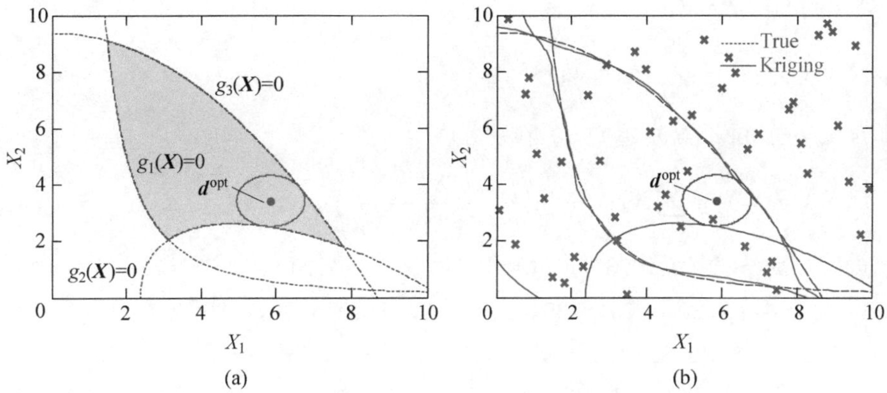

图 9-16　算例 1 中极限状态边界及 LHS 抽样过程

(a) 概率约束极限状态边界；(b) LHS 抽样

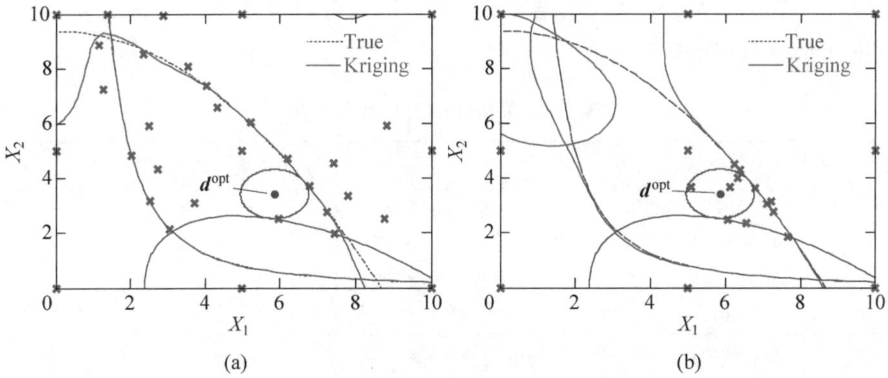

图 9-17　算例 1 中 CBS 和 IBS 抽样过程

(a) CBS 抽样；(b) IBS 抽样

差最小，MCS 仿真结果中 IBS 也最接近解析方法，所以 IBS 方法也是非常精确的。

表 9-7　算例 1 的对比优化结果

方法	优　化　解	样本数量	相对误差/%	β_1	β_2	β_3
Anal.	(5.8545,3.4236)	—	—	Inf.	3.0247	2.9937
LHS	(5.8530,3.2904)	50	1.9638	Inf.	2.5869	3.2266
CBS	(5.8586,3.4228)	31	0.0616	Inf.	3.0251	2.9839
IBS	(5.8545,3.4236)	21	0.0005	Inf.	3.0252	2.9946

2. 算例 2：多维算例

该算例为多维问题，有 16 个随机设计变量 $\boldsymbol{X}_i\ (i=1,2,\cdots,16)$，它们相互独立且服从正态分布，概率约束为高度非线性的[12]，如下所示：

$$
\text{求 } \boldsymbol{d}=[d_1,\cdots,d_{16}]^{\mathrm{T}}
$$

$$
\begin{cases}
\text{Min: } f(\boldsymbol{d})=\sum_{i=1}^{16}(d_i-c_i)^2 \\
\text{s.t.: prob}[g(\boldsymbol{X})\leqslant 0]\leqslant \Phi(-\beta_i^t) \\
\qquad g(\boldsymbol{X})=\sum_{i=1}^{16}X_i\left(\tau+\ln\left(\frac{X_i}{X_1+\cdots+X_{16}}\right)\right),\quad 1\mathrm{e}^{-6}\leqslant d_i\leqslant 10 \\
\qquad \boldsymbol{X}_i\sim \mathrm{N}(\boldsymbol{d}_i,0.3^2),\quad i=1,2,\quad \tau=-17.164,\quad \beta^t=2.0 \\
\qquad \boldsymbol{c}=[2.20,4.10,5.20,4.80,2.90,4.10,6.20,2.90,4.30,1.70, \\
\qquad\qquad 5.20,3.40,2.70,6.10,3.50,4.10],\quad \boldsymbol{d}^{(0)}=[4.00,\cdots,4.00]^{\mathrm{T}}
\end{cases}
\tag{9-19}
$$

算例 2 的对比优化结果如表 9-8 所示。CBS 较 LHS 效率更高，而 IBS 的样本数量最少，因而它是最高效的。LHS 的相对误差最大，其 MCS 仿真结果为 3.5624，远离目标可靠度指标 3.0；IBS 的优化结果几乎与解析方法相等，其相对误差为 0.0135%，MCS 仿真结果 2.9924 与目标可靠度指标 3.0 非常接近，所以 IBS 方法具有很好的求解精度。

表 9-8 算例 2 的对比优化结果

方　法	优　化　解	样本数量	相对误差/%	β_1
Anal.	(2.5078,4.3986,5.4951,5.0963,3.2037,4.3986,6.4925,3.2037,4.5979,2.0115,5.4951,3.7014,3.0048,6.3927,3.8010,4.3986)	—	—	2.9925
LHS	(2.5425,4.4427,5.5422,5.1425,3.2422,4.4429,6.5425,3.2424,4.6427,2.0423,5.5419,3.7424,3.0424,6.4420,3.8425,4.4420)	300	0.9634	3.5624
CBS	(2.5226,4.4234,5.5228,5.1233,3.2232,4.4228,6.5231,3.2230,4.6232,2.0232,5.5229,3.7231,3.0234,6.4231,3.8231,4.4233)	250	0.5332	3.2983
IBS	(2.5082,4.3990,5.4944,5.0959,3.2043,4.3978,6.4922,3.2047,4.5975,2.0106,5.4956,3.7013,3.0055,6.3921,3.8016,4.3988)	219	0.0135	2.9924

3. 算例 3：减速器设计

该减速器设计[13]有 7 个随机变量和 11 个概率约束。设计目标为最小化减速器质量，约束函数对应的物理量有屈服应力、接触应力、纵向位移、轴应力以及几何约束。随机变量为齿轮宽度（X_1）、齿轮模数（X_2）、齿数（X_3）、轴承间距（X_4，X_5）

和轴半径(X_6, X_7)。

所有变量都相互独立且服从正态分布,确定性设计优化的最优解被选为可靠性设计优化的初始解。该减速器的数学模型可表示如下:

求 $\boldsymbol{d}=[d_1,d_2,d_3,d_4,d_5,d_6,d_7]^{\mathrm{T}}$

$$\left\{\begin{array}{l}
\text{Min}:\ f(\boldsymbol{d})=0.7854d_1d_2^2(3.3333d_3^2+14.9334d_3-43.0934)- \\
\qquad\qquad 1.5080d_1(d_6^2+d_7^2)+7.4770(d_6^3+d_7^3)+ \\
\qquad\qquad 0.7854(d_4d_6^2+d_5d_7^2) \\
\text{s.t.}:\ \text{prob}[g_i(\boldsymbol{X})>0]\leqslant\Phi(-\beta_i^t),\quad i=1,\cdots,11 \\
\qquad g_1(\boldsymbol{X})=27/X_1X_2^2X_3-1 \\
\qquad g_2(\boldsymbol{X})=397.5/X_1X_2^2X_3^2-1 \\
\qquad g_3(\boldsymbol{X})=1.93X_4^3/X_2X_3X_6^4-1 \\
\qquad g_4(\boldsymbol{X})=1.93X_5^3/X_2X_3X_7^4-1 \\
\qquad g_5(\boldsymbol{X})=\sqrt{(745X_4/(X_2X_3))^2+16.9\times10^6}/0.1X_6^3-1100 \\
\qquad g_6(\boldsymbol{X})=\sqrt{(745X_5/(X_2X_3))^2+157.5\times10^6}/0.1X_7^3-850 \\
\qquad g_7(\boldsymbol{X})=X_2X_3-40,\quad g_8(\boldsymbol{X})=5-X_1/X_2 \\
\qquad g_9(\boldsymbol{X})=X_1/X_2-12,\quad g_{10}(\boldsymbol{X})=(1.5X_6+1.9)/X_4-1 \\
\qquad g_{11}(\boldsymbol{X})=(1.1X_7+1.9)/X_5-1 \\
\qquad 2.6\leqslant d_1\leqslant3.6,\quad 0.7\leqslant d_2\leqslant0.8,\quad 17\leqslant d_3\leqslant28 \\
\qquad 7.3\leqslant d_4\leqslant8.3,\quad 7.3\leqslant d_5\leqslant8.3,\quad 2.9\leqslant d_6\leqslant3.9 \\
\qquad 5.0\leqslant d_7\leqslant5.5,\quad X_j\sim \text{N}(d_j,0.005^2),\quad j=1,\cdots,7 \\
\qquad \beta_1^t=\cdots=\beta_{11}^t=3.0 \\
\qquad \boldsymbol{d}^{(0)}=[3.50,0.70,17.00,7.30,7.72,3.35,5.29]^{\mathrm{T}}
\end{array}\right. \tag{9-20}$$

减速器设计的对比优化结果如表 9-9 所示。LHS 采用了 80 个样本,CBS 选取了 77 样本,而在 IBS 方法中仅用了 50 个样本,所以 IBS 方法抽样效率更高。同时,IBS 的最优解与解析法基本一致,相对误差只有 0.0007%。

表 9-10 展示了 MCS 仿真结果,概率约束 5、6、8 和 11 为活跃约束,在基于克里金模型的可靠性方法中,IBS 的可靠度值也最为接近目标可靠度指标 3.0。所以 IBS 兼具求解精度和效率。

表 9-9　减速器设计的对比优化结果

方法	优　化　解	样本数量	相对误差/%
Anal.	(3.5765,0.7000,17.0000,7.3000,7.7541,3.3652,5.3017)	—	—
LHS	(3.5767,0.7000,17.0000,7.3013,7.7541,3.3669,5.3014)	80	0.0104

续表

方法	优　化　解	样本数量	相对误差/%
CBS	(3.5769,0.7000,17.0000,7.3013,7.7544,3.3662,5.3016)	77	0.0084
IBS	(3.5765,0.7000,17.0000,7.3000,7.7541,3.3653,5.3017)	50	0.0007

表 9-10　减速器设计结果的 MCS 仿真

方法	β_1	β_2	β_3	β_4	β_5	β_6	β_7	β_8	β_9	β_{10}	β_{11}
Anal.	Inf.	Inf.	Inf.	Inf.	3.0000	3.0023	Inf.	3.0002	Inf.	Inf.	2.9991
LHS	Inf.	Inf.	Inf.	Inf.	3.3297	2.9513	Inf.	3.0106	Inf.	Inf.	3.0288
CBS	Inf.	Inf.	Inf.	Inf.	3.2029	2.9835	Inf.	3.0172	Inf.	Inf.	3.0447
IBS	Inf.	Inf.	Inf.	Inf.	3.0196	3.0037	Inf.	3.0003	Inf.	Inf.	2.9984

9.4　基于变可信度近似的可靠性设计优化方法

变可信度模型合理组合计算成本低但精度低的低可信度模型以及精度高但计算成本高的高可信度模型，已经被广泛应用于工程实际以代替复杂的隐式函数。为进一步运用变可信度方法求解 RBDO 问题，本节介绍了一种基于最小二乘混合标度策略的变可信度-序列线性规划框架。

针对现有标度方法鲁棒性差及高可信度样本利用率低的缺点，本节介绍一种基于最小二乘的混合标度策略[14,15]（hybrid scaling method based on least squares，LSHS），充分利用当前设计点附近区域中的高可信度样本点，通过求解最小二乘问题计算乘法标度和加法标度的权系数，增强变可信度模型在该区域中的整体精度。为保证失效概率及迭代设计点的计算精度，本节介绍一种变可信度-序列线性规划（VF-SLP）框架，在确定序列线性规划子问题的设计域时充分考虑目标可靠度的要求及变可信度模型的误差，以保证 RBDO 求解的准确性与高效性。

9.4.1　VF-RBDO 中的常用方法

1. VF-RBDO 方法描述

不同于经典的 RBDO 模型，在 VF-RBDO 中，实际的隐式功能函数被变可信度模型所替代。VF-RBDO 模型可构建如下：

$$
\text{求 } \boldsymbol{\mu}_{\mathrm{X}}
$$

$$
\begin{cases}
\text{Min: } f(\boldsymbol{\mu}_{\mathrm{X}}) \\
\text{s.t.: } P(g_{\mathrm{VF}}(\boldsymbol{X}) \leqslant 0) - \Phi(-\beta^{t}) \leqslant 0 \\
\qquad\ \boldsymbol{\mu}_{\mathrm{X}}^{\mathrm{L}} \leqslant \boldsymbol{\mu}_{\mathrm{X}} \leqslant \boldsymbol{\mu}_{\mathrm{X}}^{\mathrm{U}}
\end{cases}
\tag{9-21}
$$

其中，$\boldsymbol{X}$ 是随机变量，$\boldsymbol{\mu}_X$ 是随机变量的均值，也是 RBDO 的设计变量。$g_{VF}(\boldsymbol{X})$是功能函数的变可信度近似，它可以通过高低可信度信息获得。$P(\cdot)$指的是求解失效概率操作，β^t 是目标可靠度。$\Phi(\cdot)$是标准正态分布的累积概率分布函数。上标"L"和"U"指的是设计变量上下界。

2. 变可信度技术的常用标度策略研究

变可信度技术的关键在于利用少量点处的高低可信度函数差异来对其他点处的高可信度函数值进行预测[16]。为了尽可能准确地对高低可信度函数差异进行描述，学者提出了各种各样的标度方法，其中加法标度策略[17,18]和乘法标度策略[19,20]是最为常用的方法。

1) 加法标度策略

在加法标度方法(additive scaling method，ADD)中，变可信度模型可表示为低可信度模型加上一个加法标度系数。利用加法标度方法，变可信度模型可表示如下：

$$f_{VF}(\boldsymbol{x}) = f_l(\boldsymbol{x}) + \gamma(\boldsymbol{x}) \tag{9-22}$$

其中，$\gamma(\boldsymbol{x})$是加法标度系数，它可根据特定点(一般是设计迭代点)处的高低可信度函数差异得到。为了保证变可信度模型和高可信度模型在当前设计点 $\boldsymbol{x}_n$ 处函数值及梯度值的一致性，加法标度系数 $\gamma(\boldsymbol{x})$可计算如下：

$$\hat{\gamma}(\boldsymbol{x}) = \gamma(\boldsymbol{x}_n) + \nabla\gamma(\boldsymbol{x}_n)^{\mathrm{T}}(\boldsymbol{x} - \boldsymbol{x}_n) \tag{9-23}$$

其中，加法标度系数 $\gamma(\boldsymbol{x})$的梯度值可通过如下公式计算：

$$\nabla\gamma(\boldsymbol{x}_n) = \nabla f_h(\boldsymbol{x}_n) - \nabla f_l(\boldsymbol{x}_n) \tag{9-24}$$

2) 乘法标度策略

为充分利用低可信度模型对全局近似趋势的把握及高可信度模型的准确信息，Haftka 提出了乘法标度(multiplicative scaling method，MULTI)的思想[17]。在该方法中，某一点处的高低可信度函数值的比值称为乘法标度系数。在之后的优化计算中，该乘法标度系数与低可信度函数的乘积被认为是实际高可信度函数的替代。利用乘法标度策略，变可信度模型 $f_{VF}(\boldsymbol{x})$可构建如下：

$$f_{VF}(\boldsymbol{x}) = \alpha(\boldsymbol{x}) f_l(\boldsymbol{x}) \tag{9-25}$$

其中，$\alpha(\boldsymbol{x})$是乘法标度系数，$f_l(\boldsymbol{x})$是计算成本低廉的低可信度模型。为了保证变可信度模型和高可信度模型在当前设计点 $\boldsymbol{x}_n$ 处函数值及梯度值的一致性，乘法标度系数$\alpha(\boldsymbol{x})$可计算如下：

$$\hat{\alpha}(\boldsymbol{x}) = \alpha(\boldsymbol{x}_n) + \nabla\alpha(\boldsymbol{x}_n)^{\mathrm{T}}(\boldsymbol{x} - \boldsymbol{x}_n) \tag{9-26}$$

其中，乘法标度系数 $\alpha(\boldsymbol{x})$的梯度值可通过如下公式计算：

$$\nabla\alpha(\boldsymbol{x}_n) = \begin{bmatrix} \left(f_l(\boldsymbol{x}_n)\dfrac{\partial f_h}{\partial \boldsymbol{x}_1} - f_h(\boldsymbol{x}_n)\dfrac{\partial f_l}{\partial \boldsymbol{x}_1}\right) \Big/ f_l(\boldsymbol{x}_n)^2 \\ \vdots \\ f_l(\boldsymbol{x}_n)\dfrac{\partial f_h}{\partial \boldsymbol{x}_m} - f_h(\boldsymbol{x}_n)\dfrac{\partial f_l}{\partial \boldsymbol{x}_m} \Big/ f_l(\boldsymbol{x}_n)^2 \end{bmatrix} \tag{9-27}$$

9.4.2 最小二乘混合标度的 VF-SLP 框架

为提高现有变可信度方法的鲁棒性及高可信度样本的利用率，本节介绍一种基于变可信度-序列线性规划(VF-SLP)的框架用于求解 RBDO 问题。该框架使用变可信度模型替代实际工程问题中计算昂贵的隐式功能函数，序列线性规划用于解耦复杂的 RBDO 双循环结构。

变可信度技术的关键在于利用特定点处的高低可信度函数值差异来预测其他点处的高可信度函数值。因此，合理地选择高可信度样本点及标度策略显得至关重要。基于迭代设计点在失效概率及梯度计算中的重要性，本节研究将 RBDO 优化过程中的迭代设计点选作高可信度样本点进行评估。为保证变可信度模型全局的准确性及有效地利用已评估的高可信度样本点，当前设计点附近区域中的所有高可信度样本点被用来计算标度函数。因此，随着设计迭代的进行，越来越多的高可信度样本点被用于构建标度函数，变可信度模型的精度不断得到提高。基于此，本节介绍一种充分利用高可信度样本点的最小二乘混合标度策略。

1. 最小二乘混合标度策略

上文对加法标度策略及乘法标度策略进行了简单描述。在工程实际中，对于部分问题，利用加法标度策略求得的变可信度模型拟合效果较好，因此可以求出具有较高精度的 RBDO 最优解，但是乘法标度策略拟合效果和 RBDO 最优解精度都较差；而对于另外一些函数，乘法标度策略的变可信度模型拟合效果更好，RBDO 最优解精度较高。但是对于实际中的隐式功能函数，无法事先判断哪种标度策略效果更优。基于此，Gano 等提出了自适应的混合标度策略(adaptive hybrid scaling method，AHS)[21]以充分结合加法标度策略和乘法标度策略的优点。

自适应混合标度策略引入权系数的概念，以合理地组合加法标度策略和乘法标度策略。由于在加法标度策略以及乘法标度策略中，当前设计点处的变可信度模型函数值及梯度值均与高可信度模型一致。因此，将二者加权的自适应混合标度策略也就能够保证变可信度模型与高可信度模型具有相同的一阶泰勒展开式，也就保留了加法标度策略和乘法标度策略的收敛特性[19]。利用自适应混合标度策略，变可信度模型 $f_{\mathrm{VF}}(\boldsymbol{x})$ 可构建如下：

$$f_{\mathrm{VF}}(\boldsymbol{x})=w\alpha(\boldsymbol{x})f_l(\boldsymbol{x})+(1-w)(f_l(\boldsymbol{x})+\gamma(\boldsymbol{x})) \tag{9-28}$$

其中，w 是权系数。加法标度系数 $\gamma(\boldsymbol{x})$ 和乘法标度系数 $\alpha(\boldsymbol{x})$ 可以通过 9.4.1 节中的公式求出。

Gano 等利用上一个评估的高可信度样本点(即上一个设计迭代点)计算权系数 w，其计算模型如下：

$$w=\frac{\widehat{f}_h(\boldsymbol{x})-(f_l(\boldsymbol{x})+\gamma(\boldsymbol{x}))}{\alpha(\boldsymbol{x})f_l(\boldsymbol{x})-(f_l(\boldsymbol{x})+\gamma(\boldsymbol{x}))} \tag{9-29}$$

根据式(9-28)和式(9-29)，基于自适应混合标度策略的变可信度模型根据当前设计点及上一个迭代设计点得到，因此在这两个点附近变可信度模型具有较高的预测精度。但是在 Gano 的方法中，只有这两个高可信度样本点参与变可信度模型的构建。这一方面导致了高可信度样本点的浪费，另一方面当 RBDO 最优解距离当前设计点及上一个设计点较远时可能会产生较大的预测误差(图 9-18)。换句话讲，自适应混合标度策略无法保证变可信度模型在最优解附近变可信度模型的精度。为解决该问题，一个直观的想法就是，充分利用所有已评估的高可信度样本点来计算权系数 w，进而构建变可信度模型，从而克服自适应混合标度策略的缺点。基于该想法，本节介绍一种基于所有已评估高可信度样本点的标度策略(least squares hybrid scaling method, LSHS)。

不同于式(9-29)的权系数计算公式，在本章介绍的方法中，w 通过求解一个最小二乘问题得到：

$$\min \sum_{i=1}^{n} [f_h(x_i) - (w\alpha(x_i) f_l(x_i) + (1-w)(f_l(x_i) + \gamma(x_i)))]^2 \quad (9\text{-}30)$$

其中，n 是当前设计点附近区域中所有已评估的高可信度样本点。

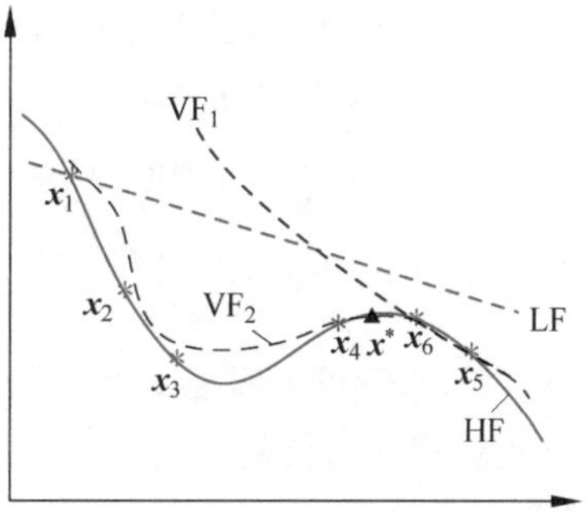

图 9-18　自适应混合标度策略与基于最小二乘混合标度策略的比较

图 9-18 给出了自适应混合标度策略及基于最小二乘混合标度策略的图形比较。其中，曲线 HF 和 LF 分别指的是高可信度模型与低可信度模型。曲线 VF_1 是利用自适应混合标度策略构建的变可信度模型；曲线 VF_2 是用本章介绍的基于最小二乘混合标度策略构建的变可信度模型。$\boldsymbol{x}_i$ 指的是 RBDO 中第 i 次迭代的设计点，$\boldsymbol{x}^*$ 为 RBDO 最优解。

可以看出，在自适应混合标度方法的第 6 次迭代中，加法标度与乘法标度的权系数 w 利用当前设计点 $\boldsymbol{x}_6$ 和上一步的迭代设计点 $\boldsymbol{x}_5$ 得到，因此在 $\boldsymbol{x}_6$ 和 $\boldsymbol{x}_5$ 之间的区域，变可信度模型 VF_1 具有很高的预测精度。但是，由于未能充分考虑之前的迭代设计点 $\boldsymbol{x}_4$，变可信度模型 VF_1 在最优点 $\boldsymbol{x}^*$(该点不在 $\boldsymbol{x}_5$ 和 $\boldsymbol{x}_6$ 之间)附近的精度并不是很高，因此利用该变可信度模型进行求解，必然会对求解精度及效率产生影响。

不同于自适应混合标度方法，更多的高可信度样本点(如 $\boldsymbol{x}_4$)被用于构建最小二乘模型求解加法标度策略与乘法标度策略的权系数。因此，求得的基于最小二乘混合标度策略的变可信度模型在最优解附近具有更高的拟合精度，这也就保证了 RBDO 求解过程中的精度(图 9-18)。

2. 基于序列线性规划的 VF-RBDO 求解策略

利用基于最小二乘混合标度策略构建变可信度模型之后，就可以利用该模型对 RBDO 中的隐式功能函数进行替代。为保证求解精度，通过蒙特卡洛仿真对失效概率及其梯度进行计算。接着，基于失效概率及梯度信息，采用序列线性规划求解下一个迭代设计点。

在序列线性规划方法中，原始的 VF-RBDO 问题被分解成一系列序列优化子问题。每个子优化问题由原始目标函数和缩小设计空间（子设计域）内的近似约束函数组成。因此，该子设计域的大小和约束函数的近似精度对序列线性规划的求解至关重要。本节正是通过基于最小二乘混合标度策略构建变可信度模型以及利用 MCS 求解失效概率及其梯度来保证约束函数在子设计域的近似求解精度。利用序列线性规划求解 VF-RBDO 问题的模型如下：

$$
\begin{aligned}
&\text{设 } k=1,2,\cdots \\
&\text{求 } \boldsymbol{\mu}_{\mathrm{X}} \\
&\begin{cases}
\text{Min: } f(\boldsymbol{\mu}_{\mathrm{X}}) \\
\text{s.t.: } P(\hat{g}^k(\boldsymbol{X}) \leqslant 0) - \Phi(-\beta^t) \leqslant 0 \\
\qquad \boldsymbol{\mu}_{\mathrm{X}}^{\mathrm{L}} \leqslant \boldsymbol{\mu}_{\mathrm{X}}^{\mathrm{L}k} \leqslant \boldsymbol{\mu}_{\mathrm{X}} \leqslant \boldsymbol{\mu}_{\mathrm{X}}^{\mathrm{U}k} \leqslant \boldsymbol{\mu}_{\mathrm{X}}^{\mathrm{U}}
\end{cases}
\end{aligned}
\tag{9-31}
$$

VF-RBDO 求解需要对当前设计点处的高可信度函数值及梯度值进行评估。因此，随着设计迭代的进行，用于替代实际功能函数的变可信度模型 $\hat{g}^k(\boldsymbol{X})$ 不断得到更新。

上文提到，序列优化子问题的设计域对 VF-RBDO 的优化求解至关重要。为合理地确定该设计域的尺寸，本节介绍一种基于目标可靠度 β^t 和当前设计点影响域的新策略。由于 β^t 是标准正态 U 空间中的目标可靠度，因此，对序列线性规划子空间的定义涉及从 U 空间向原始设计空间的转化，其表述如下：

$$
-\beta^t \leqslant \boldsymbol{u} \leqslant \beta^t \Rightarrow -\beta^t \leqslant \frac{\boldsymbol{x}-\boldsymbol{\mu}_c}{\sigma} \leqslant \beta^t \Rightarrow -\beta^t \times \sigma + \boldsymbol{\mu}_c \leqslant \boldsymbol{x} \leqslant \beta^t \times \sigma + \boldsymbol{\mu}_c
\tag{9-32}
$$

其中，$\boldsymbol{\mu}_c$ 指的是当前设计点。转化后的序列优化子空间计算公式如下：

$$
\begin{aligned}
\boldsymbol{\mu}_{\mathrm{X}}^{\mathrm{L}k} &= \max(\boldsymbol{\mu}_{\mathrm{X}}^{L}, \boldsymbol{\mu}_{\mathrm{X}}^{\mathrm{LC}} - c \times \max(\beta_t) \times \sigma) \\
\boldsymbol{\mu}_{\mathrm{X}}^{\mathrm{U}k} &= \min(\boldsymbol{\mu}_{\mathrm{X}}^{U}, \boldsymbol{\mu}_{\mathrm{X}}^{\mathrm{LC}} + c \times \max(\beta_t) \times \sigma)
\end{aligned}
\tag{9-33}
$$

在式(9-33)中，调整系数 c 用于保证序列优化过程的子设计域包含以当前设计点为中心、目标可靠度 β^t 为半径的区域，以保证失效概率及梯度的计算精度。考虑到多概率约束问题中可能涉及不同目标可靠度，要求最为严格的概率约束的可靠度（即最大目标可靠度）被用于计算序列优化子设计域的大小。

在确定调整系数 c 的过程中，变可信度模型的误差必须考虑在内。因此，这里提出当前设计点影响域的概念，需要综合考虑以下 3 种情况：

(1) 如果序列线性规划的子设计域中只包含一个高可信度样本点（即当前迭

代设计点)，那么影响域的大小只受当前设计点的影响。此时，c 是一个常数，可设置为1.5。

(2) 随着序列线性规划子设计域中高可信度样本点数目的增加，当前设计点附近变可信度模型的精度不断提高，因此可赋予当前设计点一个较大的影响域。在这种情况下，当前设计点影响域的大小应该由所有的高可信度样本点决定，并且应具有一个较大的调整系数 c。

(3) 随着高可信度样本点处变可信度模型的函数值与高可信度模型函数值差异的增大，当前设计点局域内的变可信度模型近似精度降低。此时，当前设计点的影响域较小，应赋予一个较小的调整系数 c。

综合以上三种情况，可采用以下公式计算调整系数 c：

$$c = 1.5 \times \left(1 + 1\Big/\left(\frac{1}{n} + \sum_{i=1}^{n} \frac{\| f_{\mathrm{tl}}(\boldsymbol{x}_i) - f_h(\boldsymbol{x}_i) \|}{f_h(\boldsymbol{x}_i)}\right)\right) \tag{9-34}$$

其中，n 是当前设计点附近区域中的高可信度样本点数目。从式(9-34)可以看出，随着当前设计点附近区域中高可信度样本点数目的增加和变可信度模型精度的提升，当前设计点的影响域将增大，此时将选择一个较大的子设计域用于序列优化子问题的求解。

3. 基于最小二乘混合标度 VF-SLP 的 RBDO 方法流程图

基于最小二乘混合标度 VF-SLP 的 RBDO 方法求解流程如图9-19所示，其具体步骤如下：

(1) 初始化设计变量 $\boldsymbol{\mu}_{\mathrm{X}}^{0}$。

(2) 计算当前设计点处的高可信度函数值和梯度值。这里，计算昂贵的计算机仿真或者物理实验被用于获得高可信度信息。

(3) 利用上小节介绍的方法确定 VF-SLP 序列优化子问题的设计域。

(4) 利用本章介绍的基于最小二乘的混合标度策略对低可信度模型进行调整以获得变可信度模型。在接下来的失效概率及梯度计算过程中用变可信度模型代替实际计算昂贵的计算机仿真或者物理实验。

(5) 利用 MCS 进行失效概率及梯度的计算。然后将该结果输出到式(9-34)中，计算下一个迭代设计点。

(6) 如果收敛，则终止迭代；否则，$k=k+1$，返回第(2)步。

9.4.3　测试算例

下面用两个数值算例验证基于最小二乘混合标度 VF-SLP 的 RBDO 方法的有效性。用于比较的方法有 ADD、MULTI 和 AHS。为保障结果的可比性，所有方法均在9.4.2节介绍的基于序列线性规划的 VF-RBDO 框架中进行。所有方法的最优解与标准解 $\mathrm{mu}_{\mathrm{Std.}}$(直接调用高可信度函数得到的解)进行比较并进行误差

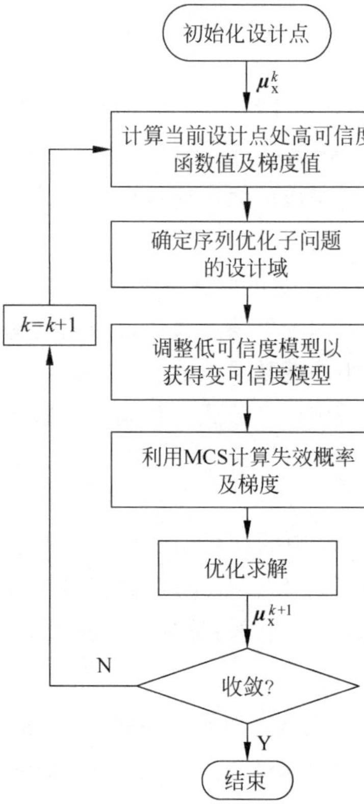

图 9-19　基于最小二乘混合标度的 VF-RBDO 策略的流程图

计算 $\text{error}=\text{norm}\left(\dfrac{\text{mu}-\text{mu}_{\text{Std.}}}{\text{mu}_{\text{Std.}}}\right)$。高可信度函数及梯度调用次数、最优解精度以及最优解处可靠度值作为比较不同方法性能的评价标准。其中，最优解处可靠度值通过 MCS 得到，仿真样本为 10^7 次。

1. 数值算例 1

如图 9-20 所示，该一维算例[22,23]经常被用于验证变可信度方法的有效性。本章研究将其适当修改以用于替代 RBDO 问题中的隐式功能函数。该问题的 RBDO 数学模型描述如下：

$$
\text{求 } \mu
$$

$$
\begin{cases}
\text{Min: } f(\mu)=\mu^2 \\
\text{s. t.: } P(g(X)<0)\leqslant \Phi(-\beta^t) \\
\qquad g_{\mathrm{H}}(x)=-(6x-2)^2\sin(12x-4) \\
\qquad g_{\mathrm{L1}}(x)=-(0.5(6x-2)^2\sin(12x-4)+10x) \\
\qquad g_{\mathrm{L2}}(x)=\sin(12x-4)+0.4x-10 \\
\qquad X\sim \mathrm{N}(\mu_i,0.05^2),\quad \beta^t=2.0 \\
\qquad 0\leqslant\mu\leqslant 1,\quad \mu^0=0.6
\end{cases}
\tag{9-35}
$$

其中，$g_{H}(x)$指的是高可信度模型，$g_{L1}(x)$和$g_{L2}(x)$指的是两种不同的低可信度模型。本算例分别用这两种低可信度模型对各种标度方法进行比较。

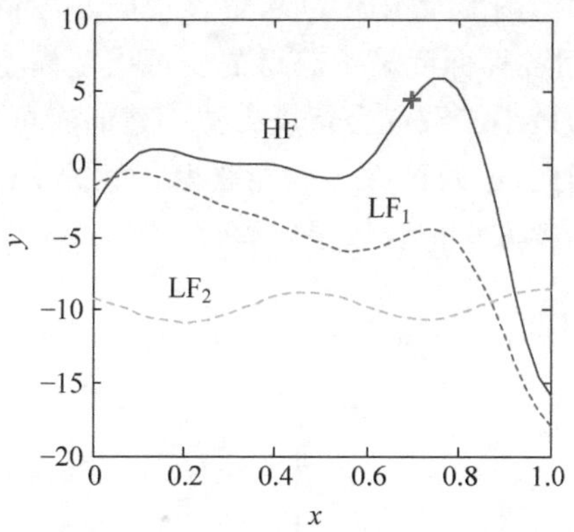

图 9-20　一维数值算例的图形描述和最优解

图 9-20 给出了该一维数值算例的图形描述及最优点位置。曲线 HF 指的是高可信度函数图形。曲线 LF_1 和 LF_2 分别指的是两种不同的低可信度模型 $g_{L1}(x)=-(0.5(6x-2)^2\sin(12x-4)+10x)$ 和 $g_{L2}(x)=\sin(12x-4)+0.4x-10$。

表 9-11 给出了利用低可信度模型 $g_{L1}(x)=-(0.5(6x-2)^2\sin(12x-4)+10x)$进行可靠性设计优化的一维算例结果比较。其中，"HF"指的是高可信度函数调用次数，"HF 梯度"指的是高可信度梯度调用次数。最优解处可靠度值 β 通过 MCS 得到，仿真样本为 10^7 次。"LSHS"指的是本章介绍的最小二乘混合标度策略。

表 9-11　数值算例 1 优化结果比较(第一个低可信度模型)

方法	最优解	迭代次数	HF	HF 梯度	误差	β
Std.	0.6959	5	—	—	—	2.0035
ADD	0.7114	5	5	5	0.0223	2.2661
MULTI	0.6954	5	5	5	7.18E−4	1.9906
AHS	0.7158	5	5	5	0.0286	2.3117
LSHS	0.6963	5	5	5	5.75E−4	2.0144

由表 9-11 可以看出，所有方法均具有相同的迭代次数、相同的高可信度函数值及梯度值调用次数。因此，在该算例中，所有 4 种方法具有相同的效率。由于在最优解附近的区域中对高可信度模型具有较高的拟合精度，MULTI 和本节介绍的 LSHS 均收敛于最优解。因为只利用当前设计点及上一个设计迭代点进行标度函数的构建，自适应混合标度方法得到的变可信度模型在最优点附近拟合精度较

差，从而导致不准确的 RBDO 最优解。

图 9-21 给出了低可信度模型 $g_{L1}(x)=-(0.5(6x-2)^2\sin(12x-4)+10x)$ 构建变可信度模型的预测图形及 RBDO 求解过程中高可信度样本点分布。其中，"VF model"指的是利用各种标度策略获得的变可信度模型。可以看出，利用乘法标度方法和本章介绍的最小二乘混合标度方法构建的变可信度模型在最优解附近均具有良好的近似。因此，这两种方法均能获得较好的 RBDO 最优解。而加法标度方法和自适应混合标度方法拟合效果较差。

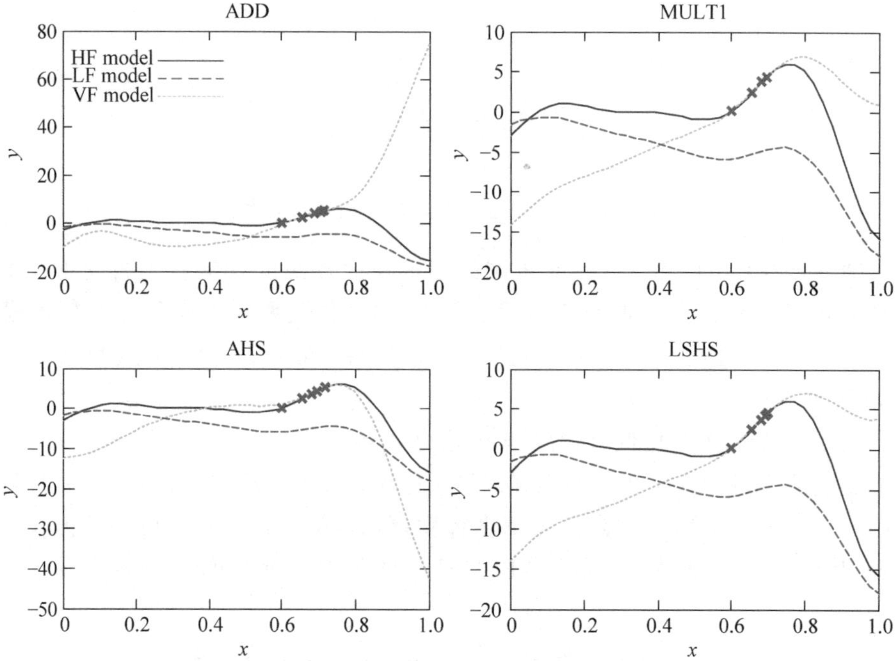

图 9-21　各种标度方法的变可信度模型图形和高可信度样本点分布(第一个低可信度模型)

如果在 RBDO 求解过程中用不同的低可信度模型($g_{L2}(x)=\sin(12x-4)+0.4x-10$)构建变可信度模型，将会产生不同的结果，各种方法结果比较如表 9-12 所示。

表 9-12　数值算例一优化结果比较(第二个低可信度模型)

方法	最优解	迭代次数	HF	HF 梯度	误差	β
Std.	0.6959	5	—	—	—	2.0035
ADD	0.6956	4	4	4	4.31E−4	1.9945
MULTI	0.6933	4	4	4	0.0037	1.9568
AHS	0.7048	6	6	6	0.0128	2.1618
LSHS	0.6959	5	5	5	0	2.0035

由表 9-12 可以看出，当利用低可信度模型 $g_{L2}(x)=\sin(12x-4)+0.4x-10$ 构建变可信度模型时，相较于乘法标度策略和自适应混合标度策略，加法标度策略和本章介绍的最小二乘混合标度策略具有更高的 RBDO 求解精度。由于缺少对当前设计点附近高可信度样本点的充分利用，自适应混合标度方法最优解附近的变可信度模型近似精度较低，导致了不准确的 RBDO 最优解。

利用低可信度模型 $g_{L2}(x)=\sin(12x-4)+0.4x-10$ 构建变可信度模型的预测图形及 RBDO 求解过程中高可信度样本点分布如图 9-22 所示。

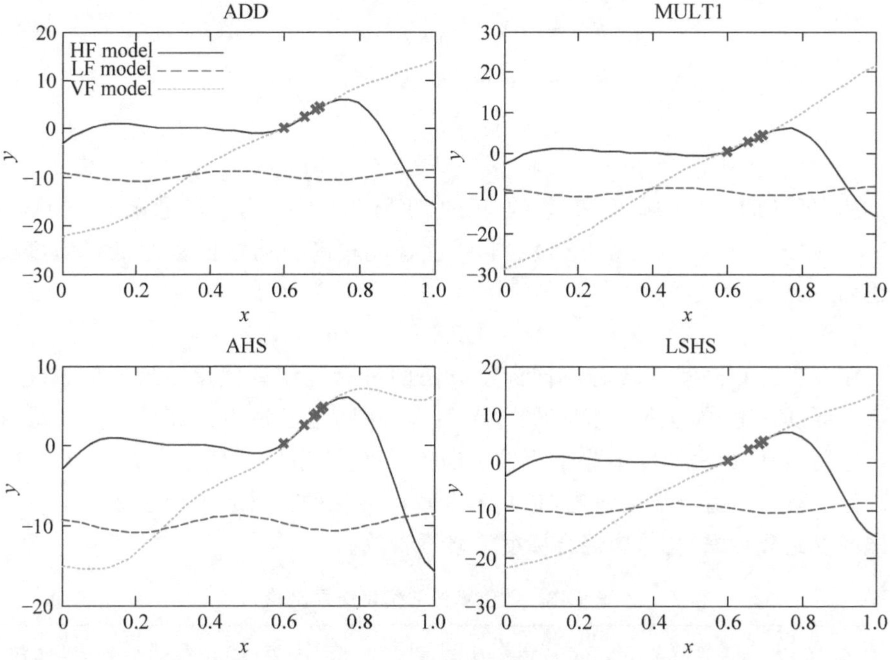

图 9-22　各种标度方法变可信度模型图形和高可信度样本点分布(第二个低可信度模型)

同时考虑以上两种利用不同低可信度模型构建变可信度近似进行 RBDO 求解的过程，可以看出，加法标度策略和乘法标度策略对低可信度模型的依赖性较强。因此，对于某些低可信度模型，利用加法标度方法构建的变可信度模型拟合效果较好，RBDO 求解精度也较高。而对于另外一些低可信度模型，乘法标度方法的效果可能会好一些。由于缺少对最优解附近高可信度样本点的充分利用，基于自适应混合标度策略构建的变可信度模型在最优解附近拟合精度较差，因此 RBDO 求解精度也较低。而本节介绍的方法充分利用了当前设计点局域中所有高可信度样本点来近似高低可信度模型之间的差异。基于该方法构建的变可信度模型在最优解附近具有较好的拟合精度，并且求解结果不受低可信度模型形式的影响。因此，本节介绍的最小二乘混合标度方法可有效地应用于 RBDO 问题的求解。

2. 数值算例 2

该二维数值算例[24-26]具有非线性概率约束，用于对 4 种不同的 VF-RBDO 方法(加法标度方法、乘法标度方法、自适应混合标度方法以及本章介绍的基于最小二乘的混合标度方法)进行比较。该问题描述如下：

$$
\text{求 } \boldsymbol{\mu}=[\mu_1,\mu_2]^{\mathrm{T}}
$$

$$
\begin{cases}
\text{Min}: f(\boldsymbol{\mu})=(\mu_1-3.7)^2+(\mu_2-4)^2 \\
\text{s.t.}: P(g_i(\boldsymbol{X})<0)\leqslant \Phi(-\beta_i^t), \quad i=1,2 \\
\quad g(\boldsymbol{X})=-X_1\sin(4X_1)-1.1X_2\sin(2X_2) \\
\quad 0.0\leqslant \mu_1\leqslant 3.7, \quad 0.0\leqslant \mu_2\leqslant 4.0 \\
\quad X_j\sim \mathrm{N}(\mu_j,0.1^2), \quad j=1,2 \\
\quad \beta^t=2.0, \quad \boldsymbol{\mu}^0=[2.97,3.40]
\end{cases}
\tag{9-36}
$$

从该问题可行域及概率约束的图形可以看出，功能函数 $g(\boldsymbol{X})=-X_1\sin(4X_1)-1.1X_2\sin(2X_2)$的非线性程度较高。功能函数的低可信度模型描述如下：

$$
g_{\mathrm{L}}(\boldsymbol{X})=-2\sin(4X_1)-2.2\sin(2X_2)-5 \tag{9-37}
$$

在 VF-SLP 框架下，4 种不同标度方法的可靠性设计优化结果比较如表 9-13 所示。可以看出，加法标度策略的效率最高，它调用了最少的高可信度函数和梯度。但是，利用加法标度策略求得的 RBDO 最优解精度远低于本章介绍的方法。乘法标度策略不适合于该问题，它并未求解出最优的设计点。由于未能对高可信度样本点充分考虑，自适应混合标度策略不收敛。

表 9-13 数值算例 2 优化结果比较

方法	最优解	迭代次数	HF	HF 梯度	误差	β
Std.	(2.8421,3.2320)	12	—	—	—	1.9982
ADD	(2.8564,3.2455)	7	7	7	0.0065	1.8099
MULTI	(2.8091,3.2307)	11	11	11	0.0116	2.2250
AHS	(2.8491,3.1642)	10	10	10	0.0211	2.3543
LSHS	(2.8454,3.2340)	12	12	12	0.0013	1.9634

为进一步论证本章介绍的基于最小二乘混合标度方法的 VF-RBDO 策略的有效性，图 9-23 给出了各种方法的迭代设计点及最终的变可信度模型的图形。可以看出，在最优设计点附近的区域，本节介绍方法所构建的变可信度模型比其他方法构建的变可信度模型更加准确。因此，相较于其他方法，本节所介绍的最小二乘混合标度策略可求出精度更高的 RBDO 最优解。

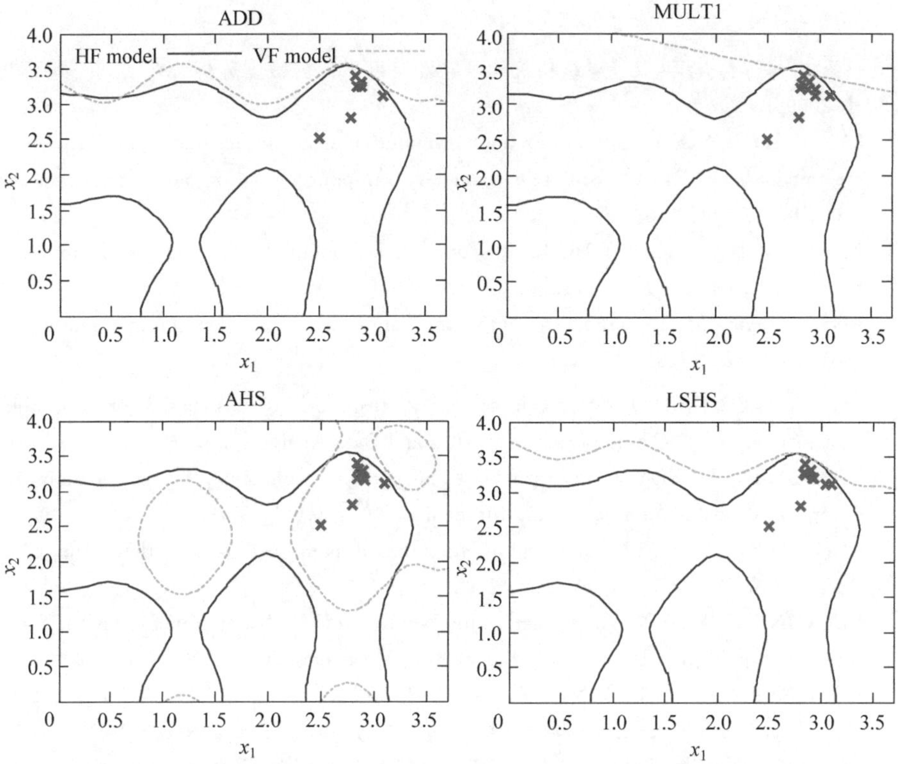

图 9-23　各种标度方法变可信度模型图形和高可信度样本点分布(数值算例 2)

9.5　小结

本章在概率模型的框架下介绍了 3 种基于近似模型的可靠性设计优化方法。首先,介绍了设计驱动的局部自适应抽样框架,在每一步迭代优化解的周围建立局部窗口,并利用约束边界抽样准则和均方根误差准则进行抽样;其次,在自适应抽样框架中考虑目标函数对样本的影响,建立重要边界抽样准则。总体上,前两种方法在自适应抽样策略上分别从两个角度出发,二者可以有机融合。最后,不同于前两种方法的单一可信度近似模型,第三种方法在建模策略上介绍了变可信度模型,建立了基于最小二乘混合标度的 VF-SLP 框架,该框架使用变可信度模型替代实际工程问题中计算昂贵的隐式功能函数,序列线性规划用于解耦复杂的可靠性设计优化双循环结构。

参考文献

[1] 吕震宙,宋述芳,李洪双,等.结构机构可靠性及可靠性灵敏度分析[M].北京：科学出版社,2009.

[2] LEE T H, JUNG J J. A sampling technique enhancing accuracy and efficiency of metamodel-based RBDO：constraint boundary sampling[J]. Computers and Structures, 2008, 86(13-14)：1463-1476.

[3] ZHAO L,CHOI K,LEE I,DU L. Response surface method using sequential sampling for reliability-based design optimization[C]. ASME,2009.

[4] ROSENBLATT M. Remarks on a multivariate transformation[J]. The annals of mathematical statistics,1952, 23(3)：470-472.

[5] DOBRIĆ J, SCHMID F. A goodness of fit test for copulas based on Rosenblatt's transformation[J]. Computational Statistics and Data Analysis,2007, 51(9)：4633-4642.

[6] LEBRUN R,DUTFOY A. Do rosenblatt and nataf isoprobabilistic transformations really differ[J]. Probabilistic Engineering Mechanics,2009, 24(4)：577-584.

[7] LI H,LÜ Z,YUAN X. Nataf transformation based point estimate method[J]. Chinese Science Bulletin,2008,53(17)：2586-2592.

[8] LEBRUN R, DUTFOY A. An innovating analysis of the Nataf transformation from the copula viewpoint[J]. Probabilistic Engineering Mechanics,2009, 24(3)：312-320.

[9] LOPHAVEN S N,NIELSEN H B, SØNDERGAARD J. A MATLAB Kriging toolbox [R]. Technical University of Denmark,Kongens Lyngby Technical Report IMM-TR,2002.

[10] JONES D R,PERTTUNEN C D,STUCKMAN B E. Lipschitzian optimization without the Lipschitz constant[J]. Journal of Optimization Theory and Applications,1993, 79(1)：157-181.

[11] YOUN B D,CHO I K K. An investigation of nonlinearity of reliability-based design optimization approaches[J]. Journal of Mechanical Design,2004, 126(3)：403.

[12] SHAN S,WANG G G. Development of adaptive RBF-HDMR model for approximating high dimensional problems[C]. ASME,2009.

[13] JU B H,LEE B C. Reliability-based design optimization using a moment method and a kriging metamodel[J]. Engineering Optimization,2008, 40(5)：421-438.

[14] 李晓科. RBDO 中的高效解耦与局部近似方法研究[D]. 武汉：华中科技大学,2016.

[15] LI X,QIU H,JIANG Z,et al. A VF-SLP framework using least squares hybrid scaling for RBDO[J]. Structural and Multidisciplinary Optimization,2017,55(5)：1629-1640.

[16] SUN G,LI G,ZHOU S,et al. Multi-fidelity optimization for sheet metal forming process [J]. Structural and Multidisciplinary Optimization,2010,44 (1)：111-124.

[17] HAFTKA R T. Combining global and local approximations[J]. AIAA journal,1991, 29(9)：1523-1525.

[18] CHANG,K J,HAFTKA R T, GILES G L, et al. Sensitivity-based scaling for approximating structural response[J]. Journal of Aircraft,1993,30(2)：283-288.

[19] LEWIS R M,NASH,S G. A multigrid approach to the optimization of systems governed

by differential equations[J]. AIAA paper,2000.

[20] KANDASAMY M,PERI D,TAHARA Y,et al. Simulation based design optimization of waterjet propelledDelft catamaran[J]. Int Shipbuild Prog,2013,60(1): 277-308.

[21] GANO S E,RENAUD J E,AGARWAL H, et al. Reliability-based design using variable-fidelity optimization[J]. Structure and Infrastructure Engineering,2006,2(3-4): 247-260.

[22] FORRESTER A I,KEANE A J. Recent advances in surrogate-based optimization[J]. Progress in Aerospace Sciences,2009,45(1): 50-79.

[23] HAN Z H,GÖRTZ S, ZIMMERMANN R. Improving variable-fidelity surrogate modeling via gradient-enhanced kriging and a generalized hybrid bridge function[J]. Aerospace Science and Technology,2013,25(1): 177-189.

[24] LI X,QIU H,CHEN Z,et al. A local sampling method with variable radius for RBDO using Kriging[J]. Engineering Computations,2015,32(7): 1908-1933.

[25] CHEN Z,QIU H,GAO L,et al. A local adaptive sampling method for reliability-based design optimization using Kriging model[J]. Structural and Multidisciplinary Optimization, 2014,49(3): 401-416.

[26] LEE T H,JUNG J J. A sampling technique enhancing accuracy and efficiency of metamodel-based RBDO: Constraint boundary sampling[J]. Computers and Structures, 2008,86(13-14): 1463-1476.

优化驱动的设计方法应用案例

本书前述章节分别对拓扑优化设计、多学科设计优化与可靠性设计优化的基本原理和初步应用进行了详细阐述，本章将结合实际案例对上述3类优化驱动的设计方法在工程中的应用给予介绍，以进一步讲解这些方法的实施流程和步骤，为广大读者更好地使用这些方法提供参考。

10.1 结构拓扑优化设计应用案例

10.1.1 卫星推进舱主承力结构拓扑优化设计

卫星是目前发射数量最多、用途最广、发展最快的一种航天器，主要服务于科学探测、天气预报、土地资源调查与利用、区域规划、通信、跟踪、导航等各个领域。卫星结构通常应具备高刚度、低重量以及耐高温等卓越的综合性能，以适应其极端、严苛的发射条件与运行环境。良好的结构设计不仅对卫星的成功发射、可靠运行至关重要，而且还会影响到国民生活的水平与质量。推进舱主承力结构作为卫星结构中的重要组成部分，承担着卫星运行过程中的很大一部分载荷。本节将从一个给定的设计空间出发，在结构载荷和边界条件已知的情况下，采用参数化水平集方法，设计出卫星推进舱主承力结构的最优结构形式。此外，利用参数化水平集方法在处理结构边界方面的独特优势，将优化结果直接导入流行的商用CAD/CAE软件中进行重设计、造型优化、有限元分析与校核等，进一步地，通过3D打印技术将其制造成型。

本案例主要采用第2章所介绍的优化设计方法。如图10-1所示，卫星推进舱主承力结构的设计域为4.8m×4.8m×1m，结构上表面作用有4个大小为500kN的集中载荷，下表面的9个点进行固定支撑。所用材料的弹性模量为71GPa，泊松比为0.3，密度为2.78E−9t/mm^3，许用应力为350～480MPa。考虑到结构的对称性与计算效率，仅优化整个设计域的四分之一结构。本节采用八节点立方体单元对结构进行有限元离散，离散后的结构设计域共有5760个单元。设计目标为最小化整体结构的柔度，材料使用量为指定设计域的20%。

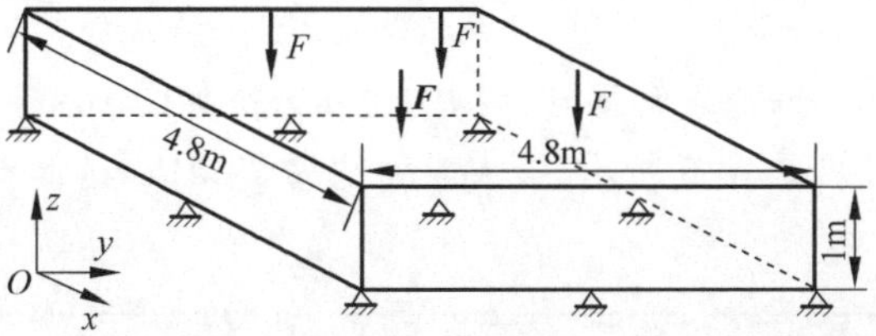

图 10-1 卫星推进舱主承力结构的设计区域

1. 拓扑优化设计

卫星推进舱主承力结构的拓扑优化设计过程如图 10-2 所示，100 步迭代时优化即满足了指定的收敛精度，迭代结束。此时，整体结构的柔度值为 256.68。参数化水平集方法在优化过程中需要先满足体积约束，而后再满足指定的收敛精度。在迭代初期，结构柔度在满足体积约束时达到最大值 1471.52，在第 30 步迭代时即降低到 266.67，与最终结果相差不大，因为此时结构的最优拓扑构型已基本形成，后续迭代主要是结构的形状演化。设计结果表明，卫星推进舱主承力结构在达到减重要求的同时，不仅结构刚度有明显提升，而且结构边界清晰光滑、几何信息完整。

卫星推进舱主承力结构优化过程

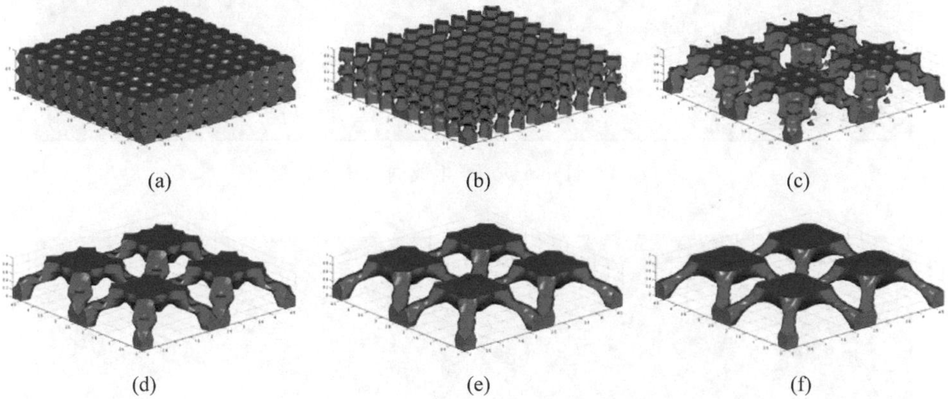

(a)　(b)　(c)

(d)　(e)　(f)

图 10-2　拓扑优化迭代过程

(a) 初始设计；(b) 第 10 次迭代；(c) 第 20 次迭代；(d) 第 30 次迭代；(e) 第 50 次迭代；(f) 最优设计

2. 3D 打印成型

卫星推进舱主承力结构由拓扑优化设计到 3D 打印成型的主要过程如下：

(1) 将图 10-2(f)所示的三维模型导入 CAD 软件中，根据设计需求，对卫星推进舱主承力结构模型进行几何重构；亦可将优化模型直接导入 Solidthinking. Evolve 软件中，对结构进行渲染和格式变换，如图 10-3 所示。

(2) 将重构后的几何模型导入 Hyperworks 中，赋予材料属性，选定单元类型，划分网格，并完成载荷与边界条件的施加等操作，得到卫星推进舱主承力结构的有限元模型，如图 10-4 所示。

(3) 进行有限元分析，求解得到结构的位移云图如图 10-5 所示，最大位移约为 0.22mm，应力云图如图 10-6 所示，最大应力约为 38MPa，远低于材料的许用应力，满足设计要求。

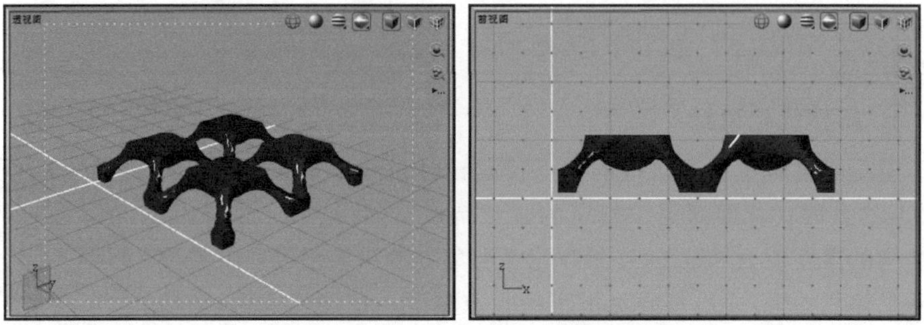

图 10-3 Solidthinking. Evolve 渲染后的几何模型

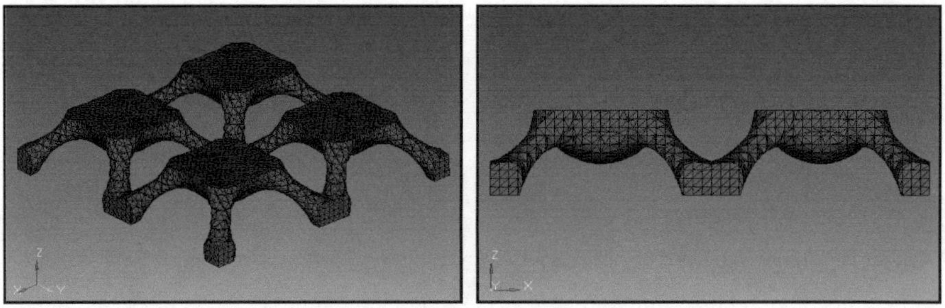

图 10-4 Hyperworks 生成的有限元模型

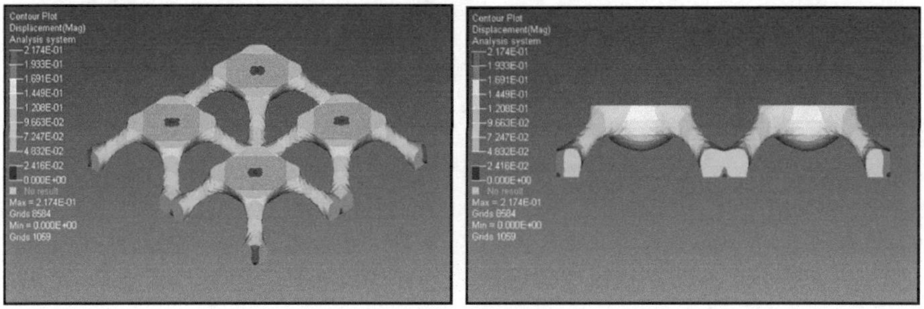

图 10-5 有限元分析得到的位移场

(4) 通过格式转换输出卫星推进舱主承力结构的 STL 文件，通过 3D 打印技术得到 1∶100 的卫星推进舱主承力结构原型，如图 10-7 所示。

以上步骤表明，利用参数化水平集方法对三维结构进行拓扑优化设计，所得结果无需边界光滑的后处理操作，不仅可与流行的商业 CAD/CAE 软件直接集成，也便于应用 3D 打印技术制造结构原型，说明了该方法的实用性。

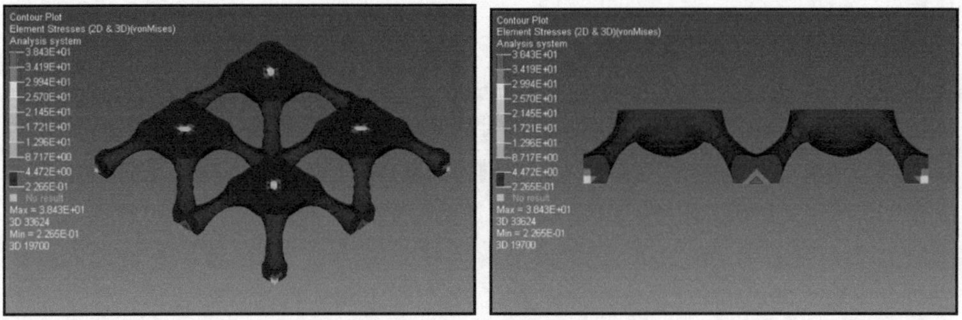

图 10-6　有限元分析得到的应力场

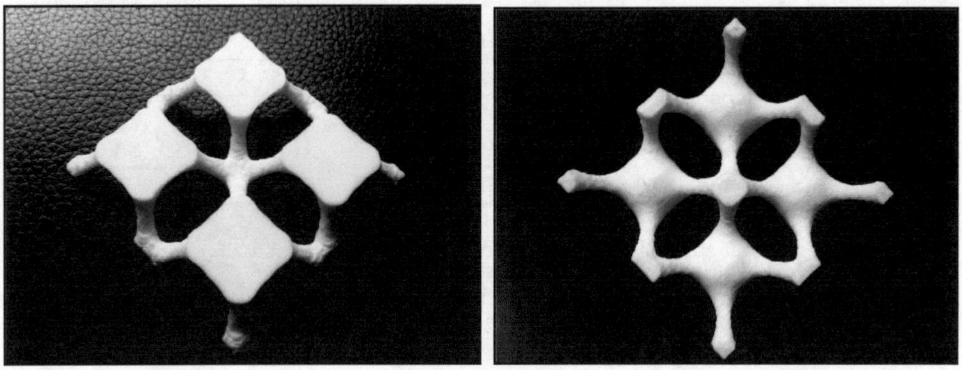

图 10-7　3D 打印得到的 1∶100 实物示意图

10.1.2　多工况支撑件拓扑优化设计

本案例主要采用 3.1 节所介绍的优化设计方法。三维支撑件的设计空间及边界条件如图 10-8 所示。结构承受两种工况载荷：第一种工况为 9 个均布载荷 $F_1=60\text{kN}$，作用于面积为 $1.44\times10^{-2}\text{m}^2$ 的正方形区域；第二种工况为 4 个均布载荷 $F_2=45\text{kN}$，分别作用于面积为 $0.36\times10^{-2}\text{m}^2$ 的 4 个正方形区域。整个设计区域采用 32×32×16 个八节点六面体单元进行离散，考虑结构对称性，计算时仅考虑 16×16×16 个单元。材料的弹性模量为 210GPa，泊松比为 0.3。OC 法的移动极限为 0.001，阻尼因子为 0.3。对于三维问题，体积目标的上下限分别设为 0.5 和 0.1。优化目标为最小化各工况作用下的结构柔度及结构

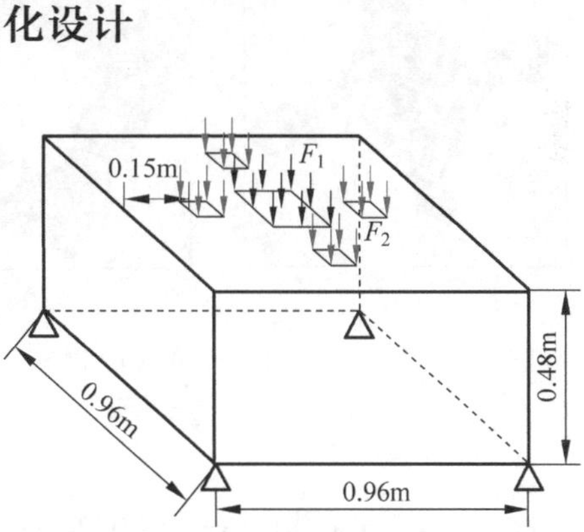

图 10-8　三维支撑件的设计空间

体积。

进行多目标优化设计时，假设 5 位设计者对 3 个目标的偏好如表 10-1 所示，计算得到相应的权重系数为 $\boldsymbol{w}=[0.0496,0.1782,0.7722]$。图 10-9 所示为工况一、工况二以及多工况作用下的最优结构拓扑，可以明显看出，多工况下的结构拓扑实质是两种工况综合作用所产生的拓扑优化结果。多工况拓扑优化收敛曲线如图 10-10 所示，整个优化过程在第 170 次迭代时收敛，两种子工况下的最优结构柔度值为 137.4597 和 49.8305，最优的结构体积分数为 0.2236，该值在设定的体积分数上下限之间，无需对权重进行调整，自适应权重调整机制未生效。

表 10-1　五位设计者的偏好

	工　况　一	工　况　二	体 积 分 数	设计者等级
设计者 1	L	ML	H	MG
设计者 2	VL	L	VH	AG
设计者 3	VL	M	MH	F
设计者 4	L	ML	H	VG
设计者 5	L	ML	H	AG

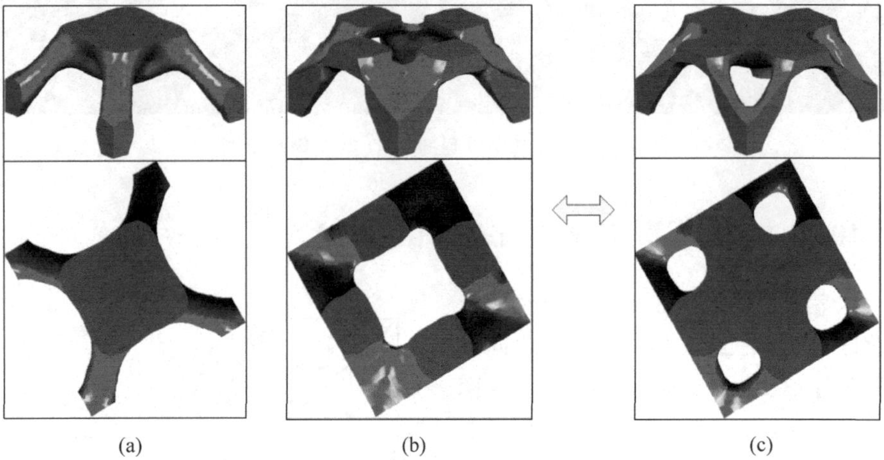

图 10-9　单工况和多工况作用下的最优结构拓扑

(a) 工况一；(b) 工况二；(c) 多工况

10.1.3　两端固支梁的结构频率响应拓扑优化设计

1. 结构局部频率响应拓扑优化设计

本案例主要采用 3.2 节所介绍的优化设计方法，针对结构的局部频率响应进行优化设计。所考虑的两端固支梁的设计空间如图 10-11 所示，其结构尺寸为 0.1m×0.1m×0.4m，左右两端面的自由度被完全约束，整个结构域采用 12×

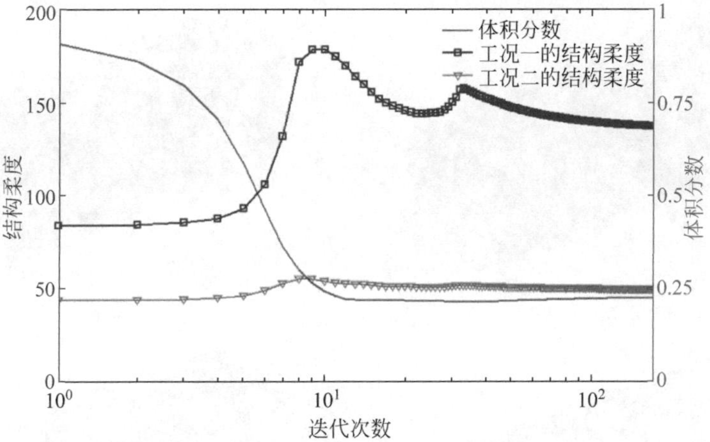

图 10-10　三维支撑结构的拓扑优化收敛曲线

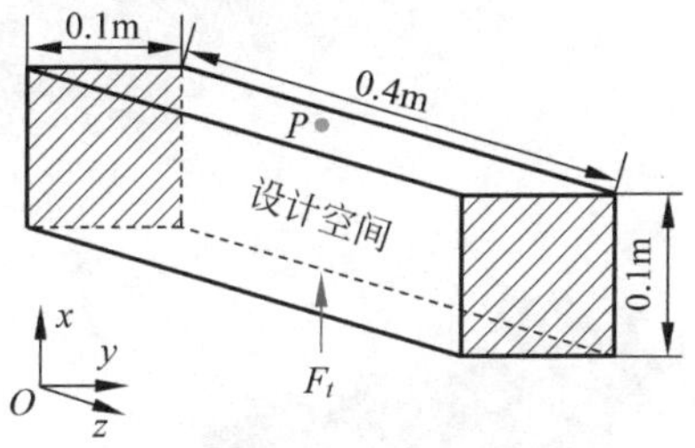

图 10-11　两端固支梁的结构局部频率响应优化设计空间

12×48 个八节点立方体网格进行离散。为节约计算成本，根据结构的对称性，仅优化结构域的一半。在结构下底面的中心点施加简谐激励载荷 $F_t=200\,000e^{i\omega t}$。实体材料的弹性模量为 201GPa，孔洞部分弱材料的弹性模量为 0.201GPa，泊松比为 0.3，材料的密度为 $\rho=1000\text{kg/m}^3$。结构阻尼参数分别为 $A=0.05$，$B=0.002$。优化目标为在所考虑的激励频带 $\Omega_{\text{freq}}=[0\text{Hz},2500\text{Hz}]$ 内最小化激励点 P 处的频率响应，约束条件为材料的最大用量为 50%。

图 10-12 所示为结构局部频率响应的结构拓扑变化过程，图 10-12(f) 为最优拓扑结构。可以看到，通过复杂的结构拓扑和形状变化，最终获得了性能优良且结构边界光滑的设计结果。优化设计结果的基频约为 3510Hz，高于激励频率上限，有效避免了结构在所考虑的激励频率范围内产生共振。图 10-13 所示为整个优化迭代过程目标函数与约束条件的收敛曲线。整个优化迭代过程收敛于第 81 步迭代。从收敛曲线可以看出，在体积约束得到满足的条件下，目标函数由 5.7703E−3 逐步降低为 8.1029E−5，结构局部频率响应改进率为 99%。

2. 结构全局频率响应拓扑优化设计

本案例针对两端固支梁的结构全局频率响应进行优化设计，所考虑的三维结构与图 10-11 给出的案例类似，不同之处在于外部激振载荷 $F_t=200\,000e^{i\omega t}$ 作用于结构中心的 P 点，如图 10-14 所示。优化目标为在所考虑的激励频带 $\Omega_{\text{freq}}=[2000\text{Hz},3000\text{Hz}]$ 内优化结构的全局频率响应，约束条件为材料的最大用量为 20%。

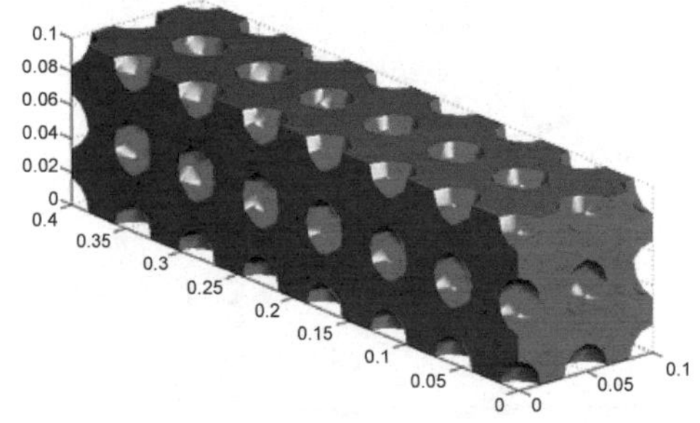

(a)

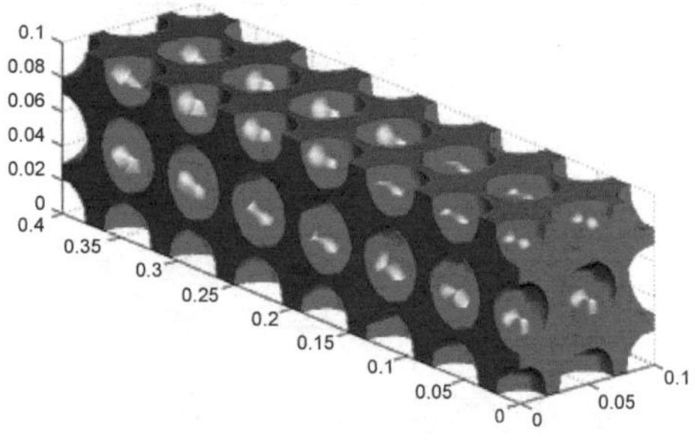

(b)

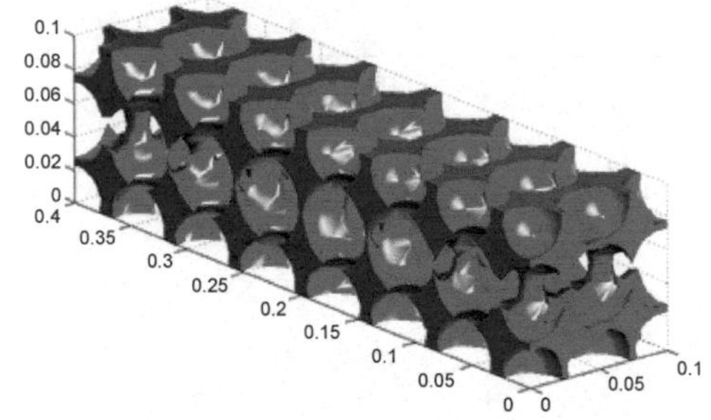

(c)

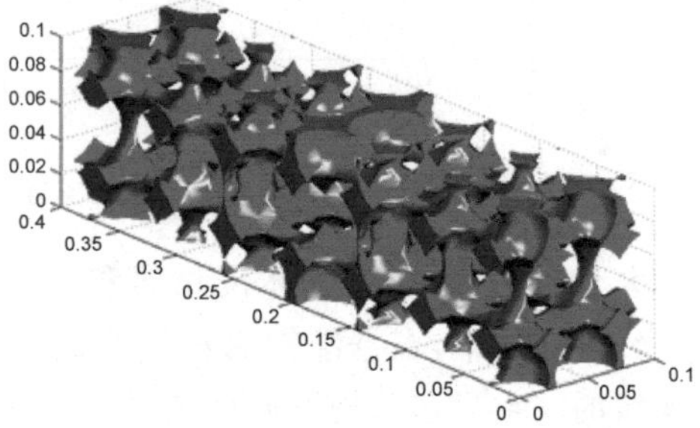

(d)

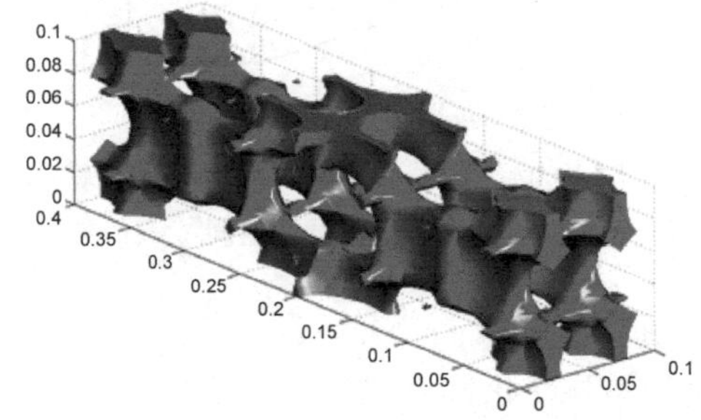

(e)

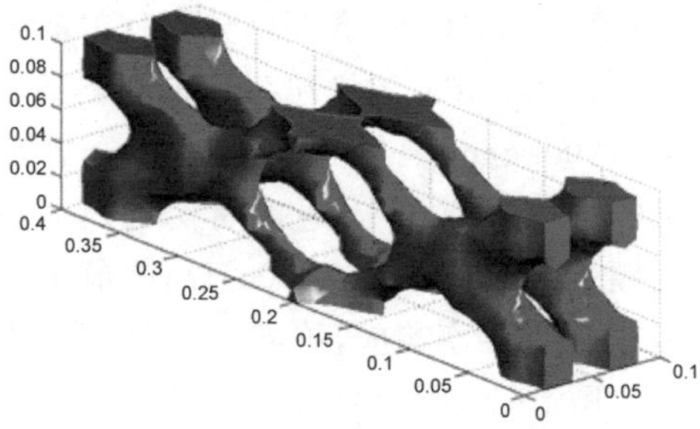

(f)

图 10-12　两端固支梁的结构局部频率响应优化设计过程

(a) 初始设计；(b) 第 10 次迭代；(c) 第 15 次迭代；(d) 第 25 次迭代；(e) 第 40 次迭代；(f) 最优设计

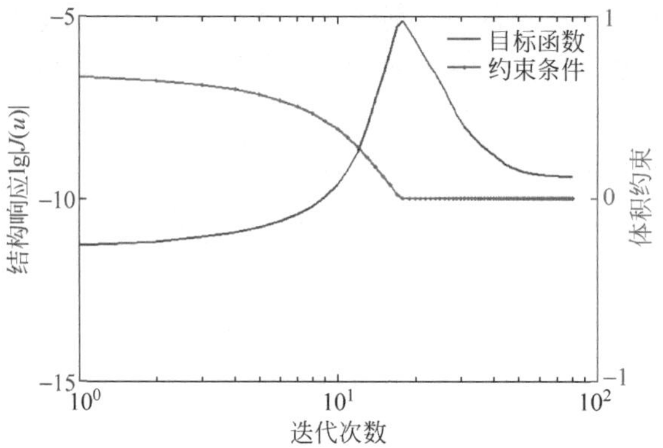

图 10-13　两端固支梁的结构局部频率响应优化过程的收敛曲线

图 10-15 所示为两端固支梁结构全局频率响应拓扑优化的初始设计和最优设计。对比上一个案例，本例的最优设计中材料趋向于分布在结构的中部区域，这主要是因为对于全局频率响应问题而言，结构响应最大的地方通常就在激励点处，即激励点处的结构频率响应降低意味着很大程度上的结构全局频率响应降低。最优设计的基频约为 1892Hz，处于激励频带区间外，有效避免了在所考虑的激励频带内结构产生共振。图 10-16 为整个优化迭代过程中目标函数与约束条件的迭代曲线。整个优化迭代过程收敛于第 58 步迭代。在约束条件得到满足的前提下，目标函数由 363.1059 降低为 91.3964，结构局部频率响应改进率为 75%，上述结果说明基于参数化水平集的结构频率响应拓扑优化方法能够有效降低结构的全局频率响应，有效提高结构整体的振动性能。

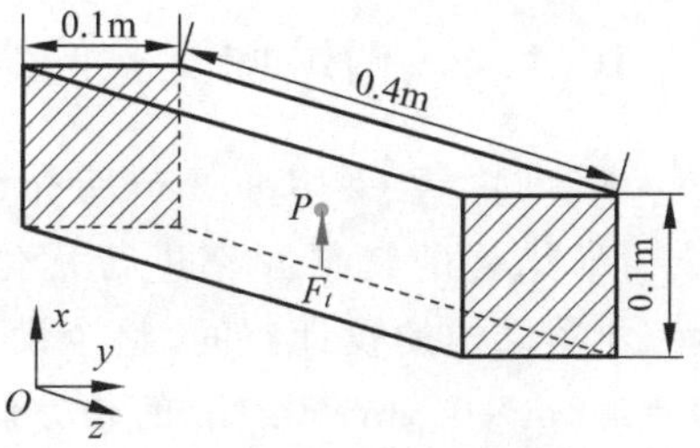

图 10-14　两端固支梁的结构全局频率响应优化设计空间

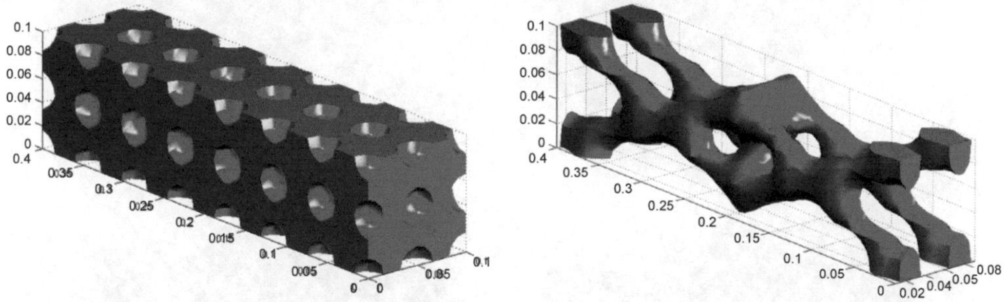

(a)　　(b)

图 10-15　两端固支梁的结构全局频率响应优化的初始设计与最优设计

(a) 初始设计；(b) 最优设计

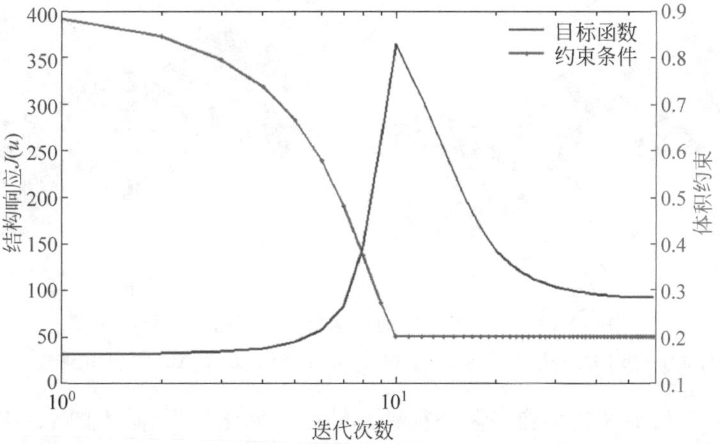

图 10-16　两端固支梁的结构全局频率响应优化过程的收敛曲线

10.1.4 两端固支梁的结构特征频率拓扑优化设计

本案例主要采用 3.3 节所介绍的优化设计方法，针对结构的特征频率进行优化设计。图 10-17 为三维梁结构的设计空间，整个设计域为 $L\times W\times H=0.4\text{m}\times0.1\text{m}\times0.1\text{m}$ 的长方体区域，其两端固定。实体材料弹性模量 $E=201\text{GPa}$，弱材料弹性模量 $E=0.201\text{GPa}$，所有材料的泊松比 $\nu=0.3$，密度为 $7.8\times10^3\text{kg/m}$，中心处有一集中质量点 $M=0.78\text{kg}$。优化体积比约束为 40%，结构采用 40×10×10 个八节点有限元网格进行离散，其初始设计如图 10-18(a)所示。

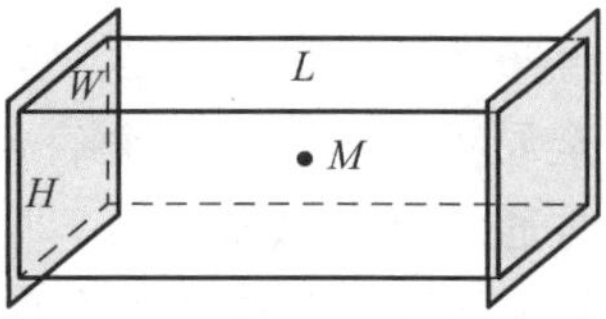

图 10-17 两端固支梁的结构设计空间

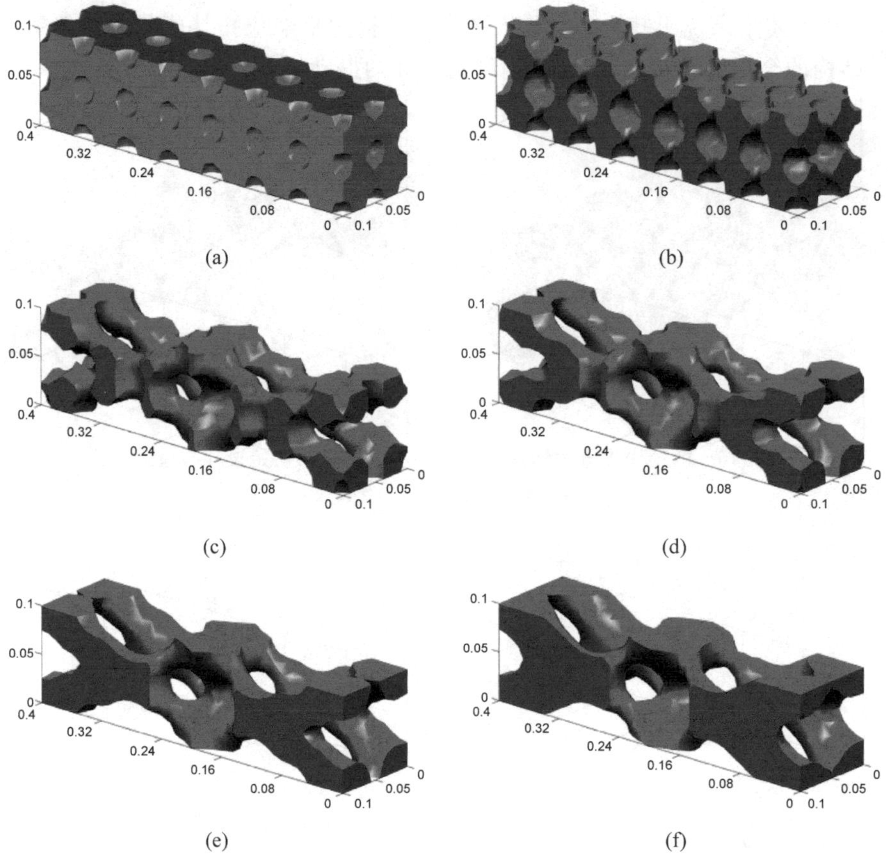

图 10-18 两端固支梁的结构特征频率拓扑优化过程

(a) 初始设计；(b) 第 5 次迭代；(c) 第 15 次迭代；(d) 第 25 次迭代；(e) 第 50 次迭代；(f) 最终设计

图 10-18 为最大化结构一阶特征频率的拓扑优化过程，其中图 10-18(f)为最终优化设计结果。图 10-19 为拓扑优化过程中目标函数和体积比的收敛曲线。从

图 10-19 可以看到，在前 7 步迭代时目标函数从 841.16Hz 下降到了 373.41Hz，这是因为在优化的最初阶段，体积约束没有得到满足。在体积约束得到满足以后，结构的一阶特征频率开始持续增大，即从 373.41Hz 一直上升到了最终的 668.23Hz。本优化设计案例可以说明，基于参数化水平集的结构特征频率优化方法在三维情况下能够有效提高结构的一阶特征频率，而且采用该方法进行结构拓扑形状优化的优点得到了充分的体现，即结构边界光滑，材料界面清晰。

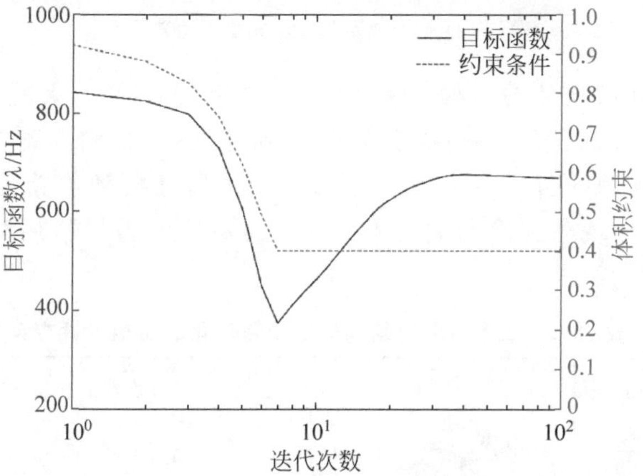

图 10-19　两端固支梁结构特征频率优化的目标函数和体积收敛过程

10.2　材料拓扑优化设计应用案例

10.2.1　具有极限性能的三维材料微结构拓扑优化设计

1. 三维材料体积模量最大化设计

本案例主要采用 4.2 节所介绍的优化设计方法[1]，针对极限性能材料微结构进行优化设计。本案例讨论不同材料使用量对优化设计结果的影响，因此设置 3 种不同的材料使用量约束，即 40%、45%和 50%。图 10-20 列出了两种不同的初始设计：初始设计 1 中均布了一些孔洞，初始设计 2 中则充满了材料。本案例共给出 4 组设计方案：前三组设计方案采用初始设计 1，且材料使用量约束分别为 40%、45%和 50%；第四组设计方案采用初始设计 2，材料的使用量约束为 40%。4 组设计方案的最优结果如表 10-2 所示，其中包括 PUC 拓扑构型、3×3×3 PUC 拓扑构型、等效弹性张量 $\boldsymbol{D}^{\mathrm{H}}$ 以及目标函数 J。为了更好地展示方法设计材料微结构的优点，表 10-3 展出了 4 组设计方案下的最优结构截面图。

从表 10-2 来看，最大体积模量下 PUC 的最优拓扑构型与参考文献[2]的计算结果一致。因此，说明三维材料微结构设计是有效的。同时，三维材料微结构拓扑构型具有光滑的几何形状与清晰的边界，因而没有必要为了后续的

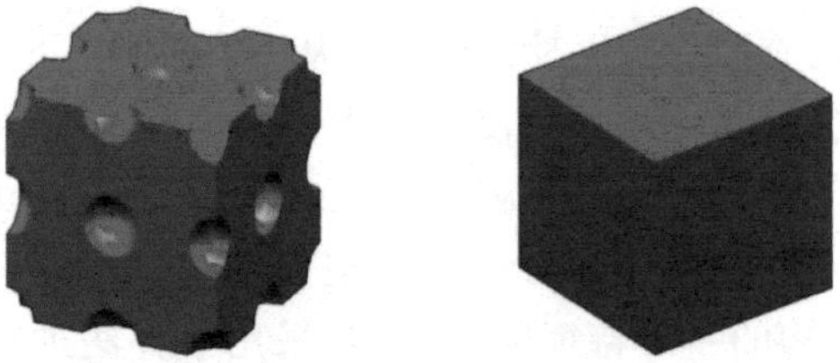

(a) (b)

图 10-20 三维材料微结构的初始设计

(a) 初始设计 1；(b) 初始设计 2

微结构制造而引入额外的后处理机制来光滑结构边界。众所周知，采用额外的后处理机制不仅会使结果偏离最优解，而且会使材料微结构的性能恶化。对比几组数值算例的目标函数可以看出，体积模量会随着指定材料使用量的增加而增加，这种现象完全符合工程直观，主要是因为材料用量的增加可以增强微结构的刚度。

表 10-2 三维材料微结构体积模量优化的四组设计方案

方案	PUC	3×3×3 PUC	$\boldsymbol{D}^{\mathrm{H}}$	J
1			$\begin{bmatrix} 0.24 & 0.10 & 0.10 & 0 & 0 & 0 \\ 0.10 & 0.24 & 0.10 & 0 & 0 & 0 \\ 0.10 & 0.10 & 0.24 & 0 & 0 & 0 \\ 0 & 0 & 0 & 0.09 & 0 & 0 \\ 0 & 0 & 0 & 0 & 0.09 & 0 \\ 0 & 0 & 0 & 0 & 0 & 0.09 \end{bmatrix}$	1.32
2		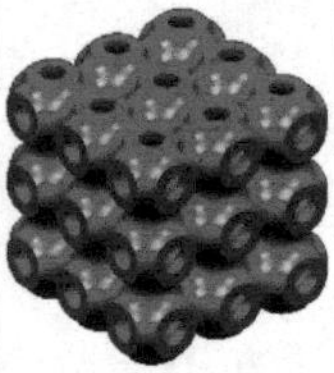	$\begin{bmatrix} 0.29 & 0.12 & 0.12 & 0 & 0 & 0 \\ 0.12 & 0.29 & 0.12 & 0 & 0 & 0 \\ 0.12 & 0.12 & 0.29 & 0 & 0 & 0 \\ 0 & 0 & 0 & 0.11 & 0 & 0 \\ 0 & 0 & 0 & 0 & 0.11 & 0 \\ 0 & 0 & 0 & 0 & 0 & 0.11 \end{bmatrix}$	1.59
3			$\begin{bmatrix} 0.34 & 0.14 & 0.14 & 0 & 0 & 0 \\ 0.14 & 0.34 & 0.14 & 0 & 0 & 0 \\ 0.14 & 0.14 & 0.34 & 0 & 0 & 0 \\ 0 & 0 & 0 & 0.12 & 0 & 0 \\ 0 & 0 & 0 & 0 & 0.12 & 0 \\ 0 & 0 & 0 & 0 & 0 & 0.12 \end{bmatrix}$	1.86
4			$\begin{bmatrix} 0.24 & 0.10 & 0.10 & 0 & 0 & 0 \\ 0.10 & 0.24 & 0.10 & 0 & 0 & 0 \\ 0.10 & 0.10 & 0.24 & 0 & 0 & 0 \\ 0 & 0 & 0 & 0.09 & 0 & 0 \\ 0 & 0 & 0 & 0 & 0.09 & 0 \\ 0 & 0 & 0 & 0 & 0 & 0.09 \end{bmatrix}$	1.32

与基于单元密度的拓扑优化方法相比，参数化水平集方法中隐式边界模型更适于结构几何特征的表达。从表 10-3 可见，工程师可以轻易识别和导出 PUC 的光滑边界及其几何细节。因此，基于参数化水平集的极限性能材料微结构拓扑优化设计方法缩短了概念设计与制造阶段的差距。特别地，从第四组设计方案可以看出，虽然初始设计 2 中并没有插入孔洞，但基于参数化水平集的极限性能材料微结构拓扑优化设计方法在优化过程中具有自主产生新孔洞的能力。实际上，参数化水平集方法将法向速度自然地扩展到了整个设计域，以实现设计域内新孔洞的形成。

表 10-3　三维微结构体积模量优化中 4 组设计方案的最优结构截面图

设计方案	1	2	3	4
截面视角				

第一组数值算例的目标函数、体积约束以及 PUC 拓扑构型的迭代过程均绘制于图 10-21 中。由于体积约束的违反，目标函数在前 10 步迭代中发生了显著变化；而当体积约束满足后，目标函数也能够稳定地收敛到最优解。目标函数与体积约束的迭代曲线均光滑、稳定，且能够快速地收敛到最优解，从而验证了基于参数化水平集的极限性能材料微结构拓扑优化设计方法在解决三维问题时的高效性。这主要归因于参数化水平集方法有效避免了传统水平集法直接求解 Hamilton-Jacobi 偏微分方程所需的额外数值处理技术。

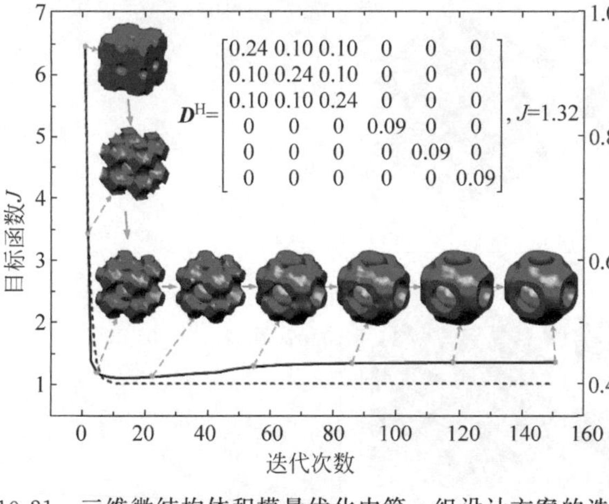

图 10-21　三维微结构体积模量优化中第一组设计方案的迭代曲线

2. 三维材料剪切模量最大化设计

类似地，本案例讨论不同材料使用量对优化设计结果的影响，因此设置 3 种不同的材料使用量约束，即 40%、45%和 50%。本例的初始设计亦如图 10-20 所示。本案例共给出 4 组设计方案：前三组设计方案采用初始设计 1，且材料使用量约束分别为 40%、45%和 50%；第四组设计方案采用初始设计 2，材料的使用量约束为 40%。4 组设计方案的最优结果如表 10-4 所示，其中包括 PUC 拓扑构型、3×3×3 PUC 拓扑构型、等效弹性张量 $\boldsymbol{D}^{\mathrm{H}}$ 以及目标函数 J。表 10-5 展出了 4 组设计方案中最优结构的截面图。

表 10-4 三维材料微结构剪切模量优化的 4 组设计方案

方案	PUC	3×3×3 PUC	$\boldsymbol{D}^{\mathrm{H}}$	J
1			$\begin{bmatrix} 0.20 & 0.07 & 0.07 & 0 & 0 & 0 \\ 0.07 & 0.20 & 0.07 & 0 & 0 & 0 \\ 0.07 & 0.07 & 0.20 & 0 & 0 & 0 \\ 0 & 0 & 0 & 0.11 & 0 & 0 \\ 0 & 0 & 0 & 0 & 0.11 & 0 \\ 0 & 0 & 0 & 0 & 0 & 0.11 \end{bmatrix}$	0.33
2			$\begin{bmatrix} 0.26 & 0.85 & 0.85 & 0 & 0 & 0 \\ 0.85 & 0.26 & 0.85 & 0 & 0 & 0 \\ 0.85 & 0.85 & 0.26 & 0 & 0 & 0 \\ 0 & 0 & 0 & 0.14 & 0 & 0 \\ 0 & 0 & 0 & 0 & 0.14 & 0 \\ 0 & 0 & 0 & 0 & 0 & 0.14 \end{bmatrix}$	0.42
3			$\begin{bmatrix} 0.32 & 0.10 & 0.10 & 0 & 0 & 0 \\ 0.10 & 0.32 & 0.10 & 0 & 0 & 0 \\ 0.10 & 0.10 & 0.32 & 0 & 0 & 0 \\ 0 & 0 & 0 & 0.16 & 0 & 0 \\ 0 & 0 & 0 & 0 & 0.16 & 0 \\ 0 & 0 & 0 & 0 & 0 & 0.16 \end{bmatrix}$	0.48
4			$\begin{bmatrix} 0.20 & 0.07 & 0.07 & 0 & 0 & 0 \\ 0.07 & 0.20 & 0.07 & 0 & 0 & 0 \\ 0.07 & 0.07 & 0.20 & 0 & 0 & 0 \\ 0 & 0 & 0 & 0.11 & 0 & 0 \\ 0 & 0 & 0 & 0 & 0.11 & 0 \\ 0 & 0 & 0 & 0 & 0 & 0.11 \end{bmatrix}$	0.33

表 10-5　三维微结构剪切模量优化中 4 组设计方案的最优结构截面图

设计方案	1	2	3	4
截面视角				

表 10-4 与表 10-5 说明了参数化水平集方法对微结构几何边界进行隐式表达的优点，即最大剪切模量下所有 PUC 最优拓扑构型均具有光滑的结构边界与清晰的材料界面。虽然第四组设计方案采用的初始设计 2 没有插入孔洞，但基于参数化水平集的极限性能材料微结构拓扑优化设计方法在优化过程中显然具有自主生成新孔洞的能力。由迭代曲线图 10-22 可以看到，目标函数与体积约束的迭代曲线非常平稳，迭代也快速地收敛到了最优解，证明了方法的高效性。与最大体积模量设计类似，剪切模量也会随着材料使用量的增加而增加。综上所述，无论是从边界的几何表达还是优化效率的角度而言，基于参数化水平集的拓扑优化方法都可以有效地设计具有极限性能的三维材料微结构。

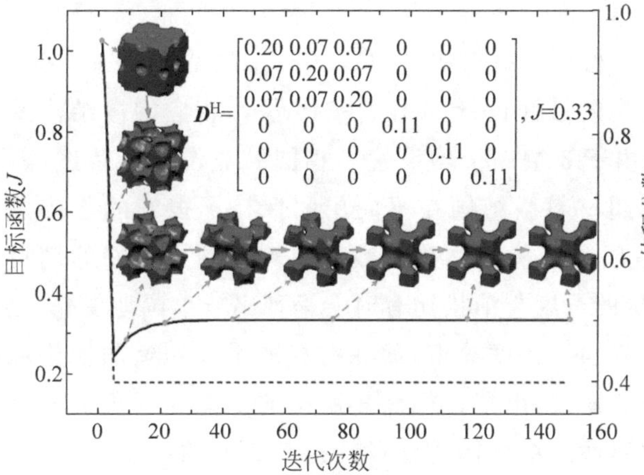

图 10-22　三维微结构剪切模量优化中第一组设计方案的迭代曲线

10.2.2　复杂工况作用下的功能梯度材料拓扑优化设计

本案例主要采用 4.4 节所介绍的优化设计方法，针对功能梯度超材料的微结构进行优化设计。这里考虑正交各向异性材料微结构，因此在代表性微结构上施加了几何对称性约束。在数值实施过程中，需在 x 与 y 方向上施加两个对称性几何约束。

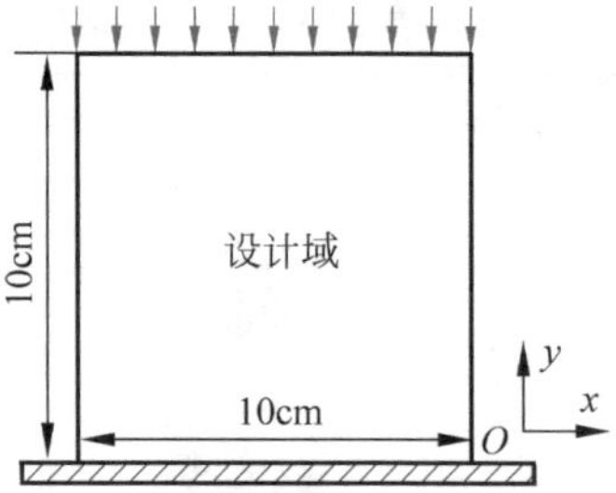

图 10-23 均布载荷作用下的宏观设计域

实体材料的杨氏模量为 180，泊松比为 0.3，材料服从平面应力假设条件。功能梯度负泊松比超材料的宏观设计区域如图 10-23 所示，整体尺寸为 10cm×10cm，其底边完全固定，大小为 10N/cm 的均布载荷垂直作用于宏观设计域的顶端。本案例研究功能梯度材料中不同层数对于最优设计的影响。为进行对比分析，分别对三组例子进行优化求解，在这三组数值算例中，宏观设计域分别采用 10×10＝100、20×20＝400 与 40×40＝1600 共 3 种规模的有限单元进行离散，而微观设计域则均被离散为 40×40＝1600 个四节点单元。在宏观设计域中沿着 y 轴方向（从上到下）施加线性变化的梯度体积分数约束（从 0.45 线性降低到 0.25），其中式（4-45）定义梯度控制系数 $\xi=1$，以形成材料的功能梯度。上述三组例子中功能梯度材料的整体体积分数均为 0.35。本部分的三组例子均设置权重系数为 $w_{m,a}=0.2$ 与 $w_{m,b}=0.8$。为进行对比分析，我们也考虑了仅以材料的负泊松比属性为优化目标的单目标设计问题，即 $w_{m,a}=0$ 与 $w_{m,b}=1$。在多目标优化中，对每层所定义的子优化问题来说，采用相同的权重系数。

功能梯度负泊松比超材料的平均 ν_{12} 与 ν_{21} 值见表 10-6。不同层数的功能梯度负泊松比超材料的最优设计如图 10-24 所示，相应的微结构及其梯度属性如图 10-25 所示。由于 3 组例子均设置了相同的非设计连接件，因此所得到的功能梯度负泊松比超材料微结构在不同层间保持了很好的连接性。优化结果表明，3 组例子中各层微结构的体积分数约束均得到了很好的满足。与体积分数不同，各层微结构的柔度与泊松比有时会呈现出非单调地变化，这是因为本书中仅在体积分数上施加了梯度约束，而在材料的柔度和负泊松比性能上并没有施加任何约束。不难发现，由多目标优化所得的功能梯度负泊松比超材料比仅考虑材料负泊松比属性的单目标优化设计拥有更好的刚度性能，说明本方法能够在保证材料负泊松比属性的同时提升其刚度，因此有更高的应用价值。随着所设计层数的增加，功能梯度负泊松比材料的刚度会略高一些，但这主要归因于宏观有限元网格的加密。实际上，在微观设计域中网格划分得足够细密的前提下，设计层数的增加对最终设计的影响很有限。由式（4-45）可知，当功能梯度负泊松比材料划分的层数增加时，不同层间的材料功能梯度变化率会变小，此时将更加有利于提升均匀化法在计算功能梯度材料各层微结构等效属性时的准确性。

表 10-6　不同微结构层数下最优设计的平均泊松比

优化方法	层　　数	平均 ν_{12}	平均 ν_{21}
多目标优化设计	10	−1.1471	−0.2402
	20	−1.1439	−0.2361
	40	−1.1472	−0.2363
单目标优化设计	10	−1.2047	−0.3032
	20	−1.2048	−0.3034
	40	−1.2066	−0.3034

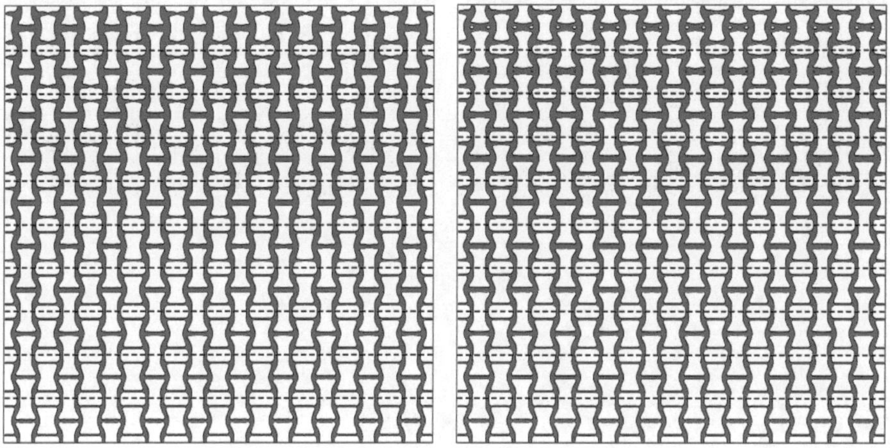

(a)

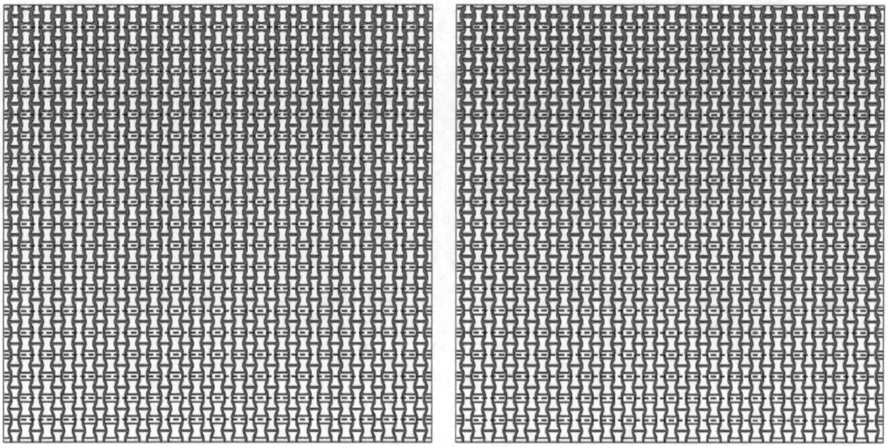

(b)

图 10-24　不同微结构层数下的最优设计

(a) 10 层微结构：多目标设计 $f^{MA}=238.8$(左)，单目标设计 $f^{MA}=302.5$(右)；

(b) 20 层微结构：多目标设计 $f^{MA}=226.5$(左)，单目标设计 $f^{MA}=294.1$(右)；

(c) 40 层微结构：多目标设计 $f^{MA}=223.9$(左)，单目标设计 $f^{MA}=291.3$(右)

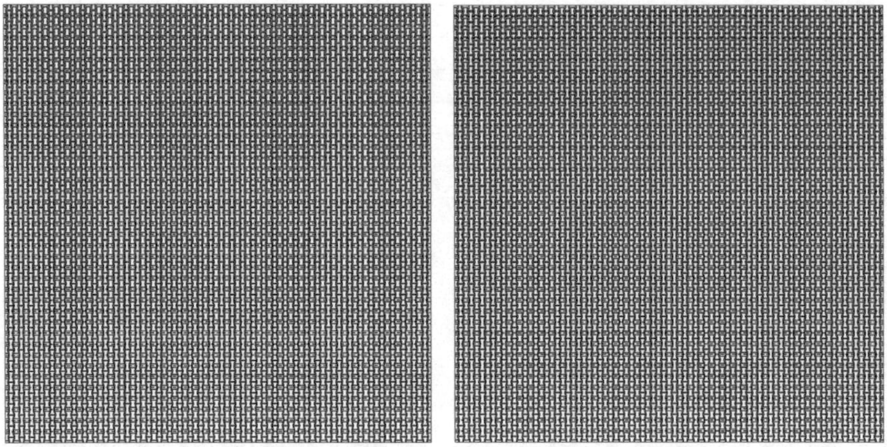

(c)

图 10-24 （续）

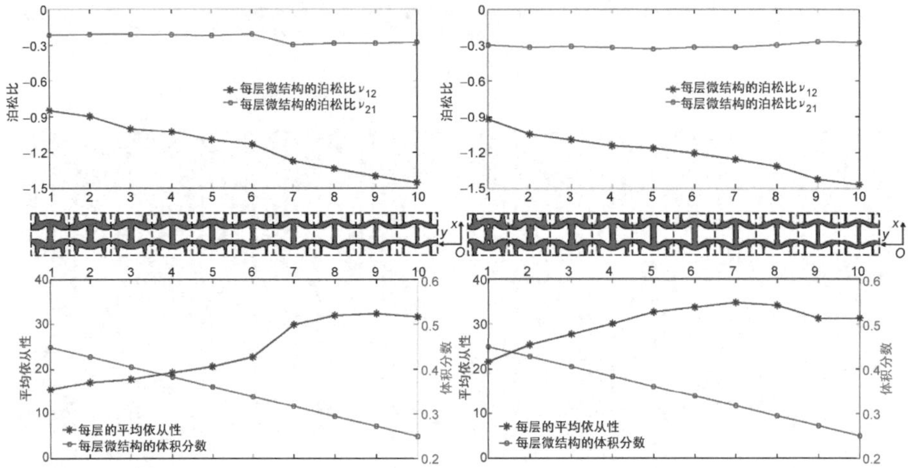

(a)

图 10-25 不同微结构层数下最优设计的梯度属性

(a) 10 层微结构的梯度属性：多目标设计(左)，单目标设计(右)；

(b) 20 层微结构的梯度属性：多目标设计(左)，单目标设计(右)；

(c) 40 层微结构的梯度属性：多目标设计(左)，单目标设计(右)

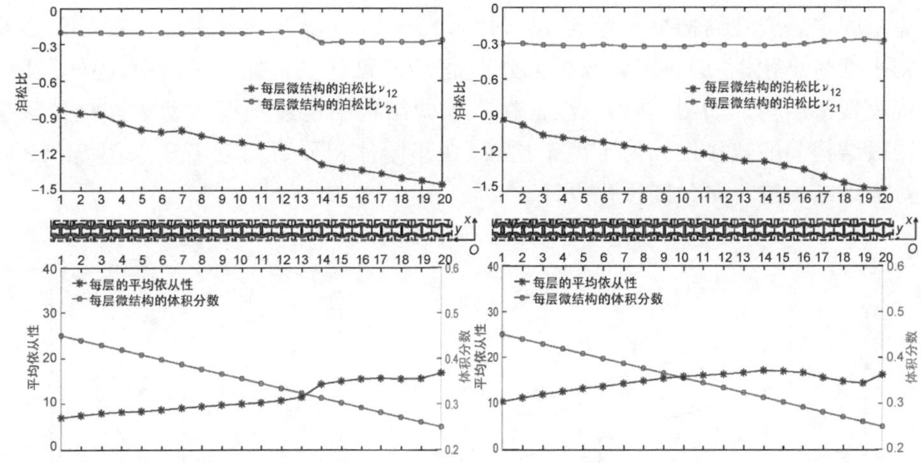

(b)

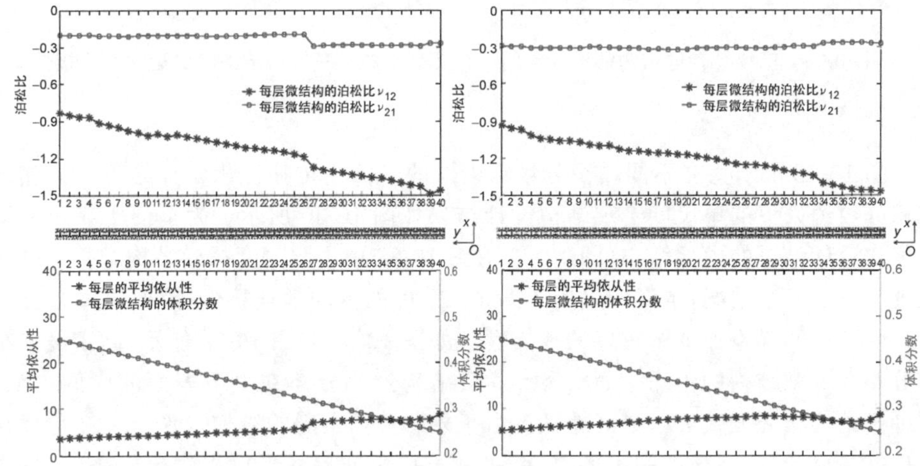

(c)

图 10-25　（续）

10.3　结构与材料一体化的多尺度拓扑优化设计应用案例

10.3.1　静力学环境下三维悬臂梁结构的多尺度拓扑优化设计

本节所涉及的案例是针对 5.1 节所论述的静力学结构与材料一体化的多尺度拓扑优化设计。在本案例中，进行无量纲化处理，基体材料的杨氏模量为 $E_0=10$，泊松比为 $\mu_0=0.3$。对于三维优化问题，所有微结构均被离散为 $20\times20\times20=8000$ 个八节点单元和 X-Y-Z（三维情况）上的对称性，以使材料微结构表现出正交各向异性属性。如图 10-26 所示，三维悬臂梁结构的长 $L=40\text{cm}$、宽 $W=10\text{cm}$ 和高 $H=10\text{cm}$，结构右端下边界中点施加竖直方向上的集中载荷 $P=5$，左端完全固定。宏观结构被离散为 40×10×10=4000 个八节点单元。目标函数是结构柔度最小化,全局体积分数约束分别是 30%和 10%。在本案例中,同样采用 9 种代表性微结构。如图 10-27 所示,在二维微结构中通过预设运动学连接件保证不同微结构间的连接性。为了便于比较,在相同体积分数约束下还采用 SIMP 方法对宏观结构进行单尺度优化设计。

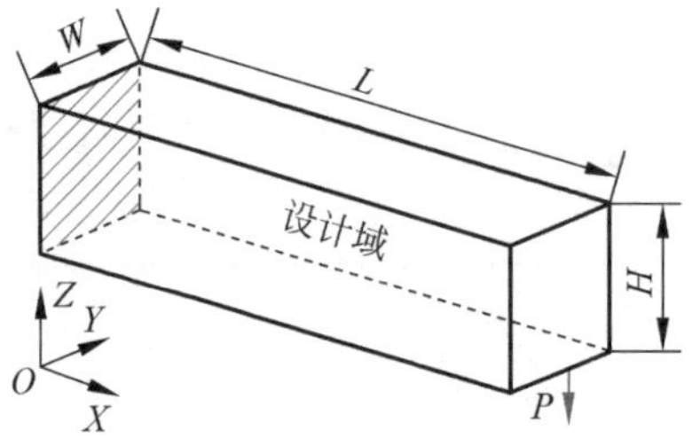

图 10-26　三维悬臂梁结构的设计空间

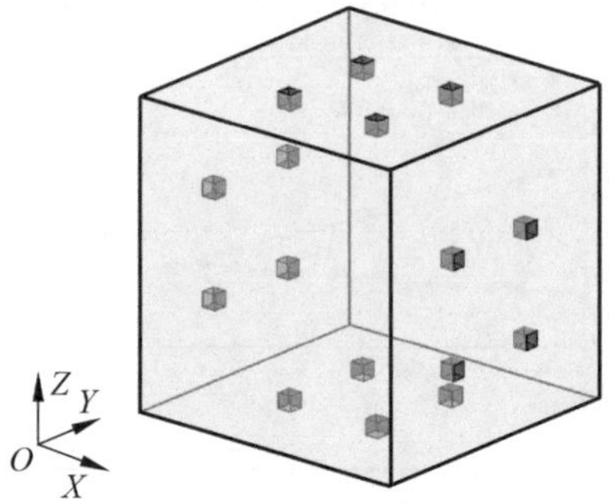

图 10-27　三维微结构间的运动学连接件（红色部分）

图 10-28 所示为在不同体积分数约束下的一体化拓扑优化设计结果。在相同体积分数约束下的单尺度宏观结构设计结果如图 10-30 所示。为了便于显示一体化优化设计结果的内部结构,图 10-29 对图 10-28 中不同密度的微结构进行了隐藏处理。对于三维情况,本案例采用了图 10-27 中的运动学连接件,因此一体化优化设计的结果同样也保证了较好的连接性。如图 10-28 和图 10-29 所示,高密度微结构分布在宏观结构的上下表面,低密度微结构主要分布在上下表面的中间区域。这种微结构布局方式可以更好地抵抗由于外载荷而引起的结构变形。一体化优化设计结果显示,所有微结构主要在 X 和 Z 方向上布置材料以提供定向刚度,这是

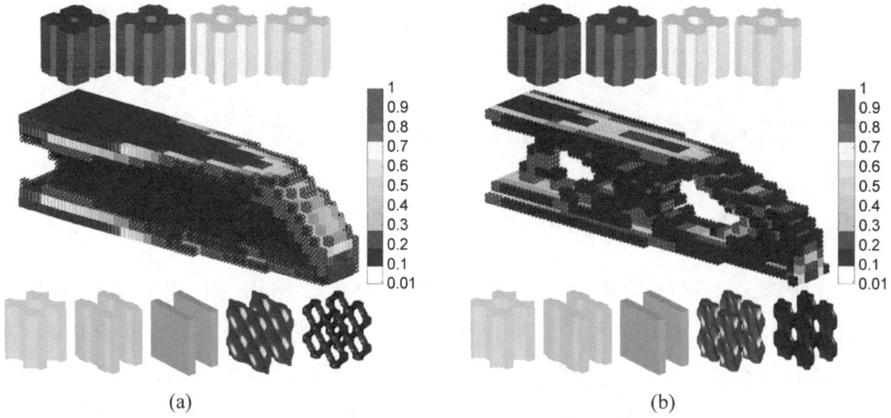

图 10-28　三维悬臂梁的一体化拓扑优化设计结果

(a) 全局体积分数约束为 30%,柔度为 136.177；(b) 全局体积分数约束为 10%,柔度为 416.045

由于整个结构的主要变形是沿着这两个方向。这种微结构拓扑形式与文献[3]中的优化设计结果类似。

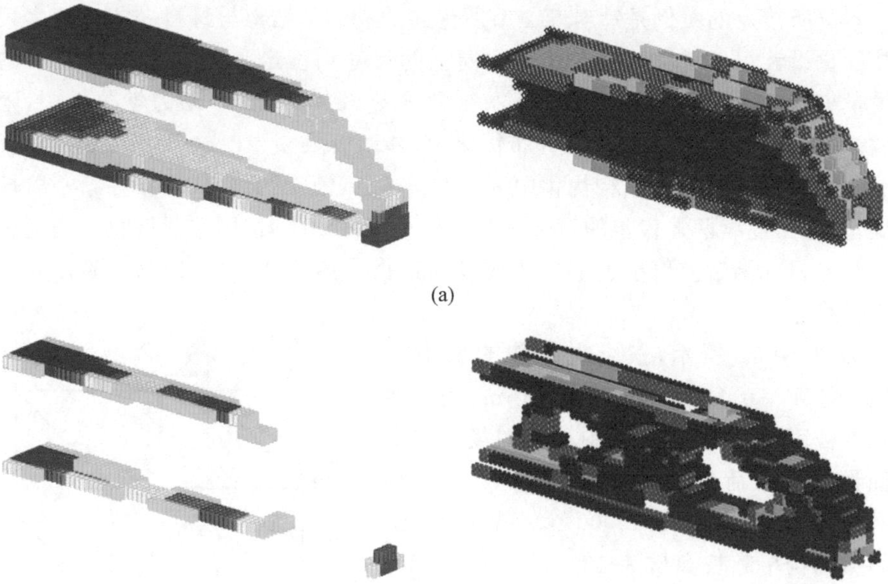

(a)

(b)

图 10-29 三维悬臂梁的一体化拓扑优化设计结果(隐藏部分微结构后的视图)

(a) 全局体积分数约束为 30%：高密度微结构(左)，低密度微结构(右)；

(b) 全局体积分数约束为 10%：高密度微结构(左)，低密度微结构(右)

从上述三维设计案例中可知，结构-材料一体化优化设计结果相比传统的单尺度宏观结构设计具有更高的刚度。而且本书所涉及的静力学结构与材料一体化拓扑优化设计方法对三维结构性能的提升效果更加明显。这是因为三维优化问题相较于二维优化问题而言，通常具有更大的设计空间，本书所涉及的静力学结构与材料一体化拓扑优化设计方法能更有效地扩展和搜索设计空间，这也说明了该方法对实际工程应用中的三维材料微结构拓扑优化设计问题更加高效。

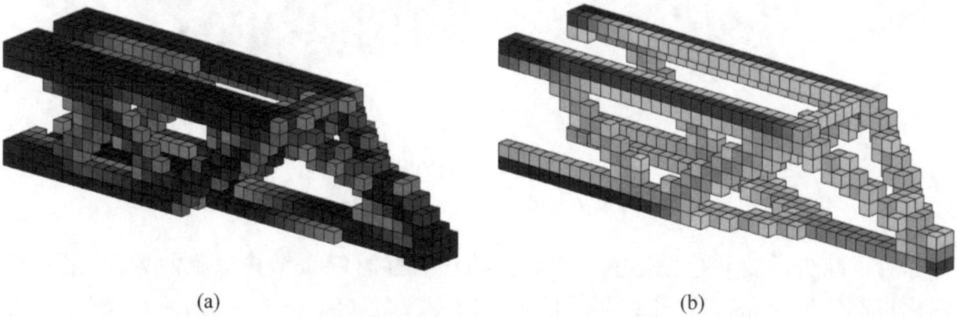

(a) (b)

图 10-30 三维悬臂梁的单尺度宏观结构优化设计结果

(a) 全局体积分数约束为 30%，柔度为 206.544；(b) 全局体积分数约束为 10%，柔度为 1528.044

10.3.2 动力学环境下三维支撑结构的多尺度拓扑优化设计

本节所涉及的案例是针对 5.2 节所论述的动力学结构与材料一体化的多尺度拓扑优化设计[4]。材料单胞在任意方向上的尺寸均设定为 1mm。基体材料的杨氏模量 $E_0=210\text{GPa}$,泊松比 $\mu=0.3$,密度 $\rho_0=7800\text{kg/m}^3$。动力学分析中,阻尼系数为 $\alpha=0.03$,$\beta=0.001$。在分布优化中,移动极限 $m=0.001$,在宏观结构优化中 $m=0.001$,在材料微结构优化中 $m=1\text{E}-4$。阻尼因子 $\xi=0.3$。在第一阶段分布优化中,当连续两迭代步的目标函数差值小于 0.001 时,则迭代终止。当连续两迭代步的目标函数差值小于 1E−4 或者当迭代步达到 200 步时,第二阶段并行优化迭代终止。

如图 10-31 所示,三维支撑件的长 $L=0.2\text{m}$、宽 $W=0.2\text{m}$ 和高 $H=0.15\text{m}$,底部四个角点被固定,在上表面的中心施加竖直向下的简谐激励载荷 $F=-3\text{e}5\text{e}^{\text{i}100t}\text{N}$。宏观结构被离散为 $20\times20\times15=6000$ 个八节点单元,材料微结构单胞被离散为 $15\times15\times15=3375$ 个八节点单元。全局体积率 V^{MA} 和分布优化中的体积率 V^{MI} 分别是 25%与 50%。

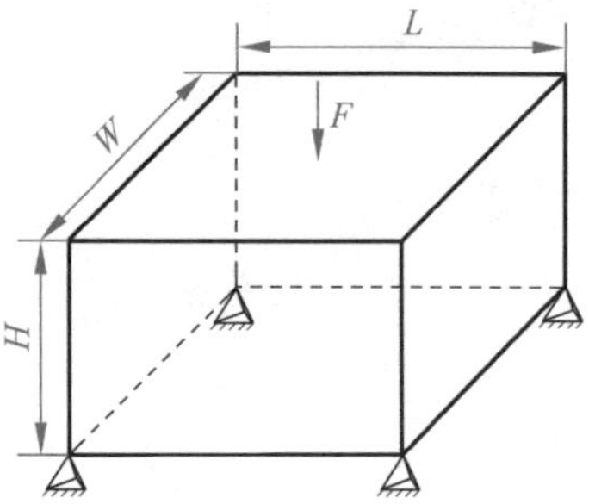

图 10-31 三维支撑结构的设计空间

在分布优化中,应用 VTS 方法优化 0-1 连续分布的单元密度,如图 10-32(a)所示。

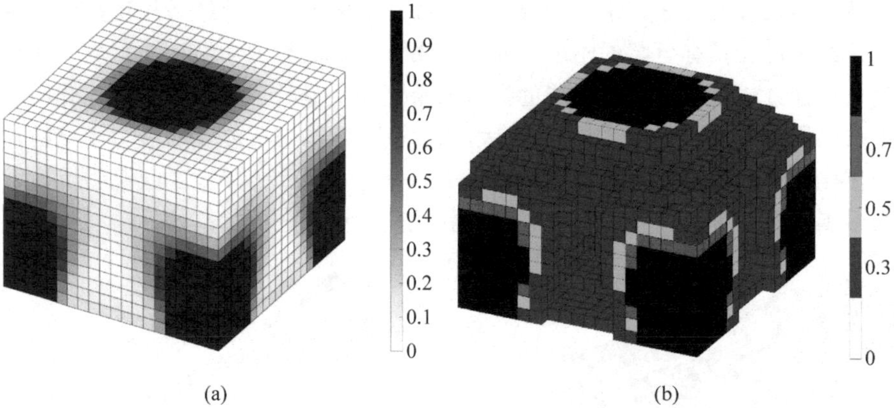

图 10-32 材料单胞的分布优化

(a) 材料单胞的理想分布;(b) 材料单胞的近似分布

为了减少后续并行优化中需要优化的代表性材料微结构单胞的数量,采用正则化机制处理单元密度,正则化后的单元密度分布如图 10-32(b)所示。类似地,宏观设计域划分成多个子区域,每个子区域用不同的颜色显示,每个子区域中均匀分布相应的正则化密度单元。需要设计的代表性材料单胞数量被极大地减少(仅5种)。5种正则化后的单元密度将作为材料微结构单胞优化设计的体积率约束。如图10-32(b)所示,0、0.3、0.5、0.7与1分别代表材料微结构单胞设计域内所允许的最大材料用量为0、30%、50%、70%与100%。

如图10-32(b)所示,根据宏观结构域内给定体积率的材料单胞分布,进行宏观结构和材料单胞的并行优化设计。宏观结构和材料单胞的初始设计如图10-33所示;宏观结构的最优拓扑如图10-34所示;代表性材料微结构单胞的优化设计结果如表10-7所示,包括材料单胞体积率、最优拓扑结构和相应的等效弹性张量。为了显示代表性材料单胞的内部几何特征,材料单胞最优拓扑构型的剖视图如表10-7中第二列所示。显然,由于在两个尺度下均采用参数化水平集拓扑优化方法,所得宏观结构和材料单胞的最优拓扑均具有清晰、光滑的结构边界,且没有灰度单元。

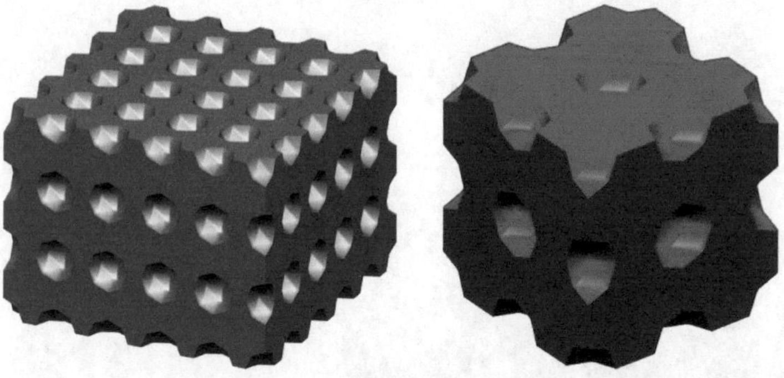

(a)　　(b)

图 10-33　宏观结构和材料单胞的初始设计

(a) 微观结构; (b) 材料细胞

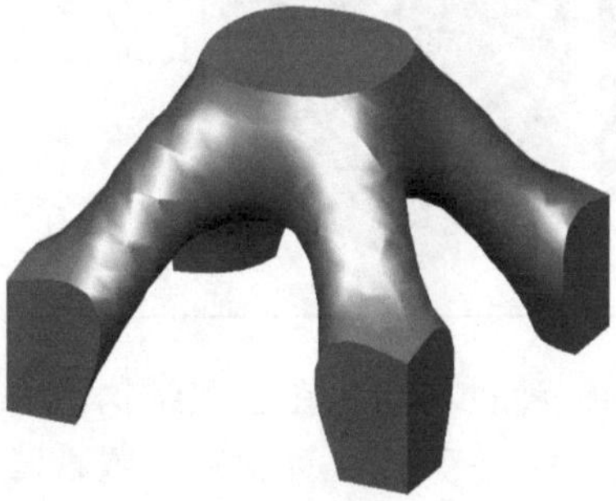

图 10-34　宏观结构的最优拓扑

表 10-7　材料单胞的最优数值结果

体积率/%	剖 视 图	材 料 单 胞	等 效 属 性
30			$\begin{bmatrix} 6.6 & 0.02 & 1.9 & 0 & 0 & 0 \\ 0.02 & 0.05 & 0.02 & 0 & 0 & 0 \\ 1.9 & 0.02 & 6.6 & 0 & 0 & 0 \\ 0 & 0 & 0 & 0.01 & 0 & 0 \\ 0 & 0 & 0 & 0 & 2.3 & 0 \\ 0 & 0 & 0 & 0 & 0 & 0.01 \end{bmatrix} e^{10}$
50	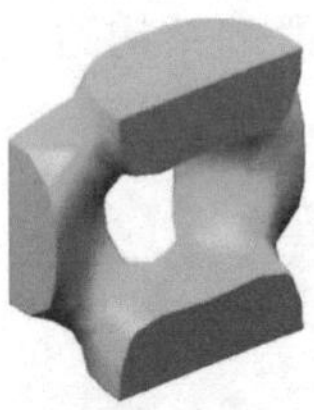	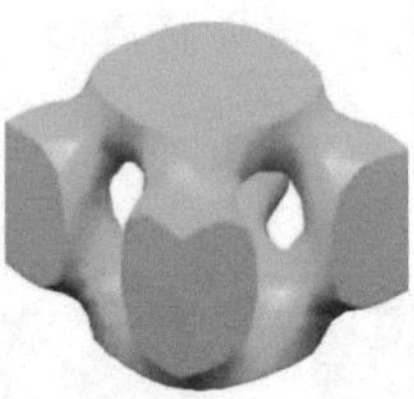	$\begin{bmatrix} 5.6 & 2.3 & 1.7 & 0 & 0 & 0 \\ 2.3 & 6.7 & 2.3 & 0 & 0 & 0 \\ 1.7 & 2.3 & 5.6 & 0 & 0 & 0 \\ 0 & 0 & 0 & 2.5 & 0 & 0 \\ 0 & 0 & 0 & 0 & 2.2 & 0 \\ 0 & 0 & 0 & 0 & 0 & 2.5 \end{bmatrix} e^{10}$
70			$\begin{bmatrix} 11.5 & 5.1 & 5.4 & 0 & 0 & 0 \\ 5.1 & 17.7 & 5.1 & 0 & 0 & 0 \\ 5.4 & 5.1 & 11.5 & 0 & 0 & 0 \\ 0 & 0 & 0 & 4.4 & 0 & 0 \\ 0 & 0 & 0 & 0 & 4.5 & 0 \\ 0 & 0 & 0 & 0 & 0 & 4.4 \end{bmatrix} e^{10}$
100		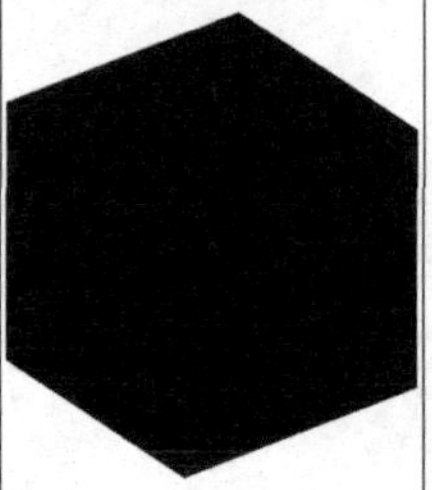	$\begin{bmatrix} 28.3 & 12.1 & 12.1 & 0 & 0 & 0 \\ 12.1 & 28.3 & 12.1 & 0 & 0 & 0 \\ 12.1 & 12.1 & 28.3 & 0 & 0 & 0 \\ 0 & 0 & 0 & 8.1 & 0 & 0 \\ 0 & 0 & 0 & 0 & 8.1 & 0 \\ 0 & 0 & 0 & 0 & 0 & 8.1 \end{bmatrix} e^{10}$

基于图 10-32(b)中的 5 种材料单胞在宏观结构域内的分布、图 10-34 中的最优宏观结构拓扑与表 10-7 中第三列的 5 种材料单胞，可组装得到三维支撑结构的最优多尺度设计如图 10-35 所示。可见，宏观结构的最优拓扑被划分成 5 个子区域，分别用不同的颜色显示。每个子区域均匀分布相应的材料单胞。同时，不同体积率的单胞(0、30%、50%、70%和 100%)以梯度形式分布，这种非均匀性材料布置形式有利于宏观尺度上提供不同的定向刚度，以增强结构动态性能。最优宏观

结构的上下边界被实体微结构填充以提供足够的刚度来抵抗变形，这进一步显示了分布优化能自适应地为宏观结构提供有效的宏观等效属性。因此，本书所述的动力学结构与材料多尺度拓扑优化方法可以通过充分利用多孔结构和功能梯度材料的属性来提高结构动态属性。

图 10-35　三维支撑结构的多尺度设计

目标函数与全局体积率的迭代曲线如图 10-36(a)所示，材料单胞体积率的迭代曲线如图 10-36(b)所示。迭代收敛的轨迹表明，目标函数和体积率在刚开始的 20 步内快速找到较优的拓扑形式，显示了该多尺度设计方法的高效性。综上所述，基于分布优化和并行优化的多尺度设计方法能较好地解决动态环境下结构与材料的一体化拓扑优化设计问题。

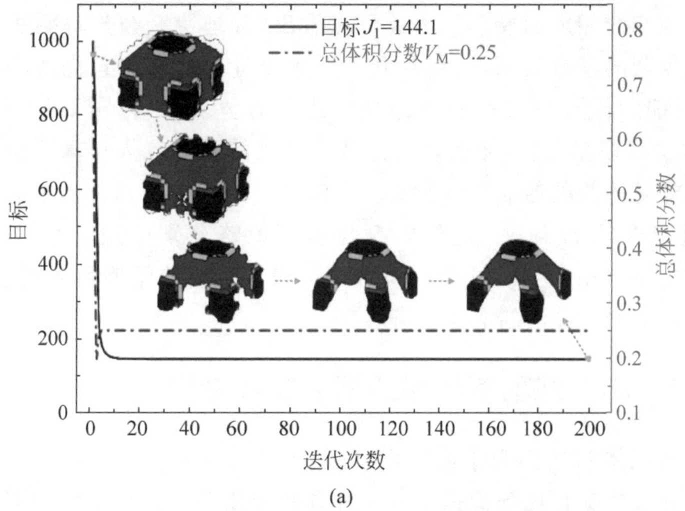

(a)

图 10-36　优化设计的迭代曲线

(a) 目标函数与体积率的迭代曲线；(b) 材料单胞体积率的迭代曲线

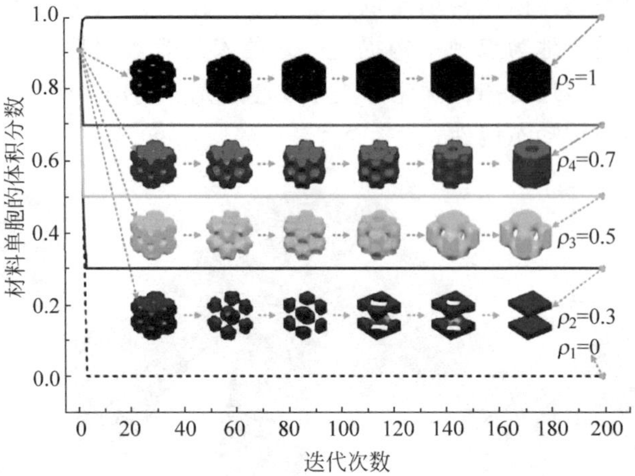

(b)

图 10-36 （续）

10.4 多学科设计优化应用案例

船舶设计是一个复杂繁琐、反复螺旋式迭代的过程，涉及到多个学科和众多的设计变量。各个学科根据自身的专业特点对船舶性能提出了不同的设计需求，同时各个学科的设计变量和设计目标之间相互影响、相互制约，使得设计人员一方面需要考虑不同学科设计变量间的相互联系，另一方面必须考虑不同学科设计目标对设计变量相同或相反的要求。由此可以看出，合理协调与分解船舶设计过程中各个学科间复杂的耦合关系，是顺利开展后续设计工作必须首先解决的问题。与此同时，在对船舶设计方案的各方面性能进行计算验证时，需要执行诸如 FEA、CFD 等相关仿真模型，这对船舶设计提出了必须能满足庞大计算开销的需求。上述两方面需求是传统的船舶设计方法所无法满足和实现的，因此，本节将第 6 章和第 7 章中重点介绍的 MDO 近似模型与求解策略分别应用于小水线面双体船(small waterplane area twin hull，SWATH)和散货船的船型参数概念设计，以作为本书所介绍 MDO 方法的应用参考。

10.4.1 小水线面双体船船型参数概念设计

小水线面双体船又称为半潜式双体船(semi-submerged catamaran，SSC)，是为适应日益复杂的航行海况而提出的一种高性能船型[5]。小水线面双体船集中了潜艇、水翼艇、双体船和半潜平台等的优点，具有优异的耐波性能和宽广的甲板面积，在船舶领域中受到了广泛关注。

小水线面双体船由水上平台、水下主体和支柱 3 部分组成，如图 10-37 所示，

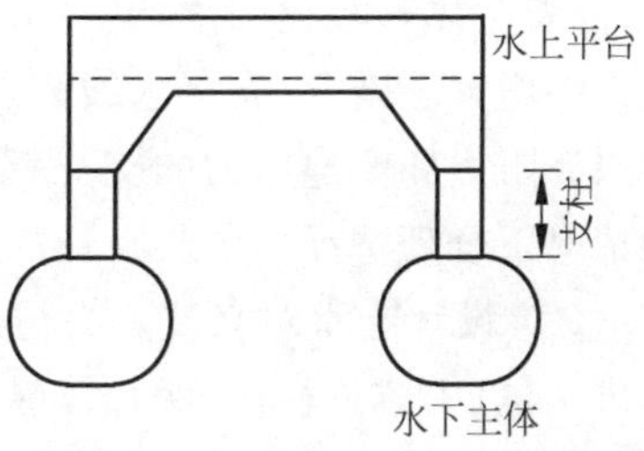

图 10-37 小水线面双体船结构示意图

其中水下主体和支柱统称为片体。水上平台是由舷台、甲板、抗扭箱等组成的居于水面之上的扁平箱体结构。水下主体是两个相互平行且对称的鱼雷状船体，在正常的航行过程中，水下主体提供全船 70％以上的浮力。主体一般具有多种剖面形状，如圆形、椭圆形、方形、圆弧拼接形等，其内布置推进系统、鳍的传动机构以及其他特种设备等。支柱是水上平台和水下主体之间的连接部件，通常为一个薄翼状柱体。在正常航行过程中，支柱排水体积较小，仅能提供不到全船 30％的浮力，其内通常布置传动机构、人行通道等。

船舶设计通常分为概念设计、详细设计、生产设计和完工文件 4 个阶段，其中概念设计阶段需要首先确定船舶的主尺度参数及船型系数，即进行船型参数设计[6,7]。船型参数设计的结果直接影响着后续设计工作的顺利展开，因此船型参数设计在整个船舶设计过程中起到了非常重要的作用。在小水线面双体船船型参数设计过程中，设计人员一般重点关注水下部分主体和支柱的设计，即片体的设计。因此，小水线面双体船的主尺度参数主要包括主体长度、主体长径比、支柱长度、支柱最大厚度、主体和支柱最大横剖面间的纵向距离、两片体纵中剖面间距、设计吃水和排水量等；船型系数主要包括主体棱形系数、支柱水线面系数等。

船型参数设计的关键目标之一是预报和优化设计船的快速性，其中阻力预测和优化是一项重要任务[8]。对于小水线面双体船，其主尺度参数的确定在很大程度上受水动力特性的影响。在航行过程中，小水线面双体船受到的阻力由兴波阻力、黏性阻力、附体阻力和喷溅阻力组成，其中附体阻力和喷溅阻力占总阻力的比例成分比较小，可以近似认为小水线面双体船的总阻力由兴波阻力和黏性阻力两部分组成，其中黏性阻力包含摩擦阻力和黏压阻力。根据兴波阻力和黏性阻力的形成原理和相关计算公式，可以分析得出小水线面双体船相关主尺度参数对其航行过程中所受兴波阻力与黏性阻力的大小存在交互耦合影响，具体表现为[9]：

(1) 主体长径比对兴波阻力与黏性阻力的交互耦合影响。小水线面双体船主体的兴波阻力通常占其总兴波阻力的 40％～60％，因此合理选择主体的几何参数对降低小水线面双体船的兴波阻力具有十分重要的作用。在主体的几何参数中，主体长径比对兴波阻力的影响最为明显。利用计算公式可以证明，在佛汝德数值相同的情况下，随着主体长径比的增大，主体横剖面面积曲线斜率将减小，主体所受兴波阻力将减小[6]。然而，在选择增大主体长径比的同时，必须考虑其对主体所受黏性阻力的影响。小水线面双体船 70％以上的浮力主要由主体提供，因此主体的湿表面积很大，而摩擦阻力与主体的湿表面积密切相关，根据主体湿表面积经验计算公式可以得出：在保证主体体积、主体棱形系数不变的情况下，增大主体长径比，主体的湿表面积将增大，因此主体所受摩擦阻力将增大。综合以上分析可以得出，随着主体长径比的增加，一方面其所受兴波阻力将减小，另一方面其所受摩擦阻力将增大。因此，在小水线面双体船船型参数设计过程中，必须权衡主体长径比对兴波阻力和摩擦阻力的交互耦合影响，在试图使得小水线面双体船总阻力最小的情况下合理选择主体长径比的大小。

(2) 设计吃水对兴波阻力与黏性阻力的交互耦合影响。在保证小水线面双体船排水量、主体长径比、两片体纵中剖面间距和其他一些主要船型参数不变的情况下，增加设计吃水，主体轴线的沉降随着增加，主体作为小水线面双体船排水体积的主要提供者，其在水中下潜越深，将使得其离水面越远，其对水面的兴波扰动也会随着减弱，小水线面双体船所受兴波阻力将降低。因此，小水线面双体船的兴波阻力随着设计吃水的增加而减小。然而，在选择增加设计吃水的同时，必须考虑其对主体所受黏性阻力的影响。随着设计吃水的增加，小水线面双体船的湿表面积将会增加，这样摩擦阻力也会相应增大。因此，小水线面双体船的摩擦阻力随着设计吃水的增加而增大。综上所述，随着设计吃水的增加，一方面小水线面双体船的兴波阻力将减小，另一方面小水线面双体船的摩擦阻力将增大。因此，在小水线面双体船船型参数设计过程中，必须权衡设计吃水对兴波阻力和摩擦阻力的交互耦合影响，在试图使得小水线面双体船总阻力最小的情况下合理选择设计吃水的大小。

在小水线面双体船船型参数设计过程中，除了将其快速性作为主要设计优化目标外，通常还要求其营运载质量最大，以最大限度地发挥其经济价值。小水线面双体船的营运载质量与其船体结构质量密切相关，而船体结构质量受船体结构强度和形变等设计约束的影响。因此，在同时考虑小水线面双体船快速性和营运载质量两方面设计优化目标的情况下，除了分析小水线面双体船主尺度参数对其快速性的影响外，还必须分析这些参数对船体结构强度、结构质量等性能的影响。小水线面双体船主尺度参数对其快速性与船体结构强度、结构质量之间的交互耦合影响表现如下[9]：

(1) 主体长径比对船体阻力与船体结构质量的交互耦合影响。如前所述，增加主体长径比一方面会降低主体所受兴波阻力，另一方面会使得主体所受摩擦阻力增大。除此之外，随着主体长径比的增加，船体结构质量也会增加。因此，在充分考虑主体长径比对小水线面双体船总阻力影响的情况下，还必须考虑其对小水线面双体船结构质量的影响。

(2) 支柱最大厚度对船体阻力与船体结构强度、结构质量的交互耦合影响。为了增大支柱的结构强度，通常会选择增加支柱的最大厚度，支柱最大厚度的增加会使得其排水体积增大，由于这部分排水体积位于贴近水面的位置，其对水面的兴波扰动随之加剧，因此使得支柱所受兴波阻力增大。另一方面，选择较大的支柱最大厚度，会使得支柱的质量增加，从而引起船体结构质量增加。因此，必须全面考虑支柱最大厚度对船体阻力与船体结构强度、结构质量的交互耦合影响。

综合上述分析可知，在小水线面双体船快速性设计过程中需要重点分析其主尺度参数对兴波阻力和黏性阻力的交互耦合影响；在同时考虑小水线面双体船快速性和营运载质量两种性能指标的情况下，需要分析其主尺度参数对船体水动阻力、船体结构强度以及船体结构质量的交互耦合影响。另一方面，在已知小水线面双体船主尺度参数值的情况下，为获得船体所受水动阻力、船体结构强度等性能指标的大小，常常需要运行具有各种精度的计算机仿真模型，如 FEA 模型、CFD 模型等，这些仿真模型的运行往往需要耗费巨大的计算量和计算时间，这对小水线面双体船船型参数设计带来了高度的计算复杂性。接下来本节将以小水线面双体船船型参数设计为例，对基于 Kriging 的广义协同优化求解策略与基于 GEP 和 Nash 均衡的多目标求解策略进行工程应用[9]。

1. 基于 Kriging 的广义协同优化求解策略工程应用

下面介绍基于 Kriging 的广义协同优化求解策略在小水线面双体船快速性设计中的应用[10]。图 10-38 给出了单支柱小水线面双体船的片体结构示意图，其中 L_b 是主体长度，L_b/D_e 是主体长径比（D_e 是主体相当直径，$D_e=2\sqrt{A_m/\pi}$，A_m 是主体最大横剖面面积），L_s 是支柱长度，t_s 是支柱最大厚度，T 是设计吃水。在上述片体结构中，支柱为等截面柱体，选取右手坐标系 $O\text{-}xyz$，以小水线面双体船静水面和片体纵中剖面的交线上支柱中部为坐标原点 O，以来流方向为 x 轴正方向，竖直向上为 z 轴正方向，那么支柱半宽厚度曲线的数学表达式为

$$y=\frac{1}{2}t_s\left(1-\frac{4x^2}{L_s^2}\right) \tag{10-1}$$

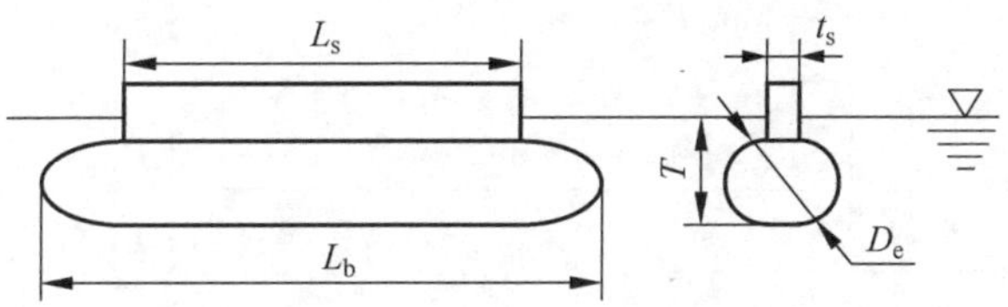

图 10-38 小水线面双体船片体结构示意图

在小水线面双体船快速性设计中，设计人员的优化目标是使得船体受到的总阻力最小，也就是船体的总阻力系数（即黏性阻力系数 C_v 和兴波阻力系数 C_w 之和）最小。依据文献[6]和[7]中的相关资料，表 10-8 列出了小水线面双体船的主要船型参数和设计约束。其中，文献[6]研究表明：当小水线面双体船两片体纵中剖面间距与主体长度比大于 1/3（即 $2b/L_b>1/3$）时，两片体之间流体动力干涉对阻力的影响很小，可以忽略不计。因此在本节所研究的问题中，我们选取 $2b=\frac{1}{3}L_b$。另外为简化计算，假定主体和支柱最大横剖面间的纵向距离等于 0，在设定小水线面双体船船速为 12 节的情况下对其进行船型参数的快速性设计。

表 10-8　小水线面双体船的主要船型参数和设计约束[6,7]

主要船型参数	取值范围
主体长度 L_b/m	$37.3 \leqslant L_b \leqslant 39.69$
主体长径比 L_b/D_e	$12 \leqslant L_b/D_e \leqslant 20$
支柱长度 L_s/m	$29.1 \leqslant L_s \leqslant 36.91$
支柱最大厚度 t_s/m	$0.94 \leqslant t_s \leqslant 1.66$
设计吃水 T/m	$3.09 \leqslant T \leqslant 6.62$
两片体纵中剖面间距 $2b$/m	$12.433 \leqslant 2b \leqslant 13.23$
排水量 Δ/t	$\Delta \geqslant 500$
主体棱形系数 C_{pb}	$0 \leqslant C_{pb} \leqslant 1$
支柱水线面系数 C_{ws}	$0 \leqslant C_{ws} \leqslant 1$

首先,将小水线面双体船快速性设计问题分解为一个系统级设计优化和两个阻力子系统级设计优化问题,其中两个阻力子系统级设计优化问题按照黏性阻力学科和兴波阻力学科的设计界限加以区分得到。图 10-39 描述了小水线面双体船快速性设计优化问题的求解框架,其中,$\boldsymbol{Z}$ 代表系统级设计变量向量,$\boldsymbol{X}_1$ 和 $\boldsymbol{X}_2$ 分别代表子系统级设计变量向量,C_{v1} 和 C_{w2} 是子系统级状态变量。

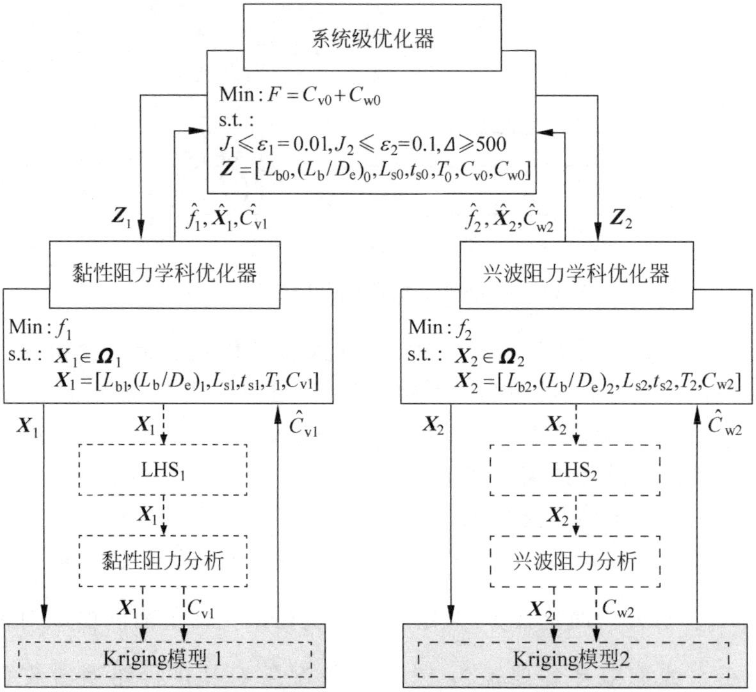

图 10-39　小水线面双体船快速性设计优化问题的 KGCO 求解流程图

根据 7.2.1 节中 4 种类型广义耦合变量的定义，系统级设计变量 L_{b0}、$(L_b/D_e)_0$、L_{s0}、t_{s0} 和 T_0 属于广义耦合变量类型一，即系统级共享设计变量；C_{v0} 和 C_{w0} 属于广义耦合变量类型四，即系统级局部状态变量。于是，系统级两组广义耦合变量被确定，即 $Z_1=[L_{b0},(L_b/D_e)_0,L_{s0},t_{s0},T_0,C_{v0}]$ 和 $Z_2=[L_{b0},(L_b/D_e)_0,L_{s0},t_{s0},T_0,C_{w0}]$。在本例中，对于黏性阻力子系统，松弛因子 ε_1 设置为 0.01；对于兴波阻力子系统，松弛因子 ε_2 设置为 0.1(赋予松弛因子不同值的原因将在下文予以阐述)。最后，对所有设计变量进行线性归一化处理，便可得到系统级广义一致性约束函数，其表达式为

$$J_1=(L_{b0}-L_{b1})^2+[(L_b/D_e)_0-(L_b/D_e)_1]^2+(L_{s0}-L_{s1})^2+(t_{s0}-t_{s1})^2+(T_0-T_1)^2+(C_{v0}-C_{v1})^2\leqslant 0.01 \tag{10-2}$$

$$J_2=(L_{b0}-L_{b2})^2+[(L_b/D_e)_0-(L_b/D_e)_1]^2+(L_{s0}-L_{s2})^2+(t_{s0}-t_{s2})^2+(T_0-T_2)^2+(C_{w0}-C_{w2})^2\leqslant 0.1 \tag{10-3}$$

其次，利用 LHS 方法分别从两个子系统级优化问题的设计空间中各选取一组样本点(每组包含 40 个训练样本点)，通过运行计算机仿真模型得到各个样本点处的黏性阻力系数和兴波阻力系数值。与此同时，在各个样本点处执行子系统级优化，可以得到系统级广义一致性约束的函数值。利用这些样本点和响应数据可以顺利构建阻力系数函数和系统级广义一致性约束函数的 Kriging 近似模型。图 10-40 给出了黏性阻力系数与兴波阻力系数的部分 Kriging 近似模型的曲面图。从图中可以看出，黏性阻力系数随船型参数变化的波动较小，但兴波阻力系数随船型参数变化的波动较大。因此在选择系统级广义一致性约束函数的松弛因子时，有必要将兴波阻力子系统的松弛因子值设置得较黏性阻力子系统大(如上文中提到的 $\varepsilon_1=0.01$、$\varepsilon_2=0.1$)。

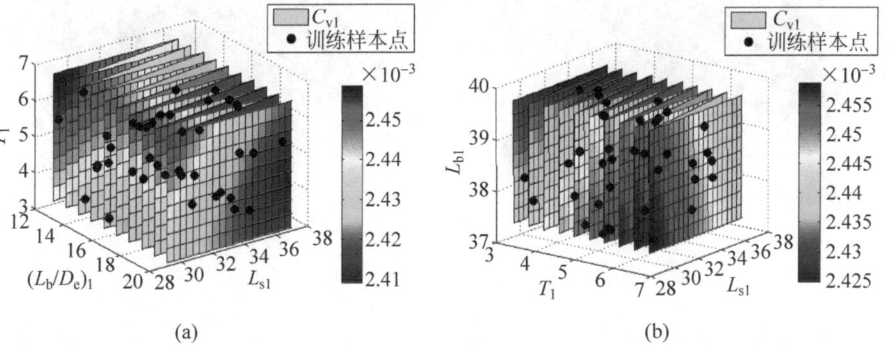

图 10-40　黏性阻力子系统和兴波阻力子系统中 Kriging 近似模型示意图

(a) $t_{s1}=0.94, L_{b1}=37.3$；(b) $t_{s1}=0.94,(L_b/D_e)_1=12$；(c) $t_{s1}=0.94, L_{s1}=29.1$；(d) $t_{s1}=0.94, T_1=3.09$；(e) $t_{s2}=0.94, L_{b2}=37.3$；(f) $t_{s2}=0.94,(L_b/D_e)_2=12$；(g) $t_{s2}=0.94, L_{s2}=29.1$；(h) $t_{s2}=0.94, T_2=3.09$

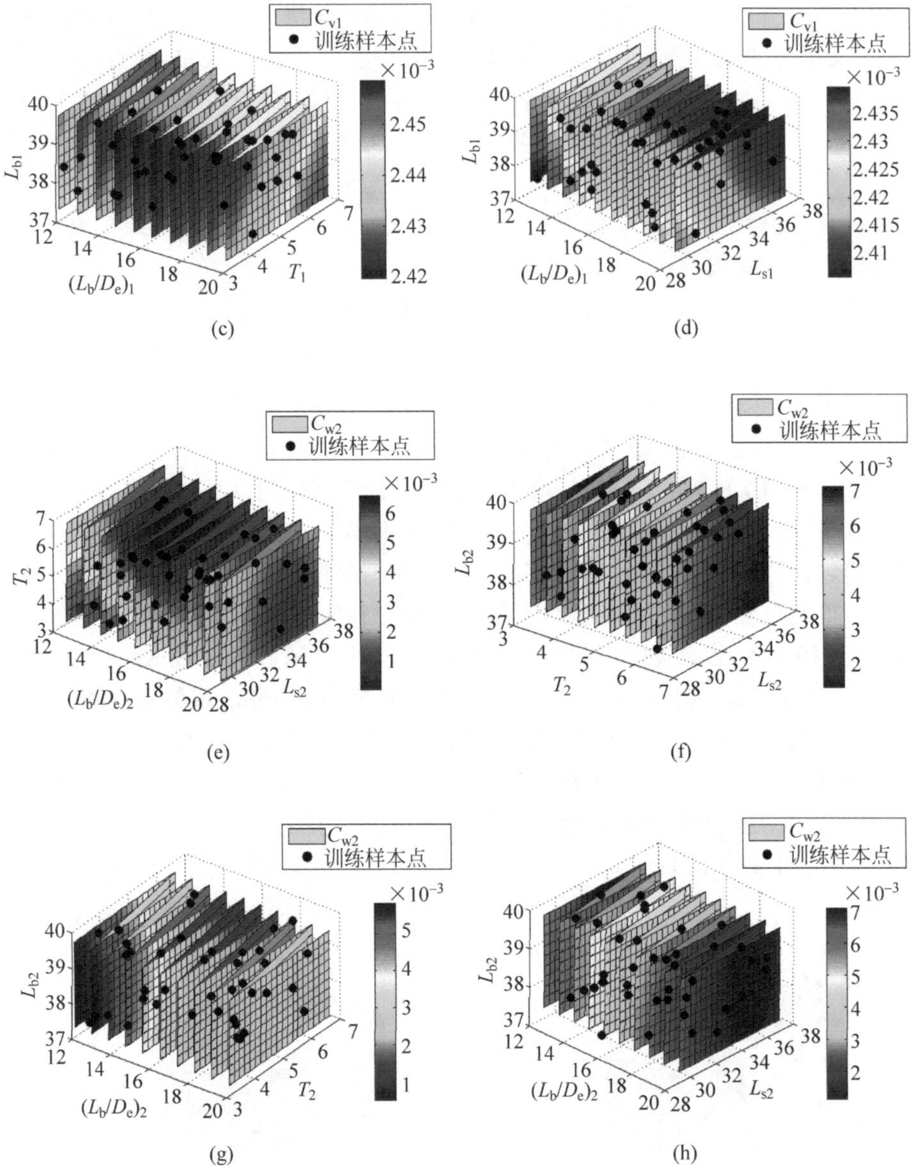

图 10-40 （续）

采用序列二次规划(sequential quadratic programming,SQP)算法来寻求系统级和子系统级优化问题的最优解。最后,通过执行 KGCO 求解策略,可以得到一组最佳的小水线面双体船船型参数设计方案。此外,为了进行比较,本节利用 GCO 与经验公式(empirical formulas)相结合的方法(简称 GCOEF)对相同的设计优化问题进行求解。图 10-41 给出了 2 种求解策略的收敛曲线图,两种求解策略的优化结果如表 10-9 所示。

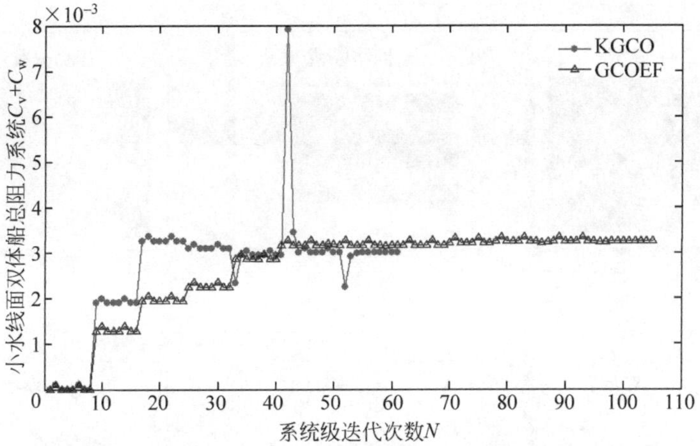

图 10-41　KGCO 与 GCOEF 的收敛曲线图

表 10-9　优化结果比较

设 计 变 量	初　始　值	GCOEF 优化值	KGCO 优化值
主体长度 L_b/m	38	37.502	37.3
主体长径比 L_b/D_e	13	12.845	12
支柱长度 L_s/m	30	30.035	29.1
支柱最大厚度 t_s/m	1	1.05	0.94
设计吃水 T/m	5	5.827	6.62
两片体纵中剖面间距 $2b$/m	12.667	12.501	12.433
排水量 Δ/t	535.581	572.493	624.04
主体棱形系数 C_{pb}	0.86	0.867	0.853
支柱水线面系数 C_{ws}	0.667	0.667	0.667
输出响应	初始值	GCOEF 优化值	KGCO 优化值
总阻力系数 $f_{min}=C_v+C_w$	0.004 737	0.003 245	0.003 095
系统级迭代次数 N	—	105	61
优化运行时间 T/s	—	633	444

从表 10-9 可以看出，采用 KGCO 和 GCOEF 求解策略对小水线面双体船快速性设计优化问题进行求解后，船体总阻力系数降低了，且 KGCO 求解策略在目标函数最优值（f_{min}）、系统级迭代次数（N）和优化运行时间（T）3 个评价指标上均优于 GCOEF 求解策略。执行 KGCO 求解策略后，小水线面双体船的总阻力系数降低了 34.7%，其快速性得到了极大改善。此外，在应用 KGCO 求解策略时，只需要在各个采样点处运行计算机仿真模型以获得各个样本点处的阻力系数值，在优化迭代过程中利用 Kriging 近似模型替代实际的计算机仿真模型，从而极大地降低了小水线面双体船快速性设计优化过程中庞大的计算量。因此，KGCO 是一种可行且高效的求解策略，能快速准确地获得工程产品 MDO 问题的最优解。图 10-42 描绘了 KGCO 求解策略应用于小水线面双体船快速性设计优化问题的详细流程。

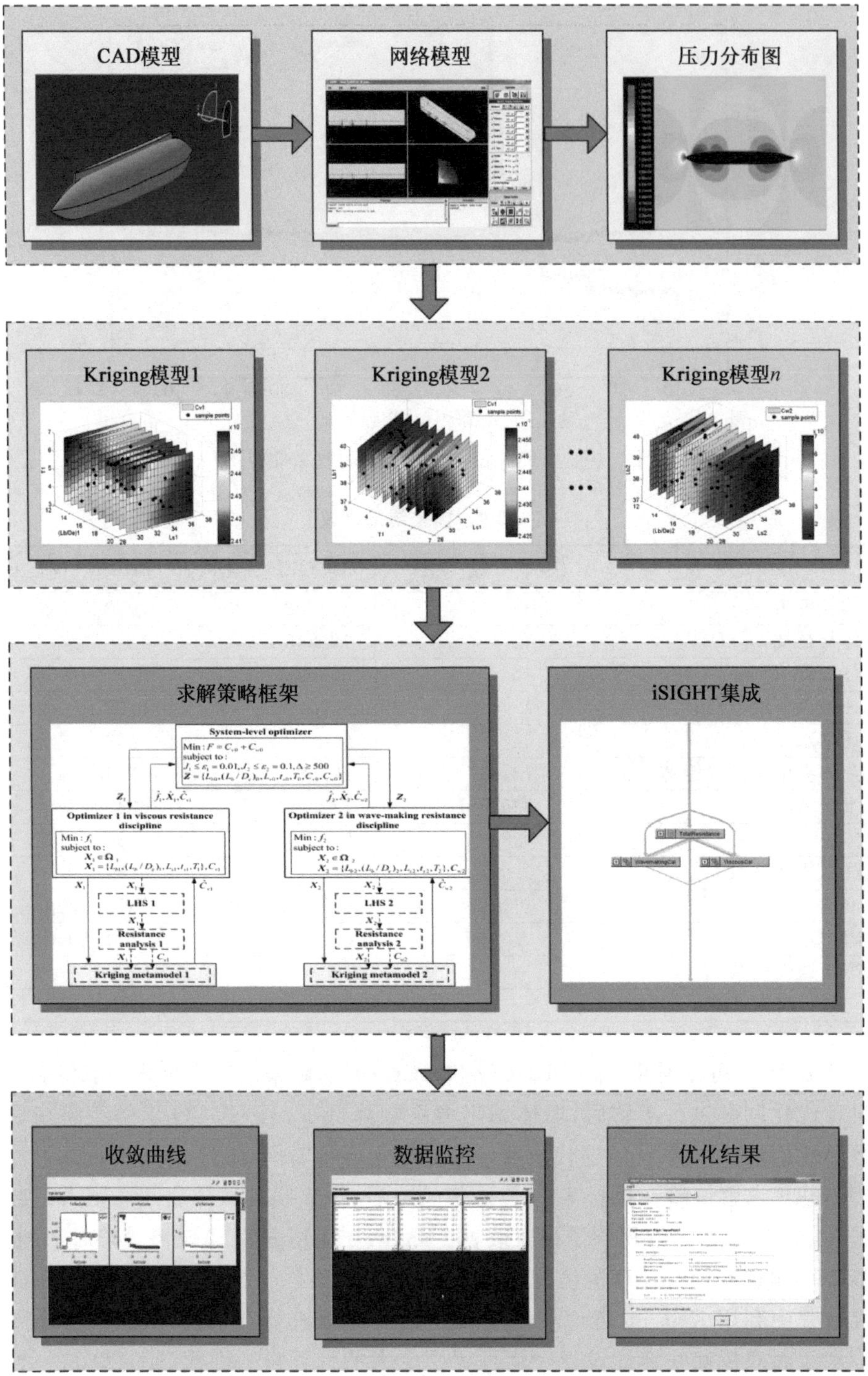

图 10-42　KGCO 求解策略应用于小水线面双体船快速性设计优化的详细流程

2. 基于 GEP 和 Nash 均衡的多目标求解策略工程应用

本节在考虑快速性和营运载重量两方面性能指标的情况下，利用基于 GEP 和 Nash 均衡的多目标求解策略对小水线面双体船船型参数设计优化问题进行求解[11]。通常情况下，小水线面双体船的总质量(即排水量)由船体结构质量、主机质量、辅机质量、舾装木作质量、燃油淡水质量和有效载荷质量 6 个部分组成，其中有效载荷质量即为营运载质量。因此，小水线面双体船的营运载质量为：

$$W_e = \Delta - W_s - W_p - W_m - W_a - W_f \tag{10-4}$$

其中，Δ 为排水量；W_e 为营运载质量，为船员、旅客、行李、货物等质量之和；W_s 为船体结构质量，$W_s = d_b V_b + d_s V_s + d_{cb} V_{cb}$，$V_b$、$V_s$ 和 V_{cb} 分别为主体、支柱和横向连接桥的容积。对于钢质主体和支柱，建议 d_b 取 0.110～0.130，d_s 取 0.115～0.145；对于铝质横向连接桥，建议 d_{cb} 取 0.045。W_p 为主机质量，$W_p = \alpha \times \mathrm{MHP}$，$\alpha$ 为单位功率主机质量，一般取 5.44×10^{-3} t/kW，MHP 是主机功率(kW)。W_m 为辅机质量，包括辅机、电站、轴系等的质量，$W_m = 1.5W_p + 0.03\Delta + 0.005V_{cb}$。$W_a$ 为舾装木作质量，$W_a = 0.055\,\nabla + 0.011V_{cb}$，$\nabla$ 为小水线面双体船的排水体积。W_f 为燃油淡水质量，$W_f = \beta \times \mathrm{MHP} \times R/v$，一般 β 取 0.224×10^{-3} t/(kW·h)，R 为续航力，v 为航速。

设计人员希望在满足小水线面双体船船型参数相关约束的条件下，使得小水线面双体船受到的水动总阻力最小、营运载质量最大。该多目标 MDO 问题的数学模型如下：

$$\text{求 } L_b/D_e, T, L_b, L_s, t_s$$

$$\begin{cases}
\text{Min: } F = C_v + C_w \\
\text{Max: } W_e = \Delta - W_s - W_p - W_m - W_a - W_f \\
\text{s.t.: } \sigma = \dfrac{F_s}{S} \leqslant 235\text{MPa} \\
\qquad F_s = 9.81abc\Delta \\
\qquad a = 3.24 - 0.55\log_{10}\Delta \\
\qquad b = 1.754 \times T/\Delta^{\frac{1}{3}} \\
\qquad c = 0.75 + 0.35\tanh(1.65 \times L_s/\Delta^{\frac{1}{3}} - 6.0) \\
\qquad 12 \leqslant L_b/D_e \leqslant 20 \\
\qquad 3.09 \leqslant T \leqslant 6.62 \\
\qquad 37.3 \leqslant L_b \leqslant 39.69 \\
\qquad 29.1 \leqslant L_s \leqslant 36.91 \\
\qquad 0.94 \leqslant t_s \leqslant 1.66 \\
\qquad 12.433 \leqslant 2b \leqslant 13.23
\end{cases} \tag{10-5}$$

首先，将小水线面双体船多目标 MDO 问题分解为两个子系统优化问题，如式(10-6)和式(10-7)所示，即得到一个二人博弈。其中，博弈参与者阻力控制设计变量 L_b/D_e 和 T，其优化目标是使得小水线面双体船受到的水动总阻力最小，博弈参与者重量控制设计变量 L_b、L_s 和 t_s，其优化目标是使得小水线面双体船的营运载质量最大。

多目标求解策略工程应用

参与者：阻力

求 $L_b/D_e, T$

$$\begin{cases} \text{Min}: F = C_v + C_w \\ \text{s.t.}: 12 \leqslant L_b/D_e \leqslant 20 \\ \qquad 3.09 \leqslant T \leqslant 6.62 \end{cases} \tag{10-6}$$

参与者：重量

求 L_b, L_s, t_s

$$\begin{cases} \text{Max}: W_e = \Delta - W_s - W_p - W_m - W_a - W_f \\ \text{s.t.}: \sigma = \dfrac{F_s}{S} \leqslant 235\text{MPa} \\ \qquad F_s = 9.81abc\Delta \\ \qquad a = 3.24 - 0.55\log_{10}\Delta \\ \qquad b = 1.754 \times T/\Delta^{\frac{1}{3}} \\ \qquad c = 0.75 + 0.35\tanh(1.65 \times L_s/\Delta^{\frac{1}{3}} - 6.0) \\ \qquad 37.3 \leqslant L_b \leqslant 39.69 \\ \qquad 29.1 \leqslant L_s \leqslant 36.91 \\ \qquad 0.94 \leqslant t_s \leqslant 1.66 \\ \qquad 12.433 \leqslant 2b \leqslant 13.23 \end{cases} \tag{10-7}$$

然后，分别对阻力和重量两个子系统优化问题的设计空间进行采样，在本例中依然采用 LHS 方法选取各个样本点(每个子系统选取 20 个样本点)。将阻力子系统中的样本点数据作为初始值输入到重量子系统中，对重量子系统进行优化，可以得到设计变量 L_b、L_s 和 t_s 的各组优化值。类似地，将重量子系统中的样本点数据作为初始值输入到阻力子系统中，对阻力子系统进行优化，可以得到设计变量 L_b/D_e 和 T 的各组优化值。

接着，设置 GEP 的相关求解参数，如表 10-10 所示。利用上一步骤中获得的样本点和相关最优值数据，分别构建五组 GEP 近似模型，即得到阻力和重量两个子系统的近似 RRS，其数学表达式分别为

$$\text{RRS}_{阻力}: \begin{cases} K = \dfrac{L_b L_s}{L_b + 2L_s} + t_s \\ T = \dfrac{L_b + L_s}{t_s L_s} + \dfrac{t_s}{L_b} + \dfrac{L_b + L_b t_s}{L_s} + 1 \end{cases} \tag{10-8}$$

$$\mathrm{RRS}_{\text{重量}}:\begin{cases} L_b = \dfrac{K^2 T}{KT - K - T^2} + T + \dfrac{2}{T} \\ L_s = 2K + 4T - T^2 + \dfrac{(1+T)T^2}{K} \\ t_s = \dfrac{KT}{K + KT + T^2} + \dfrac{T^2}{K^2(K+T)} + 1 \end{cases} \tag{10-9}$$

其中，$K = L_b/D_e$ 代表主体长径比。

表 10-10　GEP 求解参数设置

参　数	参数值	参　数	参数值
函数集	+,−,*,/	IS 插串概率	0.1
终端集	“a,b”; “a,b,c”	IS 插串长度	1,2,3
最大代数	200	RIS 插串概率	0.1
种群大小	50	RIS 插串长度	1,2,3
基因头部长度	7	基因插串概率	0.1
染色体基因个数	3	单点重组概率	0.3
连接函数	Addition	两点重组概率	0.3
变异概率	0.044	基因重组概率	0.1

最后，联立上述 5 个方程得到一个五元非线性方程组，对其求解可以得到在同时考虑小水线面双体船快速性和营运载质量两种性能优化指标的情况下，多目标 MDO 问题的 Nash 均衡解为

$$(L_b/D_e, T, L_b, L_s, t_s) = (13.808, 5.350, 38.165, 33.556, 1.643) \tag{10-10}$$

$$(C_v + C_w, W_e) = (0.003\,588, 225.727) \tag{10-11}$$

将上述优化结果与仅考虑小水线面双体船快速性性能指标时所获得的优化结果相比(如表 10-11 所示)，可以得出：在同时考虑快速性和营运载质量两种性能指标后，小水线面双体船受到的水动总阻力增大了，但其营运载质量相应提高了。

表 10-11　优化结果比较

船型参数与目标性能	初始值	KGCO 优化值	GEP+Nash 优化值
主体长度 L_b/m	38	37.3	38.165
主体长径比 L_b/D_e	13	12	13.808
支柱长度 L_s/m	30	29.1	33.556
支柱最大厚度 t_s/m	1	0.94	1.643
设计吃水 T/m	5	6.62	5.35
两片体纵中剖面间距 $2b$/m	12.667	12.433	12.722
主体棱形系数 C_{pb}	0.86	0.853	0.919

续表

船型参数与目标性能	初　始　值	KGCO 优化值	GEP＋Nash 优化值
支柱水线面系数 C_{ws}	0.667	0.667	0.667
排水量 Δ/t	535.581	624.04	647.173
总阻力系数 C_v+C_w	0.004 737	0.003 095	0.003 588
营运载重量 W_e/t	136.886	211.138	225.727

10.4.2　50 000DWT 散货船船型参数概念设计

本节将介绍 ATC-PP 方法在 50 000DWT 散货船船型参数概念设计中的应用[12]。表 10-12 给出了某 50 000DWT 散货船概念设计的相关变量和参数。在参考文献[13]中散货船优化例子的基础上，进一步完善例子中的学科变量，增加动力能耗系统、流体力学分析和船舶操纵系统的设计变量和参数，表 10-13 给出 50 000DWT 散货船概念设计的相关设计约束。

表 10-12　50 000DWT 散货船设计变量和参数

变　量	表 达 式	变　量	表 达 式
船长 L/m	—	钢质量 W_S/t	$0.034L^{1.7}B^{0.7}D^{0.4}C_B^{0.5}$
船宽 B/m	—	配备质量 W_O/t	$1.0L^{0.8}B^{0.6}D^{0.3}C_B^{0.5}$
船体深度 D/m	—	排水量 Δ/t	$1.025LBTC_B$
吃水 T/m	—	设备质量 W_M/t	$0.17P^{0.9}$
方形系数 C_B	—	空船质量 W_{LS}/t	$W_S+W_O+W_M$
船速 V/knots	—	载质量 DWT/t	$\Delta-W_{LS}$
兴波阻力系数 C_W	$-\dfrac{F_1}{0.5\rho V^2 S}$	其他最大质量 DWT_M/t	$2.0DWT^{0.5}$
行波阻力估算 F_1/N	$-\iint_{SB} p\bar{n}\,ds$	货物最大质量 DWT_C/t	$DWT-FC-DWT_M$
船体湿表面积 S/m^2	—	功率 P/kW	$\dfrac{\sqrt[3]{\Delta^2 V^3}}{a+bF_n}$
船体表面法向单位矢量 $\bar{n}$	—	燃油价格 FP/(£/t)	100
旋回初径 D_T/m	—	燃油费用 C_F/(£/t)	$1.05(DC)(D_S)(FP)$
船体操纵横向力系数 C_L	$\dfrac{F_y}{0.5\rho V^2 L^2}$	所载燃油质量 FC/t	$(DC)(D_S+5)$
船体操纵横向力 F_y/N	$-\iint_{SB} pn_y\,ds$	造船费用 C_S/£	$1.3(2000W_S^{0.85}+3500W_O+2400P^{0.8})$
船体操纵首摇力矩系数 C_M	$\dfrac{M_Z}{0.5\rho V^2 L^3}$	投资费用 C_C/£	$0.2C_S$

续表

变　量	表达式	变　量	表达式
船体操纵首摇力矩 $M_Z/(\mathrm{N\cdot m})$	$-\iint_{SB} p(x\cdot n_y - y\cdot n_x)\mathrm{d}s$	运行费用 C_R/£	$40\,000\mathrm{DWT}^{0.3}$
船体直线航行稳定性 R	—	日均油耗 DC/t	$\frac{(0.19)(24)P}{1000}+0.2$
航行里程 RTM/nm	5000	装卸率 HR/(t/d)	8000
航行时间 D_S/d	$\frac{\mathrm{RTM}}{24V}$	在港时间 D_p/d	$2\left(\frac{\mathrm{DWT_C}}{\mathrm{HR}}+0.5\right)$
参数 C_1	$4977.06C_B^2-8105.61C_B+4456.51$	每年往返航程 RTPA/次	$\frac{350}{D_S+D_P}$
参数 C_2	$-10\,847.2C_B^2+12\,817C_B-6960.32$	港口花费 C_P/£	$6.3\mathrm{DWT}^{0.8}$
佛汝德数 F_n	$\frac{V_f}{\sqrt{gL}}, V_f=0.5144V, g=9.81$	航行花费 C_V/£	$(C_F+C_P)(\mathrm{RTPA})$
年花费 C_A/£	$C_C+C_R+C_V$	年运送货物 AC/t	$(\mathrm{DWT_C})(\mathrm{RTPA})$
运输费用 C_T/£	$\frac{C_A}{AC}$	重心重力 $\mathrm{BM_T}$/N	$\frac{(0.085C_B-0.002)B^2}{TC_B}$
KB/N	$0.53T$	KG/N	$1.0+0.52D$
静水中拱弯矩 $M_{\mathrm{SW,H}}/(\mathrm{N\cdot m})$	$175CL^2B(C_B+0.7)\cdot 10^{-3}-M_{\mathrm{WV,H}}$	波浪中拱弯矩 $M_{\mathrm{WV,H}}/(\mathrm{N\cdot m})$	$190F_M f_P CL^2BC_B\cdot 10^{-3}$
静水中垂弯矩 $M_{\mathrm{SW,S}}/(\mathrm{N\cdot m})$	$175CL^2B(C_B+0.7)\cdot 10^{-3}-M_{\mathrm{WV,S}}$	波浪中垂弯矩 $M_{\mathrm{WV,S}}/(\mathrm{N\cdot m})$	$110F_M f_P CL^2B(C_B+0.7)\cdot 10^{-3}$
弯矩分布系数 F_M	1.0	波浪参数 C	$10.75-\left(\frac{300-L}{100}\right)^{1.5}$

表 10-13　50 000DWT 散货船设计优化约束

序号	表达式	序号	表达式
C1	$170\leqslant L\leqslant 200$	C10	$T-0.45\mathrm{DWT}^{0.31}\leqslant 0$
C2	$30.335\leqslant B\leqslant 31.846$	C11	$T-0.7D+0.7\leqslant 0$
C3	$16.823\leqslant D\leqslant 17.089$	C12	$\mathrm{DWT}-55\,000\leqslant 0$
C4	$9.7687\leqslant T\leqslant 11.468$	C13	$45\,000-\mathrm{DWT}\leqslant 0$
C5	$0.63\leqslant C_B\leqslant 0.78$	C14	$F_n-0.4\leqslant 0$
C6	$6\leqslant V\leqslant 16$	C15	$0.07B-\mathrm{KB}-\mathrm{BM_T}+\mathrm{KG}\leqslant 0$
C7	$6-\frac{L}{B}\leqslant 0$	C16	$\frac{D_T}{L}-5\leqslant 0$
C8	$\frac{L}{D}-15\leqslant 0$	C17	$(\mathrm{DC})(D_S+5)-1000\leqslant 0$
C9	$\frac{L}{T}-19\leqslant 0$	C18	$1400-(\mathrm{DC})(D_S+5)\leqslant 0$

采用 ATC-PP 方法对散货船概念设计进行分析，将散货船概念设计分为系统级和子系统级，子系统级包括船体结构、船体外部型线与阻力、动力能耗及费用和船舶操纵 4 个子系统，如图 10-43 所示[12]。其中系统级的设计优化目标为

$$\min C_{\mathrm{T}}=\frac{C_{\mathrm{A}}}{\mathrm{AC}},\quad \min W_{\mathrm{LS}}=W_{\mathrm{S}}+W_{\mathrm{O}}+W_{\mathrm{M}} \tag{10-12}$$

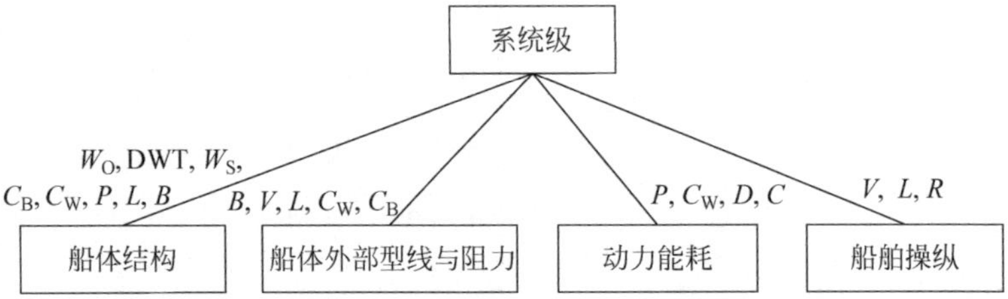

图 10-43　50000DWT 散货船概念设计系统分解图

采用 ATC-PP 方法对此散货船概念设计协调分解，分解模型表达如下：

系统级模型：

$$\begin{cases}
\text{Min}: P_{11}=\lg\dfrac{1}{17}\{\tilde{g}[g(C_T)]+\bar{g}[g(W_{\mathrm{LS}})]+\bar{g}[g_{(1)(2)}^{R}\|W_{\mathrm{S2}}^{1}-W_{\mathrm{S2}}^{2}\|_2^2]+\\
\qquad\bar{g}[g_{(1)(2)}^{R}\|W_{\mathrm{M2}}^{1}-W_{\mathrm{M2}}^{2}\|_2^2]+\bar{g}[g_{(1)(2)}^{R}\|W_{\mathrm{O2}}^{1}-W_{\mathrm{O2}}^{2}\|_2^2]+\\
\qquad\bar{g}[g_{(1)(2)}^{R}\|C_{\mathrm{A2}}^{1}-C_{\mathrm{A2}}^{2}\|_2^2]+\bar{g}[g_{(1)(2)}^{R}\|\mathrm{AC}_2^{1}-\mathrm{AC}_2^{2}\|_2^2]+\\
\qquad\bar{g}[g_{(1)(2)}^{R}\|R_2^{1}-R_2^{2}\|_2^2]+\bar{g}[g_{(1)(2)}^{R}\|C_{\mathrm{W2}}^{1}-C_{\mathrm{W2}}^{2}\|_2^2]+\\
\qquad\sum\limits_{i=1,3}\bar{g}[g_{(1)(2)}^{y}\|P_{i2}^{1}-P_{i2}^{2}\|_2^2]+\sum\limits_{i=2,4}\bar{g}[g_{(1)(2)}^{y}\|L_{i2}^{1}-L_{i2}^{2}\|_2^2]+\\
\qquad\sum\limits_{i=2,4}\bar{g}[g_{(1)(2)}^{y}\|V_{i2}^{1}-V_{i2}^{2}\|_2^2]+\sum\limits_{i=1,2}\bar{g}[g_{(1)(2)}^{y}\|B_{i2}^{1}-B_{i2}^{2}\|_2^2]\}\\
\text{s.t.}:\ 8.2\leqslant C_{\mathrm{T}}\leqslant 8.8\\
\qquad 6898.44\leqslant W_{\mathrm{LS}}\leqslant 10\,214.16\\
\qquad 0\leqslant\|W_{\mathrm{S2}}^{1}-W_{\mathrm{S2}}^{2}\|_2^2\leqslant 400\\
\qquad 0\leqslant\|W_{\mathrm{M2}}^{1}-W_{\mathrm{M2}}^{2}\|_2^2\leqslant 30\\
\qquad 0\leqslant\|W_{\mathrm{O2}}^{1}-W_{\mathrm{O2}}^{2}\|_2^2\leqslant 55\\
\qquad 0\leqslant\|C_{\mathrm{W2}}^{1}-C_{\mathrm{W2}}^{2}\|_2^2\leqslant 150\\
\qquad 0\leqslant\|C_{\mathrm{A2}}^{1}-C_{\mathrm{A2}}^{2}\|_2^2\leqslant 2\times 10^5\\
\qquad 0\leqslant\|\mathrm{AC}_2^{1}-\mathrm{AC}_2^{2}\|_2^2\leqslant 5\times 10^4\\
\qquad 0\leqslant\|R_2^{1}-R_2^{2}\|_2^2\leqslant 0.1\\
\qquad 0\leqslant\|P_{i2}^{1}-P_{i2}^{2}\|_2^2\leqslant 400,\quad i=1,3\\
\qquad 0\leqslant\|L_{i2}^{1}-L_{i2}^{2}\|_2^2\leqslant 10,\quad i=1,2,4\\
\qquad 0\leqslant\|V_{i2}^{1}-V_{i2}^{2}\|_2^2\leqslant 0.5,\quad i=2,4\\
\qquad 0\leqslant\|B_{i2}^{1}-B_{i2}^{2}\|_2^2\leqslant 0.8,\quad i=1,2
\end{cases} \tag{10-13}$$

船体结构子系统：

$$\begin{cases}\text{Min}: P_{21}=\lg\frac{1}{6}\{\bar{g}[g^{R}_{(1)(2)}\|W^1_{S2}-W^2_{S2}\|^2_2]+\bar{g}[g^{R}_{(1)(2)}\|W^1_{M2}-W^2_{M2}\|^2_2]+\\ \qquad\bar{g}[g^{R}_{(1)(2)}\|W^1_{O2}-W^2_{O2}\|^2_2]+\bar{g}[g^{y}_{(1)(2)}\|P^1_{12}-P^2_{12}\|^2_2]+\\ \qquad\bar{g}[g^{y}_{(1)(2)}\|L^1_{12}-L^2_{12}\|^2_2]+\bar{g}[g^{y}_{(1)(2)}\|B^1_{12}-B^2_{12}\|^2_2]\}\\ \text{s. t.}: \text{C1,C2,C3,C4,C5,C7,C8,C9,C10,C11,C12,C13,C15}\\ \qquad 0\leqslant\|W^1_{S2}-W^2_{S2}\|^2_2\leqslant 400\\ \qquad 0\leqslant\|W^1_{M2}-W^2_{M2}\|^2_2\leqslant 30\\ \qquad 0\leqslant\|W^1_{O2}-W^2_{O2}\|^2_2\leqslant 55\\ \qquad 0\leqslant\|P^1_{12}-P^2_{12}\|^2_2\leqslant 400\\ \qquad 0\leqslant\|L^1_{12}-L^2_{12}\|^2_2\leqslant 10\\ \qquad 0\leqslant\|B^1_{12}-B^2_{12}\|^2_2\leqslant 0.8\end{cases}\tag{10-14}$$

船体外部型线与阻力子系统：

$$\begin{cases}\text{Min}: P_{22}=\lg\frac{1}{4}\{\bar{g}[g^{R}_{(1)(2)}\|C^1_{W2}-C^2_{W2}\|^2_2]+\bar{g}[g^{y}_{(1)(2)}\|V^1_{22}-V^2_{22}\|^2_2]+\\ \qquad\bar{g}[g^{y}_{(1)(2)}\|L^1_{22}-L^2_{22}\|^2_2]+\bar{g}[g^{y}_{(1)(2)}\|B^1_{22}-B^2_{22}\|^2_2]\}\\ \text{s. t.}: \text{C1,C6,C14}\\ \qquad 0\leqslant\|C^1_{W2}-C^2_{W2}\|^2_2\leqslant 150\\ \qquad 0\leqslant\|V^1_{22}-V^2_{22}\|^2_2\leqslant 0.5\\ \qquad 0\leqslant\|L^1_{22}-L^2_{22}\|^2_2\leqslant 10\\ \qquad 0\leqslant\|B^1_{22}-B^2_{22}\|^2_2\leqslant 0.8\end{cases}\tag{10-15}$$

动力能耗及费用子系统：

$$\begin{cases}\text{Min}: P_{23}=\lg\frac{1}{3}\{\bar{g}[g^{R}_{(1)(2)}\|C^1_{A2}-C^2_{A2}\|^2_2]+\bar{g}[g^{R}_{(1)(2)}\|\text{AC}^1_2-\text{AC}^2_2\|^2_2]+\\ \qquad\bar{g}[g^{y}_{(1)(2)}\|P^1_{32}-P^2_{32}\|^2_2]\}\\ \text{s. t.}: \text{C17,C18}\\ \qquad 0\leqslant\|C^1_{A2}-C^2_{A2}\|^2_2\leqslant 2\times10^5\\ \qquad 0\leqslant\|\text{AC}^1_2-\text{AC}^2_2\|^2_2\leqslant 5\times10^4\\ \qquad 0\leqslant\|P^1_{32}-P^2_{32}\|^2_2\leqslant 400\end{cases}\tag{10-16}$$

船舶操纵子系统：

$$\begin{cases}\text{Min}: P_{24}=\lg\frac{1}{3}\{\bar{g}[g^{R}_{(1)(2)}\|R^1_2-R^2_2\|^2_2]+\bar{g}[g^{y}_{(1)(2)}\|V^1_{42}-V^2_{42}\|^2_2]+\\ \qquad\bar{g}[g^{y}_{(1)(2)}\|L^1_{42}-L^2_{42}\|^2_2]\}\\ \text{s. t.}: \text{C1,C6,C16}\end{cases}$$

$$\begin{cases} 0 \leqslant \| R_2^1 - R_2^2 \|_2^2 \leqslant 0.1 \\ 0 \leqslant \| L_{42}^1 - L_{42}^2 \|_2^2 \leqslant 10, \quad i=2,4 \\ 0 \leqslant \| V_{42}^1 - V_{42}^2 \|_2^2 \leqslant 0.5, \quad i=2,4 \end{cases} \tag{10-17}$$

其中,相关容差变量的偏好函数区间定义如下:

(1) C_T 表示平均每吨货物的运输费用,值越小越好。[8.2,8.32]为高度满意区域;[8.32,8.44]为满意区域;[8.44,8.56]为可容忍区域;[8.56,8.68]为不满意区域;[8.68,8.8]为高度不满意区域;[8.8,+∞]为不可行区域。

(2) W_{LS} 表示空船质量,值越小越好。[9000,9100]为高度满意区域;[9100,9200]为满意区域;[9200,9300]为可容忍区域;[9300,9400]为不满意区域;[9400,9500]为高度不满意区域;[9500,+∞]为不可行区域。

(3) $\| W_{S2}^1 - W_{S2}^2 \|_2^2$ 表示钢的质量容差,值越小越好。[0,80]为高度满意区域;[80,160]为满意区域;[160,240]为可容忍区域;[240,320]为不满意区域;[320,400]为高度不满意区域;[400,+∞]为不可行区域。

(4) $\| W_{M2}^1 - W_{M2}^2 \|_2^2$ 表示船上设备质量容差。[0,6]为高度满意区域;[6,12]为满意区域;[12,18]为可容忍区域;[18,24]为不满意区域;[24,30]为高度不满意区域;[30,+∞]为不可行区域。

(5) $\| W_{O2}^1 - W_{O2}^2 \|_2^2$ 表示船上配备质量容差。[0,11]为高度满意区域;[11,22]为满意区域;[22,33]为可容忍区域;[33,44]为不满意区域;[44,55]为高度不满意区域;[55,+∞]为不可行区域。

(6) $\| C_{W2}^1 - C_{W2}^2 \|_2^2$ 表示行波阻力系数容差。[0,0.2×10⁻⁴]为高度满意区域;[0.2×10⁻⁴,0.4×10⁻⁴]为满意区域;[0.4×10⁻⁴,0.6×10⁻⁴]为可容忍区域;[0.6×10⁻⁴,0.8×10⁻⁴]为不满意区域;[0.8×10⁻⁴,1.0×10⁻⁴]为高度不满意区域;[1.0×10⁻⁴,+∞]为不可行区域。

(7) $\| C_{A2}^1 - C_{A2}^2 \|_2^2$ 表示年花费容差。[0.4×10⁴]为高度满意区域;[4×10⁴,8×10⁴]为满意区域;[8×10⁴,1.2×10⁵]为可容忍区域;[1.2×10⁵,1.6×10⁵]为不满意区域;[1.6×10⁵,2.0×10⁵]为高度不满意区域;[2.0×10⁵,+∞]为不可行区域。

(8) $\| AC_2^1 - AC_2^2 \|_2^2$ 表示年运送货物质量容差。[0,1×10⁴]为高度满意区域;[1×10⁴,2×10⁴]为满意区域;[2×10⁴,3×10⁴]为可容忍区域;[3×10⁴,4×10⁴]为不满意区域;[4×10⁴,5×10⁴]为高度不满意区域;[5×10⁴,+∞]为不可行区域。

(9) $\| R_2^1 - R_2^2 \|_2^2$ 表示船体直线航行稳定性容差。[0,2%]为高度满意区域;[2%,4%]为满意区域;[4%,6%]为可容忍区域;[6%,8%]为不满意区域;[8%,10%]为高度不满意区域;[10%,+∞]为不可行区域。

(10) $\| P_{i2}^1 - P_{i2}^2 \|_2^2 (i=1,3)$ 表示实际功率容差。[0,80]为高度满意区域;[80,160]为满意区域;[160,240]为可容忍区域;[240,320]为不满意区域;[320,

400]为高度不满意区域；[400,+∞]为不可行区域。

(11) $\| L_{i2}^1 - L_{i2}^2 \|_2^2 (i=2,4)$表示船长的容差。[0,2]为高度满意区域；[2,4]为满意区域；[4,6]为可容忍区域；[6,8]为不满意区域；[8,10]为高度不满意区域；[10,+∞]为不可行区域。

(12) $\| V_{i2}^1 - V_{i2}^2 \|_2^2 (i=2,4)$表示船速的容差。[0,0.1]为高度满意区域；[0.1,0.2]为满意区域；[0.2,0.3]为可容忍区域；[0.3,0.4]为不满意区域；[0.4,0.5]为高度不满意区域；[0.5,+∞]为不可行区域。

子系统之间没有直接的相互联系，通过连接变量与父元素的连接变量传递信息、对于船体结构和船体外部型线与阻力这两个子系统，经过分析，其连接变量C_B、B和C_W存在耦合关系。根据 Lyapunov 直接法求解并判断出耦合变量解耦后的值与其稳定性。参考 3 个变量容差的偏好函数区间划分，确定 3 个变量C_B、B和C_W建立响应面近似模型的区间为：[0.63,0.78]，[30.335,31.846]，[1.1,1.2]。分别采样，建立响应面近似模型，标准化后得到：

$$\begin{cases} C_B(C_W) = 0.7528 + 0.23579C_W - 0.27793C_W^2 \\ B(C_W) = 0.3264 - 0.8725C_W + 0.5384C_W^2 \\ C_W(C_B) = 0.32711 - 0.87251C_B + 0.4318C_B^2 \end{cases} \tag{10-18}$$

求解式(11-18)，并将其对应于初始坐标系得到：

$$\begin{cases} C_B = 0.752 \\ B = 31.17 \\ C_W = 1.1 \end{cases} \tag{10-19}$$

将式(11-18)改写成为离散变量系统后，并进行坐标转化，得到下面以均衡点为原点的公式：

$$\begin{cases} C_B(k+1) = 0.28744C_W(k)^2 + 0.84736C_W(k) \\ B(k+1) = 0.08373C_W(k)^2 + 0.32398C_W(k) \\ C_W(k+1) = 0.28318C_B(k)^2 + 0.8271C_B(k) \end{cases} \tag{10-20}$$

坐标变换后C_B、B和C_W 3 个变量的区间为[−0.386,1.614]，[−0.46,1.54]，[−0.433,1.567]。其中，C_B和C_W相互耦合。下式表明了船体结构和船体外部型线与阻力这两个子系统的稳定性：

$$\begin{aligned} C_B(k+1) &= 0.28744C_W(k)^2 + 0.84736C_W(k) \\ C_W(k+1) &= 0.28318C_B(k)^2 + 0.8271C_B(k) \end{aligned} \tag{10-21}$$

假设式(10-22)为船体结构和船体外部型线与阻力这两个子系统构成设计空间的 Lyapunov 函数：

$$V = aC_B^2 + bC_BC_W + cC_W^2 \tag{10-22}$$

采用 Matlab 中的 SOSTOOLS 工具箱，求解式(10-22)中的系数。要分析 A 和 B 两个子系统构成设计空间的稳定性，就是要确定 Lyapunov 函数V是否正定，并且$V(k+1)-V(k)$是否负定。求解式(10-22)的系数可得：

$$V=2.189C_B^2+1.876C_BC_W+4.78C_W^2 \tag{10-23}$$

$$V=[C_B \quad C_W]\cdot\begin{bmatrix}2.189 & 0.938\\0.938 & 4.78\end{bmatrix}\cdot\begin{bmatrix}C_B\\C_W\end{bmatrix} \tag{10-24}$$

式(10-24)中矩阵的特征值为 1.8851 和 5.0839,因此 V 是正定的。图 10-44 表示 $V(k+1)-V(k)$ 在整个设计空间中为负定,能够保证均衡点的稳定性,因此前面所述的纳什均衡点在子系统船体结构和船体外部型线与阻力中是稳定的,上述 3 个响应面近似模型联立求得的 C_B、B 和 C_W 3 个变量的解在整个系统中是稳定的均衡点,可作为解耦的最后方案。

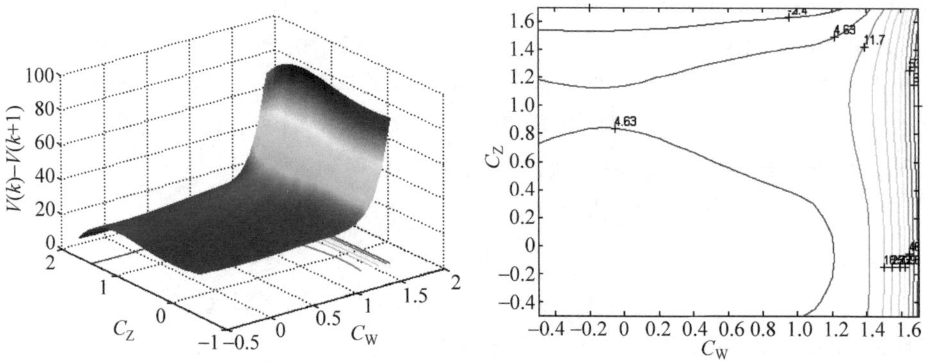

图 10-44 $V(k)-V(k+1)$函数图

在散货船船型参数概念设计中采用 ATC-PP 方法,第二级子系统包含船体结构、船体外部型线与阻力、动力能耗及费用和船舶操纵 4 个子系统,按照基于贝叶斯变量选择方法的 Kriging 模型构建方法[12],对四个子系统的分析模块分别建立 B-Kriging 模型如下:

$$Y_1=1.8437+0.373L_1\cdot B_q-3.27L_q+2.3977D_q-0.654C_{Bl}-5.482D_1C_{Bq}\hat{r}(x)^TR^{-1}(y-F_B\hat{\beta}_B)$$

$$Y_2=3.6462-0.023L_q\cdot V_q-0.569L_q+1.733V_q-0.32V_1+\hat{r}(x)^TR^{-1}(y-F_V\hat{\beta}_V)$$

$$Y_3=0.7635+1.032P_q\cdot FP_l+0.827P_1+\hat{r}(x)^TR^{-1}(y-F_P\hat{\beta}_P)$$

$$Y_4=0.983-1.213L_1\cdot V_q+0.3998L_q+1.733V_1+\hat{r}(x)^TR^{-1}(y-F_L\hat{\beta}_L)$$

这 4 个 B-Kriging 模型可代替散货船船型参数概念设计中 ATC-PP 中元素的分析模块,在连接变量强制保留的基础上,能够很好地保证计算精度和耦合变量的解耦稳定性。表 10-14 给出了 50 000DWT 散货船所采用 ATC-PP 方法和协同优化方法的主要参数和主要设计变量的优化结果对比。结果表明,采用 ATC-PP 得到的结果相对 CO 方法得到的结果在船舶的主尺度设计优化方面,尺寸相对较小,但在整船的经济性方面两种方案的优化结果相差不大,ATC-PP 方法得到的方案更有优势,因为其主尺度较小,重量较轻,成本相对低,相同投入下能够收到相对较大的利润，并且其操纵性也有相对优势。并且从表 10-15 和表 10-16 可以看出，ATC-PP 方法进一步反映出船舶设计人员对优化目标、设计变量容差和元素响应容差的偏好，能够看出优化结果是否符合工程设计人员的学科偏好。

表 10-14　50 000DWT 散货船优化后主要参数、变量对比

变量	ATC-PP	CO	变量	ATC-PP	CO
船长 L	189.2	194.4	钢质量 W_S	7539.315	7831.459
船宽 B	31.17	32.2	配备质量 W_O	1059.47	1076.546
船体深度 D	16.92	16.0	排水量 Δ	49 000	51 000
吃水 T	10.5	11.0	设备质量 W_M	609.4	609.4
方形系数 C_B	0.752	0.74	空船质量 W_{LS}	9200	9500
船速 V	14.5	14	载质量 DWT	39 790	41 400
行波阻力系数 C_W	1.1	1.2	其他最大质量 DWT_M	400	408
旋回初径 D_T	515.3	543.8	货物最大质量 DWT_C	39 121	39 332
船体操纵横向力系数 C_L	0.34	0.36	功率 P	8912	8970
船体操纵首摇力矩系数 C_M	0.16	0.18	在港时间 D_p	10.54	11.22
船体直线航行稳定性 R	2%	2%	每年往返航程 RTPA	12.86	12.1
航行里程 RTM	5000	4800	航行花费 C_V	0.986M	1.01M
参数 C_1	1175.638 61	1184.0926	年运送货物 AC	581 000	581 880
参数 C_2	−3609.875	−3415.667	波浪中拱弯矩 $M_{WV,H}$	1 447 632	1 572 622
佛汝德数 F_n	0.18	0.17	波浪中垂弯矩 $M_{WV,S}$	−977 676	−1 122 814
年花费 C_A	4.8M	5.0M	静水中拱弯矩 $M_{SW,H}$	1 097 056	1 171 579
运输费用 C_T	8.3	8.6	静水中垂弯矩 $M_{SW,S}$	−659 023	−728 373
波浪参数 C	9.58	9.66	弯矩分布系数 F_M	1.0	1.0

表 10-15　子系统响应与连接变量容差结果

容　差	初 始 值	优 化 的 值
C_T	8.5	8.3
W_{LS}	9350	9200
$\Vert W_{S2}^1 - W_{S2}^2 \Vert_2^2$	152.85	187.23
$\Vert W_{M2}^1 - W_{M2}^2 \Vert_2^2$	9.88	5.43

续表

容差	初始值	优化的值
$\parallel W_{O2}^1 - W_{O2}^2 \parallel_2^2$	37.5	8.8
$\parallel C_{W2}^1 - C_{W2}^2 \parallel_2^2$	2.0×10^{-4}	0.5×10^{-4}
$\parallel C_{A2}^1 - C_{A2}^2 \parallel_2^2$	7.5×10^4	0.384×10^4
$\parallel AC_2^1 - AC_2^2 \parallel_2^2$	0.87×10^4	0.672×10^4
$\parallel R_2^1 - R_2^2 \parallel_2^2$	4%	2%
$\parallel P_{i2}^1 - P_{i2}^2 \parallel_2^2$	110	100
$\parallel L_{i2}^1 - L_{i2}^2 \parallel_2^2$	4.5	2.23
$\parallel V_{i2}^1 - V_{i2}^2 \parallel_2^2$	0.09	0.078

表 10-16　50 000DWT 散货船 ATC-PP 方法优化结果

容差标准	高度满意	满意	可容忍	不满意	高度不满意	不可行
C_T	●			○		
W_{LS}		●		○		
$\parallel W_{S2}^1 - W_{S2}^2 \parallel_2^2$		○	●			
$\parallel W_{M2}^1 - W_{M2}^2 \parallel_2^2$	●		○			
$\parallel W_{O2}^1 - W_{O2}^2 \parallel_2^2$		●				○
$\parallel C_{W2}^1 - C_{W2}^2 \parallel_2^2$			●			○
$\parallel C_{A2}^1 - C_{A2}^2 \parallel_2^2$		●	○			
$\parallel AC_2^1 - AC_2^2 \parallel_2^2$	●○					
$\parallel R_2^1 - R_2^2 \parallel_2^2$	●	○				
$\parallel P_{i2}^1 - P_{i2}^2 \parallel_2^2$		●○				
$\parallel L_{i2}^1 - L_{i2}^2 \parallel_2^2$		●	○			
$\parallel V_{i2}^1 - V_{i2}^2 \parallel_2^2$	●○					

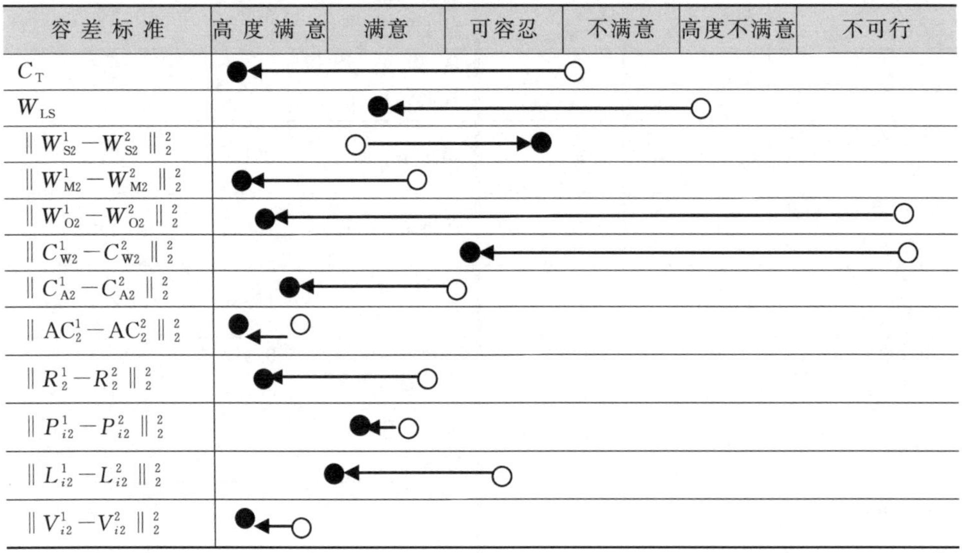

○表示初始点位置；●表示优化后点的位置。

按照前述设计优化结果，采用三维造型软件造型，在 ANSYS 和 FLUENT 软件中进行仿真验证。由于散货船的内部结构设计要求和约束都是按照中国船级社《散货船共同结构规范》进行的设计优化，所以对整船的扭转、振动模态和船舶航行阻力进行仿真。图 10-45 为 50 000DWT 散货船的三维造型和网格划分。对船体的扭转仿真受力示意如图 10-46 所示，船体最大位移为 111.8mm，最大转动角度为 0.22°，符合《散货船共同结构规范》要求。新船的主机采用 Man B&W 5S60MC，以主机的振动作为主要激励，来分析整船的模态固有频率，如图 10-47 所示。由于船体振动响应的最大值一般位于上层建筑或甲板室顶部。因此，散货船船强迫响应计算的有限元模型一般应包含上层建筑或甲板室等。表 10-17 为 Man B&W 5S60MC 的各阶激振频率。表 10-18 列出了满载出港时整船前 8 阶固有频率。

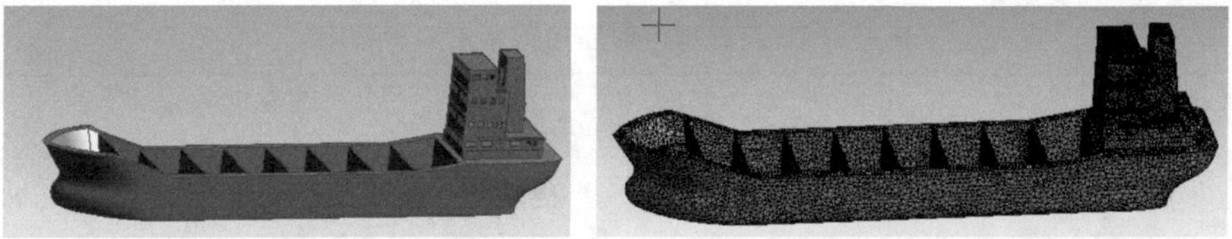

(a) (b)

图 10-45 50 000DWT 散货船的三维造型和网格划分

(a) 三维图；(b) 网格图

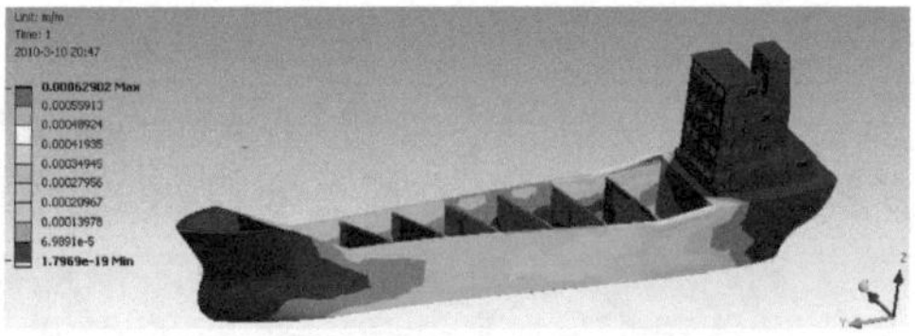

图 10-46 50 000DWT 散货船整船扭转受力示意图

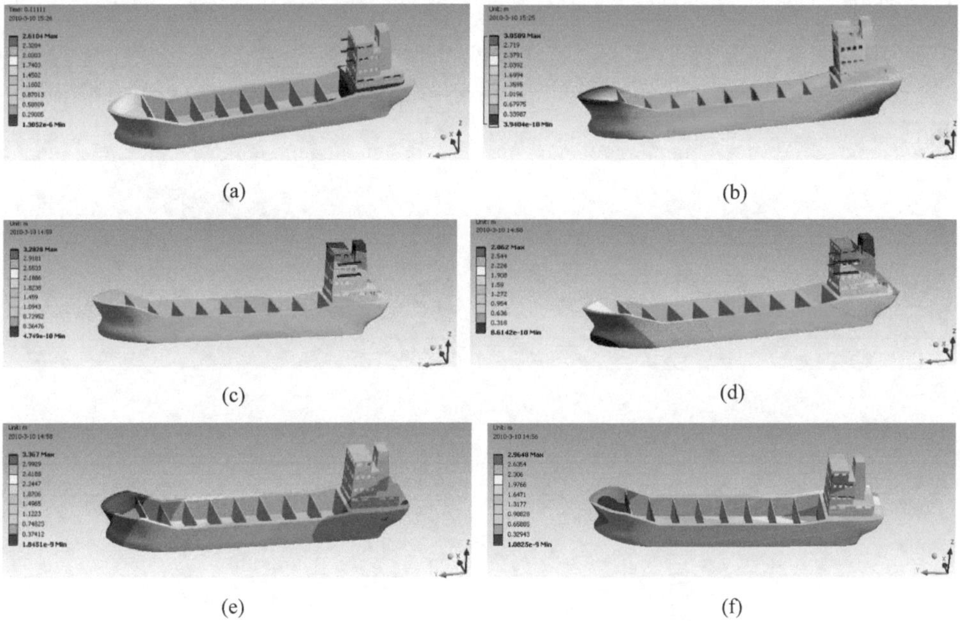

(a) (b) (c) (d) (e) (f)

图 10-47 50 000DWT 散货船的整船模态响应

(a) 整船 1 阶模态响应；(b) 整船 2 阶模态响应；(c) 整船 3 阶模态响应；(d) 整船 6 阶模态响应；(e) 整船 7 阶模态响应；(f) 整船 8 阶模态响应

表 10-17 Man B&W 5S60MC 各阶激振频率

阶次	1	2	3	4	7
激振频率/Hz	1.7	3.6	5.2	6.8	11.9

表 10-18　满载出港时整船前 8 阶固有频率

阶次	1	2	3	4	5	6	7	8
激振频率/Hz	0.34	0.58	0.65	1.12	1.38	1.52	1.89	1.96

表 10-17 和表 10-18 表明，主机的各阶激振频率与整船满载出港前 8 阶固有频率是错开的，因此，此设计方案在模态振动仿真中认为可行。

图 10-48～图 10-50 分别表示设计优化后散货船在水中静压阻力、动压阻力和总阻力的仿真效果图。这 3 张图中分别有 3 张分图(a)、(b)、(c)，分别表示船体在 10 节、12 节和 14.5 节的阻力分布情况。图 10-48～图 10-50 表明，船舶的外形在水中的静压阻力、动压阻力都分布良好，静压阻力时球鼻艏处压力最大，在计算动压阻力时球鼻艏将动压阻力分到两侧船舷，起到较好的兴波减阻作用。通过上述仿真分析验证了采用 ATC-PP 方法在 50 000DWT 散货船船型参数概念设计中的有效性，从实际工程应用层面对该 MDO 求解策略进行了验证。

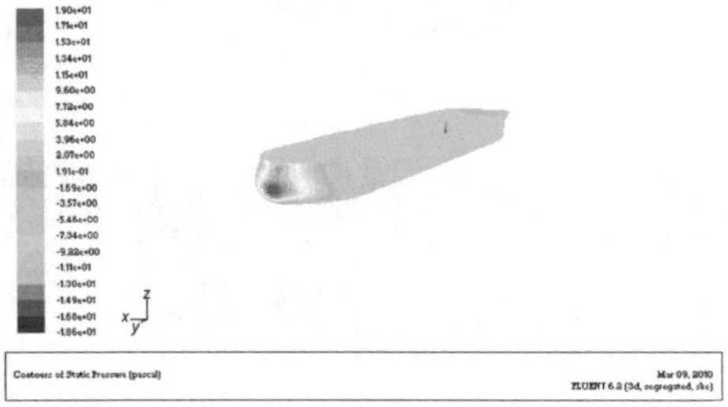

(a)

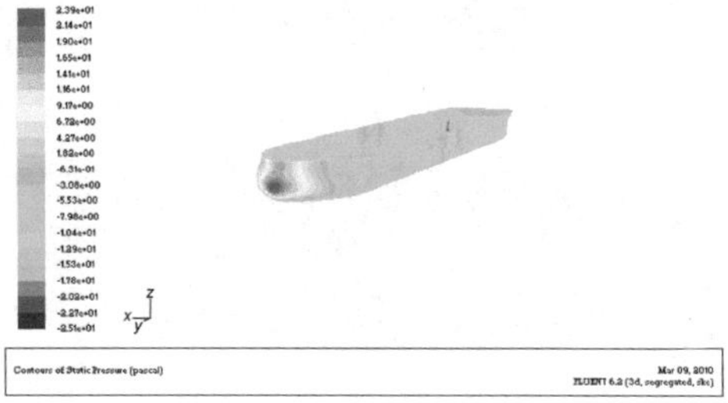

(b)

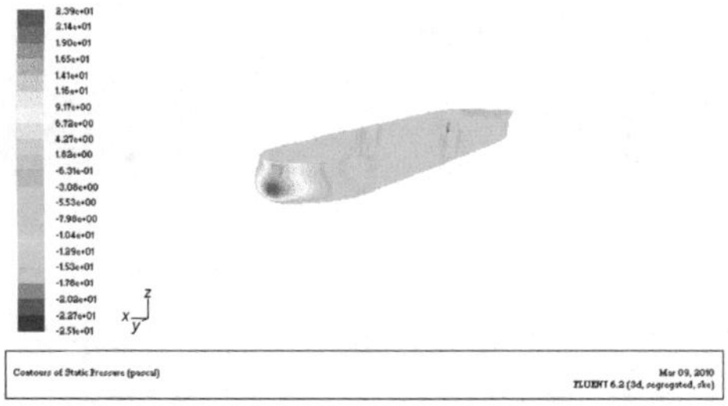

(c)

图 10-48　散货船流体分析表面静压力分布

(a) 速度为 10 节表面静压分布；(b) 速度为 12 节表面静压分布；(c) 速度为 14.5 节表面静压分布

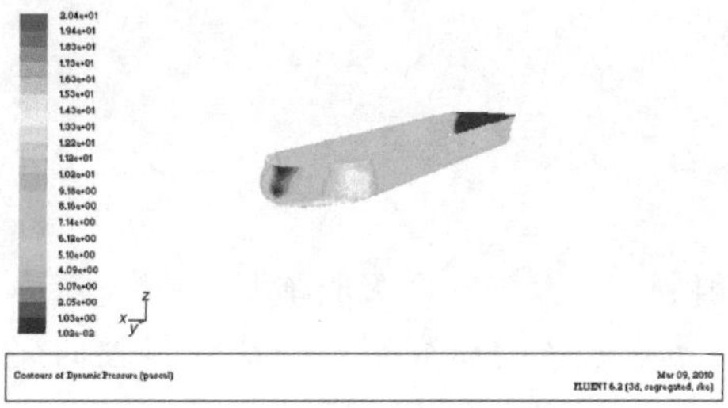

(a)

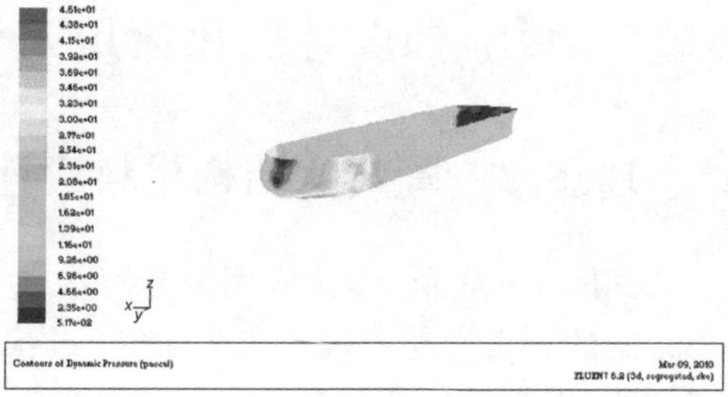

(b)

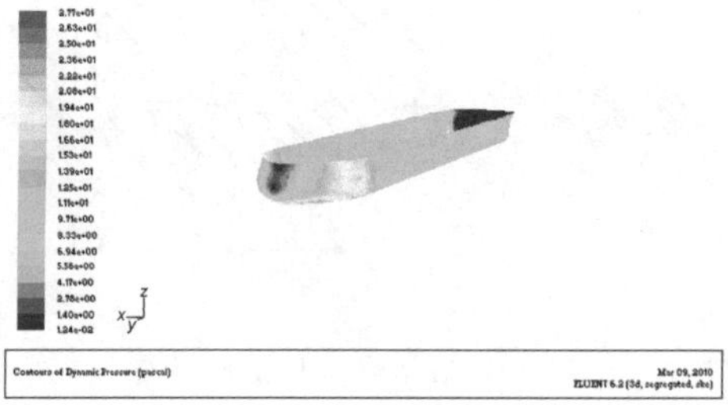

(c)

图 10-49　散货船流体分析表面动压力分布

(a) 速度为 10 节表面动压分布；(b) 速度为 12 节表面动压分布；(c) 速度为 14.5 节表面动压分布

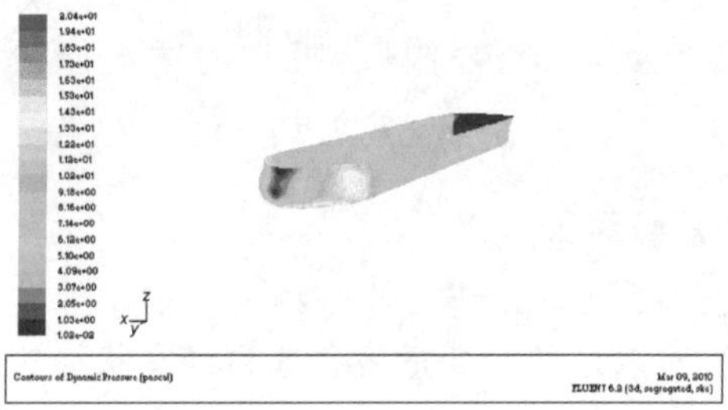

(a)

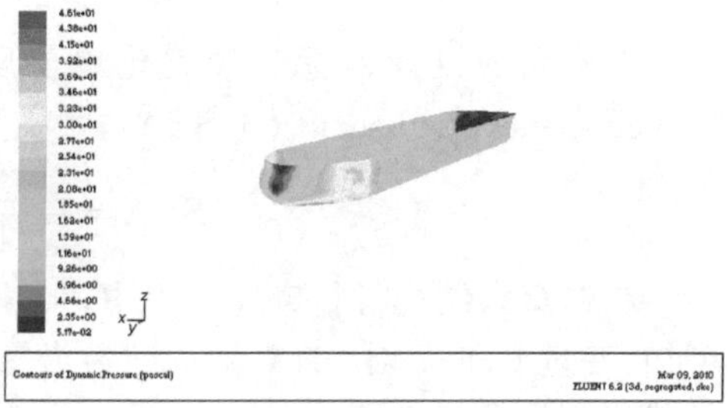

(b)

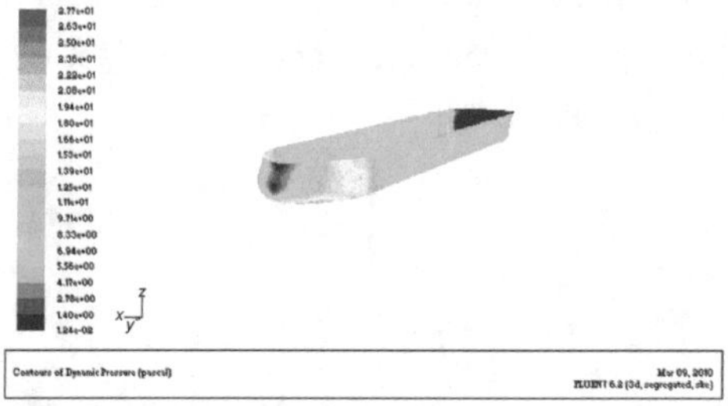

(c)

图 10-50　散货船流体分析表面总压力分布

(a) 速度为 10 节表面总压分布；(b) 速度为 12 节表面总压分布；(c) 速度为 14.5 节表面总压分布

10.5 可靠性设计优化应用案例

10.5.1 蜂窝状结构材料设计

如图10-51所示，该应用为蜂窝状结构材料[14]，由于它在吸收能量、隔热、消声等方面的突出性能而成为当下研究的热点。本例子主要研究铝制蜂窝材料轴向碰撞性能，因为轴向部分具有最好的机械性能，并在工程实际中被广泛应用。

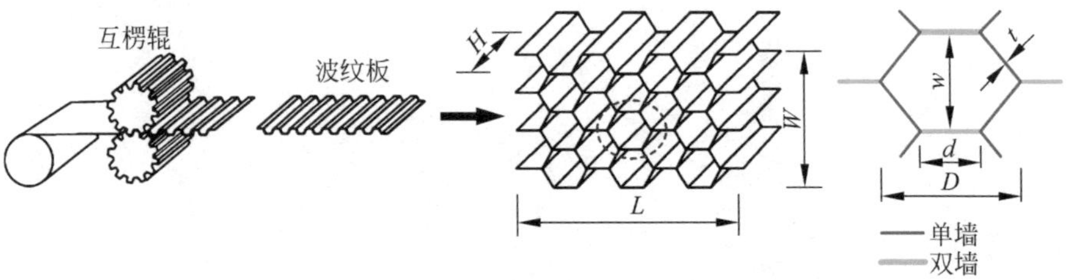

图10-51 蜂窝状结构材料

蜂窝状材料的单元结构尺寸可表示如下：w 表示结构单元中相连接两边之间的距离；d 为蜂窝状结构单元最长的边；D 为蜂窝状结构单元的宽度；t 为单层金属薄边的厚度。在试验中金属薄边的材料为铝，它的弹塑性结构特点可表示如下：

$$\sigma = \sigma_0 + \sigma_t \varepsilon \tag{10-25}$$

本研究的设计目标为最大化单位质量蜂窝状结构材料所吸收的冲击能量(specific energy absorption，SEA)，定义如下：

$$\text{SEA} = \frac{\text{总吸收能量}}{\text{总结构材料质量}} \tag{10-26}$$

在蜂窝状结构材料碰撞过程中，加速度的峰值 $\alpha_{\max}$ 作为概率约束。根据经验可知，变量 t 和 σ_0 对 SEA 和 $\alpha_{\max}$ 最为敏感，所以这两个变量将会选为蜂窝状结构材料优化的设计变量。

蜂窝状结构材料的轴向撞击试验如图10-52，该测试验证了计算机模型的可行性。图10-53展示了在单元大小为1mm的情况下不同时刻的变形和屈曲。

该结构优化问题的模型可表示如下：

$$\text{求}\ \boldsymbol{\mu} = [\mu_t, \mu_{\sigma_0}]^{\mathrm{T}}$$

$$\begin{cases} \text{Min}: f(\boldsymbol{\mu}) = \text{SEA}(\mu_t, \mu_{\sigma_0}) \\ \text{s.t.}: \text{prob}[\alpha_{\max} \leqslant \alpha_{\text{const}}] \leqslant \Phi(-\beta^t) \\ \qquad t \sim \mathrm{N}(\mu_t, 0.006^2), \quad \sigma_0 \sim \mathrm{N}(\mu_{\sigma_0}, 0.01^2), \quad \beta^t = 3.0 \\ \qquad 0.05 \leqslant \mu_t \leqslant 0.2, \quad 0.15 \leqslant \mu_{\sigma_0} \leqslant 0.4, \quad (\mu_t^{(0)}, \mu^{(0)}\sigma_0) = [0.05, 0.36]^{\mathrm{T}} \end{cases} \tag{10-27}$$

其中，(t, σ_0)是随机设计变量，α_{const} 是加速度峰值的上限，本研究设置为 $30g$。

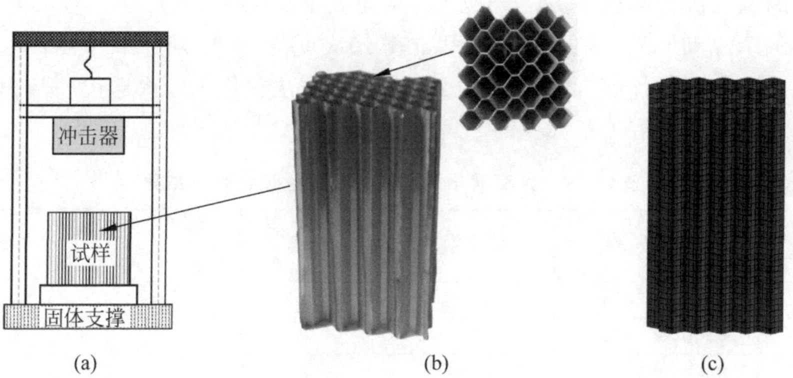

图 10-52　轴向撞击试验

(a) 实验装置示意图；(b) 试验样品；(c) 有限元模型

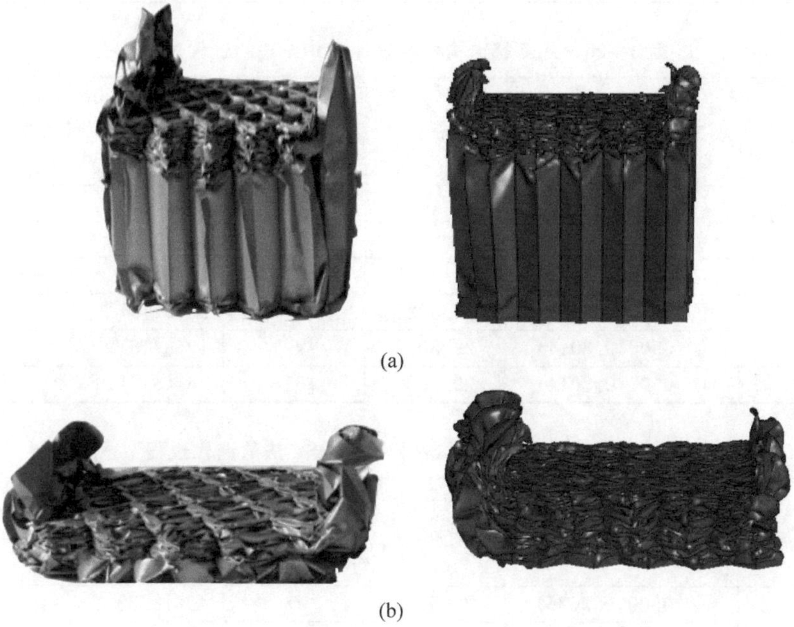

图 10-53　在不同时刻试验以及仿真变量情况

(a) $t=5$ms；(b) $t=10$ms

蜂窝状结构材料的可靠性设计优化结果如表 10-19 所示。概率约束的可靠度通过 10^7 次基于代理模型的 MCS 进行验证。在所有方法中(SLSV 除外)，最优解都等于(0.0500,3014)，且概率约束的可靠性都处于同一水平 3.083～3.085。单循环法 SLSV 求解过程无法收敛。从表 10-19 可以看出，第 8 章所介绍的基于最优偏移向量的可靠性设计优化方法(OSV)与现有方法具有相同的精度。双循环法 RIA、PMA 和 PMA+的求解效率不高；解耦法 SORA 的计算成本相对于双循环法有明显降低；单循环法 SLSV 无法找到最优解。在 OSV 方法中，目标函数和约束函数的调用次数都比 SORA 方法少，从而验证了 OSV 方法在工程实际中的有效性。SORA 和 OSV 法的迭代过程如表 10-20、表 10-21 所示。SORA 法需要 5 次迭代才能找到最优解，而本书所介绍的 OSV 方法仅用了 3 次迭代，所以 OSV 方法在计算效率方面有了很大提高。

表 10-19　蜂窝状结构材料的可靠性设计优化结果

方法	最优解	目标值	迭代循环次数	目标函数调用次数	约束函数调用次数	β_1^{MCS}
RIA	(0.0500,0.3014)	29.5022	6	18	306	3.084
PMA	(0.0500,0.3014)	29.5022	6	18	438	3.084
PMA^+	(0.0500,0.3016)	29.5096	6	18	269	3.077
SLSV	不收敛	—		—	—	—
SORA	(0.0500,0.3014)	29.5022	5	51	161	3.085
OSV	(0.0500,0.3014)	29.5022	3	33	109	3.083

表 10-20　蜂窝状结构材料设计 SORA 法的迭代过程

循环	优化解	目标值	目标函数调用次数	约束函数调用次数总和(设计优化/可靠性分析)	$g_1(\boldsymbol{X})$
1	(0.0500,0.3176)	30.4091	18	55(18/37)	0
2	(0.0500,0.3035)	29.6145	15	36(15/21)	0
3	(0.0500,0.3015)	29.5051	9	30(9/21)	0
4	(0.0500,0.3014)	29.5022	6	21(6/15)	0
5	(0.0500,0.3014)	29.5022	3	19(3/16)	0
最优	(0.0500,0.3014)	29.5022	51	161(51/110)	活跃

表 10-21　蜂窝状结构材料设计 OSV 法的迭代过程

循环	优化解	目标值	目标函数调用次数	约束函数调用次数总和(设计优化/可靠性分析)	$g_1(\boldsymbol{X})$
1	(0.0500,0.3025)	29.5608	18	40(18/22)	0
2	(0.0500,0.3015)	29.5028	9	38(9/29)	0
3	(0.0500,0.3014)	29.5022	6	31(6/25)	0
最优	(0.0500,0.3014)	29.5022	33	109(33/76)	活跃

图 10-54 展示了 SORA 和 OSV 法逐步优化的过程。为了方便描述，这里将变量(t,σ_0)替换为(X_1,X_2)，概率约束 $\alpha_{max}-\alpha_{const}$ 替换为 $g(\boldsymbol{X})$。$\boldsymbol{X}^k$、$\boldsymbol{\mu}_X^k$、$\boldsymbol{s}_X^k$ 分别表示第 k 次迭代循环的 IMPP 点、设计点和偏移向量。从图 10-54(a)可以看出，在 SORA 方法中，概率约束的等值线 $g(\boldsymbol{X})=g^k$ 用来求解 IMPP 点 $\boldsymbol{X}^k$。但是曲线 $g(\boldsymbol{X})=0$ 和 $g(\boldsymbol{X})=g^k$ 在形状上具有较大差别，尤其是曲线 $g(\boldsymbol{X})=g^1$。偏移向量 $\boldsymbol{s}_X^1$ 具有较大的偏差，因而需要更多的设计迭代循环寻找最优点。在图 10-54(b)

中，OSV 方法采用偏移的极限状态方程 $g(\boldsymbol{X}-\tau^k \boldsymbol{s}_X^k)=0$ 寻找 IMPP 点，从而获得最优偏移向量，减少了设计迭代循环次数，并以此加速了可靠性设计优化收敛过程。

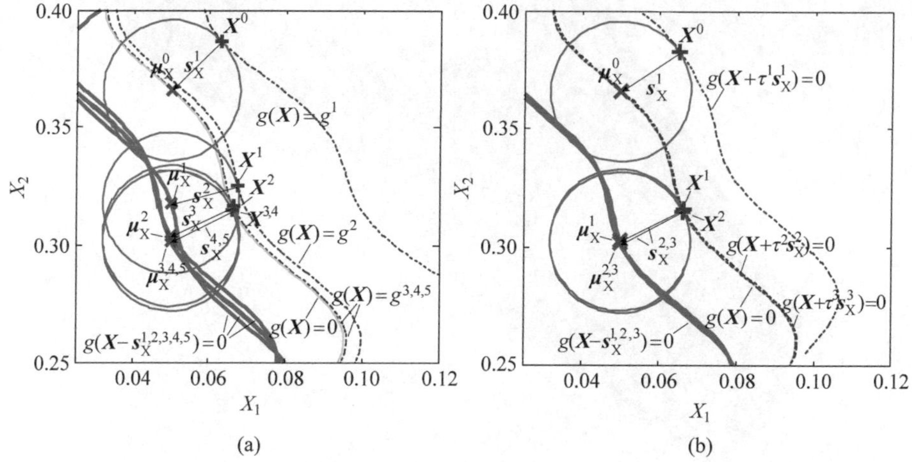

图 10-54　蜂窝状结构材料可靠性设计优化的迭代过程

(a) SORA 方法；(b) OSV 方法

10.5.2　箱型梁结构设计

如图 10-55 所示，该问题为大结构箱型梁设计，其总长达到 14 620mm。设计目标为轻量化设计，有 6 个随机设计变量 $\boldsymbol{d}_i(i=1,\cdots,6)$，分别表示箱型梁不同部位的加强筋的厚度。主要载荷为箱型梁所受的 6 个外力 F_1、F_2、F_3、F_4、F_5 和 F_6，如图 10-56 所示。概率约束为 1、2、3 和 4 位置上 X 和 Z 轴向的位移量。

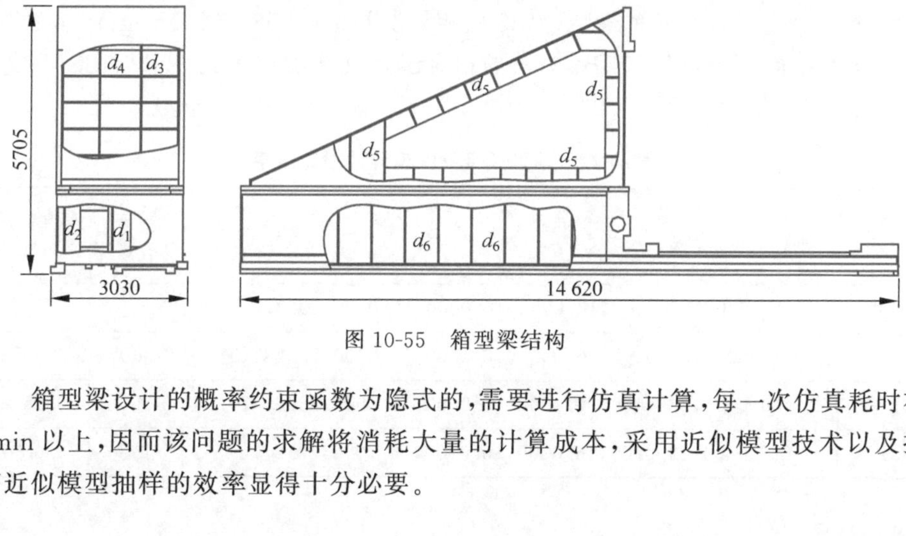

图 10-55　箱型梁结构

箱型梁设计的概率约束函数为隐式的，需要进行仿真计算，每一次仿真耗时在 2min 以上，因而该问题的求解将消耗大量的计算成本，采用近似模型技术以及提高近似模型抽样的效率显得十分必要。

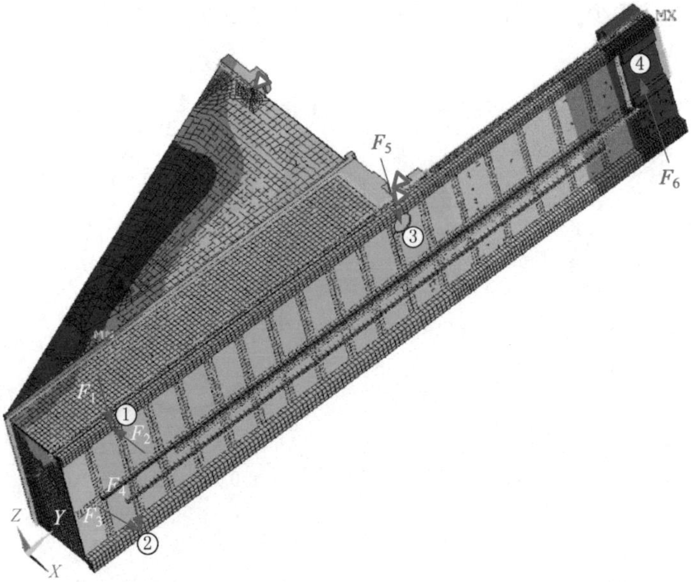

图 10-56　箱型梁的受力分布

箱型梁可靠性设计优化模型如下：

求 $\boldsymbol{d}=[d_1,\cdots,d_6]^{\mathrm{T}}$

$$\begin{cases}\text{Min：总重量}\\ \text{s. t.：prob}[g_j(\boldsymbol{X})<1.059]\leqslant\Phi(-\beta_j^t),\quad \beta_i^t=3.0, j=1,\cdots,8\\ \qquad X_i\sim\mathrm{N}(d_i,0.2^2),\quad 16.00\leqslant d_i\leqslant 22.00,\quad i=1,\cdots,6\end{cases}\tag{10-28}$$

箱型梁设计的对比优化结果如表 10-22 所示。约束边界抽样法(CBS)较拉丁超立方抽样(LHS)效率更高，第 9 章介绍的重要边界抽样法(IBS)使用最少的样本点数量，因而它的计算效率最高；CBS 的相对误差为 0.1589%，大于 LHS 方法，故 CBS 方法的求解精度最差；IBS 方法的相对误差只有 0.0007%，所以，IBS 同时具有较高的求解精度。

表 10-22　箱型梁可靠性设计的对比结果

方法	优　化　解	样本数量	相对误差/%
Analy.	(16.0000,22.0000,16.0000,16.0000,16.0000,20.2776)	—	—
LHS	(16.0000,22.0000,16.0000,16.0000,16.0000,20.2811)	350	0.0080
CBS	(16.0000,22.0000,16.0000,16.0000,16.0000,20.3472)	250	0.1589
IBS	(16.0000,22.0000,16.0000,16.0000,16.0000,20.2776)	193	0.0007

10.5.3　弯曲梁结构设计

该算例用于对起重吊钩的弯曲梁部分进行可靠性设计优化。如图 10-57 所示，起重吊钩承受 $P=8000\mathrm{N}$ 的作用力。不同于以往变可信度方法中经常采用的具有矩形截面的弯曲梁设计优化问题，此弯曲梁采用的是圆形截面。

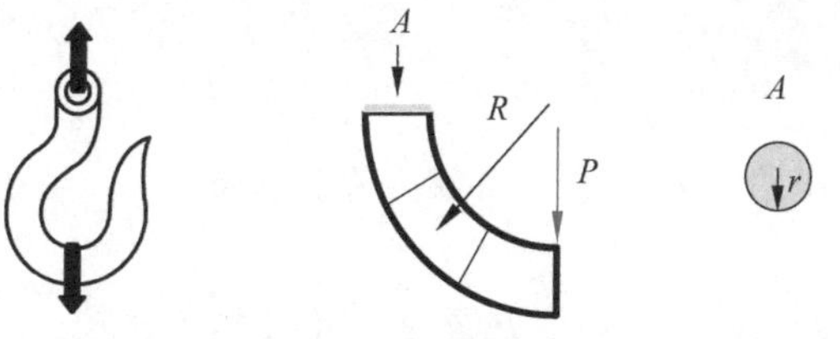

(a)　　(b)　　(c)

图 10-57　弯曲梁结构设计

(a) 起重吊钩；(b) 弯曲梁；(c) 弯曲梁截面

由于起重吊钩的左下部分包含最大应力点，因此该部分弯曲梁（如图 10-57(b)）被用于进行设计优化。弯曲梁被分成 3 部分，每部分的直径作为随机设计变量。优化目标是在满足应力约束的前提下最小化弯曲梁的重量。弯曲梁的可靠性设计优化问题描述如下：

$$
\text{求}\ \boldsymbol{\mu}_{r_i}=[\mu_{r_1},\mu_{r_2},\mu_{r_3}]
$$

$$
\begin{cases}
\text{Min:}\ \ V \\
\text{s.t.:}\ P(\sigma_{\max}\geqslant 140)-\Phi(-\beta^t)\leqslant 0 \\
\qquad r_i\sim \mathrm{N}(\boldsymbol{\mu}_{r_i},0.1),\quad 8\leqslant \boldsymbol{\mu}_{r_i}\leqslant 12 \\
\qquad \boldsymbol{\mu}_{r_i}^0=[10,10,10],\quad \beta^t=3.0
\end{cases}
\tag{10-29}
$$

其中，$\sigma_{\max}$ 是弯曲梁结构所承受的最大应力，该应力应小于许用应力 $\sigma_X=140\mathrm{MPa}$。为求出不同截面直径下的最大应力，需对起重吊钩进行有限元仿真分析，有限元分析的结果可认为是高可信度函数值。起重吊钩的 UG 模型及网格图如图 10-58 所示。

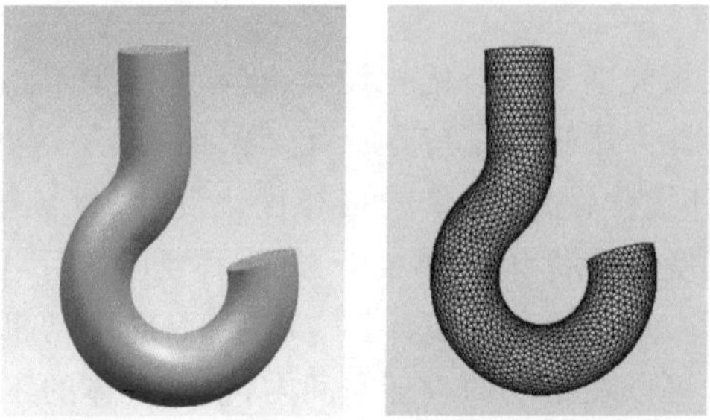

图 10-58　起重吊钩的 UG 模型及网格图

如图 10-59 所示，与其他变可信度方法一致，低可信度模型利用一个悬臂梁对该弯曲梁进行近似替代。该悬臂梁同样分成 3 段，长度为弯曲梁中间层的半径 r。

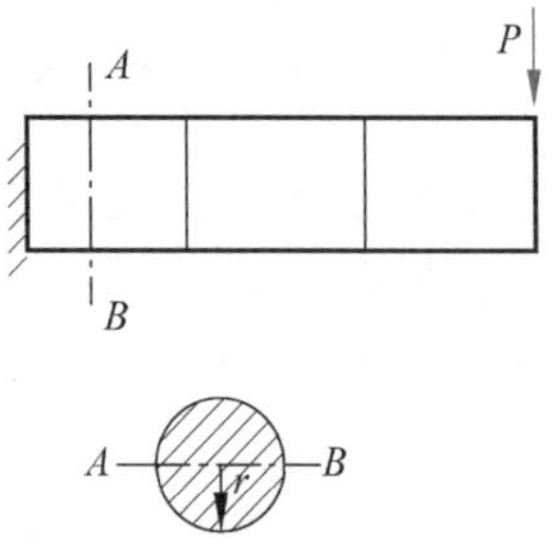

图 10-59 悬臂梁结构(低可信度模型)

该悬臂梁每部分的最大应力可用式(10-30)进行计算(不考虑剪切应力)：

$$\sigma_A = \frac{32M}{\pi d^3} \tag{10-30}$$

其中，弯矩 M 可由作用力 P 和它到每部分截面的距离计算得到。

表 10-23 给出了 4 种不同标度方法的 RBDO 结果比较。其中，ADD 表示加法标度策略，MULTI 表示乘法标度策略，AHS 表示自适应混合标度策略，LSHS 表示最小二乘混合标度策略。最优点处的可靠度值通过 MCS 得到，仿真样本为 10^7 次。可以看出，单独采用加法标度方法或者乘法标度方法，RBDO 最优解处的误差均较大。通过将该两种标度方法合理地组合起来，自适应混合标度方法和本节介绍的最小二乘混合标度方法 RBDO 求解精度更高，并且均收敛于实际的最优解。但是第 9 章介绍的最小二乘混合标度策略需要的高可信度函数及梯度调用次数更少，充分说明了其高效性与准确性。

表 10-23 弯曲梁设计优化结果比较

方法	最优解	迭代次数	HF	HF 梯度	误差	β
Std.	(10.4071,10.1923,8.0000)	8	—	—	—	2.9828
ADD	(10.4071,10.0935,8.0000)	7	7	7	0.0097	2.2885
MULTI	(10.3505,10.1505,8.0000)	11	11	11	0.0068	2.2970
AHS	(10.4211,10.2034,8.0000)	10	10	10	0.0017	3.1444
LSHS	(10.4024,10.2034,8.0000)	8	8	8	0.0012	3.0080

10.6 小结

本章结合具体案例分别对拓扑优化设计、多学科设计优化与可靠性设计优化等 3 类优化驱动的设计方法进行了应用介绍，详细讲解了这些方法的实施流程和步骤。其中，对于拓扑优化设计，从结构拓扑优化设计、材料拓扑优化设计和结构与材料一体化的多尺度拓扑优化设计 3 个方面，详细介绍了卫星推进舱主承力结构设计、支撑结构设计、悬臂梁结构设计等应用案例，应用结果表明第 2～5 章介绍的拓扑优化设计方法可以在给定的设计空间内，根据具体的工况和约束条件，有效地给出最佳的材料分布设计方案；对于多学科设计优化，详细介绍了小水线面双体船和散货船船型参数概念设计的应用案例，应用结果表明第 6 章和第 7 章介绍的多学科设计优化方法可以有效解决工程产品设计中计算量大和耦合关系复杂的问题，即降低计算和组织的复杂性；对于可靠性设计优化，详细介绍了蜂窝状结构材料设计、箱型梁结构设计、弯曲梁结构设计等应用案例，应用结果表明第 8 章和第 9 章介绍的理论方法能有效解决带有复杂强非线性性能响应函数的产品结构可靠性设计优化问题。

参考文献

[1] GAO J, LI H, GAO L, XIAO M. Topological shape optimization of 3D micro-structured materials using energy-based homogenization method [J]. Advances in Engineering Software, 2018, 116: 89-102.

[2] RADMAN A, HUANG X D, XIE Y M. Topological optimization for the design of microstructures of isotropic cellular materials[J]. Eng Optimiz,2013, 45(11): 1331-1348.

[3] COELHO P G, RODRIGUES H C. Hierarchical topology optimization addressing material design constraints and application to sandwich-type structures[J]. Struct Multidiscip O, 2015, 52(1): 91-104.

[4] GAO J, LUO Z, LI H, et al. Dynamic multiscale topology optimization for multi-regional micro-structured cellular composites[J]. Composite Structures, 2019, 211: 401-417.

[5] LANG T G. Small waterplane area twin hull (SWATH) ship concept and its potential [C]//Proceedings of the AIAA/SNAME advanced marine vehicles conference, San Diego, California, AIAA-1978-736.

[6] 黄鼎良. 小水线面双体船性能原理[M]. 北京：国防工业出版社，1993.

[7] 陆丛红，林焰，纪卓尚. 船舶设计中的三维参数化技术[M]. 北京：国防工业出版社，2007.

[8] 许辉，邹早建. 基于 FLUENT 软件的小水线面双体船黏性流数值模拟[J]. 武汉：理工大学学报，2004，28(1)：8-10.

[9] 肖蜜. 多学科设计优化中近似模型与求解策略研究[D]. 武汉：华中科技大学，2012.

[10] XIAO M, GAO L, SHAO X Y, et al. A generalized collaborative optimization method and its combination with kriging metamodels for engineering design [J]. Journal of Engineering Design, 2012, 23(5): 379-399.

[11] XIAO M, SHAO X Y, GAO L, et al. A new methodology for multi-objective multidisciplinary design optimization problems based on game theory[J]. Expert Systems with Applications, 2015, 42(3): 1602-1612.

[12] 褚学征. 复杂产品设计空间探索与协调分解方法研究[D]. 武汉：华中科技大学，2010.

[13] HART C G, VLAHOPOULOS N. An integrated multidisciplinary particle swarm optimization approach to conceptual ship design [J]. Structural and Multidisciplinary Optimization, 2010, 41(3): 481-494.

[14] SUN G, LI G, STONE M, LI Q. A two-stage multi-fidelity optimization procedure for honeycomb-type cellular materials[J]. Computational Materials Science, 2010, 49(3): 500-511.